“十二五”普通高等教育本科国家级规划教材
普通高等教育“十一五”国家级规划教材

机械制造工艺学

第3版

主　编　郑修本
副主编　张　琦　陶福春
参　编　徐增豪　于相慧
主　审　蔡建国

机 械 工 业 出 版 社

本书修订特点：以制造工艺为主线，有机地融入夹具、切削原理与刀具和机床等相关知识；重视数控技术的作用，并把传统的制造工艺与现代制造技术相结合，拓宽了研究领域；加强了工艺理论，提出了一些具有探索性的新观点和新思路，以激励学生主动学习，培养学生勇于探索、不断创新的能力；在理论论述中强调通俗易懂，重思维引导和理论应用；重视工艺实践知识，强调理论联系实际，在保留原有八类（主轴、曲轴、丝杠、套筒、箱体、圆柱齿轮、活塞、连杆）典型零件加工的基础上精炼了内容。

本书内容主要有：机械制造工艺的基本概念、工件的定位及机床夹具的设计要点、机械加工工艺规程的制订和工艺尺寸链、机械加工精度、机械加工表面质量、典型零件加工与加工方法、装配工艺基础和装配尺寸链，以及现代制造技术。

本书可作为高等工科院校“机械设计制造及其自动化”和“机械工程及自动化”等专业的教材，也可作为电视大学、职工大学和自学考试等学生的教材，并可供从事机械制造业的工程技术人员参考和培训。

图书在版编目（CIP）数据

机械制造工艺学/郑修本主编．—3版．—北京：机械工业出版社，2011.12（2026.1重印）

普通高等教育“十一五”国家级规划教材

ISBN 978-7-111-36014-8

Ⅰ.①机… Ⅱ.①郑… Ⅲ.①机械制造工艺-高等学校-教材 Ⅳ.①TH16

中国版本图书馆CIP数据核字（2011）第200907号

机械工业出版社（北京市百万庄大街22号 邮政编码100037）

策划编辑：刘小慧 责任编辑：刘小慧 王勇哲 章承林

版式设计：霍永明 责任校对：张莉娟

封面设计：张 静 责任印制：郜 敏

河北虎彩印刷有限公司印刷

2026年1月第3版 · 第19次印刷

184mm×260mm · 22.25印张 · 551千字

标准书号：ISBN 978-7-111-36014-8

定价：49.00元

凡购本书，如有缺页、倒页、脱页，由本社发行部调换

电话服务

服务咨询热线：010-88379833

读者购书热线：010-88379649

网络服务

机 工 官 网：www.cmpbook.com

机 工 官 博：weibo.com/cmp1952

教育服务网：www.cmpedu.com

金 书 网：www.golden-book.com

封底无防伪标均为盗版

前 言

为了适应21世纪我国从世界制造大国走向制造强国，要培养大批创新型机械工程师的需要，以及高等教育大众化阶段要培养宽口径机械工程专业应用型、创新型人才的需要，编者在总结本书第2版使用实践的基础上，修订、编写了本书第3版。

目前，传统的机械制造学科已融入机械设计学科、电子信息（含自动控制和自动化）学科、计算机应用学科和现代经济管理学科等内容，发展为多学科的现代制造技术。其中机和电是两大学科，对机械工程专业的人才要求是机电并重型人才，还是分别以机为主或以电为主的人才，这是首先要解决的专业方向问题。本书编者认同“以机为主，电为机用”的专业方向。

本书第1版于1992年5月出版，1996年获部级优秀教材二等奖。本书第2版于1999年5月出版，是部级重点规划教材，至今已经累计重印26次。本书第1、2两版累计印数36.4万册，读者反映良好。参加本书第1、2、3版的编者，前后共有12位，都是长期从事机械制造工艺学的专业教师。

机械制造工艺学是机械专业的主要专业课。为了突出重点，精简专业课门数，把机床夹具设计、金属切削原理与刀具和机床概论等专业课的相关内容有机地融入本课程。为避免简单和孤立地拼合，本书不是把其他课程单独设章，而是形成以机械制造工艺为主线的一门核心专业课。

本书编写的主要指导思想是加强传统的工艺理论，因为它是应用型人才建立正确思维方法，提高应用能力和创新能力的必要条件，也是学科建立和发展的基础。在对传统的工艺基本概念和基本理论进行深入分析和探索的同时，参阅了本学科的经典著作和最新的国内外相关标准等资料后，提出了一些具有探索性的新观点和新思路。其目的是以这些新观点和新思路为题引入互动式课堂讨论，激励学生主动学习，培养学生勇于探索、积极思考、不断创新的能力。先举几例说明，如：从生产过程到制造过程的研究是学科发展的需要，不应强调字面上的差别；应从几何学观点，从设计和工艺两方面的需要，建立基准的正确概念，就可得出基准都是客观存在的；作为基准必须确切，要分清基准是圆柱面还是圆柱面的轴线，两者可以替代，但要引入替代误差；装配基准应属设计基准；用运动学正确地分析工件的六点定位，“点”首先应理解为限制自由度数的单位，还提出了解决重复定位的自由度叠加和消除方法；为了解决定位误差计算的难点，剖析了定位误差产生的实质，都是基准不重合，从而提出了简易建模方法；超精密加工的机理除了超微量、高稳定外，就是误差的补偿和均化技术等传统的工艺理论，设备本身不可能有创造性等。其他的新观点和新思路将在各章中分别介绍。在基本概念和基本理论的论述中，通俗易懂地讲清其实质和要点，按认识规律，逐步解决重点和难点问题，轻数学推导，重思维引导，强调如何应用和应用的场合。

本书重视工艺实践知识。在保留原有八类（主轴、曲轴、丝杠、套筒、箱体、圆柱齿轮、活塞、连杆）典型零件加工及其加工方法的基础上精简内容，并对其中曲轴加工和活塞加工进行了全面修改。在实践知识的编写中，强调理论和实践相结合，加深对理论应用的理解。同时也体现了各专业课的相关内容有机地融入本课程，形成以机械制造工艺为主线的观点。

本书重视成组技术、数控技术、电子和信息技术等对传统制造技术的推动作用，拓宽研究领域，树立制造系统的概念。在现代制造技术中，充实新的研究内容，如快速原型技术和绿色制造技术等新成果，并对现代制造技术的发展趋势有所介绍，以培养创新思维。

全书共分八章，主要包括基本概念、工件的定位及机床夹具设计要点、机械加工工艺规程设计和工艺尺寸链、机械加工精度、机械加工表面质量、典型零件加工与加工方法、装配工艺基础和装配尺寸链以及现代制造技术。

本书按50～70学时（含实验和习题）编写，每章均有习题和思考题，并贯彻少而精的原则和有关最新国家标准等。建议采用理论讲授加互动式课堂讨论形式进行，讨论题目可从上述举例和各章中的新观点和新思路或习题中选取。另有生产实习和课程设计等教学环节，课前有金工实习。实习是培养创新型、应用型人才必不可少的条件，必须加强，要推进制造业参与人才培养的过程。

本书由江南大学郑修本任主编，江南大学张琦和哈尔滨理工大学陶福春任副主编。具体分工如下：绪论、第一、二、三、七章由郑修本编写，第四章、第八章第四节的三小节由陶福春编写，第五章由长春大学于相慧编写，第六章由上海理工大学徐增豪和张琦编写，第八章除第四节三小节外由张琦编写。郑柳协助主编完成计算机检索、收集和整理工作。全书由上海交通大学蔡建国教授主审。蔡教授认真、细致地审阅了全书，提出了不少宝贵意见，对本书质量的提高具有一定作用，对此我们表示衷心感谢。同时，哈尔滨工业大学王启平教授、王振龙教授、上海应用技术学院谈理高级工程师、梅纪先副教授、机械工业出版社赵爱宁高级工程师、郑丹编审都对本书的前期修订工作做出了贡献，江南大学教务处和机械工程学院对本书修订给予了大力支持，在此一并表示衷心感谢。

本书主要作为高等工科院校“机械设计制造及其自动化”、“机械工程及自动化”等专业的教材，也可作为电视大学、职工大学、函授大学、业余大学和自学考试等学生的教材，并可供从事机械制造业的工程技术人员参考和培训使用。

由于水平有限，有些观点还有探索性质，难免有不少欠妥之处，恳请读者批评指正。

编　者
2011年3月

目　录

绪　论

一、我国机械制造业的现状和机遇

机械制造业是为国民经济和国防建设提供技术装备的基础性、战略性产业，其规模和技术水平集中体现了国家的综合竞争力，也是衡量国家经济实力和科学技术水平的重要标志。

进入21世纪，在经济全球化和市场国际化等多种因素的共同影响下，我国机械制造业得到了飞速的发展。目前我国机械制造业的规模已进入世界第四位，成为世界的制造大国。

但是，与先进工业国家相比，我国的机械制造业的核心竞争能力和科技创新能力还不够强，尤其在核心技术、基础技术和关键环节上落后于国际先进水平，致使核心基础元器件和软件仍没有摆脱受制于人的局面，产品结构总体上处于全球机械产品产业链的中、低端，品牌效应不强。造成的原因主要是，苛求尽快赶上发达国家的发展水平，过多依靠了资金、资源和劳动力投入的粗放型经济发展方式，忽视了靠科技进步和提高劳动者素质的经济发展方式；重速度轻质量，重生产能力轻科研能力，重引进技术轻自我开发，重制造轻创造。

面对激烈的国际市场竞争，我国的机械制造业面临着严峻的挑战。当今世界，经济重心开始向亚洲转移，制造中心正在我国兴起，建设全面小康社会对制造业长期、持续、稳定的需求，满足“节约型”社会的新型工业化要大规模更新工业装备和工程设施等，这又给我国机械制造业带来难得的发展机遇。

总体上，我国已基本具备发展为世界制造强国的一些基础和条件，国家有中、长期规划把加快转变经济发展方式贯穿于经济社会发展全过程和各领域，把坚持改革开放、依靠科技进步和创新、建设资源节约型和环境友好型社会、进行战略性调整经济结构作为经济发展的方式，保持经济平稳、较快、可持续发展。制造业的产品结构、生产模式和经营理念正在逐步变革和提升。可以期待经过若干个国家五年规划的艰苦奋斗，在良好的国际和国内环境下，我国是能够逐步实现由制造大国向制造强国转型的。

面临这一重大转型，人才是关键。培养大批应用型和创新型制造人才，对我国高等工科教育事业既是严峻的挑战，也是难得的发展机遇。当前，要重视学风建设，要建立实践环境和实习基地。实习是应用型创新型人才必不可少的条件，必须加强。要树立教师起主导作用、学生是主体的观点，发挥各类教师（教学经验丰富或学历较高）尤其是双师型（含教学和科研）教师的作用。要引入互动式课堂讨论，激励学生主动性学习，培养学生勇于探索、积极思考、不断创新的能力。要推进制造业参与人才培养的过程，大力加强实践教学，培养制造业急需的人才。现代制造技术学科中机和电两大学科是并重型人才，还是分别以机为主和以电为主的人才，值得研究。总之，重要的是转变理念，提高教育质量，已做大了高等工科教育，还要做强高等工科教育。

二、机械制造工艺学的研究对象

传统的机械制造工艺学是以机械制造中的工艺问题为研究对象的一门应用性制造技术学科。所谓工艺，是使各种原材料、半成品成为产品的方法和过程；而机械制造工艺，是指各种机械的制造方法和过程的总称。所谓应用性制造学科就是在深入实践的基础上，利用科学的方法，找出系统性理论知识和思维方法，解决面临工艺问题的学科。

20世纪初，机械制造业中的大量生产为机械制造工艺学的建立和发展奠定了基础。20世纪50年代以来，机械制造业向高精度、高效率、高度自动化和柔性化方向的发展，使机械制造工艺学发展到一个新的水平。

机械制造工艺的内容极其广泛，它包括零件的毛坯制造、机械加工、热处理和产品的装配等。机械制造工艺学的研究范围主要是零件的机械加工和产品的装配两部分。

机械制造工艺学涉及的行业有百余种，产品品种成千上万，但是研究的工艺问题则可归纳为质量、生产率和经济性三类。

（1）保证和提高产品的质量　产品质量包括整台机械的装配精度、使用性能、使用寿命和可靠性，以及零件的加工精度和加工表面质量。近代，由于宇航、精密机械、电子工业和军工的需要，对零件的精度和表面质量的要求越来越高，相继出现了各种新工艺和新技术，如精密加工、超精密加工和微细加工等，加工精度由1μm级提高到0.1～0.01μm级，目前正在向nm（0.001μm）级精度迈进。

（2）提高劳动生产率　提高劳动生产率的方法有三种。一是提高切削用量，采用高速切削、高速磨削和重磨削。近年来出现的聚晶金刚石和聚晶立方氮化硼等新型刀具材料，其切削速度可达1200m/min，高速磨削的磨削速度达200m/s。重磨削是高效磨削的发展方向，包括大进给、大背吃刀量缓进给的强力磨削、荒磨和切断磨削等。二是改进工艺方法，创造新工艺。例如，利用锻压设备实现少无切削加工，对高强度、高硬度的难切削材料采用非传统加工等。三是提高自动化程度，实现高度自动化。例如，采用数控机床、加工中心、柔性制造单元（FMC）、柔性制造系统（FMS）、计算机集成制造系统（CIMS）和无人化车间或工厂等。

成组技术和数控技术的出现，能解决多品种尤其是中、小批生产中存在的生产周期长、生产率低的问题，也是企业实现高度自动化的基础。

（3）降低成本　要节省和合理选择原材料，研究新材料；合理使用和改进现有设备，研制新的高效设备；节约人、财、物资源，消除一切不增值的浪费等。

对上述三类问题要辩证地全面地进行分析。要在满足质量要求的前提下，不断提高劳动生产率和降低成本。能以优质、高效、低耗的工艺去完成零件的加工和产品的装配，这样的工艺才是合理的、先进的工艺。

工艺的发展不仅要依赖生产的发展，还要进行试验研究，用科学的方法分析和研究工艺问题，解决工艺问题，提高工艺水平。工艺的发展也促进了设备和工艺装备（刀、夹、辅和量具等）的改进和发展。同样，设备和工具的发展（如数控技术的出现）也会推动工艺的发展，它们是相辅相成的。

近代，随着科学技术的迅猛发展和市场需求的变化及竞争的加剧，传统的制造技术发展到一个崭新的阶段，称为现代制造技术。它是传统制造技术不断吸收机械、电子、信息、材料、能源及现代管理等技术成果，并将其综合应用于从产品设计、加工制造到产品销售及使用维护等全过程，成为“市场→产品设计→制造→市场”的制造系统。它能够实现优质、高效、低耗、清洁无污染和灵活的柔性生产，并取得理想的技术经济效果。要取得理想的技术经济效果，必须以满足市场（用户）的要求作为其战略决策的核心。所谓优质、高效、低耗，也将随之增加了新的内涵。即优质不是单纯的产品质量越优越好，而是要恰如其分地满足市场（用户）的质量要求；同时，企业必须从传统的质量控制和管理模式转换为完整的和可靠的质量保证体系。高效不单是产品的数量要多，更重要的是响应市场（用户）的要求快、更新产品的速度快，即上市快。低成本不仅指产品的成本低，而是指企业的综合效益要好。用户不仅在购买商品时便宜，而且在使用、维护直到商品废弃的全过程也是经济的；同时，由于商品的生命周期越来越短，用户购买商品后，都希望得到不断改善产品性能的服务，因而要重视售后服务，形成企业与用户间长期的依存关系，保证企业稳定的产品市场。

现代制造技术中，制造系统概念的建立和研究，扩大和丰富了制造技术学科的内容，也指出了它的发展方向，这是制造技术学科一个重大的突破。

三、学习本课程的目的与要求

机械制造工艺学是各类机械工程专业的一门核心专业课。通过本课程的教学过程（包括：课堂理论教学、互动式课堂讨论、现场教学、实验和习题等）及有关教学环节（如生产实习和课程设计等）的配合，使学生初步具有分析和解决工艺等制造技术问题的能力及自学工艺理论和新工艺、新技术的能力。具体有以下三点要求：

1）掌握机械制造工艺的基本理论（包括定位和基准理论、工艺和装配尺寸链理论、加工精度和误差分析理论、表面质量和机械振动理论等），注重建立基本概念和理论的具体应用，学会进行工艺分析和试验研究的方法。

2）具有制订中等复杂零件的机械加工工艺规程、一般产品的装配工艺规程和主管产品工艺的初步能力。

3）树立制造系统的观点，了解现代制造技术的新成就、发展方向和一些重要的现代制造技术，以扩大视野、开阔思路、提高工艺等制造技术水平和增强人才的竞争力及就业能力。

本课程只能涉及工艺理论中最基本的内容，不管工艺水平发展到何种程度，都和这些基本内容有着密切的关系。因此，要掌握最基本的内容，为今后通过工作实践和继续学习，不断增加工艺知识和提高分析、解决工艺等制造技术问题的能力打好基础。

四、本课程的特点和学习方法

（1）实践性强　本学科的理论来自生产和科研实践，而工艺理论的发展又促进和指导生产的发展。学习工艺学的目的在于应用，在于提高工艺水平。因此，要多下工厂、多实践，要重视试验、生产实习和专业实习。有了一定的感性知识，就容易理解和掌握工艺学的概念、理论和方法。在学习过程中，要着重理解和掌握基本理论及其在实际中的应用，并通过互动式课堂讨论，变被动学习为主动学习。还应加强课程设计环节，通过应用掌握工艺理论。

（2）涉及面广及内容丰富　传统的制造技术本来面就很广，涉及各类制造方法和过程，如从毛坯制造、热处理到机械加工、表面处理和装配，还涉及设备及工艺装备等“硬件”；而现代制造技术还涉及产品设计、电子、信息、经济管理等学科。各学科间相互渗透、融合、互补和促进，是现代科学技术发展特点和趋势。人才培养必须适应这种要求。为此，课程在体系和内容上要不断改进和完善。

本书编写的指导思想是加强传统的工艺理论，并提出了一些新观点和新思路，就是要适应制造技术的发展需要，抓住最本质的理论。在学习时要善于综合运用已学过的专业基础课和专业课，如工程材料、计算机应用、电工电子学、液压传动、检测技术和企业管理与技术经济等课程；并深入接触社会，了解我国的经济政策和世界及亚洲的经济形势，这也是制造业全球战略的需要。

关于电子、信息学科的内容，在掌握电工电子学的基础上，着重掌握其应用、会用，即“电为机用”的原则。

(3) 灵活多变 机械制造工艺学是制造技术学科中的核心内容，属“软技术”范畴，特别是工艺理论和工艺方法的应用灵活性很大。因此，必须根据具体条件和情况实事求是地进行辩证的分析。要多学点辩证法，学会抓主要矛盾和矛盾的主要方面，特别要注意矛盾和矛盾主要方面的转化。例如：分析设计和制造一对矛盾时，一般情况下，设计是矛盾的主要方面，制造要服从设计。但是，当情况特殊时，如市场竞争剧烈，要求迅速提供新品种时，矛盾的主要方面就会转化，把制造提到和设计并列的地位，甚至强调设计适应制造，这也是符合辩证观点的，适应企业的根本利益。

习题与思考题

0-1 简述机械制造业在国民经济中的地位。

0-2 简述我国要成为世界制造强国的差距和机遇。

0-3 简述我国高等工科院校机械工程专业在人才培养方面的优势和不足。

0-4 本门课程是一门什么样的学科？它的发展方向如何？

0-5 传统的制造技术和现代制造技术有哪些相同点和不同点？

0-6 为什么说制造系统的提出和研究是本学科的一个重大突破？

0-7 从哪三方面来分析研究工艺问题？近来这些问题又有哪些新的内涵？

0-8 为什么要学习本课程？怎样能学好本课程？

第一章　机械制造工艺的基本概念

本章介绍为学习本书必须先了解的机械制造工艺的术语等基本概念，以及本学科发展中的新概念。前者是基础，后者是要逐步树立的一个制造系统的新概念，从整体上把握住制造技术发展的基本思路。其中，生产过程和制造过程的区别，不应从字面上分析，而应从学科发展的需要，而赋予两者的不同概念来认识。

第一节　生产过程和工艺过程及其组成

一、生产过程

生产过程是指将原材料转变为成品的全过程。对机械制造而言，生产过程包括下列过程：

1）原材料、半成品和成品（产品）的运输和保管。

2）生产和技术准备工作。如产品的开发和设计、工艺设计、专用工艺装备的设计和制造、各种生产资料的准备以及生产组织等方面的准备工作。

3）毛坯制造。如铸造、锻造、冲压和焊接等。

4）零件的机械加工、热处理和其他表面处理等。

5）部件和产品的装配、调整、检验、试验、涂装和包装等。

由上述生产过程可看出，机械产品的生产过程是比较复杂的。为了便于组织生产，机械制造业采用专业化生产，即一种产品的生产是分散在若干个专业化工厂进行的，最后集中由一个工厂制成完整的机械产品。例如，制造机床时，机床上的轴承、电动机、电器、液压元件甚至其他许多零部件都是由专业厂生产的，最后由机床厂完成关键零部件和配套件的生产，并装配成完整的机床。专业化生产有利于零部件的标准化、通用化和产品的系列化，从而能在保证质量的前提下，提高劳动生产率和降低成本。

二、工艺过程及其组成

（一）工艺过程的概念

改变生产对象的形状、尺寸、相对位置和性质等，使其成为成品或半成品的过程称为工艺过程。它是生产过程中的主要部分。采用机械加工的方法，直接改变毛坯的形状、尺寸和表面质量等，使其成为零件的过程称为机械加工工艺过程（以下简称为工艺过程）。

（二）工艺过程的组成

机械加工工艺过程往往是比较复杂的。在工艺过程中，根据被加工零件的结构特点、技术要求，在不同的生产条件下，需要采用不同的加工方法及其加工设备，并通过一系列加工步骤，才能使毛坯成为零件。为了便于深入细致地分析工艺过程，必须研究工艺过程的组成，并对它们作出科学的定义⊖。

⊖　本章所用的术语及其定义均按国家标准 GB/T 4863—2008《机械制造工艺基本术语》。

机械加工工艺过程是由一个或若干个顺序排列的工序组成的，而工序又可分为安装、工位、工步和行程。毛坯依次通过这些工序就成为成品。

1. 工序

一个或一组工人，在一个工作地对同一个或同时对几个工件所连续完成的那一部分工艺过程，称为工序。划分工序的主要依据是工作地是否变动和工作是否连续。如图 1-1 所示阶梯轴，当生产量较小时，其工序划分见表 1-1；当生产量较大时，其工序划分见表 1-2。

在表 1-1 的工序 2 中，先车一个工件的一端，然后调头装夹，再车另一端。如果先车好一批工件的一端，然后调头再车这批工件的另一端，这时对每个工件来说，两端的加工已不连续，所以即使在同一台车床上加工也应算作两道工序。

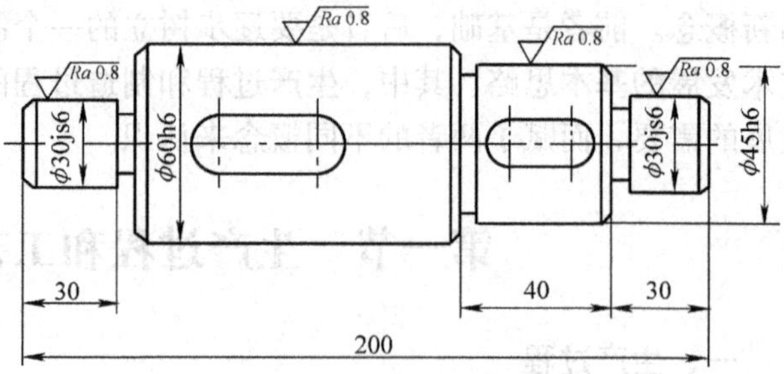

图 1-1 阶梯轴简图

工序是组成工艺过程的基本单元，也是生产计划的基本单元。

表 1-1 阶梯轴工艺过程（生产量较小时）

工序号	工 序 内 容	设备
1	车端面，钻中心孔	车床
2	车外圆，车槽和倒角	车床
3	铣键槽，去毛刺	铣床
4	磨外圆	磨床

表 1-2 阶梯轴工艺过程（生产量较大时）

工序号	工 序 内 容	设备
1	两边同时铣端面，钻中心孔	铣端面钻中心孔机床
2	车一端外圆，车槽和倒角	车床
3	车另一端外圆，车槽和倒角	车床
4	铣键槽	铣床
5	去毛刺	钳工台
6	磨外圆	磨床

2. 安装

工件在加工前，先要把工件放准。确定工件在机床上或夹具中占有正确位置的过程称为定位。工件定位后将其固定，使其在加工过程中保持定位位置不变的操作称为夹紧。将工件在机床上或夹具中定位、夹紧的过程称为装夹。

工件（或装配单元）经一次装夹后所完成的那一部分工序称为安装。在一道工序中，工件可能被装夹一次或多次，才能完成加工。如表 1-1 所示的工序 1 要进行两次装夹：先装夹工件一端，车端面、钻中心孔，称为安装 1；再调头装夹，车另一端面、钻中心孔，称为安装 2。

工件在加工中应尽量减少装夹次数，因为多一次装夹，就会增加装夹的时间，还会增加装夹误差。

3. 工位

为了减少工件的装夹次数，常采用各种回转工作台、回转夹具或移动夹具，使工件在一次装夹中，先后处于几个不同的位置进行加工。

为了完成一定的工序部分，一次装夹工件后，工件（或装配单元）与夹具或设备的可动部分一起相对刀具或设备的固定部分所占据的每一个位置，称为工位。如表1-2中的工序1铣端面、钻中心孔，就是两个工位。工件装夹后，先铣端面，然后移动到另一位置钻中心孔，如图1-2所示。

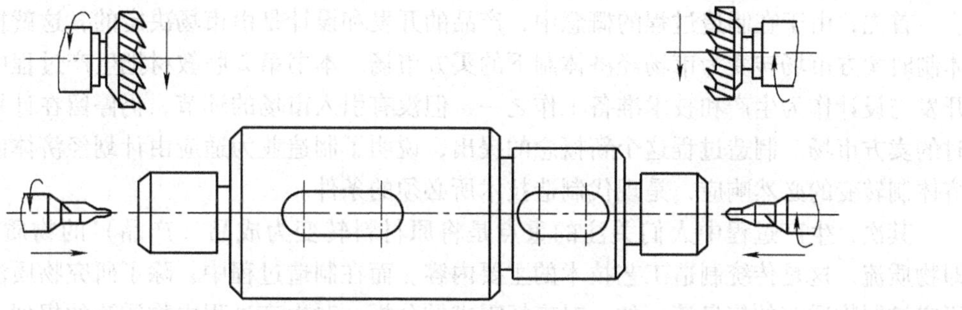

图1-2　铣端面和钻中心孔实例

4. 工步

在加工表面（或装配时的连接表面）和加工（或装配）工具不变的情况下，所连续完成的那一部分工序称为工步。如表1-1中的工序1，每个安装中都有车端面、钻中心孔两个工步。

为简化工艺文件，对于那些连续进行的若干个相同的工步，通常都看做一个工步。例如，加工图1-3所示零件，在同一工序中，连续钻四个ϕ15mm的孔，就可看做一个工步。

为了提高生产率，用几把刀具同时加工几个表面，这也可看做一个工步，称为复合工步。如图1-2所示的铣端面、钻中心孔，每个工位都是用两把刀具同时铣两端面或钻两端中心孔，它们都是复合工步。

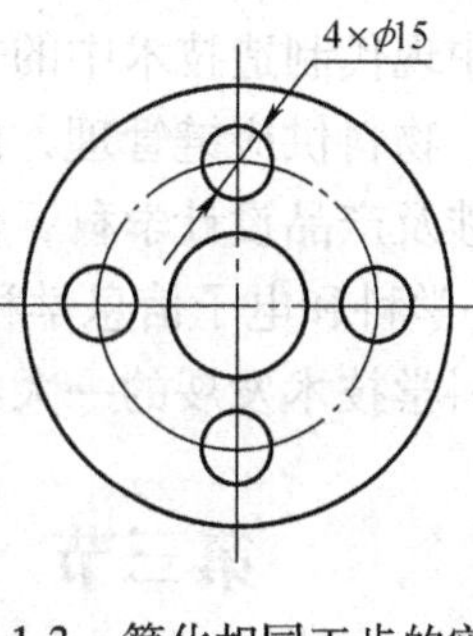

图1-3　简化相同工步的实例

除上述工步概念外，还有辅助工步，它是由人和（或）设备连续完成的一部分工序，该部分工序不改变工件的形状、尺寸和表面粗糙度，但它是完成工步所必需的，如更换工具等。引入辅助工步的概念，是为了能精确计算工步工时。

5. 行程

行程（进给次数）有工作行程和空行程之分。工作行程是指刀具以加工进给速度相对工件所完成一次进给运动的工步部分；空行程是指刀具以非加工进给速度相对工件所完成一次进给运动的工步部分。

引入行程的概念是为了反映工步中的进给次数和工序卡片中相吻合（参看表3-2机械加工工序卡片格式），并能精确计算工步工时。它比过去引用的走刀概念更科学。

第二节　制造过程

上述生产过程是研究产品怎样生产的问题，为了研究生产什么产品和为什么要生产该产品的问题，就需要把产品生产过程的两端向市场延伸到研究产品的整个生命周期，即："市场需求→产品开发和设计→产品的生产过程→市场对产品的评价"这个完整的循环过程，这个过程称为制造过程。

"生产过程"和"制造过程"从字面上看，区别不大。但是，从上述定义来分析，"制造过程"的含义就丰富多了。

首先，由于在制造过程的概念中，产品的开发和设计是由市场决定的，这就把计划经济体制时卖方市场转变为市场经济体制下的买方市场。本书第 2 版教材把生产过程中，产品的开发与设计作为生产和技术准备工作之一，但没有引入市场的环节，仍停留在计划经济体制时的卖方市场。制造过程这个新概念的提出，说明了制造业为适应由计划经济体制向市场经济体制转变的必然响应，是现代制造技术所必须的条件。

其次，生产过程中人们关注的重点是将原材料转变为成品（产品）的物质形态转变，即物质流，这是传统制造工艺技术的主要内容。而在制造过程中，除了研究物质流外，还要研究控制物质流的信息流，如：对市场需求的分析，对生产过程中物质流的规划、组织、管理和控制，对物料的采购、存储和销售，经营决策和管理，市场开发和服务等，以及现代制造技术中的柔性自动化技术和控制技术，也都有信息流的内容。因此，需要对信息进行采集、分析和处理的信息流。

制造过程中除了物质流、信息流外，还有能量流，它是指制造过程中的能量消耗及其流程，物质流、信息流和能量流统称制造过程的三流。

综上所述，制造过程比生产过程的含义更广更丰富，它拓宽了制造工艺学科的研究范畴，其中现代制造技术中的柔性自动化技术和控制技术涉及电子学科，物质流中的经营决策和管理、物料供应链管理，以及市场开发和服务等内容涉及经济管理学科，产品开发和设计的内容涉及产品设计学科，信息流涉及信息学科。因而，制造过程实质上是传统的制造工艺（技术）学科和电子信息学科、经济管理学科、产品设计学科相互渗透、融合的产物，这也是现代科学技术发展的一大特点，在现代制造业中，得到了广泛的认可和采纳。

第三节　系统的概念、工艺系统和制造系统

一、系统的概念

有若干个相互作用和相互依赖的元素（或部分）组成、具有特定功能和目标的有机整体称为系统。

系统的基本特征为：

（1）整体性　这是最核心的一条，反映在寻求整体目标的最佳效果。

（2）环境适应性（柔性）　为了能在复杂的市场环境下很好地适应和生存下去。

（3）元素集合性　为保证满足以上两特征，就要协调各相关元素之间及其和整体之间的关系，使各相关元素集合在一个整体系统中。

（4）层次性　为了方便研究复杂的系统，可把它分解成各层次的子系统来研究，最终解决复杂的系统问题。

二、工艺系统

用系统的概念，分析传统工艺过程，就产生了工艺系统。

例如，工艺过程中的一个工序，它由工作地点上的机床和机床上的工艺装备（夹具、辅具、刀具、量具等）、工件，还有技术工人等元素组成，只有协调各相关元素的工艺要求，才能实现一个工序的最佳化目标。因此，工序就是一个简单的工艺系统。

如果以一个零件的机械加工工艺过程作为高一级的工艺系统，那么该系统的元素就是组成工艺过程的各个工序，必须全面协调组成该零件机械加工工艺过程的各个工序的有关工艺参数，才能实现一个零件机械加工的最佳化目标。

对于一个机械制造厂来说，除机械加工外，还有铸造、锻压、焊接、热处理和装配等工艺，各种工艺都可以形成各自的工艺系统。

三、制造系统

用系统工程的理论和方法，分析和研究制造过程，就产生了制造系统。

现代制造业逐步用系统的观点来分析、研究和组织制造过程，有两个最基本的特征：一是整体性，从全局出发寻求整体目标的最佳效果；二是系统具有最大的环境适应能力即柔性，能适应市场动态的变化，及时改变和调节生产，不断更新产品，以最快的速度满足市场和社会需求。

制造系统是由制造全过程所涉及的硬件（包括厂房设施、生产设备、材料和能源等）和软件（制造工艺理论与技术、制造工艺方法、控制技术、测量技术以及制造信息等）以及相关人员（从事对物料的准备、信息流的监控以及对制造过程的决策和调度等工作）所组成的一个统一整体。其过程包括：市场分析、产品的开发和设计、产品生产（含生产技术准备、加工和装配）、物料供应链管理、生产计划和控制、产品的质量保证、售后服务等制造的全过程；其功能是具有将制造资源转变为成品的输入输出系统；其整体目标是满足市场需要，赢得市场，取得最佳的技术经济和社会效果。

由于制造系统是一个庞大而复杂的系统，而计算机科学的发展为制造系统的实现提供了可能。

通常，为了方便研究制造系统，可把它分为若干个子系统来研究，如：经营决策和管理子系统，产品研究和开发子系统，工程设计子系统，车间和工厂等各级生产加工子系统，物料供应链和生产管理子系统，市场分析开发与销售、服务子系统，质量控制子系统，资源管理子系统等，最终解决复杂的制造系统问题。其中，生产子系统研究的是生产过程，也就是生产系统，它是传统制造工艺技术的主要内容。

系统工程的引入，使制造系统建立在更加科学的基础上，为多品种自动化技术和现代制造模式开辟了新途径。

第四节 生产纲领、生产类型及其工艺特征

各种机械产品的结构、技术要求等差异很大，但它们的制造工艺都存在着很多共同的特征。这些共同的特征取决于企业的生产类型，而企业的生产类型又是由企业的生产纲领决定的。

1. 生产纲领

生产纲领是指企业根据市场需求确定，在计划期内应当生产的产品产量和进度计划。计划期常定为一年，所以生产纲领也称年产量。

零件的生产纲领要计入备品和废品的数量，可按下式计算

$$N = Qn(1+\alpha)(1+\beta)$$

式中 N——零件的年产量（件/年）；

Q——产品的年产量（台/年）；

n——每台产品中该零件的数量（件/台）；

α——备品的百分率；

β——废品的百分率。

2. 生产类型

生产类型是指企业（或车间、工段、班组、工作地）生产专业化程度的分类。一般分为大量生产、成批生产和单件生产三种类型。

（1）单件生产　产品品种很多，同一产品的产量很少，各个工作地的加工对象经常改变，而且很少重复生产。例如，重型机械制造、专用设备制造和新产品试制都属于单件生产。

（2）大量生产　产品的产量很大，大多数工作地按照一定的生产节拍（即在流水生产中，相继完成两件制品之间的时间间隔）进行某种零件的某道工序的重复加工。例如，汽车、拖拉机、自行车、缝纫机和手表的制造常属大量生产。

（3）成批生产　一年中分批轮流地制造几种不同的产品，每种产品均有一定的数量，工作地的加工对象周期性地重复。例如，机床、机车、电动机和纺织机械的制造常属成批生产。

每一次投入或产出的同一产品（或零件）的数量称为生产批量，简称批量。批量可根据零件的年产量及一年中的生产批数计算确定。一年的生产批数根据用户的需要、零件的特征、流动资金的周转、仓库容量等具体情况确定。

按批量的多少，成批生产又可分为小批、中批和大批生产三种。在工艺上，小批生产和单件生产相似，常合称为单件小批生产；大批生产和大量生产相似，常合称为大批大量生产。

生产类型的具体划分，可根据生产纲领和产品及零件的特征或工作地每月担负的工序数，参考表1-3确定。

表1-3　生产类型和生产纲领等的关系

生产类型	生产纲领/(台·年$^{-1}$或件·年$^{-1}$)			工作地每月担负的工序数
	小型机械或轻型零件	中型机械或中型零件	重型机械或重型零件	工序数·月$^{-1}$
单件生产	≤100	≤10	≤5	不作规定
小批生产	>100～500	>10～150	>5～100	>20～40
中批生产	>500～5000	>150～500	>100～300	>10～20
大批生产	>5000～50000	>500～5000	>300～1000	>1～10
大量生产	>50000	>5000	>1000	1

注：小型、中型和重型机械可分别以缝纫机、机床（或柴油机）和轧钢机为代表。

表1-3中的轻型、中型和重型零件可参考表1-4所列数据确定。

表 1-4　不同机械产品的零件质量型别　　（单位：kg）

机械产品类别	零件的质量		
	轻型零件	中型零件	重型零件
电子机械	≤4	>4～30	>30
机床	≤15	>15～50	>50
重型机械	≤100	>100～2000	>2000

根据上述划分生产类型的方法可以发现，同一企业或车间可能同时存在几种生产类型的生产。判断企业或车间的生产类型，应根据企业或车间中占主导地位的工艺过程的性质来确定。

统计表明，目前我国机械工业中，批量为 10～100 件的零件约占生产零件种类总数的 70%。1972 年，国际生产工程研究协会（CIRP）曾对美国、日本和欧洲各工业部门所采用的生产类型进行过一次调查，其调查结果如图 1-4 所示。图中的大批生产是指年产量为一万至几万件，大量生产是指年产量为十万件以上。由图 1-4 可知，无论是零件种类还是零件产值，单件和小批生产的零件都占多数。

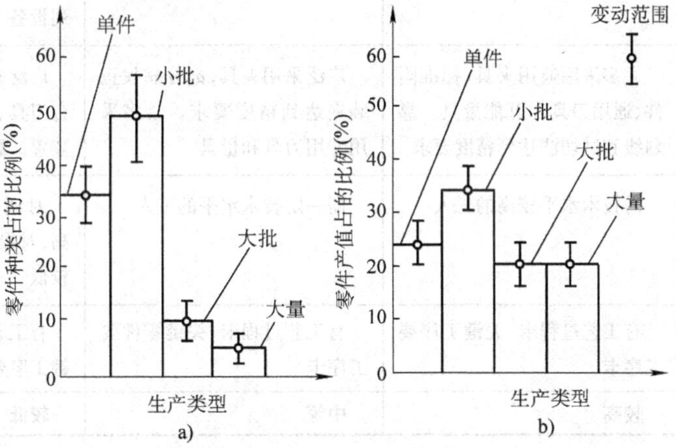

图 1-4　生产类型（美、日、欧洲）的分布情况

随着科学技术的发展和市场需求的变化及竞争的加剧，产品更新换代的周期越来越短，多品种小批量生产的趋势还会不断增长。

3. 各种生产类型的工艺特征

生产类型不同，零件和产品的制造工艺、所用设备及工艺装备、对工人的技术要求、采取的技术措施和达到的技术经济效果也会不同。各种生产类型的工艺特征归纳在表 1-5 中，在制订零件机械加工工艺规程时，先确定生产类型，再参考表 1-5 确定该生产类型下的工艺特征，以使所制订的工艺规程正确合理。

表 1-5 中一些项目的结论都是在传统的生产条件下归纳的。由于大批大量生产采用专用高效设备及工艺装备，因而产品成本低，但往往不能适应多品种生产的要求；而单件小批生产由于采用通用设备及工艺装备，因而容易适应品种的变化，但产品成本高，有时还跟不上市场的需求。因此，目前各种生产类型的企业既要适应多品种生产的要求，又要提高经济效

益，它们的发展趋势是既要朝着生产过程柔性化的方向发展，又要上规模、扩大批量，以提高经济效益。成组技术和数控技术为这种发展趋势提供了重要的基础，各种现代制造技术都是在这种条件下应运而生的。

表 1-5 各种生产类型的工艺特征

工艺特征	生产类型		
	单件小批	中批	大批大量
零件的互换性	用修配法,钳工修配,缺乏互换性	大部分具有互换性。装配精度要求高时,灵活应用分组装配法和调整法,同时还保留某些修配法	具有广泛的互换性。少数装配精度较高处,采用分组装配法和调整法
毛坯的制造方法与加工余量	木模手工造型或自由锻造。毛坯精度低,加工余量大	部分采用金属模铸造或模锻。毛坯精度和加工余量中等	广泛采用金属模机器造型、模锻或其他高效方法。毛坯精度高,加工余量小
机床设备及其布置形式	通用机床。按机床类别采用机群式布置	部分通用机床和高效机床。按工件类别分工段排列设备	广泛采用高效专用机床及自动机床。按流水线和自动线排列设备
工艺装备	大多采用通用夹具、标准附件、通用刀具和万能量具。靠划线和试切法达到精度要求	广泛采用夹具,部分靠找正装夹达到精度要求。较多采用专用刀具和量具	广泛采用专用高效夹具、复合刀具、专用量具或自动检验装置。靠调整法达到精度要求
对工人的技术要求	需技术水平较高的工人	需一定技术水平的工人	对调整工的技术水平要求高,对操作工的技术水平要求较低
工艺文件	有工艺过程卡,关键工序要工序卡	有工艺过程卡,关键零件要工序卡	有工艺过程卡和工序卡,关键工序要调整卡和检验卡
成本	较高	中等	较低

第五节 基本的加工方法

人们在长期的生产实践中，创造出许多机械加工方法。这些方法的目的是使工件获得一定的尺寸和形状及它们的精度，归纳起来有如下两类基本的加工方法。

（一）获得尺寸精度的方法

1. 试切法

通过试切→测量→调整→再试切，反复进行到被加工尺寸达到要求为止的加工方法称为试切法。试切法的生产率低，但它不需要复杂的装置，加工精度取决于工人的技术水平和计量器具（工具、仪器、仪表）的精度，故常用于单件小批生产。

作为试切法的一种类型——配作，它是以已加工件为基准，加工与其相配的另一工件，或将两个（或两个以上）工件组合在一起进行加工的方法。配作中最终被加工尺寸达到的要求是以与已加工件的配合要求为准的。

2. 调整法

先调整好刀具和工件在机床上的相对位置，并在一批零件的加工过程中保持这个位置不变，以保证工件被加工尺寸的方法称为调整法。影响调整法精度的因素有：测量精度、调整精度、重复定位精度等。当生产批量较大时，调整法有较高的生产率。调整法对调整工的要求高，对机床操作工的要求不高，常用于成批生产和大量生产。

3. 定尺寸刀具法

用刀具的相应尺寸来保证工件被加工部位尺寸的方法称为定尺寸刀具法。影响尺寸精度的因素有：刀具的尺寸精度、刀具与工件的位置精度等。当尺寸精度要求较高时，常用浮动刀具进行加工，就是为了消除刀具与工件的位置误差的影响。定尺寸刀具法操作方便，生产率较高，加工精度也较稳定。钻头、铰刀、多刃镗刀块等加工孔均属定尺寸刀具法，应用于各种生产类型。拉刀拉孔也属定尺寸刀具法，应用于大中批生产和大量生产。

4. 主动测量法

在加工过程中，边加工边测量加工尺寸，并将所测结果与设计要求的尺寸比较后，或使机床继续工作，或使机床停止工作，这就称为主动测量法。目前，主动测量中的数值已经可用数字显示。主动测量法把测量装置加入工艺系统（即机床、刀具、夹具和工件组成的统一体）中，成为其第五个因素。主动测量法质量稳定、生产率高，是发展方向。

5. 自动控制法

这种方法是把测量、进给装置和控制系统组成一个自动加工系统，加工过程依靠系统自动完成的。初期的自动控制法是利用主动测量和机械或液压等控制系统完成的。目前已采用按加工要求预先编排的程序，由控制系统发出指令进行工作的程序控制机床（简称程控机床）或由控制系统发出数字信息指令进行工作的数字控制机床（简称数控机床），以及能适应加工过程中加工条件的变化，自动调整加工用量，按规定条件实现加工过程最佳化的适应控制机床进行自动控制加工。自动控制法加工的质量稳定、生产率高、加工柔性好、能适应多品种生产，是目前机械制造的发展方向和计算机辅助制造（CAM）的基础。

（二）获得形状精度的方法

1. 刀尖轨迹法

依靠刀尖的运动轨迹获得形状精度的方法称为刀尖轨迹法。刀尖的运动轨迹取决于刀具和工件的相对成形运动，因而所获得的形状精度取决于成形运动的精度。普通车削、铣削、刨削和磨削等均属刀尖轨迹法。

2. 仿形法

刀具按照仿形装置进给对工件进行加工的方法称为仿形法。仿形法所得到的形状精度取决于仿形装置的精度及其他成形运动精度。仿形车、仿形铣等均属仿形法加工。

3. 成形法

利用成形刀具对工件进行加工的方法称为成形法。成形刀具替代一个成形运动。成形法所获得的形状精度取决于成形刀具的形状精度和其他成形运动精度。用成形刀具或砂轮的车、铣、刨、磨、拉等都属成形法。

4. 展成法（滚切法）

利用工件和刀具作展成切削运动进行加工的方法称为展成法。展成法所得被加工表面是切削刃和工件作展成运动过程中所形成的包络面，切削刃形状必须是被加工面的共轭曲线。它所获得的精度取决于切削刃的形状和展成运动的精度等。滚齿、插齿、磨齿、滚花键等均属展成法。

5. 数控成形法

利用坐标轴联动的数控技术可自动控制高的形状精度。两坐标联动的数控技术可加工平面轮廓曲线，三坐标联动的数控技术可加工立体轮廓曲面。

习题与思考题

1-1 什么是生产过程和工艺过程？它们的区别有哪些？

1-2 什么是工序、安装、装夹、工位、工步和行程？工序和工步、安装和装夹、安装和工位的主要区别是什么？

1-3 为何要引入制造过程的概念？它和生产过程有哪些不同？

1-4 为何要用系统的概念来分析制造过程？简述制造系统的主要特点。

1-5 生产类型是根据什么划分的？有几种生产类型？它们各有哪些主要工艺特征？在多品种生产的要求下，各种生产类型有哪些不足？如何解决？

1-6 了解和思考各种基本加工方法各有什么不同的特点。根据哪些因素来选择不同的方法？

第二章　工件的定位及机床夹具的设计要点

工件的定位是加工前首先要解决的工件放准的问题，它和基准、加工精度、尺寸链和工艺规程设计等诸多工艺理论密切相关，又是机床夹具设计的首要问题，因而它是制造工艺学的重要基础理论。

本章从基准谈起，强调应从设计和工艺两方面用几何学观点树立基准的正确概念，就可得出基准都是客观存在的，而且作为基准必须确切，然后重点介绍定位原理及定位误差的简便计算方法，最后简述机床夹具设计的要点。

第一节　基准的概念及其分类

一、基准的概念

基准是用来确定生产对象上几何要素间的几何关系所依据的那些点、线、面。一个几何关系就有一个基准。

二、基准的分类

根据基准的作用的不同，基准分为设计基准和工艺基准两大类。为设计而用的基准称为设计基准，为工艺而用的基准称为工艺基准。

1. 设计基准

设计图样上所采用的基准称为设计基准，如零件图样上所采用的基准，也应包括装配图样上的基准，即装配基准。装配时是根据装配图样上的基准进行装配的。装配基准是指装配时用来确定零件或部件在产品中的相对位置所采用的基准[⊖]。

例如，图 2-1a 所示的零件，对尺寸 20mm 而言，*B* 面是 *A* 面的设计基准，或者 *A* 面是 *B* 面的设计基准，它们互为设计基准。一般说来，设计基准是可逆的。图 2-1b 所示的零件，对同轴度而言，ϕ50mm的轴线是ϕ30mm轴线的设计基准。而ϕ50mm圆柱面的设计基准是

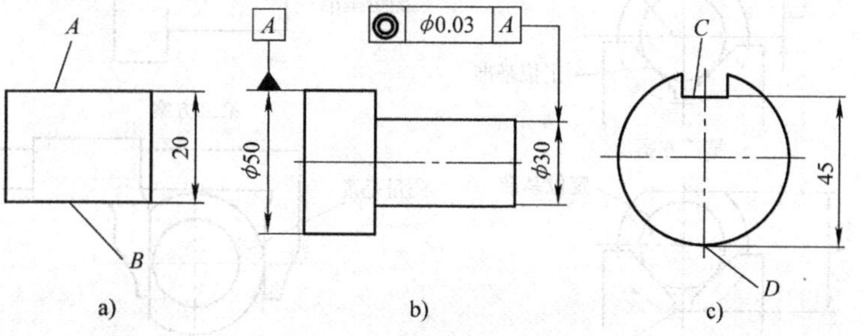

图 2-1　设计基准的实例

a）两面之间距离（位置）尺寸　b）阶梯轴同轴度和圆柱面尺寸　c）键槽底面位置尺寸

⊖　GB/T 4863—2008 装配基准的定义。

ϕ50mm 的轴线，ϕ30mm 圆柱面的设计基准是 ϕ30mm 的轴线。不应笼统地说，轴的轴线是它们的设计基准。图 2-1c 所示零件，对尺寸 45mm 而言，圆柱面的下素线 D 是键槽底面 C 的设计基准。

又如图 2-2 所示的主轴箱箱体，顶面 F 的设计基准是底面 D，孔Ⅲ和Ⅳ轴线的设计基准是底面 D 和导向侧面 E，孔Ⅱ轴线的设计基准是孔Ⅲ和Ⅳ的轴线。D 面和 E 面也是主轴箱总成在机床床身上的装配基准。

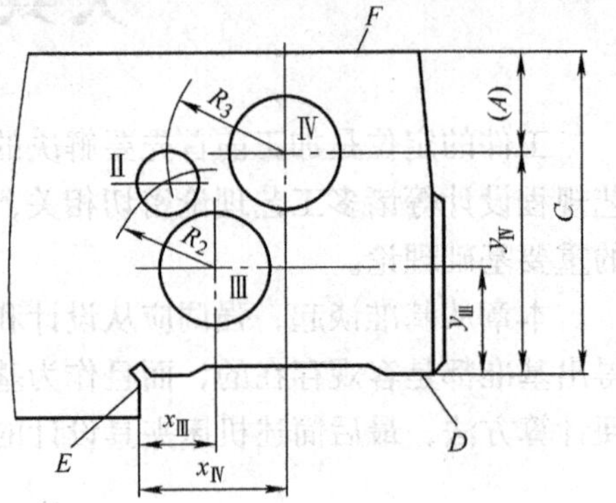

图 2-2 主轴箱箱体的设计基准

2. 工艺基准——为工艺而用的基准

（1）工序基准　工序简图上工序尺寸的基准，简言之，工序基准就是工序图上的基准。

（2）定位基准　它是在加工中用作定位的基准。用夹具装夹时，定位基准就是工件上直接与夹具的定位元件相接触的点、线、面。

（3）测量基准　它是测量时所采用的基准。

现以图 2-3 为例说明各种基准及其相互关系。图 2-3a 所示为短阶梯轴图样的三个设计尺寸 d、D 和 C，圆柱面Ⅰ的设计基准是 d 尺寸段的轴线，圆柱面Ⅱ的设计基准是 D 尺寸段的轴线，平面Ⅲ的设计基准是含 D 尺寸段轴线的平行平面。图 2-3b 所示是平面Ⅲ的加工工序简图，定位基准都是 d 尺寸段的圆柱面Ⅰ。有两种工序基准方案，第一方案的工序尺寸是 C，即工序基准是含 D 尺寸段轴线的平行平面；第

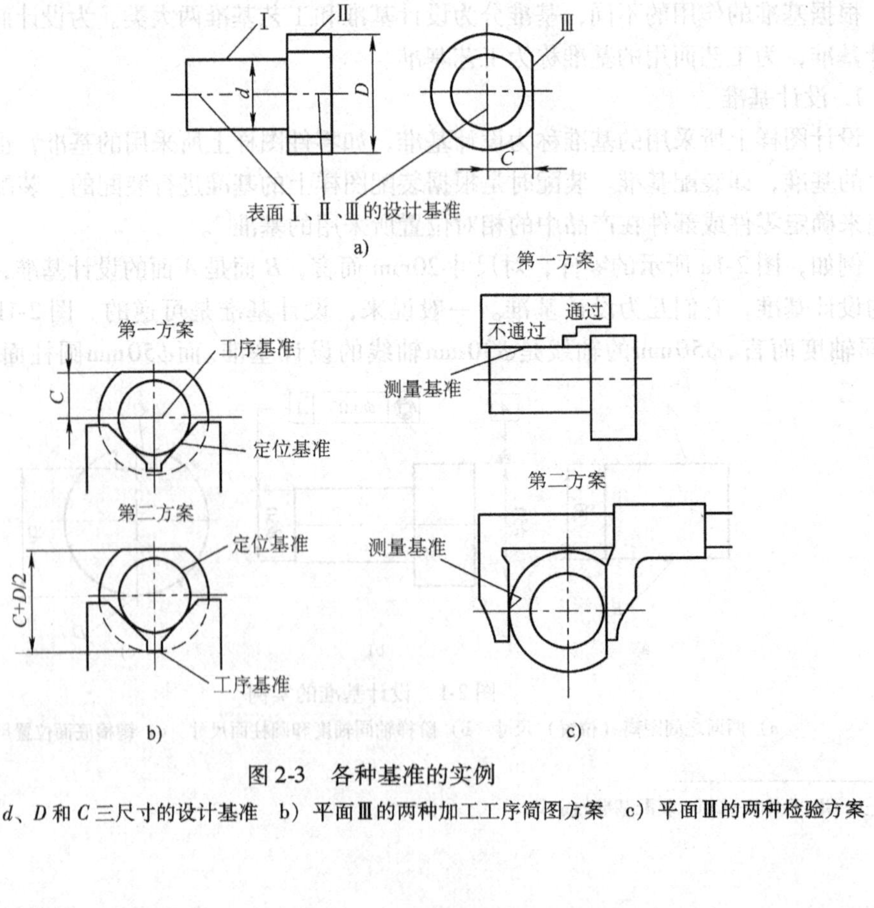

图 2-3　各种基准的实例

a）短阶梯轴 d、D 和 C 三尺寸的设计基准　b）平面Ⅲ的两种加工工序简图方案　c）平面Ⅲ的两种检验方案

二方案的工序尺寸是 $C+D/2$，即工序基准是圆柱面Ⅱ的下素线。图 2-3c 所示是两种测量平面Ⅲ的方案。第一方案是以外圆柱面Ⅰ的上素线为测量基准，第二方案是以外圆柱面Ⅱ的下素线为测量基准。如何选择和评价这两种方案，涉及设计、工艺和测量三方面的问题，本书将学习和讨论这些问题。

三、树立正确的基准概念

1）应从设计和工艺两方面去建立基准的正确概念。首先是建立在几何学的基础上，是理想的状态，它是研究几何体上几何要素间的几何关系。以圆为例，是先有圆心和半径再有圆的，这是设计人员要求的理想状态的圆。然后，工艺人员看到的是加工后的圆，和设计人员理想状态的圆有差别，这需要设计人员给出加工圆的公差值和偏差值，限制加工的误差。

2）基准是依据的点、线、面必然都是客观存在的。有时，基准是组成要素㊀（轮廓要素），如圆柱面、平面等，这些基准比较直观，也易直接接触到；有时，基准是导出要素㊀（中心要素），如球心、轴线、中心平面等，它们不像轮廓要素那样摸得着、看得见，但它们却是客观存在的。随着测量技术的发展，总会把那些中心要素反映出来，圆度仪就是设法通过测量圆来确定其客观存在的圆心。

3）基准要确切。要分清是圆柱面还是圆柱面的轴线，两者有所不同。为了使用上的方便，有时可以相互替代（不是体现），但应引入替代后的误差。还要分清轴线的区段，如阶梯轴的轴线必须要说清是哪段阶梯的轴线，不可笼统说明。关于这方面的问题，国家标准 GB/T 17851—2010《几何公差　基准和基准体系》已说得很清楚，在此不再赘述。

第二节　工件的装夹方式

将工件在机床上或夹具中定位、夹紧的过程称为装夹。工件的装夹方式有以下几种：

（1）用夹具装夹　夹具是用以装夹工件（和引导刀具）的装置。夹具上的定位元件和夹紧元件能使工件迅速获得正确位置，并使其固定在夹具和机床上。因此，工件定位方便，定位精度高而且稳定，装夹效率也高。当以已加工过的表面（精基准）定位时，工件的定位精度一般可达 0.01mm。所以，用专用夹具装夹工件广泛用于中批、大批和大量生产。但是，由于制造专用夹具费用较高、周期较长，所以在单件小批生产时，很少采用专用夹具，而是采用通用夹具。当工件的加工精度要求较高时，可采用标准元件组装的组合夹具，使用后元件可拆回。

（2）找正装夹　找正是用工具（和仪表）根据工件上有关基准，找出工件在划线、加工或装配时的正确位置的过程。用找正方法装夹工件称为找正装夹。找正装夹又可分为：

1）划线找正装夹。此法是用划针根据毛坯或半成品上所划的线为基准找正它在机床上正确位置的一种装夹方法。如图 2-4 所示的车床床身毛坯，为保证床身各加工面和非加工面的位置尺寸及各加工面的余量，可先在钳工台上划好线，然后在龙门刨床工作台上用千斤顶支起床身毛坯，用划针按线找正并夹紧，再对床身底平面进行粗刨。由于划线既费时，又需技术水平高的划线工，划线找正的定位精度也不高，所以划线找正装夹只用在批量不大、形状复杂而笨重的工件，或毛坯的尺寸公差很大而无法采用夹具装夹的工件。

㊀ GB/T 1182—2008 产品几何技术规范《几何公差形状、方向、位置和跳动公差标准》中的名称。

2）直接找正装夹。此法是用划针和百分表或通过目测直接在机床上找正工件位置的装夹方法。图 2-5 所示是用四爪单动卡盘装夹套筒，先用百分表按工件外圆 A 进行找正后，再夹紧工件进行外圆 B 的车削，以保证套筒的 A、B 圆柱面的同轴度。此法的生产率较低，对工人的技术水平要求高，所以一般只用于单件小批生产中。若工人的技术水平很高，且能采用较精确的工具和量具，那么直接找正装夹也能获得较高的定位精度。

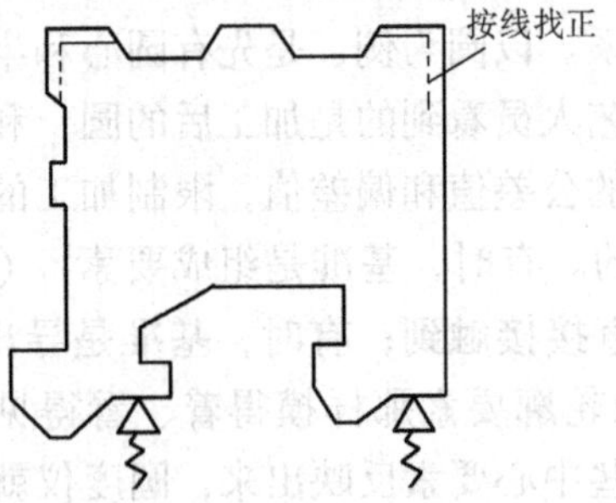

图 2-4　划线找正装夹

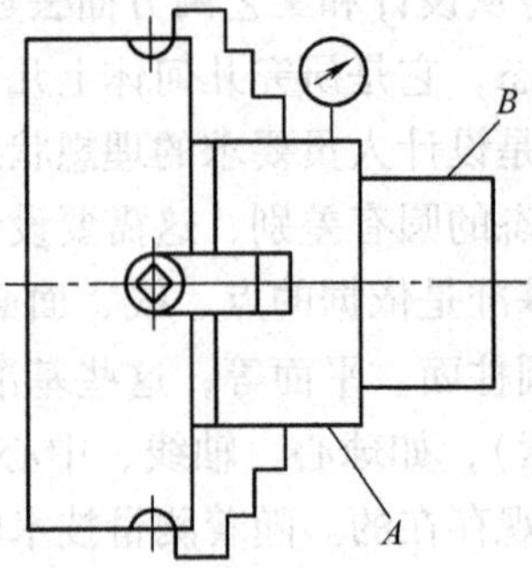

图 2-5　直接找正装夹

表 2-1 中列出了找正装夹法的定位误差。

表 2-1　找正装夹法的定位误差　（单位：mm）

基准面状态	找正用工具种类					
	粉笔印	划线盘	水平尺	深度千分尺	百分表	长度量规
以划线作基准	—	0.5	—	0.25	—	—
以毛面作基准	1.5	—	—	—	—	—
以已加工面作基准	—	0.25	0.01	0.10	0.05	0.05

第三节　工件的定位原理

一、工件的六点定位

工件定位的实质就是在加工前，确定工件在机床上或夹具中占有正确位置。由运动学可知：自由刚体在空间直角坐标体系中有六个自由度，如图 2-6 所示，沿三个坐标轴的移动自由度和绕三个坐标轴的转动自由度，分别用$\vec{x}$、$\vec{y}$、$\vec{z}$和$\widehat{x}$、$\widehat{y}$、$\widehat{z}$表示。工件可近似地看成为自由刚体，要使工件定位就需要限制工件的六个自由度，这就称为工件的六点定位。

如图 2-7 所示，要使一长方体工件在空间处于正确的位置，可用三个互相垂直的平面分别与工件的三个面保持接触，即：工件底面 A 需要一个大平面（位于 xOy 上）与其接触，限制了工件的三个自由度$\vec{z}$、$\widehat{x}$和$\widehat{y}$；工件侧面 B 需要一个长条平面（位于 yOz 上）与其接触，限制了工件的两个自由度$\vec{x}$和$\widehat{z}$；工件后端面 C 需要一个小平面（位于 xOz 上）与其接触，限制了工件的一个自由度$\vec{y}$。这样，工件的六个自由度便被完全限制了。大平面限制三个自由度（三个点）；长平面限制两个自由度（两个点）；小平面限制一个自由度（一个点）；共计六个点。“点”实际上就是限制自由度数的单位。图 2-7 中形象地画出点的数目，它表示限制自由度的数目。

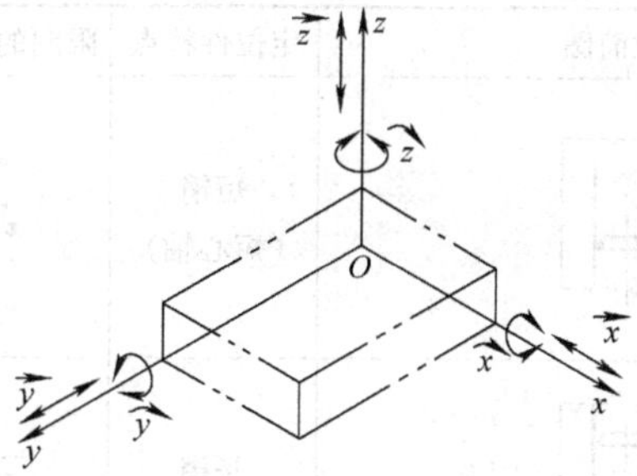

图 2-6　自由刚体在空间具有的六个自由度

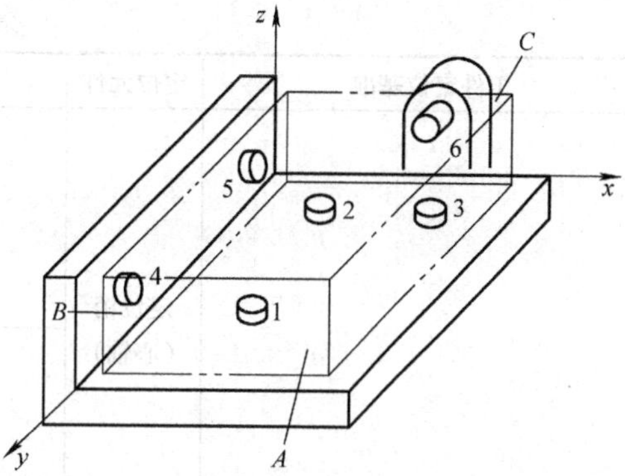

图 2-7　长方体工件在空间的六点定位

在实际生产中，起定位作用限制工件自由度的是形状简单的几何体，称为定位元件。表 2-2 为常用的定位元件能限制工件的自由度。

表 2-2　常用的定位元件能限制工件的自由度

工件定位基准	定位元件	定位简图	定位件特点	限制的自由度
平面 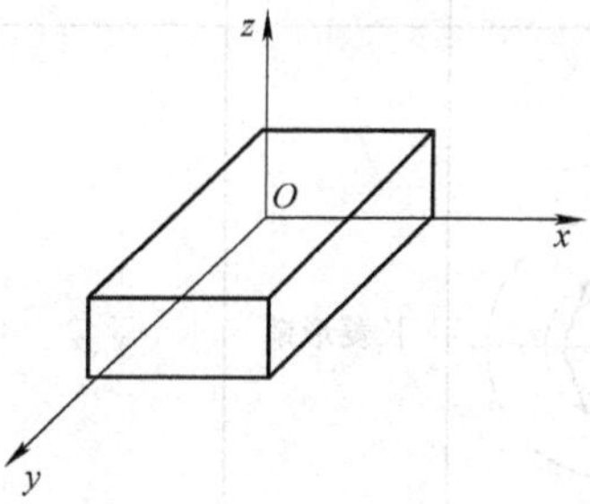	支承钉	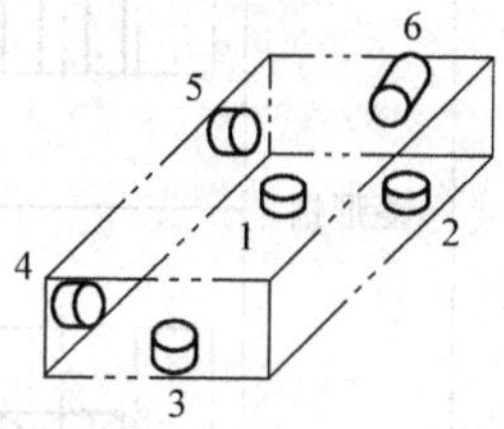	1、2、3、4、5、6—固定支承	1、2、3—$\vec{z}$，$\widehat{x}$，$\widehat{y}$ 4、5—$\vec{x}$、$\widehat{z}$ 6—$\vec{y}$
	支承板	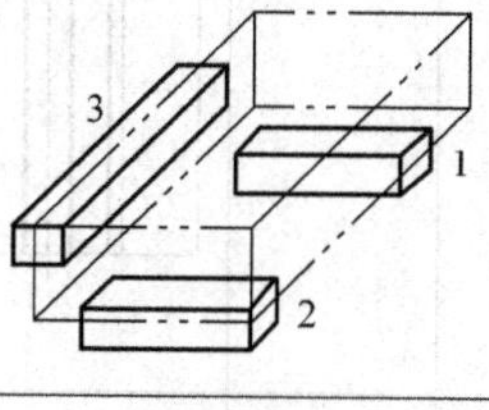	1、2、3—固定支承	1、2—$\vec{z}$，$\widehat{x}$，$\widehat{y}$ 3—$\vec{x}$、$\widehat{z}$
	固定支承与辅助支承	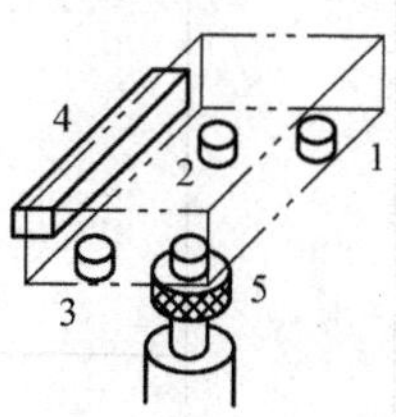	1、2、3、4—固定支承 5—辅助支承	1、2、3—$\vec{z}$，$\widehat{x}$，$\widehat{y}$ 4—$\vec{x}$、$\widehat{z}$ 5—增加刚性，不限制自由度
	固定支承与浮动支承	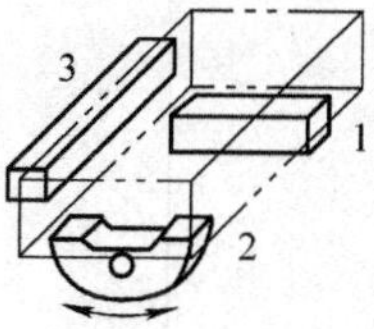	1、3—固定支承 2—浮动支承	1、2—$\vec{z}$，$\widehat{x}$，$\widehat{y}$ 3—$\vec{x}$、$\widehat{z}$

（续）

工件定位基准	定位元件	定位简图	定位件特点	限制的自由度
圆孔 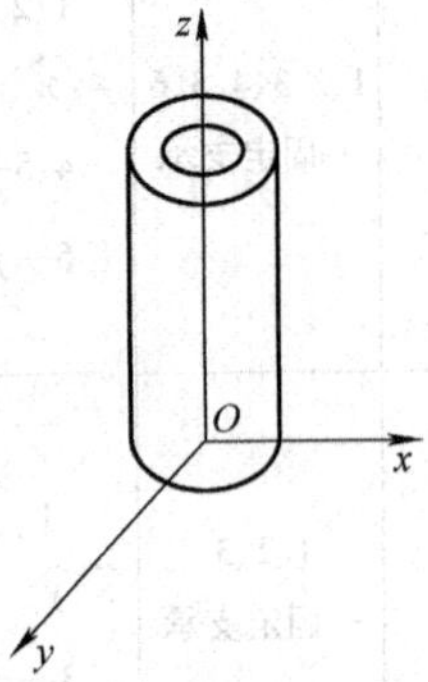	定位销（心轴）	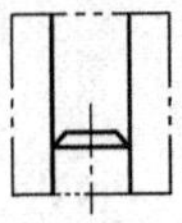	短销（短心轴）	$\vec{x}$、$\vec{y}$
		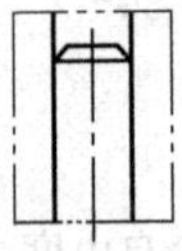	长销（长心轴）	$\vec{x}$、$\vec{y}$ $\overset{\frown}{x}$、$\overset{\frown}{y}$
	菱形销	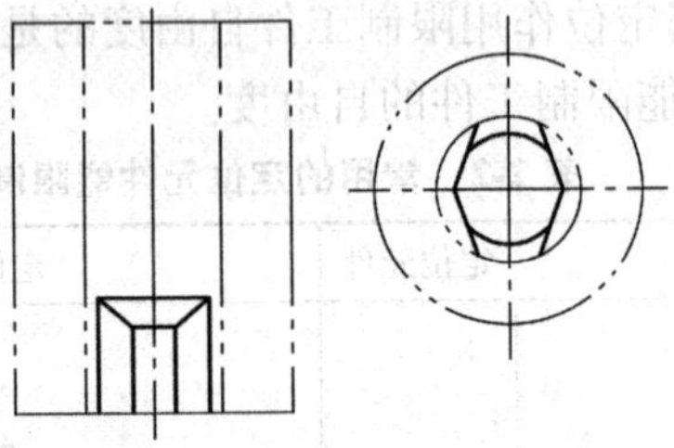	短菱形销	$\vec{y}$
		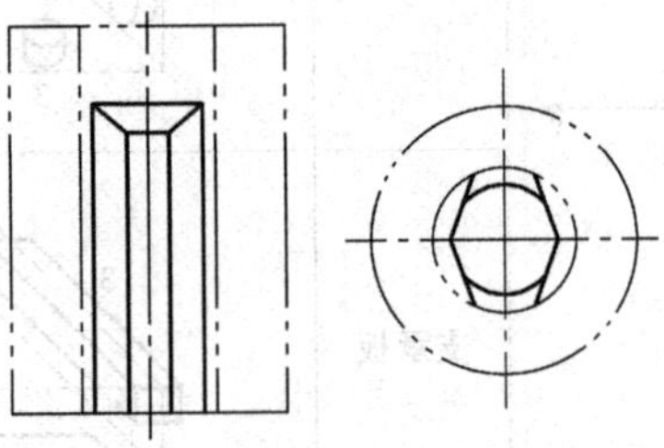	长菱形销	$\vec{y}$、$\overset{\frown}{x}$
	锥销	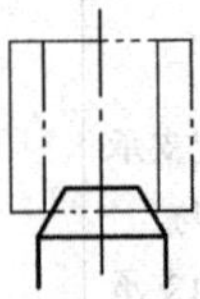	固定短锥销	$\vec{x}$、$\vec{y}$、$\vec{z}$
		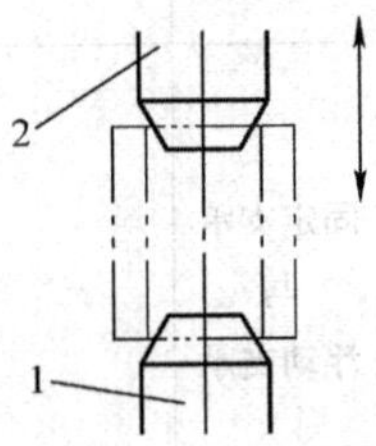	1—固定短锥销 2—活动短锥销	$\vec{x}$、$\vec{y}$、$\vec{z}$ $\overset{\frown}{x}$、$\overset{\frown}{y}$

（续）

工件定位基准	定位元件	定位简图	定位件特点	限制的自由度
圆锥孔 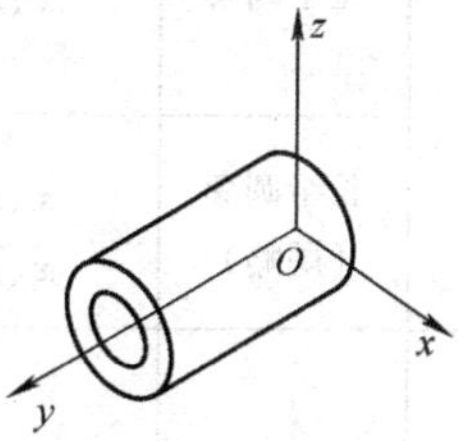	长锥销	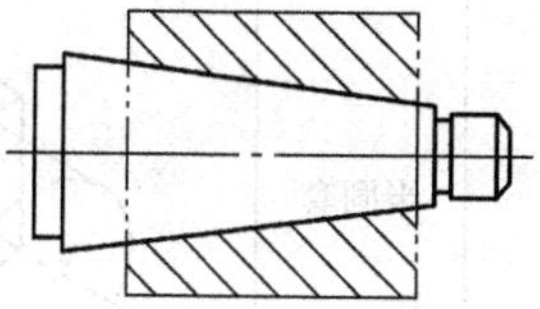	长圆锥销	$\vec{x}$、$\vec{y}$、$\vec{z}$ $\overset{\frown}{x}$、$\overset{\frown}{z}$
	顶尖	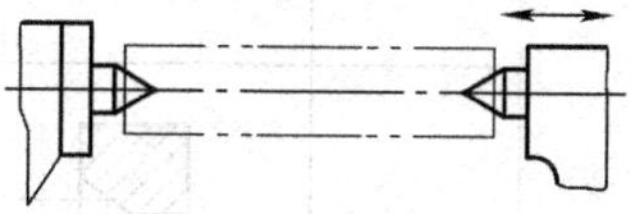	前顶尖 活动后顶尖	$\vec{x}$、$\vec{y}$、$\vec{z}$ $\overset{\frown}{x}$、$\overset{\frown}{z}$
外圆柱面 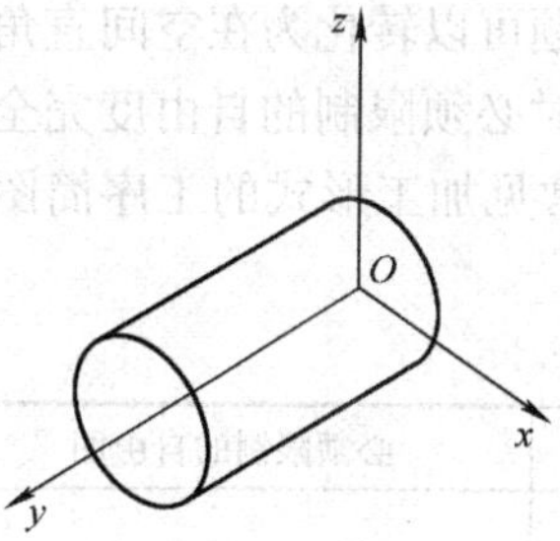	支承板或支承钉	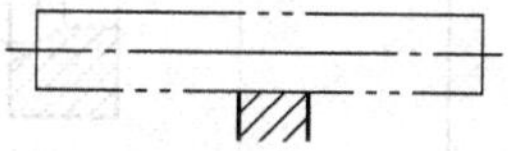	短支承板或支承钉	$\vec{z}$
		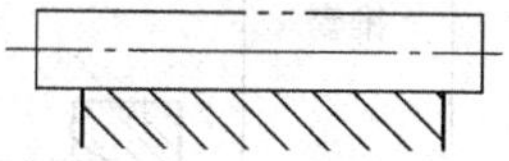	长支承板或两个支承钉	$\vec{z}$、$\overset{\frown}{x}$
	V形块	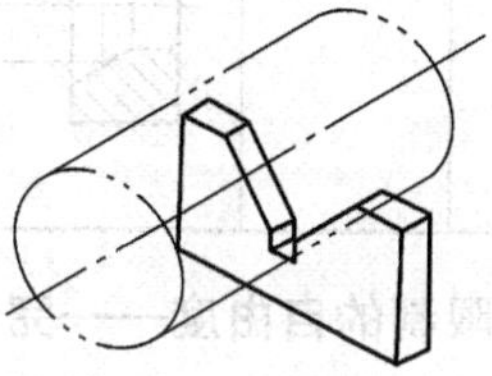	窄V形块	$\vec{x}$、$\vec{z}$
		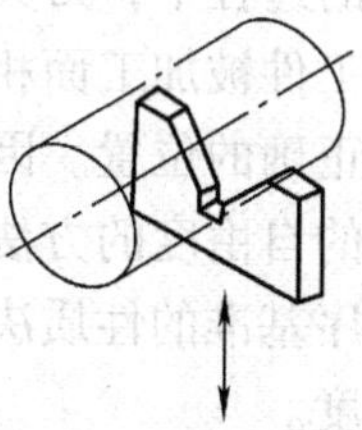	垂直运动的窄活动V形块	$\vec{x}$
		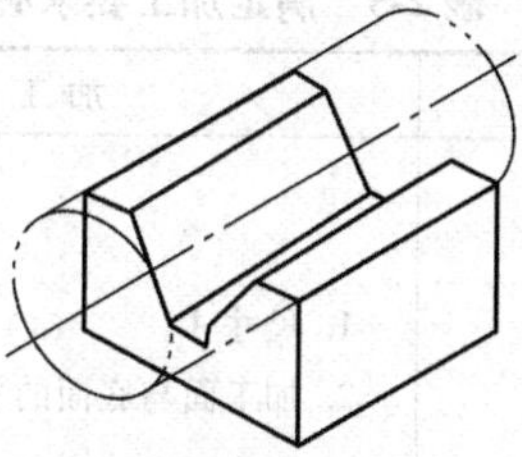	宽V形块	$\vec{x}$、$\vec{z}$　$\overset{\frown}{x}$、$\overset{\frown}{z}$
	定位套	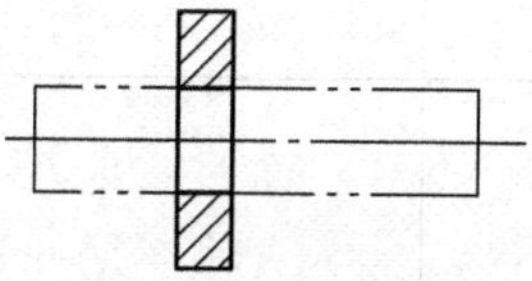	短套	$\vec{x}$、$\vec{z}$
		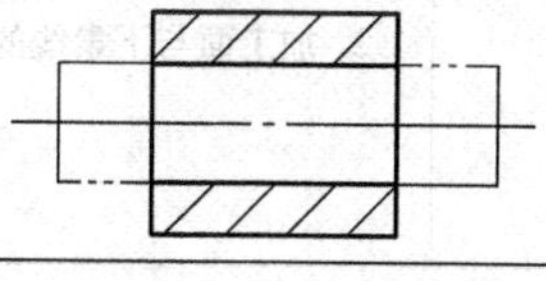	长套	$\vec{x}$、$\vec{z}$ $\overset{\frown}{x}$、$\overset{\frown}{z}$

（续）

工件定位基准	定位元件	定位简图	定位件特点	限制的自由度
外圆柱面 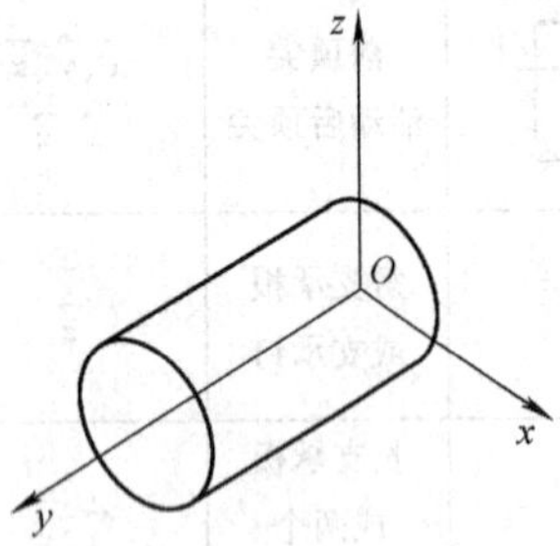	半圆套	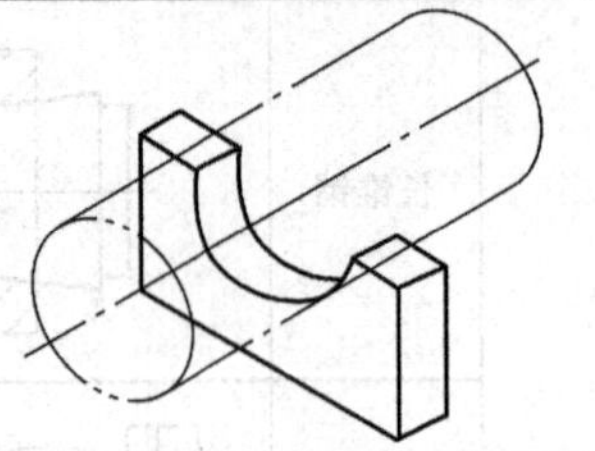	短半圆套	$\vec{x}$、$\vec{z}$
			长半圆套（图略）	$\vec{x}$、$\vec{z}$ $\overset{\frown}{x}$、$\overset{\frown}{z}$
	锥套	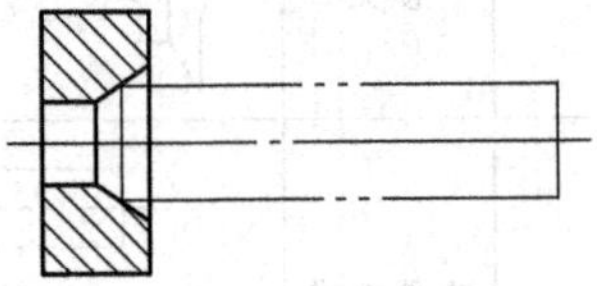		$\vec{x}$、$\vec{y}$、$\vec{z}$
		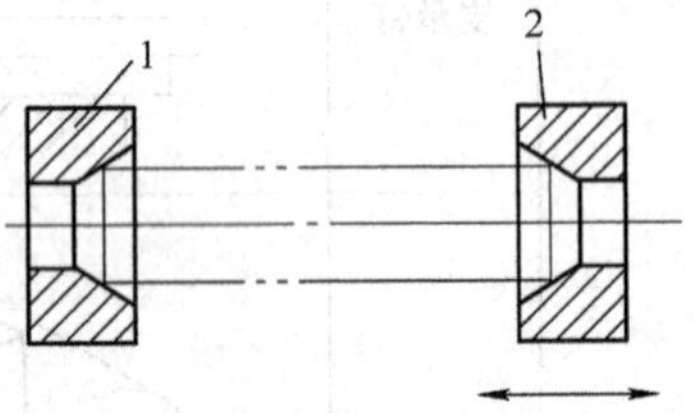	1—固定锥套 2—活动锥套	$\vec{x}$、$\vec{y}$、$\vec{z}$ $\overset{\frown}{x}$、$\overset{\frown}{z}$

二、满足加工要求必须限制的自由度——完全定位和不完全定位

在用调整法加工一批工件的过程中，刀具相对于机床或夹具的位置是确定的，刀具的运动轨迹也是一定的。为了保证工件被加工面相对于工序基准间的正确位置，用来确定被加工面位置的工序基准就必须具有正确的位置。因此，工件的定位问题可以转化为在空间直角坐标系中，用限制工件工序基准的自由度的方法来分析。工件定位时必须限制的自由度完全由工件在该工序的加工要求和工序基准的性质决定。表 2-3 列出了常见加工形式的工序简图为满足加工要求必须限制的自由度。

表 2-3　满足加工要求必须限制的自由度

工 序 简 图	加 工 要 求	必须限制的自由图
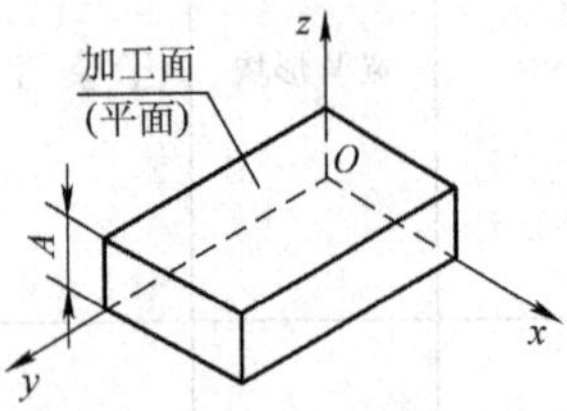	1. 尺寸 A 2. 加工面与底面的平行度	$\vec{z}$、$\overset{\frown}{x}$、$\overset{\frown}{y}$
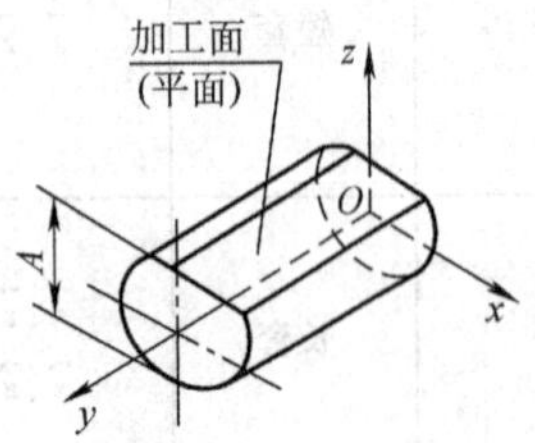	1. 尺寸 A 2. 加工面与下素线的平行度	$\vec{z}$、$\overset{\frown}{x}$

（续）

工序简图	加工要求		必须限制的自由图
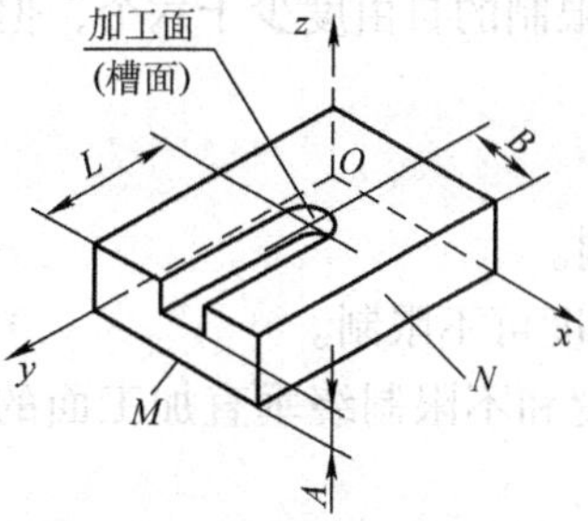	1. 尺寸 A 2. 尺寸 B 3. 尺寸 L 4. 槽侧面与 N 面的平行度 5. 槽底面与 M 面的平行度		$\vec{x}$、$\vec{y}$、$\vec{z}$ $\widehat{x}$、$\widehat{y}$、$\widehat{z}$
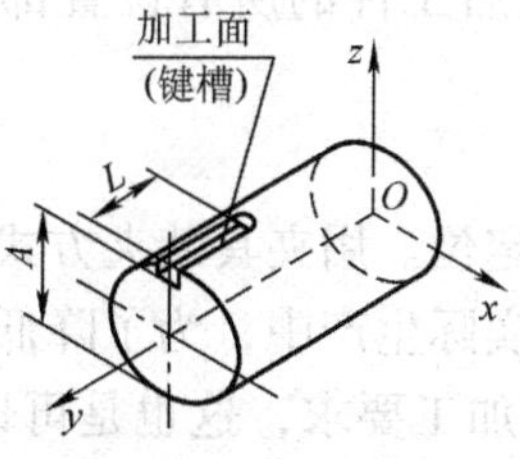	1. 尺寸 A 2. 尺寸 L 3. 槽与圆柱轴线平行并对称		$\vec{x}$、$\vec{y}$、$\vec{z}$ $\widehat{x}$、$\widehat{z}$
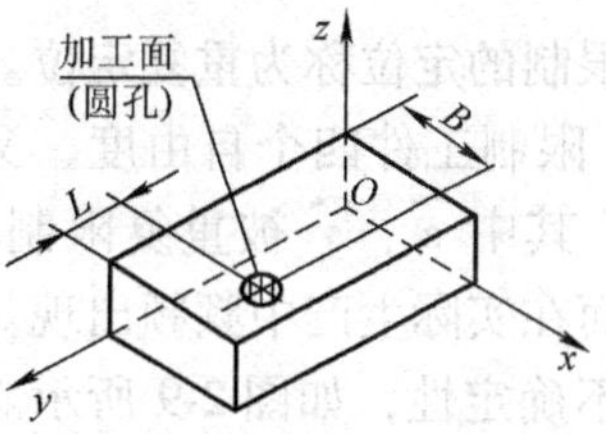	1. 尺寸 B 2. 尺寸 L 3. 孔轴线与底面的垂直度	通孔	$\vec{x}$、$\vec{y}$ $\widehat{x}$、$\widehat{y}$、$\widehat{z}$
		不通孔	$\vec{x}$、$\vec{y}$、$\vec{z}$ $\widehat{x}$、$\widehat{y}$、$\widehat{z}$
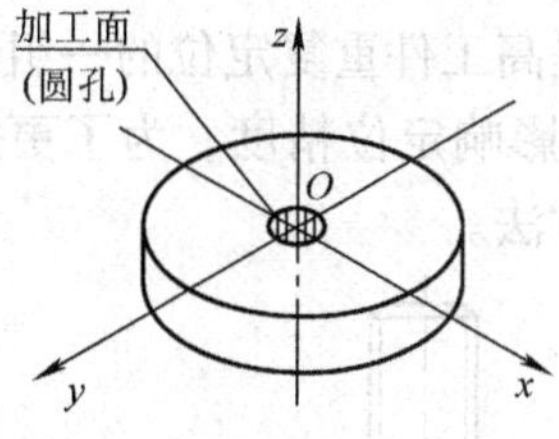	1. 孔与外圆柱面的同轴度 2. 孔轴线与底面的垂直度	通孔	$\vec{x}$、$\vec{y}$ $\widehat{x}$、$\widehat{y}$
		不通孔	$\vec{x}$、$\vec{y}$、$\vec{z}$ $\widehat{x}$、$\widehat{y}$
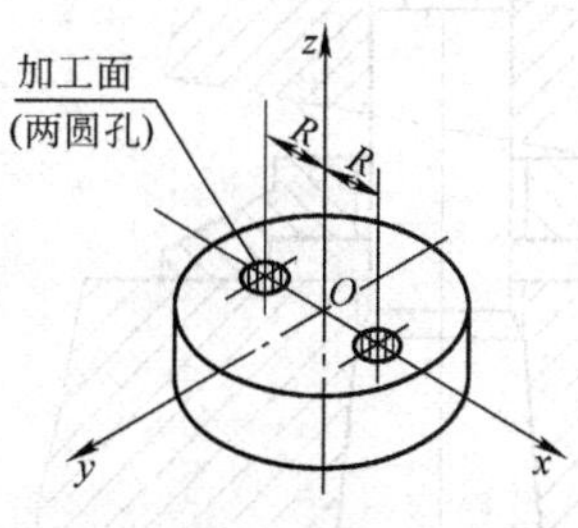	1. 尺寸 R 2. 以圆柱轴线为对称轴，两孔对称 3. 两孔轴线垂直于底面	通孔	$\vec{x}$、$\vec{y}$ $\widehat{x}$、$\widehat{y}$
		不通孔	$\vec{x}$、$\vec{y}$、$\vec{z}$ $\widehat{x}$、$\widehat{y}$

从表 2-3 中可知，要满足长方体工件顶面距工序基准底面的尺寸 A 和平行度要求，必须限制工序基准底面的正确位置，即限制的自由度为 $\vec{z}$、$\widehat{x}$ 和 $\widehat{y}$。而 $\vec{x}$、$\vec{y}$ 和 $\widehat{z}$ 的自由度，从加工要求看，可以不限制，因为一批工件逐个定位时，该三个自由度不会影响加工要求。从

表 2-3 中还可知：在长方体中铣不通槽时，或在长方体上钻不通孔的圆孔时，才需要限制全部六个自由度。

工件的六个自由度都限制了的定位称为完全定位；工件被限制的自由度少于六个，但能满足加工要求的定位称为不完全定位。

在工件定位时，以下几种情况允许不完全定位。

1）加工通孔或通槽时，沿贯通方向的移动自由度可不限制。

2）工件是轴对称时（圆柱体工件），绕对称轴的转动自由度可不限制。

3）加工贯通平面时，可不限制沿两个贯通轴的移动自由度和不限制绕垂直加工面的轴的转动自由度。

工件定位后，要保持定位位置不变的操作属夹紧概念。夹紧后工件的所有位置都“确定”了。这种“确定”和定位的概念，实质不同。

三、欠定位和重复定位

为满足加工要求必须限制的自由度没有被限制的定位称为欠定位。用夹具装夹方式中欠定位是不允许发生的，因为欠定位保证不了工件的加工要求。在实际生产中，为了降低夹具的制造难度和成本，有时欠定位的自由度可用找正装夹方式保证加工要求，这也是可以的。因为此时的定位方式是夹具加找正。

若出现一个自由度同时被两个或两个以上的定位元件重复限制的定位称为重复定位。图 2-8 所示为插齿夹具。工件 3（齿坯）以内孔在心轴 1 上定位，限制工件四个自由度，又以端面（大平面）在支承凸台 2 上定位，限制工件三个自由度，其中 $\widehat{x}$、$\widehat{y}$ 被重复限制了。很显然，因为工件不是刚体，重复定位增加了工件的刚性，因而在实际生产中频频出现。

当齿坯的内孔与端面垂直度误差较大时，就会出现定位的不确定性，如图 2-9 所示。这时，齿坯端面与凸台只有一点接触，夹紧时，不是心轴变形就是工件变形，影响定位精度。所以，为了增加加工时工件的刚性，可采用重复定位，但必须提高工件重复定位的一组表面（本例是孔与端面）的位置精度，否则会出现定位的不确定性，影响定位精度。为了更好地分析和解决重复定位问题，下面介绍定位的自由度叠加与消除方法。

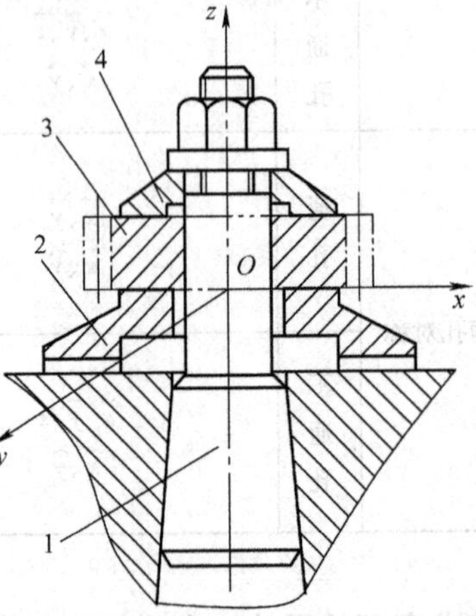

图 2-8 插齿夹具

1—心轴 2—支承凸台 3—工件 4—压板

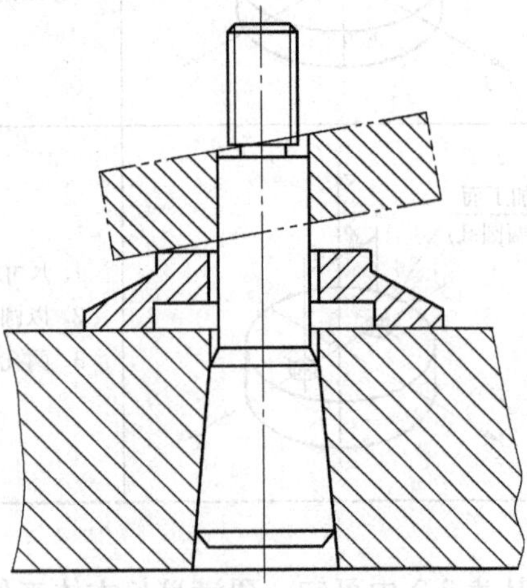

图 2-9 内孔与端面垂直度误差较大时齿坯的定位情况

四、自由度叠加与消除方法

各定位元件限制的自由度数之和为该定位方案总体限制的自由度数称为自由度叠加。如插齿夹具用心轴和支承凸台两定位元件分别限制工件4个自由度和3个自由度，则插齿夹具共限制工件的自由度数为4+3=7个自由度，实际上仅限制工件5个自由度，其中必有2个自由度是重复定位。

为了解决重复定位带来的定位不确定性，除提高工件重复定位的一组表面的位置精度和一组重复定位元件的位置精度，保证其相互不干涉外，必须消除多余的自由度数。具体的消除方法是：

1）定位元件在重复定位的自由度方向可以浮动或移动，消除多余的自由度。见表2-2平面定位中，定位元件用固定支承与浮动支承，以及定位元件用固定支承与辅助支承两个例子。前者支承板2改成可以摆动的浮动支承，限制自由度数为2－1＝1（请注意：图中有1、2两块支承板定位底平面时，应为重复定位）；后者支承5改成可上下移动的辅助支承，限制自由度数为1－1＝0。同理分析，表2-2中的圆孔定位，定位元件用活动锥销2，由固定锥销改为活动锥销限制自由度数为3－1＝2；表2-2中的外圆柱面定位，定位元件用可上下浮动的窄V形块，限制自由度数为2－1＝1；外圆柱面定位，定位元件为活动锥套，限制自由度数为3－1＝2。以上浮动形式在定位方式简图中都用“↕”表示，消除1个自由度。

又如图2-10所示，插齿夹具的支承凸台采用两个方向可浮动的球面垫圈，消除$\widehat{x}$、$\widehat{y}$两个多余的自由度，限制自由度数为3－2＝1。

2）改变定位元件的结构增加某个自由度方向的间隙，消除多余的自由度。如将圆柱销改为菱形销定位元件，如表2-2中短菱形销限制自由度数为2－1＝1，长菱形销限制自由度数为4－2＝2。

在选择浮动或移动和增加间隙的方法消除自由度时，必须选择不必限制自由度的那个方向。例如，要正确选择菱形销的位置，削扁方向（增加间隙）的位置是不必限制的自由度方向。

类似的重复定位还常常会由于夹紧元件设计不合理而造成。从限制自由度分析，夹紧元件是“零自由度的定位元件”。否则，当夹紧元件施加夹紧力后，会干涉或破坏定位元件的定位，出现类似的重复定位。所以夹紧元件和工件接触处也常用浮动结构，就是为了防止出现“重复定位”。

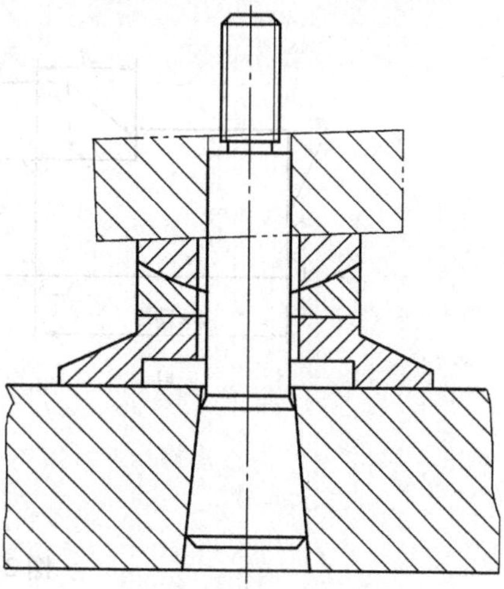

图2-10　采用两个方向浮动的球面垫圈消除重复定位

以上四方面内容统称为工件的定位原理，是用来分析、设计和确定工件的定位方案的基础理论。还应通过习题、讨论课、多看夹具图和实际夹具等进一步掌握定位原理的具体应用。

第四节　工件定位误差的分析与计算

掌握了工件的定位原理，确定了工件的定位方案后，还要进行定位方案精度的定量分析，即定位误差的分析与计算。

一、定位误差的含义和产生的原因

用调整法加工一批工件时，在工件的定位方案中会遇到定位基准与工序基准不重合，以及工件的定位基准与定位元件的定位表面存在制造误差。这些都能引起工件的工序基准偏离正确位置，使工序尺寸产生误差，这种误差是在定位时产生的，故称为定位误差。

现以实例说明定位误差产生的原因。

1. 基准不重合误差 Δ_B

图 2-11a 所示是长方体工件铣缺口的工序简图，工序尺寸为 A 和 B，其工序基准分别为 F 面和底面，定位基准为底面和 E 面，⌵3 和⌵2 是定位基准符号，数字 3 和 2 表示该基准所限制的自由度数。图 2-11b 所示为加工示意图，工件以底面和 E 面定位，C 是确定夹具与刀具位置的对刀尺寸，用调整法对一批工件的加工过程中，尺寸 C 调整好后是不变的。

工序尺寸 A 的工序基准是 F 面，定位基准是 E 面，两者不重合。当用调整法对一批工件逐个在夹具上定位时，受尺寸 $S \pm T_S/2$ 的影响，工序基准 F 的位置是变动的。F 的变动直接影响工序尺寸 A 的大小，造成工序尺寸 A 的误差，这个误差称为基准不重合误差，用 Δ_B 表示。由图 2-11b 可知

$$\Delta_B = S_{max} - S_{min} = A_{max} - A_{min} = T_S$$

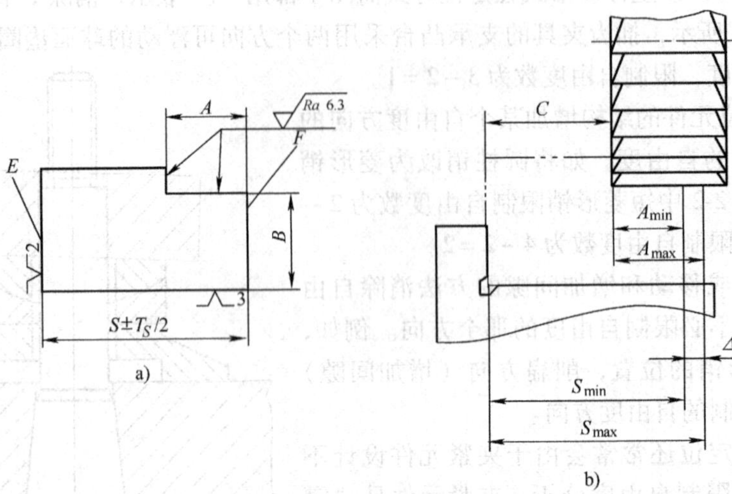

图 2-11 基准不重合误差 Δ_B

a) 工序简图 b) 加工示意图

因此，基准不重合误差 Δ_B 是当用调整法对一批工件逐个定位时，工序基准与定位基准不重合而造成的定位误差。其大小为工序基准在工序尺寸方向上的最大变动量（偏移量）。

若工序基准和定位基准重合，如图 2-11 中的工序尺寸 B，其工序基准与定位基准均为底面，两者重合，所以基准不重合误差 $\Delta_B = 0$。

2. 基准位移误差 Δ_Y

图 2-12a 所示是圆柱体工件铣键槽的工序简图，工序尺寸为 A 和 B，尺寸 A 的工序基准为孔 ϕD 的轴线，尺寸 B 是键槽宽，由刀具宽度保证。图 2-12b 所示是加工示意图，工件以孔 ϕD 套在圆柱心轴 d_0 上定位，尺寸 C 是确定夹具（心轴）与刀具位置的对刀尺寸，用调

整法对一批工件的加工过程中，尺寸 C 调整好后是不变的。

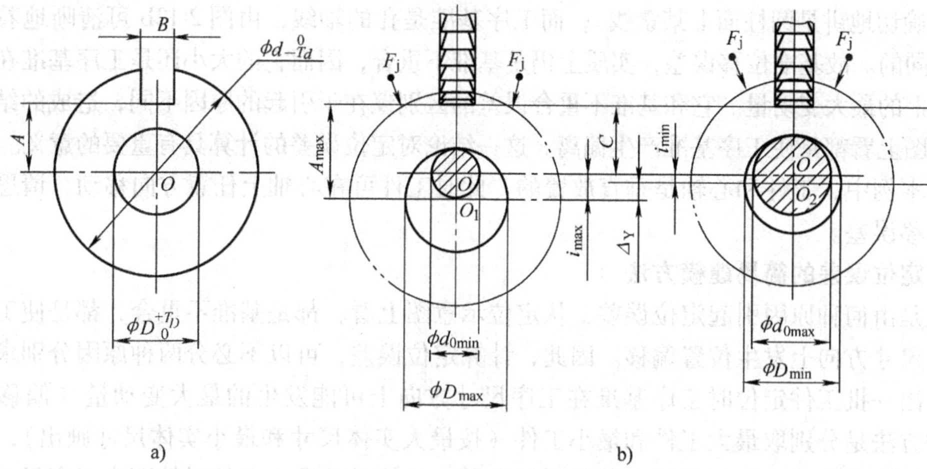

图 2-12 基准位移误差 Δ_Y

a）工序简图 b）加工示意图

假定工件的定位基准孔 ϕD 面与定位元件的工作表面 ϕd_0 均无制造误差，且配合间隙为零，则此情况下无任何定位误差，包括基准不重合误差。实际上，由于 ϕD 和 ϕd_0 均有制造误差，且最小配合间隙不为零，在夹紧力 F_j 的作用下（或心轴水平放置工件在重力的作用下），孔 ϕD 和心轴 ϕd_0 的轴线不会重合，孔 ϕD 的轴线（也即尺寸 A 的工序基准）偏离了正确位置，单向向下偏移。这种由于定位基准（孔 ϕD）和定位元件（心轴 ϕd_0）的制造误差引起工序基准的偏移，造成工序尺寸 A 的误差，这个误差称为基准位移误差，用 Δ_Y 表示。

由图 2-12b 可知：用调整法加工时，当工件孔的直径为最大 ϕD_{max}、心轴直径为最小 ϕd_{0min}时，工序基准的偏移量 i 为最大 $i_{max}=OO_1$，工序尺寸 A 也为最大 A_{max}；当工件孔的直径为最小 ϕD_{min}、心轴直径为最大 ϕd_{0max}时，工序基准的偏移量 i 为最小 $i_{min}=OO_2$，工序尺寸 A 也为最小 A_{min}。因此

$$\Delta_Y = A_{max} - A_{min} = i_{max} - i_{min} = T_i$$

式中 T_i——一批工件中工序基准的最大变动量（偏移量）。

用图 2-12 中的工件孔和心轴的公差 T_D 和 T_{d_0} 代入上式可得

$$i_{max} = X_{max}/2 = (T_D + T_{d_0} + X_{min})/2$$

$$i_{min} = X_{min}/2$$

式中 X_{max}——孔、轴配合的最大间隙；

X_{min}——孔、轴配合的最小间隙。

因此

$$\Delta_Y = T_i = (T_D + T_{d_0})/2$$

由此可见，基准位移误差是由于工件的定位基准（如孔）和定位元件（如心轴）的制造误差，当用调整法对一批工件逐个定位时，引起工序基准的偏移，造成工序尺寸的定位误差，其大小也是工序基准在工序尺寸方向上的最大变动量（偏移量）。

根据基准分析要确切的观点，要分清基准是圆柱面还是圆柱面的轴线，本例中定位基准是圆柱面（确切地讲是圆柱面上某素线），而工序基准是孔的轴线，由图 2-12b 可清晰地看到两基准是不同的。故基准位移误差，实质上仍是基准不重合，因而它的大小还是工序基准在工序尺寸方向上的最大变动量。它和基准不重合误差的区别仅在于引起的原因不同，造成的结果从定位示意图上看都是使工序基准产生偏离。这一结论对定位误差的计算具有重要的意义。

如果本例中，工件和心轴是垂直放置的，此时工件可在心轴上任意方向移动，请思考它的基准位移误差。

二、定位误差的简易建模方法

不论是由何种原因引起定位误差，从定位示意图上看，都是基准不重合，都是使工序基准在工序尺寸方向上发生位置偏移。因此，计算定位误差，可以不必分两种原因分别求，而是统一找出一批工件定位时工序基准在工序尺寸方向上可能发生的最大变动量（偏移量）。最简便的方法是分别取最大工件和最小工件（按最大实体尺寸和最小实体尺寸画出），按已确定的定位方案作出定位示意图，并分别标出最大工件时和最小工件时的两个工序尺寸和工序基准——建立几何模型，然后用几何方法或代数方法求解工序基准在工序尺寸方向上的最大变动量（偏移量）即可。下面以圆柱体工件在 V 形块上定位时，铣键槽用三种不同的工序基准标注槽底尺寸为例，说明定位误差的简易建模方法。

1. 建立几何模型

分别用最大外圆和最小外圆按同一定位方式画好定位示意图，再以三种不同的工序基准分别标出最大工件时和最小工件时的两个工序尺寸和工序基准：h_1 和 h_1'（轴线为工序基准）、h_2 和 h_2'（外圆下素线为工序基准）以及 h_3 和 h_3'（外圆上素线为工序基准），如图 2-13 所示。

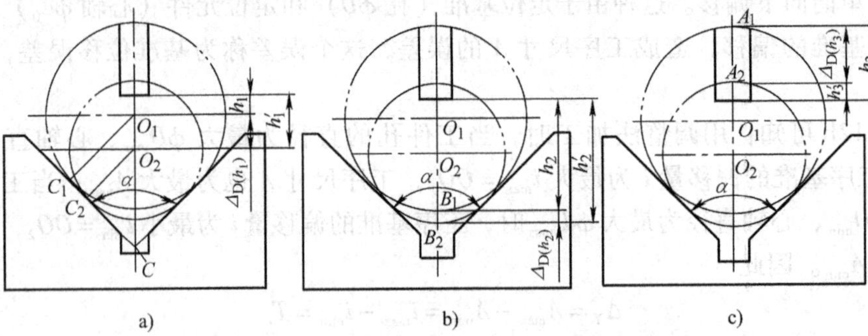

图 2-13 外圆在 V 形块上定位时的定位误差

a）以外圆轴线为工序基准 b）以外圆下素线为工序基准 c）以外圆上素线为工序基准

2. 求解

确定几何模型中最大的和最小的工序尺寸以及它们的长度差别，该段长度差别即工序基准在工序尺寸方向上的最大变动量——定位误差。

1）以轴线 O 为工序基准，在外圆 d 上铣削工序尺寸为 h_1 的键槽。如图 2-13a 所示，定位误差 $\Delta_{D(h_1)}=h_1'-h_1=O_1O_2$，可通过 $\triangle O_1C_1C$ 和 $\triangle O_2C_2C$ 的几何关系求得

$$\Delta_{D(h_1)}=O_1O_2=O_1C-O_2C=\frac{O_1C_1}{\sin\frac{\alpha}{2}}-\frac{O_2C_2}{\sin\frac{\alpha}{2}}=\frac{d}{2\sin\frac{\alpha}{2}}-\frac{d-T_d}{2\sin\frac{\alpha}{2}}=\frac{T_d}{2\sin\frac{\alpha}{2}}$$

2）以外圆下素线 B 为工序基准，铣削工序尺寸为 h_2 的键槽。如图 2-13b 所示，定位误

差 $\Delta_{D(h_2)}=h_2'-h_2=B_1B_2$，由图可得

$$\Delta_{D(h_2)}=B_1B_2=O_1O_2+O_2B_2-O_1B_1=\frac{T_d}{2\sin\dfrac{\alpha}{2}}+\frac{d-T_d}{2}-\frac{d}{2}=\frac{T_d}{2}\left(\frac{1}{\sin\dfrac{\alpha}{2}}-1\right)$$

3）以外圆上素线 A 为工序基准，铣削工序尺寸为 h_3 的键槽。如图 2-13c 所示，定位误差 $\Delta_{D(h_3)}=h_3-h_3'=A_1A_2$，由图可得

$$\Delta_{D(h_3)}=A_1A_2=O_1A_1+O_1O_2-O_2A_2=\frac{d}{2}+\frac{T_d}{2\sin\dfrac{\alpha}{2}}-\frac{d-T_d}{2}=\frac{T_d}{2}\left(\frac{1}{\sin\dfrac{\alpha}{2}}+1\right)$$

上述计算中，因定位元件 V 形块的制造精度较高，故忽略其制造误差（不计 α 角制造误差等）。

由上分析可知，圆柱体工件在 V 形块上定位铣键槽时，键槽深度的工序基准不同，其定位误差也是不同的，即 $\Delta_{D(h_2)}<\Delta_{D(h_1)}<\Delta_{D(h_3)}$。从减少定位误差来考虑，标注尺寸 h_2 最佳。键槽宽度的工序尺寸是由刀具的宽度尺寸保证的，没有定位误差问题。而键槽宽度对轴线的对称问题，由于圆柱面在 V 形块上定位，具有良好的对中性，因而键槽宽度对轴线的对称度的定位误差很小，可以忽略不计。

用建立几何模型求定位误差的方法，对于同时具有基准不重合和基准位移误差的定位方式（常见于定位基准是圆柱体时）而言，可以避开分别求两种定位误差的繁琐过程，直观明了，是最常见和最有效的简便方法。用这种方法做本章的习题和思考题，亲自体会一下，就能更好地掌握。当发现还有其他尺寸对其影响时，就不必再画图了，可用代数式明显表示。

为了便于应用，表 2-4 列举了几种常见定位方式的定位误差供参考。在夹具设计手册中，也能找到更多的定位方式的定位误差。

表 2-4　常用定位方式的定位误差

序号	工序简图	定位简图	工序尺寸或位置精度	定位误差
1	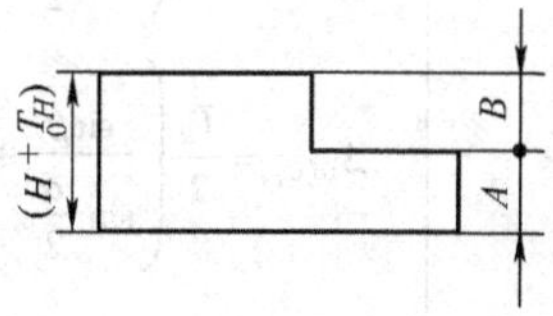	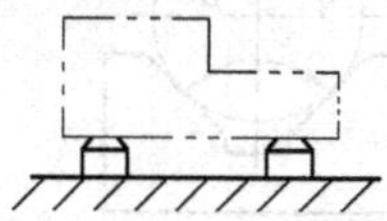	A B	$\Delta_{D(A)}=0$ $\Delta_{D(B)}=T_H$
2		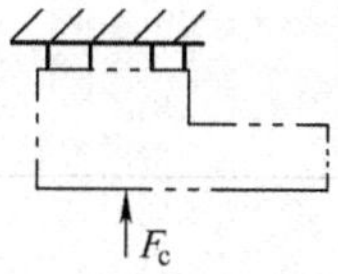	B	$\Delta_{D(B)}=0$
3	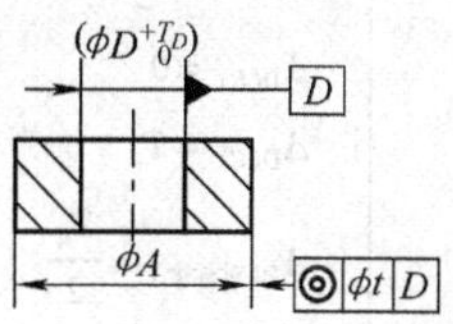	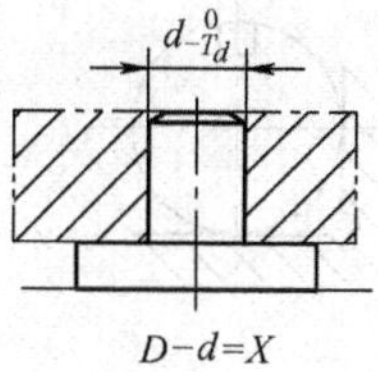	工件外圆对内孔的同轴度	$\Delta_{D(同轴度)}=T_D+T_d+X$ （工件可在心轴上任意方向移动）

（续）

序号	工序简图	定位简图	工序尺寸或位置精度	定位误差
4		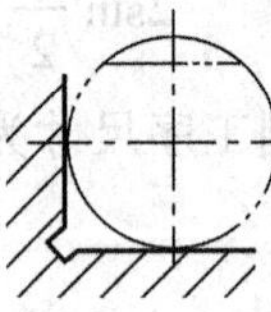	A B C	$\Delta_{D(A)}=\frac{1}{2}T_d$ $\Delta_{D(B)}=0$ $\Delta_{D(C)}=T_d$
5	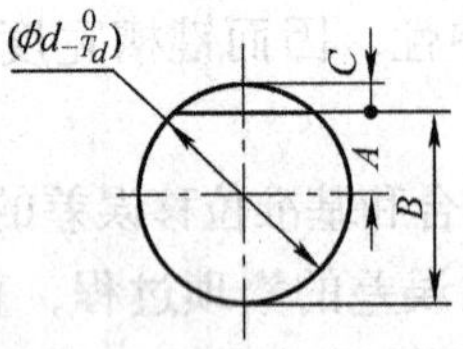	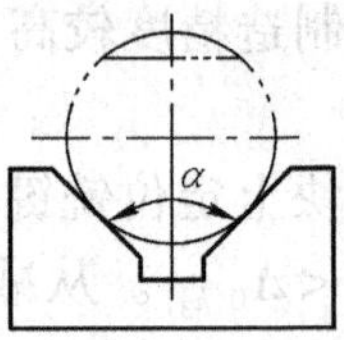	A B C	$\Delta_{D(A)}=\frac{T_d}{2\sin\frac{\alpha}{2}}$ $\Delta_{D(B)}=\frac{T_d}{2}\left(\frac{1}{\sin\frac{\alpha}{2}}-1\right)$ $\Delta_{D(C)}=\frac{T_d}{2}\left(\frac{1}{\sin\frac{\alpha}{2}}+1\right)$
6		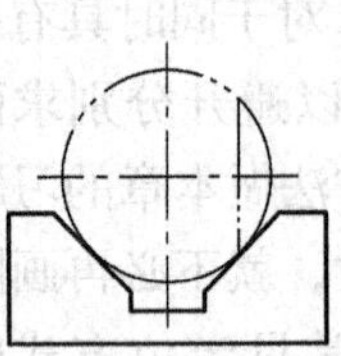	A B C	$\Delta_{D(A)}=0$ $\Delta_{D(B)}=\frac{T_d}{2}$ $\Delta_{D(C)}=\frac{T_d}{2}$
7		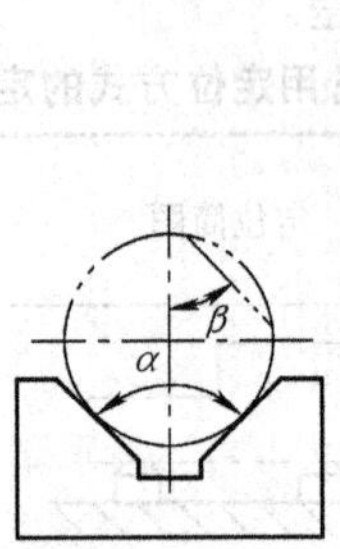	A B C	$\Delta_{D(A)}=\frac{T_d\sin\beta}{2\sin\frac{\alpha}{2}}$ $\Delta_{D(B)}=\frac{T_d}{2}\left(\frac{\sin\beta}{\sin\frac{\alpha}{2}}-1\right)$ $\Delta_{D(C)}=\frac{T_d}{2}\left(\frac{\sin\beta}{\sin\frac{\alpha}{2}}+1\right)$
8		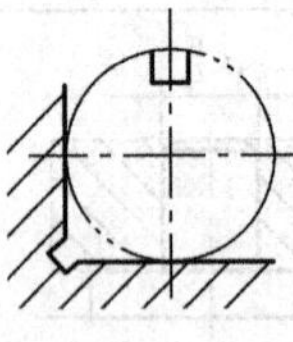	A B C t	$\Delta_{D(A)}=\frac{T_d}{2}$ $\Delta_{D(B)}=0$ $\Delta_{D(C)}=T_d$ $\Delta_{D(对称度)}=\frac{T_d}{2}$

（续）

序号	工序简图	定位简图	工序尺寸或位置精度	定位误差
9		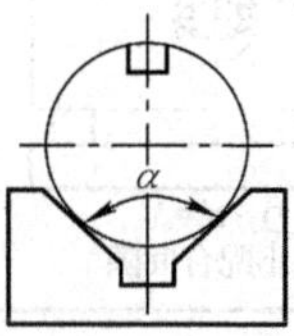	A B C t	$\Delta_{D(A)}=\dfrac{T_d}{2\sin\dfrac{\alpha}{2}}$ $\Delta_{D(B)}=\dfrac{T_d}{2}\left(\dfrac{1}{\sin\dfrac{\alpha}{2}}-1\right)$ $\Delta_{D(C)}=\dfrac{T_d}{2}\left(\dfrac{1}{\sin\dfrac{\alpha}{2}}+1\right)$ $\Delta_{D(对称度)}=0$
10	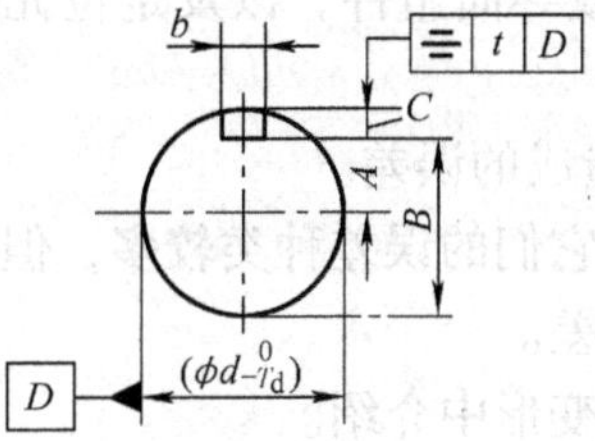	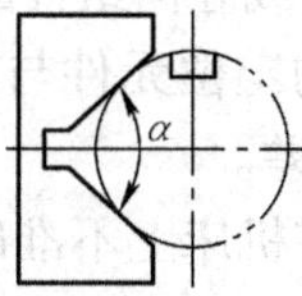	A B C t	$\Delta_{D(A)}=0$ $\Delta_{D(B)}=\dfrac{T_d}{2}$ $\Delta_{D(C)}=\dfrac{T_d}{2}$ $\Delta_{D(对称度)}=\dfrac{T_d}{2\sin\dfrac{\alpha}{2}}$
11		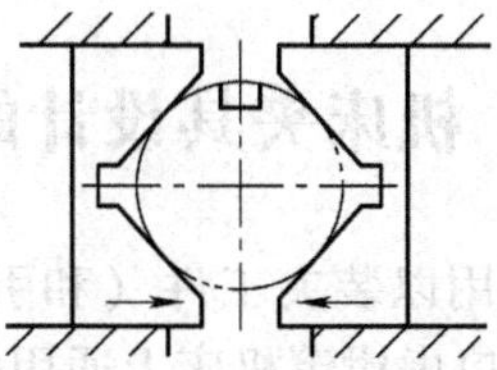	A B C t	$\Delta_{D(A)}=0$ $\Delta_{D(B)}=\dfrac{T_d}{2}$ $\Delta_{D(C)}=\dfrac{T_d}{2}$ $\Delta_{D(对称度)}=0$
12		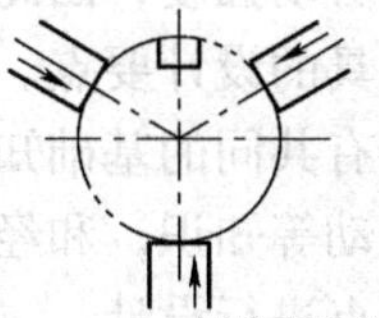 三爪自定心卡盘	A B C t	$\Delta_{D(A)}=0$ $\Delta_{D(B)}=\dfrac{T_d}{2}$ $\Delta_{D(C)}=\dfrac{T_d}{2}$ $\Delta_{D(对称度)}=0$
13	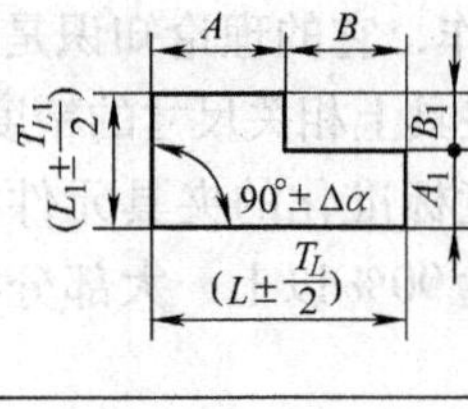	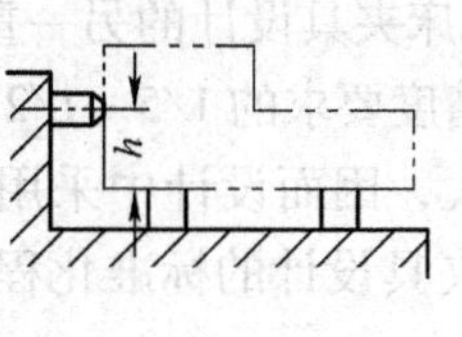	A A_1 B B_1	$\Delta_{D(A)}=2(L_1-h)\tan\Delta\alpha$ $\Delta_{D(A_1)}=0$ $\Delta_{D(B)}=2(L_1-h)\tan\Delta\alpha+T_L$ $\Delta_{D(B_1)}=T_{L1}$

（续）

序号	工序简图	定位简图	工序尺寸或位置精度	定位误差
14	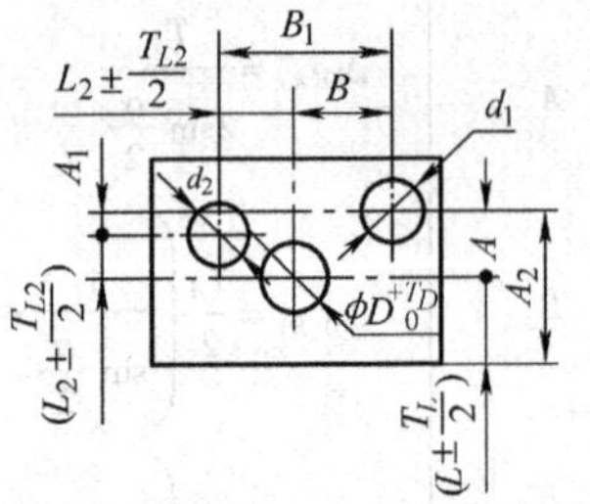	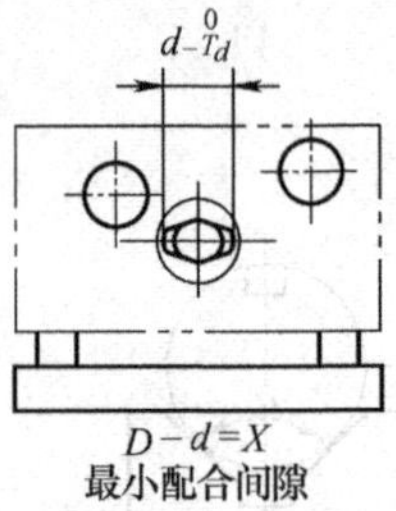	A A_1 A_2 B B_1	$\Delta_{D(A)}=T_L$ $\Delta_{D(A_1)}=T_L+T_{L1}$ $\Delta_{D(A_2)}=0$ $\Delta_{D(B)}=T_D+T_d+X$ $\Delta_{D(B_1)}=T_D+T_d+X+T_{L2}$

注：表中 A、A_1、A_2、B、B_1、C 均为本工序的工序尺寸，t 为本工序的位置公差，其他尺寸为已知尺寸（在工序简图中，带有括号）。

三、用夹具装夹时的其他误差

前面重点分析了定位误差，它是工件定位时相对于夹具中定位元件的误差。除此之外，用夹具装夹的其他误差还有：

（1）对刀误差 Δ_t　因刀具相对于对刀或导向组件的位置不准确而造成的误差。

（2）夹具中的其他误差 Δ_j　夹具中的定位元件与对刀或导向组件，以及定位元件与夹具安装基面之间的位置不准确而造成的误差。

（3）夹具的安装误差 Δ_a　夹具安装在机床上不准确而造成的误差。

这些误差的分析方法类同于定位误差的分析方法。虽然它们的误差种类较多，但因为夹具的制造精度较高，合起来的误差一般不超过工件的定位误差。

工件夹紧误差将在机械加工精度一章中工艺系统的受力变形中介绍。

第五节　机床夹具设计的要点

机床夹具指各种金属切削机床上用以装夹工件（和引导刀具）的装置，如车床上使用的三爪自定心卡盘、铣床上使用的平口虎钳等机床上通用的夹具，还有专为某一工件某道工序设计制造的专用夹具等。专用夹具是制造业中广为应用的一种工艺装备，在机械加工中直接影响产品的质量、生产率、生产成本和劳动强度，因此专用夹具设计是机械加工工艺准备中的一项重要工作，本节主要简述专用夹具的设计要点。

机床夹具设计和其他设计课程一样需有共同的基础知识，如机械制图、力学、互换性与技术测量、机械原理、机械设计、液压传动等知识，和经过金工实习、生产实习具有一些实践知识。并在学习本课程后，参照下列要点进行设计：

1）机床夹具设计的首要工作是确定工件的定位方式和刀具的引导方法。该工作的理论知识是本章的核心内容——定位原理。

2）机床夹具的精度质量分析是机床夹具设计的另一重要工作，它的理论知识是本章的定位误差分析。一般取被加工工件尺寸精度要求的 1/5 ~1/2 作为夹具上相关尺寸的精度要求。

3）由于机床夹具的设计数量极大，因而设计中采用了高度标准化的夹具元件零件、组件、部件（机构和装置）。通常机床夹具设计的标准化程度高达 90% 以上，大部分标准件直接选用，只有少数非标准件要另行设计。

4）机床夹具的设计手册和典型机床夹具的图册等设计资料应有尽有，为机床夹具设计人员提供了丰富的设计资源，是机床夹具设计人员的好助手。内容包括定位方式和定位误差，夹紧机构及夹紧力计算，设计中常用计算资料，动力传动装置，机床联系尺寸，夹具设计程序和夹具元件、组件、装置和总体夹具的技术要求规定和制订等。

因此，初入门的设计人员及学生，只要具备基础知识和一些实践知识，依靠夹具设计手册和夹具图册，经过一定时间的思考、对照、模仿和实践，设计标准化率极高的机床夹具还是能逐步胜任的。

本课程理论教学后，有工艺课程设计，其中机床夹具设计就是在教师的指导下，进行设计的实践。为今后进行机床夹具设计打下良好的基础。

习题与思考题

2-1　何谓基准？基准分哪几种类型？分析基准时要注意哪几点？为什么？画圆时，先要定圆心，但为什么有人说：圆心实际上不存在，是假想的？你同意吗？为什么？

2-2　何谓定位和夹紧？它们的主要区别是什么？装夹的三种方式主要区别是什么？如何选用。

2-3　举例说明何谓六点定位。

2-4　何谓欠定位和重复定位？为什么不能采用欠定位？重复定位允许吗？为什么？

2-5　试分析图2-14所示定位方案中各定位元件所限制的自由度，有无不合理现象？若有，应如何改进？

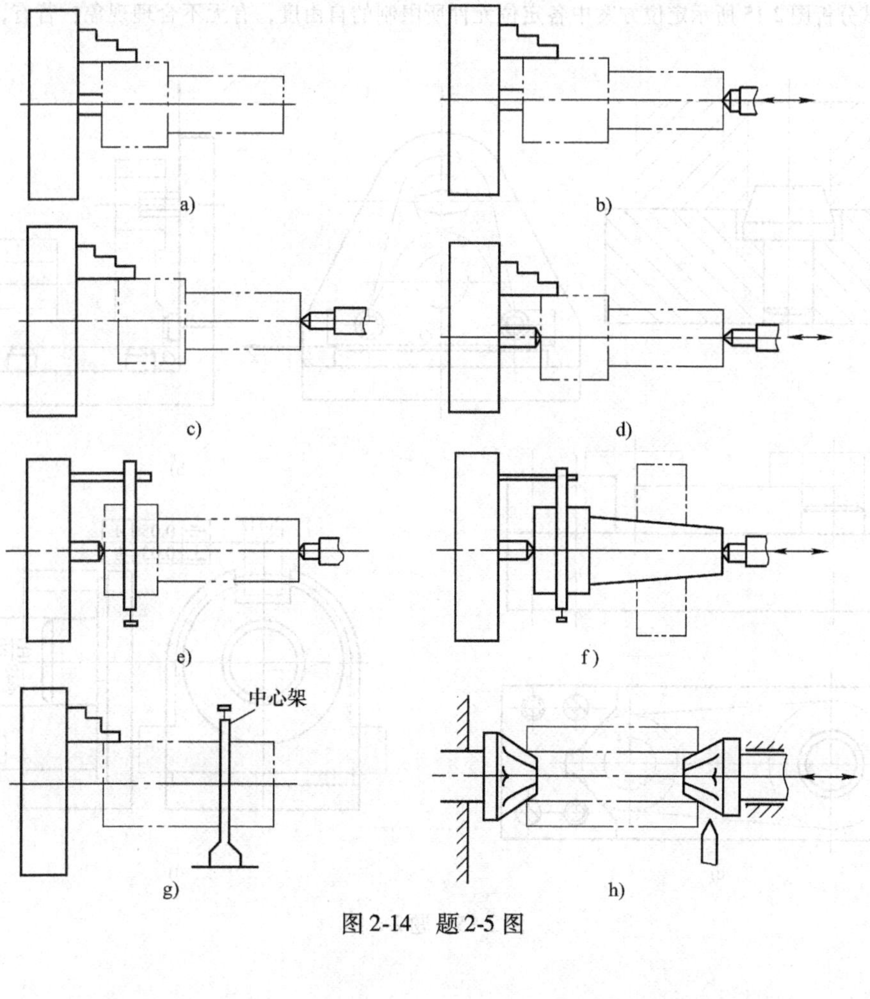

图2-14　题2-5图

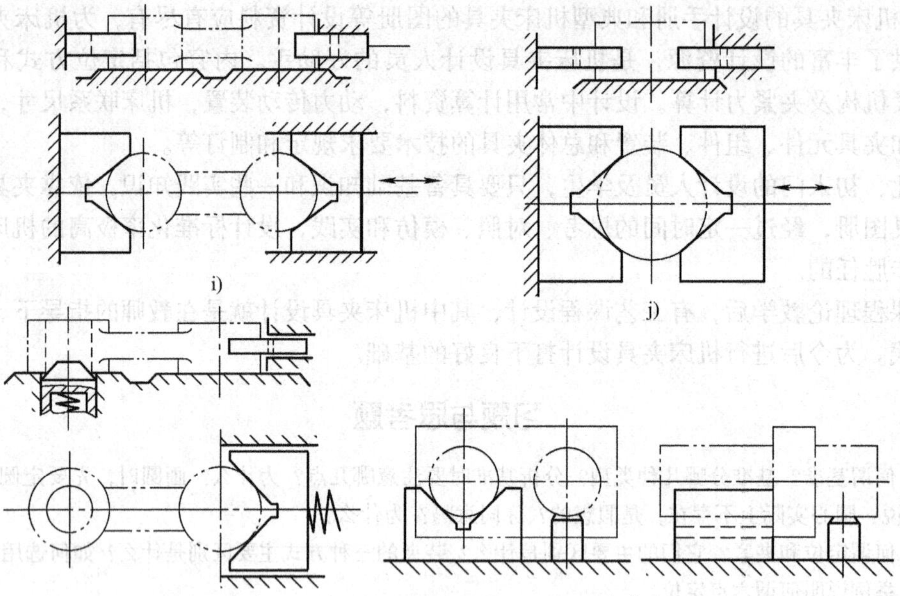

图 2-14 题 2-5 图（续）

2-6 试分析图 2-15 所示定位方案中各定位元件所限制的自由度，有无不合理现象？若有，应如何改进？

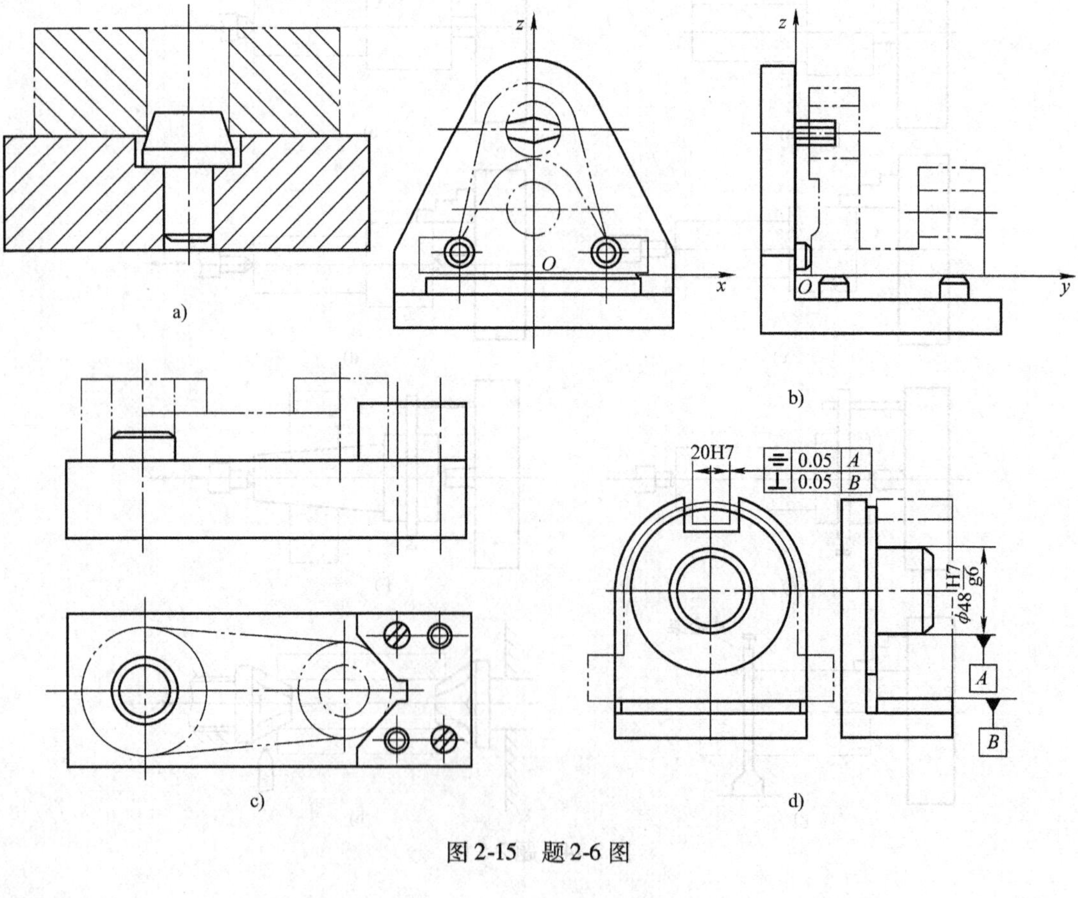

图 2-15 题 2-6 图

2-7　试分析图 2-16 中满足加工要求各工件必须限制的自由度、工序基准，并用定位符号在图上标注各定位基准及其限制的自由度数。

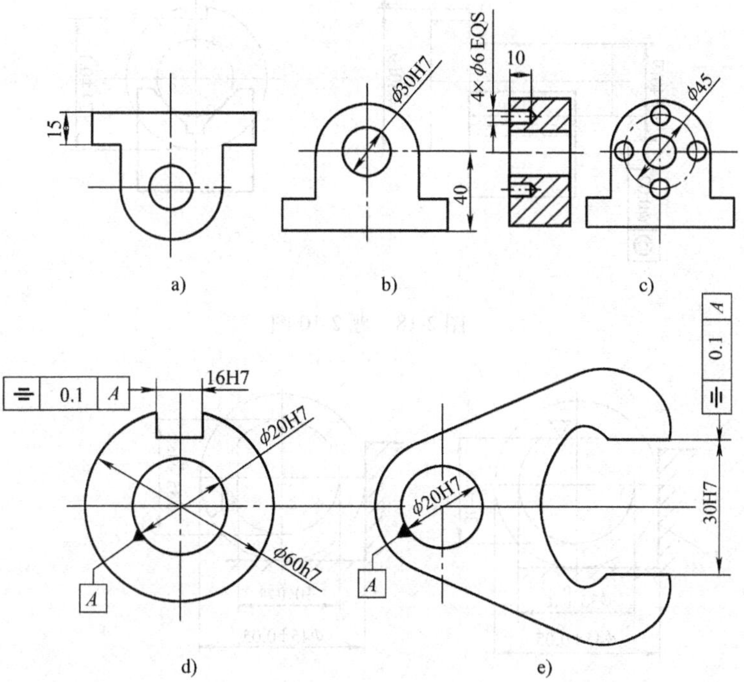

图 2-16　题 2-7 图

2-8　造成定位误差的原因有哪两个？但其最终结果为何又会一样？

2-9　如图 2-17 所示的定位方式铣削连杆的两个侧面，试计算加工尺寸 $12^{+0.3}_{0}$mm 的定位误差。

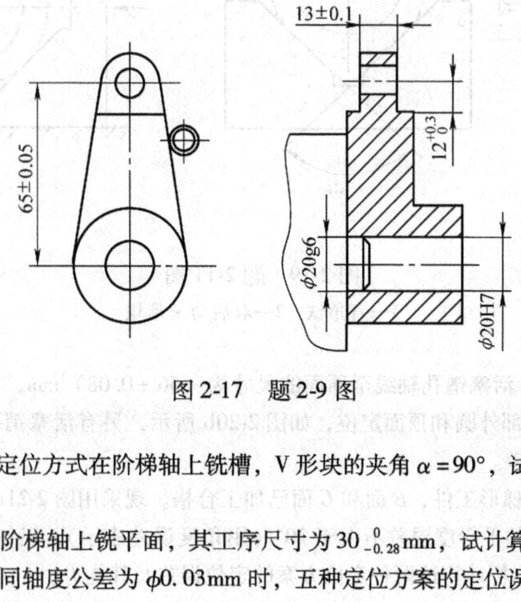

图 2-17　题 2-9 图

2-10　如图 2-18 所示的定位方式在阶梯轴上铣槽，V 形块的夹角 $\alpha=90°$，试计算加工尺寸(74 ±0.1)mm 的定位误差。

2-11　如图 2-19 所示在阶梯轴上铣平面，其工序尺寸为 $30^{\ 0}_{-0.28}$mm，试计算图中五种定位方案的定位误差。若考虑阶梯轴两外圆的同轴度公差为 ϕ0.03mm 时，五种定位方案的定位误差又等于多少？

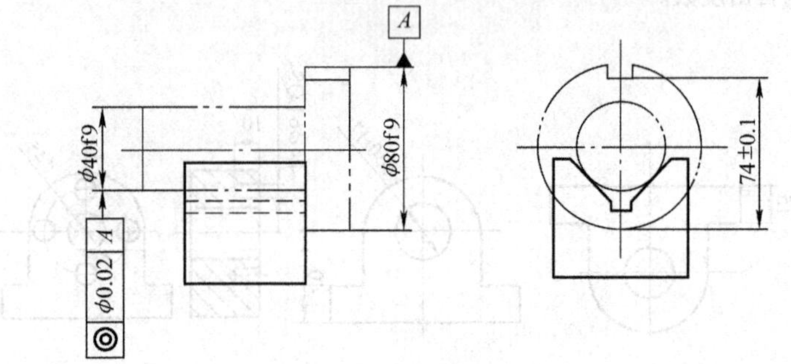

图 2-18　题 2-10 图

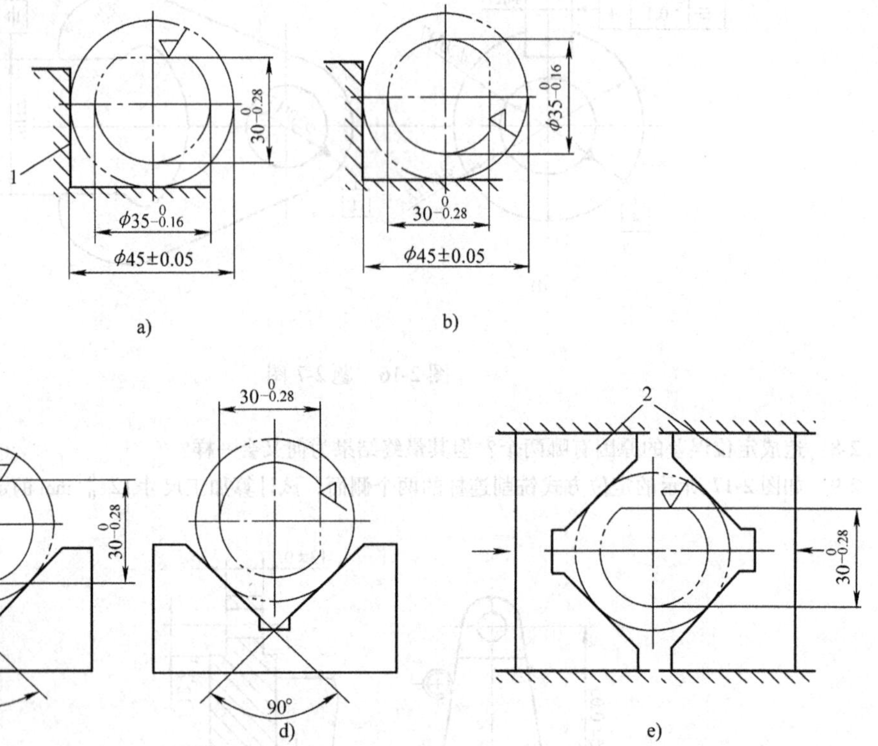

图 2-19　题 2-11 图

1—直角铁　2—双活动 V 形块

2-12　如图 2-20a 所示，活塞销孔轴线至顶面的尺寸为（56 ± 0.08）mm，销孔对裙部外圆 A 的对称度公差为 0.2mm，采用活塞头部外圆和顶面定位，如图 2-20b 所示，另有活塞销孔用菱形插销定位。试计算工序尺寸和对称度的定位误差。

2-13　如图 2-21 所示阶梯形工件，B 面和 C 面已加工合格。现采用图 2-21a、b 所示两种定位方案加工 A 面，要求保证 A 面对 B 面的平行度误差不大于 20′（用角度误差表示）。已知 $L = 100$mm，B 面与 C 面之间的高度 $h = 15_{\ 0}^{+0.5}$mm。试分析计算这两种定位方案的定位误差及其优劣。

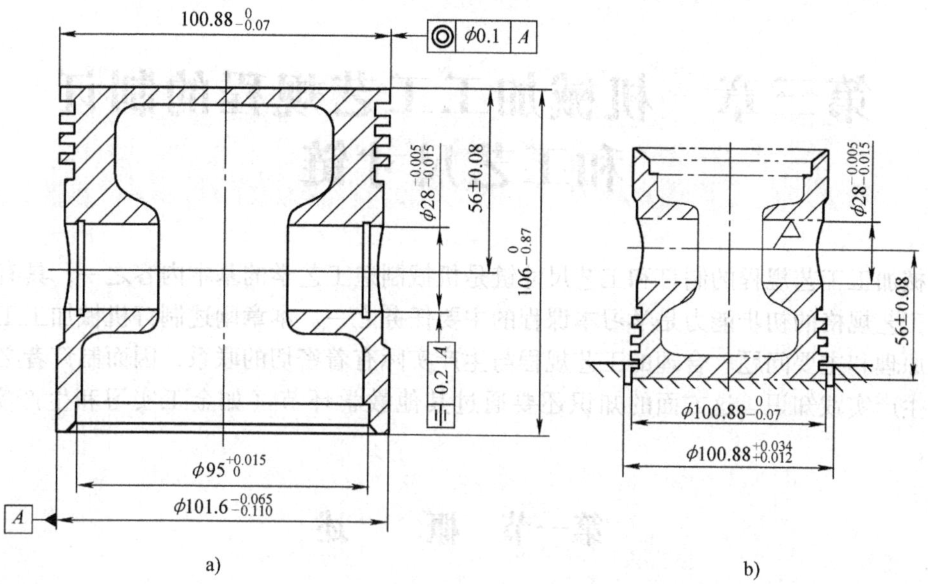

图 2-20　题 2-12 图

a）工件简图　b）定位简图

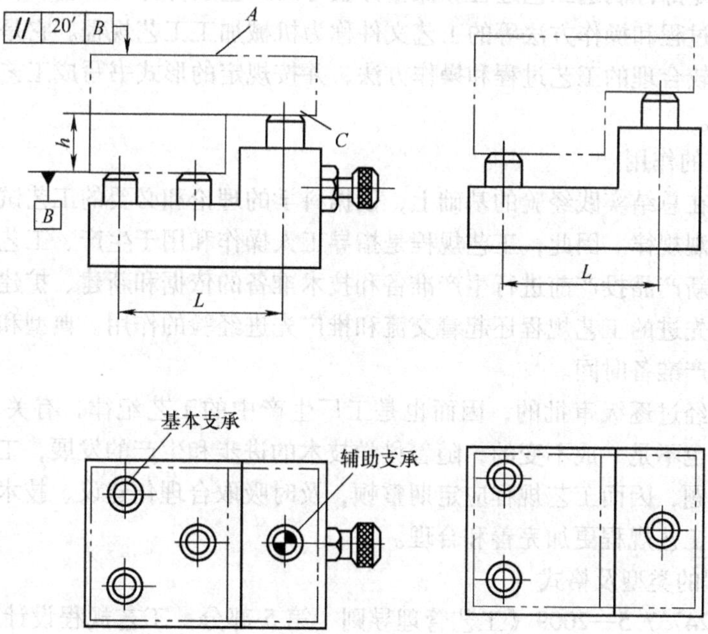

图 2-21　题 2-13 图

a）方案 1　b）方案 2

第三章　机械加工工艺规程的制订和工艺尺寸链

机械加工工艺规程的制订和工艺尺寸链是机械制造工艺学的基本内容之一，具有制订机械加工工艺规格的初步能力是学习本课程的主要任务之一。本章阐述制订机械加工工艺规程的基本原理和主要问题。合理的工艺规程与生产实际有着密切的联系，因而制订者必须具有一定的生产实践知识，这方面的知识还要通过其他教学环节（如金工实习和生产实习等）来获取。

第一节　概　　述

一、工艺规程的概念、作用、类型及格式

1. 工艺规程的概念

规定产品或零部件制造工艺过程和操作方法等的工艺文件称为工艺规程。其中，规定零件机械加工工艺过程和操作方法等的工艺文件称为机械加工工艺规程。它是在具体的生产条件下，最合理或较合理的工艺过程和操作方法，并按规定的形式书写成工艺文件，经审批后用来指导生产的。

2. 工艺规程的作用

工艺规程是在总结实践经验的基础上，依据科学的理论和必要的工艺试验后制订的，反映了加工中的客观规律。因此，工艺规程是指导工人操作和用于生产、工艺管理工作的主要技术文件，又是新产品投产前进行生产准备和技术准备的依据和新建、扩建车间或工厂的原始资料。此外，先进的工艺规程还起着交流和推广先进经验的作用。典型和标准的工艺规程能缩短工厂的生产准备时间。

工艺规程是经过逐级审批的，因而也是工厂生产中的工艺纪律，有关人员必须严格执行。但工艺规程也不是一成不变的，随着科学技术的进步和生产的发展，工艺规程会出现某些不相适应的问题，因而工艺规程应定期整顿，及时吸取合理化建议、技术革新成果、新技术和新工艺，使工艺规程更加完善和合理。

3. 工艺规程的类型及格式

根据 GB/T 24737. 5—2009《工艺管理导则　第 5 部分：工艺规程设计》中规定的工艺规程的类型有：

（1）专用工艺规程　专用工艺规程是指针对某一个产品和零件所设计的工艺规程。

（2）通用工艺规程

1）典型工艺规程是指为一组结构特征和工艺特征相似的零部件所设计的通用工艺规程。

2）成组工艺规程是指按成组技术原理将零件分类成组，针对每一组零件所设计的通用工艺规程。

（3）标准工艺规程　标准工艺规程是指已纳入标准的工艺规程。

本章主要阐述零件的机械加工专用工艺规程的制订。它是其他几种工艺规程制订的基础。

根据 GB/T 24737.5—2009，引用 JB/T 9165.2—1998《工艺规程格式》中规定的工艺规程格式共有 30 种，包括：机械加工、装配和各种热加工的工艺规格格式等。

最常用的机械加工工艺过程卡片和机械加工工序卡片的格式见表 3-1 和表 3-2。

表 3-1 所示机械加工工艺过程卡片是简要说明零件机械加工过程以工序为单位的一种工艺文件，主要用于单件小批生产和中批生产的零件，大批大量生产可酌情自定。本卡片是生产管理方面的文件。

表 3-2 所示机械加工工序卡片是在工艺过程卡片的基础上，进一步按每道工序所编制的一种工艺文件。一般具有工序简图（图上应标明定位基准、工序尺寸及公差、几何公差和表面粗糙度要求，用粗实线表示加工部位等），并详细说明该工序中每个工步的加工内容、工艺参数、操作要求以及所用设备和工艺装备等。工序卡片主要用于大批大量生产中所有的零件，中批生产中的复杂产品的关键零件以及单件小批生产中的关键工序。

实际生产中并不需要各种文件俱全，标准中允许结合具体情况作适当增减。未规定的其他工艺文件格式，可根据需要自定。

二、制订工艺规程的基本要求、主要依据和制订步骤

1. 制订工艺规程的基本要求

制订工艺规程的基本要求是，在保证产品质量的前提下，尽量提高生产率和降低成本。同时，还应在充分利用本企业现有生产条件的基础上，尽可能采用国内、外先进工艺技术和经验，并保证良好的劳动条件。

由于工艺规程是直接指导生产和操作的重要技术文件，所以工艺规程还应做到正确、完整、统一和清晰，所用术语、符号、计量单位、编号等都要符合相应标准。

2. 制订工艺规程的主要依据（即原始资料）

1）产品的装配图样和零件图样。

2）产品的生产纲领。

3）现有生产条件和资料，它包括毛坯的生产条件或协作关系、工艺装备及专用设备的制造能力、有关机械加工车间的设备和工艺装备的条件、技术工人的水平以及各种工艺资料和标准等。

4）国内、外同类产品的有关工艺资料等。

3. 制订工艺规程的步骤

1）熟悉和分析制订工艺规程的主要依据，确定零件的生产纲领和生产类型，进行零件的结构工艺性分析。

2）确定毛坯，包括选择毛坯类型及其制造方法。

3）拟订工艺路线。这是制订工艺规程的关键一步。

4）确定各工序的加工余量，计算工序尺寸及其公差。

5）确定各主要工序的技术要求及检验方法。

6）确定各工序的切削用量和时间定额。

7）进行技术经济分析，选择最佳方案。

8）填写工艺文件。

下面，分别按上述步骤的主要内容分节叙述。

表 3-1 机械加工工艺过程卡片

机械加工工艺过程卡片						产品型号		零件图号			
						产品名称		零件名称		共 页	第 页
材料牌号	(1)	毛坯种类	(2)	毛坯外形尺寸	(3)	每毛坯可制件数	(4)	每台件数	(5)	备注	(6)
25	30	15	30	25	30	25	10		10	10	20

	工序号	工序名称	工序内容	车间	工段	设备	工艺装备	工时 准终	工时 单件
	(7)	(8)	(9)	(10)	(11)	(12)	(13)	(14)	(15)
	8	10	16; 8; 18×8(=144)	8		20	75	10	10
描图									
描校									
底图号									
装订号									
					设计(日期)	审核(日期)	标准化(日期)	会签(日期)	
	标记	处数	更改文件号	签字	日期	标记	处数	更改文件号	签字	日期

注：表中项目下括号内的数字是注释号。

表 3-2 机械加工工序卡片

机械加工工序卡片	产品型号		零件图号			
	产品名称		零件名称		共 页	第 页

车 间	工序号	工序名称	材料牌号
25 (1)	15 (2)	25 (3)	30 (4)
毛坯种类	毛坯外形尺寸	每毛坯可制件数	每台件数
(5)	30 (6)	20 (7)	20 (8)
设备名称	设备型号	设备编号	同时加工件数
(9)	(10)	(11)	(12)
夹具编号	夹具名称	切削液	
(13)	(14)	(15)	
工位器具编号	工位器具名称	工序工时	
		准终	单件
45 (16)	30 (17)	(18)	(19)

工步号	工 步 内 容	工 艺 设 备	主轴转速/r·min^{-1}	切削速度/m·min^{-1}	进给量/mm·r^{-1}	切削深度/mm	进给次数	工步工时 机动	工步工时 辅助
(20)	(21)	(22)	(23)	(24)	(25)	(26)	(27)	(28)	(29)
8	16; 8; 9×8(=72)	90	10	7×10(=70)					

描 图													
描 校													
底图号													
装订号													
											设计（日期）	审核（日期）	标准化（日期）	会签（日期）
	标记	处数	更改文件号	签字	日期	标记	处数	更改文件号	签字	日期				

注：表中项目下括号内的数字是注释号。

第二节　零件结构工艺性分析

在制订机械加工工艺规程前，先要进行结构工艺性分析。

一、零件结构工艺性的概念

零件结构工艺性是指所设计的零件在能满足使用要求的前提下制造的可行性和经济性。它包括零件的各个制造过程中的工艺性，有零件结构的铸造、锻造、冲压、焊接、热处理、切削加工等工艺性。由此可见，零件结构工艺性涉及面很广，具有综合性，必须全面综合地分析。在制订机械加工工艺规程时，主要进行零件切削加工工艺性分析。

在不同的生产类型和生产条件下，同样结构的制造可行性和经济性可能不同。例如，图 3-1 所示为双联斜齿轮，两齿圈之间的轴向距离很小，因而小齿圈不能用滚齿加工，只能用插齿加工；又因插斜齿需专用螺旋导轨，因而它的结构工艺性不好。若能采用电子束焊，先分别滚切两个齿圈，再将它们焊成一体，这样的制造工艺就较好，且能缩短齿轮间的轴向尺寸。由此可见，结构工艺性要根据具体的生产类型和生产条件来分析，它具有相对性。

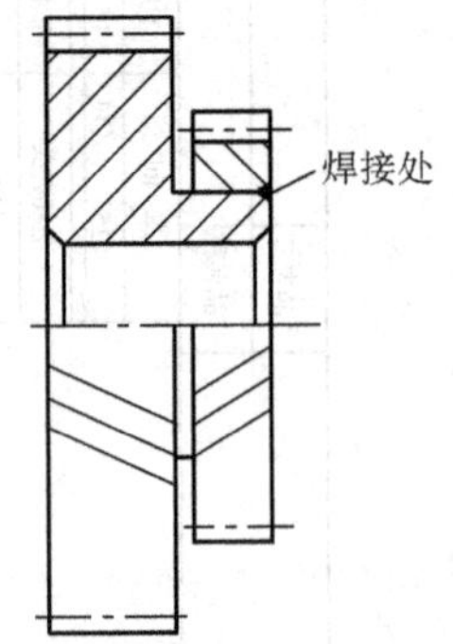

图 3-1　双联斜齿轮的结构

从上述分析也可知，只有熟悉制造工艺、有一定实际知识并且掌握工艺理论，才能分析零件结构工艺性。

零件结构工艺性的分析，可从零件尺寸和公差的标注、零件的组成要素和零件的整体结构三方面来阐述。

二、合理标注零件的尺寸、公差和表面粗糙度

零件图样上的尺寸和公差的标注对切削加工工艺性有较大的影响，它是零件结构工艺性的一个重要内容。

零件图样上的尺寸标注既要满足设计要求，又要便于加工。满足设计要求的尺寸，都是直接影响装配精度的尺寸，要通过装配尺寸链的分析来标注，详见第七章装配工艺基础和装配尺寸链。其余的尺寸（而且是大多数尺寸）则应按工艺要求标注，具体有以下几个方面。

（1）按照加工顺序标注尺寸，避免多尺寸同时保证　例如，图 3-2a 所示为齿轮轴零件的尺寸标注，端面 *A* 和 *B* 都要最终磨削。磨削 *A* 面后，同时获得尺寸 45mm 和 165mm；磨削 *B* 面后，同时获得尺寸 45mm、60mm 和 145mm。这两组尺寸中，都有一个尺寸可直接获得，其余尺寸则要进行工艺尺寸链换算才能获得。由工艺尺寸链理论可知，这将会增加零件的精度要求，故工艺性不好。若改成图 3-2b 所示的尺寸标注，即两个 45mm 分别标成 120mm 和 100mm，并标注总长尺寸 370mm，则磨削端面 *A* 时，仅保证尺寸 165mm；磨削端面 *B* 时，仅保证尺寸 60mm，没有多尺寸同时保证问题，符合按照加工顺序标注尺寸，因而不必进行工艺尺寸链换算，不增加零件的加工难度，结构工艺性好。

（2）由定位基准或调整基准标注尺寸，避免基准不重合误差　例如，图 3-3 是在多刀车床上加工阶梯轴时尺寸标注的实例。图 3-3a 所示阶梯轴以左端面为定位基准，紧靠在固定支承上，前顶尖轴向可以浮动。此时，零件上的轴向尺寸应以左端面为基准标注。若左端面距加工面较远，调整或测量不便时，可改用图 3-3b 所示以作为调整基准（即调整刀具位置

的基准）的某轴肩为基准标注轴向尺寸。并标注尺寸 L，连接定位基准和调整基准。图 3-3a、b 所示两种方式标注尺寸，可避免基准不重合误差。

（3）由形状简单和易接近的轮廓要素为基准标注尺寸，避免尺寸换算　若零件上的轮廓要素是平面或圆柱面，则应从这些表面标注尺寸。如果轮廓要素由一些复杂的不规则表面组成，则孔是较好的基准，由孔的轴线为基准标注尺寸。例如，图 3-4 所示是水泵盖零件以孔的轴线为基准标注尺寸，可以避免尺寸换算，简化工艺装备，提高加工精度。

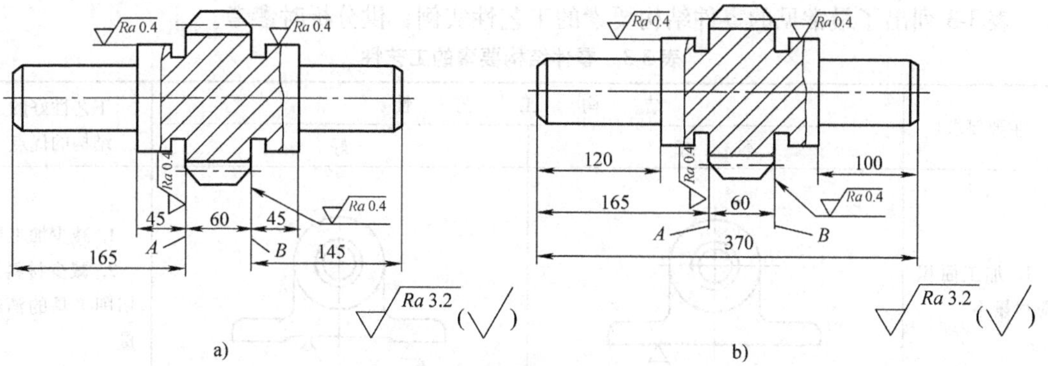

图 3-2　按照加工顺序标注尺寸的实例

a）不正确　b）正确

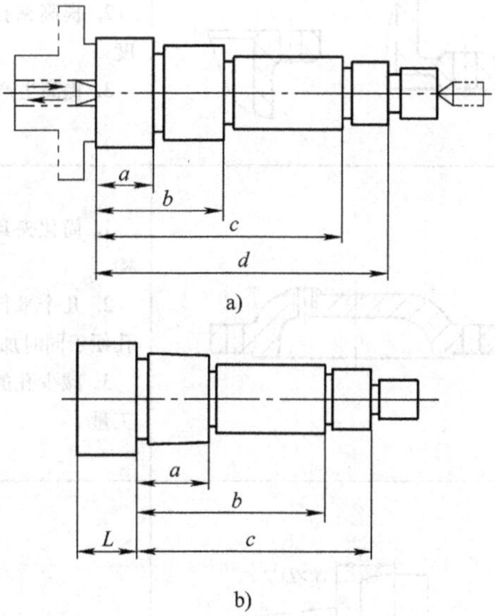

图 3-3　在多刀车床上加工阶梯轴的尺寸标注实例

a）从左端面定位基准标注尺寸　b）从调整基准（某台肩）标注尺寸

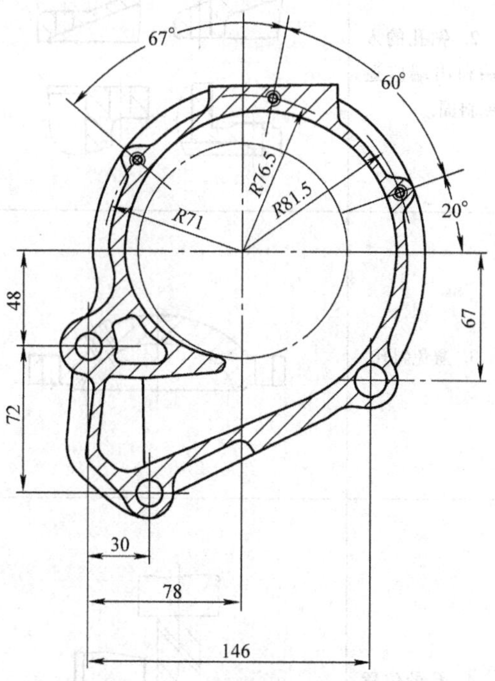

图 3-4　由孔的轴线标注尺寸的实例

零件上的尺寸公差、几何公差和表面粗糙度的标注，应根据零件的功能经济合理地决定。过高的要求会增加加工难度，过低的要求会影响工作性能，两者都是不允许的。

三、零件要素的工艺性

零件要素是指组成零件的各加工面。显然零件要素的工艺性会直接影响零件的工艺性。零件要素的切削加工工艺性归纳起来有以下三点要求：

1）各要素的形状应尽量简单，面积应尽量小，规格应尽量标准和统一。

2）能采用普通设备和标准刀具进行加工，且刀具易进入、退出和顺利通过加工表面。

3）加工面与非加工面应明显分开，加工面之间也应明显分开。

表3-3列出了最常见的零件结构要素的工艺性实例，供分析时参考。

表3-3　零件结构要素的工艺性

主要要求	结构工艺性		工艺性好的结构的优点
	不好	好	
1. 加工面积应尽量小	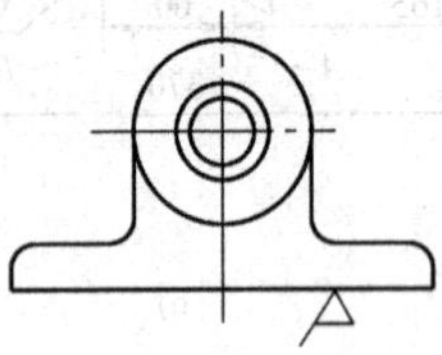	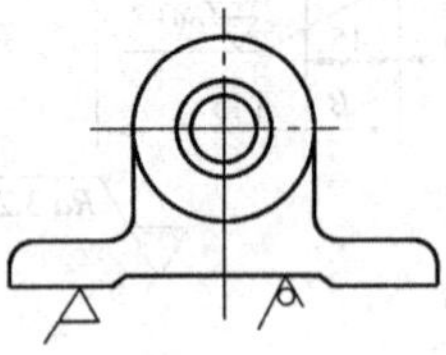	1. 减少加工量 2. 减少材料及切削工具的消耗量
2. 钻孔的入端和出端应避免斜面	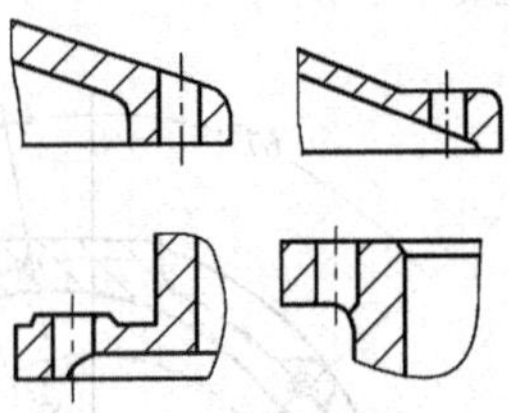	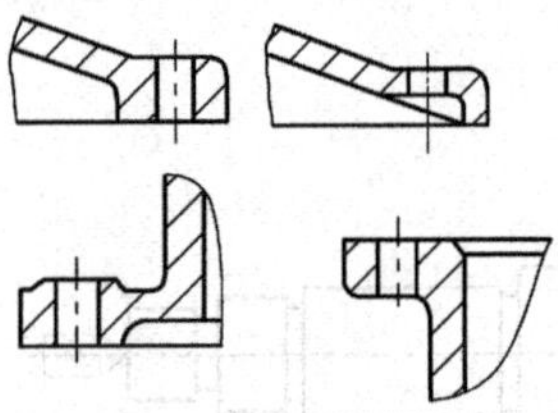	1. 避免刀具损坏 2. 提高钻孔精度 3. 提高生产率
3. 避免斜孔	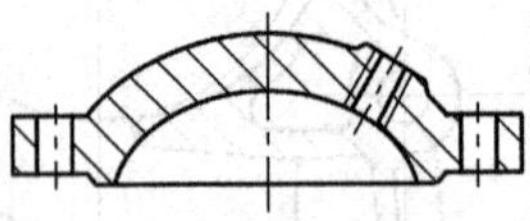	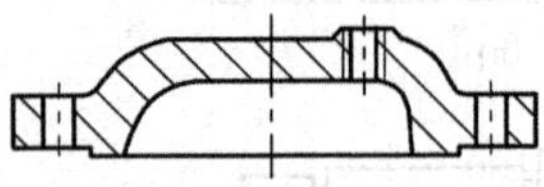	1. 简化夹具结构 2. 几个平行的孔便于同时加工 3. 减少孔的加工量
4. 孔的位置不能距壁太近	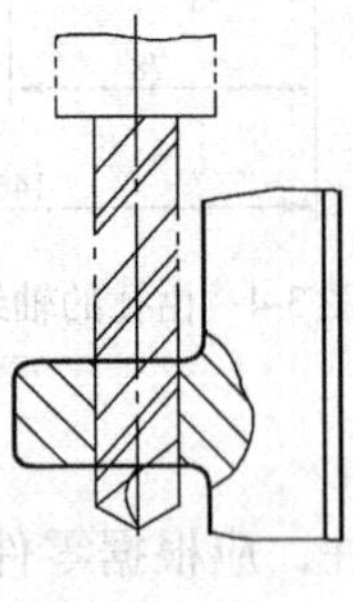	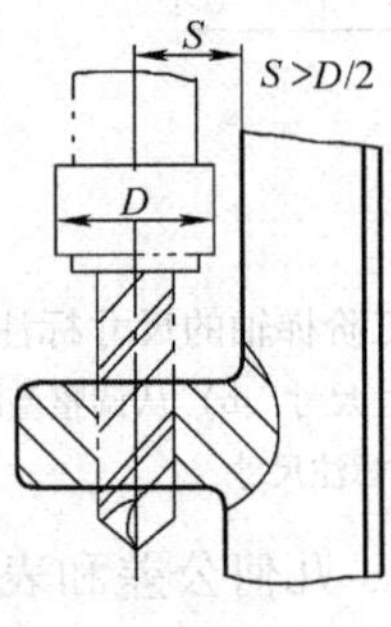	1. 可采用标准刀具和辅具 2. 提高加工精度

（续）

主要要求	结构工艺性 不好	结构工艺性 好	工艺性好的结构的优点
5. 封闭平面有与刀具尺寸及形状相应的过渡面	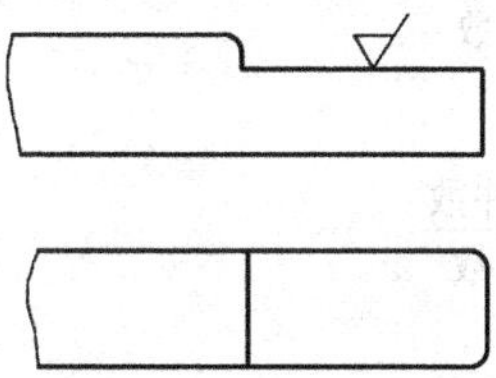	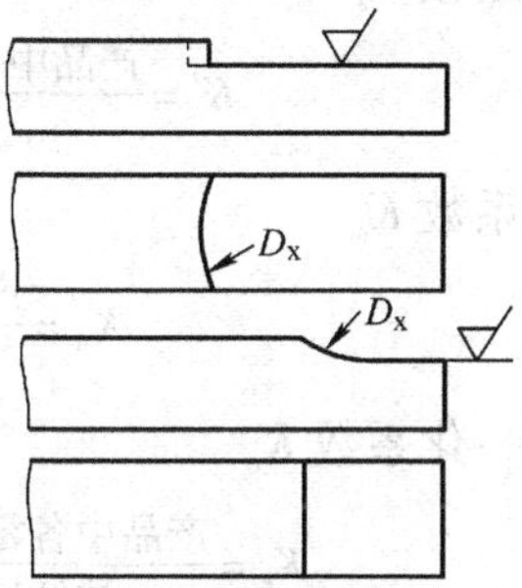	1. 减少加工量 2. 采用高生产率的加工方法及标准刀具
6. 槽与沟的表面不应与其他加工面重合	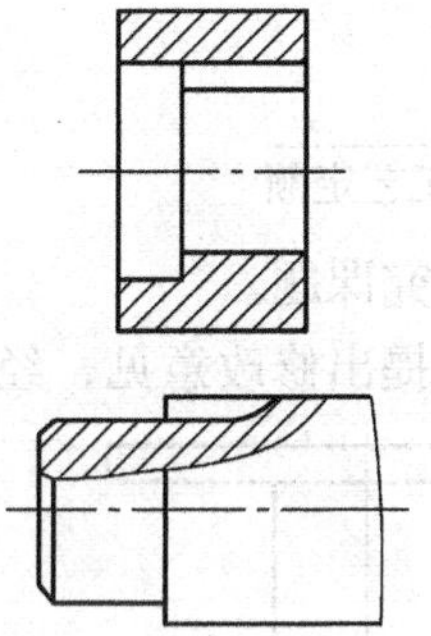	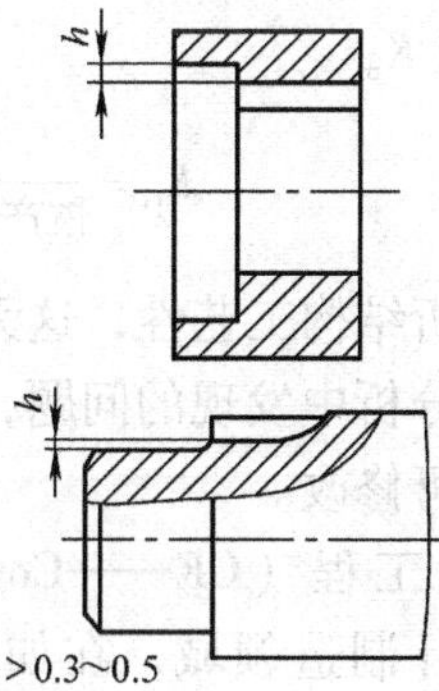 $h>0.3\sim0.5$	1. 减少加工量 2. 改善刀具工作条件 3. 在已调整好的机床上有加工的可能性

四、零件整体结构的工艺性

零件是各要素、各尺寸组成的一个整体，所以更应考虑零件整体结构的工艺性，具体有以下五点要求：

1）尽量采用标准件、通用件、借用件和相似件。

2）有便于装夹的基准。例如，图 3-5 所示为车床小刀架，当以 C 面定位加工 A 面时，零件上为满足工艺的需要而在其上增设工艺凸台 B，就是便于装夹的辅助基准。

3）有位置要求或同方向的表面能在一次装夹中加工出来。

4）零件要有足够的刚性，便于采用高速和多刀切削。例如，图 3-6b 所示的零件有加强肋，图 3-6a 所示的零件无加强肋，显然是有加强肋的零件刚性好，便于高速切削，从而提高生产率。

5）节省材料，减轻质量。

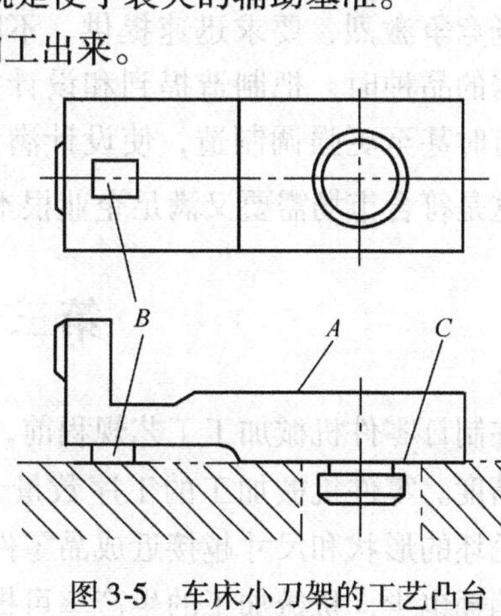

图 3-5　车床小刀架的工艺凸台

A—加工面　B—工艺凸台　C—定位面

五、零件结构工艺性的评定指标

上述结构工艺性的分析中，都是根据经验概括地提出一些要求，属于定性分析指标。近来，有关部门正在探讨和研究评价结构工艺性的定量指标。如 GB/T 24737.3—2009《工艺管理导则　产品结构工艺性审查》中推荐的部分主要指标项目有：

1）加工精度系数 K_{ac}

$$K_{ac}=\frac{\text{产品(或零件)图样中标注有公差要求的尺寸数}}{\text{产品(或零件)的表面总数}}$$

2）结构继承性系数 K_s

$$K_s=\frac{\text{产品中借用件数}+\text{通用件数}}{\text{产品零件总数}}$$

3）结构标准化系数 K_{st}

$$K_{st}=\frac{\text{产品中标准件数}}{\text{产品零件总数}}$$

4）结构要素统一化系数 K_e

$$K_e=\frac{\text{产品中各零件所用同一结构要素数}}{\text{该结构要素的尺寸规格数}}$$

5）材料利用系数 K_m

$$K_m=\frac{\text{产品净重}}{\text{该产品的材料消耗工艺定额}}$$

用定量指标来分析结构工艺性，这无疑是一个研究课题。

对于结构工艺性分析中发现的问题，工艺人员可提出修改意见，经设计部门同意并通过一定的审批程序后方可修改。

近来，随着并行工程（CE——Concurrent Engineering）引入设计制造领域，在如何认识设计和制造这对矛盾方面有了新的观点，提出可制造性设计（DFM——Design For Manufacturing）和可装配性设计（DFA——Design For Assembly）。可制造性设计和可装配性设计是一种优化产品设计技术，目的是使产品易于制造、装配，以获得最低的制造和装配费用。常规下，设计是龙头，制造必须满足设计要求。但是，在市场竞争激烈，要求迅速提供、不断更新用户所需的品种时，把制造提到和设计并列的地位，有时甚至更强调制造，使设计满足制造要求，这是符合市场需要又满足企业根本利益的，也是符合辩证观点的。

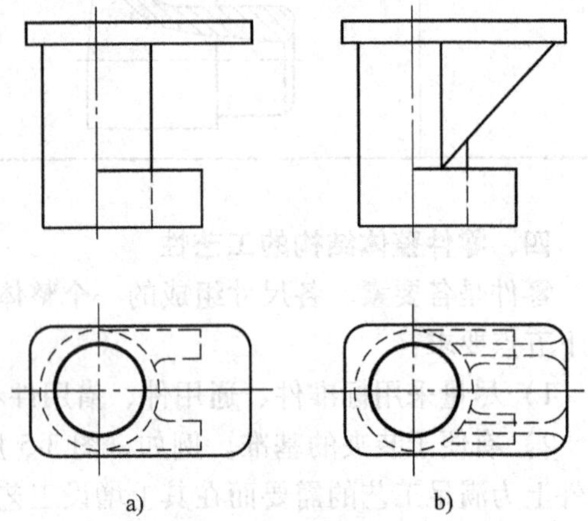

图 3-6 增设加强肋以提高零件刚性

a）无加强肋 b）有加强肋

第三节 确定毛坯

在制订零件机械加工工艺规程前，还要确定毛坯，包括选择毛坯类型及制造方法、确定毛坯精度。零件机械加工的工序数量、材料消耗和劳动量，在很大程度上与毛坯有关。例如，毛坯的形状和尺寸越接近成品零件，即毛坯精度越高，则零件的机械加工劳动量越少，材料消耗也少，机械加工的生产率可提高、成本可降低。但是，毛坯的制造费用提高了。因此，确定毛坯要从机械加工和毛坯制造两方面综合考虑，以求得最佳效果。

毛坯类型有铸、锻、压制、冲压、焊接、型材和板材等。各类毛坯的特点和制造方法可参阅《机械制造基础》、《金属工艺学》或各种工艺手册。确定毛坯时要考虑的因素如下：

1）零件的材料及其力学性能。当零件的材料选定后，毛坯的类型就大致确定了。例如，材料是铸铁，就选铸造毛坯；材料是钢材，且力学性能要求高时，可选锻件；当力学性能要求较低时，可选型材或铸钢。

2）零件的形状和尺寸。形状复杂的毛坯，常采用铸造方法。薄壁零件不可用砂型铸造，尺寸大的铸件宜用砂型铸造，中、小型零件可用较先进的铸造方法。常见一般用途的钢质阶梯轴零件，如各台阶的直径相差不大，可用棒料；如各台阶的直径相差较大，宜用锻件。尺寸大的零件，因受设备限制一般用自由锻；中、小型零件可选模锻。形状复杂的钢质零件不宜用自由锻。

3）生产类型。大量生产应选精度和生产率都比较高的毛坯制造方法，用于毛坯制造的昂贵费用可由材料消耗的减少和机械加工费用的降低来补偿，如铸件应采用金属模机器造型或精密铸造，锻件应采用模锻、冷轧和冷拉型材等；单件小批生产则应采用木模手工造型或自由锻。

4）具体生产条件。确定毛坯必须结合具体生产条件，如现场毛坯制造的实际水平和能力、外协的可能性等。有条件时，应积极组织地区专业化生产，统一供应毛坯。

5）充分考虑利用新工艺、新技术和新材料的可能性。为节约材料和能源，随着毛坯制造向专业化生产发展，目前毛坯制造方面的新工艺、新技术和新材料的发展很快。例如，精铸、精锻、冷轧、冷挤压、粉末冶金和工程塑料等，在机械中的应用日益广泛。应用这些方法后，可大大减少机械加工量，有时甚至可不再进行机械加工，其经济效果非常显著。

第四节　定位基准的选择

制订机械加工工艺规程时，正确选择定位基准对保证零件表面间的位置要求（位置尺寸和位置精度）和安排加工顺序都有很大的影响。用夹具装夹时，定位基准的选择还会影响到夹具的结构。因此，定位基准的选择是一个很重要的工艺理论问题。

用未经加工的毛坯表面作定位基准，这种基准称为粗基准；用加工过的表面作定位基准，则称为精基准。

在选择定位基准时，是从保证工件精度要求出发的，因而分析定位基准选择的顺序就应从精基准到粗基准。

（一）精基准的选择

选择精基准时，应能保证加工精度和装夹可靠方便，可按下列原则选取。

1. 基准重合原则

采用设计基准作为定位基准称为基准重合。为避免基准不重合而引起的基准不重合误差，保证加工精度应遵循基准重合原则。例如，图 2-2 所示主轴箱箱体，孔Ⅳ轴线在垂直方向的设计基准是底面 D。加工孔Ⅳ时采用设计基准作定位基准，能直接保证尺寸 $y_{\text{Ⅳ}}$ 的精度，即遵循基准重合原则。若如图 3-7 所示用夹具装夹、调整法加工，为了在镗模（镗孔夹具）上布置固定的中间导向支承，提高镗杆的刚性，需把箱体倒放，采用面 F 作定位基准。此时，加工一批主轴箱箱体，由于镗模能直接保证尺寸 A，而设计要求是尺寸 B（B 即图 2-2

中的尺寸 y_N），两者不同。这样，尺寸 B 只能通过控制尺寸 A 和 C 间接保证。控制尺寸 A 和 C 就是控制它们的误差变化范围。设尺寸 A 和 C 可能的误差变化范围分别为它们的公差值 $\pm\frac{T_A}{2}$和 $\pm\frac{T_C}{2}$，那么在调整好镗杆加工一批主轴箱箱体后，尺寸 B 可能的误差变化范围为

$$B_{max} = C_{max} - A_{min}$$
$$B_{min} = C_{min} - A_{max}$$

将上两式相减，可得到

$$B_{max} - B_{min} = C_{max} - A_{min} - (C_{min} - A_{max})$$

即

$$T_B = T_C + T_A$$

此式说明：尺寸 B 所产生的误差变化范围是尺寸 C 和尺寸 A 误差变化范围之和。

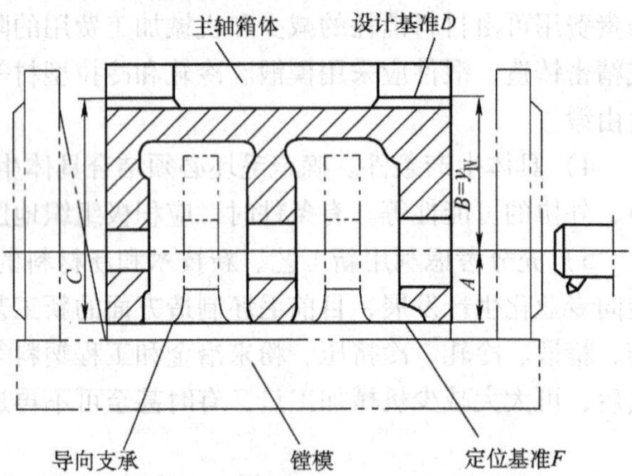

图 3-7 设计基准与定位基准不重合

从上述分析可知，零件图样上原设计要求是尺寸 C 和 B，它们是分别单独要求的，彼此无关。但是，由于加工时定位基准与设计基准不重合，致使尺寸 B 的加工误差中引入了一个从定位基准到设计基准之间的尺寸 C 的误差，这个误差称为基准不重合误差。

为了加深对基准不重合误差的理解，下面通过具体数据来进一步说明。设零件图样上要求：T_B = 0.6mm，T_C = 0.4mm。在基准重合时，尺寸 B 可直接获得，加工误差在 ±0.3mm 范围内就达到要求。如采用顶面定位，即基准不重合，则按 $T_B = T_C + T_A$ 的关系式可得：$T_A = T_B - T_C$ = (0.6 − 0.4) mm = 0.2mm。即原零件图样上并无严格要求的尺寸 A，现在必须将其加工误差控制在 ±0.1mm 范围内，显然加工要求提高了。

上面分析的是定位基准与设计基准不重合而产生的基准不重合误差。在第二章中也谈过基准不重合误差，它是指定位基准与工序基准不重合，前后两次介绍基准不重合误差，含义是相同的。区别是：工艺人员在设计工艺规程、选定位基准时，依据的是零件图样上的设计基准作为定位基准；而设计夹具时，依据的是工序简图上的工序基准作为定位基准，只要有基准不重合，就会有基准不重合误差。若工序简图上的工序基准就是定位基准又是设计基准，那是最理想的，没有基准不重合误差。有时，还可出现测量基准与设计基准不重合，这也会产生基准不重合误差，将在本章后面介绍。

在应用本规律时，要注意应用条件。定位过程中的基准不重合误差是在用夹具装夹、调整法加工一批工件时产生的。若用试切法加工，每一个箱体都可直接测量尺寸 B，从而直接保证尺寸 B，就不存在基准不重合误差。

2. 基准统一原则

在工件的加工过程中尽可能地采用统一的定位基准，称为基准统一原则（也称基准单一原则或基准不变原则）。

工件上往往有多个表面要加工，会有多个设计基准。要遵循基准重合原则，就会有较多定位基准，因而夹具种类也较多。为了减少夹具种类，简化夹具结构，可设法在工件上找到一组基准，或者在工件上专门设计一组定位面，用它们来定位加工工件上多个表面，遵循基准统一原则。为满足工艺需要，在工件上专门设计的定位面称为辅助基准。常见的辅助基准有轴类工件的中心孔、箱体工件的两工艺孔、工艺凸台（见图3-5中小刀架上的工艺凸台）和活塞类工件的内止口和中心孔（见图3-8）等。

在自动线加工中，为了减少工件的装夹次数，也须遵循基准统一原则。

采用基准统一原则时，若统一的基准面和设计基准一致，则又符合基准重合原则。此时，既能获得较高的精度，又能减少夹具种类，这是最理想的方案。例如，图3-9所示的盘形齿轮，孔既是装配基准，又是设计基准。用孔作定位基准加工外圆、端面和齿面，既符合基准重合原则又符合基准统一原则。

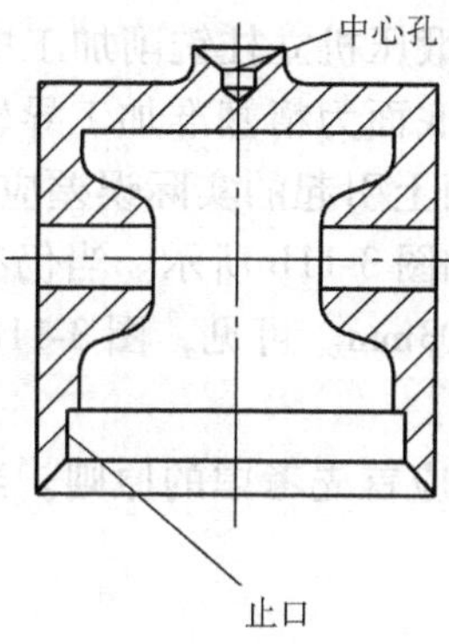

图3-8　活塞的辅助基准

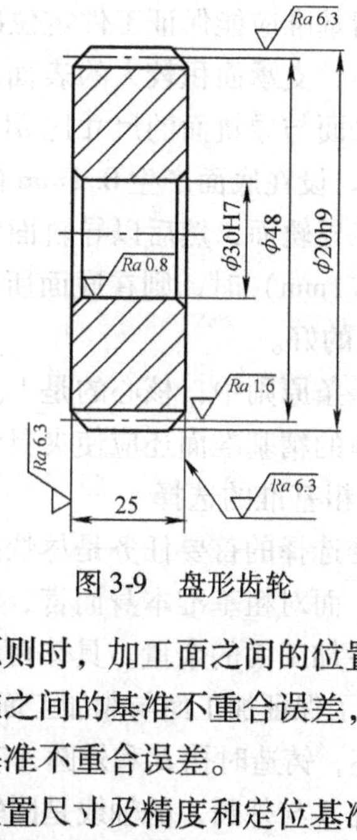

图3-9　盘形齿轮

若统一的基准面和设计基准不一致，遵循基准统一原则时，加工面之间的位置精度虽不如基准重合时那样高，即增加一个由辅助基准到设计基准之间的基准不重合误差，但是仍比基准多次转换时的精度高，因为多次转换基准会有多个基准不重合误差。

若采用一次装夹加工多个表面，那么多个表面间的位置尺寸及精度和定位基准的选择无关，而是取决于加工多个表面的各主轴及刀具间的位置精度和调整精度。箱体类工件上孔系（若干个孔）的加工常采用一次装夹而成，孔系间的位置精度和定位基准选择无关，常用基准统一原则。

当采用基准统一原则后，无法保证表面间位置精度时，往往是先用基准统一原则，然后在最后工序用基准重合原则保证表面间的位置精度。例如，活塞加工时用内止口作基准加工所有表面后，最后采用基准重合原则，以活塞外圆定位加工活塞销孔，保证活塞外圆和活塞销孔的位置精度。

3. 自为基准原则

当某些表面精加工要求加工余量小而均匀时，选择加工表面本身作为定位基准称为自为基准原则。遵循自为基准原则时，不能提高加工面的位置精度，只是提高加工面本身的精度。例如，图3-10所示是在导轨磨床上，以自为基准原则磨削床身导轨。方法是用百分表（或观察磨削火花）找正工件的导轨面，然后加工导轨面保证导轨面余量均匀，以满足对导轨面的质量要求。另外，如拉刀、浮动镗刀、浮动铰刀和珩磨等加工孔的方法，也都是自为基准的实例。

4. 互为基准原则

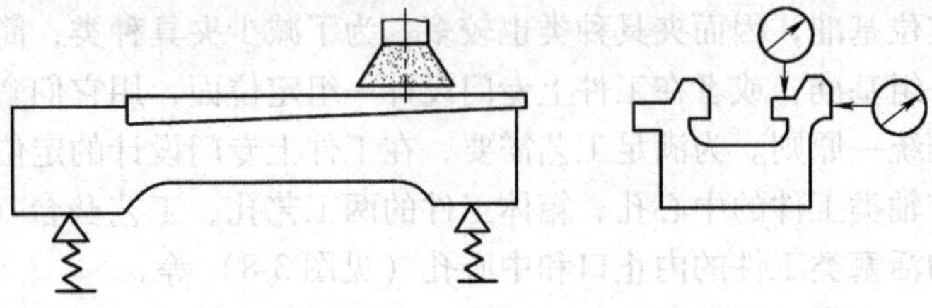

图 3-10　床身导轨面自为基准的实例

为了使加工面间有较高的位置精度，又为了使其加工余量小而均匀，可采取反复加工、互为基准的原则。例如，加工精密齿轮时，用高频淬火把齿面淬硬后需进行磨齿。因齿面淬硬层较薄，所以要求磨削余量小而均匀。这时，就得先以齿面为基准磨孔，再以孔为基准磨齿面。从而保证齿面余量均匀，且孔和齿面又有较高的位置精度。

5. 保证工件定位准确、夹紧可靠、操作方便的原则

所选精基准应能保证工件定位准确、稳定，夹紧可靠。精基准应该是精度较高、表面粗糙度值较小、支承面积较大的表面。例如，图 3-11 所示为锻压机立柱铣削加工中的两种定位方案。底面与导轨面的尺寸比 $a:b=1:3$，若用已加工的底面为精基准加工导轨面，如图 3-11a 所示。设在底面产生 0.1mm 的装夹误差，则在导轨面上引起的实际误差应为 0.3mm。如果先加工导轨面，然后以导轨面为定位基准加工底面，如图 3-11b 所示。当仍有同样的装夹误差（0.1mm）时，则在底面所引起的实际误差约为 0.03mm。可见，图 3-11b 所示方案比图 3-11a 的好。

上述 5 条原则中，核心的是 1、2 两条原则，或者说是应首先考虑的原则。当用夹具装夹时，选择的精基准面还应使夹具结构简单、操作方便。

（二）粗基准的选择

粗基准选择的首要任务是尽快把精基准加工出来，也就是它要放在精基准选好后再讲的主要原因。而对粗基准本身而言，粗基准选择应能保证加工面与非加工面之间的位置要求及合理分配各加工面的余量。具体可按下列原则选择：

1）为了保证加工面与非加工面之间的位置要求，应选非加工面为粗基准。例如，图 3-12 所示的毛坯，铸造时孔 B 和外圆 A 有偏心。若采用非加工面（外圆 A）为粗基准加工孔 B，则加工后的孔 B 与外圆 A 的轴线是同轴的，即壁厚是均匀的，而孔 B 的加工余量不均匀。

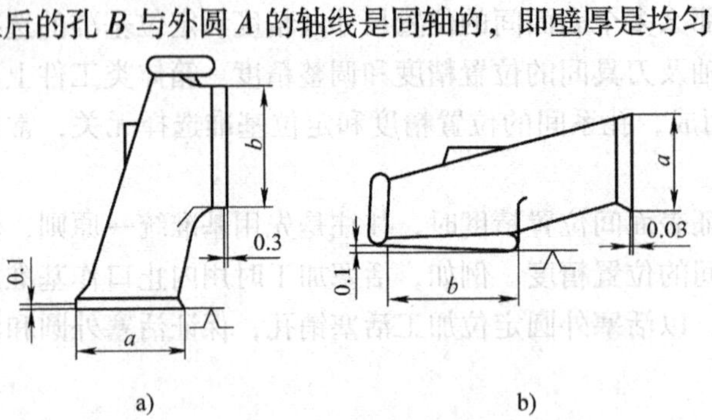

a)　　　　b)

图 3-11　锻压机立柱精基准的选择

a）支承面积小　b）支承面积大

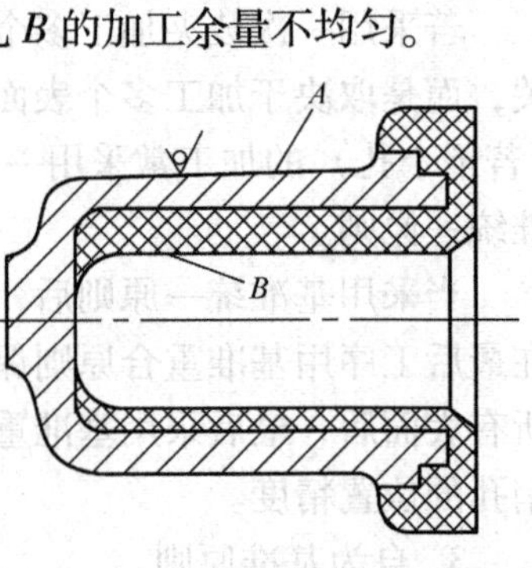

图 3-12　粗基准选择的实例

A—外圆　B—孔

当工件上有多个非加工面与加工面之间有位置要求时，则应以其中要求较高的非加工面为粗基准。

2）合理分配各加工面的余量。在分配余量时，应考虑以下两点：

①为了保证各加工面都有足够的加工余量，应选择毛坯余量最小的面为粗基准。例如，图 3-13 所示的阶梯轴，因 ϕ55mm 外圆的余量较小，故应选 ϕ55mm 外圆为粗基准。如果选 ϕ108mm 外圆为粗基准加工 ϕ50mm 外圆时，当两外圆有 3mm 的偏心时，则有可能因 ϕ50mm 的余量不足而使工件报废。

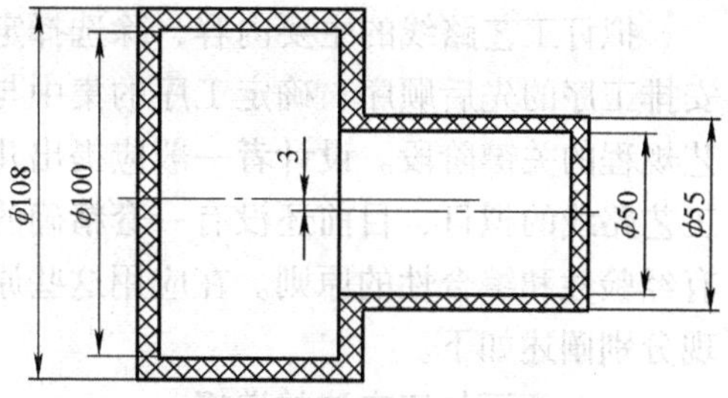

图 3-13 阶梯轴加工的粗基准选择

②为了保证重要加工面的余量均匀，应选重要加工面为粗基准。例如，床身加工时，为保证导轨面有均匀的金相组织和较高的耐磨性，应使其加工余量小而均匀。为此，应选择导轨面为粗基准加工床腿底面，如图 3-14a 所示；然后，再以底面为精基准，加工导轨面，保证导轨面的加工余量小而均匀，如图 3-14b 所示。

当工件上有多个重要加工面都要求保证余量均匀时，应选余量要求最严的面为粗基准。

3）粗基准应避免重复使用，在同一尺寸方向上（即同一自由度方向上），通常只允许用一次。

粗基准是毛面，一般说来表面较粗糙，形状误差也大，如重复使用就会造成较大的定位误差。因此，粗基准应避免重复使用，希望以粗基准定位首先把精基准加工好，为后续工序准备好精基准。例如，图 3-15 所示的小轴，如重复使用毛坯面 B 定位去加工表面 A 和 C，则必然会使 A 与 C 表面的轴线产生较大的同轴度误差。

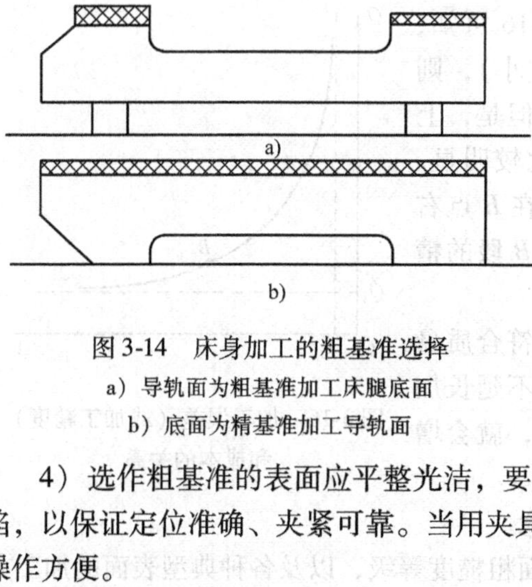

图 3-14 床身加工的粗基准选择
a）导轨面为粗基准加工床腿底面
b）底面为精基准加工导轨面

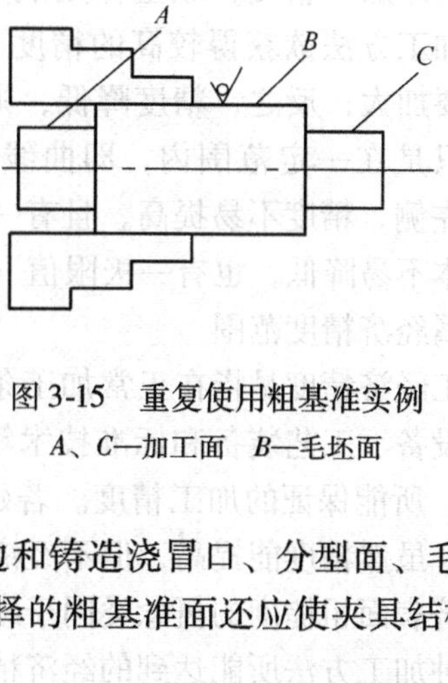

图 3-15 重复使用粗基准实例
A、C—加工面 B—毛坯面

4）选作粗基准的表面应平整光洁，要避开锻造飞边和铸造浇冒口、分型面、毛刺等缺陷，以保证定位准确、夹紧可靠。当用夹具装夹时，选择的粗基准面还应使夹具结构简单、操作方便。

精、粗基准选择的各条原则，都是从不同方面提出的要求。有时，这些要求会出现相互矛盾的情况，甚至在一条原则内也会存在相互矛盾的情况，这就要求全面辩证地分析，分清主次，解决主要矛盾。例如，在选择箱体零件的粗基准时，既要保证主轴孔和内腔壁（加工面与非加工面）的位置要求，又要求主轴孔的余量足够且均匀，或者要求孔系中各孔的余量都足够且均匀，就会产生相互矛盾的情况。此时，要在保证加工质量的前提下，结合具体生产类型和生产条件，灵活运用各条原则。当中、小批生产或箱体零件的毛坯精度较低时，常用划线找正装夹，兼顾各项要求，解决几方面矛盾。

第五节 工艺路线的拟订

拟订工艺路线的主要内容，除选择定位基准外，还应包括选择各加工表面的加工方法、安排工序的先后顺序、确定工序的集中与分散程度以及选择设备与工艺装备等。它是制订工艺规程的关键阶段。设计者一般应提出几种方案，通过分析对比，从中选择最佳方案。关于工艺路线的拟订，目前还没有一套精确的计算方法，而是采用经过生产实践总结出的一些带有经验性和综合性的原则。在应用这些原则时，要结合具体生产类型和生产条件灵活应用。现分别阐述如下。

一、表面加工方法的选择

为了正确选择加工方法，应了解各种加工方法的特点和掌握加工经济精度及经济表面粗糙度的概念。

1. 加工经济精度和经济表面粗糙度的概念

加工过程中，影响精度的因素很多。每种加工方法在不同的工作条件下，所能达到的精度会有所不同。例如，精细地操作，选择较低的切削用量，就能得到较高的精度。但是，这样会降低生产率，增加成本。反之，如增加切削用量而提高了生产率，虽然成本能降低，但会增加加工误差而使精度下降。

由统计资料表明，各种加工方法的加工误差和加工成本之间的关系呈负指数函数曲线形状，如图 3-16 所示。图中横坐标是加工误差 Δ，沿横坐标的反方向即加工精度，纵坐标是成本 Q。由图 3-16 可知，如每种加工方法欲获得较高的精度（即加工误差小），则成本就要加大；反之，精度降低，则成本下降。但是，上述关系只是在一定范围内，即曲线的 AB 段才比较明显。在 A 点左侧，精度不易提高，且有一极限值 Δ_j；在 B 点右侧，成本不易降低，也有一极限值（Q_j）。曲线 AB 段的精度区间属经济精度范围。

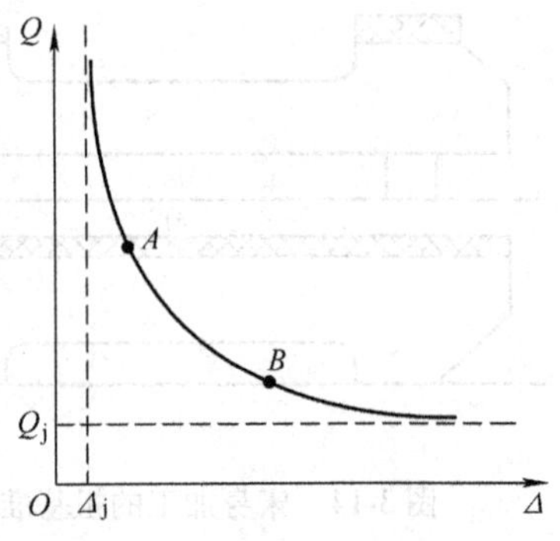

图 3-16　加工误差（或加工精度）和成本的关系

加工经济精度是指在正常加工条件下（采用符合质量标准的设备、工艺装备和标准技术等级的工人，不延长加工时间）所能保证的加工精度。若延长加工时间，就会增加成本，虽然精度能提高，但不经济了。

经济表面粗糙度的概念类同于经济精度的概念。

各种加工方法所能达到的经济精度和经济表面粗糙度等级，以及各种典型表面的加工方法均已制成表格，在机械加工的各种手册中都能找到。表 3-4、表 3-5 和表 3-6 分别摘录了外圆、孔和平面等典型表面的加工方法及其经济精度和经济表面粗糙度（经济精度以公差等级表示），表 3-7 摘录了各种加工方法加工轴线平行的孔的位置精度（以误差表示），供选用时参考。

还须指出，经济精度的数值不是一成不变的，随着科学技术的发展、工艺的改进和设备及工艺装备的更新，加工经济精度会逐步提高。

2. 选择加工方法时考虑的因素

表 3-4　外圆柱面加工方法

序号	加　工　方　法	经济精度（以公差等级表示）	经济表面粗糙度 $Ra/\mu m$	适用范围
1	粗车	IT11～IT13	12.5～50	适用于淬火钢以外的各种金属
2	粗车—半精车	IT8～IT10	3.2～6.3	适用于淬火钢以外的各种金属
3	粗车—半精车—精车	IT7～IT8	0.8～1.6	适用于淬火钢以外的各种金属
4	粗车—半精车—精车—滚压（或抛光）	IT7～IT8	0.025～0.2	适用于淬火钢以外的各种金属
5	粗车—半精车—磨削	IT7～IT8	0.4～0.8	主要用于淬火钢，也可用于未淬火钢，但不宜加工有色金属
6	粗车—半精车—粗磨—精磨	IT6～IT7	0.1～0.4	主要用于淬火钢，也可用于未淬火钢，但不宜加工有色金属
7	粗车—半精车—粗磨—精磨—超精加工（或轮式超精磨）	IT5	0.012～0.1（或 Rz0.1）	主要用于淬火钢，也可用于未淬火钢，但不宜加工有色金属
8	粗车—半精车—精车—精细车（金刚车）	IT6～IT7	0.025～0.4	主要用于要求较高的有色金属加工
9	粗车—半精车—粗磨—精磨—超精磨（或镜面磨）	IT5 以上	0.006～0.025（或 Rz0.05）	极高精度的外圆加工
10	粗车—半精车—粗磨—精磨—研磨	IT5 以上	0.006～0.1（或 Rz0.05）	极高精度的外圆加工

表 3-5　孔加工方法

序号	加　工　方　法	经济精度（以公差等级表示）	经济表面粗糙度 $Ra/\mu m$	适用范围
1	钻	IT11～IT13	12.5	加工未淬火钢及铸铁的实心毛坯，也可用于加工有色金属。孔径小于 15～20mm
2	钻—铰	IT8～IT10	1.6～6.3	加工未淬火钢及铸铁的实心毛坯，也可用于加工有色金属。孔径小于 15～20mm
3	钻—粗铰—精铰	IT7～IT8	0.8～1.6	加工未淬火钢及铸铁的实心毛坯，也可用于加工有色金属。孔径小于 15～20mm
4	钻—扩	IT10～IT11	6.3～12.5	加工未淬火钢及铸铁的实心毛坯，也可用于加工有色金属。孔径大于 15～20mm
5	钻—扩—铰	IT8～IT9	1.6～3.2	加工未淬火钢及铸铁的实心毛坯，也可用于加工有色金属。孔径大于 15～20mm
6	钻—扩—粗铰—精铰	IT7	0.8～1.6	加工未淬火钢及铸铁的实心毛坯，也可用于加工有色金属。孔径大于 15～20mm
7	钻—扩—机铰—手铰	IT6～IT7	0.2～0.4	加工未淬火钢及铸铁的实心毛坯，也可用于加工有色金属。孔径大于 15～20mm
8	钻—扩—拉	IT7～IT9	0.1～1.6	大批大量生产（精度由拉刀的精度而定）
9	粗镗（或扩孔）	IT11～IT13	6.3～12.5	除淬火钢外的各种材料，毛坯有铸出孔或锻出孔
10	粗镗（粗扩）—半精镗（精扩）	IT9～IT10	1.6～3.2	除淬火钢外的各种材料，毛坯有铸出孔或锻出孔
11	粗镗（粗扩）—半精镗（精扩）—精镗（铰）	IT7～IT8	0.8～1.6	除淬火钢外的各种材料，毛坯有铸出孔或锻出孔
12	粗镗（粗扩）—半精镗（精扩）—精镗—浮动镗刀精镗	IT6～IT7	0.4～0.8	除淬火钢外的各种材料，毛坯有铸出孔或锻出孔

（续）

序号	加　工　方　法	经济精度（以公差等级表示）	经济表面粗糙度 Ra/μm	适　用　范　围
13	粗镗(扩)—半精镗—磨孔	IT7 ~ IT8	0.2 ~ 0.8	主要用于淬火钢，也可用于未淬火钢，但不宜用于有色金属
14	粗镗(扩)—半精镗—粗磨—精磨	IT6 ~ IT7	0.1 ~ 0.2	
15	粗镗—半精镗—精镗—精细镗(金刚镗)	IT6 ~ IT7	0.05 ~ 0.4	主要用于精度要求高的有色金属加工
16	钻—(扩)—粗铰—精铰—珩磨；钻—(扩)—拉—珩磨；粗镗—半精镗—精镗—珩磨	IT6 ~ IT7	0.025 ~ 0.2	精度要求很高的孔
17	以研磨代替上述方法中的珩磨	IT5 ~ IT6	0.006 ~ 0.1	

表 3-6　平面加工方法

序号	加　工　方　法	经济精度（以公差等级表示）	经济表面粗糙度 Ra/μm	适　用　范　围
1	粗车	IT11 ~ IT13	12.5 ~ 50	端面
2	粗车—半精车	IT8 ~ IT10	3.2 ~ 6.3	
3	粗车—半精车—精车	IT7 ~ IT8	0.8 ~ 1.6	
4	粗车—半精车—磨削	IT6 ~ IT8	0.2 ~ 0.8	
5	粗刨(或粗铣)	IT11 ~ IT13	6.3 ~ 25	一般不淬硬平面(端铣表面粗糙度 Ra 值较小)
6	粗刨(或粗铣)—精刨(或精铣)	IT8 ~ IT10	1.6 ~ 6.3	
7	粗刨(或粗铣)—精刨(或精铣)—刮研	IT6 ~ IT7	0.1 ~ 0.8	精度要求较高的不淬硬平面，批量较大时宜采用宽刃精刨方案
8	以宽刃精刨代替上述刮研	IT7	0.2 ~ 0.8	
9	粗刨(或粗铣)—精刨(或精铣)—磨削	IT7	0.2 ~ 0.8	精度要求高的淬硬平面或不淬硬平面
10	粗刨(或粗铣)—精刨(或精铣)—粗磨—精磨	IT6 ~ IT7	0.025 ~ 0.4	
11	粗铣—拉	IT7 ~ IT9	0.2 ~ 0.8	大量生产，较小的平面(精度视拉刀精度而定)
12	粗铣—精铣—磨削—研磨	IT5 以上	0.006 ~ 0.1(或 Rz0.05)	高精度平面

选择加工方法时常常根据经验或查表来确定，再根据实际情况或通过工艺试验进行修改。从表 3-4 ~ 表 3-6 中的数据可知，满足同样精度要求的加工方法有若干种，所以选择时还应考虑下列因素：

1）工件材料的性质。例如，淬火钢的精加工要用磨削，有色金属的精加工为避免磨削时堵塞砂轮，则要用高速精细车或精细镗（金刚镗）。

2）工件的形状和尺寸。例如，对于公差等级为 IT7 的孔采用镗、铰、拉和磨削等都可以。但是，箱体上的孔一般不宜采用拉或磨，而常常选择镗孔（大孔时）或铰孔（小孔时）。

表 3-7　轴线平行的孔的位置精度（经济精度）　　（单位：mm）

加工方法	工具的定位	两孔轴线间的距离误差，或从孔轴线到平面的距离误差	加工方法	工具的定位	两孔轴线间的距离误差，或从孔轴线到平面的距离误差
立钻或摇臂钻上钻孔	用钻模	0.1～0.2	卧式铣镗床上镗孔	用镗模	0.05～0.08
	按划线	1.0～3.0		按定位样板	0.08～0.2
立钻或摇臂钻上镗孔	用镗模	0.05～0.08		按定位器的指示读数	0.04～0.06
车床上镗孔	按划线	1.0～2.0		用量块	0.05～0.1
	用带有滑座的角尺	0.1～0.3		用内径规或用塞尺	0.05～0.25
坐标镗床上镗孔	用光学仪器	0.004～0.015		用程序控制的坐标装置	0.04～0.05
金刚镗床上镗孔	—	0.008～0.02			
多轴组合机床上镗孔	用镗模	0.03～0.05		用游标尺	0.2～0.4
				按划线	0.4～0.6

3）生产类型及考虑生产率和经济性问题。选择加工方法要与生产类型相适应。大批大量生产应选用生产率高和质量稳定的加工方法。例如，平面和孔采用拉削加工，单件小批生产则采用刨削、铣削平面和钻、扩、铰孔；又如为保证质量可靠和稳定，保证有高的成品率，在大批大量生产中采用珩磨和超精加工加工较精密零件，常常降级使用高精度方法。

同时，由于大批大量生产能选用精密毛坯，如用粉末冶金制造液压泵齿轮，精锻锥齿轮，精铸中、小零件等，因而可简化机械加工，在毛坯制造后直接进入磨削加工。

4）具体生产条件。应充分利用现有设备和工艺手段，发挥群众的创造性，挖掘企业潜力。有时，因设备负荷的原因，需改用其他加工方法。

5）充分考虑利用新工艺、新技术的可能性，提高工艺水平。

6）特殊要求。如表面纹路方向的要求，铰削和镗削孔的纹路方向与拉削的纹路方向不同，应根据设计的特殊要求选择相应的加工方法。

二、加工顺序的安排

复杂工件的机械加工工艺路线中要经过切削加工、热处理和辅助工序。因此，在拟订工艺路线时，工艺人员要全面地把切削加工、热处理和辅助工序三者一起加以考虑，现分别阐述如下。

（一）机械加工工序的安排原则

1. 先加工基准面

选为精基准的表面应安排在起始工序先进行加工，以便尽快为后续工序的加工提供精基准。

2. 划分加工阶段

工件的加工质量要求较高时，都应划分阶段。一般可分为粗加工、半精加工和精加工三个阶段。加工精度和表面质量要求特别高时，还可增设光整加工和超精密加工阶段。

（1）各加工阶段的主要任务

1）粗加工阶段是从坯料上切除较多余量，所能达到的精度和表面质量都比较低的加工过程。

2）半精加工阶段是在粗加工和精加工之间所进行的切削加工过程。

3）精加工阶段是从工件上切除较少余量，所得精度和表面质量都比较高的加工过程。

4）光整加工阶段是精加工后，从工件上不切除或切除极薄金属层，用以获得很光洁表面或强化其表面的加工过程。一般不用来提高位置精度。

5）超精密加工阶段是按照超稳定、超微量切除等原则，实现加工尺寸误差和形状误差在 0.1μm 以下的加工技术。

当毛坯余量特别大，表面非常粗糙时，在粗加工阶段前还有荒加工阶段。为能及时发现毛坯缺陷，减少运输量，荒加工阶段常在毛坯准备车间进行。

（2）划分加工阶段的原因

1）保证加工质量。工件加工划分阶段后，因粗加工的加工余量大、切削力大等因素造成的加工误差，可通过半精加工和精加工逐步得到纠正，以保证加工质量。

2）有利于合理使用设备。粗加工要求使用功率大、刚性好、生产率高、精度要求不高的设备。精加工则要求使用精度高的设备。划分加工阶段后，就可充分发挥粗、精加工设备的特点，避免以精干粗，做到合理使用设备。

3）便于安排热处理工序，使冷、热加工工序配合得更好。例如，粗加工后工件残余应力大，可安排时效处理，消除残余应力；热处理引起的变形又可在精加工中消除等。

4）便于及时发现毛坯缺陷。毛坯的各种缺陷如气孔、砂眼和加工余量不足等，在粗加工后即可发现，便于及时修补或决定报废，以免继续加工后造成工时和费用的浪费。

5）精加工、光整加工安排在后，可保护精加工和光整加工过的表面少受磕碰损坏。

上述划分加工阶段并非所有工件都应如此，在应用时要灵活掌握。例如，对于那些加工质量要求不高、刚性好、毛坯精度较高、余量小的工件，就可少划分几个阶段或不划分阶段；对于有些刚性好的重型工件，由于装夹及运输很费时，也常在一次装夹下完成全部粗、精加工。为了弥补不分阶段带来的缺陷，重型工件在粗加工工步后，松开夹紧机构，让工件有变形的可能，然后用较小的夹紧力重新夹紧工件，继续以精加工工步加工。

应当指出，划分加工阶段是对整个工艺过程而言的，因而应以工件的主要加工面来分析，不应以个别表面（或次要表面）和个别工序来判断。

3. 先面后孔

对于箱体、支架和连杆等工件，应先加工平面后加工孔。这是因为平面的轮廓平整，安放和定位比较稳定可靠，若先加工好平面，就能以平面定位加工孔，保证平面和孔的位置精度。此外，由于平面先加工好，给平面上的孔加工也带来方便，使刀具的初始切削条件能得到改善。

4. 次要表面可穿插在各阶段间进行加工

次要表面一般加工量都较少，加工比较方便。若把次要表面的加工穿插在各加工阶段之间进行，就能使加工阶段更加明显，又增加了阶段间的间隔时间，便于工件有足够时间让残余应力重新分布并引起变形，以便在后续工序中纠正其变形。

综上所述，一般机械加工的顺序是：加工精基准⟶粗加工主要面⟶精加工主要面⟶光整加工主要面⟶超精密加工主要面，次要表面的加工穿插在各阶段之间进行。

（二）热处理工序的安排

热处理是用于提高材料的力学性能、改善金属的加工性能以及消除残余应力。制订工艺规程时，由工艺人员根据设计和工艺要求全面考虑。

1. 最终热处理

最终热处理的目的是提高力学性能，如调质、淬火、渗碳淬火、液体碳氮共渗和渗氮等，都属最终热处理，应安排在精加工前后。变形较大的热处理，如渗碳淬火应安排在精加工磨削前进行，以便在精加工磨削时纠正热处理的变形，调质也应安排在精加工前进行。变形较小的热处理如渗氮等，应安排在精加工后。

表面装饰性镀层和发蓝处理，一般都安排在机械加工完毕后进行。

2. 预备热处理

预备热处理的目的是改善加工性能，为最终热处理作好准备和消除残余应力，如正火、退火和时效处理等。它应安排在粗加工前、后和需要消除应力处。放在粗加工前，可改善粗加工时材料的加工性能，并可减少车间之间的运输工作量；放在粗加工后，有利于粗加工后残余应力的消除。调质处理能得到组织均匀细致的回火索氏体，有时也作为预备热处理，常安排在粗加工后。

精度要求较高的精密丝杠和主轴等工件，常需多次安排时效处理，以消除残余应力，减少变形。

（三）辅助工序的安排

辅助工序的种类较多，包括检验、去飞边、倒棱、清洗、防锈、去磁及平衡等。辅助工序也是必要的工序，若安排不当或遗漏，将会给后续工序和装配带来困难，影响产品质量，甚至使机器不能使用。例如，未去净的毛刺将影响装夹精度、测量精度、装配精度以及工人安全；润滑油中未去净的切屑，将影响机器的使用质量；研磨、珩磨后没清洗过的工件会带入残存的砂粒，加剧工件在使用中的磨损；用磁力夹紧的工件没有安排去磁工序，会使带有磁性的工件进入装配线，影响装配质量。因此，要重视辅助工序的安排。辅助工序的安排不难掌握，问题是常被遗忘。

检验工序更是必不可少的工序。它对保证质量、防止产生废品起到重要作用。除了工序中自检外，需要在下列场合单独安排检验工序。

1）粗加工阶段结束后。

2）重要工序前后。

3）送往外车间加工的前后，如热处理工序前后。

4）全部加工工序完成后。

有些特殊的检验，如探伤等检查工件的内部质量，一般都安排在精加工阶段。密封性检验、工件的平衡和重量检验，一般都安排在工艺过程最后进行。

三、确定工序集中与分散的程度

工序集中与工序分散，是拟订工艺路线时确定工序数目（或工序内容多少）的两种不同的原则，它和设备类型的选择有密切的关系。

（一）工序集中和工序分散的概念

工序集中就是将工件的加工集中在少数几道工序内完成。每道工序的加工内容较多。工序集中可采用技术上的措施集中，称为机械集中，如多刃、多刀和多轴机床、自动机床、数控机床、加工中心等；也可采用人为的组织措施集中，称为组织集中，如卧式车床的顺序加工。

工序分散就是将工件的加工分散在较多的工序内进行。每道工序的加工内容很少，最少时即每道工序仅一个简单工步。

（二）工序集中和工序分散的特点

1. 工序集中的特点（指机械集中）

1）采用高效专用设备及工艺装备，生产率高。

2）工件装夹次数减少，易于保证表面间位置精度，还能减少工序间运输量，缩短生产周期。

3）工序数目少，可减少机床数量、操作工人数和生产面积，还可简化生产计划和生产组织工作（本特点也适用于组织集中）。

4）因采用结构复杂的专用设备及工艺装备，使投资大，调整和维修复杂，生产准备工作量大，转换新产品比较费时。

2. 工序分散的特点

1）设备及工艺装备比较简单，调整和维修方便，工人容易掌握，生产准备工作量少，又易于平衡工序时间，易适应产品更换。

2）可采用最合理的切削用量，减少基本时间。

3）设备数量多，操作工人多，占用生产面积也大。

（三）工序集中与工序分散的选用

工序集中与工序分散各有利弊，应根据生产类型、现有生产条件、工件结构特点和技术要求等进行综合分析后选用。

单件小批生产采用组织集中，以便简化生产、组织工作。大批大量生产可采用较复杂的机械集中，如多刀、多轴机床，各种高效组合机床和自动机床加工；对一些结构较简单的产品，如轴承生产，也可采用分散的原则。成批生产应尽可能采用效率较高的机床，如转塔车床、多刀半自动车床、数控机床等，使工序适当集中。

对于重型零件，为了减少工件装卸和运输的劳动量，工序应适当集中；对于刚性差且精度高的精密工件，则工序应适当分散。

目前的发展趋热是倾向于工序集中。

四、设备与工艺装备的选择

（一）设备的选择

确定了工序集中或工序分散的原则后，基本上也就确定了设备的类型。如采用机械集中，则选用高效自动加工的设备，多刀、多轴机床；若采用组织集中，则选用通用设备；若采用工序分散，则加工设备可较简单。此外，选择设备时还应考虑：

1）机床精度与工件精度相适应。

2）机床规格与工件的外形尺寸相适应。

3）与现有加工条件相适应，如设备负荷的平衡状况等。如果没有现成设备供选用，经过方案的技术经济分析后，也可提出专用设备的设计任务书或改装旧设备。

（二）工艺装备的选择

工艺装备选择的合理与否，将直接影响工件的加工精度、生产效率和经济性。应根据生产类型、具体加工条件、工件结构特点和技术要求等选择工艺装备。

1. 夹具的选择

单件小批生产首先采用各种通用夹具和机床附件，如卡盘、机床用平口虎钳、分度头等。有组合夹具站的，可采用组合夹具。对于中批、大批和大量生产，为提高劳动生产率而采用专用高效夹具。中批、小批生产应用成组技术时，可采用可调夹具和成组夹具。

2. 刀具的选择

一般优先采用标准刀具。若采用机械集中，则应采用各种高效的专用刀具、复合刀具和多刃刀具等。刀具的类型、规格和精度等级应符合加工要求。

3. 量具的选择

单件小批生产应广泛采用通用量具，如游标卡尺、百分表和千分尺等。大批大量生产应采用极限量块和高效的专用检验夹具和量仪等。量具的精度必须与加工精度相适应。

第六节　确定加工余量、工序尺寸及其公差

工艺路线拟订之后要进行工序设计，确定各工序的具体内容。本节首先分析保证质量要求的设计计算，即正确确定各工序加工应达到的尺寸——工序尺寸及其公差。由于工序尺寸的确定除了与工件设计尺寸有关外，还与各工序的加工余量有密切的关系，因而本节先介绍有关加工余量的概念，然后分析基准重合时工序尺寸及其公差的确定方法。基准不重合时，工序尺寸及其公差的确定方法将在本章第九节工艺尺寸链中讨论。

一、加工余量的概念

加工余量是指加工过程中所切去的金属层厚度。余量有工序余量和加工总余量（毛坯余量）之分。工序余量是相邻两工序的工序尺寸之差，加工总余量（毛坯余量）是毛坯尺寸与零件图样的设计尺寸之差。

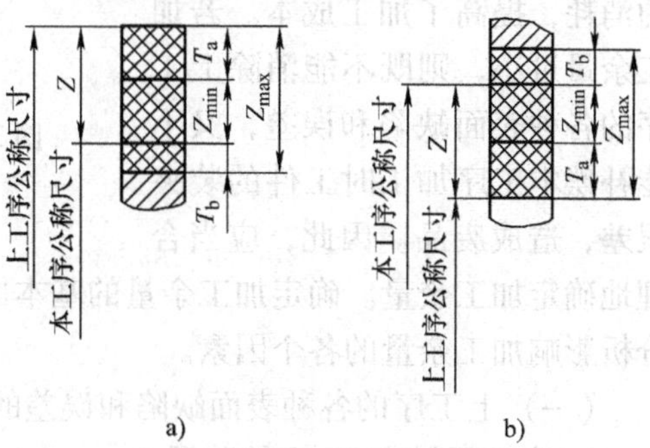

图 3-17　工序余量与工序尺寸及其公差的关系
a）被包容面（轴）　b）包容面（孔）

由于工序尺寸有公差，故实际切除的余量大小不等。

图 3-17 表示工序余量与工序尺寸的关系。由图可知，工序余量的公称尺寸（简称公称余量）Z 可按下式计算

对于被包容面　　　　Z = 上工序公称尺寸 − 本工序公称尺寸

对于包容面　　　　Z = 本工序公称尺寸 − 上工序公称尺寸

为了便于加工，工序尺寸都按"入体原则"标注极限偏差，即被包容面的工序尺寸取上极限偏差为零；包容面的工序尺寸取下极限偏差为零。毛坯尺寸则按双向布置上、下极限偏差。工序余量和工序尺寸及其公差的计算公式如下

$$Z = Z_{min} + T_a$$

$$Z_{max} = Z + T_b = Z_{min} + T_a + T_b$$

式中 Z_{min}——最小工序余量；

Z_{max}——最大工序余量；

T_a——上工序尺寸的公差；

T_b——本工序尺寸的公差。

图3-18表示加工总余量与工序余量的关系。由图可得（适用于包容面和被包容面）

$$Z_0 = Z_1 + Z_2 + \cdots + Z_n = \sum_{i=1}^{n} Z_i$$

式中 Z_0——加工总余量（毛坯余量）；

Z_i——各工序余量；

n——工序数。

加工余量有双边余量和单边余量之分。对于外圆和孔等回转表面，加工余量指双边余量，即以直径方向计算，实际切削的金属层厚度为加工余量的一半。平面的加工余量则是单边余量，它等于实际切削的金属层厚度。

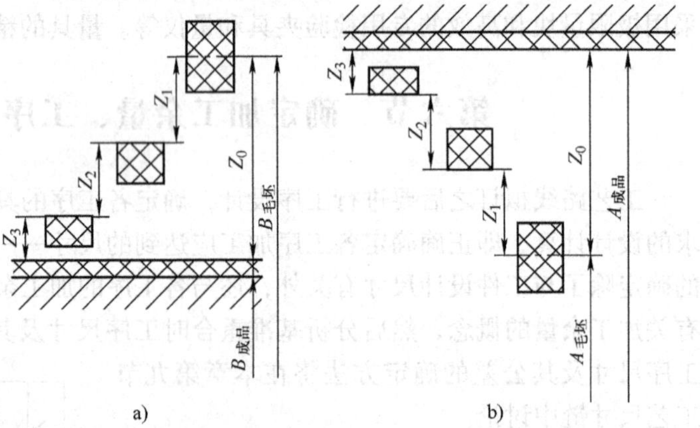

图3-18 加工总余量（毛坯余量）与工序余量的关系

a）被包容面（轴） b）包容面（孔）

二、加工余量的影响因素

加工余量的大小对于工件的加工质量和生产率均有较大的影响。加工余量过大，不仅增加机械加工的劳动量，降低了生产率，而且增加材料、工具和电力的消耗，提高了加工成本。若加工余量过小，则既不能消除上工序的各种表面缺陷和误差，又不能补偿本工序加工时工件的装夹误差，造成废品。因此，应当合理地确定加工余量。确定加工余量的基本原则是，在保证加工质量的前提下越小越好。下面分析影响加工余量的各个因素。

（一）上工序的各种表面缺陷和误差的因素

1. 表面粗糙度 Ra 和缺陷层 D_a

本工序必须把上工序留下的表面粗糙度 Ra 全部切除，还应切除上工序在表面留下的一层金属组织已遭破坏的缺陷层 D_a，如图3-19所示。

各种加工方法所得试验数据 Ra 和 D_a 见表3-8。

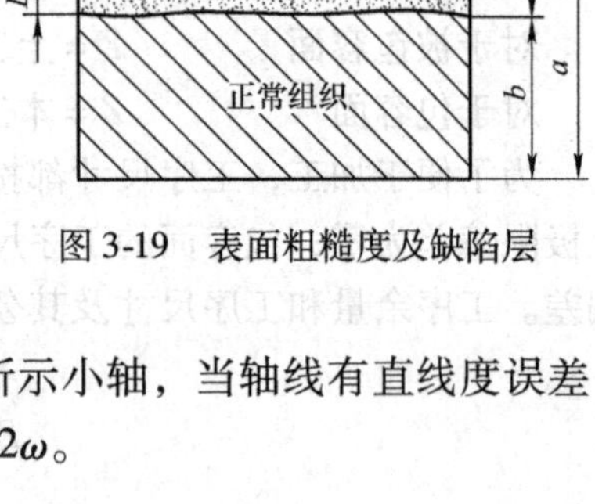

图3-19 表面粗糙度及缺陷层

2. 上工序的尺寸公差 T_a

由图3-17中可知，工序的基本余量中包括了上工序的尺寸公差 T_a。

3. 上工序的几何误差（也称空间误差）ρ_a

ρ_a 是指不由尺寸公差 T_a 所控制的几何误差。此时，加工余量中要包括上工序的几何误差 ρ_a。例如，图3-20所示小轴，当轴线有直线度误差 ω 时，须在本工序中纠正，因而直径方向的加工余量应增加 2ω。

ρ_a 的数值与加工方法和热处理方法有关，可通过有关工艺资料查得或通过试验确定。ρ_a 具有矢量性质。

表 3-8　各种加工方法所得试验数据 *Ra* 和 D_a　　（单位：μm）

加工方法	Ra	D_a	加工方法	Ra	D_a
粗车	15～100	40～60	精扩孔	25～100	30～40
精车	5～45	30～40	粗铰	25～100	25～30
磨外圆	1.7～15	15～25	精铰	8.5～25	10～20
钻	45～225	40～60	粗车端面	15～225	40～60
扩钻	25～225	35～60	精车端面	5～54	30～40
粗镗	25～225	30～50	磨端面	1.7～15	15～35
精镗	5～25	25～40	磨内圆	1.7～15	20～30
粗扩孔	25～225	40～60	拉削	1.7～8.5	10～20
粗刨	15～100	40～50	磨平面	1.7～15	20～30
粗插	25～100	50～60	切断	45～225	60
精刨	5～45	25～40	研磨	0～1.6	3～5
精插	5～45	35～50	超级光磨	0～0.8	0.2～0.3
粗铣	15～225	40～60	抛光	0.06～1.6	2～5
精铣	5～45	25～40			

（二）本工序加工时的装夹误差 ε_b

装夹误差包括工件的定位误差和夹紧误差，若用夹具装夹时，还有夹具在机床上的装夹误差。这些误差会使工件在加工时的位置发生偏移，所以加工余量还必须考虑装夹误差的影响。例如，图 3-21 所示用三爪自定心卡盘夹持工件外圆磨削孔时，由于三爪自定心卡盘定心不准，使工件轴线偏离主轴旋转轴线 e 值，造成孔的磨削余量不均匀。因此，为确保上工序各项误差和缺陷的切除，孔的直径余量应增加 $2e$。

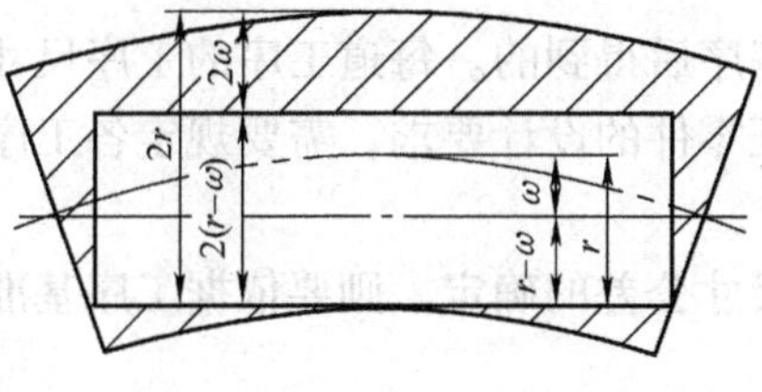

图 3-20　轴线直线度误差对加工余量的影响

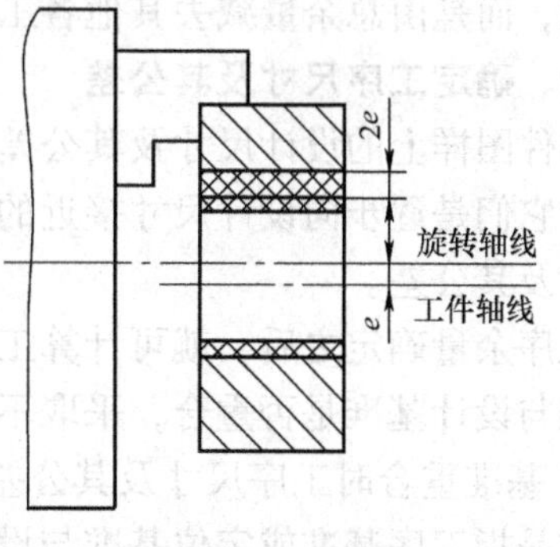

图 3-21　三爪自定心卡盘装夹误差对加工余量的影响

装夹误差 ε_b 的数值，可通过先分别求出定位误差、夹紧误差和夹具的装夹误差后再相加而得。ε_b 也具有矢量性质。

综上所述，加工余量的基本公式为

$$Z_b = T_a + Ra + D_a + |\rho_a + \varepsilon_b| \text{（单边余量时）}$$

$$2Z_b = T_a + 2(Ra + D_a) + 2|\rho_a + \varepsilon_b| \text{（双边余量时）}$$

在应用上述公式时，要结合具体情况进行修正。例如，在无心磨床上加工小轴或用浮动铰刀、浮动镗刀和拉刀加工孔时，都是采用自为基准原则，不计装夹误差 ε_b。几何误差 ρ_a 中仅剩形状误差，不计位置误差，故公式为

$$2Z_b = T_a + 2(Ra + D_a) + 2\rho_a$$

对于研磨、珩磨、超精磨和抛光等光整加工，若主要是为了改善表面粗糙度，则公式为

$$2Z_b = 2Ra$$

若还需提高尺寸和形状精度，则公式为

$$2Z_b = T_a + 2Ra + 2|\rho_a|$$

三、确定加工余量的方法

确定加工余量的方法有下列三种。

1. 查表法

根据各工厂的生产实践和试验研究积累的数据，先制成各种表格，再汇集成手册。确定加工余量时查阅这些手册，再结合工厂的实际情况进行适当修改后确定。目前，我国各工厂广泛采用查表法。

2. 经验估计法

本法是根据实际经验确定加工余量。一般情况下，为防止因余量过小而产生废品，经验估计的数值总是偏大。经验估计法常用于单件小批生产。

3. 分析计算法

本法是根据上述加工余量计算公式和一定的试验资料，对影响加工余量的各项因素进行分析，并计算确定加工余量。这种方法比较合理，但必须有比较全面和可靠的试验资料。目前，只在材料十分贵重以及军工生产或少数大量生产的工厂中采用。

在确定加工余量时，要分别确定加工总余量（毛坯余量）和工序余量。加工总余量的大小与所选择的毛坯制造精度有关。用查表法确定工序余量时，粗加工工序余量不能用查表法得到，而是由总余量减去其他各工序余量而得。

四、确定工序尺寸及其公差

零件图样上的设计尺寸及其公差是经过各加工工序后得到的。每道工序的工序尺寸都不相同，它们是逐步向设计尺寸接近的。为了最终保证零件的设计要求，需要规定各工序的工序尺寸及其公差。

工序余量确定之后，就可计算工序尺寸。工序尺寸公差的确定，则要依据工序基准或定位基准与设计基准是否重合，采取不同的计算方法。

1. 基准重合时工序尺寸及其公差的计算

这是指工序基准或定位基准与设计基准重合，表面多次加工时，工序尺寸及其公差的计算。工件上外圆和孔的多工序加工都属于这种情况。此时，工序尺寸及其公差与工序余量的关系如图 3-17 和图 3-18 所示。计算顺序是：先确定各工序余量的公称尺寸，再由后往前逐个工序推算，即由零件上的设计尺寸开始，由最后一道工序开始向前工序推算，直到毛坯尺寸。工序尺寸的公差则都按各工序的经济精度确定，并按“入体原则”确定上、下极限偏差。

例 3-1 某主轴箱箱体的主轴孔，设计要求为 ϕ100JS6，$Ra=0.8\mu m$，加工工序为粗镗-半精镗-精镗-浮动镗四道工序。试确定各工序尺寸及其公差。

解　先根据有关手册及工厂实际经验确定各工序的公称余量，具体数值见表 1-15 中的第二列；再根据各种加工方法的经济精度表格确定各工序尺寸的公差，具体数值见表 1-15 中的第三列；最后由后工序向前工序逐个计算工序尺寸，具体数值见表 1-15 中的第四列，并得各工序尺寸及其公差和 *Ra*，见表 3-9 中的第五列。

表 3-9　主轴孔各工序的工序尺寸及其公差的计算实例　（单位：mm）

工　序　名　称	工序公称余量	工序的经济精度	工序尺寸	工序尺寸及其公差和 *Ra*
浮动镗	0.1	JS6（±0.011）	100	$\phi100\pm0.011$　$Ra=0.8\mu m$
精镗	0.5	$H7\left(\begin{matrix}+0.035\\0\end{matrix}\right)$	100－0.1＝99.9	$\phi99.9^{+0.035}_{0}$　$Ra=1.6\mu m$
半精镗	2.4	$H10\left(\begin{matrix}+0.14\\0\end{matrix}\right)$	99.9－0.5＝99.4	$\phi99.4^{+0.14}_{0}$　$Ra=3.2\mu m$
粗镗	5	$H13\left(\begin{matrix}+0.44\\0\end{matrix}\right)$	99.4－2.4＝97.0	$\phi97^{+0.44}_{0}$　$Ra=6.4\mu m$
毛坯孔	8	（±1.3）	97.0－5＝92.0	$\phi92\pm1.3$

2. 基准不重合时工序尺寸及其公差的计算

工序基准或定位基准与设计基准不重合时，工序尺寸及其公差的计算比较复杂，需用工艺尺寸链来进行分析计算，详见本章第九节工艺尺寸链。

第七节　时间定额和提高劳动生产率的工艺途径

工序设计中第二方面的内容是确定劳动消耗工艺定额，简称劳动定额，它是劳动生产率指标。劳动定额可用产量定额（在一定生产条件下，规定每个工人在单位时间内应完成的合格品数量）或时间定额（在一定生产条件下，规定生产一件产品或完成一道工序所需消耗的时间）来表示。常用时间定额作为劳动定额指标。

一、时间定额

时间定额不仅是衡量劳动生产率的指标，也是安排生产计划、计算生产成本的重要依据，还是新建或扩建工厂（或车间）时计算设备和工人数量的依据。

制订时间定额应根据本企业的生产技术条件，使大多数工人经过努力都能达到，部分先进工人可以超过，少数工人经过努力可以达到或接近的平均先进水平。合理的时间定额能调动工人的积极性，促进工人技术水平的提高，从而不断提高劳动生产率。随着企业生产技术条件的不断改善，时间定额应定期进行修订，以保持定额的平均先进水平。

时间定额通常由定额员、工艺人员和工人相结合，通过总结过去的经验，并参考有关的技术资料直接估计确定的；或者以同类产品的工件或工序的时间定额为依据，进行对比分析后推算出来的；也可通过对实际操作时间的测定和分析来确定。

为了正确地确定时间定额，通常把工序消耗的时间分为基本时间 T_b、辅助时间 T_a、布置工作地时间 T_s、休息与生理需要时间 T_r 及准备与终结时间 T_e 等。

1. 基本时间 T_b

基本时间是直接改变生产对象的尺寸、形状、相对位置、表面状态或材料性质等工艺过程所消耗的时间。对机械加工而言，就是直接切除工序余量所消耗的时间（包括刀具的切

入和切出时间)。基本时间可由计算公式求出。例如，车削时的基本时间 T_b 为

$$T_b = \frac{l_j Z}{nfa_p}$$

式中 T_b——基本时间 (min);

l_j——工作行程的计算长度，包括加工表面的长度、刀具切入和切出长度 (mm);

Z——工序余量 (mm);

n——工件的旋转速度 (r/min);

f——刀具的进给量 (mm/r);

a_p——背吃刀量 (mm)。

2. 辅助时间 T_a

辅助时间是为实现工艺过程所必须进行的各种辅助动作所消耗的时间。它包括装卸工件、开停机床、引进或退出刀具、改变切削用量、试切和测量工件等所消耗的时间。

辅助时间的确定方法随生产类型而异。大批大量生产时，为使辅助时间规定得合理，需将辅助动作进行分解，再分别确定各分解动作的时间，最后予以综合；中批生产则可根据以往的统计资料来确定；单件小批生产则常用基本时间的百分比进行估算。

基本时间和辅助时间的总和称为作业时间 T_B，它是直接用于制造产品或零、部件所消耗的时间。

3. 布置工作地时间 T_s

布置工作地时间是为使加工正常进行，工人照管工作地（如更换刀具、调整刀具、润滑机床、清理切屑、收拾工具等）所消耗的时间。T_s 不是直接消耗在每个工件上的，而是消耗在一个工作班内的时间，再折算到每个工件上的。一般按作业时间的 2% ~7%（以百分率 α 表示）计算。

4. 休息与生理需要时间 T_r

休息与生理需要时间是工人在工作班内为恢复体力和满足生理上的需要所消耗的时间。T_r 也是按一个工作班为计算单位，再折算在每个工件上的。对由工人操作的机床加工工序，一般按作业时间的 2% ~4%（以百分率 β 表示）计算。

以上四部分时间的总和称为单件时间 T_p，即

$$T_p = T_b + T_a + T_s + T_r = T_B + T_s + T_r = (1 + \alpha + \beta) T_B$$

5. 准备与终结时间 T_e（简称准终时间）

准终时间是工人为了生产一批产品或零、部件，进行准备和结束工作所消耗的时间。例如，在单件或成批生产中，每当开始加工一批工件时，工人需要熟悉工艺文件，领取毛坯、材料、工艺装备、安装刀具和夹具、调整机床和其他工艺装备等所消耗的时间；加工一批工件结束后，需拆下和归还工艺装备，送交成品等所消耗的时间。T_e 既不是直接消耗在每个工件上，也不是消耗在一个工作班内的时间，而是消耗在一批工件上的时间，因而分摊到每个工件上的时间为 T_e/n，其中 n 为批量。因此，单件和成批生产的单件计算时间 T_c 应为

$$T_c = T_p + \frac{T_e}{n} = T_b + T_a + T_s + T_r + \frac{T_e}{n}$$

大量生产中，由于 n 的数值很大，$\frac{T_e}{n} \approx 0$，即可忽略不计，所以

$$T_c = T_p = T_b + T_a + T_s + T_r$$

二、提高劳动生产率的工艺途径

劳动生产率是一项综合性的技术经济指标。提高劳动生产率，必须正确处理好质量、生产率和经济性三者之间的关系；应在保证质量的前提下提高生产率、降低成本。提高劳动生产率是企业的一项根本任务。

提高劳动生产率的措施很多，技术性方面的措施又涉及产品设计、制造工艺和组织管理等多个方面。现从制造工艺方面作一简要分析。

（一）缩减时间定额

缩减时间定额，首先应缩减占定额中比重较大的部分。在单件小批生产中，辅助时间和准终时间所占比重大。例如，某厂在卧式车床上生产批量较少的工件时，基本时间占26%，而辅助时间占50%。此时，应着重缩减辅助时间。在大批大量生产中，基本时间所占比重较大。例如，在多轴自动车床上加工时，基本时间占69.5%，而辅助时间仅占21%。此时，应采取措施缩减基本时间。

1. 缩减基本时间

（1）提高切削用量　由基本时间的计算公式可知，增大切削速度、进给量和背吃刀量都可缩减基本时间，这是广泛采用的非常有效的方法。目前，硬质合金车刀的切削速度可达200m/min，陶瓷刀具的切削速度可达500m/min。近年来出现的聚晶金刚石和聚晶立方氮化硼新型刀具材料，切削普通钢材时，切削速度可达1200m/min；加工60HRC以上的淬火钢时，切削速度在90m/min以上。高速滚齿机的切削速度已达65～75m/min，目前最高滚切速度已超过300m/min。磨削的发展趋势是高速磨削和重磨削。目前采用的磨削速度已达60m/s，近10年来，国外已生产出全封闭的切削速度达90～120m/s的高速磨床，试验室正在试验的磨削速度为200m/s。重磨削包括大进给和大背吃刀量缓进给的强力磨削等。缓进给强力磨削一次，背吃刀量可达6～12mm，最大时可达37mm，金属切除率可达656cm^3/min。砂带磨削切除同样金属余量的加工时间仅为铣削加工的1/10。

采用高速切削和强力切削时，机床刚度和功率都要加强，应对原机床进行改造或设计新机床。

（2）减少或重合切削行程长度　利用n把刀具或复合刀具对工件的同一表面或n个表面同时进行加工，或者利用宽刃刀具或成形刀具作横向进给同时加工多个表面，实现复合工步，都能减少每把刀的切削行程长度或使切削行程长度部分或全部重合，减少基本时间。例如，图3-22a所示为多刀车削实例，每把车刀的切削行程长度只有工件长度的1/3。图3-22b所示是将纵向进给改成横向进给，也可减少刀具的切削行程长度，同时又是多刀加工，重合切削行程长度。它们都能减少基本时间。

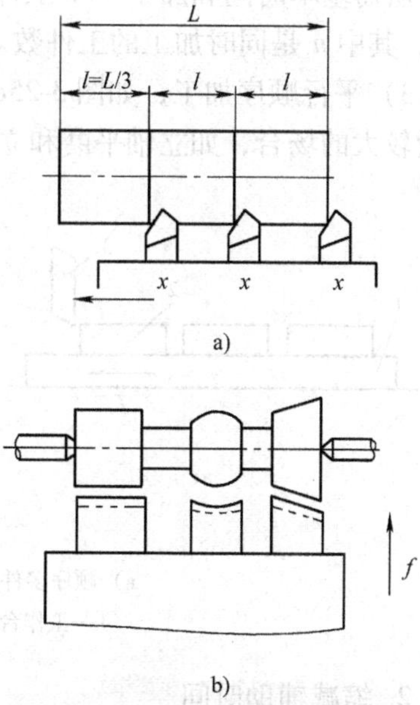

图3-22　减少或重合切削行程长度的方法

a）多刀车削　b）宽刃和成形刀横向进给切削

图 3-23 所示为钻孔和扩孔的复合刀具加工实例，图 3-24 所示是多刀铣削箱体的实例，这两个实例都使切削行程长度重合，减少了基本时间。

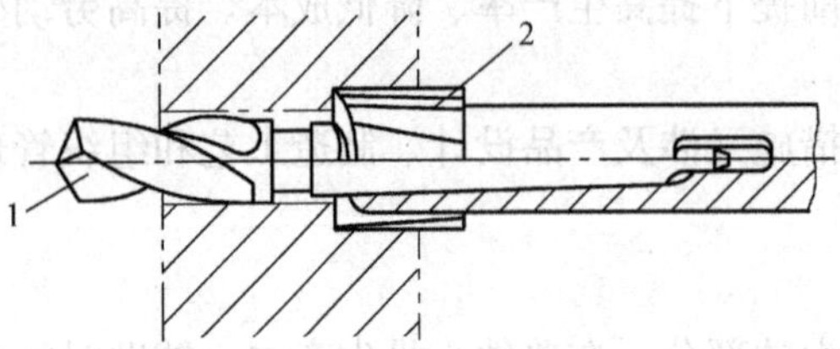

图 3-23 复合刀具加工实例

1—钻 2—扩

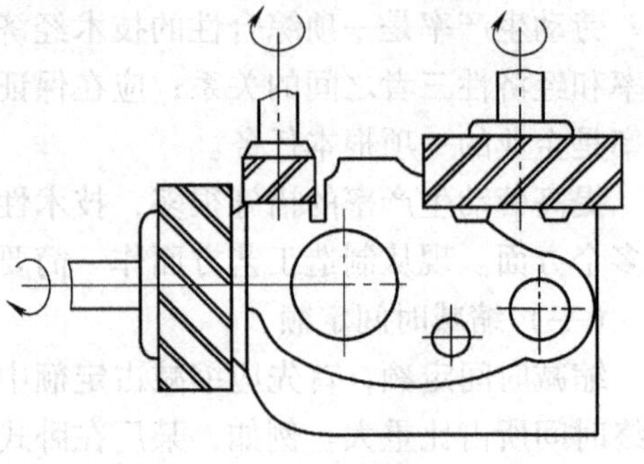

图 3-24 多刀铣削箱体实例

采用多刃或多刀加工时，要尽量做到粗、精分开。同时，由于刀具间的位置精度会直接影响工件的精度，故调整精度要求较高。另外，工艺系统的刚度和机床的功率也要相应增加，要在保证质量的前提下提高生产率。

（3）采用多件加工 多件加工有三种形式，如图 3-25 所示。

1）顺序多件加工，如图 3-25a 所示。工件按进给方向一个接一个地顺序装夹，从而减少了刀具的切入和切出时间，也即减少基本时间。这种形式的加工常见于滚齿、插齿、龙门刨、平面磨削和铣削的加工中。

2）平行多件加工，如图 3-25b 所示。工件平行排列，一次进给可同时加工 n 个工件，加工所需基本时间和加工一个工件相同，所以分摊到每个工件的基本时间就减少到原来的 $1/n$，其中 n 是同时加工的工件数。这种方式常见于铣削和平面磨削中。

3）平行顺序加工，如图 3-25c 所示。它是上述两种形式的综合结果，常用于工件较小、批量较大的场合，如立轴平磨和立轴铣削加工中，缩减基本时间的效果十分显著。

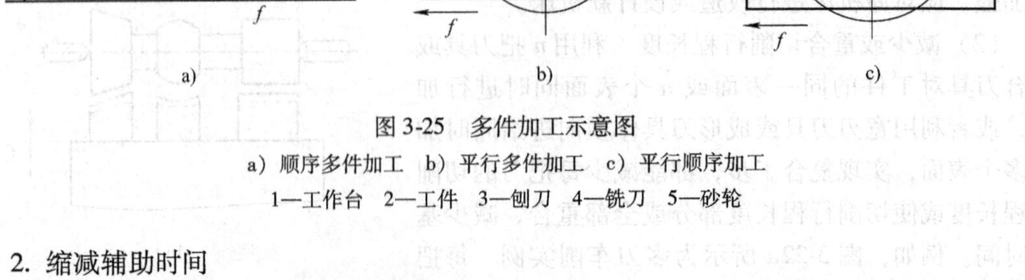

图 3-25 多件加工示意图

a）顺序多件加工 b）平行多件加工 c）平行顺序加工

1—工作台 2—工件 3—刨刀 4—铣刀 5—砂轮

2. 缩减辅助时间

缩减辅助时间的方法是使辅助操作实现机械化和自动化，或使辅助时间与基本时间重合。具体措施有：

1）采用先进夹具。在大批大量生产中，采用高效的气动或液压夹具；在单件小批和中批生产中，使用组合夹具、可调夹具或成组夹具都能减少找正和装卸工件的时间。采用多位夹具，机床可不停机地连续加工，使装卸工件时间和基本时间重合。例如，图 3-26 所示为在立式铣床上采用双工位夹具工作的实例。加工工件 1 时，工人在工作台的另一端取下加工好的工件 2 并装上新的工件。待工件 1 加工完毕，工作台快速退回原处，工人将双工位夹具回转 180°即可加工另一工件。

2）采用连续加工方法。在大量和成批生产中，连续加工在铣削平面和磨削平面中得到广泛的应用，可显著地提高生产率。例如，图 3-27 所示为立式连续回转工作台铣床加工的实例。机床有两根主轴顺次进行粗、精铣削，装卸工件时机床不停机，因此辅助时间和基本时间完全重合。

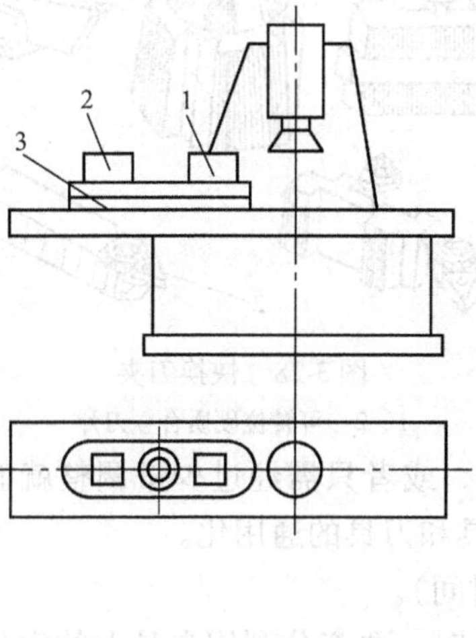

图 3-26　双工位夹具

1、2—工件　3—双工位夹具

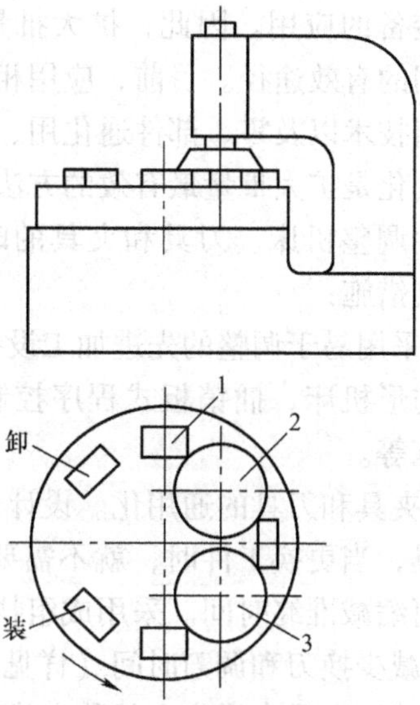

图 3-27　立式连续回转工作台铣床加工实例

1—工件　2—精铣刀　3—粗铣刀

3）采用主动测量或数字显示自动测量装置。主动测量的自动测量装置能在加工过程中测量工件的实际尺寸，并能由测量结果操作或自动控制机床。在内、外圆磨床上，主动测量已取得显著的效果。

目前，在各类机床上已逐步配置的数字显示装置，都是以光栅、感应同步器为检测元件，可以连续显示出刀具在加工过程中的位移量，使工人能直观地看出工件尺寸的变化情况，大大节省了停机测量的时间。

3. 缩减布置工作地时间

布置工作地时间中，主要是消耗在更换刀具和调整刀具的工作上。因此，缩减布置工作地时间主要是减少换刀次数、换刀时间和调整刀具的时间。减少换刀次数就是要提高刀具或砂轮的寿命，而减少换刀和调刀时间是通过改进刀具的装夹和调整方法，采用对刀辅具来实现的。例如，采用各种机外对刀的快换刀夹、刀具微调机构、专用对刀样板或样件以及自动换刀装置等。图 3-28 所示为预先调整好的快换刀夹。这种刀夹由专职人员事先调好，从而使操作工人实现快速更换刀具。

目前，在车削和铣削中已广泛采用机械夹固的可转位硬质合金刀片，如图 3-28 中 1、2 所示。这种刀片可按需要预制成形，并通过机械夹持的方法固定在刀杆上。每块刀片上都有几个切削刃，当某个切削刃用钝后，可以松开紧固螺钉转换一个新切削刃继续加工，直到全部切削刃用钝后，再更换刀片。采用这种刀片后，既能减少换刀次数，又减少了刀具的装卸、对刀和刃磨时间，从而大大提高了生产率。

4. 缩减准备与终结时间

缩减准备与终结时间的主要方法是扩大零件的批量和减少调整机床、刀具和夹具的时间。

在中小批生产中，产品经常更换，批量又小，使准终时间在单件计算时间中占有较大的比重。同时，批量小又限制了高效设备和高效装备的应用。因此，扩大批量是缩减准终时间的有效途径。目前，应用相似原理，采用成组技术以及零、部件通化用、标准化，产品系列化是扩大批量最有效的方法。

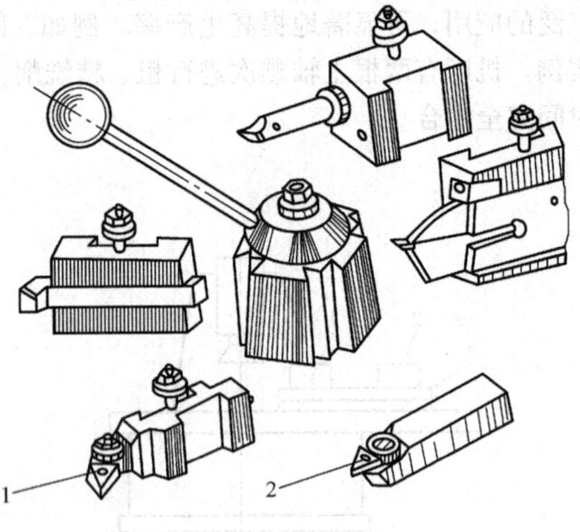

图 3-28 快换刀夹
1、2—可转位硬质合金刀片

减少调整机床、刀具和夹具的时间，可采取下列措施：

1）采用易于调整的先进加工设备，如采用液压仿形机床、插销板式程序控制机床和数控机床等。

2）夹具和刀具的通用化。设计通用的夹具和刀具，当更换工件时，就不需要更换夹具和刀具，或者只需经过少量调整就能投入生产，这可缩减准终时间。采用成组技术，也有利于夹具和刀具的通用化。

3）减少换刀和调刀时间（详见缩减布置工作地时间）。

4）减少夹具在机床上的装夹找正时间。更换夹具时，要充分利用夹具上的定位键和定位销等元件，快速装夹夹具，减少找正时间。

（二）采用新工艺和新方法

采用新工艺和新方法是提高劳动生产率的另一有效途径，有时能取得较大的经济效果。为了及时掌握先进工艺和先进方法的动态，应加强工艺信息和工艺试验工作。具体有以下几方面：

1）先进的毛坯制造方法，如精铸、精锻、粉末冶金等方法。

2）少无切削新工艺，如采用冷挤、冷轧、滚压和滚轧等方法，不仅能提高生产率，而且工件的表面质量和精度也能得到明显改善。例如，用冷挤齿轮替代剃齿，生产率提高4倍，表面粗糙度 Ra 值能稳定地达到 0.4 ~ 0.8μm。

3）采用特种加工。目前各种电加工机床应用较普遍。用常规切削方法很难加工的特硬、特脆、特韧材料以及复杂型面，采用电加工等特种加工后均可迎刃而解。例如，用电火花机床加工锻模，用线切割加工冲模等，均可节约大量钳工劳动，提高生产率（详见第八章第二节非传统加工技术）。

4）改进加工方法。例如，在大批大量生产中，采用拉削代铣削、钻削和铰削，以粗磨代铣平面；在成批生产中，采用以铣代刨，以精刨、精磨或精细镗（金刚镗）代刮研等。

（三）提高机械加工自动化程度

加工过程自动化是提高劳动生产率最理想的手段，但自动化加工投资大、技术复杂，因而要针对不同的生产类型，采取相应的自动化水平。

大批大量生产时，由于工件批量大，生产稳定，可采用多工位组合机床或组合机床自动线，整个工作循环都是自动进行的，生产率很高。中小批生产的自动化可采用各种数控机床及其他柔性较高的自动化生产方式（详见第八章第四节自动化技术和现代制造模式）。

第八节　工艺过程的技术经济性分析

制订机械加工工艺规程时，通常应提出几种方案。这些方案都应满足工件的设计要求——精度、表面质量和其他技术要求，而其生产率和成本则会有所不同。为了选取最佳方案，需进行技术经济性分析。

工艺过程的技术经济性分析有两种方法：一是对不同的工艺过程进行工艺成本的分析和评比，二是按相对技术经济指标进行宏观比较。

一、工艺成本的分析和评比

工件的实际生产成本是制造工件所必需的一切费用的总和。工艺成本是指生产成本中与工艺过程有关的那一部分成本，如毛坯或原材料费用、生产工人的工资、机床电费（设备的使用费）、折旧费和维修费、工艺装备的折旧费和修理费以及车间和工厂的管理费用等。与工艺过程无关的那部分成本，如行政总务人员的工资、厂房折旧和维修费、照明取暖费等，在不同方案的分析和评比中均是相等的，因而可以略去。

（一）工艺成本的组成

工艺成本按照与年产量的关系，分为可变费用 V 和不变费用 S 两部分。

（1）可变费用 V　它是与年产量直接有关，即随年产量的增减而成比例变动的费用。它包括材料或毛坯费、操作工人的工资、机床电费、通用机床的折旧费和维修费以及通用工装（夹具、刀具和辅具等）的折旧费和维修费等。可变费用的单位是元/件。

（2）不变费用 S　它是与年产量无直接关系，不随年产量的增减而变化的费用。它包括调整工人的工资、专用机床的折旧费和维修费以及专用工装的折旧费和维修费等。不变费用的单位是元/年。专用机床和专用工装（夹具）专为某工件的某加工工序所用，它不能被其他工序所用，当产量不足、负荷不满时，就只能闲置不用；而专用机床和专用工装（夹具）的折旧年限是确定的。因此，专用机床和专用工装（夹具）的费用不随年产量的增减而变化。

判别可变费用和不变费用的另一方法是费用的单位，前者的单位是元/件，后者的单位是元/年。

工件生产成本的组成见表 3-10。

（二）工艺成本的计算

1. 材料或毛坯费 C_{CP}（元/件）

$$C_{CP} = C_C W_M - C_X W_X$$

式中　C_C——材料单位质量的价格（元/kg）；

C_X——废料单位质量的价格（元/kg）；

W_M——毛坯质量（kg）；

W_X——废料质量（kg）。

表 3-10　工件生产成本的组成

- 全年工件生产成本
  - 全年工艺成本
    - 全年可变费用 NV
      - C_{CP}——每件材料或毛坯费
      - C_{CG}——每件操作工人工资
      - C_{D}——每件机床电费
      - C_{TJ}——每件通用机床折旧费
      - C_{JV}——每件通用机床维修费
      - C_{TQ}——每件通用夹具费
      - C_{A}——每件刀具费
    - 全年不变费用 S
      - C_{TG}——每年调整工人工资
      - C_{ZJ}——每年专用机床折旧费
      - C_{JV}——每件专用机床维修费
      - C_{ZQ}——每年专用夹具费
  - 其他费用
    - 行政总务人员工资办公费用
    - 厂房折旧和维修费
    - 照明取暖费、水费
    - 运输费

2. 操作工人的工资 C_{CG}（元/件）

$$C_{CG}=\frac{Z_Z T_p}{60}\left(1+\frac{\alpha}{100}\right)$$

式中　Z_Z——操作工人每小时工资（元/h）；

T_p——单件时间（min/件）；

α——与工资有关的附加费用（如劳保费、奖金等）系数，一般取 $\alpha=12\sim14$。

辅助工人如电工、勤杂工和运输工等的工资几乎与工艺过程无关，不计入工艺成本。

3. 机床电费 C_D（元/件）

$$C_D=\frac{S_D P_G}{60}T_b\eta_{FH}$$

式中　S_D——电费［元/（kW·h）］；

P_G——机床电动机额定功率（kW）；

T_b——基本时间（min/件）；

η_{FH}——机床电动机平均负荷率，一般取 $\eta_{FH}=50\%\sim60\%$。

4. 机床折旧费

（1）专用机床折旧费 C_{ZJ}（元/年）

$$C_{ZJ}=S_J P_J$$

式中　S_J——机床价格（含运费和安装费，约占机床价格的15%）（元）；

P_J——机床年折旧率，折旧年限为 10 年，$P_J=10\%$。

（2）通用机床折旧费 C_{TJ}（元/件）

$$C_{TJ}=\frac{S_J P_J T_p}{60 T_F \eta_J}$$

式中　T_F——机床每年工作总时数（h）；

η_J——机床利用率，一般取80%～95%。

5. 机床维修费 C_{JV}（元/年）

专用机床和通用机床的维修费每年均约为机床价格的10%～15%，即

$$C_{JV}=(10\%\sim15\%)S_J$$

6. 夹具费用

(1) 专用夹具费 C_{ZQ}（元/年）

$$C_{ZQ}=S_Q(P_{Q1}+P_{Q2})$$

式中　S_Q——夹具的成本（元）；

P_{Q1}——夹具折旧率，每年取33%；

P_{Q2}——夹具维修费折合百分数，每年10%～20%。

(2) 通用夹具费 C_{TQ}（元/件）

$$C_{TQ}=\frac{S_Q(P_{Q1}+P_{Q2})T_P}{60T_F\eta_Q}$$

式中　T_F——夹具每年工作总时数（h）；

η_Q——夹具利用率。

7. 刀具费用 C_A（元/件）

$$C_A=\frac{S_A+nS_R}{t(1+n)}T_b$$

式中　S_A——刀具价格（元）；

n——刀具可磨次数；

S_R——每次刃磨费用，约为刀具价格的30%（元）；

t——刀具寿命（min）。

8. 调整工人工资 C_{TG}（元/年）

$$C_{TG}=\frac{Z_TT_TN}{60n_P}\left(1+\frac{\alpha}{100}\right)$$

式中　Z_T——调整工人每小时工资（元/h）；

T_T——每调整一次所需时间（min）；

N——年产量；

n_P——批量；

α——与工资有关的附加费用（如劳保费和奖金等）系数，一般取 $\alpha=12\sim14$。

上述8项费用均先按工序进行计算，然后算出各工序该项费用的总和。

可变费用　$V=C_{CP}+C_{CG}+C_D+C_{TJ}+C_{JV}+C_{TQ}+C_A$

不变费用　$S=C_{TG}+C_{ZJ}+C_{JV}+C_{ZQ}$

若工件的年产量为 N，则工件的全年工艺成本 E（元/年）为

$$E=VN+S$$

单件工艺成本 E_d（元/件）为

$$E_d=V+\frac{S}{N}$$

以上两式也可用于计算单个工序的成本。

图3-29所示为全年工艺成本 E 与年产量 N 的关系。由图可知，E 与 N 是线性关系，即全年工艺成本与年产量成正比；直线的斜率为工件的可变费用，直线的起点（截距）为工件的不变费用。

图3-30所示为单件工艺成本 E_d 与年产量 N 的关系。由图可知，E_d 与 N 呈双曲线关系，当 N 增大时，E_d 逐渐减小，极限值接近可变费用。

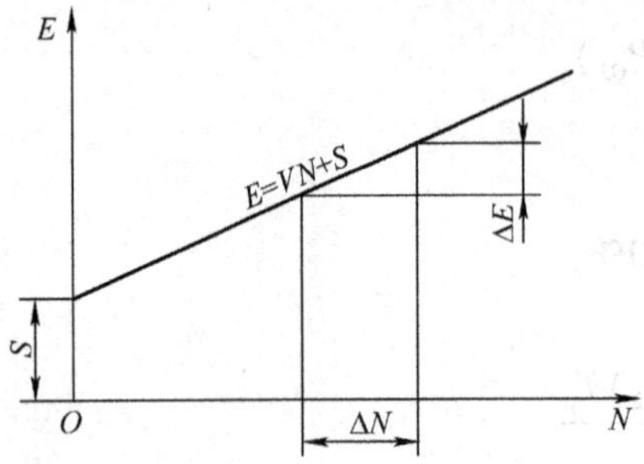

图3-29 全年工艺成本与年产量的关系

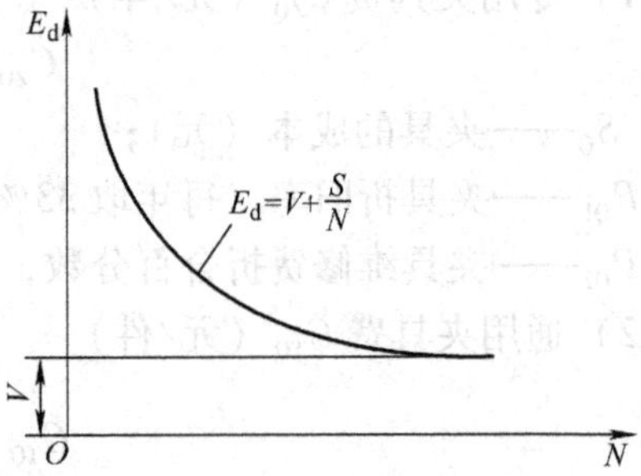

图3-30 单件工艺成本与年产量的关系

（三）工艺成本的评比

工艺过程的不同方案进行评比时，常对工件全年的工艺成本进行比较，这是因为全年工艺成本与年产量呈线性关系，容易比较。

设两种不同方案分别为Ⅰ和Ⅱ。它们全年的工艺成本分别为

$$E_1 = V_1 N + S_1$$
$$E_2 = V_2 N + S_2$$

两种方案评比时，往往一种方案的可变费用较大时，另一种方案的不变费用就会较大。如果某方案的可变费用和不变费用均较大，那么该方案在经济上是不可取的。

现在同一坐标图上分别画出方案Ⅰ和方案Ⅱ全年的工艺成本与年产量的关系，如图3-31所示。由图可知，两条直线相交于 $N = N_K$ 处，该年产量 N_K 称为临界年产量，达此年产量时，两种工艺路线全年的工艺成本相等。由 $V_1 N_K + S_1 = V_2 N_K + S_2$ 可得

$$N_K = \frac{S_1 - S_2}{V_2 - V_1}$$

当年产量 $N < N_K$ 时，宜采用方案Ⅱ，即年产量小时，宜采用不变费用较少的方案；当年产量 $N > N_K$ 时，宜采用方案Ⅰ，即年产量大时，宜采用可变费用较少的方案。

当需评比的工艺方案中基本投资差额较大时，还应考虑不同方案的基本投资差额的回收期。投资回收期必须满足以下要求：

1）小于采用设备或工艺装备的使用年限。

2）小于该产品由于结构性能或市场需求等因素所决定的生产年限。

3）小于国家规定的标准回收期（新设备的回收期小于4～6年，新夹具的回收期小于2～3年）。

具体计算方法仍按专用机床或专用夹具计算，列入不变费用 S 中即可，不必分两次另画直线。

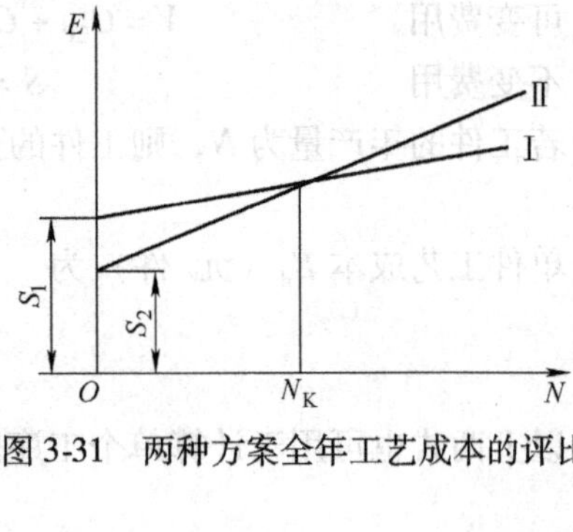

图3-31 两种方案全年工艺成本的评比

进行不同方案的评比时，其目的并不在于精确计算工件的工艺成本，故在评比时，相同的工艺费用均可忽略不计。

用工艺成本评比的方法比较科学，因而对一些关键工件或关键工序，常用工艺成本进行评比。

二、相对技术经济指标的评比

当对工艺路线的不同方案进行宏观比较时，常用相对技术经济指标进行评比。

技术经济指标反映工艺过程中劳动的耗费、设备的特征和利用程度、工艺装备需要量以及各种材料和电力的消耗等情况。常用的技术经济指标有：单位工人的平均年产量（台数、质量、产值和利润，如：件(台)/人、t/人、元/人)、单位设备的平均年产量（如：件/台、t/台、元/台)、单位生产面积的平均年产量（如：件(台)/m^2、t/m^2、元/m^2)、单位产品所需劳动量（如：工时/台)、设备构成比（专用设备与通用设备之比)、工艺装备系数（专用工艺装备与机床数量之比)、工艺过程的分散与集中程度（单位零件的平均工序数）以及设备利用率和材料利用率等。利用这些指标能概略地和方便地进行技术经济评比。

上述两种评比方法，都着重于经济评比。一般而言，技术上先进才能取得经济效果。但是，有时技术的先进在短期内不一定显出效果，所以在进行方案评比时，还应综合考虑技术先进和其他因素。

第九节 工艺尺寸链

加工过程中，工件的尺寸在不断地变化，由毛坯尺寸到工序尺寸，最后达到设计要求的尺寸。这些尺寸之间存在一定联系，应用尺寸链理论揭示它们之间的内在关系，掌握它们的变化规律是合理确定工序尺寸及其公差和计算各种工艺尺寸的基础。同时，也为后续内容——装配尺寸链的分析打好基础。本节先介绍尺寸链的一些基本概念，然后分析工艺尺寸链的应用和计算方法，重点是工序尺寸及其公差的计算，最后阐述计算机辅助建立和计算工艺尺寸链。

一、尺寸链的基本概念[㊀]

1. 尺寸链的定义

在机器装配或零件加工过程中，由相互连接的尺寸形成封闭的尺寸组称为尺寸链。例如，图 3-32a 所示台阶零件，零件图样上标注设计尺寸 A_1 和 A_0。当用调整法最后加工表面 B 时（其他表面均已加工完成)，为了使工件定位可靠和夹具结构简单，常选 A 面为定位基准，按尺寸 A_2 对刀加工 B 面，间接保证尺寸 A_0。这样，尺寸 A_1、A_2 和 A_0 是在加工过程中，由相互连接的尺寸形成封闭的尺寸组，它就是一个尺寸链，如图 3-32b 所示。

在设计、装配和测量过程中也都会形成类似的封闭尺寸组，即形成尺寸链。

2. 尺寸链的组成

为了便于分析和计算尺寸链，对尺寸链中各尺寸作如下定义：

（1）环 列入尺寸链中的每一尺寸。如图 3-32 中的 A_1、A_2 和 A_0 都称为尺寸链的环。

（2）封闭环 尺寸链中在装配过程或加工过程最后（自然或间接）形成的一环。图 3-

㊀ 本节所用的基本概念均按国家标准 GB/T 5847—2004《尺寸链 计算方法》。

32 中的 A_0 是封闭环。封闭环以下角标“0”表示。

（3）组成环　尺寸链中对封闭环有影响的全部环。这些环中任一环的变动必然引起封闭环的变动。图 3-32 中的 A_1 和 A_2 均是组成环。组成环以下角标“i”表示，i 从 1 到 m，m 是环数。

（4）增环　尺寸链中的组成环，由于该环的变动引起封闭环同向变动。同向变动是指该环增大时封闭环也增大，该环减小时封闭环也减小。图 3-32 中的 A_1 是增环。

（5）减环　尺寸链中的组成环，由于该环的变动引起封闭环反向变动。反向变动是指该环增大时封闭环减小，该环减小时封闭环增大。图 3-32 中的 A_2 是减环。

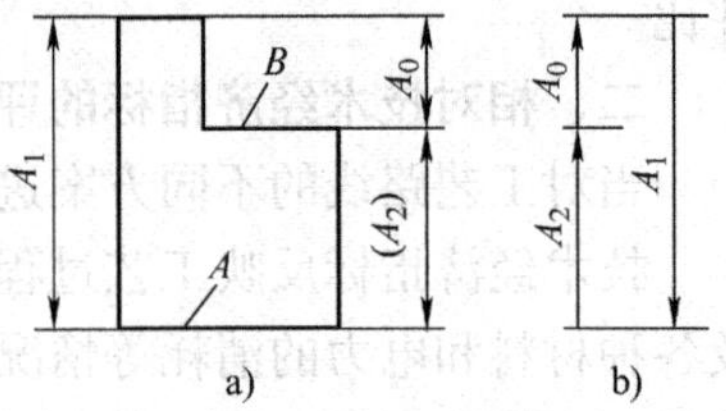

图 3-32　零件加工过程中的尺寸链
a）台阶零件　b）尺寸链图

（6）补偿环　尺寸链中预先选定的某一组成环，可以通过改变其大小或位置，使封闭环达到规定要求。补偿环将在装配尺寸链中用到。

3. 尺寸链的特性

（1）封闭性　由于尺寸链是封闭的尺寸组，因而它是由一个封闭环和若干个相互连接的组成环所构成的封闭图形，具有封闭性。不封闭就不成为尺寸链，一个封闭环有一个尺寸链。

（2）关联性　由于尺寸链具有封闭性，所以尺寸链中的各环都相互关联。尺寸链中封闭环随所有组成环的变动而变动，组成环是自变量，封闭环是因变量。

（3）传递系数 ξ　表示各组成环对封闭环影响大小的系数称为传递系数。尺寸链中封闭环与组成环的关系可用方程式表示，即 $L_0=f(L_1, L_2, \cdots, L_m)$。设第 i 个组成环的传递系数为 ξ_i，$\xi_i=\dfrac{\partial f}{\partial L_i}$。对于增环，$\xi$ 为正值；对于减环，ξ 为负值；若组成环与封闭环平行，$|\xi_i|=1$；若组成环与封闭环不平行，$-1<\xi<+1$。图 3-32 的尺寸链可写成方程式：$A_0=A_1-A_2$，其中，环 A_1 是增环，$\xi=+1$；环 A_2 是减环，$\xi=-1$。

4. 尺寸链图

尺寸链图是将尺寸链中各相应的环按大致比例，用首尾相接的单箭头线顺序画出的尺寸图，如图 3-32b 所示。用尺寸链图可迅速判别组成环的性质，凡是与封闭环箭头方向同向的环是减环；与封闭环箭头方向反向的环是增环。

5. 尺寸链形式

1）按环的几何特征划分为长度尺寸链和角度尺寸链两种。

2）按其应用场合划分为装配尺寸链（全部组成环为不同零件的设计尺寸）、工艺尺寸链（全部组成环为同一零件的工艺尺寸，如图 3-32b 所示）和零件尺寸链（全部组成环为同一零件的设计尺寸）。设计尺寸是指零件图样上标注的尺寸，工艺尺寸是指工序尺寸、测量尺寸和定位尺寸等。必须注意：零件图样上的尺寸不能注成封闭的。

3）按各环所处空间位置划分为直线尺寸链、平面尺寸链和空间尺寸链。

尺寸链还可分为基本尺寸链和派生尺寸链（后者指它的封闭环为另一尺寸链组成环的尺寸链），标量尺寸链和矢量尺寸链等〔详见 GB/T 5847—2004《尺寸链　计算方法》〕。

6. 尺寸链的计算公式

尺寸链的计算是指计算封闭环与组成环的公称尺寸、公差及极限偏差之间的关系。计算方法分为极值法和统计（概率）法两类。极值法多用于环数少的尺寸链，统计（概率）法多用于环数多的尺寸链。

各参数间的关系如图 3-33 所示。具体可用下式计算。

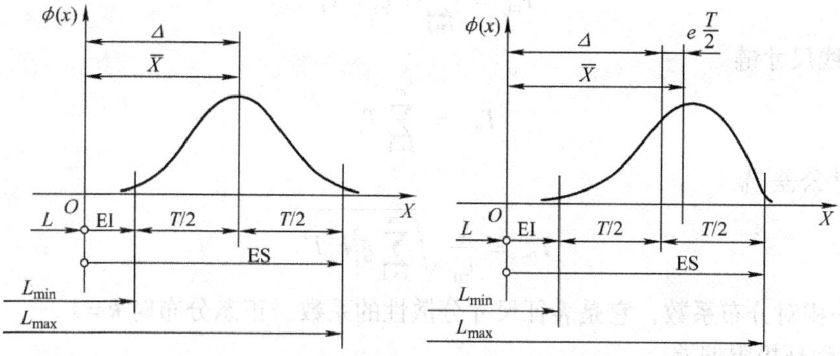

图 3-33　尺寸链中各参数间的关系

（1）封闭环的公称尺寸 L_0

$$L_0 = \sum_{i=1}^{m} \xi_i L_i$$

式中　L_i——各组成环的公称尺寸；

ξ_i——各组成环的传递系数；

m——组成环的环数。

对于直线尺寸链

$$L_0 = \sum_{p=1}^{l} L_p - \sum_{q=l+1}^{m} L_q$$

式中　p——增环；

q——减环；

l——增环环数。

（2）封闭环的中间偏差 Δ_0（中间偏差即上极限偏差与下极限偏差的平均值）

$$\Delta_0 = \sum_{i=1}^{m} \xi_i \left(\Delta_i + e_i \frac{T_i}{2} \right)$$

式中　Δ_i——组成环的中间偏差，$\Delta_i = \frac{1}{2}$（$ES_i + EI_i$），ES_i 为组成环的上极限偏差，EI_i 为组成环的下极限偏差；

e_i——组成环的相对不对称系数，它是表征分布曲线不对称程度的系数，$e_i = \dfrac{\overline{X}_i - \Delta_i}{T_i/2}$，其中 T_i 为组成环公差，$\overline{X}_i$ 为组成环的平均偏差，即实际偏差的平均值。

若组成环在公差带内对称分布时，$e_i = 0$，则

$$\Delta_0 = \sum_{i=1}^{m} \xi_i \Delta_i$$

对于直线尺寸链

$$\Delta_0 = \sum_{p=1}^{l} \Delta_p - \sum_{q=l+1}^{m} \Delta_q$$

（3）封闭环的公差 T_0

1）极值公差 T_{0L}

$$T_{0L} = \sum_{i=1}^{m} |\xi_i| T_i$$

对于直线尺寸链

$$T_{0L} = \sum_{i=1}^{m} T_i$$

2）统计公差 T_{0S}

$$T_{0S} = \frac{1}{k_0}\sqrt{\sum_{i=1}^{m} \xi_i^2 k_i^2 T_i^2}$$

式中 k——相对分布系数，它是表征尺寸分散性的系数。正态分布时 $k=1$。

（4）封闭环极限偏差

$$ES_0 = \Delta_0 + \frac{T_0}{2}$$

$$EI_0 = \Delta_0 - \frac{T_0}{2}$$

式中 ES_0——封闭环的上极限偏差；

EI_0——封闭环的下极限偏差。

对于直线尺寸链，且用极值法计算时

$$ES_0 = \sum_{p=1}^{l} ES_p - \sum_{q=l+1}^{m} EI_q$$

$$EI_0 = \sum_{p=1}^{l} EI_p - \sum_{q=l+1}^{m} ES_q$$

（5）封闭环的极限尺寸

$$L_{0\max} = L_0 + ES_0$$

$$L_{0\min} = L_0 + EI_0$$

式中 $L_{0\max}$——封闭环上极限尺寸；

$L_{0\min}$——封闭环下极限尺寸。

对于直线尺寸链，且用极值法计算时

$$L_{0\max} = \sum_{p=1}^{l} L_{p\max} - \sum_{q=l+1}^{m} L_{q\min}$$

$$L_{0\min} = \sum_{p=1}^{l} L_{p\min} - \sum_{q=l+1}^{m} L_{q\max}$$

（6）组成环的平均公差 T_{av}

1）极值公差 $T_{av,L}$

$$T_{av,L} = \frac{T_0}{\sum_{i=1}^{m} |\xi_i|}$$

对于直线尺寸链

$$T_{av,L} = \frac{T_0}{m}$$

2）统计公差 $T_{av,S}$

$$T_{av,S}=\frac{k_0T_0}{\sqrt{\sum_{i=1}^{m}\xi_i^2k_i^2}}$$

（7）组成环极限偏差

$$ES_i=\Delta_i+\frac{1}{2}T_i$$

$$EI_i=\Delta_i-\frac{1}{2}T_i$$

（8）组成环的极限尺寸

$$L_{i\max}=L_i+ES_i$$

$$L_{i\min}=L_i+EI_i$$

7. 尺寸链的计算形式

计算尺寸链时，会遇到下列三种形式。

（1）正计算形式　已知各组成环的公称尺寸、公差及极限偏差，求封闭环的公称尺寸、公差及极限偏差。它的计算结果是唯一的。产品设计的校验工作常遇到此形式。

（2）反计算形式　已知封闭环的公称尺寸、公差及极限偏差，求各组成环的公称尺寸、公差及极限偏差。由于组成环有若干个，所以反计算形式是将封闭环的公差值合理地分配给各组成环，以求得最佳分配方案。产品设计工作常遇到此形式。

（3）中间计算形式　已知封闭环和部分组成环的公称尺寸、公差及极限偏差，求其余组成环的公称尺寸、公差及极限偏差。工艺尺寸链多属此种计算形式。

二、工艺尺寸链的应用和解算方法

应用工艺尺寸链解决实际问题的关键是找出工艺尺寸之间的内在联系，即首先要确定封闭环，然后查找其组成环，建立工艺尺寸链。当确定好尺寸链的封闭环及组成环后，就能运用尺寸链的计算公式进行具体计算，或画出尺寸链图。下面，由简到繁，通过几种典型的应用实例，分析工艺尺寸链的建立和计算方法。

（一）工艺基准与设计基准重合时工艺尺寸链的建立和计算

这种情况就是工序基准、定位基准、测量基准与设计基准重合，表面多次加工时工序尺寸及其公差的计算。具体计算方法已在本章第六节中分析过。现用工艺尺寸链来分析工序尺寸和余量之间的关系。如图 3-34 所示，上工序尺寸 A_1、本工序尺寸 A_2 和工序公称余量 Z 形成三环的工艺尺寸链。尺寸链中：A_1 在本工序加工前已经形成；一般情况下，尺寸 A_2 是本工序控制的工序尺寸，因而它们都是组成环。只有工序公称余量是最后形成的环，即封闭环。每个工序公称余量都是一个三环工艺尺寸链的封闭环。

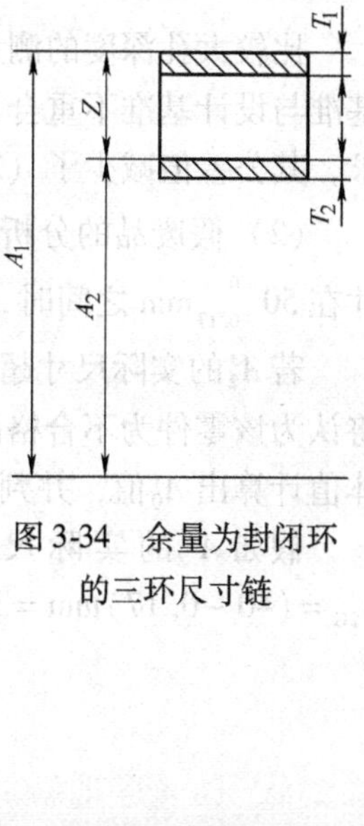

图 3-34　余量为封闭环的三环尺寸链

工艺尺寸链建立后，就可按尺寸链的计算公式计算各尺寸及其公差。本尺寸链是直线尺寸链，因而

$$Z=A_1-A_2$$

$$T_Z=T_1+T_2$$

式中　T_Z——余量的公差；

T_1——工序尺寸 A_1 的公差；

T_2——工序尺寸 A_2 的公差。

由以上两公式可知：工序余量的公称值影响工序尺寸的公称尺寸，工序尺寸的公差则影响工序余量的变化。一般情况，工序尺寸的公差按经济精度选定后，就可计算最大工序余量和最小工序余量，并验算工序余量是否过大或过小，以便修改工序余量。

若加工时直接控制工序余量，而不是直接控制工序尺寸，如靠火花磨削，那么工序余量就成为组成环，而本工序的工序尺寸是最后形成的封闭环。

（二）工艺基准与设计基准不重合时工艺尺寸链的建立和计算

为简便起见，设工序基准与定位基准或测量基准重合（一般情况下与生产实际相符）。此时，工艺基准与设计基准不重合，就变为测量基准或定位基准与设计基准不重合的两种情况。

1. 测量基准与设计基准不重合时测量尺寸的换算

（1）测量尺寸的换算　例如，图 3-35a 所示的套筒零件，设计图样上根据装配要求标注尺寸 $50_{-0.17}^{0}$ mm 和 $10_{-0.36}^{0}$ mm，大孔深度尺寸未注。零件上设计尺寸 A_1（$50_{-0.17}^{0}$ mm）、A_2（$10_{-0.36}^{0}$ mm）和大孔的深度尺寸形成零件尺寸链，如图 3-35b 所示。大孔深度尺寸 A_0 是最后形成的封闭环。根据计算公式可得：$A_0=40_{-0.17}^{+0.36}$mm。

加工时，由于尺寸 $10_{-0.36}^{0}$mm 测量比较困难，改用游标深度尺测量大孔深度，因而 $10_{-0.36}^{0}$ mm 就成为图 3-35c 所示工艺尺寸链的封闭环 A_0'，组成环为 $A_1'=50_{-0.17}^{0}$ mm 和 A_2'。根据计算公式可得：$A_2'=40_{0}^{+0.19}$ mm。

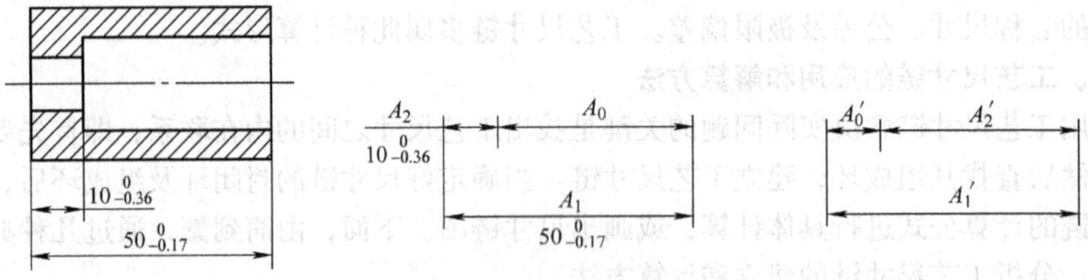

a)　　b)　　c)

图 3-35　测量尺寸的换算

a）套筒轴向尺寸的要求　b）零件尺寸链　c）工艺尺寸链

比较大孔深度的测量尺寸 $A_2'=40_{0}^{+0.19}$ mm 和原设计要求 $A_0=40_{-0.17}^{+0.36}$mm 可知，由于测量基准与设计基准不重合，就要进行尺寸换算。换算的结果明显地提高了对测量尺寸的精度要求，其公差值减少了（2×0.17）mm，此值恰是另一组成环 A_1（$=A_1'$）公差的两倍。

（2）假废品的分析　对零件进行测量，当 A_2'的实际尺寸在 $40_{0}^{+0.19}$mm 之间、A_1'的实际尺寸在 $50_{-0.17}^{0}$mm 之间时，A_0'必在 $10_{-0.36}^{0}$mm 之间，零件为合格品。

若 A_2'的实际尺寸超出 $40_{0}^{+0.19}$mm 范围，但仍在原设计要求 $40_{-0.17}^{+0.36}$mm 之间，工序检验时将认为该零件为不合格品。此时，检验人员将会逐个测量另一组成环 A_1'，再由 A_1'和 A_2'的具体值计算出 A_0'值，并判断零件是否合格。

假如 A'_2的实际尺寸比换算后允许的最小值（$A'_{2\min}=40$mm）还小 0.17mm，即 $A_{2C}'=(40-0.17)$mm $=39.83$mm，如果 A'_1刚巧也作到最小，即 $A'_{1\min}=(50-0.17)$ mm =

49.83mm，则此时 A_0' 的实际尺寸为

$$A_0' = A_{1min}' - A_{2min}' = (49.83 - 39.83)\text{mm} = 10\text{mm}$$

零件为合格品。

同样，当 A_2' 的实际尺寸比换算后允许的最大值（$A_{2max}' = 40.19$mm）还大0.17mm，即 $A_{2C}' = (40.19 + 0.17)\text{mm} = 40.36\text{mm}$，如果 A_1' 刚巧也作到最大，即 $A_{1max}' = 50$mm，则此时 A_0' 的实际尺寸为

$$A_0' = A_{1max}' - A_{2max}' = (50 - 40.36)\text{mm} = 9.64\text{mm}$$

零件仍为合格品。

由此可见，在实际加工中，由于测量基准与设计基准不重合，因而要换算测量尺寸。如果零件换算后的测量尺寸超差，只要它的超差量小于或等于另一组成环的公差，则该零件有可能是假废品，应对该零件进行复检，逐个测量并计算出零件的实际尺寸，由零件的实际尺寸来判断合格与否。

（3）设计工艺装备来保证设计尺寸　例如，图3-36a所示轴承座零件，设计尺寸为 $50_{-0.1}^{\ 0}$mm和 $10_{-0.15}^{\ 0}$mm（尺寸标注在图样上方）。由于设计尺寸 $50_{-0.1}^{\ 0}$mm在加工时不易测量，如改测尺寸 x，则尺寸10mm、50mm和 x 三尺寸形成工艺尺寸链，其中尺寸50mm是封闭环。由于封闭环的公差已小于组成环10mm的公差，所以必须压缩尺寸10mm的公差至 T_{10}'，使 $T_{50} \geqslant T_{10}' + T_x$。设：取 $T_{10}' = 0.05$mm，并标注为 $10_{-0.05}^{\ 0}$mm（见图3-36a零件图样的下方），则通过计算求得：$x = 60_{-0.10}^{-0.05}$mm。可见，换算后的测量尺寸精度高于原设计要求。

在成批和大量生产中，可设计心轴和卡板来进行加工和测量，如图3-36b所示。图中尺寸50mm、80mm和 b 形成工艺尺寸链，其中 $50_{-0.1}^{\ 0}$mm是封闭环。组成环80mm尺寸因是夹具尺寸，故定为 $80_{-0.02}^{\ 0}$mm，通过计算可得另一组成环 b 为 $30_{\ 0}^{+0.08}$mm，即卡板的过端和止端尺寸。

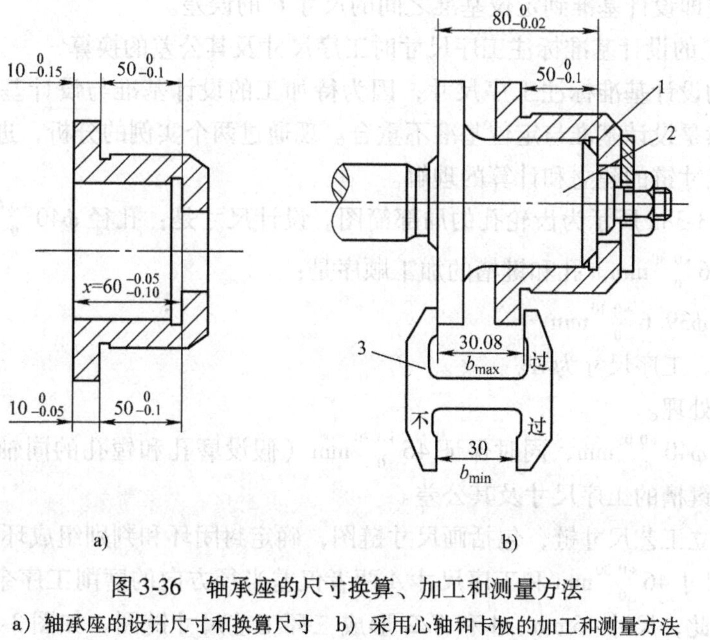

图3-36　轴承座的尺寸换算、加工和测量方法

a）轴承座的设计尺寸和换算尺寸　b）采用心轴和卡板的加工和测量方法

1—工件　2—心轴　3—卡板

由上述分析可知，因测量基准与设计基准不重合，仍要进行尺寸换算，所不同的是工艺尺寸链中的组成环用夹具尺寸替代零件尺寸，从而降低了对测量尺寸的精度要求。但是，该测量尺寸的精度要求仍然比原设计要求高（由原设计要求的公差 0.1mm 缩小到 0.08mm）。可见，最理想的方案是避免测量尺寸的换算。

2. 定位基准与设计基准不重合时工序尺寸及其公差的换算

如图 3-37 所示，设计基准与定位基准不重合时，用调整法加工主轴箱箱体孔的尺寸关系。此时，孔的设计基准是底面 D，设计尺寸为 B；孔的定位基准是顶面 F，工序尺寸为 A。应该怎样确定工序尺寸 A 及其公差 T_A，才能保证设计尺寸 B 及其公差 T_B 的要求呢？

首先，要建立设计尺寸 B 和工序尺寸 A 之间的工艺尺寸链，然后进行尺寸链计算，确定工序尺寸 A 及其公差 T_A。

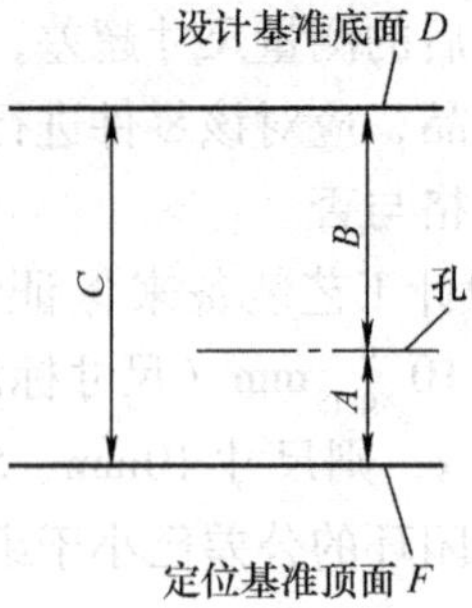

图 3-37　定位基准与设计基准不重合时工序尺寸的换算

图 3-37 所示为包含 A、B 和 C 三尺寸的工艺尺寸链，即为所求尺寸链。其中，尺寸 C 是上工序尺寸，尺寸 A 是本工序加工时控制的尺寸，因而都是组成环，只有设计尺寸 B 才是最后形成的封闭环。它们之间的公差关系可按尺寸链计算公式确定，即

$$T_B = T_A + T_C$$

式中，已知设计尺寸公差 T_B，因而工序尺寸公差可由设计尺寸的公差按“反计算”形式分配而得。

综上可知，定位基准与设计基准不重合时，工序尺寸及其公差的换算方法是，先找出以设计尺寸为封闭环、以工序尺寸为组成环的工艺尺寸链，再按尺寸链“反计算”形式分配工序尺寸公差。

在定位基准选择一节中所分析的基准不重合误差，若用工艺尺寸链来分析将会更清晰。基准不重合误差即设计基准到定位基准之间的尺寸 C 的误差。

3. 从待加工的设计基准标注工序尺寸时工序尺寸及其公差的换算

从待加工的设计基准标注工序尺寸，因为待加工的设计基准与设计基准两者差一个余量，所以它仍然是设计基准与定位基准不重合。现通过两个实例的分析，进一步加深对基准不重合时工艺尺寸链的建立和计算的理解。

例 3-2　图 3-38a 所示为齿轮孔的局部简图。设计尺寸是：孔径 $\phi40^{+0.05}_{0}$mm 需淬硬，键槽尺寸深度为 $46^{+0.30}_{0}$mm。孔和键槽的加工顺序是：

1）镗孔至 $\phi39.6^{+0.10}_{0}$mm。

2）插键槽，工序尺寸为 A。

3）淬火热处理。

4）磨孔至 $\phi40^{+0.05}_{0}$mm，同时保证 $46^{+0.30}_{0}$mm（假设磨孔和镗孔的同轴度误差很小，可忽略）。试求插键槽的工序尺寸及其公差。

解　1）建立工艺尺寸链，包括画尺寸链图，确定封闭环和判别组成环性质。

设计要求尺寸 $46^{+0.30}_{0}$mm 和工序尺寸 A 两者仅差半径方向的磨削工序余量即 $Z/2$（Z 是磨削余量）。因此，尺寸 46mm、A 和 $Z/2$ 形成三环工艺尺寸链图，如图 3-38b 所示。其中，尺寸 A 是插键槽时已形成的尺寸，因而不是封闭环；尺寸 46mm 是在磨孔时最后形成的环，

因而尺寸46mm是封闭环。

另一方面，磨削余量$Z/2$又是基准重合，表面两次加工时的工序尺寸的封闭环，如图3-38c所示。组成环是镗孔和磨孔工序的半径尺寸$19.8^{+0.05}_{0}$mm和$20^{+0.025}_{0}$mm。若把图3-38b、c所示的两个工艺尺寸链串联起来，可得到如图3-38d所示的四环工艺尺寸链图。其中，设计尺寸$46^{+0.30}_{0}$mm是封闭环，三个工序尺寸（A、$19.8^{+0.05}_{0}$mm和$20^{+0.025}_{0}$mm）是组成环。由尺寸链图可知：A和$20^{+0.025}_{0}$mm是增环，$19.8^{+0.05}_{0}$mm是减环。若不忽略磨孔和镗孔的同轴度误差，则尺寸链中增加一个同轴度误差的组成环即可。

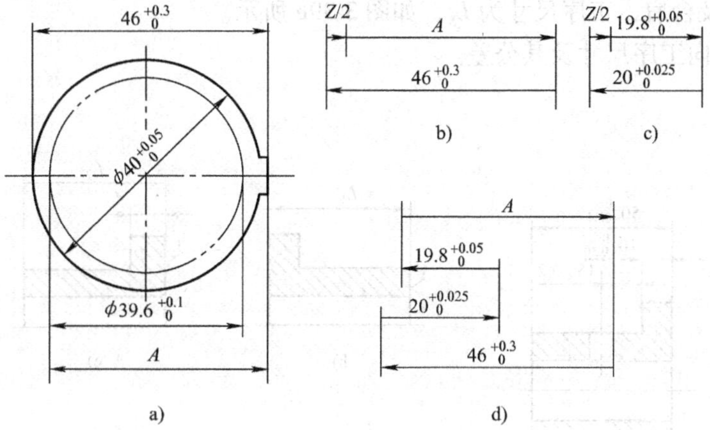

图3-38　孔与键槽加工的工艺尺寸链

a）孔与键槽图　b）、c）、d）工艺尺寸链图

2）计算工序尺寸及其公差。建立工艺尺寸链后，就可计算工序尺寸A及其公差。本例按“中间计算”形式进行。

按公称尺寸公式求尺寸A

因为 $$46\text{mm}=20\text{mm}+A-19.8\text{mm}$$

所以 $$A=45.8\text{mm}$$

按上极限偏差公式求ES_A

因为 $$+0.30\text{mm}=(+0.025\text{mm}+ES_A)-(0)$$

所以 $$ES_A=0.275\text{mm}$$

按下极限偏差公式求EI_A

因为 $$+0=(0+EI_A)-(+0.05\text{mm})$$

所以 $$EI_A=0.05\text{mm}$$

插键槽的工序尺寸及其偏差为

$$A=45.80^{+0.275}_{+0.050}\text{mm}$$

若按“入体原则”标注偏差，并圆整得

$$A=45.85^{+0.23}_{0}\text{mm}$$

从上述分析可知，从待加工的设计基准标注工序尺寸时的工序尺寸换算和定位基准与设计基准不重合时的工序尺寸换算一样，都是先找出以设计尺寸为封闭环和以工序尺寸为组成环的工艺尺寸链，然后再按尺寸链的计算公式，以“反计算”或“中间计算”形式确定所求工序尺寸及其公差值。

例 3-3 图 3-39a 所示为轴套零件及其轴向的设计尺寸：$50_{-0.34}^{0}$mm、$10_{-0.30}^{0}$mm、(15 ± 0.2)mm。加工顺序是：

1）镗孔及车端面，工序尺寸为 L_1，如图 3-39b 所示。

2）车外圆及端面，工序尺寸为 L_2 和 L_3，如图 3-39c 所示。

3）钻孔，工序尺寸为 L_4，如图 3-39d 所示。

4）磨外圆及台肩，工序尺寸为 L_5，如图 3-39e 所示。

试确定各轴向工序尺寸及其公差。

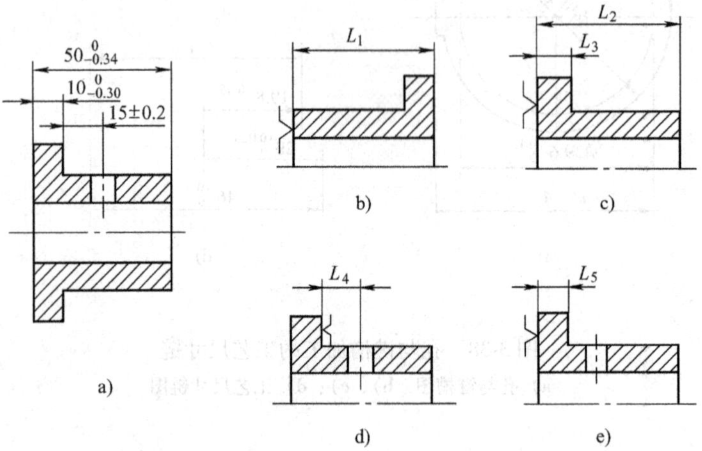

图 3-39 轴套的轴向尺寸加工顺序

a）零件图 b）工序 1 c）工序 2 d）工序 3 e）工序 4

解 1）确定基准重合时表面多次加工的工序尺寸及其公差。

工序尺寸 L_1 和 L_2 以及 L_3 和 L_5 均属基准重合时表面多次加工的工序尺寸。其中，最后工序的尺寸 L_2 和 L_5 应满足设计要求，即 $L_2=50_{-0.34}^{0}$mm、$L_5=10_{-0.30}^{0}$mm。前工序的工序尺寸 L_1 和 L_3，要先查出工序余量再计算确定，现查得端面车削余量为 1mm，磨台肩面余量为 0.4mm，因而

$$L_1=L_2+1\text{mm}=51\text{mm}$$

$$L_3=L_5+0.4\text{mm}=10.4\text{mm}$$

工序尺寸公差按经济精度确定。查得 $T_1=0.4$mm，$T_2=0.2$mm，并按“入体原则”标注偏差得：$L_1=51_{-0.40}^{0}$mm，$L_3=10.4_{-0.20}^{0}$mm。

2）确定基准不重合时的工序尺寸及其公差。L_4 是从待加工的设计基准标注的工序尺寸。按下列步骤求解：

①建立工艺尺寸链。设计尺寸（15 ±0.2）mm 和工序尺寸 L_4 仅差磨削时的工序余量 Z，因而尺寸 15 ±0.2mm、L_4 和 Z 形成三环的工艺尺寸链，如图 3-40a 所示。其中，设计尺寸 (15 ±0.2)mm 是封闭环。

另一方面，磨削余量 Z 又是基准重合时表面两次加工后工序尺寸 L_3 和 L_5 的封闭环，三个尺寸形成图 3-40b 所示的工艺尺寸链。把图 3-40a、b 两个三环尺寸链串联成一个四环尺寸链，如图 3-40c 所示。其中，设计尺寸(15 ±0.2)mm 是封闭环，工序尺寸 L_3、L_4 和 L_5 是组成环；L_3 和 L_4 是增环，L_5 是减环。

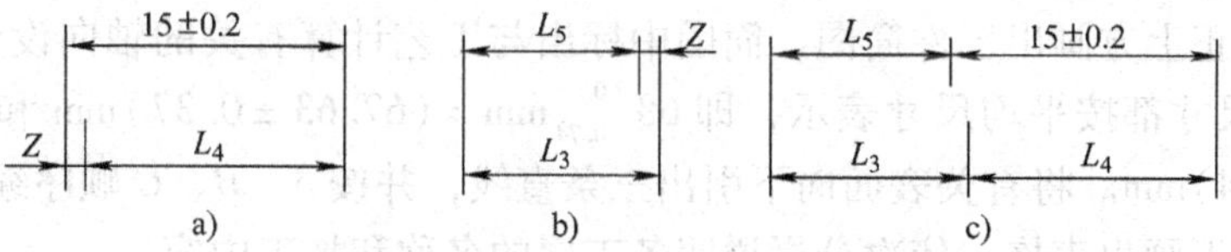

图 3-40　轴套零件轴向尺寸的工艺尺寸链

②计算（或校验）各工序尺寸及其公差。由封闭环的极值公差公式，按“反计算”形式分配各组成环公差

$$T_{0L} = \sum_{i=1}^{m} |\xi_i| T_i$$

所以

$$T_{0L} = 0.4\text{mm} = T_3 + T_4 + T_5$$

由基准重合、表面多次加工时，求得：$T_3 = 0.2\text{mm}$、$T_5 = 0.3\text{mm}$，代入上式可知，实际加工误差已超过零件设计要求。为此，必须压缩有关工序尺寸公差。现定为：$T_3 = T_5 = 0.1\text{mm}$，并按“入体原则”标注偏差得：$L_3 = 10.4_{-0.10}^{\ 0}\text{mm}$，$L_5 = 10_{-0.10}^{\ 0}\text{mm}$。

通过计算可得：$L_4 =$（14.6 ±0.1）mm。

从上述两例的分析可知：

1）两例的第 4 工序磨削都是同时保证两个设计尺寸：例 3-2 工序 4 同时保证 $\phi40_{\ 0}^{+0.05}$ mm 和 $46_{\ 0}^{+0.30}$mm，例 3-3 工序 4 同时保证 $10_{-0.30}^{\ 0}$mm 和(15 ±0.2)mm。其中一个设计尺寸是直接获得的，它们分别为 $\phi40_{\ 0}^{+0.05}$ mm 或 $10_{-0.30}^{\ 0}$mm；另一个设计尺寸是最后自然形成的封闭环，它们分别为 $46_{\ 0}^{+0.30}$mm 或（15 ±0.2）mm。因此，也有把“从待加工的设计基准标注工序尺寸的工艺尺寸链计算”称为“多尺寸同时保证的工艺尺寸链计算”。实质上，它们又都是定位基准和设计基准不重合的工艺尺寸链计算的一种特例。

2）尺寸链换算的结果明显地提高了加工要求。因此，要避免尺寸链换算，就要尽量避免定位基准和设计基准不重合，避免从待加工的设计基准标注工序尺寸，避免多尺寸同时保证。在例 3-3 中，若将工序 3 的钻孔改在最后进行，就可避免工艺尺寸链的换算，降低工件的加工要求。

（三）工序尺寸的图解法

在工序较多、工序中的工艺基准与设计基准又不重合，且各工序的工艺基准需多次转换时，工序尺寸及其公差的换算会变的很复杂，难以迅速地建立工艺尺寸链，而且容易出错。采用把全部工序尺寸、工序余量画在一张图表（计算卡）上的图解法，可以直观、简便地建立工艺尺寸链，进而计算工序尺寸及其公差和验算工序余量；还便于利用计算机辅助建立和计算工艺尺寸链。

下面以齿轮各端面加工时轴向工序尺寸及其公差的计算为例，具体介绍图表法的绘制和建立及计算工艺尺寸链的方法。为简明起见，仅求算与设计尺寸 $68_{-0.74}^{0}$mm 及 $49.9_{0}^{+0.068}$mm 有关的工序尺寸及其公差。工艺尺寸链的计算卡见表 3-11。

1. 图表的绘制

绘制步骤如下：

1）在图表正上方画出工件简图。简图中标出与工艺计算有关的轴向设计尺寸。为了便于计算，设计尺寸都按平均尺寸表示，即 $68_{-0.74}^{0}\text{mm}=(67.63\pm0.37)\text{mm}$ 和 $49.9_{0}^{+0.068}\text{mm}=(49.934\pm0.034)\text{mm}$。将有关表面向下引出三条直线，并按 A、B、C 顺序编好。

2）自上而下画出表格，依次分栏说明各工序的名称和加工内容。

3）用表中左上方的代表符号，画出各工序的定位基准、工序基准、加工表面、工序尺寸、切去余量等以及封闭环尺寸。

4）在图表的左侧，写明工序号、工序名称、工序平均尺寸和工序对称偏差等。在图表的右侧，写明最小余量、余量变动量、平均余量和工序尺寸及其偏差。在图表的最下方，写明设计尺寸（并在其数字代号上标上圆圈，以示与未知工序尺寸相区别）、实际获得尺寸和计算关系式及其计算结果，并校核加工的结果。

5）各余量所处的位置，应画在待加工表面引线的体内位置，然后又折回原表面引线位置。在计算前工序尺寸时，应按所画余量的实际位置，予以相加或相减。

2. 用图解法建立工艺尺寸链的方法

（1）确定全部封闭环　封闭环一般有两种：

1）除“靠火花”磨削余量外的各工序余量（靠火花磨削时，该工序尺寸则是封闭环）。

2）间接形成的设计尺寸（直接形成的设计尺寸是组成环）。

本例的封闭环是设计尺寸⑨ = （67.63 ±0.37） mm 和除工序Ⅳ靠火花磨削余量 Z_6 以外的全部余量，以及工序Ⅳ的工序尺寸 7。

（2）按每个封闭环查找其组成环　图解法查找组成环的方法是：从封闭环的两端沿相应表面线同时向上寻找，当遇到尺寸箭头时，说明此表面是在该工序加工而得，因而可判定该工序尺寸就是一个组成环。此时，就应拐弯沿该工序尺寸的箭头逆向追踪至工序基准。然后，再沿该工序基准的相应表面线以上述方法继续向上寻找组成环，直到两条寻找线汇合封闭为止。显然，工艺尺寸链的组成环，应该是也只能是由那些在寻找时被经过的工序尺寸（或靠火花磨削时的余量）所组成。表 3-11 中以设计尺寸⑨和余量 Z_5 为封闭环的实例，用虚线和箭头表示图解法寻找组成环所经过的封闭路线。

设计尺寸⑨为封闭环的工艺尺寸链如图 3-41a 所示，组成环有工序尺寸 5 和 Z_6（工序Ⅳ靠火花磨削的余量）。余量 Z_5 为封闭环的工艺尺寸链如图 3-41d 所示，组成环有工序尺寸 2、3、4 和 5 四个。工序Ⅳ靠火花磨削时的工序尺寸 7 也是封闭环，它需注明在工序卡中作为检验用的尺寸，其尺寸链如图 3-41c 所示，组成环为工序尺寸 4 和余量 Z_6。同样，还可建立余量 Z_8、Z_4 和 Z_2 等作为封闭环的工艺尺寸链，分别如图 3-41b、e、f 所示。

表 3-11　工艺尺寸链计算卡　（单位：mm）

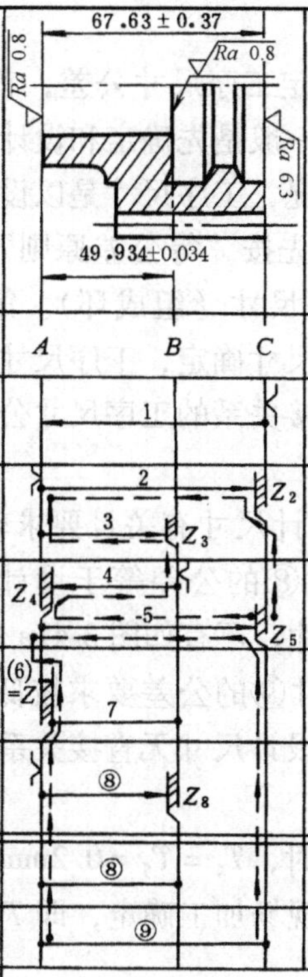

代表符号：定位基准；工序基准；加工表面；工序尺寸；封闭环尺寸；切去余量		工序平均尺寸	工序对称偏差	最小余量	余量变动量	平均余量	工序尺寸及偏差
工序号	工序名称	L_{iM}	$\pm\frac{1}{2}T_i$	$Z_{i\min}$	$\pm\frac{1}{2}T_{Zi}$	Z_{iM}	$L_{i\,EI_i}^{\,ES_i}$
Ⅰ	转塔粗车	70.2	±0.2				$70.40_{-0.4}^{0}$
Ⅱ	转塔粗车	68.7 50.6	±0.15 ±0.15	1.2	±0.35	1.55	$68.85_{-0.3}^{0}$ $50.75_{-0.3}^{0}$
Ⅲ	精　车	50.27 67.73	±0.10 ±0.10	0.1 0.1	±0.25 ±0.5	0.35 0.6	$50.37_{-0.2}^{0}$ $67.83_{-0.2}^{0}$
Ⅳ	内圆靠火花磨端面	50.17	(±0.02) ±0.12	0.08	±0.02	0.1	$59.29_{-0.24}^{0}$ （封闭环）
Ⅴ	磨端面	(49.934)	±0.034	0.08	±0.154	0.234	$49.9^{+0.068}_{0}$）
结果尺寸校核	49.934±0.034	49.934	±0.034	合格			
	67.63±0.37	67.63	±0.12	合格			
	设计尺寸	实际获得尺寸	计算关系式				
			$L_{5M}=L_{9M}+Z_{6M}=67.73$；$L_{4M}=L_{8M}+Z_{6M}+Z_{8M}=50.27$				
			$L_{7M}=L_{4M}-Z_{6M}=50.17$，$L_{3M}=L_{4M}+Z_{4M}=50.62$				
			$L_{2M}=L_{3M}-L_{4M}+L_{5M}+Z_{5M}=68.66$，$L_{1M}=L_{2M}+Z_{2M}=70.21$				

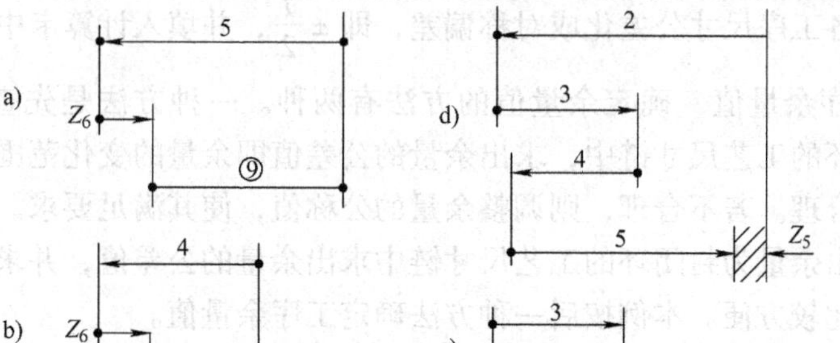

图 3-41　齿轮端面尺寸的工艺尺寸链

a）设计尺寸⑨为封闭环的工艺尺寸链　b）、d）、e）、f）余量为封闭环的工艺尺寸链　c）靠火花磨削时工序尺寸为封闭环的工艺尺寸链

3. 计算工艺尺寸链的步骤和方法

具体步骤如下：

(1) 确定各工序尺寸的公差　确定工序尺寸公差，首先确定要求严（即公差小）的工序尺寸，再确定公差大的工序尺寸。一般是先确定和设计尺寸有关的工序尺寸公差。这种工序尺寸出现在两种情况下。第一种情况，工序尺寸是以设计尺寸为封闭环中的组成环。此时按“反计算”形式把设计尺寸的公差先按“等公差原则”均分，再根据加工难易和尺寸大小，适当调整后分配给各有关的工序尺寸（组成环）。第二种情况，工序尺寸等于设计尺寸。此时，工序尺寸公差直接按设计尺寸确定，工序尺寸公差等于设计尺寸公差。

其次，确定和设计尺寸要求无直接关系的工序尺寸公差。这些工序尺寸公差影响余量的变动量，常按该工序的经济精度确定。

从表3-11中可知，本实例中和设计尺寸有关且要求较严的工序尺寸是尺寸⑧，该工序尺寸直接等于设计尺寸，故工序尺寸⑧的公差等于设计尺寸49.934mm的公差，即 $T_{⑧}=0.068\text{mm}$。与设计尺寸有关的工序尺寸，还有如图3-41a所示的以设计尺寸⑨为封闭环的工艺尺寸链中的工序尺寸5。因设计尺寸⑨的公差要求较低，即 $T_{⑨}=0.74\text{mm}$，故工序尺寸5可按经济精度定。其余的工序尺寸和设计尺寸无直接关系，因此这些工序尺寸也均按经济精度确定。

按有关经济精度表格查得：精车时，$T_4=T_5=0.2\text{mm}$；粗车时，$T_2=T_3=0.3\text{mm}$，$T_1=0.4\text{mm}$。靠火花磨削的磨削余量根据现场加工确定，即 $T_{Z6}=0.04\text{mm}$。最后，再验算设计尺寸⑨的公差。由图3-41a可知

$$T_{⑨}=T_5+T_{Z6}$$

代入上述数值后得

$$T_{⑨}=(0.2+0.04)\text{mm}=0.24\text{mm}<0.74\text{mm}$$

故满足设计要求。

上述确定的各工序尺寸公差化成对称偏差，即 $\pm\frac{T}{2}$，并填入计算卡中。

(2) 确定工序余量值　确定余量值的方法有两种。一种方法是先查出余量的公称值，再由余量为封闭环的工艺尺寸链中，求出余量的公差值即余量的变化范围，并验算最大余量和最小余量是否合理。若不合理，则调整余量的公称值，使其满足要求。另一种方法是先确定最小余量，再由余量为封闭环的工艺尺寸链中求出余量的公差值，并求出平均余量。此法不必反工，计算比较方便。本例按后一种方法确定工序余量值。

先确定最小工序余量 $Z_{i\min}$。现按分析计算法确定的最小工序余量为：磨削时，$Z_{8\min}=Z_{6\min}=0.08\text{mm}$；精车时，$Z_{5\min}=Z_{4\min}=0.1\text{mm}$；粗车时 $Z_{2\min}=1.2\text{mm}$；再求工序余量的变动范围和平均余量。各工序的平均余量计算如下

$$Z_{8M}=Z_{8\min}+\frac{T_8+T_{Z6}+T_4}{2}=\left(0.08+\frac{0.068+0.04+0.2}{2}\right)\text{mm}=0.234\text{mm}$$

$$Z_{6M}=Z_{6\min}+\frac{T_{Z6}}{2}=\left(0.08+\frac{0.04}{2}\right)\text{mm}=0.1\text{mm}$$

$$Z_{5M}=Z_{5\min}+\frac{T_5+T_4+T_3+T_2}{2}=\left(0.1+\frac{0.2+0.2+0.3+0.3}{2}\right)\text{mm}=0.6\text{mm}$$

$$Z_{4M}=Z_{4\min}+\frac{T_3+T_4}{2}=\left(0.1+\frac{0.3+0.2}{2}\right)\text{mm}=0.35\text{mm}$$

$$Z_{2M}=Z_{2\min}+\frac{T_1+T_2}{2}=\left(1.2+\frac{0.4+0.3}{2}\right)\text{mm}=1.55\text{mm}$$

（3）按一定次序求各工序尺寸 从表3-11中，由带圆圈的工序尺寸（已知的尺寸）逐步加或减余量（平均余量），就能求出各工序的平均尺寸。各工序的平均尺寸计算如下

$$L_{5M}=L_{9M}+Z_{6M}=(67.63+0.1)\text{mm}=67.73\text{mm}$$

$$L_{4M}=L_{8M}+Z_{6M}+Z_{8M}=(49.934+0.1+0.234)\text{mm}=50.268\text{mm}\approx50.27\text{mm}$$

$$L_{7M}=L_{4M}-Z_{6M}=(50.27-0.1)\text{mm}=50.17\text{mm}$$

$$L_{3M}=L_{4M}+Z_{4M}=(50.27+0.35)\text{mm}=50.62\text{mm}\approx50.6\text{mm}$$

$$L_{2M}=L_{3M}-L_{4M}+L_{5M}+Z_{5M}=(50.6-50.27+67.73+0.6)\text{mm}=68.66\text{mm}\approx68.7\text{mm}$$

$$L_{1M}=L_{2M}+Z_{2M}=(68.66+1.55)\text{mm}=70.21\text{mm}\approx70.2\text{mm}$$

最后，按“入体原则”标注工序尺寸及偏差。具体尺寸是：$L_1=70.40_{-0.4}^{\ 0}$mm，$L_2=68.85_{-0.3}^{\ 0}$mm，$L_3=50.75_{-0.3}^{\ 0}$mm，$L_4=50.37_{-0.2}^{\ 0}$mm，$L_5=67.83_{-0.2}^{\ 0}$mm，$L_7=50.29_{-0.24}^{\ 0}$mm，$L_8=49.9_{\ 0}^{+0.068}$mm（设计尺寸）。

全部计算结果填入表3-11中。

（四）孔系坐标尺寸（平面尺寸链）的换算

在工艺设计中，常遇到箱体、机身等一些基础件，这类零件通常都有若干个具有位置精度的精密圆柱孔组成的孔系。在零件图样上，根据设计要求给出孔距公差。加工时，则常用坐标法加工或镗模法加工（镗模法用的镗模板也需用坐标法加工）。因此，必须将孔距尺寸及其公差换算为加工用的坐标尺寸及其公差，这种尺寸换算属平面尺寸链问题。

孔系有两种形式：一种是两孔之间用一个孔距尺寸联系起来的开式孔系；另一种是由三个或三个以上的孔距尺寸形成的闭式孔系。开式孔系的换算比较简单，一般可将平面尺寸链中各环投影到斜边上后，再按直线尺寸链计算。现通过实例介绍闭式孔系的尺寸换算方法。

例3-4 图3-42所示为车床主轴箱箱体三个孔中心分别为O、A和B。图中给出$\overline{OA}=L_1=(120\pm0.05)$mm、$\overline{AB}=L_2=(70\pm0.05)$mm、$\overline{OB}=L_0=(130\pm0.05)$mm和$y_1=60$mm。镗孔的顺序是先镗主轴孔$O$，再以$O$孔为坐标原点，移动坐标尺寸$x_1$和$y_1$镗出$A$孔，又从$A$孔出发移动坐标尺寸$x_2$和$y_2$镗出$B$孔。这时，孔$O$和孔$B$之间的距离$\overline{OB}$就应自动地符合图样要求。求坐标尺寸$x_1$、$y_1$和$x_2$、$y_2$及其偏差。

解 (1)坐标尺寸的确定 从图3-42中的几何关系，可求得所需的坐标尺寸。

1）计算α

$$\sin\alpha=\frac{x_1}{L_1}=\frac{60\text{mm}}{120\text{mm}}=0.5$$

所以
$$\alpha=30^\circ$$

2）计算β，利用余弦定理可得

$$\cos\beta=\frac{L_1^2+L_0^2-L_2^2}{2L_0L_1}=\frac{120^2+130^2-70^2}{2\times130\times120}=0.84615$$

所以
$$\beta=32^\circ12'15''$$

3）计算 γ

$$\gamma = 90° - (\alpha + \beta) = 90° - (30° + 32°12'15'') = 27°47'45''$$

4）计算坐标尺寸

已知 $y_1 = 60\text{mm},\ L_1 = 120\text{mm},\ L_0 = 130\text{mm},\ \gamma = 27°47'45''$

则

$$x_1 = \sqrt{L_1^2 - y_1^2} = \sqrt{120^2 - 60^2}\text{mm} = 103.923\text{mm}$$

$$x_0 = L_0\sin\gamma = 130\sin27°47'45''\text{mm} = 60.622\text{mm}$$

$$y_0 = L_0\cos\gamma = 130\cos27°47'45''\text{mm} = 115\text{mm}$$

$$x_2 = x_1 - x_0 = (130.923 - 60.622)\ \text{mm} = 43.301\text{mm}$$

$$y_2 = y_0 - y_1 = (115 - 60)\ \text{mm} = 55\text{mm}$$

5）验算

$$\overline{OB} = \sqrt{x_0^2 + y_0^2} = \sqrt{60.622^2 + 115^2}\text{mm} = 130\text{mm}$$

$$\overline{AB} = \sqrt{x_2^2 + y_2^2} = \sqrt{43.301^2 + 55^2}\text{mm} = 69.998 \approx 70\text{mm}$$

坐标尺寸计算结果正确。

（2）坐标尺寸公差的确定　坐标法加工孔系的孔距精度是由坐标尺寸的位移精度间接保证的，坐标尺寸和孔距尺寸之间的关系是平面尺寸链问题。解算平面尺寸链的关键，也是找出尺寸链图，并确定封闭环。下面介绍一种简便方法。

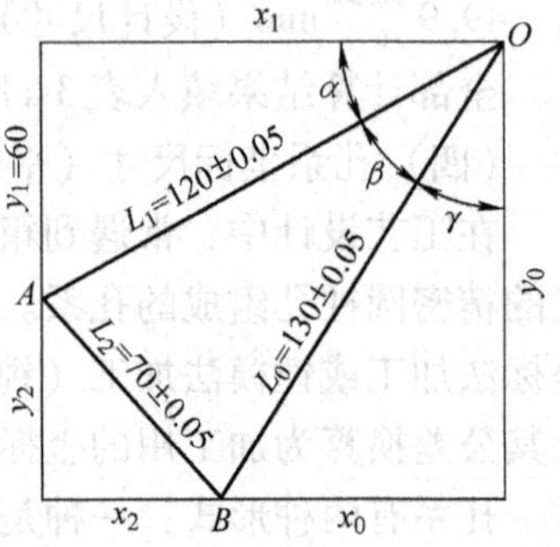

图 3-42　车床主轴箱箱体孔系坐标尺寸的换算

1）查找尺寸链图，并确定封闭环。根据题意，先加工 O 孔，移动坐标 x_1 和 y_1 加工 A 孔，再移动坐标尺寸 x_2 和 y_2 加工 B 孔，可见，L_1、L_2 和 L_0 形成封闭的尺寸组，即形成平面尺寸链，且 L_0 是最后形成的尺寸，即封闭环。由于 L_1、L_2 和 L_0 的尺寸偏差都是 ±0.05mm，所以加工顺序无特殊要求。一般应选偏差最大的尺寸为封闭环。

2）分解平面尺寸链。由图 3-42 可知，封闭环 L_0 是坐标尺寸 x_0 和 y_0 所形成的封闭环，其中，x_0 也是坐标尺寸 x_1 和 x_2 所形成的封闭环，y_0 也是坐标尺寸 y_1 和 y_2 所形成的封闭环。因此，把闭式孔系的平面尺寸链分解成两个直线尺寸链和一个开式的平面尺寸链（见图 3-43）后，就能较方便地解算闭式孔系的平面尺寸链问题。

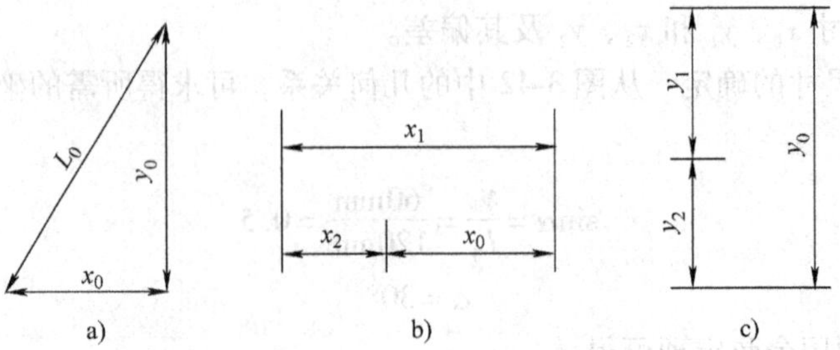

图 3-43　孔系坐标尺寸链的分解

a）开式平面尺寸链　b）、c）直线尺寸链

3）计算平面尺寸链，确定各坐标尺寸及其公差。先解图 3-43a 所示的平面尺寸链。

因为 $$L_0^2 = x_0^2 + y_0^2$$

全微分上式后得

$$2L_0 dL_0 = 2x_0 dx_0 + 2y_0 dy_0$$

以公差近似替代微分值后可得

$$L_0 T_{L0} = x_0 T_{x0} + y_0 T_{y0}$$

再设图 3-43b、c 所示的直线尺寸链中的各组成环公差均为 T，即

$$T = T_{x1} = T_{x2} = T_{y1} = T_{y2}$$

则封闭环公差

$$T_{x0} = T_{y0} = 2T$$

因而 $$L_0 T_{L0} = 2x_0 T + 2y_0 T$$

所以

$$T = \frac{L_0}{2\ (x_0 + y_0)} T_{L0} = \frac{130}{2\ (60.622 + 115)} \times 0.1\text{mm} = 0.037\text{mm}$$

则得

$$x_1 = (103.923 \pm 0.0185)\text{mm}$$

$$y_1 = (60 \pm 0.0185)\text{mm}$$

$$x_2 = (43.301 \pm 0.0185)\text{mm}$$

$$y_2 = (55 \pm 0.0185)\text{mm}$$

验算

$$T_{L0} = \frac{2x_0 T + 2y_0 T}{L_0} = \frac{2 \times 60.622 \times 0.037 + 2 \times 115 \times 0.037}{130}\text{mm}$$
$$= 0.09996\text{mm} \approx 0.1\text{mm}$$

尺寸合格。

三、计算机辅助建立和计算工艺尺寸链

前面介绍的把一个工件加工中全部工序尺寸和工序余量画在一张图表上的图解法，可以直观和简便地建立工艺尺寸链，进而计算工序尺寸及其公差和验算工序余量。图解法的思路和步骤也为计算机辅助建立和计算工艺尺寸链打下了基础。下面先介绍一种建立工艺尺寸链的新方法——尺寸式法，然后仍用图解法中的实例（见表 3-11）分析说明计算机辅助建立和计算工艺尺寸链的方法。

1. 建立工艺尺寸链的新方法——尺寸式法

用一个简单零件图样来说明尺寸式法。如图 3-44 所示，用字母 A、B、C 从左到右依次表示该零件的三个轴向端面。若尺寸 A_1、A_2 是加工中直接保证的尺寸即工序尺寸，而 A_0 是须保证的设计尺寸，则工艺尺寸链如图 3-44b 所示。其中，A_0 为封闭环，A_1、A_2 为组成环。可用以下尺寸式表示它们的关系

$$BC——BAC$$

式中，破折号左边是封闭环 A_0 两端的

图 3-44　某简单零件的轴向尺寸及其工艺尺寸链

字母，而右边依次相邻的两个字母 BA、AC 分别表示组成环 A_2、A_1 两端的字母，右边首尾两个字母应与左边相同。这种用字母组成的尺寸式，可以用来表示工艺尺寸链关系。

在尺寸式中，当封闭环字母依英文字母顺序排列时，在组成环中和英文字母顺序相同的为增环，相反的为减环。

用尺寸式来表示和建立工艺尺寸链的方法称尺寸式法。它具有寻找组成环方便、无须绘图、便于用计算机辅助建立和计算工艺尺寸链等特点。

2. 用尺寸式法建立全部工艺尺寸链的实例

仍用图解法的实例（见表3-11）来分析。

1）仍用字母 A、B、C 从左到右依次表示三个加工端面，如表3-11中工件简图所示。

2）用字母及数字标出各工序尺寸。根据加工工艺依次写出各工序尺寸两端的字母。将工序基准字母放在前面，加工表面字母放在后面，第一次加工的表面下标为1，第二次加工的表面下标为2，以此类推。例中各工序尺寸分别为：

工序1：尺寸 $1\text{-}CA_1$；

工序2：尺寸 $2\text{-}A_1C_1$，尺寸 $3\text{-}A_1B_1$；

工序3：尺寸 $4\text{-}B_1A_2$，尺寸 $5\text{-}A_2C_2$；

工序4：尺寸 $6\text{-}A_2A_3$，它是靠火花磨削的余量作为组成环（尺寸 $7\text{-}B_1A_3$ 是封闭环）；

工序5：尺寸 $8\text{-}A_3B_2$。

3）确定全部封闭环。

①设计尺寸（除直接形成的设计尺寸 $8\text{-}A_3B_2$ 外）和靠火花磨削的工序尺寸。

本例为尺寸 $9\text{-}A_3C_2$ 以及工序4中的工序尺寸 $7\text{-}B_1A_3$。

②余量（除靠火花磨削的余量外）。余量封闭环两端字母是一样的，只是下标不同。统一格式为先写出左端面，再写出右端面，所以左边（A 面）余量的下标顺序是 1→2→3；而右边（B 面和 C 面）余量的下标顺序相反，是 3←2←1。

本例为 $B_2B_1\text{-}Z_8$、$C_2C_1\text{-}Z_5$、$A_1A_2\text{-}Z_4$、$C_1C\text{-}Z_2$（因 Z_3 和 Z_1 余量涉及毛坯尺寸，故在此不求）。

4）写出全部尺寸式。由封闭环两端面中的字母和下标开始查找各组成环（工序尺寸）。原理类同图解法，即由后工序向前工序找，找出工序尺寸的右端（即加工表面端）字母和封闭环两字母之一相同的工序尺寸，该工序即为一组成环。然后，将该工序尺寸的左端（工序基准端）字母写在尺寸式右边两字母中，再按该左端字母和另一封闭环字母作为新封闭环继续找，直到封闭环两端的字母和数字用已知工序尺寸连接起来（即封闭）为止。

本例中为：$A_3C_2\text{-}A_3A_2C_2$、$B_1A_3\text{-}B_1A_2A_3$、$B_2B_1\text{-}B_2A_3A_2B_1$、$C_2C_1\text{-}C_2A_2B_1A_1C_1$、$A_1A_2\text{-}A_1B_1A_2$、$C_1C\text{-}C_1A_1C$ 和图解法建立的工艺尺寸链完全一样。

3. 计算机辅助建立和计算工艺尺寸链的步骤

首先必须先输入两类原始数据：

1）与设计尺寸有关的数据，如设计尺寸数、设计尺寸及其公差、设计尺寸左右端字母、加工表面直径等。

2）与工序尺寸有关的数据，如工序尺寸数、工序尺寸基准端字母与加工表面端字母、余量特性、加工方法代码等。

输入工序尺寸时应按加工的先后顺序。加工方法在计算机内用代码表示，如以1代表粗车、2代表精车等。余量特性是描述余量方向的。对某一工序尺寸，若加工时加工面左移，则以“1”表示，若右移则以“-1”表示，不移（指直径余量）则用“0”表示。输入余量特性是因为余量封闭环两端字母的顺序与余量方向有关。如前述左边余量（加工时向右移）顺序（1→2→3）和右边余量（加工时向左移）顺序（3←2←1）。输入各加工直径和加工方法代码，是因为各工序尺寸的加工经济精度和加工余量与这两个因素有关。由于加工余量还与工件材料、毛坯种类有关，故还须输入它们的代码。

对于在计算过程中所使用的加工经济精度和加工余量表，应先储于外存设备中，在运算时自动调入内存。

上述原始数据输入完毕后，计算机即可建立和求解工艺尺寸链。其方法及步骤和尺寸式法完全一致。以下重点说明建立工艺尺寸链的方法和各工序尺寸公差的确定等。

对设计尺寸为封闭环的工艺尺寸链，查找组成环的过程如下：先把设计尺寸的左端字母赋予 A $，右端字母赋予 B $。由后工序尺寸往前工序尺寸依次找组成环。方法是先将最后的工序尺寸的加工表面端（右端）字母与 A $或 B $比较，若都不一样，则取前一工序尺寸继续比较；若一样，则记下该工序的数组序号。然后，判断 A $（或 B $）是在该工序尺寸基准端（左端）字母之前或之后。若是之前，则为增环；反之则为减环（B $则相反）。接着，把工序基准端字母赋予 A $（或 B $），比较 A $和 B $是否相同。若不相同，则取前一个工序尺寸继续上述过程；若相同，则表示尺寸式已完成。在此过程中所记下的信息即为相当于工艺尺寸链的全部组成环信息。

对于余量尺寸为封闭环的工艺尺寸链，其查找组成环的方法与设计尺寸链的查找方法仅有一点不同，即从余量本身所在的工序尺寸开始，该工序尺寸就是一个组成环。计算机先记下该工序尺寸的数组号，并判断其增、减环；再把工序基准端字母赋予 A $，加工面端字母赋予 B $；接下来求组成环方法同设计尺寸链。

图 3-45 所示为求工艺尺寸链组成环的框图。其中 M 是个参数，对设计尺寸链来说，M 为工艺尺寸个数；而对余量尺寸链来说，M 为该余量所对应的工序尺寸数组号。L 用来记数，程序规定组成环环数最多值为 10，若超过此数便自动停机。

在用计算机确定各工序尺寸公差时，不可能如人工一样可根据实际情况灵活改变，它只能按照预先规定进行。下面为制订的步骤和规定；

（1）初定各工序尺寸公差　凡直接保证某设计尺寸的工序尺寸，即工序尺寸等于设计尺寸，则使工序尺寸公差也等于设计尺寸公差；凡设计尺寸是各工序尺寸组成的封闭环，则用各工序的经济精度定。

（2）验算公差值　根据设计尺寸链的组成环信息，求出各组成环公差之和应不超过相应设计尺寸的公差。

（3）调整公差值　若组成环公差之和大于设计尺寸公差，则须调整有关工序尺寸的公差。如按比例压缩公差等方法，可在程序中按规定设计好。

各工序公差规定后，就可根据余量组成环信息计算余量公差，从而求出平均余量值，最后就能求各工序尺寸。这可以通过一个解线性方程组的标准程序来实现，也可采用与图解法人工求解工序尺寸相类似的方法逐个地解尺寸链，直到求出全部工序尺寸为止。

利用计算机按尺寸式法计算工序尺寸及其公差和余量等已编制出软件，计算工序尺寸链总框图如图 3-46 所示。

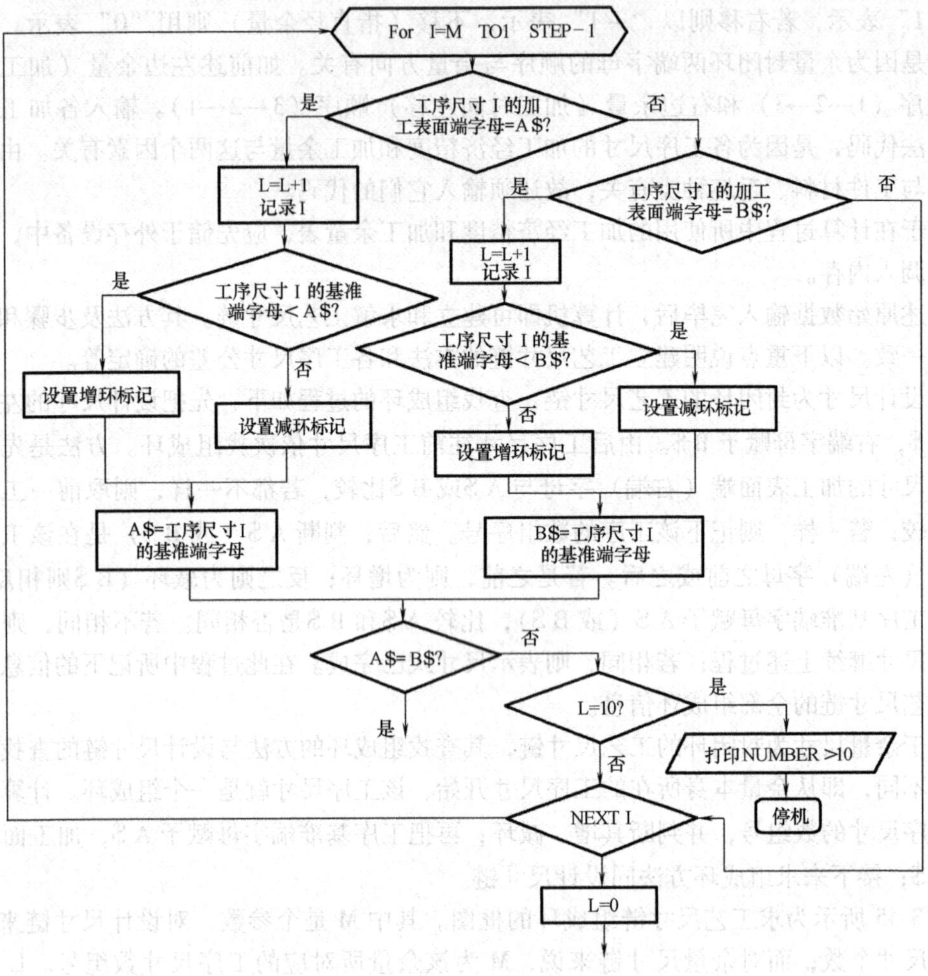

图 3-45 求工艺尺寸链组成环框图

I—工序尺寸数组号 M—工序尺寸个数 L—记数

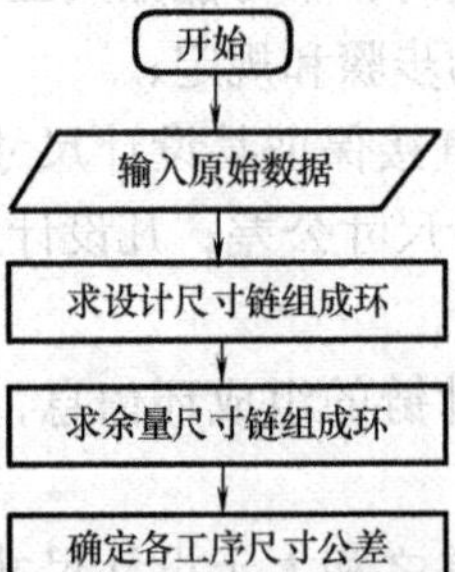

图 3-46 建立和计算工序尺寸链总框图

第十节　数控加工工艺

数控技术的出现，为制造技术的发展开辟了新纪元。本节从工艺规程设计的角度，作为一种工艺方法来介绍数控技术，也称为数控加工工艺。第六章中也作为一种工艺方法在典型零件加工的应用中出现，重点是箱体零件高效自动化用的加工中心设备。最后在第八章还要从设备方面系统地介绍数控技术。学习时可相互参考。

一、数控加工的工作原理

数控加工是指用数字程序控制的机床加工工件。

1）首先进行工艺设计。根据零件图样中的设计要求如零件的尺寸、形状等技术要求和材料、毛坯和热处理等要求确定工艺方案，进行工序设计和计算等。

2）根据数控系统规定的功能指令代码和程序段格式编写数控加工程序单，再由输入装置将其变成相应的电脉冲信号，传送并存入数控的核心——数控装置。

3）数控装置将输入的指令进行译码、寄存和运算后，向系统的各个坐标的伺服系统发出指令信号，经驱动电路的放大处理，驱动伺服电动机输出角位移和角速度，并通过执行部件的传动系统转换成工作台的直线位移，实现进给运动。当几个进给运动联动时，可以完成定位、直线、平面曲线和空间型面的加工。

4）数控装置通过可编程序控制器（PLC），实现系统其他必要的辅助动作，如主运动变速、刀具的选择与自动更换、工件的自动松夹、切削液的自动开停等配合进给运动完成自动加工。

当多品种生产，加工工件改变时，只需更换加工程序和夹具等工艺装备，就能立即投入加工。

二、数控加工工艺的主要特点

1）数控加工是柔性自动化生产的基础，这是最重要的一个特点。

2）数控加工可加工复杂型面的工件。传统加工各种复杂型面是用划线、样板、靠模、预钻、砂轮、钳工等方法，而数控加工则是对进给运动用多坐标联动自动控制加工方法，获得各种复杂型面，其加工质量与生产效率是传统方法无法比拟的。

3）加工精度高，质量稳定。数控机床的结构有足够的精度、刚度和抗振性；传动系统的传动链短；采用精度高、摩擦损失比较小的元件，如滚珠丝杠螺母机构、滚动导轨、静压轴承等；采用闭环控制系统（位置检测装置与伺服系统配套组成）可以对传动误差进行补偿；采用工序集中，减少多次装夹对加工精度的影响；由于自动加工消除了操作者人为误差等。

4）生产效率高。由于采用了柔性自动化加工，可以减少大量辅助时间和准备与终结时间。也由于数控机床的功率大、刚度强，主轴转速、进给速度快及其快速定位，合理选择切削用量，充分发挥刀具的切削性能等因素也减少了基本时间。

5）改善了劳动条件。数控机床的操作者主要任务是：编制程序，输入程序，装卸工件，准备刀具、观测加工状态以及检验工件等，因此劳动强度大大降低。此外，数控机床一般是封闭式加工，既清洁又安全，使劳动条件得到了较大的改善。

6）有利于生产管理现代化。由于实行了自动化加工，因而加工工时、成本计算都比较精确，这就能正确编制生产进度表，有利于组织均衡生产，便于管理现代化。数控机床使用数字量信号与标准代码输入，最宜于与计算机网络相联接，是计算机控制与管理系统的基础。

7）相对而言，成本较高。

三、数控加工的应用范围

从上述工艺特点可知，数控加工是一种灵活、通用、高精度、高效率的柔性自动化加工技术。所谓柔性就是灵活适应多品种的加工。从经济效果出发，目前中小批量的生产应用较多。具体应用场合如下：

1）多品种、中小批量生产的零件，特别是形状复杂、精度要求较高、加工面多、加工量大的零件。

2）用普通机床很难加工的、具有复杂型面的零件，如燃气轮机中的叶片的加工。

图 3-47 表示了三类机床加工的零件复杂程度与零件批量数的关系。通常数控机床适于加工结构较复杂的零件，在非数控机床上加工则需要昂贵的工艺装备。

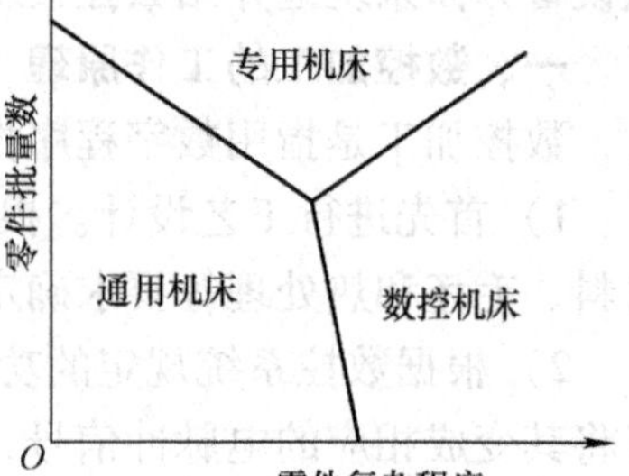

图 3-47 三类机床加工的零件复杂程度与批量数的关系

随着数控技术的普及和电子器件成本的降低，特别是计算机数控系统与微型计算机的迅速发展，成本较高的缺点会不断解决，数控加工正在不断地扩展它的应用范围，国内、外汽车等制造业也已广泛使用数控加工。制造业发展的一个重要方面是柔性化和自动化。从这个意义上讲，数控加工技术为制造技术的发展开创了新纪元。

四、数控加工的工艺设计与工序的划分

数控加工先要进行工艺设计和工序划分，相同于传统加工的工艺设计方法。要特别注意零件尺寸标注、基准选择、定位和夹紧方案、加工顺序安排、工艺路线的拟订和工序尺寸等内容。所有传统的工艺理论、原则上都适合数控加工。

另外，数控加工由于自动化程度高，加工过程中无需人工干预，因而在工艺设计时，还须注意自身的特点，具体如下：

1）加工内容的选择。数控加工优先选通用机床无法加工、难加工、效率低的加工内容，不选占机调整时间长、加工部位分散要多次装夹的加工内容。

2）设计内容更详细、具体和完整。如工序的安排要细到工步、行程（走刀）直到操作，行程要包括全部路线和轨迹，还要确定全部加工的切削用量。

3）工艺设计要求严密、精确。例如，攻螺纹时，是否要退刀清理切屑，必须事先精心考虑好；又如坐标尺寸（编程原点、对刀点、换刀点、起刀点、抬刀、下刀等）必须选好并精确计算注明；最后要进行首件试加工。

4）采用工序集中尽可能一次装夹，提高效率。由于机床刚度高，刀具质量也好，因而切削用量也大，甚至能完成粗加工到精加工的全过程，多工位安装多个零件，从而缩短了生产周期，提高了效率。

5）必须用先进的刀具与数控机床相适应。刀具要有高的强度、刚度、寿命、可靠性、精度和可靠的断屑、快速更换性，广泛采用机夹转位刀具，保证数控机床高效运转。

习题与思考题

3-1 简述机械加工工艺规程的设计原则、步骤和内容。

3-2　机械加工工艺过程卡和工序卡的区别是什么？简述它们的应用场合。

3-3　如何理解结构工艺性的概念？如何分析设计和制造的关系和矛盾？零件结构工艺性有哪些要求？

3-4　应该怎样选择毛坯类型、制造方法和毛坯精度？

3-5　精、粗定位基准的选择原则各有哪些？如何分析这些原则之间出现的矛盾？为什么要先分析精基准后分析粗基准？

3-6　试分别选择图 3-48 所示四种零件的精、粗基准。其中，图 3-48a 为齿轮简图，毛坯为模锻件；图 3-48b 为液压缸体零件简图；图 3-48c 为飞轮简图；图 3-48d 为主轴箱体简图，后三种零件毛坯均为铸件。

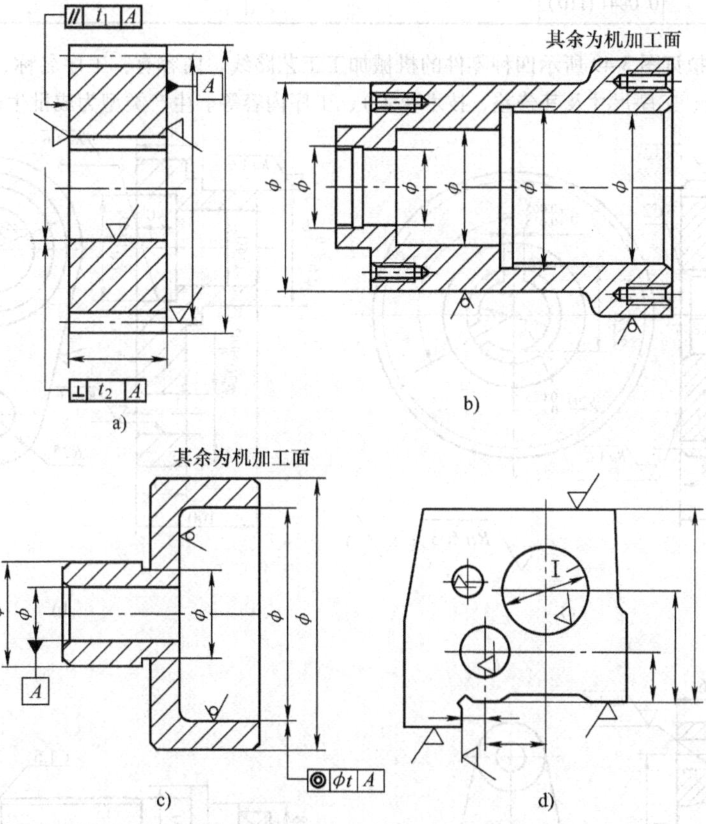

图 3-48　题 3-6 图

a）齿轮　b）液压缸体　c）飞轮　d）主轴箱体

3-7　试分析下列加工情况的定位基准：

1）拉齿坯内孔。

2）珩磨连杆大头孔。

3）无心磨削活塞销外圆。

4）用浮动镗刀块精镗内孔。

5）磨削床身导轨面。

6）超精加工主轴轴颈。

7）箱体零件攻螺纹。

8）用与主轴浮动连接的铰刀铰孔。

3-8　何谓经济精度？如何选择加工方法？

3-9 有一小轴，毛坯为热轧棒料，大量生产的工艺路线为粗车—半精车—淬火—粗磨—精磨，外圆设计尺寸为 $\phi30_{-0.013}^{\ 0}$ mm，已知各工序的加工余量和经济精度，试确定各工序尺寸及其偏差、毛坯尺寸及粗车余量，并填入下表（余量为双边余量）：

（单位：mm）

工序名称	工序余量	经济精度	工序尺寸及偏差	工序名称	工序余量	经济精度	工序尺寸及偏差
精磨	0.1	0.13（IT6）		粗车		0.21（IT12）	
粗磨	0.4	0.033（IT8）		毛坯尺寸	4（总余量）		
半精车	1.1	0.084（IT10）					

3-10 试分别拟订图 3-49 所示四种零件的机械加工工艺路线，内容有：工序名称、工序简图（内含定位符号、夹紧符号、工序尺寸及其公差、技术要求）、工序内容等。生产类型为成批生产。

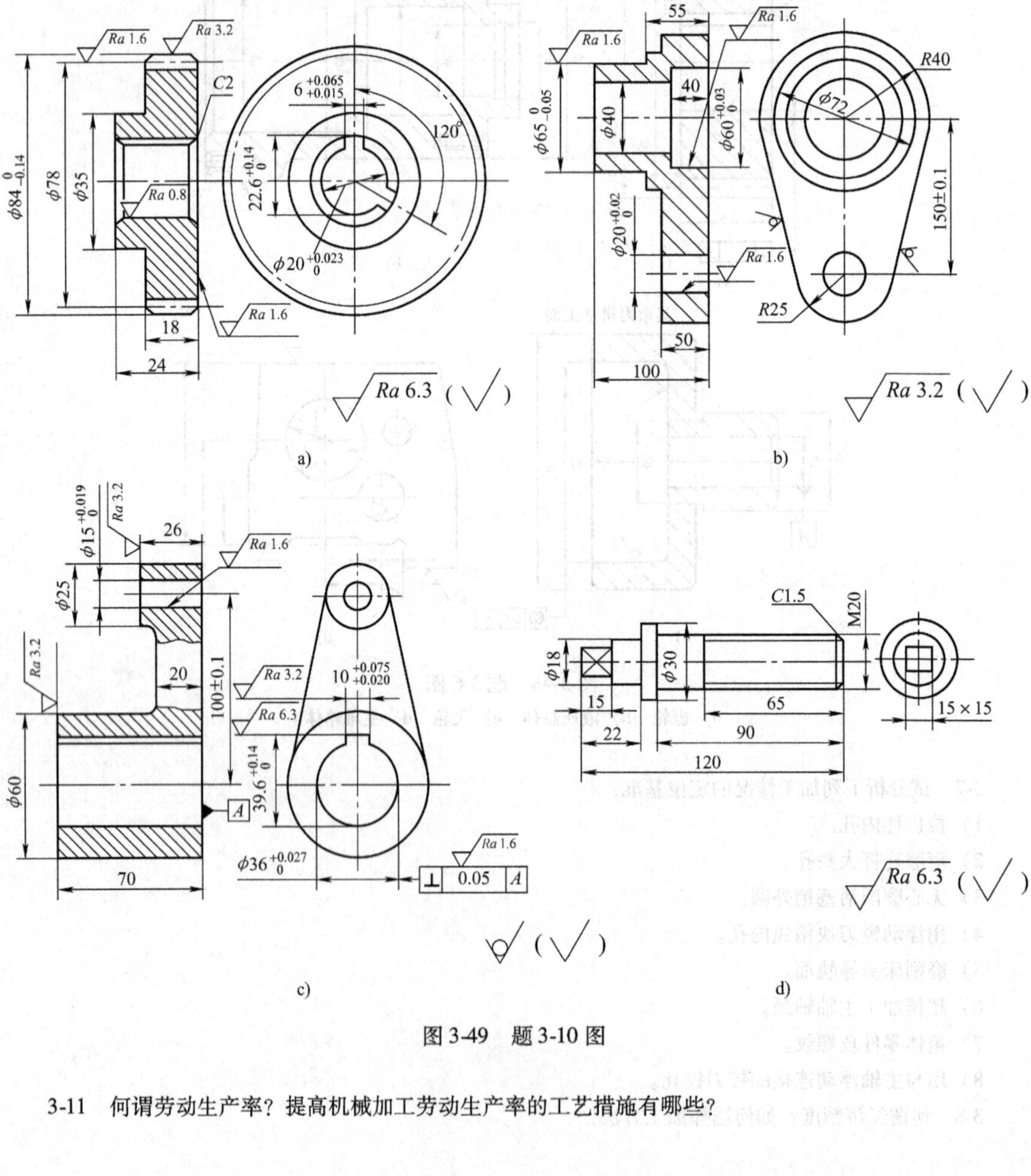

图 3-49 题 3-10 图

3-11 何谓劳动生产率？提高机械加工劳动生产率的工艺措施有哪些？

3-12　时间定额有几种？它们之间的区别是什么？

3-13　何谓工艺成本？工艺成本评比时，如何区分可变费用与不可变费用？

3-14　加工图 3-50 所示零件，要求保证尺寸（6 ± 0.1）mm。由于该尺寸不便测量，只好通过测量尺寸 L 来间接保证。试求测量尺寸 L 及其上、下极限偏差，并分析有无假废品现象存在？有什么办法解决假废品的存在？

3-15　加工图 3-51 所示轴颈时，设计要求尺寸分别为 $\phi28_{+0.008}^{+0.024}$mm 和 $t=4_{0}^{+0.16}$mm，有关工艺过程如下：

1）车外圆至 $\phi28.5_{-0.10}^{0}$mm。

2）在铣床上铣键槽，键深尺寸为 H。

3）淬火热处理。

4）磨外圆至尺寸 $\phi28_{+0.008}^{+0.024}$mm。

若磨后外圆和车后外圆的同轴度误差为 $\phi0.04$mm，试分别用极值法与统计法计算铣键槽的工序尺寸 H 及其极限偏差。

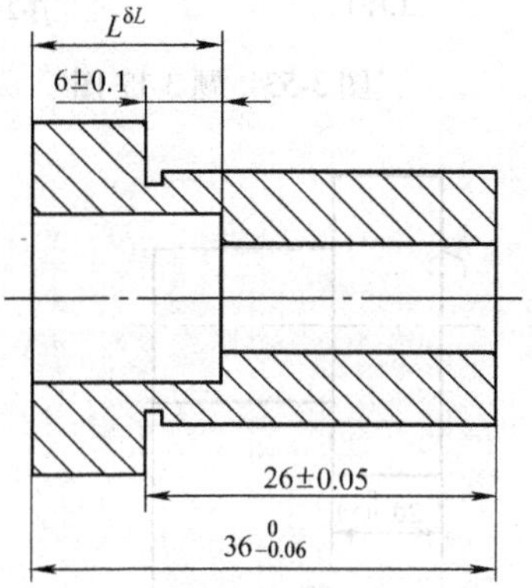

图 3-50　题 3-14 图

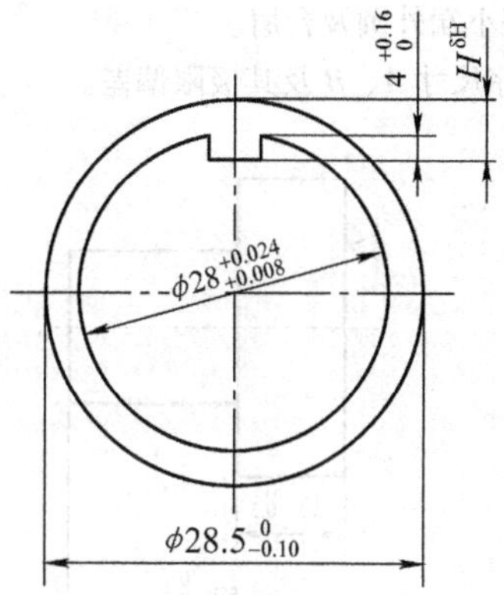

图 3-51　题 3-15 图

3-16　加工套筒零件，其轴向尺寸及有关工序简图如图 3-52 所示，试求工序尺寸 L_1 和 L_2 及其极限偏差。

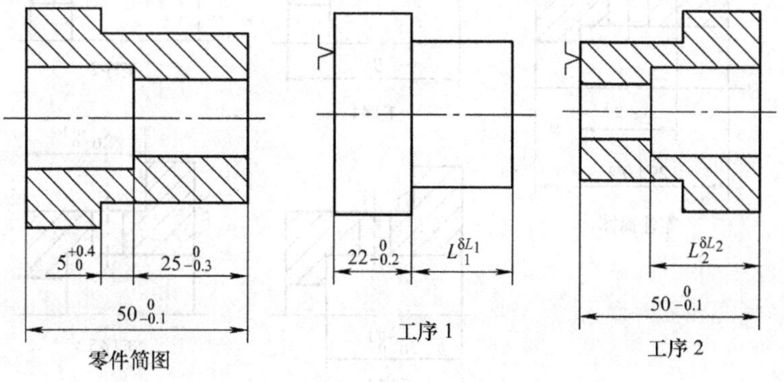

图 3-52　题 3-16 图

3-17 加工小轴零件，其轴向尺寸及有关工序简图如图 3-53 所示，试求工序尺寸 *A* 和 *B* 及其极限偏差。

3-18 加工短轴零件，如图 3-54 所示三个工序分别为：

1）粗车小端外圆、台肩及端面。

2）粗、精车大端外圆及端面。

3）精车小端外圆、台肩及端面。

试校核该工序 3（精车小端面）的余量是否合适？若余量不够应如何改进？

3-19 加工图 3-55 所示轴套零件及其有关工序如下：

1）精车小端外圆、端面及台肩。

2）钻孔。

3）热处理。

4）磨孔及底面。

5）磨小端外圆及台肩。

试求：工序尺寸 *A*、*B* 及其极限偏差。

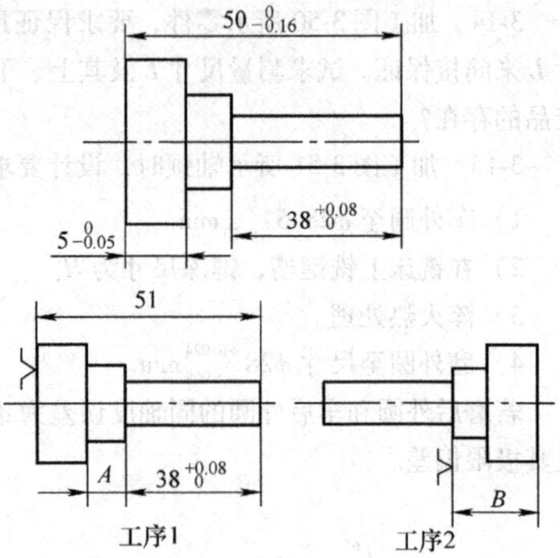

图 3-53 题 3-17 图

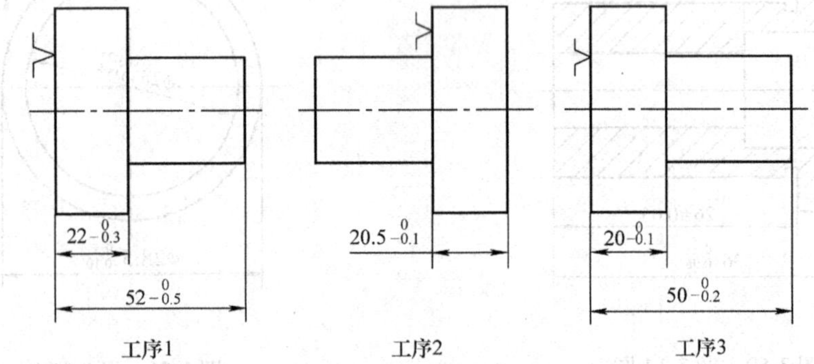

图 3-54 题 3-18 图

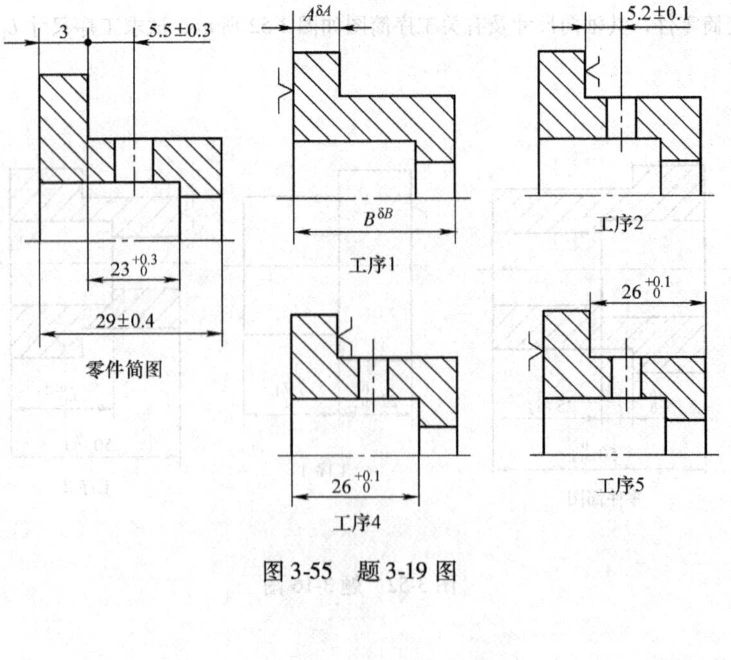

图 3-55 题 3-19 图

3-20 加工图 3-56 所示某轴零件及有关工序如下：

1）车端面 D、ϕ22mm 外圆及台肩 C，端面 D 留磨量 0.2mm；端面 A 留车削余量 1mm 得工序尺寸 A_1、A_2。

2）车端面 A、ϕ20mm 外圆及台肩 B 得工序尺寸 A_3、A_4。

3）热处理。

4）磨端面 D 得工序尺寸 A_5。

试求各工序尺寸 A_1、A_2、A_3、A_4、A_5 及其极限偏差，并校核端面 D 的磨削余量。

3-21 图 3-57 所示为某轴套零件的工艺尺寸链图解法计算卡，试根据给出的加工步骤画全表中的工序尺寸和查找封闭环的尺寸链跟踪（联系）图，再填出表中各栏留出的空格。其加工工序如下：

1）粗车 A 面，以 D 面定位保证尺寸 DA；粗车 C 面保证尺寸 AC。

2）以 A 面定位，粗、精车 B 面，保证尺寸 AB；粗车 D 面，保证尺寸 BD。

3）以 B 面定位，精车 A 面，保证尺寸 BA；精车 C 面，保证尺寸 AC。

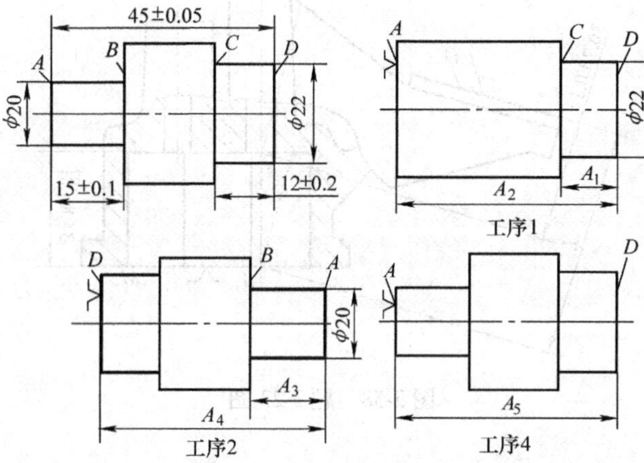

图 3-56 题 3-20 图

(单位:mm)

工序号	工序内容	A B C D	工序对称偏差 $\pm T/2$	余量变动量 $\pm T_{Zi}/2$	最小余量 $Z_{i\min}$	平均余量 Z_{iM}	工序平均尺寸 L_{iM}
1	粗车 A 面		±0.3	/	1.2	/	
	粗车 C 面		±0.2	/	1.2	/	39.7
2	粗、精车 B 面		±0.1	/	1.2	/	10.45
	粗车 D 面				1	1.5	
3	精车 A 面			±0.15	0.3	0.45	10
	精车 C 面				0.3		40
设计尺寸	10±0.05						
	40±0.10						
	50±0.15						

图 3-57 题 3-21 图

3-22　用尺寸式法解题3-21。

3-23　图3-58所示为液压泵壳体，D面的设计基准为A点，设计尺寸为(30.7 ± 0.15)mm，而加工D面时的定位基准为M面上的B点，试计算此时的工序尺寸及其偏差。

3-24　某零件材料为1Cr13Mo，其内孔的加工工序如下：

1）车内孔至$\phi31.8^{+0.14}_{0}$mm。

2）液体碳氮共渗，工艺要求液体碳氮共渗层深度为t。

3）磨内孔至$\phi32^{+0.035}_{+0.010}$mm，并要求保证液体碳氮共渗层深度为0.1～0.3mm。试求工序的尺寸及其极限偏差。

3-25　某小轴设计要求为：外圆直径$\phi32^{\ 0}_{-0.05}$mm渗碳层深度为0.5～0.8mm，其工艺过程为：车—渗碳淬火—磨。已知渗碳时的工艺渗碳层深度为0.8～1mm，试计算渗碳前车削外圆的工序尺寸及其极限偏差。

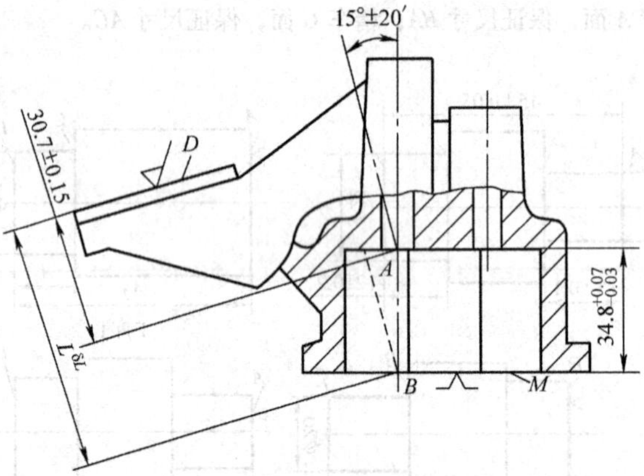

图3-58　题3-23图

3-26　数控加工工艺的主要特点是什么？应用场合应该如何选择？为什么？

3-27　如何认识数控技术的出现及其对制造业和加工工艺的影响？

第四章　机械加工精度

零件的加工精度直接影响产品的精度，从而影响到产品的使用性能、可靠性和耐久性等质量指标。研究、学习各种因素即误差对加工精度影响的规律（包括统计规律），掌握并控制加工误差，找出提高加工精度的途径，一直是本课程的一项重要任务和目标，也是一项基础理论。学习时要注意培养运用几何学、力学、热学和数理统计等基础理论，结合工艺专业理论知识，综合分析加工误差对加工精度的影响，初步学会定性地或定量地分析处理工艺问题。教学中，可结合实际例子进行讨论式教学，并到现场去观察、分析实际问题。

第一节　概　　述

一、加工精度与加工误差

机械加工精度是指零件加工后的实际几何参数（尺寸、形状和位置）与理想几何参数的符合程度。它们之间的偏离程度即为加工误差。加工精度越高，则加工误差越小；反之越大。零件的加工精度是设计人员根据产品的装配精度，通过尺寸链分析和计算而给定的，理想几何参数是客观存在的，但不易做到，可以允许有一定的加工误差，只要加工误差不超过设计规定的公差或偏差，即为合格品。

研究分析加工误差的产生原因，掌握其变化的基本规律，才能提出保证和提高零件加工精度的主要措施。

二、影响加工精度的因素——原始误差

在机械加工中，由机床、夹具、刀具和工件等组成的统一体，称为工艺系统。在完成任何一个加工过程中，由于工艺系统各种原始误差的存在，使工件和刀具之间正确的几何关系遭到破坏而产生加工误差。这些原始误差，其中一部分与工艺系统的初始状态有关，一部分与加工过程有关。如机床、夹具、刀具的制造误差，工件因定位而产生的定位误差，采用近似成形方法进行加工而产生的加工原理误差等，这些原始误差在加工前就已经存在了，称为工艺系统的几何误差。在加工过程中产生了切削力、切削热和摩擦，它们将引起工艺系统的受力变形、受热变形和磨损，影响调整后工件与刀具之间的相对位置，造成加工误差，这些在加工过程中产生的原始误差，称为工艺系统的动误差。此外，在加工过程中因测量方法和量具而产生的测量误差，工件加工后因工件残余应力引起工件变形而产生的误差都是原始误差，也近似地归入动误差中。

为清晰起见，现将加工过程中可能出现的种种原始误差归纳如下：

- 原始误差
  - 与工艺系统初始状态有关的原始误差（几何误差）
    - 加工原理误差
    - 工件的装夹和夹具误差
    - 调整误差
    - 刀具误差
    - 机床主轴回转误差
    - 机床导轨导向误差
    - 机床传动误差
  - 与加工有关的原始误差（动误差）
    - 测量误差
    - 刀具磨损
    - 工艺系统受力变形
    - 工艺系统受热变形
    - 工件残余应力引起的变形

三、原始误差与加工误差的关系

在加工过程中，各种原始误差的影响会使刀具和工件间正确的几何关系遭到破坏，引起加工误差，各种原始误差的大小和方向各不相同，而加工误差则必须在工序尺寸方向度量。因此，不同的原始误差对加工精度有不同的影响。当原始误差的方向与工序尺寸方向一致时，其对加工精度的影响最大。下面以外圆车削为例说明两者的关系。如图 4-1 所示，车削时工件的回转轴线为 O，刀尖正确位置在 A 点。设某一瞬时由于各种原始误差的影响，使刀尖位移到 A'点，$\overline{AA'}$即为原始误差 δ，它与$\overline{OA}$间的夹角为 ϕ，由此引起工件加工后的半径由 $R_0 = OA$ 变为 $R = \overline{OA'}$，故半径上的加工误差

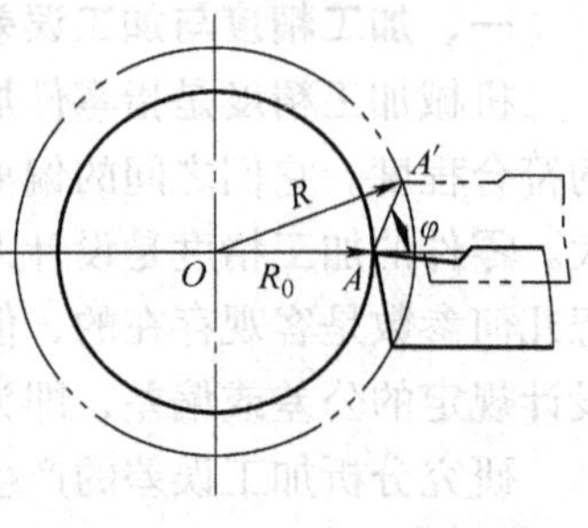

图 4-1　误差的敏感方向

$$\Delta R = \overline{OA'} - \overline{OA} = \sqrt{R_0^2 + \delta^2 + 2R_0\delta\cos\phi} - R_0 \approx \delta\cos\phi + \frac{\delta^2}{2R_0}$$

可以看出，当原始误差的方向恰为加工表面的法向方向（$\phi = 0°$）时，引起的加工误差最大（$\Delta R_{\phi=0°} = \delta$）；当原始误差的方向恰为加工表面的切线方向（$\phi = 90°$）时，引起的加工误差最小$\left(\Delta R_{\phi=90°} = \dfrac{\delta^2}{2R_0}\right)$，一般可以忽略不计。为了便于分析原始误差对加工精度的影响程度，把对加工精度影响最大的那个方向（即通过切削刃的加工表面的法向）称为误差的敏感方向，对加工精度影响最小的那个方向（即通过切削刃的加工表面的切向）则称为误差不敏感方向。

四、研究加工精度的方法

研究加工精度的方法有两种：

（1）单因素分析法　为简单起见，研究某一确定因素对加工精度的影响时，一般不考虑其他因素对加工精度的影响，通过分析计算或测试、试验，得出该因素与加工误差间的关系。

（2）统计分析法　以生产中一批工件的实测结果为基础，运用数理统计方法进行数据处理，用以控制工艺过程的正常进行。当发生质量问题时，可以从中判断误差的性质，找出

误差出现的规律，以帮助解决有关的加工精度问题。统计分析法只适用于批量生产。

在实际生产中，这两种方法常常结合起来应用。一般先用统计分析法寻找误差的出现规律，初步判断可能产生加工误差的原因，然后运用单因素分析法进行分析、试验，以便迅速、有效地找出影响加工精度的主要原因。本章将分别对它们进行讨论。

第二节 工艺系统的几何误差

一、加工原理误差

加工原理误差是指采用了近似的成形运动或近似的切削刃轮廓进行加工而产生的误差。例如车削模数蜗杆时，由于蜗杆的螺距等于蜗轮的齿距（即 πm，其中 m 是模数，而 π 是一个无理数 3.14159…），但是车床配换齿轮的齿数是有限的。因此，在选择配换齿轮时，只能将 π 化为近似的分数值计算，这样就会引起刀具相对工件的成形运动（螺旋运动）不准确，造成螺距误差。但是，这种螺距误差可通过配换齿轮的合理选配而减小。又如，滚齿加工用的齿轮滚刀有两种误差：一是切削刃齿廓近似造形误差，由于制造上的困难，采用阿基米德基本蜗杆或法向直廓基本蜗杆代替渐开线基本蜗杆；二是由于滚刀刀齿数有限，实际上加工出的齿形是一条折线，和理论上的光滑渐开线有差异，这些都会产生加工原理误差。再如，模数铣刀成形铣削齿轮也采用近似切削刃齿廓，同样产生加工原理误差。

采用近似的成形运动或近似的切削刃轮廓，虽然会带来加工原理误差，但往往可简化机床或刀具的结构，有时反而能得到较高的加工精度。因此，只要其误差不超过规定的精度要求，在生产中仍能得到广泛的应用。

二、机床的几何误差

机床的制造误差、安装误差以及使用中的磨损，都直接影响工件的加工精度。其中主要是机床主轴回转运动、机床导轨直线运动和机床传动链的误差。

（一）机床主轴回转运动误差

1. 主轴回转运动误差的概念与形式

机床主轴回转运动误差直接影响被加工工件的加工精度，尤其是在精加工时，机床主轴回转运动误差往往是影响工件圆度误差的主要因素，如坐标镗床、精密车床和精密磨床，都要求主轴有较高的回转精度。

主轴回转运动误差是指主轴实际回转轴线对理想回转轴线的变动量，而理想回转轴线是基准主轴的轴线，是直线。检验时，要先调整好机床安装水平，以卧式车床为例，是调整置于导轨上的床鞍完成的。因而，理想轴线就是调整好机床的坐标轴线。

主轴的回转运动误差可分解为端面圆跳动、径向圆跳动、角度摆动三种基本形式，如图 4-2 所示。

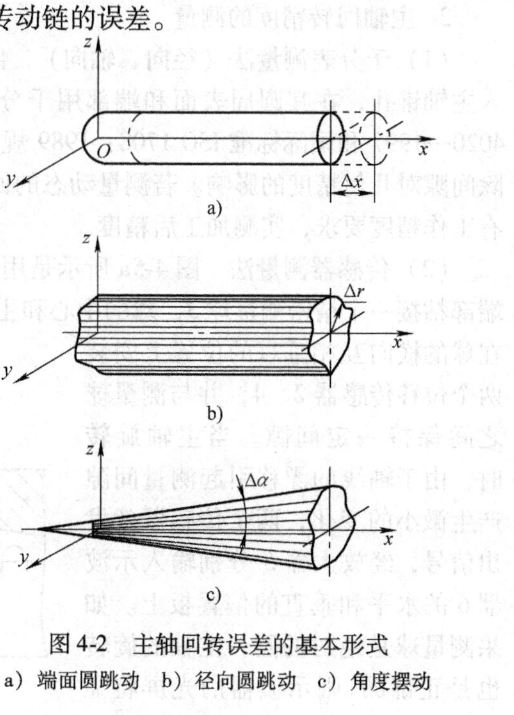

图 4-2 主轴回转误差的基本形式
a）端面圆跳动 b）径向圆跳动 c）角度摆动

端面圆跳动——实际回转轴线沿坐标回转轴线方向的轴向运动，如图4-2a所示。它主要影响端面形状和轴向尺寸精度。

径向圆跳动——实际回转轴线始终平行于坐标回转轴线方向的径向运动，如图4-2b所示。它主要影响圆柱面的精度。

角度摆动——实际回转轴线与坐标回转轴线成一倾斜角度，但其交点位置固定不变的运动，如图4-2c所示。在不同横截面内，轴心运动误差轨迹相似，它影响圆柱面与端面加工精度。

上述是指单纯的主轴回转运动误差，实际中常是上述几种运动的合成运动。

2. 主轴回转运动误差的影响因素

影响主轴回转运动误差的主要因素是主轴的误差、轴承的误差、轴承的间隙、与轴承配合零件的误差及主轴系统的径向不等刚度和热变形等。对于不同类型的机床，其影响因素也各不相同。如对工件回转类机床（如车床、外圆磨床），因切削力的方向不变，主轴回转时作用在支承上的作用力方向也不变化。此时，主轴的支承轴颈的圆度误差影响较大，而轴承孔圆度误差影响较小，如图4-3a所示；对于刀具回转类机床（如钻、铣镗床），切削力方向随旋转方向而改变，此时，主轴支承轴颈的圆度误差影响较小，而轴承孔的圆度误差影响较大，图4-3b所示为轴颈回转到不同位置时与轴承孔接触的情况。

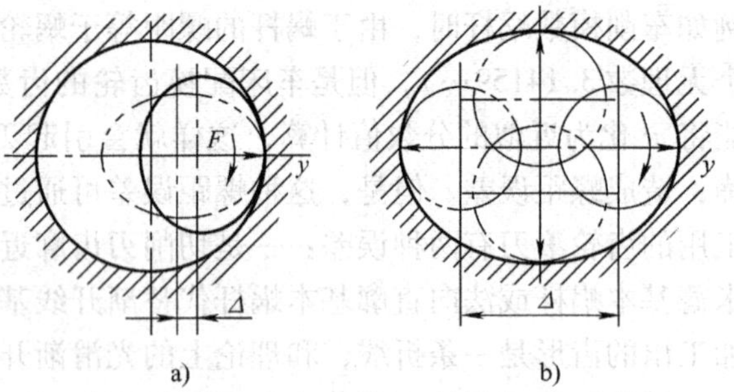

图4-3　两类主轴回转误差的影响
a）工件回转类机床　b）刀具回转类机床

3. 主轴回转精度的测量

（1）千分表测量法（径向、轴向）　生产现场常用的方法是心棒检测法：将精密心棒插入主轴锥孔，在其圆周表面和端部用千分表测量，如图4-4所示。此法是国家标准GB/T 4020—1997和国际标准ISO 1708：1989规定的测量方法，要求测量前主轴先空转升温，消除间隙对几何精度的影响。若测量动态的回转精度，则要考虑力和转速的因素，国家标准中有工作精度要求，实测加工后精度。

（2）传感器测量法　图4-5a所示是用于测量铣镗类机床主轴回转精度的装置，在主轴端部粘接一个精密测量球3，球的中心和主轴回转轴线略有偏心e（由摆动盘1进行调整），在球的横向互相垂直的位置上安装两个位移传感器2、4，并与测量球之间保持一定间隙。当主轴旋转时，由于轴线的漂移引起测量间隙产生微小的变化，两个传感器就发出信号，经放大器5分别输入示波器6的水平和垂直的偏置板上。如果测量球是绝对的圆，主轴的旋转也是正确的，则示波器的光屏将显

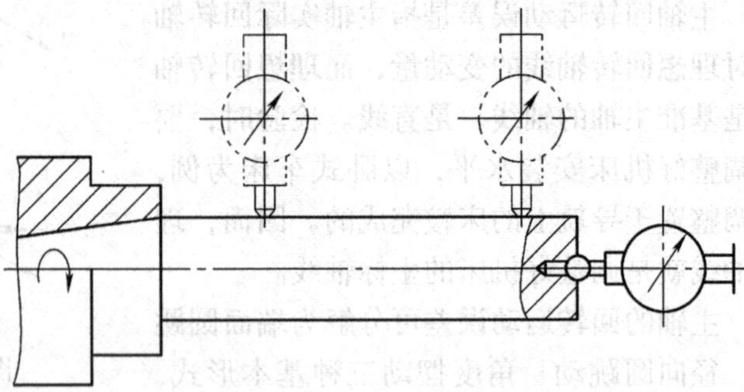

图4-4　主轴回转精度的千分表测量法

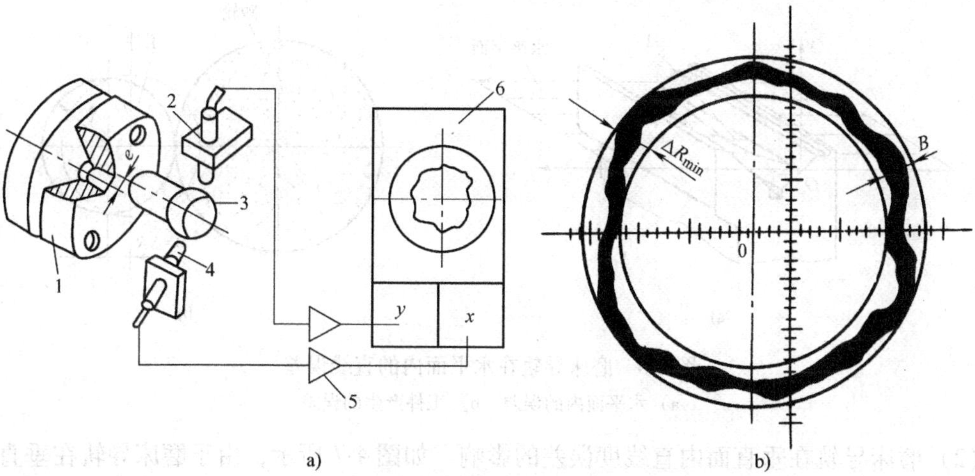

图 4-5 铣镗床类主轴回转精度测量法

a）主轴回转精度测量装置 b）描绘的图形

1—摆动盘 2、4—传感器 3—精密测量球 5—放大器 6—示波器

出一个以测量球偏心 e 为半径的真圆。若主轴的旋转存在着径向圆跳动，则传感器输出的信号中，将其跳动量叠加到球心所作的圆周运动上。此时，示波器光屏上的光点将描绘出一个非圆的李沙育图形，如图 4-5b 所示，它是由不重合的每转回转误差曲线叠加而成。包容该图形的两个同心圆的最小半径差 ΔR_{min}，即为主轴回转轴线径向圆跳动，它影响加工工件的圆度误差。图形轮廓线宽度 B 表示随机径向圆跳动，它影响工件的表面粗糙度。

由于测量时示波器光屏上的光点是随主轴回转而描绘出的图形，直接反映了镗刀刀尖的轨迹，因而这种方法能反映工作转速下镗床主轴的回转精度，但仍是几何精度内容。

4. 提高主轴回转精度的措施

（1）提高主轴部件的制造精度 首先应提高轴承的回转精度，如选用高精度的滚动轴承，或采用高精度的多油楔动压轴承和静压轴承；其次是提高箱体支承孔、主轴轴颈和与轴承相配合表面的加工精度。

（2）对滚动轴承进行预紧 对滚动轴承适当预紧以消除间隙，甚至产生微量过盈。由于轴承内圈、外圈和滚动体弹性变形的相互制约，既增加了轴承刚度，又对轴承内、外圈滚道和滚动体的误差起均化作用，因而可提高主轴的回转精度。

此外，可采取措施使主轴的回转精度不反映到工件上去，常采用两个固定顶尖支承，主轴只起传动作用。工件的回转精度完全取决于顶尖和中心孔的形状误差和同轴度误差，而提高顶尖和中心孔的精度要比提高主轴部件的精度容易且经济得多。例如，外圆磨床磨削外圆柱面时，就采用固定顶尖支承。

（二）机床导轨直线运动误差

机床导轨副是实现直线运动的主要部件，其制造和装配精度是影响直线运动的主要因素，直接影响工件的加工质量。

（1）磨床导轨在水平面内直线度误差的影响 如图 4-6 所示，导轨在 x 方向存在误差 Δ，磨削外圆时工件沿砂轮法线方向产生位移。引起工件在半径方向上的误差 $\Delta R=\Delta$。当磨削长外圆时，造成圆柱度误差。

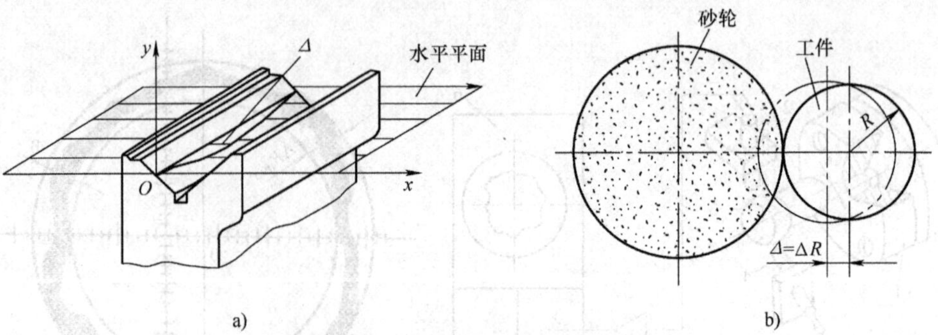

图 4-6 磨床导轨在水平面内的直线误差

a）水平面内的误差 b）工件产生的误差

（2）磨床导轨在垂直面内直线度误差的影响 如图 4-7 所示，由于磨床导轨在垂直面内存在误差 Δ，磨削外圆时，工件沿砂轮切线方向产生位移（误差非敏感方向），此时工件产生圆柱度误差，$\Delta R \approx \Delta^2/2R$，其值甚小（$\Delta R$ 为半径尺寸误差）。但对平面磨床、龙门刨床、铣床等法向方向的位移（误差敏感方向），将直接反映被加工件的表面形成的形状误差。

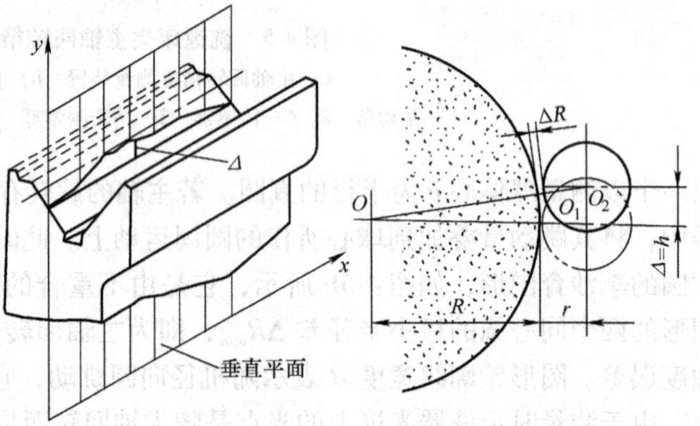

图 4-7 磨床导轨在垂直面内的直线误差

（3）导轨面间平行度误差的影响 如车床两导轨的平行度误差（扭曲）使床鞍产生横向倾斜，刀具产生位移，因而引起工件形状误差，如图 4-8 所示。由几何关系可知

$$\Delta y = \frac{H\Delta}{B}$$

式中 Δy——工件产生的半径误差；

H——主轴至导轨面的距离；

Δ——导轨在垂直方向的最大平行度误差；

B——导轨宽度。

机床的安装对导轨的原有精度影响也很大，尤其是刚性较差的长床身，在自重的作用下容易产生变形，因此，安装地基和安装方法如何，都将直接影响导轨的变形，从而使工件产生加工误差。

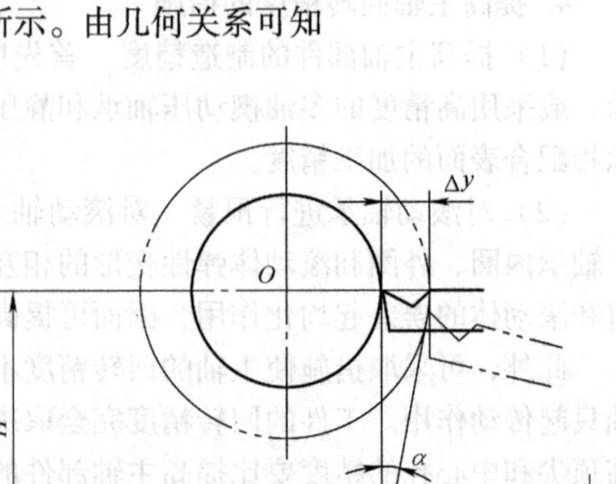

图 4-8 车床导轨面间的平行度误差

（三）机床传动链传动误差

1. 传动链传动误差的概念

在螺纹加工或用展成法加工齿轮等工件时，必须保证工件与刀具间有严格的运动关

系。例如，在滚齿机上用单头滚刀加工直齿轮时，要求滚刀与工件之间具有严格的运动关系，整体上即：滚刀转一转，工件转过一个齿。这种运动关系是由刀具与工件间的传动链来保证的。对于图 4-9 所示机床传动系统，可具体表示为

$$\phi_{\mathrm{n}}(\phi_{\mathrm{g}})=\phi_{\mathrm{d}}\times\frac{64}{16}\times\frac{23}{23}\times\frac{23}{23}\times\frac{46}{46}i_{\mathrm{c}}i_{\mathrm{f}}\times\frac{1}{96}$$

式中 $\phi_{\mathrm{n}}(\phi_{\mathrm{g}})$——工件转角；

ϕ_{d}——滚刀转角；

i_{c}——差动轮系的传动比，在滚切直齿时，$i_{\mathrm{c}}=1$；

i_{f}——分度交换轮传动比。

传动链中的各传动元件，如齿轮、蜗轮、蜗杆等，因有制造误差（主要是影响运动精度的误差）、装配误差（主要是装配偏心）和磨损而破坏准确的运动关系，使工件产生误差。

所谓传动链的传动误差，是指内联系的传动链中首末两端传动元件之间相对运动的误差。它是按展成原理加工工件（如螺纹、齿轮、蜗轮以及其他零件）时影响加工精度的主要因素。

2. 传动链传动误差的传递系数

传动链传动误差一般可用传动链末端元件的转角误差来衡量。由于各传动件在传动链中所处的位置不同，它们对工件加工精度（即末端件的转角误差）的影响程度是不同的。例如，传动链是升速传动，则传动元件的转角误差将被扩大；反之，则转角误差将被缩小。假设滚刀轴均匀旋转，若具体 z_1 有转角误差 $\Delta\phi_1$，而其他各传动件无误差，则传到末端件（也即第 n 个传动元件）上所产生的转角误差 $\Delta\phi_{1n}$为

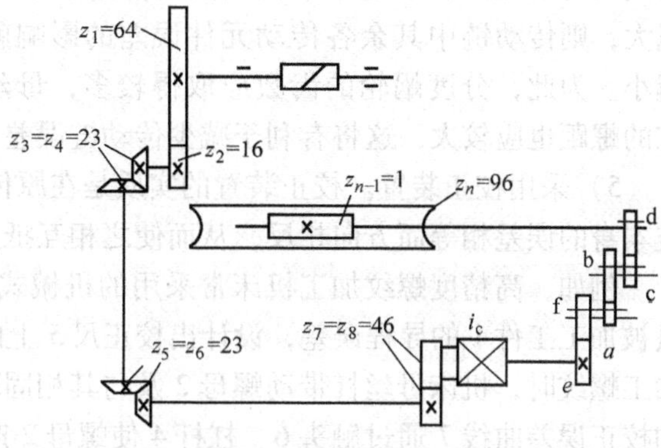

图 4-9 滚齿机传动链图

$$\phi_{1n}=\Delta\phi_1\times\frac{64}{16}\times\frac{23}{23}\times\frac{23}{23}\times\frac{46}{16}i_{\mathrm{c}}i_{\mathrm{f}}\times\frac{1}{96}=k_1\Delta\phi_1$$

式中，k_1 为 z_1 到末端的传动比。由于它反映了 z_1 的转角误差对末端元件传动精度的影响，故又称之为误差传递系数。

同样，对于分度蜗轮有

$$\Delta\phi_{nn}=\Delta\phi_n\times1=k_n\Delta\phi_n$$

式中，k_1、k_n 即 k_j（$j=1$，2，…，n）为第 j 个传动件的误差传递系数。

由于所有的传动件都存在误差，因此，各传动件对工件精度影响的总和 $\Delta\phi_\Sigma$ 为各传动元件所引起末端元件转角误差的叠加，即

$$\Delta\phi_\Sigma=\sum_{j=1}^{n}\Delta\phi_j=\sum_{j=1}^{n}k_j\Delta\phi_j \tag{4-1}$$

如果考虑到传动链中各传动元件的转角误差都是独立的随机变量，则传动链末端元件的总转角误差可用概率法进行估算，即

$$\Delta\phi_\Sigma=\sqrt{\sum_{j=1}^{n}k_j^2\phi_j^2} \tag{4-2}$$

3. 减少传动链传动误差的措施

1）尽可能缩短传动链（减少传动元件数量）。例如，图4-10所示是一台大批生产中应用的螺纹磨床的传动系统，机床用可换的母丝杠与被加工工件在同一轴线上串联起来，母丝杠螺距等于工件螺距，传动链最短，就可得到较高的传动精度。

2）减少各传动元件装配时的几何偏心，提高装配精度。

3）提高传动链末端元件的制造精度。在一般的降速传动链中，末端元件的误差影响最大，故末端元件（如滚齿机的分度蜗轮、螺纹加工机床的母丝杠等）的精度就应最高。

4）在传动链中按降速比递增的原则分配各传动副的传动比。传动链末端传动副的降速比取得越大，则传动链中其余各传动元件误差的影响就越小。为此，分度蜗轮的齿数应取得较多，母丝杠的螺距也应较大，这将有利于减少传动链误差。

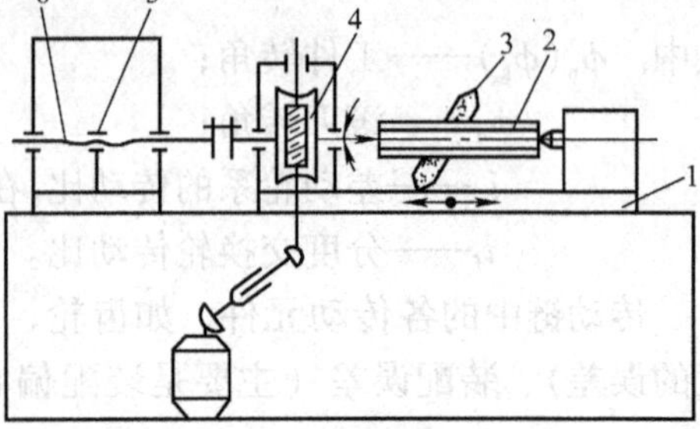

图4-10　精密螺纹磨床传动系统

1—工作台　2—工件　3—砂轮　4—蜗杆副　5—螺母　6—母丝杠

5）采用校正装置。校正装置的实质是在原传动链中人为地加入一误差，其大小与传动链本身的误差相等而方向相反，从而使之相互抵消。

例如，高精度螺纹加工机床常采用的机械式校正机构，其原理如图4-11所示。根据测量被加工工件1的导程误差，设计出校正尺5上的校正曲线7。校正尺5固定在机床床身上。加工螺纹时，机床母丝杠带动螺母2及与其相固联的刀架和杠杆4移动。同时，校正尺5上的校正误差曲线7通过触头6、杠杆4使螺母2产生一附加转动，从而使刀架得到一附加位移，以补偿传动误差。

采用机械式的校正装置只能校正机床静态的传动误差。如果要校正机床静态及动态传动误差，则需采用计算机控制的传动误差补偿装置。

三、其他几何误差

1. 刀具误差

机械加工中常用的刀具有：一般刀具、定尺寸刀具和成形刀具。

一般刀具（如普通车刀、单刃镗刀和平面铣刀等）的制造误差，对加工精度没有直接影响。

定尺寸刀具（如钻头、铰刀、拉刀等）的尺寸误差直接影响加工工件的尺寸精度。刀具在安装使用中不当将产生跳动，也将影响加工精度。

成形刀具（如成形车刀、成形铣刀及齿轮刀具等）的制造误差和磨损，主要影响被加工表面的形状精度。

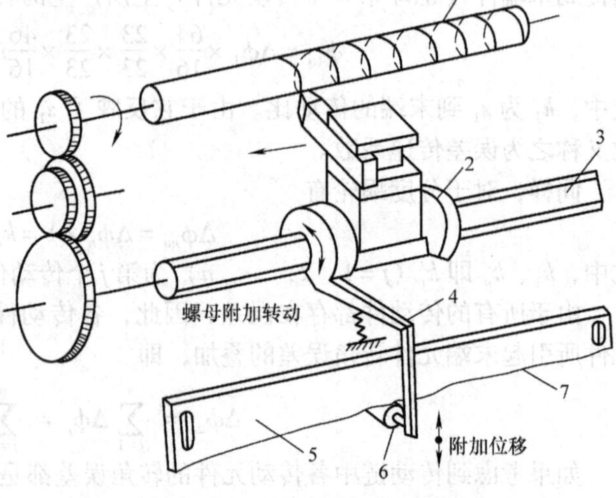

图4-11　丝杠加工误差校正装置

1—工件　2—螺母　3—母丝杠　4—杠杆　5—校正尺　6—触头　7—校正误差曲线

2. 工件的装夹（定位、夹紧）误差与夹具误差

定位误差已在第二章中详细介绍；夹紧是保持定位后工件位置不变，主要考虑夹紧点位置、夹紧力方向问题，将在下一节受力变形中介绍。夹具误差和其在长期使用过程中工作表面的磨损，也直接影响工件的加工精度。

3. 测量误差

工件在加工过程中要用各种量具、量仪等进行检验测量，再根据测量结果对工件进行试切或调整机床。量具本身的制造误差、测量时的接触力、温度、目测准确程度等，都直接影响加工误差。因此，要正确地选择和使用量具，以保证测量精度。

4. 调整误差

在机械加工的每一工序中，总是要对工艺系统进行这样或那样的调整工作。由于调整不可能绝对准确，因而产生调整误差。

工艺系统的调整有如下两种基本方式。不同的调整方式有不同的误差来源。

（1）试切法调整　单件小批生产中，通常采用试切法调整。方法是：对工件进行试切——测量——调整——再试切，直至达到要求的精度为止。这时，引起调整误差的因素是：

1）测量误差。由于量具本身精度、测量方法不同及使用条件的差别（如温度、操作者的细心程度等），它们都影响测量精度，因而产生加工的误差。

2）进给机构的位移误差。在试切中，总是要微量调整刀具的位置。在低速微量进给中，常会出现进给机构的“爬行”现象，其结果使刀具的实际位移与刻度盘上的数值不一致，造成加工误差。

3）试切时与正式切削时切削层厚度不同的影响。精加工时，试切的最后一刀往往很薄，切削刃只起挤压作用而不起切削作用，但正式切削时的背吃刀量较大，切削刃不打滑，就会多切工件。因此，工件尺寸就与试切时不同，形成工件的尺寸误差。

（2）调整法调整　采用调整法对工艺系统进行调整时，也要以试切为依据。因此，上述影响试切法调整精度的因素，同样对调整法也有影响。此外，影响调整精度的因素还有：用定程机构调整时，调整精度取决于行程挡块、靠模及凸轮等机构的制造精度和刚度，以及与其配合使用的离合器、控制阀等的灵敏度；用样件或样板调整时，调整精度取决于样件或样板的制造、安装和对刀精度；工艺系统初调好以后，一般要试切几个工件，并以其平均尺寸作为判断调整是否准确的依据。由于试切加工的工件数（称为抽样件数）不可能太多，不能完全反映整批工件切削过程中的各种随机误差，故试切加工几个工件的平均尺寸与总体尺寸不能完全符合，也造成加工误差。

第三节　工艺系统的受力变形

一、基本概念

由机床、夹具、刀具和工件组成的工艺系统，在切削力、传动力、惯性力、夹紧力以及重力等的作用下，将产生相应的变形。这种变形将破坏切削刃和工件之间已调整好的正确的位置关系，从而产生加工误差。例如，车削细长轴时，工件在切削力作用下的弯曲变形，加工后会产生鼓形的圆柱度误差，如图 4-12a 所示。又如，在内圆磨床上用横向切入磨孔时，磨出的孔会产生带有锥度的圆柱度误差，如图 4-12b 所示。

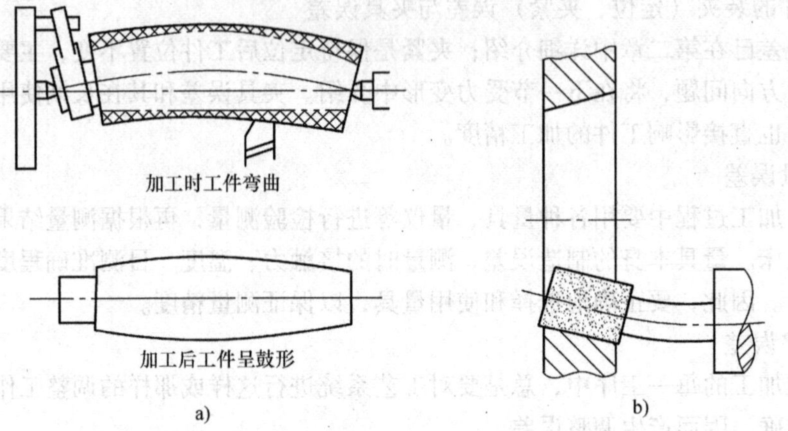

图4-12　工艺系统受力变形引起的加工误差
a）工件变形　b）砂轮轴变形

从材料力学知道，任何一个受力物体总要产生一些变形。作用力 F（静载）与由它所引起的在作用力方向上产生的变形量 y 的比值，称为物体的静刚度 k（简称刚度）。

$$k=\frac{F}{y}$$

式中　k——静刚度（N/mm）；

F——作用力（N）；

y——沿作用力 F 方向的变形量（mm）。

工艺系统刚度：切削加工中，在各种外力作用下，工艺系统各部分将在各个受力方向产生相应的变形。对于工艺系统受力变形，主要研究误差敏感方向。因此，工艺系统刚度 k_{xt} 定义为：工件和刀具的法向切削分力 F_y 与在总切削力的作用下，工艺系统在该方向上的相对位移 y_{xt} 的比值，即 $k_{xt}=\frac{F_y}{y_{xt}}$。由于法向位移是在总切削力作用下工艺系统综合变形的结果，因此有可能出现变形方向与 F_y 的方向不一致的情况。当 F_y 与 y_{xt} 方向相反时，即出现负刚度。负刚度现象对保证加工质量是不利的，应尽量避免，如图4-13所示。

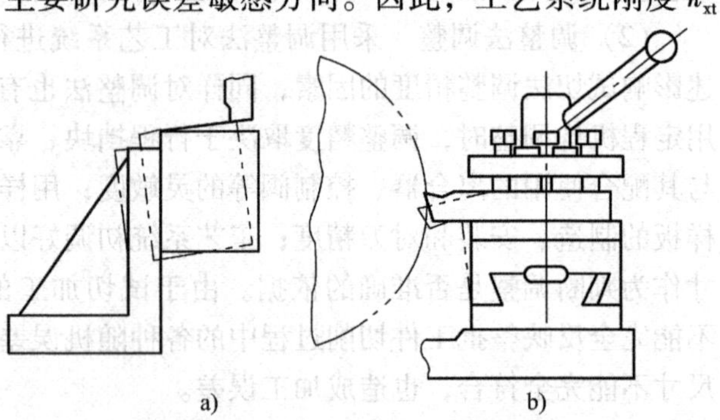

图4-13　工艺系统的负刚度现象
a）刨削　b）车削

工艺系统的总变形量应是

$$y_{xt}=y_{jc}+y_{dj}+y_{jj}+y_{g}$$

而
$$k_{xt}=\frac{F_y}{y_{xt}},\ k_{jc}=\frac{F_y}{y_{jc}},\ k_{jj}=\frac{F_y}{y_{jj}},\ k_{dj}=\frac{F_y}{y_{dj}},\ k_{g}=\frac{F_y}{y_{g}}$$

式中　y_{xt}——工艺系统总的变形量（mm）；

k_{xt}——工艺系统总的刚度（N/mm）；

y_{jc}——机床变形量（mm）；

k_{jc}——机床刚度（N/mm）；

y_{jj}——夹具变形量（mm）；

k_{jj}——夹具刚度（N/mm）；

y_{dj}——刀架变形量（mm）；

k_{dj}——刀架刚度（N/mm）；

y_g——工件变形量（mm）；

k_g——工件刚度（N/mm）。

所以工艺系统刚度计算的一般式为

$$k_{xt}=\frac{1}{\frac{1}{k_{jc}}+\frac{1}{k_{jj}}+\frac{1}{k_{dj}}+\frac{1}{k_g}}$$

因此，已知工艺系统的各个组成部分刚度，即可求出系统刚度。

用刚度一般式求解某一系统刚度时，应针对具体情况进行具体分析。例如，外圆车削时，车刀本身在切削力作用下的变形对加工误差的影响很小，可略去不计；再如，镗孔时，镗杆的受力变形严重地影响着加工精度，而工件（如箱体零件）的刚度一般较大，其受力变形很小，可忽略不计。

二、工艺系统受力变形对加工精度的影响

1. 受力点位置变化引起的形状误差

1）在车床顶尖间车削粗而短的光轴，如图4-14a所示。由于车刀和工件变形极小，故可忽略不计。此时，工艺系统的总变形完全取决于主轴箱、尾座（包括顶尖）和刀架的变形。

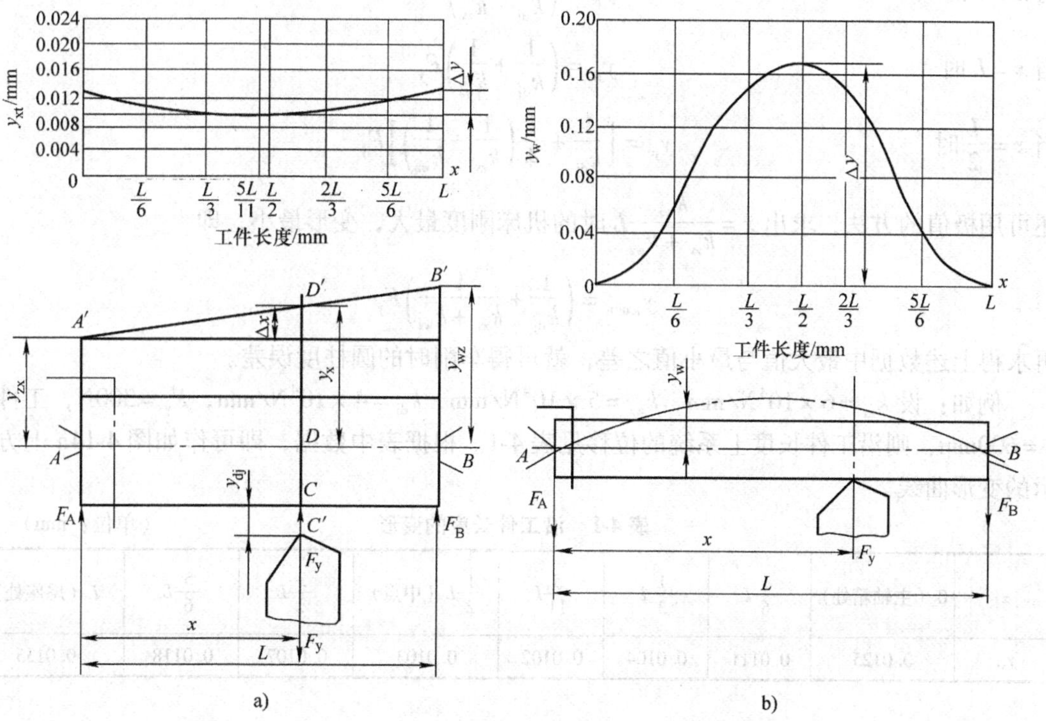

图4-14　工艺系统变形随受力点变化而变化

a）车短轴　b）车细长轴

当加工中车刀处于图示位置时，在切削分力 F_y 的作用下，主轴箱由 A 点位移到 A'，尾座由 B 点位移到 B'，刀架由 C 点位移到 C'，它们的位移量分别用 y_{zx}、y_{wz} 及 y_{dj} 表示。而工件轴线 AB 位移到 $A'B'$，刀具切削点处工件轴线的位移 y_x 为

$$y_x = y_{zx} + \Delta x$$

即

$$y_x = y_{zx} + (y_{wz} - y_{zx})\frac{x}{L} \tag{4-3}$$

设 F_A、F_B 为 F_y 所引起的主轴箱、尾座处的作用力，则

$$y_{zx} = \frac{F_A}{k_{zx}} = \frac{F_y}{k_{zx}}\left(\frac{L-x}{L}\right) \tag{4-4}$$

$$y_{wz} = \frac{F_B}{k_{wz}} = \frac{F_y}{k_{wz}}\frac{x}{L} \tag{4-5}$$

将式（4-4）和式（4-5）代入式（4-3）得

$$y_x = \frac{F_y}{k_{zx}}\left(\frac{L-x}{L}\right)^2 + \frac{F_y}{k_{wz}}\left(\frac{x}{L}\right)^2$$

工艺系统的总位移为

$$y_{xt} = y_x + y_{dj} = F_y\left[\frac{1}{k_{dj}} + \frac{1}{k_{zx}}\left(\frac{L-x}{L}\right)^2 + \frac{1}{k_{wz}}\left(\frac{x}{L}\right)^2\right] \tag{4-6}$$

由式（4-6）看出工艺系统刚度是随受力点位置“x”变化而变化。当按上述条件车削时，工艺系统刚度实为机床刚度。

当 $x=0$ 时
$$y_{jc} = \left(\frac{1}{k_{dj}} + \frac{1}{k_{zx}}\right)F_y$$

当 $x=L$ 时
$$y_{jc} = \left(\frac{1}{k_{dj}} + \frac{1}{k_{wz}}\right)F_y$$

当 $x=\frac{L}{2}$ 时
$$y_{jc} = \left[\frac{1}{k_{dj}} + \frac{1}{4}\left(\frac{1}{k_{zx}} + \frac{1}{k_{wz}}\right)\right]F_y$$

还可用极值的方法，求出 $x=\frac{k_{wz}}{k_{zx}+k_{wz}}L$ 时的机床刚度最大，变形最小，即

$$y_{jcmin} = \left(\frac{1}{k_{dj}} + \frac{1}{k_{zx}+k_{wz}}\right)F_y$$

再求得上述数据中最大值与最小值之差，就可得车削时的圆柱度误差。

例如：设 $k_{zx}=6\times10^4\text{N/mm}$，$k_{wz}=5\times10^4\text{N/mm}$，$k_{dj}=4\times10^4\text{N/mm}$，$F_y=300\text{N}$，工件长 $L=600\text{mm}$，则沿工件长度上系统的位移见表 4-1。根据表中数据，即可作如图 4-14a 上方所示的变形曲线。

表 4-1 沿工件长度的变形 （单位：mm）

x	0（主轴箱处）	$\frac{1}{6}L$	$\frac{1}{3}L$	$\frac{5}{11}L$	$\frac{1}{2}L$（中点）	$\frac{2}{3}L$	$\frac{5}{6}L$	L（尾座处）
y_{xt}	0.0125	0.0111	0.0104	0.0102	0.0103	0.0107	0.0118	0.0135

故工件的圆柱度误差为 $(0.0135-0.0102)\text{mm}=0.0033\text{mm}$。

2）在两顶尖间车削细长轴，如图 4-14b 所示。由于工件细长、刚度小，在切削力作用

下，其变形大大超过机床、夹具和刀具所产生的变形。因此，机床、夹具和刀具的受力变形可略去不计，工艺系统的变形完全取决于工件的变形。加工中车刀处于图示位置时，工件的轴线产生弯曲变形。根据材料力学的计算公式，其切削点的变形量为

$$y_w=\frac{F_y}{3EI}\frac{(L-x)^2x^2}{L}$$

例如：设 $F_y=300\mathrm{N}$，工件尺寸为 $\phi30\mathrm{mm}\times600\mathrm{mm}$，$E=2\times10^5\mathrm{N/mm^2}$，则沿工件长度上的变形见表 4-2。根据表中数据，即可作出如图 4-14b 上方所示的变形曲线。

表 4-2 沿工件长度的变形 （单位：mm）

x	0（主轴箱处）	$\frac{1}{6}L$	$\frac{1}{3}L$	$\frac{1}{2}L$（工件中点）	$\frac{2}{3}L$	$\frac{5}{6}L$	L（尾座处）
y_{xt}	0	0.052	0.132	0.17	0.132	0.052	0

故工件的圆柱度误差为(0.17－0)mm＝0.17mm。

工艺系统刚度随受力点位置变化而异的例子很多，例如立式车床、龙门刨床、龙门铣床等的横梁及刀架，大型铣镗床滑枕内的轴等，其刚度均随刀架位置或滑枕伸出长度不同而异（见图 4-15），其分析方法基本上与上述例子一样。

2. 误差复映规律

在车床上加工短轴，工艺系统刚度变化不大，可近似地作为常数。这时，由于被加工表面的形状误差或材料硬度不均匀而引起切削力变化，使受力变形不一致而产生加工误差。

以车削为例，如图 4-16 所示。工件由于毛坯的圆度误差（例如椭圆），车削时使背吃刀量在 $a_{p1}\sim a_{p2}$ 之间变化。因此，切削分力 F_y 也随背吃刀量 a_p 的变化由最大（F_{ymax}）变到最小（F_{ymin}）。工艺系统将产生相应的变形，即由 y_1 变到 y_2（刀尖相对工件在法线方向的位移变化），工件就形成圆度误差，这种现象称为“误差复映”。

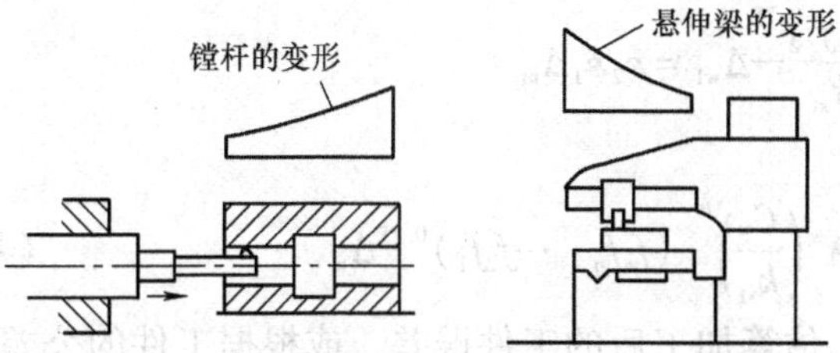

图 4-15 工艺系统随受力点位置变化而变形的情况

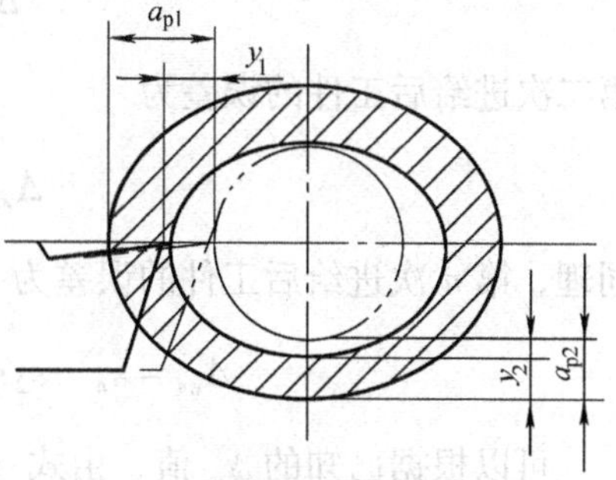

图 4-16 零件形状误差的复映

误差复映的大小可用刚度计算公式求得

毛坯圆度的最大误差

$$\Delta_m=a_{p1}-a_{p2} \tag{4-7}$$

车削后工件的圆度误差

$$\Delta_w=y_1-y_2 \tag{4-8}$$

而

$$y_1=\frac{F_{ymax}}{k_{xt}},\ y_2=\frac{F_{ymin}}{k_{xt}}$$

又 $$F_y = \lambda C_F f^{0.75}(a_p - y) = A(a_p - y)$$

式中 A——径向切削力系数；

λ——系数，$\lambda = \dfrac{F_y}{F_z}$，一般取0.4；

C_F——与工件材料和刀具角度有关的系数，可从有关手册查得；

f——进给量（mm/r）。

所以
$$y_1 = \frac{A(a_{p1} - y_1)}{k_{xt}} \approx \frac{A}{k_{xt}} a_{p1} \tag{4-9}$$

$$y_2 = \frac{A(a_{p2} - y_2)}{k_{xt}} \approx \frac{A}{k_{xt}} a_{p2} \tag{4-10}$$

将式(4-9) 和式 (4-10) 代入式 (4-8) 得

$$\Delta_w = y_1 - y_2 = \frac{A}{k_{xt}}(a_{p1} - a_{p2})$$

令
$$\varepsilon = \frac{\Delta_w}{\Delta_m} = \frac{A}{k_{xt}}$$

式中 ε——误差复映系数。

误差复映系数ε定量地反映了毛坯误差经过加工后减少的程度，它与工艺系统刚度成反比，与径向切削力系数A成正比。要减少工件的复映误差，可增加工艺系统刚度或减少径向切削力系数（例如，用主偏角κ_r接近90°的车刀、减少进给量f等）。

当毛坯误差较大，一次进给不能满足加工精度要求时，需要多次进给来消除Δ_m复映到工件上的误差。设第一次进给量为f_1，毛坯误差为Δ_m，则由上式ε得到第一次进给后工件的误差为

$$\Delta_{w1} = \frac{\lambda C_F f_1^{0.75}}{k_{xt}} \Delta_m = \varepsilon_1 \Delta_m$$

第二次进给后工件的误差为

$$\Delta_{w2} = \frac{\lambda C_F f_2^{0.75}}{k_{xt}} \Delta_{w1} = \varepsilon_2 \varepsilon_1 \Delta_m$$

同理，第n次进给后工件的误差为

$$\Delta_{wn} = \varepsilon_n \cdots \varepsilon_2 \varepsilon_1 \Delta_m = \lambda^n \left(\frac{C_F}{k_{xt}}\right)^n (f_n f_{n-1} \cdots f_2 f_1)^{0.75} \Delta_m \tag{4-11}$$

可以根据已知的Δ_m值，由式（4-11）估算加工后的工件误差，或根据工件的公差值与毛坯误差值来确定加工次数。由于ε总是小于1，而且是一个远远小于1的系数，小数相乘更小。因此，一般公差等级为IT7的工件经过2～3次进给后，可能使Δ_m复映到工件上的误差减小到公差允许值的范围内。

3. 其他力引起的加工误差

（1）夹紧力引起的加工误差　被加工工件在装夹过程中，由于刚度较低或着力点不当，都会引起工件的变形，造成加工误差。特别是薄壁套、薄板等零件，易于产生加工误差。

（2）重力引起的加工误差　在工艺系统中，由于零部件的自重也会产生变形。如龙门铣床、龙门刨床刀架横梁的变形，铣镗床镗杆伸长而下垂变形等，都会造成加工误差。

（3）惯性力引起的加工误差　在高速切削时，如果工艺系统中有不平衡的高速旋转的

构件存在，就会产生离心力。离心力在工件的每一转中不断变更方向，当不平衡质量的离心力大于切削力时，车床主轴轴颈和轴套内孔表面的接触点就会不停地变化，轴套孔的圆度误差将传给工件的回转轴心。

三、机床刚度测定

由于机床是由许多零件组成的，其受力变形的情况比单个弹性体的变形复杂。因此，目前一般采用试验的方法测定机床的刚度。

1. 单向静载测定法

此法是机床不工作状态下，模拟切削时的主要作用力，对机床部件施加静载荷并测定其变形量，通过计算求出机床的静刚度。如图 4-17 所示，在车床顶尖间装一根刚性很大的短轴 2，在刀架上装一个螺旋加力器 5，其间装上测力环 4。当转动加力器的螺钉时，刀架与轴之间便产生作用力，力的大小由测力环中的百分表 7 读出（测力环预先在材力试验机上标定）。若螺旋加力器位于轴的中点，则主轴箱与尾座各受到 $F_y/2$，而刀架受到总的作用力 F_y。主轴箱、尾座和刀架的变形量可分别从百分表 1、3 和 6 读出。在试验时，可连续进行加载，再逐渐减小。

图 4-18 所示为一台中心高 200mm 车床的刀架部件刚度实测曲线。试验中进行了三次加载—卸载循环。由图可以看出，机床部件的刚度曲线有以下特点：

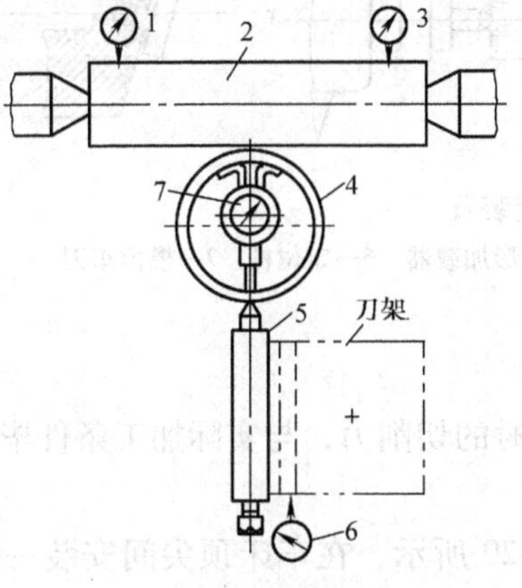

图 4-17　单向静载测定法

1、3、6、7—百分表　2—短轴　4—测力环　5—螺旋加力器

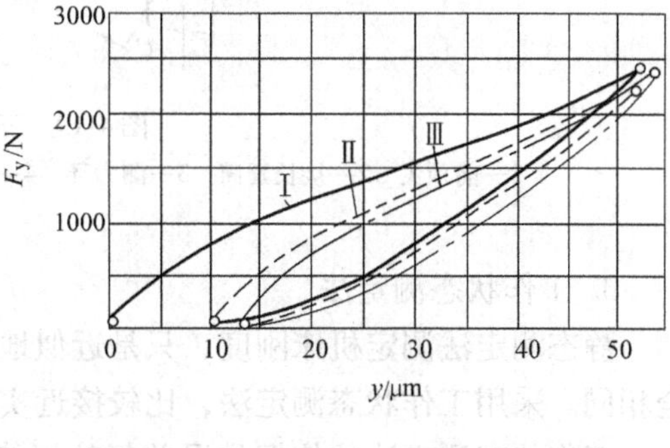

图 4-18　车床刀架的静刚度特性曲线

Ⅰ—一次加载　Ⅱ—二次加载　Ⅲ—三次加载

1）变形量与作用力大小不是线性关系，反映刀架变形不纯粹是弹性变形。

2）加载与卸载曲线不重合，两曲线间包容的面积代表了加载—卸载循环中所损失的能量，也就是消耗在克服部件内零件间的摩擦和接触塑性变形所做的功。

3）卸载后曲线不回到原点，说明有残留变形。在反复加载—卸载后，残留变形逐渐接近于零。

4）部件的实际刚度远比按实体所估算的小。

由于机床部件的刚度曲线不是线性的，其刚度 $k = \mathrm{d}F/\mathrm{d}y$ 就不是常数。通常所说的部件刚度是指它的平均刚度——曲线两端点连线的斜率。对本例，刀架的（平均）刚度是

$$k = (2400/0.52)\,\mathrm{N \cdot mm^{-1}} = 4600\mathrm{N/mm}$$

这种静刚度测定法，结构简单易行，但与机床加工时的受力状况出入较大，故一般只用来比较机床部件刚度的高低。

2. 三向静载测定法

此法进一步模拟实际车削受力 F_x、F_y 及 F_z 的比值，从 x、y 及 z 三个方向加载，这样测定的刚度较接近实际。

图 4-19 所示为三向静载测定装置，在弓形加载器 5 上，每隔 15°有一螺孔。依照实际加工时切削分力 F_x 和 F_y 的比例，把螺杆 4 旋入相应的螺孔。螺杆 4 与模拟车刀 7 之间放置测力环 3；再按照所模拟的 F_z 和 F_y 的比例，将测力装置旋转到相应的位置；然后连续施加载荷并由主轴箱、尾座及刀架上的三个百分表分别测出相应的变形量，绘制出各有关部件的刚度曲线。

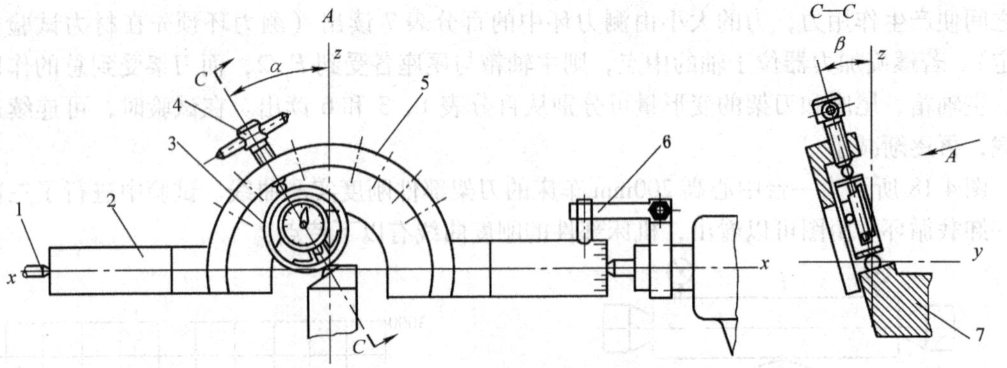

图 4-19　三向静载测定装置

1—前顶尖　2—接长套筒　3—测力环　4—螺杆　5—弓形加载器　6—定位杆　7—模拟车刀

3. 工作状态测定法

静态测定法测定机床刚度，只是近似地模拟切削时的切削力，与实际加工条件毕竟不完全相同。采用工作状态测定法，比较接近实际。

工作状态测定法的依据是误差复映规律。如图 4-20 所示，在车床顶尖间安装一个刚度极大的心轴，心轴靠近前顶尖、后顶尖及中间三处各预先车出三个规定的台阶，各台阶的尺寸分别为 R_{11}、R_{12}、R_{21}、R_{22}、R_{31}、R_{32}。经过一次进给后测量台阶高度分别为 h_{11}、h_{12}、

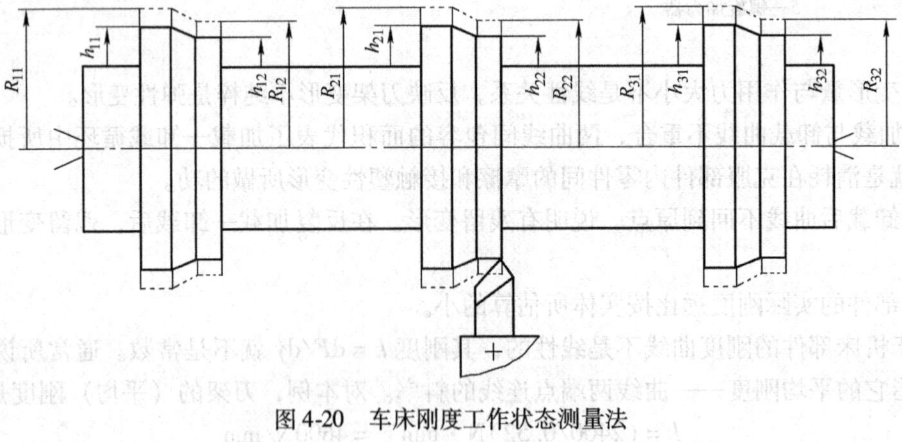

图 4-20　车床刚度工作状态测量法

h_{21}、h_{22}、h_{31}、h_{32}，按下列计算式即可求出左、中、右台阶处的复映系数为

$$\varepsilon_1=\frac{h_{11}-h_{12}}{R_{11}-R_{12}} \quad \varepsilon_2=\frac{h_{21}-h_{22}}{R_{21}-R_{22}} \quad \varepsilon_3=\frac{h_{31}-h_{32}}{R_{31}-R_{32}}$$

三处的系统刚度为

$$k_{xt1}=\frac{A}{\varepsilon_1} \quad k_{xt2}=\frac{A}{\varepsilon_2} \quad k_{xt3}=\frac{A}{\varepsilon_3}$$

由于心轴刚度很大，其变形可忽略，车刀的变形也可忽略，故上面算得的三处系统刚度就是三处的机床刚度。

列出方程组

$$\frac{1}{k_{xt1}}=\frac{1}{k_{dj}}+\frac{1}{k_{zx}}$$

$$\frac{1}{k_{xt2}}=\frac{1}{k_{dj}}+\frac{1}{4k_{zx}}+\frac{1}{4k_{wz}}$$

$$\frac{1}{k_{xt3}}=\frac{1}{k_{dj}}+\frac{1}{k_{wz}}$$

求解上述方程组即可求得

$$\frac{1}{k_{zx}}=\frac{1}{k_{xt1}}-\frac{1}{k_{dj}}$$

$$\frac{1}{k_{wz}}=\frac{1}{k_{xt3}}-\frac{1}{k_{dj}}$$

$$\frac{1}{k_{dj}}=\frac{2}{k_{xt2}}-\frac{1}{2}\left(\frac{1}{k_{xt1}}+\frac{1}{k_{xt3}}\right)$$

四、影响机床部件刚度的因素

1. 连接表面接触变形的影响

零件表面总是存在着宏观和微观的形状误差，连接表面之间的实际接触面积只是名义接触面积的一部分，表面间的接触情况如图 4-21 所示。在外力作用下，这些接触处将产生较大的接触应力而引起接触变形。试验表明，接触变形 y 与压强 p 的关系如图 4-22 所示，接触刚度将随载荷的增加而增大。

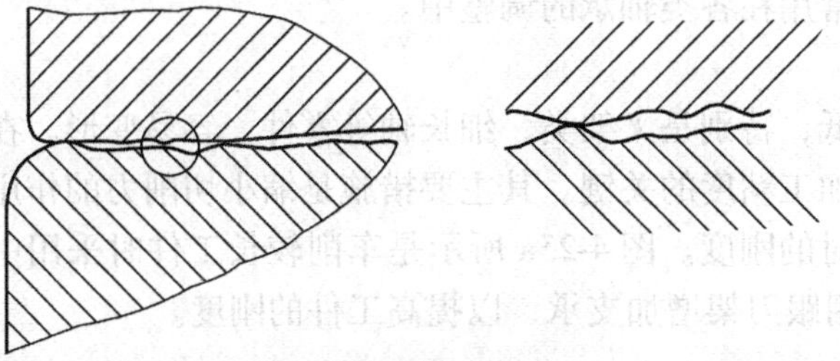

图 4-21 表面间的接触情况

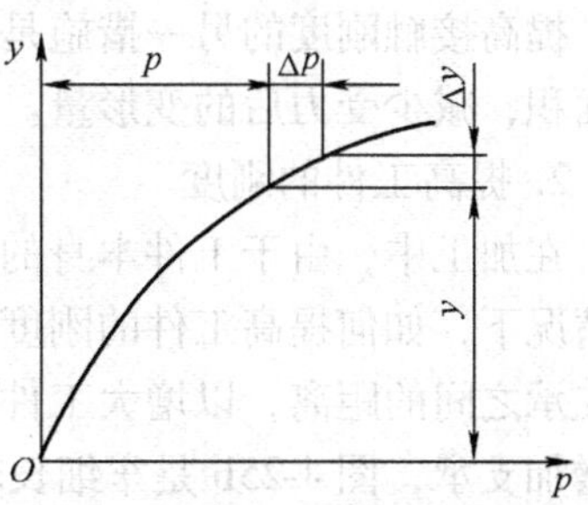

图 4-22 接触变形 y 与压强 p 的关系

2. 部件中薄弱零件的影响

如果部件中有某些刚度很低的零件时，受力后这些低刚度零件会产生很大的变形，使整

个部件的刚度降低。如图 4-23 所示，由于床鞍部件中的楔铁细长、刚性差，不易加工平直，使用接触不良，故在外力作用下最易变形。

3. 零件间的间隙和摩擦力的影响

零件配合面间的间隙的影响，主要反映在载荷常变化的铣镗床、铣床上。当载荷方向改变时，间隙引起位移，如图 4-24 所示。如果载荷是单向的，那么在第一次加载消除间隙后，对加工精度影响较小。

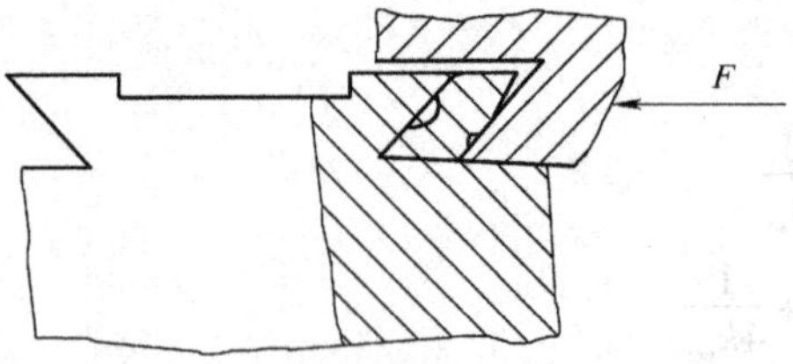

图 4-23 机床部件中刚度薄弱环节

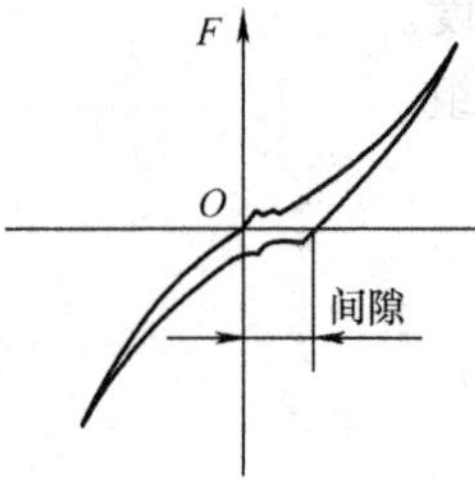

图 4-24 间隙的影响

摩擦力对接触刚度的影响是这样的：当加载时，摩擦力阻止变形增加；而卸载时，摩擦力又阻止变形减少。因此，卸载曲线与加载曲线不相重合，如图 4-24 所示（表面间的塑性变形也是使加载和卸载曲线不重合的原因之一）。

五、减少工艺系统受力变形的措施

减少工艺系统受力变形，是机械加工中保证产品质量和提高生产率的主要途径之一。根据生产实际情况，可采取以下几方面措施。

1. 提高接触刚度

一般部件的刚度都是接触刚度低于实体零件的刚度，所以提高接触刚度是提高工艺系统刚度的关键。常用的方法是改善工艺系统主要零件接触面的配合质量，如机床导轨副、锥体与锥孔、顶尖与中心孔等配合面采用刮研与研磨，以提高配合表面的形状精度，减小表面粗糙度值，使实际接触面增加，从而有效地提高接触刚度。

提高接触刚度的另一措施是在接触面间预加载荷，这样可消除配合面间的间隙，增加接触面积，减少受力后的变形量。该措施常用在各类轴承的调整中。

2. 提高工件的刚度

在加工中，由于工件本身的刚度较低，特别是叉架类、细长轴等零件，容易变形。在这种情况下，如何提高工件的刚度是提高加工精度的关键。其主要措施是缩小切削力的作用点到支承之间的距离，以增大工件在切削时的刚度。图 4-25a 所示是车削较长工件时采用中心架增加支承，图 4-25b 是车细长轴时采用跟刀架增加支承，以提高工件的刚度。

3. 提高机床部件的刚度

在切削加工中，有时由于机床部件刚度低而产生变形和振动，影响加工精度和生产率的提高。图 4-26a 所示是在转塔车床上采用固定导向支承套，图 4-26b 所示是采用转动导向支承套，用加强杆和导向支承套提高部件的刚度。

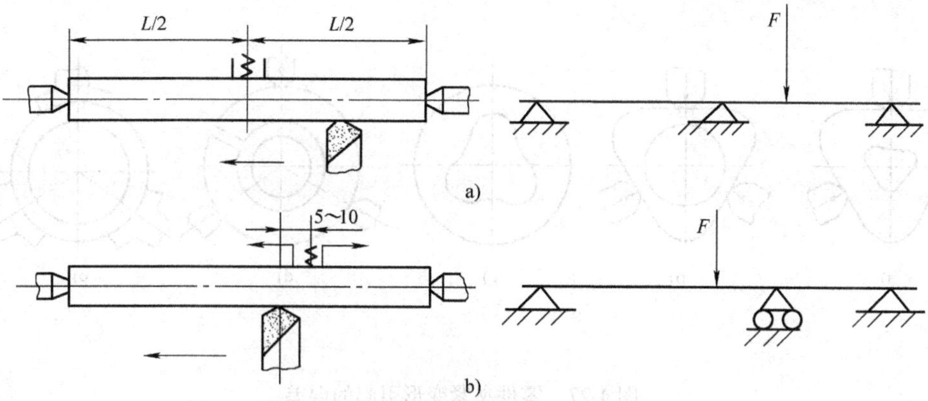

图 4-25 增加支承以提高工件的刚度

a）采用中心架 b）采用跟刀架

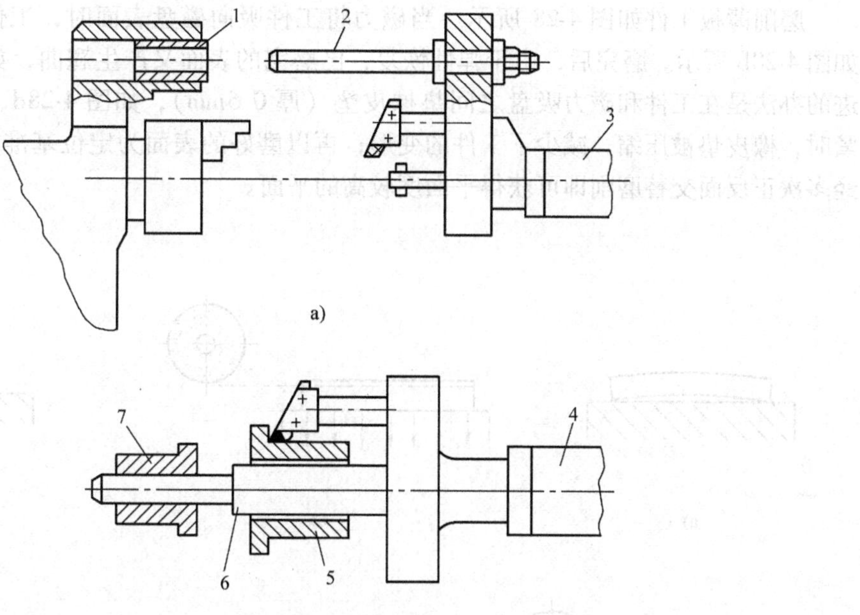

图 4-26 提高部件刚度的装置

a）采用固定导向支承套 b）采用转动导向支承套

1—固定导向支承套 2、6—加强杆 3、4—六角刀架 5—工件 7—转动导向支承套

4. 合理装夹工件以减少夹紧变形

加工薄壁件时，由于工件刚度低，解决夹紧变形的影响是关键问题之一。在夹紧前，薄壁套的内外圆是正圆形，三爪自定心卡盘夹紧后则套筒成三棱形，如图 4-27a 所示。镗孔后，内孔呈正圆形，如图 4-27b 所示。松开卡爪后，工件由于弹性恢复，使已镗圆的孔产生三棱形，如图 4-27c 所示。为了减少工件变形，应使夹紧力均匀分布，可采用开口过渡环，如图 4-27d 所示，或采用专用卡爪，如图 4-27e 所示。

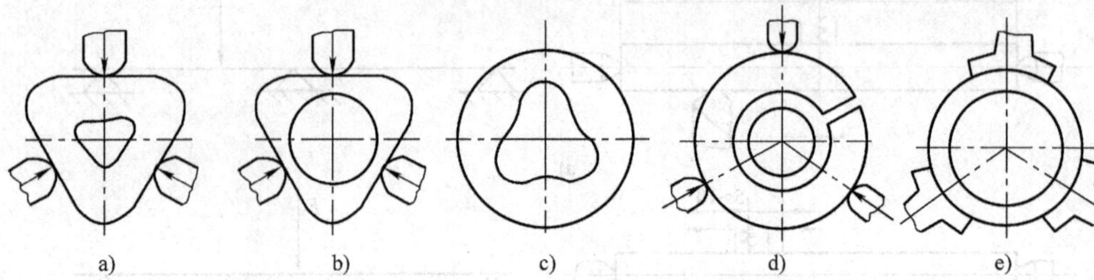

图 4-27　零件夹紧变形引起的误差
a）第一次夹紧　b）镗孔　c）松开后工件变形
d）采用开口过渡环　e）采用专用卡爪

磨削薄板工件如图 4-28 所示。当磁力将工件吸向磁盘表面时，工件将产生弹性变形，如图 4-28b 所示。磨完后，由于弹性恢复，已磨完的表面又产生翘曲，如图 4-28c 所示。改进的办法是在工件和磁力吸盘之间垫橡皮垫（厚 0. 5mm），如图 4-28d、e 所示。工件被夹紧时，橡皮垫被压缩，减少了工件的变形；再以磨好的表面为定位基准，磨另一面。这样，经多次正反面交替磨削即可获得平面度较高的平面。

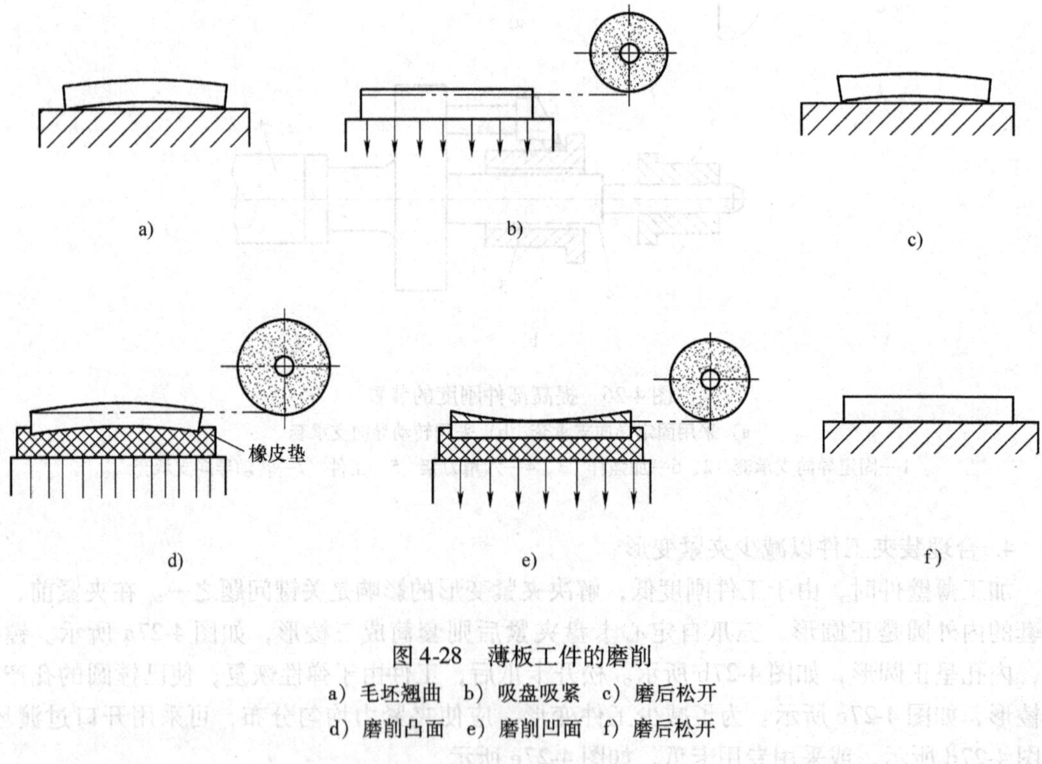

图 4-28　薄板工件的磨削
a）毛坯翘曲　b）吸盘吸紧　c）磨后松开
d）磨削凸面　e）磨削凹面　f）磨后松开

第四节 工艺系统的热变形

一、概述

在机械加工过程中，工艺系统在各种热源的影响下常产生复杂的变形，破坏了工件与切削刃相对的正确位置，从而产生加工误差。据统计，在精密加工中，由于热变形引起的加工误差占总加工误差的40%～70%。高效、高精度、自动化加工技术的发展，使工艺系统热变形问题变得更为突出，已成为机械加工技术进一步发展的一个重要的研究课题。

引起工艺系统受热变形的有系统内部热源（切削热和摩擦热）和外部热源。

切削热是由切削过程中切削层金属的弹性、塑性变形及刀具与工件、切屑间的摩擦所产生的，它由工件、刀具、夹具、机床、切屑、切削液及周围介质传出。在车削时，大量的切削热由切屑带走，传给工件的为10%～30%，传给刀具的为1%～5%。孔加工时，大量切屑滞留在孔中，使大量的切削热传入工件。磨削时，由于磨屑小，带走的热量很少，故大部分传入工件。

摩擦热主要是机床和液压系统中的运动部分产生的，如电动机、轴承、齿轮等传动副、导轨副、液压泵、阀等运动部分产生的摩擦热。摩擦热是机床热变形的主要热源。

工艺系统的外部热源，主要是环境温度变化和热辐射的影响较大，对大型和精密工件的加工影响较大。

工艺系统受热源影响，温度逐渐升高，与此同时，其热量通过各种传导方式向周围散发。当单位时间内的热量传入与传出相等时，温度不再升高，这时工艺系统就达到热平衡状态。在热平衡状态下，工艺系统各部分的温度就保持在一相对固定的数值上，因而各部分的热变形也就相应地趋于稳定。

由于作用于工艺系统各组成部分的热源，其发热的数量、位置和作用时间各不相同，各部分的热容量、散热条件也不一样，因此各部分的温升不等。即使是同一物体，处于不同空间位置上的各点在不同时间的温度也是不等的。物体中各点温度的分布称为温度场。当物体未达到热平衡时，各点温度不仅是坐标位置的函数，也是时间的函数。这种温度场称为不稳态温度场。物体达到热平衡后，各点温度将不再随时间而变化，而只是其坐标位置的函数，这种温度场则称为稳态温度场。此时的工艺系统稳定，利于保证工件的加工精度。

二、机床热变形引起的加工误差

机床受热源的影响，各部分温升将发生变化，由于热源分布的不均匀和机床结构的复杂性，机床各部件将发生不同程度的热变形，破坏了机床原有的几何精度，从而降低了机床的加工精度。

车床类机床的主要热源是主轴箱轴承的摩擦热和主轴箱中油池的发热，使主轴箱和床身的温度上升，从而造成机床主轴抬高和倾斜。图4-29所示为车床空运转时，主轴的温升和位移的测量结果。主轴在水平方向的位移仅10μm，而垂直方向的位移却高达180～200μm。这对刀具水平安装的卧式车床影响较小，但对刀具垂直安装的自动车床和转塔车床而言，则对加工精度有较大影响。

图4-30所示是外圆磨床温度分布和热变形的测量结果。当采用切入式定程磨削时，被磨工件直径的变化 Δd 达100μm。它与该机床工作台和砂轮架间的热变形 x 基本相符。由此可见，影响加工尺寸一致性的主要因素是机床的热变形。

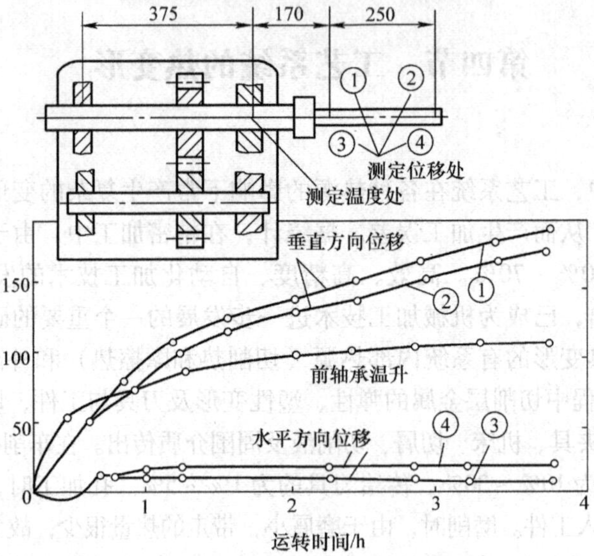

图 4-29 车床主轴箱的热变形

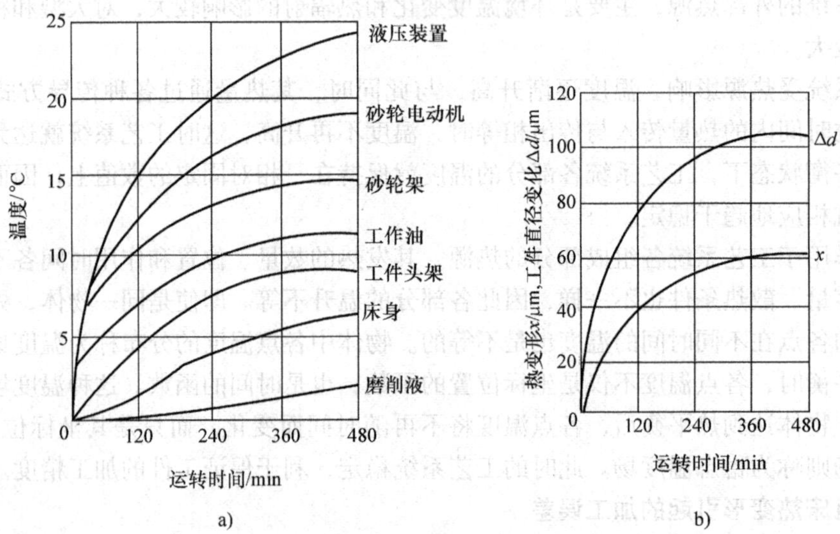

图 4-30 外圆磨床的温升和热变形

a）运转时间和各部温升的变化 b）热变形对工件加工误差的影响

对大型机床，如导轨磨床、外圆磨床、龙门铣床等的长床身部件，其温差的影响也是很显著的。一般由于床身上表面温度比床身底面温度高，形成温差，因此床身将产生弯曲变形，表面呈中凸状，如图 4-31 所示。当床身长 $L=3120\text{mm}$，高 $H=620\text{mm}$，温差 $\Delta t=1^\circ\text{C}$ 时，床身的变形量为 $\Delta=\alpha_l\Delta t\dfrac{L^2}{8H}=11\times10^{-6}\times1\times\dfrac{(3120)^2}{8\times620}\text{mm}=0.022\text{mm}$（铸铁线胀系数 $\alpha_l=11\times10^{-6}{}^\circ\text{C}^{-1}$）。这样床身导轨的直线性明显受到影响。另外，立柱和床鞍也因床身的热变形而产生相应的位置变化。常见几种机床的热变形趋势如图 4-32 所示。

三、工件热变形引起的加工误差

使工件产生变形的热源主要是切削热，然而对于精密件，外部热源也不可忽视。同时，不同的加工方法，不同的工件材料、结构和尺寸，工件的受热变形也不相同。

细长轴在顶尖间车削时，热变形将使工件伸长，导致弯曲变形而产生中间大两头小的圆柱度误差。

精密丝杠磨削时，工件的热伸长会引起螺距的累积误差。如 3m 长的丝杠，每磨一刀温度就要升高 3℃，工件伸长量 $\Delta = 3000 \times 11.4 \times 10^{-6} \times 3\text{mm} = 0.1\text{mm}$（$11.4 \times 10^{-6}℃^{-1}$是碳钢的平均线胀系数）；而 6 级精度丝杠的螺距累积误差，按规定在全长上不许超过 0.02mm，可见受热变形的严重性。

由于床身导轨面的磨削是单面受热，与底面产生温差，引起热变形，影响导轨的直线度。

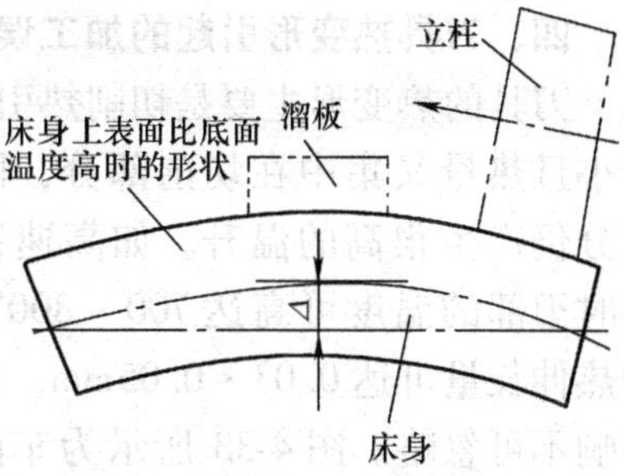

图 4-31　床身纵向温差热效应的影响

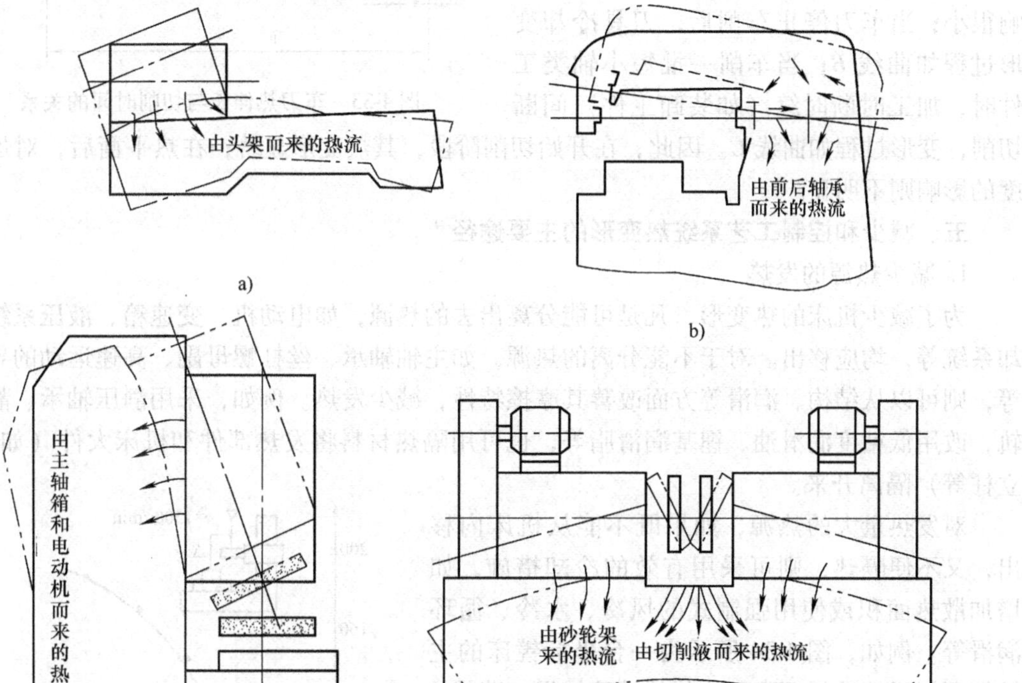

图 4-32　几种机床的热变形趋势

a）车床　b）铣床　c）平面磨床　d）双端面磨床

在加工铜、铝等线胀系数大的有色金属工件时，其热变形尤为显著，必须予以重视。

当粗、精加工间隔时间较短时，粗加工时的热变形将影响到精加工，工件冷却后，将产生加工误差。例如，在一台三工位的组合机床上，通过钻孔—扩孔—铰孔三个工位顺序加工套件。工件的尺寸是：外径 ϕ40mm，长 40mm，孔径为 ϕ20mm，材料为钢材。钻孔时切削用量为：$n=310\mathrm{r/min}$ 时，$f=0.36\mathrm{mm/r}$。钻孔后，温升竟达 107℃，接着扩孔和铰孔，当工件冷却后孔的收缩量已超过精度规定值。因此，在这种情况下一定要采取冷却措施，否则将出现废品。

四、刀具热变形引起的加工误差

刀具的热变形主要是切削热引起的，传给刀具的热量虽不多，但由于刀具体积小、热容量小且热量又集中在切削部分，因此切削部分仍产生很高的温升。如高速钢刀具车削时刃部的温度可高达 700～800℃，刀具的热伸长量可达 0.03～0.05mm。因此，其影响不可忽略。图 4-33 所示为车削时车刀的热伸长量与切削时间的关系。连续车削时，车刀的热变形情况如曲线 A，经过 10～20min，即可达到热平衡，车刀热变形影响很小；当车刀停止车削后，刀具冷却变形过程如曲线 B；当车削一批短小轴类工件时，加工时断时续（如装卸工件）间断切削，变形过程如曲线 C。因此，在开始切削阶段，其热变形显著；在热平衡后，对加工精度的影响则不明显。

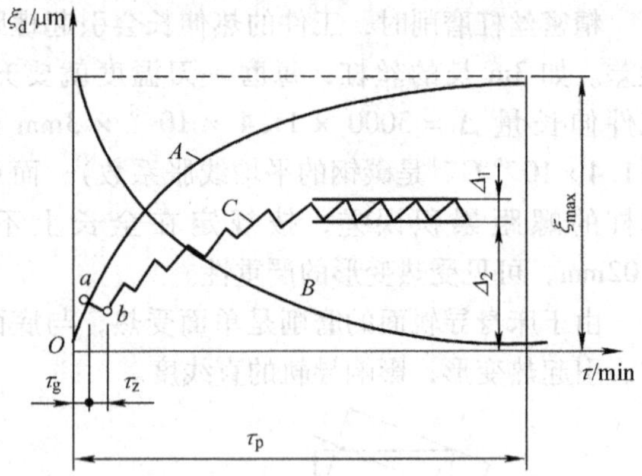

图 4-33　车刀热伸长与切削时间的关系

五、减少和控制工艺系统热变形的主要途径

1. 减少热源的发热

为了减少机床的热变形，凡是可能分离出去的热源，如电动机、变速箱、液压系统、冷却系统等，均应移出。对于不能分离的热源，如主轴轴承、丝杠螺母副、高速运动的导轨副等，则可以从结构、润滑等方面改善其摩擦特性，减少发热。例如，采用静压轴承、静压导轨，改用低粘度润滑油、锂基润滑脂等，也可用隔热材料将发热部件和机床大件（如床身、立柱等）隔离开来。

对发热量大的热源，如果既不能从机床内移出，又不便隔热，则可采用有效的冷却措施，如增加散热面积或使用强制式的风冷、水冷、循环润滑等。例如，图 4-34 所示为一台坐标镗床的主轴箱用恒温喷油循环强制冷却的试验结果。曲线 1 为没有采用强制冷却的试验结果，机床工作 6h 后，主轴轴线到工作台的距离产生了 190μm（垂直方向）的热变形，且尚未达到热平衡；当采用强制冷却后，上述热变形减少到 15μm，如曲线 2，且工作不到 2h 的机床就达到热平衡，可见强制冷却的效果非常显著。

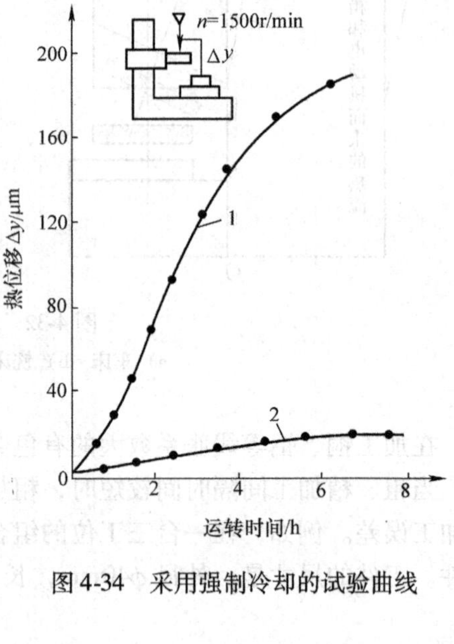

图 4-34　采用强制冷却的试验曲线

目前，大型数控机床、加工中心普遍采用冷冻机，对润滑油、切削液进行强制冷却，以提高冷却效果。在精密丝杠磨床的母丝杠中通切削液，以减少热变形。

2. 用热补偿方法减少热变形

单纯地减少温升有时不能收到满意的效果，可采用热补偿的方法使机床的温度场比较均匀，从而使机床产生不影响加工精度的均匀热变形。如图 4-35 所示，平面磨床采用热空气加热温升较低的立柱后壁，以减小立柱前后壁的温度差，从而减少立柱的弯曲变形。图中热空气从电动机风扇排出，通过特设的管道引向防护罩和立柱的后壁空间。采取这种措施后，加工工件的直线度误差可降低为原来的 1/3 ~1/4。

图 4-36 所示为 M7150A 型平面磨床所采用的均衡温度场措施示意图。该机床床身较长，加工时工作台纵向运动速度较高，所以床身上部温升高于下部。为均衡温度场所采取的措施是：将油池 1 搬出主机做成一个单独的油箱；在床身下部配置热补偿油沟 2，利用带有余热的回油流经床身下部，使床身下部的温度提高，以减小床身上、下部的温度差。采用这种措施后，床身上、下部温差降至 1 ~2℃，导轨中凸量由原来的 0. 265mm 降为 0. 052mm。

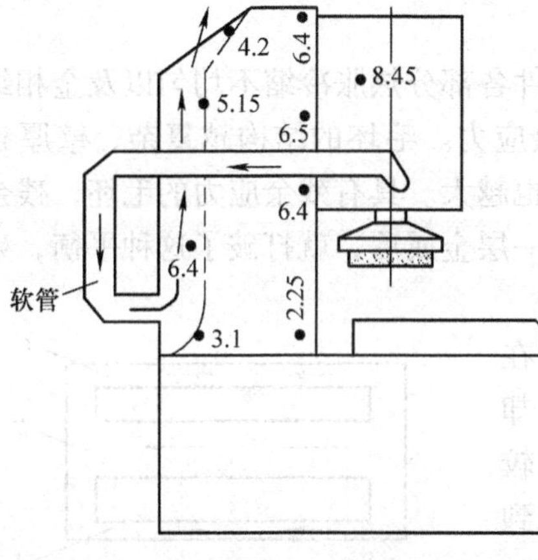

图 4-35　均衡立柱前后壁的温度场

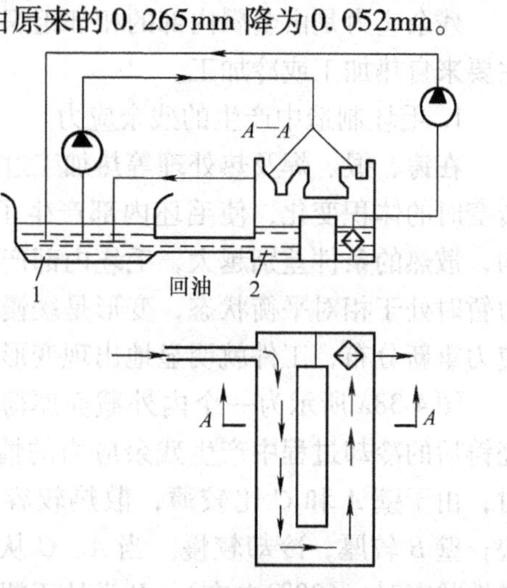

图 4-36　M7150A 型磨床的热补偿油沟
1—油池　2—热补偿油沟

3. 采用合理的机床部件结构减少热变形的影响

（1）采用热对称结构　在变速箱中，将轴、轴承、传动齿轮尽量对称布置，可使箱壁温升均匀，从而减少箱体变形。

（2）合理选择机床部件的装配基准　图 4-37 所示为车床主轴箱在床身上的两种不同定位方式。因主轴的位置不同，它们对热变形的影响也不同，图中 $L_2 > L_1$，当主轴与箱体产生热变形时，可见在误差敏感方向的热变形 $\Delta L_2 > \Delta L_1$，因此，选择图 4-37a 所示的定位方案比较合理。

4. 加速达到工艺系统的热平衡状态

对于精密机床，特别是大型机床，达到热平衡的时间较长，为了缩短这个时间，可预先高速空运转机床或设置控制热源，人为地给机床加热，使之较快达到热平衡状态，然后进行加工。基于同样原因，精密加工机床应尽量避免中途停车。

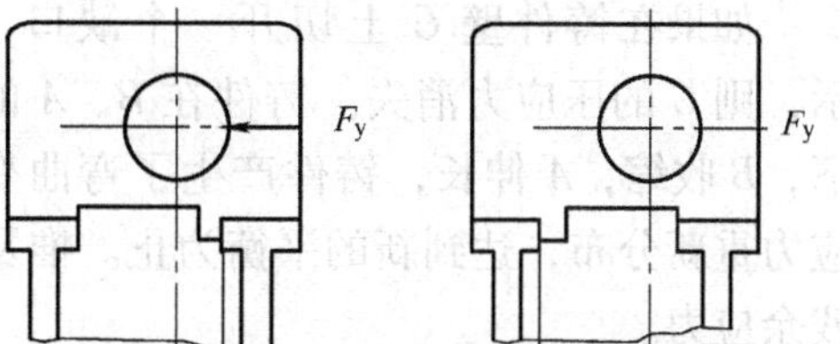

图 4-37　定位面位置对变形的影响
a）定位面距主轴轴线垂直面较近
b）定位面距主轴轴线垂直面较远

5. 控制环境温度

精密机床一般安装在恒温车间，其恒温精度一般控制在±1℃以内，精密级为±0.5℃。恒温室平均温度一般为20℃，冬季可取17℃，夏季取23℃。

第五节　工件残余应力引起的误差

残余应力是指外部载荷去除后，仍残存在工件内部的应力。零件中的残余应力往往处于一种很不稳定的相对平衡状态，在常温下特别是在外界某种因素的影响下很容易失去原有状态，使残余应力重新分布，零件产生相应的变形，从而破坏了原有的精度。因此，必须采取措施消除残余应力对零件加工精度的影响。

一、产生残余应力的原因

残余应力是由金属内部的相邻组织发生了不均匀的体积变化而产生的，体积变化的因素主要来自热加工或冷加工。

1. 毛坯制造中产生的残余应力

在铸、锻、焊及热处理等热加工过程中，由于工件各部分热胀冷缩不均匀以及金相组织转变时的体积变化，使毛坯内部产生了相当大的残余应力。毛坯的结构越复杂、壁厚越不均，散热的条件差别越大，毛坯内部产生的残余应力也越大。具有残余应力的毛坯，残余应力暂时处于相对平衡状态，变形是缓慢的，但当切去一层金属后，就打破了这种平衡，残余应力重新分布，工件就明显地出现变形。

图4-38a所示为一个内外截面厚薄不同的铸件，在浇铸后的冷却过程中产生残余应力的情况。当铸件冷却时，由于壁*A*和*C*比较薄，散热较容易，所以冷却较快；壁*B*较厚，冷却较慢。当*A*、*C*从塑性状态冷却到弹性状态时（620℃左右），*B*尚处于塑性状态，所以*A*、*C*继续收缩时，*B*不起阻止变形的作用，故不会产生残余应力。当*B*也冷却到弹性状态时，*A*、*C*的温度已经降低很多，收缩速度变得很慢，但这时*B*收缩较快，因而受到了*A*、*C*的阻碍。这样，*B*内就产生了拉应力，而*A*、*C*内就产生了压应力，形成了相互平衡的状态。

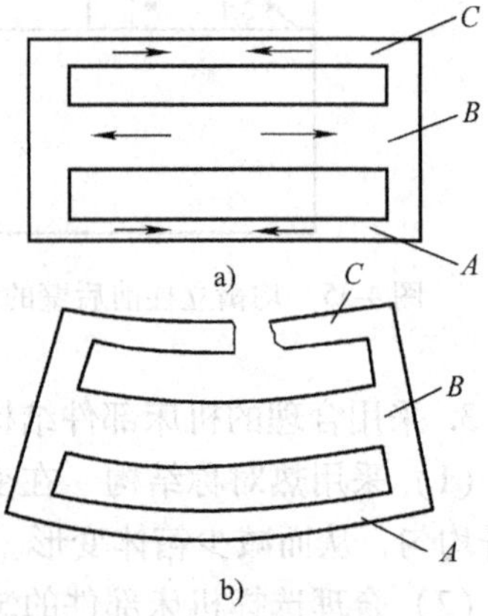

图4-38　铸件残余应力引起的变形
a）毛坯　b）切后变形
A、*C*—薄壁　*B*—厚壁

如果在铸件壁*C*上切开一个缺口，如图4-38b所示，则*C*的压应力消失。铸件在*B*、*A*的残余应力作用下，*B*收缩，*A*伸长，铸件产生了弯曲变形，直至残余应力重新分布，达到新的平衡为止。推及一般情况，各种铸件都难免产生冷却不均匀而形成残余应力。

2. 冷校直带来的残余应力

弯曲的工件（原来无残余应力）要校直，常采用冷校直。校直的方法是在弯曲的反方向加外力*F*，如图4-39a所示。在外力*F*的作用下，工件内部残余应力的分布如图4-39b所示，在轴线以上产生压应力（用负号表示），在轴线以下产生拉应力（用正号表示）。在轴线和两条双点画线之间是弹性变形区域，在双点画线之外是塑性变形区域。当外力*F*去除后，外层的塑性变形区域阻止内部弹性变形的恢复，使应力重新分布，如图 4-39c 所示。这时，冷校直虽能减小了弯曲，但工件却处于不稳定状态，如再次加工，又将产生新的变形。因此，高精度丝杠的加工，不允许冷校直，而是用多次人工时效来消除残余应力。

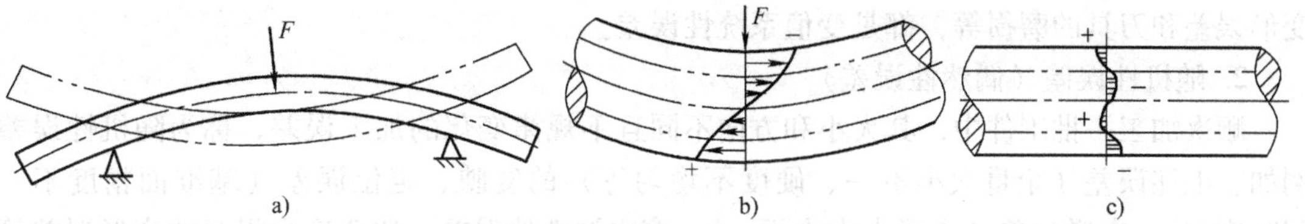

图 4-39　冷校直引起的残余应力

a）冷校直方法　b）加载时应力的分布　c）卸载后残余应力的分布

3. 切削加工中产生的残余应力

切削过程中产生的力和热，也会使被加工工件的表面层变形，产生残余应力。

二、减少或消除残余应力的措施

1. 合理设计零件结构

在机器零件的结构设计中，应尽量简化结构，增大零件的刚度，使壁厚均匀可减少残余应力的产生。

2. 对工件进行热处理和时效处理

例如，对铸、锻、焊接件进行退火或回火，零件淬火后进行回火；对精度要求高的零件，如床身、丝杠、箱体、精密主轴等，在粗加工后进行时效处理。

3. 合理安排工艺过程

例如，粗、精加工分开在不同工序中进行，使粗加工后有一定时间让残余应力重新分布，以减少对精加工的影响。在加工大型工件时，粗、精加工往往在一个工序中来完成，这时应在粗加工后松开工件，让工件有自由变形的可能，然后再用较小的夹紧力夹紧工件后进行精加工。

第六节　加工误差的统计分析法和综合分析实例

前面已对影响加工精度的各种主要因素进行了分析，也提出了一些保证加工精度的措施，但从分析方法讲属于单因素法。生产实际中，影响加工精度的因素往往是错综复杂的，有时很难用单因素法来分析其因果关系，而要用数理统计方法来找出解决问题的途径。

一、加工误差的统计性质

各种单因素的加工误差，按其统计性质的不同，可分为系统性误差和随机性误差两大类。

1. 系统性误差

（1）常值系统性误差　顺次加工一批工件中，其大小和方向保持不变的误差，称为常值系统性误差。

例如，加工原理误差和机床、夹具、刀具的制造误差及工艺系统的受力变形等，都是常值系统性误差。此外，机床、夹具和量具的磨损速度很慢，在一定时间内也可看做是常值系统性误差。

（2）变值系统性误差　顺次加工一批工件中，其大小和方向按一定规律变化的误差（通常是时间的函数），称为变值系统性误差。例如，机床、夹具和刀具等在热平衡前的热变形误差和刀具的磨损等，都是变值系统性误差。

2. 随机性误差（偶然性误差）

顺次加工一批工件中，其大小和方向不同且不规律变化的加工误差，称为随机性误差。例如，毛坯误差（余量大小不一、硬度不均匀等）的复映、定位误差（基准面精度不一、间隙影响）、夹紧误差（夹紧力大小不一）、多次调整的误差、残余应力引起的变形误差等，都是随机性误差。

随机性误差从表面上看似乎没有什么规律，但是应用数理统计的方法可以找出一批工件加工误差的总体规律，然后在工艺上采取措施来加以控制。

应该指出，在不同场合下，误差的表现性质也有不同。例如，机床在一次调整中加工一批工件时，机床的调整误差是常值系统误差，但是，当多次调整机床时，每次调整时发生的调整误差就不可能是常值，变化也无一定规则，故调整误差又成为随机性误差了。

二、加工误差的统计分析法

在实际生产中，常用统计分析法研究加工精度。统计分析法是以现场观察和实测的数据和资料为基础的，主要有分布图分析法和点图分析法。

（一）分布图分析法

1. 实际分布图——直方图

某一工序中加工出来的一批工件，由于存在各种误差，会引起加工尺寸的变化（称为尺寸分散），同一尺寸（实为很小一段尺寸间隔）的工件数目称为频数。频数与这批工件总数之比称为频率。如果以工件的尺寸（很小的一段尺寸间隔）为横坐标，以频数或频率为纵坐标，就可作出该工序工件加工尺寸的实际分布图——直方图。在以频数为纵坐标作直方图时，如样本含量（工件总数）不同，组距（尺寸间隔）不同，那么作出的图形高矮就不一样。为了便于比较，纵坐标应采用频率密度。

$$\text{频率密度}=\frac{\text{频率}}{\text{组距}}=\frac{\text{频数}}{\text{样本容量}\times\text{组距}}$$

$$\text{直方图上矩形的面积}=\text{频率密度}\times\text{组距}=\text{频率}$$

由于所有各组频率之和等于100%，故直方图上全部矩形面积之和应等于1。

为了进一步分析该工序的加工精度情况，可在直方图上标出该工序的加工公差带位置，并计算该样本的统计数字特征：平均值 $\overline{X}$ 和标准偏差 σ。

样本的平均值 $\overline{X}$ 表示该样本的尺寸分散中心，它主要决定于调整尺寸的大小和常值系统性误差

$$\overline{X}=\frac{1}{n}\sum_{i=1}^{n}x_i$$

式中　n——样本含量；

　　　x_i——各工件的尺寸。

样本的标准偏差 σ 反映了该批工件的尺寸分散程度，它是由变值系统性误差和随机性误差决定的。该误差大，σ 也大；误差小，σ 也小。即

$$\sigma = \sqrt{\frac{1}{n}\sum_{i=1}^{n}(x_i - \overline{X})^2}$$

下面通过实例来说明直方图的作法。例如，磨削一批轴径 $\phi 50^{+0.06}_{+0.01}$mm 的工件，经实测后的尺寸偏差值见表 4-3。

表 4-3 轴径尺寸实测偏差值 (μm)

44	20	46	32	20	40	52	33	40	25	43	38	40	41	30	36	49	51	38	34
22	46	38	30	42	38	27	49	45	45	38	32	45	48	28	36	52	32	42	38
40	42	38	52	38	36	37	43	28	45	36	50	46	38	30	40	44	34	42	47
22	28	34	30	36	32	35	22	40	35	36	42	46	42	50	40	36	20	16 S_m	53
32	46	20	28	46	28	L_a 54	18	32	33	26	46	47	36	38	30	49	18	38	38

注：表中数据为实测尺寸与公称尺寸之差。

作直方图的步骤如下：

1）收集数据。一般取 100 件左右，找出最大值 $L_a = 54\mu m$，最小值 $S_m = 16\mu m$，见表 4-3。

2）把 100 个样本数据分成若干组，一般用表 4-4 的经验数值确定。

表 4-4 样本与组数的选择

数据的数量	分组数
50 ~ 100	6 ~ 10
100 ~ 250	7 ~ 12
250 以上	10 ~ 20

本例取组数 $k = 9$。经验证明，组数太少会掩盖组内数据的变动情况，组数太多会使各组的高度参差不齐，从而看不出变化规律。通常确定的组数要使每组平均至少摊到 4 ~ 5 个数据。

3）计算组距 h，即组与组的间距

$$h = \frac{L_a - S_m}{k - 1}$$

$$h = \frac{54 - 16}{9 - 1}\mu m = 4.75\mu m$$

取
$$h = 5\mu m$$

4）计算第一组的上、下界限值

$$S_m \pm \frac{h}{2}$$

第一组的上界限值为 $S_m + \frac{h}{2} = \left(16 + \frac{5}{2}\right)\mu m = 18.5\mu m$；下界限值为 $S_m - \frac{h}{2} = \left(16 - \frac{5}{2}\right)\mu m = 13.5\mu m$。

5）计算其余各组的上、下界限值。第一组的上界限值就是第二组的下界限值。第二组的下界限值加上组距就是第二组上界限值，其余类推。

6）计算各组的中心值 x_1。中心值是每组中间的数值。

$$x_1=\frac{\text{某组上限值}+\text{某组下限值}}{2}$$

第一组中心值 $$x_1=\frac{13.5+18.5}{2}\mu m=16\mu m$$

7）记录各组数据，整理成频数分布表，见表 4-5。

表 4-5 频数分布表

组号	组界/μm	中心值 x_1/μm	频数统计	频数	频率（%）	频率密度/μm^{-1}
1	13.5～18.5	16	下	3	3	0.6
2	18.5～23.5	21	正丅	7	7	1.4
3	23.5～28.5	26	正下	8	8	1.6
4	28.5～33.5	31	正正𠀎	14	14	2.8
5	33.5～38.5	36	正正正正正	25	25	5.0
6	38.5～43.5	41	正正正一	16	16	3.2
7	43.5～48.5	46	正正正一	16	16	3.2
8	48.5～53.5	51	正正	10	10	2
9	53.5～58.5	56	一	1	1	0.2

8）统计各组的尺寸频数、频率和频率密度，并填入表 4-5 中。

9）计算 $\bar{x}$ 和 σ

$$\bar{x}=\frac{1}{n}\sum_{i=1}^{n}x_i=37.29\mu m$$

$$\sigma=\sqrt{\frac{1}{n}\sum_{i=1}^{n}(x_i-\overline{X})^2}=8.93\mu m$$

10）按表列数据以频率密度为纵坐标，组距（尺寸间隔）为横坐标，就可画出直方图，如图 4-40 所示；再由直方图的各矩形顶端的中心点连成折线，在一定条件下，此折线接近理论分布曲线（见图中曲线）。

由直方图可知，该批工件的尺寸分散范围大部分居中，偏大、偏小者较少。

要进一步分析研究该工序的加工精度问题，必须找出频率密度与加工尺寸间的关系，因此必须研究理论分布曲线。

2. 理论分布图

（1）正态分布曲线　大量的试验、统计和理论分析表明：当一批工件总数极多，加工中的误差是由许多相互独立的随机因素

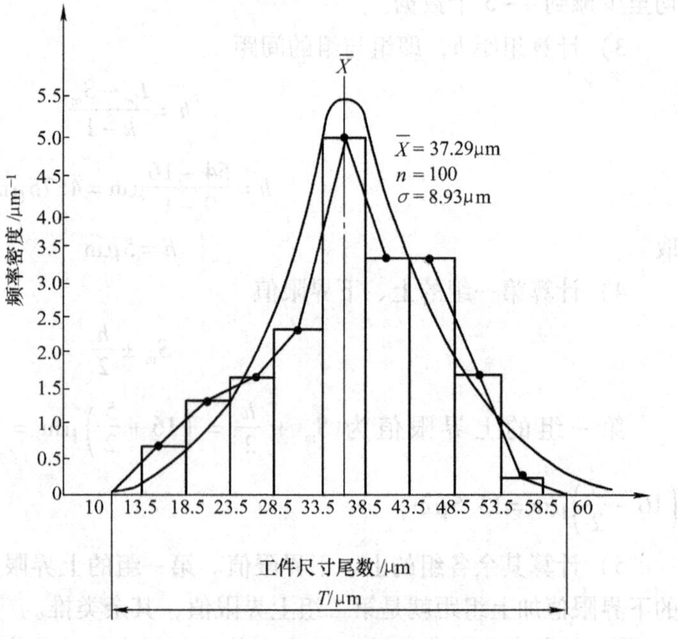

图 4-40　直方图

引起的，而且这些误差因素中又都没有任何优势的倾向，则其分布是服从正态分布的。这时的分布曲线称为正态分布曲线（即高斯曲线）。正态分布曲线的形态，如图4-41所示（本图也是标准正态曲线）。其概率密度的函数表达式是

$$y=\phi(x)=\frac{1}{\sigma\sqrt{2\pi}}e^{-\frac{1}{2}\left(\frac{x-\mu}{\sigma}\right)^2} \quad (4\text{-}12)$$

式中 y——分布的概率密度；

x——随机变量；

μ——正态分布随机变量总体的算术平均值（分散中心）；

σ——正态分布随机变量的标准偏差。

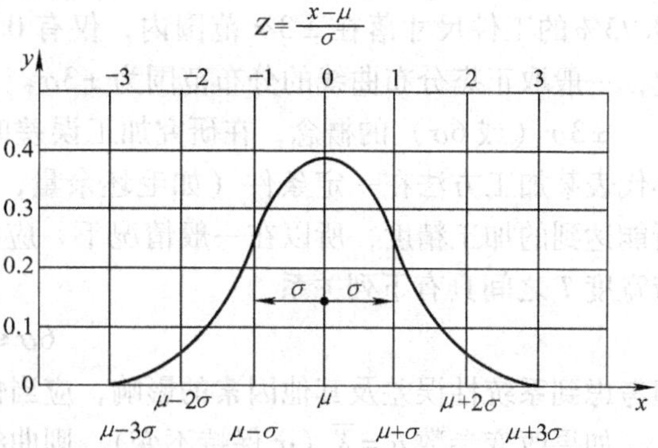

图4-41 正态分布曲线（标准正态分布曲线）

由式（4-12）及图4-41可以看出，当 $x=\mu$ 时

$$y_{\max}=\frac{1}{\sigma\sqrt{2\pi}} \quad (4\text{-}13)$$

这是曲线的最大值，也是曲线的分布中心。在它左右的曲线是对称的。

正态分布总体的 μ 和 σ 通常是不知道的，但可以通过它的样本平均值 $\overline{X}$ 和样本标准偏差 σ 来估计。这样，成批加工一批工件，抽检其中的一部分，即可判断整批工件的加工精度。

用样本的 $\overline{X}$ 代替总体的 μ，用样本的 σ 代替总体的 σ。

总体平均值 $\mu=0$，总体标准偏差 $\sigma=1$ 的正态分布称为标准正态分布。任何不同 μ 和 σ 的正态分布曲线，都可以通过令 $Z=\frac{x-\mu}{\sigma}$ 进行变换而成标准正态分布曲线（见图4-41）

$$\phi(Z)=\sigma\phi(x)=\frac{1}{\sqrt{2\pi}}e^{-\frac{Z^2}{2}} \quad (4\text{-}14)$$

ϕ（Z）值见表4-6。

表4-6 标准正态分布曲线的概率密度

$Z=\frac{x-\mu}{\sigma}$	$\phi(Z)=\sigma\phi(x)$	$Z=\frac{x-\mu}{\sigma}$	$\phi(Z)=\sigma\phi(x)$	$Z=\frac{x-\mu}{\sigma}$	$\phi(Z)=\sigma\phi(x)$
0	0.3989	1.50	0.1295	3.00	0.0044
0.25	0.3867	1.75	0.0863	3.25	0.0200
0.50	0.3521	2.00	0.0540	3.50	0.0009
0.75	0.3011	2.25	0.0317	3.75	0.0004
1.00	0.2420	2.50	0.0175	4.00	0.0001
1.25	0.1826	2.75	0.0091	—	—

从正态分布图上可看出下列特征：

1）集中性。靠近 μ 的工件尺寸出现概率较大，远离 μ 的工件尺寸概率较小。

2）对称性。对μ的正偏差和负偏差，其概率相等，左右对称。

3）有限性。分布曲线与横坐标所围成的面积包括了全部零件数（即100%），故其面积等于1；其中$x-\mu=\pm3\sigma$（即在$\mu\pm3\sigma$）范围内的面积占了99.73%（见表4-8），即99.73%的工件尺寸落在$\pm3\sigma$范围内，仅有0.27%的工件在范围之外（可忽略不计）。因此，一般取正态分布曲线的分布范围为$\pm3\sigma$。

$\pm3\sigma$（或6σ）的概念，在研究加工误差时应用很广，是一个很重要的概念。6σ的大小代表某加工方法在一定条件（如毛坯余量，切削用量，正常的机床、夹具、刀具等）下所能达到的加工精度，所以在一般情况下，应该使所选择的加工方法的标准偏差σ与公差带宽度T之间具有下列关系

$$6\sigma\leqslant T$$

但考虑到系统性误差及其他因素的影响，应当使6σ小于公差宽度T，方可保证加工精度。

如果改变参数$\mu=\overline{X}$（σ保持不变），则曲线沿x轴平移而不改其形状，如图4-42所示，这说明μ是表征分布曲线位置的参数。$\overline{X}$的变化主要是常值系统性误差引起的。如果$\overline{X}$值保持不变，当σ值减小时，则曲线形状陡峭；σ增大时，曲线形状平坦，如图4-43所示，σ是由随机性误差决定的，随机性误差越大则σ越大，可见σ是表征分布曲线形状的参数，也即它刻划了随机变量x取值的分散程度。

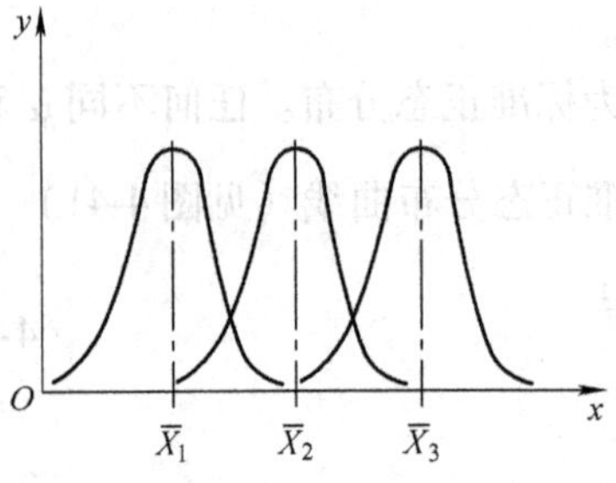

图4-42 σ相同时$\overline{X}$对曲线位置的影响

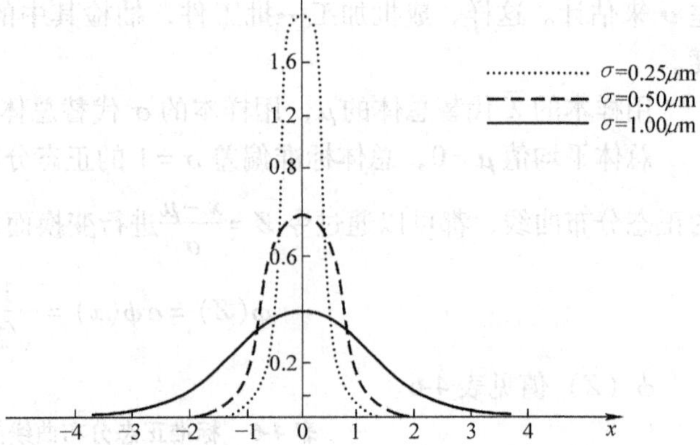

图4-43 $\overline{X}$相同时σ值对分布曲线的影响

（2）非正态分布曲线 工件的实际分布，有时并不近于正态分布。例如，将在两台机床上分别调整加工出的工件混在一起测定，由于每次调整时常值系统性误差是不同的，如常值系统性误差之值大于2.2σ，就会得到如图4-44所示的双峰曲线。实际上是两组正态分布曲线（如虚线所示）的叠加，也即随机性误差中混入了常值系统性误差。每组有各自的分散中心和标准偏差σ。又如，在活塞销贯穿磨削中，如果砂轮磨损较快且没有自动补偿，则工件的实际尺寸分布将成平顶分布，如图4-45所示。它实质上是正态分布曲线的分散中心在不断地移动，也即在随机性误差中混有变值系统性误差。再如，用试切法加工轴颈或孔时，由于操作者为了避免产生不可修复的废品，主观地（而不是随机的）使轴颈加工得宁大勿小，使孔径加工得宁小勿大，则它们的尺寸就是偏态分布，如图4-46a所示；当用调整法加工，刀具热变形显著时，也呈偏态分布，如图4-46b所示。

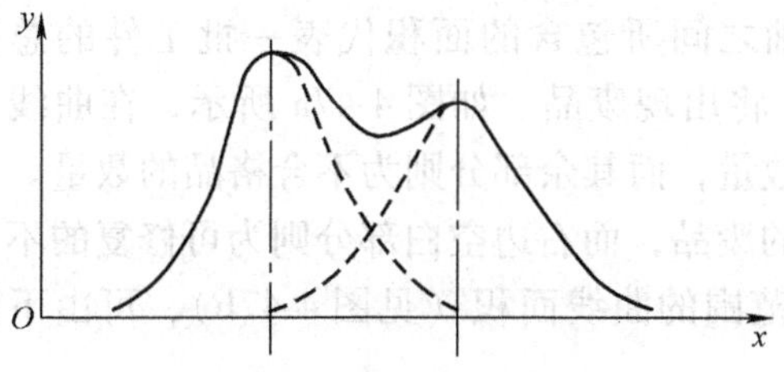

图 4-44　双峰分布曲线

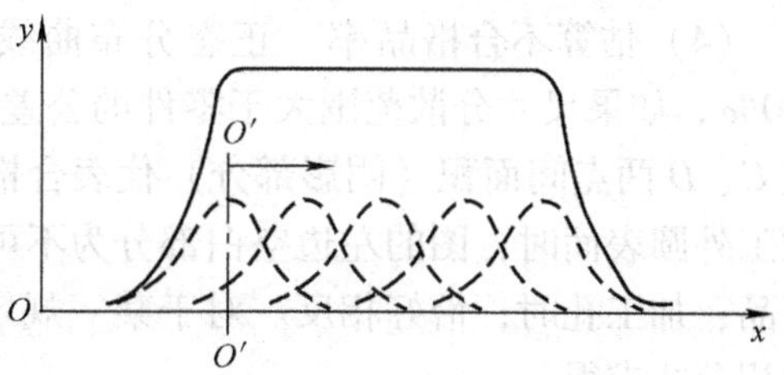

图 4-45　平顶分布曲线

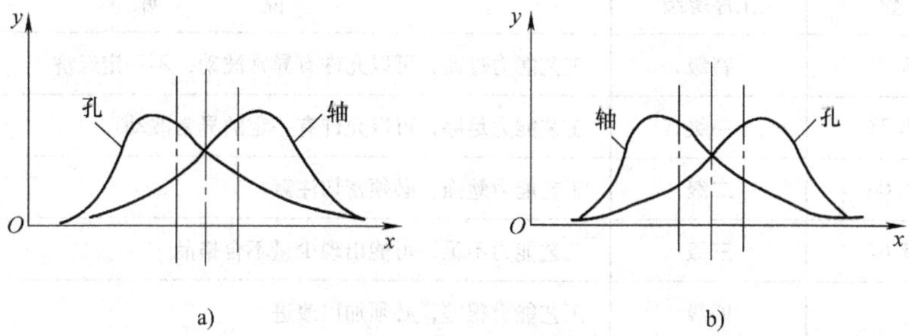

图 4-46　偏态分布

a）试切轴和孔的尺寸分布　b）刀具热变形的影响

3. 分布图分析法的应用

（1）判别加工误差的性质　如前所述，假如加工过程中没有变值系统性误差，那么其尺寸分布应服从正态分布，这是判别加工误差性质的基本方法。如果实际分布与正态分布基本相符，加工过程中没有变值系统性误差（或影响很小），这时就可进一步根据 $\overline{X}$ 是否与公差带中心重合来判断是否存在常值系统性误差（$\overline{X}$ 与公差带中心不重合就说明存在常值系统性误差）。如实际分布与正态分布有较大出入，可根据直方图初步判断变值系统性误差是什么类型。

（2）确定各种加工方法所能达到的精度　由于各种加工方法在随机性因素影响下所得的加工尺寸的分散规律符合正态分布，因而可以在多次统计的基础上，为每一种加工方法求得它的标准偏差 σ 值；然后，按分布范围等于 6σ 的规律，即可确定各种加工方法所能达到的精度。

（3）确定工序能力及其等级　工序能力即工序处于稳定状态时，加工误差正常波动的幅度。由于加工时误差超出分散范围的概率极小，可以认为不会发生超出分散范围的加工误差，因此可以用该工序的尺寸分散范围来表示工艺能力。当加工尺寸分布接近正态分布时，工序能力为 6σ。

工序能力等级是以工序能力系数来表示的，即工序能满足加工精度要求的程度。

当工序处于稳定状态时，工序能力系数 C_p 按下式计算

$$C_p = T/6\sigma \tag{4-15}$$

式中　T——工件尺寸公差。

根据工序能力系数 C_p 的大小，工序能力共分为五级，见表 4-7。

一般情况下，工艺能力不应低于二级。

(4) 估算不合格品率　正态分布曲线与 x 轴之间所包含的面积代表一批工件的总数 100%，如果尺寸分散范围大于零件的公差 T 时，将出现废品。如图 4-47a 所示，在曲线下至 C、D 两点间面积（阴影部分）代表合格品的数量，而其余部分则为不合格品的数量。当加工外圆表面时，图的左边空白部分为不可修复的废品，而右边空白部分则为可修复的不合格品；加工孔时，恰好相反。对于某一规定的 x 范围的曲线面积（见图 4-47b），可由下面的积分式求得

表 4-7　工序能力等级

工序能力系数	工序等级	说　　明
$C_p > 1.67$	特级	工艺能力过高，可以允许有异常波动，不一定经济
$1.67 \geqslant C_p > 1.33$	一级	工艺能力足够，可以允许有一定的异常波动
$1.33 \geqslant C_p > 1.00$	二级	工艺能力勉强，必须密切注意
$1.00 \geqslant C_p > 0.67$	三级	工艺能力不足，可能出现少量不合格品
$0.67 \geqslant C_p$	四级	工艺能力很差，必须加以改进

$$A = \frac{1}{\sigma\sqrt{2\pi}}\int_0^x e^{-\frac{x^2}{2\sigma^2}}dx \tag{4-16}$$

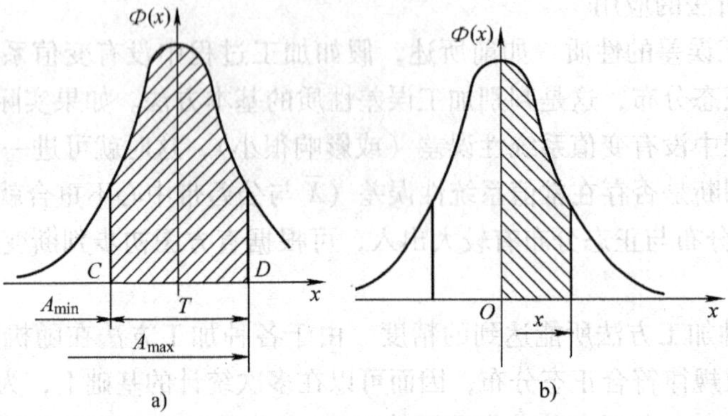

图 4-47　利用正态分布曲线估算废品率

a) 两侧分布　b) 单侧分布

为了便于计算，设 $Z = x/\sigma$，进行坐标变换，积分区间由 $0 \sim x$，变为 $0 \sim Z$

$$\Phi(Z) = \frac{1}{\sqrt{2\pi}}\int_0^Z e^{-\frac{Z^2}{2}}dZ \tag{4-17}$$

正态分布曲线的总面积为

$$2\Phi(\infty) = \frac{2}{\sqrt{2\pi}}\int_0^\infty e^{-\frac{Z^2}{2}}dZ = 1 \tag{4-18}$$

在一定的 Z 值时，函数 $\Phi(Z)$ 的数值等于加工尺寸在 Z 范围的概率。各种不同 Z 值的 $\Phi(Z)$ 值见表 4-8。因而，查表时要把 x 值转变为 Z 值再查。

表 4-8 $\Phi(Z)=\frac{1}{\sqrt{2\pi}}\int_0^Z e^{-\frac{Z^2}{2}}dZ$ 的数值

Z	Φ(Z)	Z	Φ(Z)	Z	Φ(Z)	Z	Φ(Z)	Z	Φ(Z)
0.00	0.0000	0.26	0.1023	0.52	0.1985	1.05	0.3531	2.60	0.4953
0.01	0.0040	0.27	0.1064	0.54	0.2054	1.10	0.3643	2.70	0.4965
0.02	0.0080	0.28	0.1103	0.56	0.2123	1.15	0.3749	2.80	0.4974
0.03	0.0120	0.29	0.1141	0.58	0.2190	1.20	0.3849	2.90	0.4981
0.04	0.0160	0.30	0.1179	0.60	0.2257	1.25	0.3944	3.00	0.49865
0.05	0.0199	—	—	—	—	—	—	—	—
0.06	0.0239	0.31	0.1217	0.62	0.2324	1.30	0.4032	3.20	0.49931
0.07	0.0279	0.32	0.1255	0.64	0.2389	1.35	0.4115	3.40	0.49966
0.08	0.0319	0.33	0.1293	0.66	0.2454	1.40	0.4192	3.60	0.499841
0.09	0.0359	0.34	0.1331	0.68	0.2517	1.45	0.4265	3.80	0.499928
0.10	0.0398	0.35	0.1368	0.70	0.2580	1.50	0.4332	4.00	0.499968
0.11	0.0438	0.36	0.1406	0.72	0.2642	1.55	0.4394	4.50	0.499997
0.12	0.0478	0.37	0.1443	0.74	0.2763	1.60	0.4452	5.00	0.49999997
0.13	0.0517	0.38	0.1480	0.76	0.2764	1.65	0.4505	—	—
0.14	0.0557	0.39	0.1517	0.78	0.2823	1.70	0.4554	—	—
0.15	0.0596	0.40	0.1554	0.80	0.2881	1.75	0.4599	—	—
0.16	0.0636	0.41	0.1591	0.82	0.2939	1.80	0.4641	—	—
0.17	0.0675	0.42	0.1628	0.84	0.2995	1.85	0.4678	—	—
0.18	0.0714	0.43	0.1664	0.86	0.3051	1.90	0.4713	—	—
0.19	0.0753	0.44	0.1770	0.88	0.3106	1.95	0.4744	—	—
0.20	0.0793	0.45	0.1736	0.90	0.3159	2.00	0.4772	—	—
0.21	0.0832	0.46	0.1772	0.92	0.3212	2.10	0.4821	—	—
0.22	0.0871	0.47	0.1808	0.94	0.3264	2.20	0.4861	—	—
0.23	0.0910	0.48	0.1844	0.96	0.3315	2.30	0.4893	—	—
0.24	0.0948	0.49	0.1879	0.98	0.3365	2.40	0.4918	—	—
0.25	0.0987	0.50	0.1915	1.00	0.3413	2.50	0.4938	—	—

例 4-1 在磨床上加工销轴，要求外径 $d=12^{-0.016}_{-0.043}$mm，抽样后测得 $\overline{X}=11.974$mm，$\sigma=0.005$mm，其尺寸分布符合正态分布，试分析该工序的加工质量。

解 该工序尺寸分布如图 4-48 所示，则

$$C_p=\frac{T}{6\sigma}=\frac{0.027\text{mm}}{6\times 0.005\text{mm}}=0.9<1$$

工艺能力系数 $C_p<1$，说明该工序工艺能力不足，因此出现不合格品是不可避免的。

工件最小尺寸

$$d_{min}=\overline{X}-3\sigma=11.959\text{mm}>A_{min}$$

$$A_{min}=11.957\text{mm}$$

故不会产生不可修复的废品。

工件最大尺寸

$$d_{max}=\overline{X}+3\sigma=11.989\text{mm}>A_{max}$$

$$A_{max}=11.984\text{mm}$$

故要产生可修复的废品。

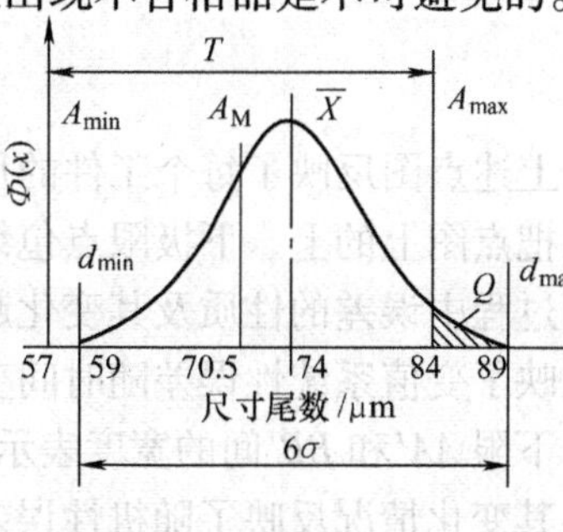

图 4-48 磨削轴的工序尺寸分布

废品率　　　　$Q=0.5-\Phi(Z)$　（注意：查表时先变 x 为 Z）

$$Z=\frac{|X-\overline{X}|}{\sigma}=\frac{|11.984-11.974|}{0.005}=2$$，查表 4-8，$Z=2$ 时，$\Phi(Z)=0.4772$。

故　　　　$Q=0.5-\Phi(Z)=0.5-0.4772=0.0228=2.28\%$

如果重新调整机床，使分散中心 $\overline{X}$ 和 A_M 重合，则可减少废品率。

4. 分布图分析法的缺点

用分布图分析加工误差有下列主要缺点：

1）不能反映误差的变化趋势。加工中随机性误差和系统性误差同时存在，由于分析时没有考虑到工件加工的先后顺序，故很难把随机性误差与变值系统性误差区分开来。

2）由于必须等一批工件加工完毕后才能得出分布情况，因此不能在加工过程中及时提供控制精度的资料。

采用下面介绍的点图法，可以弥补上述不足。

（二）点图分析法

1. 概述

用点图来评价工艺过程稳定性采用的是顺序样本，样本是由工艺系统在一次调整中，按顺序加工的工件组成。这样的样本可以得到在时间上与工艺过程运行同步的有关信息，反映加工误差随时间变化的趋势；而分布图分析法采用的是随机样本，不考虑加工顺序，而且是对加工好的一批工件有关数据处理后才能作出分布曲线。因此，采用点图分析法可以消除分布图分析法的缺点。

2. 点图的形式

（1）个值点图　如果按照加工顺序逐个测量一批工件的尺寸，以工件序号为横坐标，工件尺寸为纵坐标，就可作出个值点图，如图 4-49a 所示。

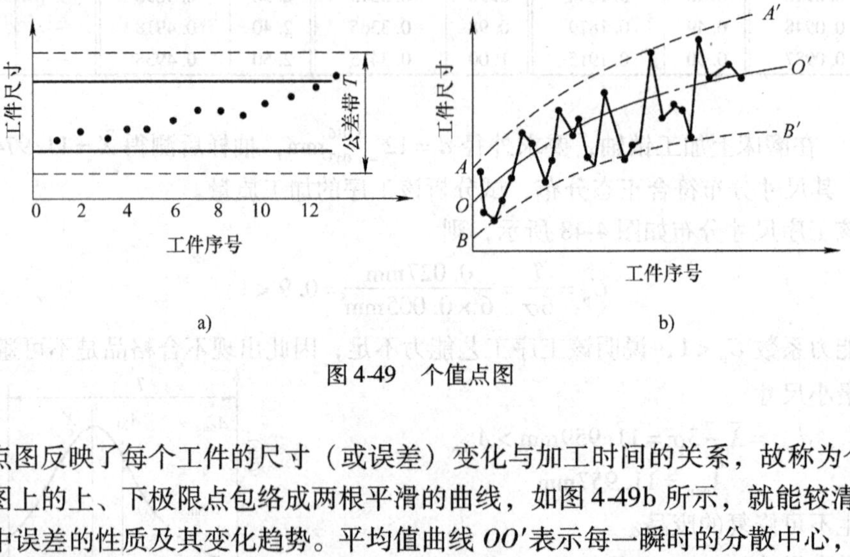

图 4-49　个值点图

上述点图反映了每个工件的尺寸（或误差）变化与加工时间的关系，故称为个值点图。假如把点图上的上、下极限点包络成两根平滑的曲线，如图 4-49b 所示，就能较清楚地揭示加工过程中误差的性质及其变化趋势。平均值曲线 OO' 表示每一瞬时的分散中心，其变化情况反映了变值系统性误差随时间变化的规律。其起始点 O 则可看出常值系统性误差的影响。上、下限 AA' 和 BB' 间的宽度表示每一瞬时尺寸的分散范围，也就是反映了随机性误差的大小，其变化情况反映了随机性误差随时间变化的规律。

（2）$\overline{X}$-R 点图　为了能直接反映加工中系统性误差和随机性误差随加工时间的变化趋

势，实际生产中常用样组点图来代替个值点图。样组点图的种类很多，目前最常用的样组点图是 $\overline{X}$-R 点图。$\overline{X}$-R 点图是每一小样组的平均值 $\overline{X}$ 控制图和极差 R 控制图联合使用时的统称。其中，$\overline{X}$ 为各小样组的平均值；R 为各小样组的极差。前者控制工艺过程质量指标的分布中心，后者控制工艺过程质量指标的分散程度。

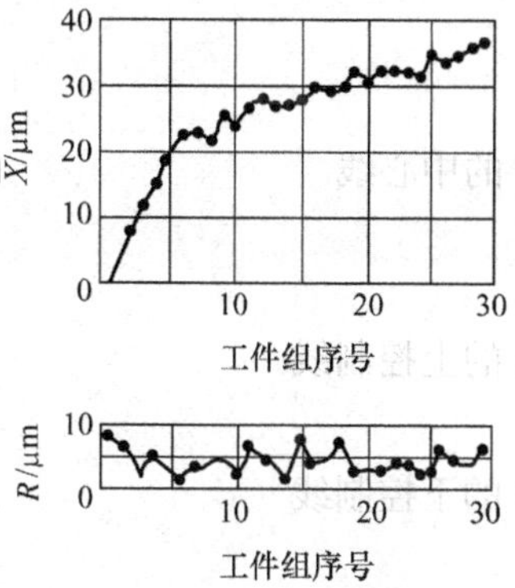

图 4-50 $\overline{X}$-R 点图

3. 点图的分析与应用

（1）点图的分析 绘制 $\overline{X}$-R 点图是以小样本顺序随机抽样为基础的。在工艺过程进行中，每隔一定时间抽取容量 $m=2\sim10$ 件的一个小样本，求出小样本的平均值 $\overline{X}$ 和极差 R。经过若干时间后，就可取得若干组（例如 k 组，通常取 $k=25$）小样本。这样，以样组序号为横坐标，分别以 $\overline{X}$ 和 R 为纵坐标，就可分别作 $\overline{X}$ 点图和 R 点图，如图 4-50 所示。

设以顺次加工的 m 个工件为一组，那么每一样组的平均值 $\overline{X}$ 和极差 R 是

$$\overline{X}=\frac{1}{m}\sum_{i=1}^{m}x_i \tag{4-19}$$

$$R=x_{\max}-x_{\min} \tag{4-20}$$

式中 $x_{\max}$，$x_{\min}$——分别为同一样组中工件的最大尺寸和最小尺寸。

由于 $\overline{X}$ 在一定程度上代表了瞬时的分散中心，故 $\overline{X}$ 点图可反映系统性误差及其变化趋势。R 在一定程度上代表了瞬时的尺寸分散范围，故 R 点图可反映随机性误差及其变化趋势。

任何一批工件的加工尺寸都有波动性，因此各样组的平均值 $\overline{X}$ 和极差 R 也都有波动性。假如加工误差主要是随机性误差，且系统性误差的影响很小时，那么这种波动属于正常波动，加工工艺是稳定的。假如加工中存在着影响较大的变值系统性误差，或随机性误差的大小有明显的变化时，那么这种波动属于异常波动，这个加工工艺就被认为是不稳定的。

$\overline{X}$-R 点图的横坐标是按时间先后采集的小样本的组序号，纵坐标为各小样本的平均值 $\overline{X}$ 和极差 R。在 $\overline{X}$-R 点图上各有三根线，即中心线和上、下控制线。由概率论可知，当总体是正态分布时，其样本的平均值 $\overline{X}$ 的分布也服从正态分布，且 $\overline{X}\sim M\left(\mu,\ \frac{\sigma^2}{m}\right)$（$\mu$，$\sigma$ 是总体的均值和标准偏差）。因此，$\overline{X}$ 的分散范围是 $(\mu\pm3\sigma/\sqrt{m})$。

$\overline{X}$ 的中心线

$$\overline{\overline{X}}=\frac{1}{k}\sum_{i=1}^{k}\overline{x}_i \tag{4-21}$$

$\overline{X}$ 的上控制线

$$\overline{X}_s=\overline{\overline{X}}+A\overline{R} \tag{4-22}$$

$\overline{X}$ 的下控制线

$$\overline{X}_x=\overline{\overline{X}}-A\overline{R} \tag{4-23}$$

R 虽不是正态分布，但当 $M<10$ 时，其分布与正态分布也是比较接近的，因而 R 的分散范围也可取为 $\pm3\sigma_R$（σ_R 是 R 分布的标准偏差），σ_x 和 σ_R 分别与总体标准偏差 σ 间有如下的关系

$$\sigma_{\bar{x}} = \frac{\sigma}{\sqrt{m}} \tag{4-24}$$

$$\sigma_R = d\sigma \tag{4-25}$$

R 的中心线

$$\overline{R} = \frac{1}{k}\sum_{i=1}^{k}\overline{R}_i \tag{4-26}$$

R 的上控制线

$$R_s = D_1\overline{R} \tag{4-27}$$

R 的下控制线

$$R_x = D_2\overline{R} \tag{4-28}$$

（当 $D_2<0$ 时，R 的下控制线不存在）

$$\sigma = \frac{\overline{R}}{c} \tag{4-29}$$

上面各式系数 A、D_1、D_2、c、d 值见表 4-9。

表 4-9　系数 c、d、A、D_1、D_2 的数值

m	2	3	4	5	6	7	8	9	10
c	1.128	1.693	2.059	2.326	2.534	2.701	2.847	2.970	3.078
d	0.8528	0.8884	0.8798	0.8641	0.8480	0.8330	0.8200	0.808	0.797
A	1.8806	1.0231	0.7285	0.5768	0.4833	0.4193	0.3726	0.3367	0.3082
D_1	3.2681	2.5742	2.2819	2.1145	2.0039	1.9242	1.8641	1.8162	1.7768
D_2	0	0	0	0	0	0.0758	0.1359	0.1838	0.2232

（2）点图分析法的应用　点图分析法是全面质量管理中用以控制产品加工质量的主要方法之一，在实际生产中应用很广。它主要用于工艺验证、分析加工误差和加工过程的质量控制。工艺验证的目的是判定某工艺是否稳定地满足产品的加工质量要求。其主要内容是通过抽样调查，确定其工艺能力和工艺能力系数，并判别工艺过程是否稳定。

在点图上作出平均线和控制线后，就可根据图中点的情况来判别工艺过程是否稳定（波动状态是否属于正常），表 4-10 表示判别正常波动与异常波动的标志。

表 4-10　正常波动与异常波动的标志

正常波动	异常波动
1. 没有点子超出控制线	1. 有点子超出控制线
2. 大部分点子在平均线上下波动，小部分在控制线附近	2. 点子密集分布在平均线上下附近
3. 点子没有明显的规律性	3. 点子密集分布在控制线附近
	4. 连续 7 点以上出现在平均线一侧
	5. 连续 11 点中有 10 点出现在平均线一侧
	6. 连续 14 点中有 12 点以上出现在平均线一侧
	7. 连续 17 点中有 14 点以上出现在平均线一侧
	8. 连续 20 点中有 16 点以上出现在平均线一侧
	9. 点子有上升或下降倾向
	10. 点子有周期性波动

必须指出，工艺过程稳定性与出不出废品是两个不同的概念。工艺的稳定性用 $\overline{X}$-R 图判断，而工件是否合格则用公差衡量，两者之间没有必然的联系。

（三）机床调整尺寸

工艺系统调整时必须正确规定调整尺寸（调整时试切零件的平均值），才能保证整批工件的尺寸分布在公差带范围内。

对于稳定的工艺过程，最理想的情况是使实际加工的尺寸分散中心与公差带中心 A_M 重合。但机床进行加工前，尺寸分散中心 μ 是无法确定的，只能通过试切样件组（小样本），并用样件组的平均值 $\overline{X}$ 来估计。

如图 4-51 所示，当工件公差要求为 T，且工序加工误差的分散范围为 6σ 时，为保证调整后加工零件不出废品，调整机床时应使得实际分布中心 μ 落在图上 AA 和 BB 之间。若实际分布中心 μ 偏在 AA 的左侧或 BB 的右侧，都将出现废品。

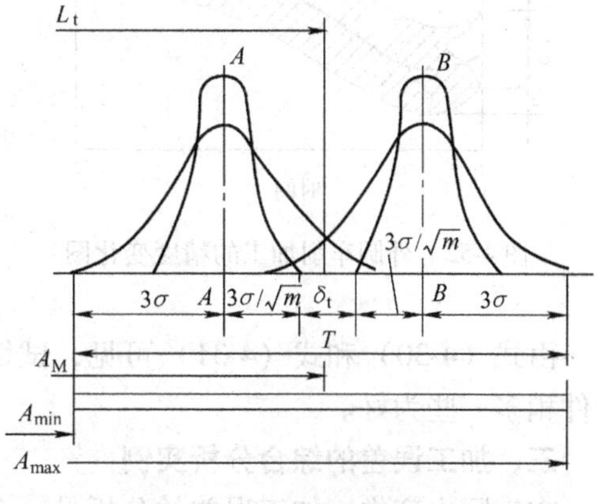

图 4-51 机床调整尺寸计算

由于样本的平均值 $\overline{X}$ 也是随机变量，并且是服从参数为 μ、$\sigma/\sqrt{m}$的正态分布，因此如果工件尺寸的实际分散中心 μ 已知，则样本的平均值 $\overline{X}$ 必然落在（$\mu\pm3\sigma/\sqrt{m}$）的范围内；反之，如果已知的是一个样本的平均值 $\overline{X}$，那么可以断定实际分布中心 μ 一定落在（$\overline{X}\pm3\sigma/\sqrt{m}$）的范围内。因此，调整机床时，只要使试切样件组的平均值 $\overline{X}$（即调整尺寸 Δt）落在图上 δ_t 的范围内，实际分布中心 μ 就必然落在 AA 于 BB 之间，因而也就能保证调整后加工零件尺寸全部落在公差 T 的范围内。根据这一要求，由图 4-51 可得

$$\Delta t = A_M \pm \delta_t/2$$

$$\delta_t = T - 6\sigma - 6\sigma/\sqrt{m} = T - 6\sigma\ (1 + 1/\sqrt{m}) \tag{4-30}$$

式中 m——试切样件的个数；

σ——工序标准偏差（可由加工设备已知的工序能力系数 C_p 值计算得到）；

T——工序公差。

对于不稳定工艺过程的调整，不仅要保证整批工件的尺寸分散不超出公差范围，还要求两次调整间能加工尽可能多的工件。因此，不仅要考虑因随机误差引起的尺寸分散，还要考虑工艺系统热变形和刀具磨损等引起的变值系统误差的影响。

例如，车削一批工件的外圆，由于刀具受热变形和刀具磨损而存在变值系统误差，使总体瞬时分布中心随时间变化，同时瞬时分布范围也随时间变化，如图 4-52 所示。图中实线代表 $\overline{X}$ 的变化规律，阴影部分代表各瞬间的分散范围。由于在开始加工的一段时间内刀具热伸长往往大于刀具的磨损量，因此加工尺寸有逐渐减小的趋势（设根据以往的资料，这段时间里的工件直径减小量是 a）；刀具热平衡后，主要由于刀具磨损而使加工尺寸又有逐渐增大的趋势（图中 b 代表了刀具磨损引起的误差）。与此同时，由于刀具磨损、切削力增大等原因，使工件尺寸的瞬时分散范围也逐渐扩大。开始调整时（t_1），瞬时尺寸分布标准

差为 σ_1，下次调整时间 t_2 的标准差为 σ_2。为保证下次调整时间 t_2 之前不会出现废品，此时调整尺寸的公差应为（见图 4-53）

$$\delta_t = T - (a+b) - 6\sigma_1(1+1/\sqrt{m}) \tag{4-31}$$

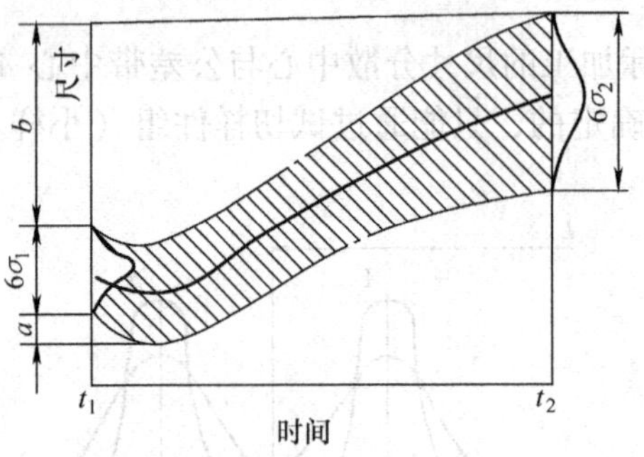

图 4-52　外圆车削加工的精度变化图

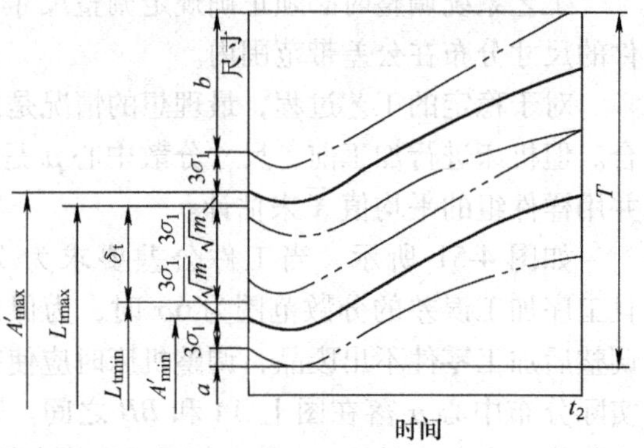

图 4-53　不稳定工艺过程机床的调整尺寸

由式（4-30）和式（4-31）可见，试切样件组的件数 m 越少，σ_1 也越小，所以调整试切件稍多一些为好。

三、加工误差的综合分析实例

在实际生产中，加工误差的分析是一个综合性问题，其关键在于找出在具体条件下影响加工精度的主要误差。通常需要综合运用统计分析法和因素分析法，并按下列步骤进行：

1）调查误差产生的情况，获取原始资料。

2）对调查结果进行初步分析。

3）采用统计分析和现场测试的方法，从定性、定量方面作出判断。

4）采取相应措施，并验证实际效果。

下面以实例具体介绍分析误差的方法和步骤。例如，连杆小头孔（衬套孔）金刚镗后位置精度超差的分析及采取的措施。

某厂生产汽车连杆，小头孔轴线对大头孔轴线在垂直两孔轴线所在平面方向的平行度要求，100mm 长度内为 0.03mm；在两孔轴线所在平面方向的平行度，100mm 长度内为 0.06mm。这两项精度要求历来不能稳定地达到。因此，在工艺上放宽到垂直两孔轴线所在平面方向的平行度，100mm 长度内为 0.08mm；两孔轴线所在平面方向的平行度，100mm 长度内为 0.2mm。同时还允许人工校直。公差带放宽后，生产基本上能正常进行。但生产一段时间后，加工情况逐渐恶化，校直率猛增，甚至出现垂直两孔轴线所在平面方向平行度超差。为此，有时将铜套压出重新另压铜套进行加工，这成为当时生产中急待解决的质量问题。

1. 调查

工件是以大头孔和端面为精基准，用液压塑料心轴定位，如图 4-54a、b 所示，限制工件五个自由度，用可移式菱形销插入小头孔内限制工件的转动，以保证孔的位置精度。连杆小头孔是用双轴金刚镗进行精镗，如图 4-54c 所示。为了提高工件刚度，在接近小头孔的杆身处加上两个辅助支承，如图 4-54a 所示。

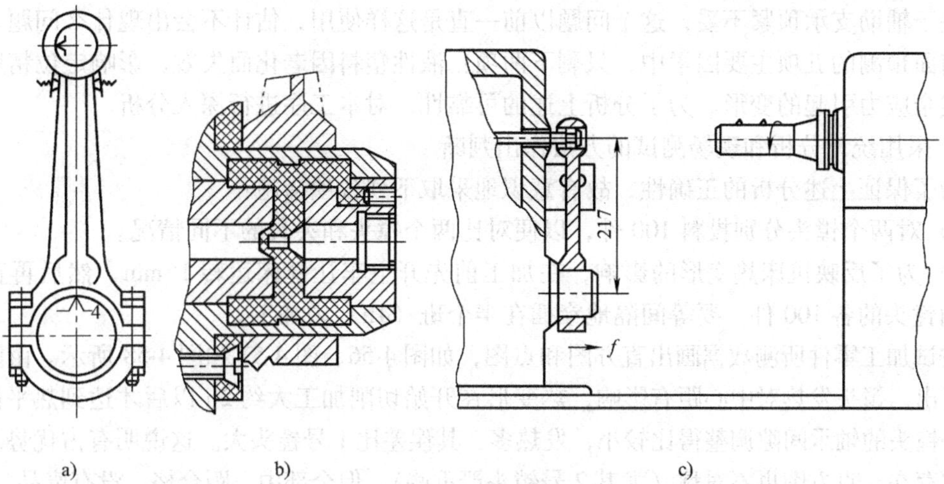

图 4-54 连杆加工图

a）大头孔和小头孔定位与杆身支承 b）液塑定位与紧固 c）小头孔加工

经调查广泛了解情况之后，可将各方面的意见反映在一张因果图上，如图 4-55 所示，此图又称树枝图或鱼刺图。在分析探讨一个质量问题的产生原因时，离不开工艺系统和与加工有关的几个主要方面，如机床、夹具、刀具、工件（或毛坯）、操作、测量、作业环境等。

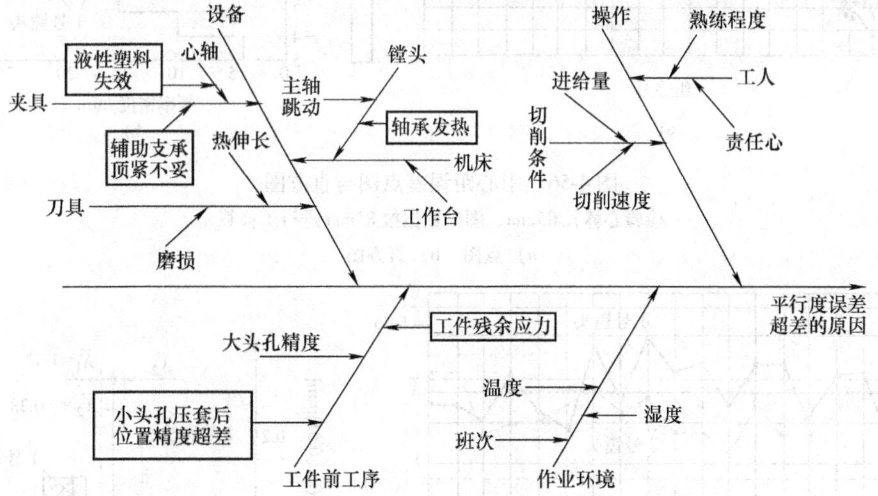

图 4-55 因果分析图

2. 初步分析

从图中看出，所有可能的影响因素都提到了。图中画方框的可能是主要的影响因素。经过深入细致的分析，认为其中几项可能影响不大。如镗头的热变形，一般是使镗头轴线向上平移或倾斜，加工时工件是由工作台送进，这样只会引起大孔和小孔的中心距误差、小孔的圆度误差，不会影响其平行度。另外，小头孔压套后位置度超差所产生的误差复映程度估计不大。因为本工序是精镗孔，加工余量很小，其次精镗杆上装有两个刀头，其间距大于工件的厚度，因此当第二个刀头切削时，其背吃刀量基本没有什么变化；加上切削速度高，背吃刀量和进给量小，切削力很小，因此误差复映的程度很小。

关于辅助支承顶紧不妥，这个问题以前一直是这样使用，估计不会出现什么问题。

前面预测的五项主要因素中，只剩下两项：液性塑料因老化而失效，影响定位精度；工件的残余应力引起的变形。为了分析上述的可靠性，对本工序进行深入分析。

3. 采用统计分析和现场测试的方法作出判断

为了保证上述分析的正确性，故有意识地采取下列各项措施：

1）对两个镗头分别投料100件，以便对比两个镗头和夹具的不同情况。

2）为了反映机床热变形的影响，在加工前先开空车让镗床运转15min，然后再正式加工。两镗头的各100件，要等间隔地穿插在半个班（4h）内加工。

按试加工零件所测数据画出直方图和点图，如图4-56、图4-57和图4-58所示。由图4-56可以看出，镗头发热对中心距有影响，热变形在开始切削加工大约2h以后才达到热平衡。由于2号镗头的轴承间隙调整得比较小，发热多，其误差比1号镗头大。这说明有占优势的热变形误差存在，直方图也不对称（尤其2号镗头严重些），但全部中心距合格，没有废品。

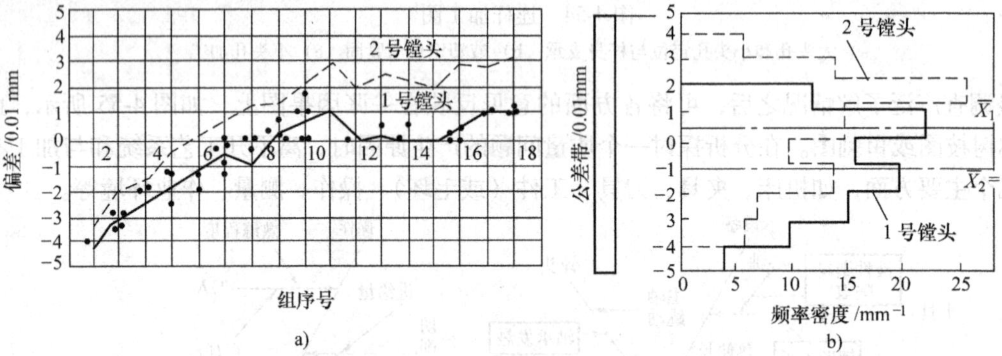

图4-56 中心距误差点图与直方图

检验心棒长85mm，图中数据按85mm进行了换算

a）点图 b）直方图

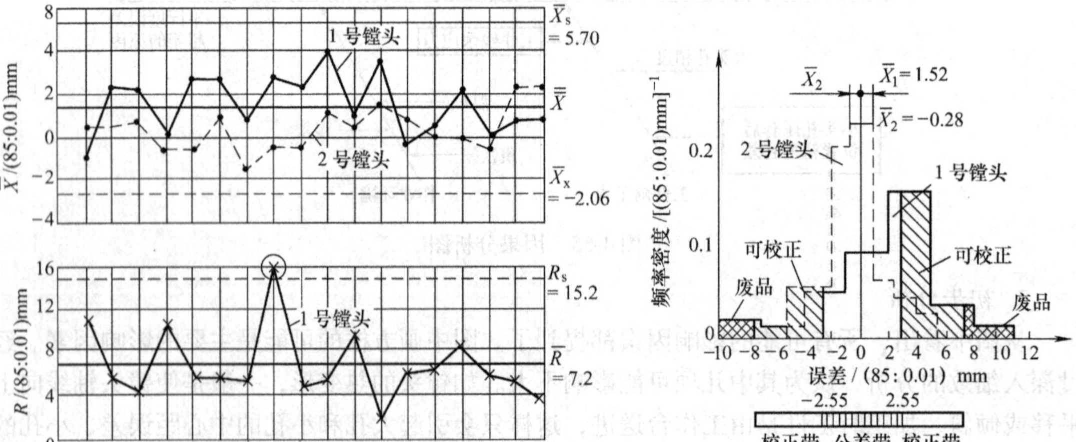

图4-57 垂直方向平行度点图、直方图

a）点图 b）直方图

图 4-57 所示是垂直两孔轴线所在平面方向平行度的 $\overline{X}$-R 点图和直方图。看来 $\overline{X}$ 是稳定的，说明热变形对它没有影响（两孔轴线所在平面方向的与此相似，从略）。这与前面的分析是一致的。至于 1 号镗头的 R 图中有一个点子超出 R_s 线，只能说明其极差突然扩大（有随机性因素影响），不能说明是热变形的影响（2 号镗头 R 图从略）。

图 4-58 所示为水平方向平行度直方图（点图与图 4-57 相似，从略）。从图 4-57 与图 4-58 的直方图看出，1 号镗头与 2 号镗头的分布情况及其废品率是不同的。图中斜线表示可校正的不合格品，交叉线表示不可校正的废品。1 号镗头无论是系统性误差或是随机性误差都比 2 号镗头大。2 号镗头没有废品，校正品率也低得多。这些现象都说明问题出在 1 号镗头上，而且是出在 1 号镗头的夹具上。

测试时应注意以下几个方面：

1）检查液性塑料心轴母线对镗床工作台的平行度误差。所测误差很小（数据从略），说明因心轴装配误差所引起的系统性常值误差很小，可以忽略。

2）检查心轴夹紧工件时，心轴胀开的均匀性误差。测量心轴上相距 30mm 的 Ⅰ、Ⅱ 两点，发现 1 号镗头心轴胀紧后 Ⅰ 点比 Ⅱ 点低 0.04mm，如图 4-59a 所示。由于 Ⅰ 点不能充分定心夹紧，工件大头孔的轴线就不能保证与心轴的轴线一致（定位不稳）。2 号镗头的心轴胀紧后，均匀性误差较小，Ⅰ 点比 Ⅱ 点低 0.005mm（见图 4-59b），对加工后两孔的平行度影响不大。测试结果与图 4-57 及图 4-58 所反映的情况相符。

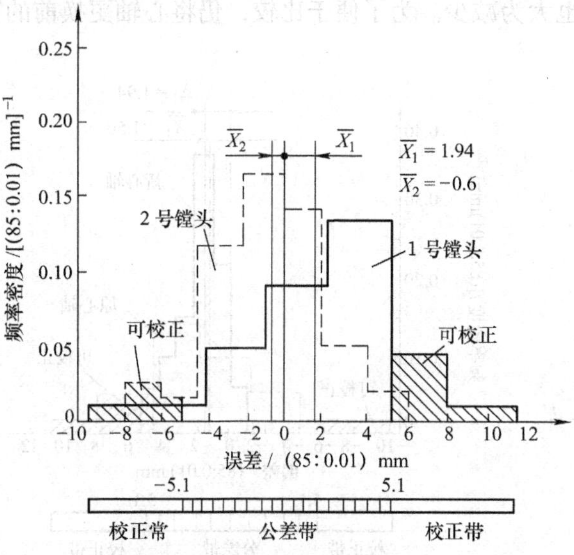

图 4-58 水平方向平行度直方图

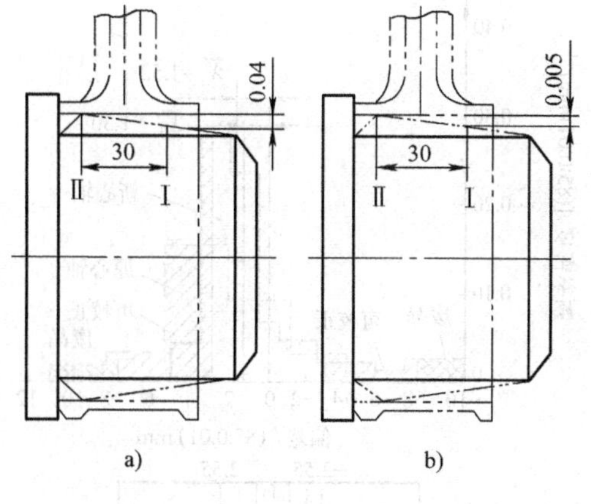

图 4-59 心轴胀开的均匀性误差

a）1 号镗头 b）2 号镗头

3）为了检查辅助支承的影响，在连杆已镗完的小头孔中插入检验棒，在大头孔定心夹紧的情况下，多次夹紧松开辅助支承，测量检验棒两端与机床工作台的平行度，发现其平行度变化很小（数据从略）。这说明辅助支承结构良好，没有引起什么误差。

4）为了检验残余应力对平行度的影响，对工件校正后的误差进行测量，画出三个典型件的变形曲线（见图 4-60）。

件1精镗后平行度为10μm（在85mm长度上为0.01mm），校正后为-3μm（单位同前），存放后向反向变形。件2精镗后平行度为-6μm，校正后为-1.2μm，存放后仍按校正变形方向继续变形，但数值不大。件3未经校正，但与件2有相似的变形过程。

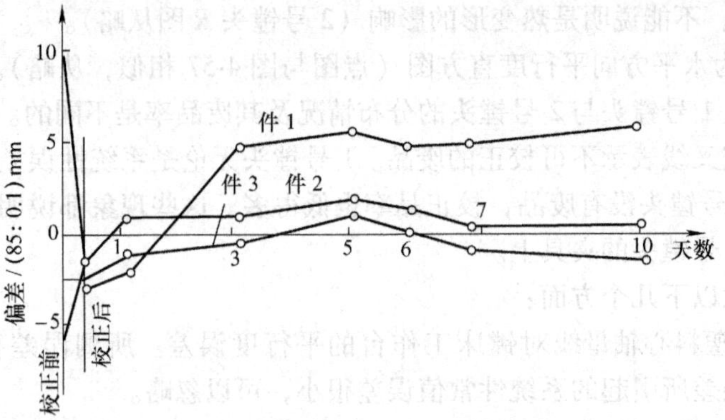

图4-60　残余应力引起的变形曲线

由此可见，残余应力对平行度的影响不大。因此进一步肯定，主要影响因素是1号镗头液性塑料心轴因老化失效引起的。

4. 验证

将1号镗头心轴更换后加工一批工件，其平行度误差的直方图如图4-61中实线所示。从图中看出加工精度显著提高，可校正件也大为减少。为了便于比较，仍将心轴更换前的直方图用虚线画在同一图上。

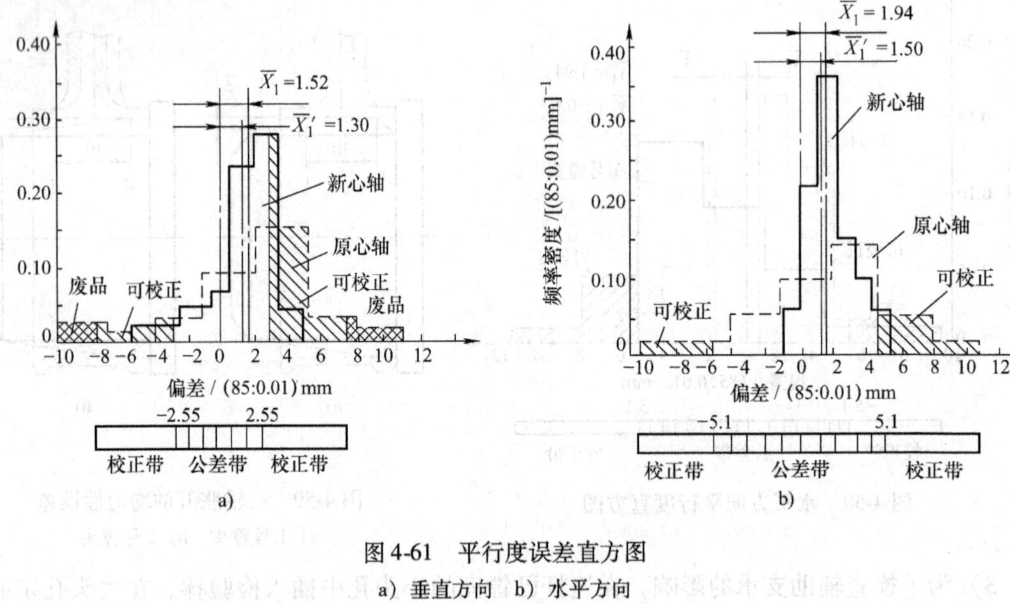

图4-61　平行度误差直方图

a）垂直方向　b）水平方向

第七节　提高和保证加工精度的途径

本节主要是针对在生产实际中如何提高和保证加工精度所采取的一些措施，建议组织互动式课堂讨论，以便对提高加工精度的途径有一个全面的了解。

一、直接减少误差法

直接减少误差法在生产中应用较广，是在查明产生加工误差的主要因素之后，设法对其直接进行消除或减少的方法。

例如，细长轴的车削，由于受力和热的影响而使工件产生弯曲变形，现采用了“大进给反向切削法”，再辅之以弹簧后顶尖，可进一步消除热伸长的危害。又如，薄环形零件在磨削中，由于采用了树脂结合剂粘合以加强工件刚度的办法，使工件在自由状态下得到固定，解决了薄环形零件两端面的平行度问题。其具体方法是将薄环形零件下面粘结到一块平板上，再将平板放到磁力工作台上磨平工件的上端面；然后将工件从平板上取下（使结合剂热化），再以磨平的一面作为定位基准磨另一面，以保证其平行度。

二、误差补偿法

误差补偿法就是人为地造出一种新的原始误差，去抵消原来工艺系统中固有的原始误差，从而减少加工误差，提高加工精度。例如，用校正机构提高丝杠车床传动链精度。在精密螺纹加工中，机床传动链误差将直接反映到加工工件螺距上，使精密丝杠的加工精度受到一定的限制。为了满足加工精度要求，不能采取一味提高传动链中各个元件精度的办法，实际生产中广泛应用了以误差补偿原理来消除传动链误差的方法，如图 4-11 所示的螺纹加工校正装置。

三、均分原始误差法

在生产中会遇到这种情况：本工序的加工精度是稳定的，工序能力也足够，但毛坯或上道工序加工的半成品精度太低，引起定位误差或复映误差过大，因而不能保证加工精度。如要求提高毛坯精度或上道工序的加工精度，往往是不经济的。这时，可采用均分原始误差法，可把毛坯（或上道工序的工件）按尺寸误差大小分为 n 组，每组毛坯的误差就缩小为原来的 $1/n$，然后按各组的平均尺寸分别调整刀具与工件的相对位置或调整定位元件，就可大大缩小整批工件的尺寸分散范围。

为了提高配合件的配合精度，也可采用分组装配法（详见第七章）。

四、误差转移法

误差转移法实质上是将工艺系统的几何误差、受力变形和热变形等，转移到不影响加工精度的方向去。例如，对具有分度或转位的多工位加工工序或采用转位刀架加工的工序，其分度、转位误差将直接影响零件有关表面的加工精度。若将刀具垂直安装（图 4-62），可将转塔刀架转位时的重复定位误差 $\pm\Delta\alpha$ 转移到零件内孔加工表面的误差非敏感方向，以减少加工误差的产生，提高加工精度。

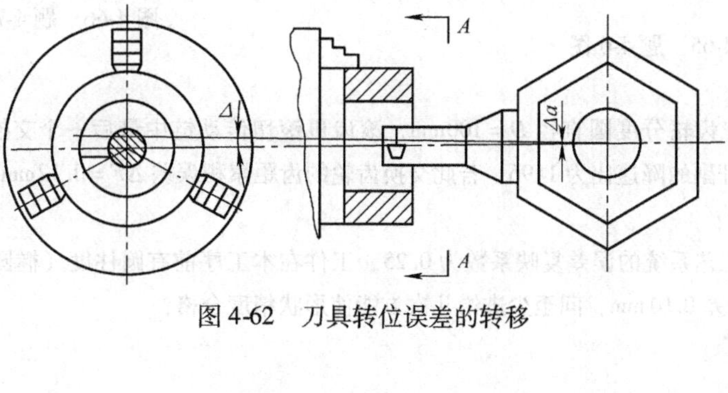

图 4-62　刀具转位误差的转移

又如，利用镗模进行镗孔，将主轴与镗杆进行浮动联接。这样，就使镗孔时的孔径不受机床误差的影响，镗孔精度由夹具镗模来保证。

习题与思考题

4-1　何谓加工精度、加工误差、公差？它们之间有什么区别？

4-2　车床床身导轨在垂直平面内及水平面内的直线度对车削轴类零件的加工误差有什么影响？影响程度各有何不同？

4-3　试分析滚动轴承的外环内滚道及内环外滚道的形状误差（见图 4-63）所引起主轴回转轴线的运动误差，它对被加工零件精度有什么影响？

4-4　试分析在车床上加工时产生下述误差的原因：

1）在车床上镗孔时，引起被加工孔圆度误差和圆柱度误差。

2）在车床三爪自定心卡盘上镗孔时，引起内孔与外圆不同轴度、端面与外圆的不垂直度。

4-5　在车床上用两顶尖装夹工件车削细长轴时，出现图 4-64 所示误差是什么原因？分别采用什么办法来减少或消除？

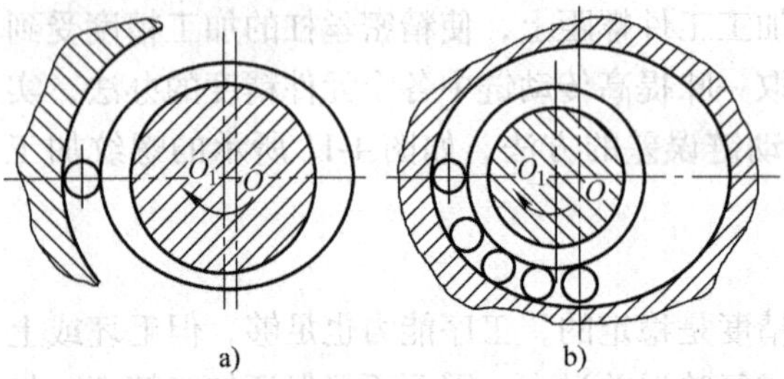

图 4-63　题 4-3 图

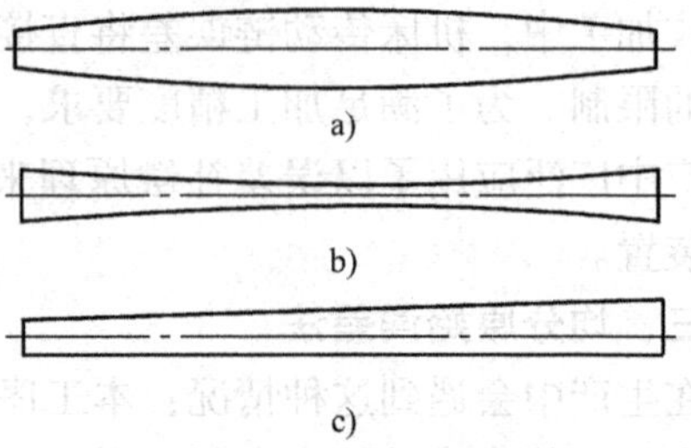

图 4-64　题 4-5 图

4-6　试分析在转塔车床上将车刀垂直安装加工外圆（见图 4-65）时，影响直径误差的因素中，导轨在垂直面内和水平面内弯曲，哪个影响大？与卧式车床比较有什么不同？为什么？

4-7　在磨削锥孔时，用检验锥度的塞规着色检验，发现只在塞规中部接触或在塞规的两端接触（见图 4-66）。试分析造成误差的各种因素。

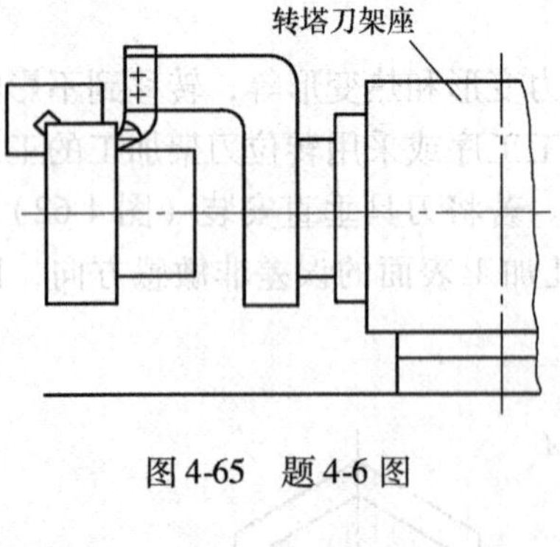

图 4-65　题 4-6 图

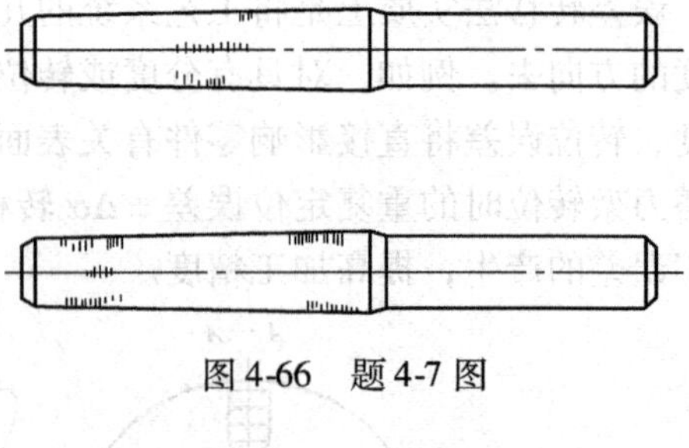

图 4-66　题 4-7 图

4-8　如果被加工齿轮分度圆直径 $D=100\text{mm}$，滚齿机滚切传动链中最后一个交换齿轮的分度圆直径 $d=200\text{mm}$，分度蜗杆副的降速比为 1:96，若此交换齿轮的齿距累积误差 $\Delta F=0.12\text{mm}$，试求由此引起的工件的齿距偏差是多少？

4-9　设已知一工艺系统的误差复映系数为 0.25，工件在本工序前有圆柱度（椭圆度）0.45mm。若本工序形状精度规定公差 0.01mm，问至少进给几次方能使形状精度合格？

4-10 在车床上加工丝杠，工件总长为2650mm，螺纹部分的长度 $L=2000$mm，工件材料是45钢，加工时室温为20℃，加工后工件升温到45℃，螺纹部分升温至30℃。试求工件全长上由于热变形引起的螺距累积误差。

4-11 横磨工件时（见图4-67），设横向磨削力 $F_y=100$N，主轴箱刚度 $k_{zx}=5000$N/mm，尾座刚度 $k_{wz}=4000$N/mm，加工工件尺寸如图4-67所示，求加工后工件的锥度。

4-12 试说明磨削外圆时使用固定顶尖的目的是什么？哪些因素引起外圆的圆度和锥度误差（见图4-68）？

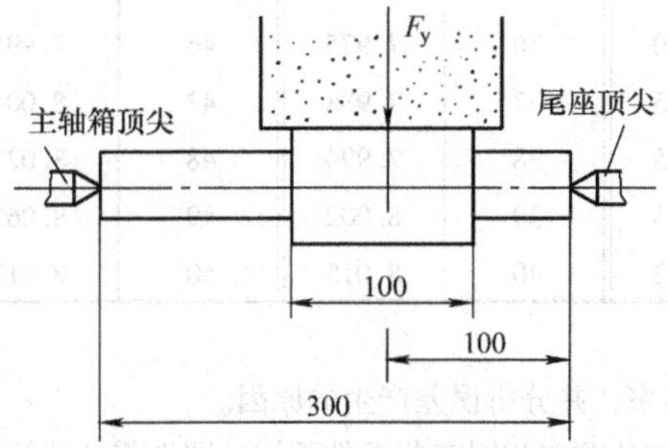

图4-67 题4-11图

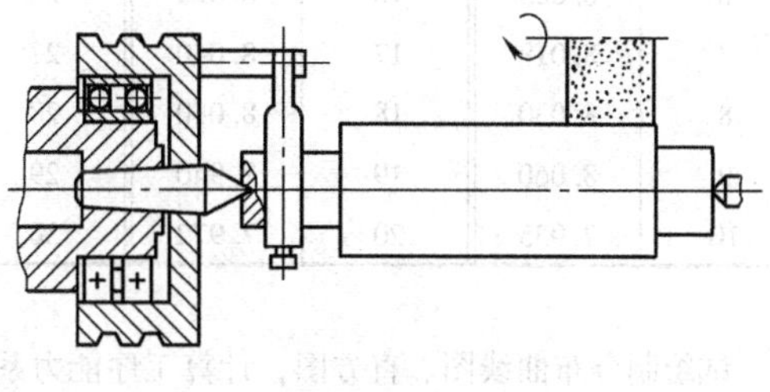
图4-68 题4-12图

4-13 在车床或磨床上加工相同尺寸及相同精度的内、外圆柱表面时，加工内孔表面的进给次数往往多于外圆表面，试分析其原因。

4-14 在车床上加工一长度为800mm、直径为60mm的45钢光轴。现已知机床各部件的刚度分别为 $k_{tz}=9000$N/mm、$k_{wz}=5000$N/mm、$k_{dj}=4000$N/mm，加工时的切削力 $F_z=600$N，$F_y=0.4F_z$。试分析计算一次进给后工件的轴向形状误差（工件装夹在两顶尖之间）。

4-15 在卧式铣床上铣削键槽（见图4-69），经测量发现靠工件两端的深度大于中间，且都比调整的深度尺寸小。试分析这一现象的原因。

4-16 如图4-70所示的床身零件，当导轨面在龙门刨床上粗刨之后便立即进行精刨。试分析若床身刚度较低，精刨后导轨面将会产生什么样的误差？

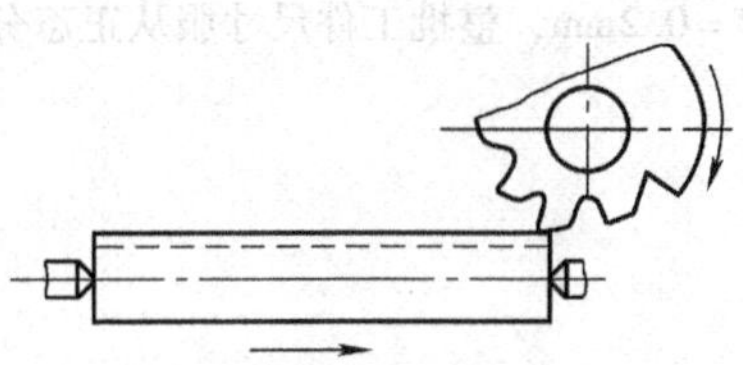
图4-69 题4-15图

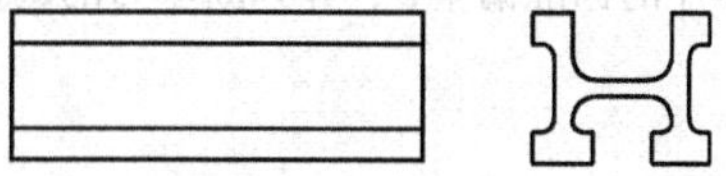
图4-70 题4-16图

4-17 车削一批轴的外圆，其尺寸为 $d=\phi25\pm0.05$mm。已知此工序的加工误差分布曲线是正态分布，其标准偏差 $\sigma=0.025$mm，曲线的顶峰位置偏于公差带中值的左侧。试求零件的合格率、废品率。工艺系统经过怎样的调整可使废品率降低？

4-18 在无心磨床上用贯穿法磨削加工 $d=\phi20$mm 的小轴，已知该工序的标准偏差 $\sigma=0.003$mm，现从一批工件中任取5件测量其直径，求得算术平均值为 $\phi20.008$mm。试估算这批工件的最大尺寸及最小尺寸是多少？

4-19 有一批零件，其内孔尺寸为 $\phi70^{+0.03}_{0}$mm，属正态分布。试求尺寸在 $\phi70^{+0.03}_{+0.01}$mm 之间的概率。

4-20 在自动机上加工一批尺寸为 $\phi8\pm0.09$mm 的工件，机床调整后试车50件，测得尺寸如下（见表4-11）：

表 4-11 试 件 尺 寸

试件号	尺寸/mm	试件号	尺寸/mm	试件号	尺寸/mm	试件号	尺寸/mm	试件号	尺寸/mm
1	7.920	11	7.970	21	7.895	31	8.000	41	8.024
2	7.970	12	7.982	22	7.992	32	8.012	42	7.028
3	7.980	13	7.991	23	8.000	33	8.024	43	7.965
4	7.990	14	7.998	24	8.010	34	8.045	44	7.980
5	7.995	15	8.007	25	8.022	35	7.960	45	7.998
6	8.005	16	8.022	26	8.040	36	7.975	46	7.995
7	8.018	17	8.040	27	7.975	37	7.988	47	8.004
8	8.030	18	8.080	28	7.975	38	7.994	48	8.027
9	8.060	19	7.940	29	7.985	39	8.002	49	8.065
10	7.935	20	7.972	30	7.992	40	8.015	50	8.017

试绘制分布曲线图、直方图，计算工序能力系数和废品率，并分析误差产生的原因。

4-21 加工一批零件，其外径尺寸为 $\phi28\pm0.6$mm。已知从前在相同工艺条件下加工同类零件的标准偏差为 0.14mm，试设计加工该零件的 $\bar{X}$-R 图。如该批零件尺寸如表 4-12 所示，试分析该工序的工艺稳定性。

表 4-12 试 件 尺 寸

试件号	尺寸/mm	试件号	尺寸/mm	试件号	尺寸/mm	试件号	尺寸/mm	试件号	尺寸/mm
1	28.10	6	28.10	11	28.20	16	28.00	21	28.10
2	27.90	7	27.80	12	28.38	17	28.10	22	28.12
3	27.70	8	28.10	13	28.43	18	27.90	23	27.90
4	28.00	9	27.95	14	27.90	19	28.04	24	28.06
5	28.20	10	28.26	15	27.84	20	27.86	25	27.80

4-22 在车床上加工一批工件的孔，经测量实际尺寸小于要求的尺寸而必须返修工件数占 22.4%，大于要求的尺寸而不能返修的工件数占 1.4%。若孔的直径公差 $T=0.2$mm，整批工件尺寸服从正态分布，试确定该工序的标准偏差 σ，并判断车刀的调整误差是多少？

第五章　机械加工表面质量

零件的机械加工质量不仅指加工精度，还有表面质量。产品的工作性能，尤其是它的可靠性、耐久性等，在很大程度上取决于其主要零件的表面质量。深入探讨和研究机械加工表面质量，掌握机械加工中各种工艺因素对表面质量影响的规律，并应用这些规律控制加工过程，对提高表面质量，保证产品质量具有重要意义。学习时除了掌握金属切削过程和磨削过程等最基本的原理外，着重了解几种零件损伤和破裂现象，如轴承环的磨损、小轴的断裂，表面的腐蚀等，以便提高学习兴趣和动力。在机械振动方面，要会分清强迫振动和自激振动，以及不同的消振措施。

第一节　机械加工表面质量的含义及其对零件使用性能的影响

一、机械加工表面质量的含义

任何机械加工方法所获得的加工表面都不可能是绝对理想的表面，总存在着表面粗糙度、表面波度等微观几何形状误差。表面层的材料在加工时还会产生物理力学性能变化，以及在某些情况下产生化学性质的变化。图5-1a所示为加工表层沿深度方向的变化情况。在最外层生成有氧化膜或其他化合物，并吸收、渗进了气体、液体和固体的粒子，称为吸附层。其厚度一般不超过8nm。压缩层即为表面塑性变形区，由切削力造成，厚度为几十至几百微米，随加工方法的不同而变化。其上部为纤维层，是由被加工材料与刀具之间的摩擦力所造成的。另外，切削热也会使表面层产生各种变化，如同淬火、回火一样使材料产生相变以及晶粒大小的变化等。因此，表面层的物理力学性能不同于基体，产生了如图5-1b、c所示的显微硬度和残余应力变化。综上所述，表面质量的含义有两方面内容。

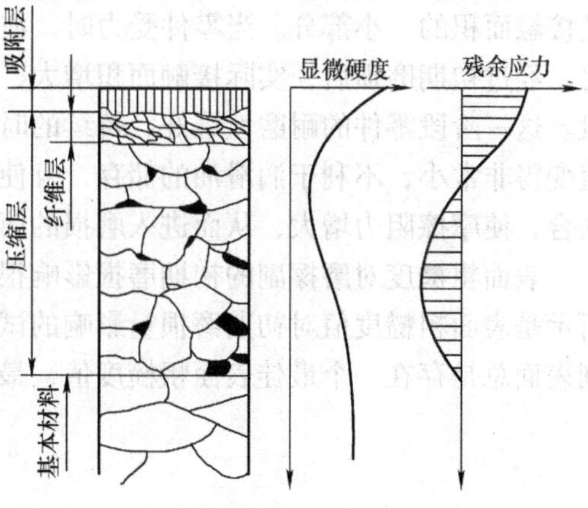

图5-1　加工表面层沿深度方向的变化情况

1. 表面的几何特征

图5-2所示是表面三种不同的几何特征的示意关系，其中 L_1/H_1 一般大于1000，是形状误差，已在第四章机械加工精度中介绍过，其余两项内容是本章的研究内容。

（1）表面粗糙度　它是指加工表面的微观形状误差，如图5-2所示，其波长 L_3 与波高 H_3 的比值一般小于50。

表面粗糙度现行标准是GB/T 1031—2009。在确定表面粗糙度时，可在 Ra、Rz 两项幅度参数中选取，并推荐优先选用 Ra。

（2）表面波度　它是介于形状误差（$L_1/H_1>1000$）与表面粗糙度（$L_3/H_3<50$）之间的周期性形状误差。它主要是由机械加工过程中工艺系统低频振动所引起的，如图 5-2 所示，其波长 L_2 与波高 H_2 的比值一般为 50 ~1000。

（3）纹理方向　它是指表面刀纹的方向，取决于表面形成所采用的机械加工方法。一般对运动副或密封件要求纹理方向。

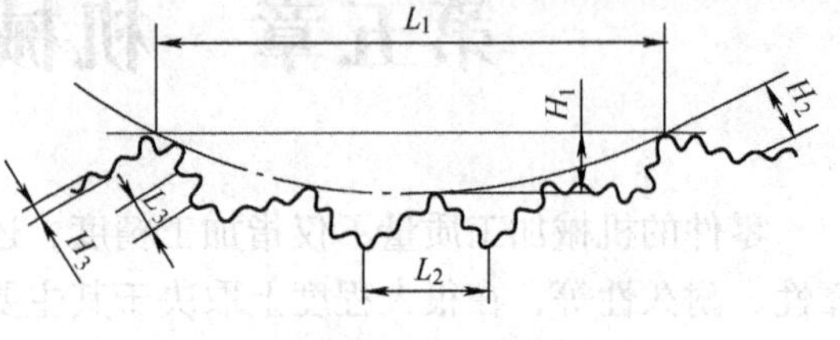

图 5-2　形状误差、表面粗糙度及波度的示意关系

2. 表面层物理力学性能

由于机械加工中力因素和热因素的综合作用，加工表面层金属的物理力学性能和化学性能发生一定的变化，主要表现在以下几个方面：

1）表面层加工硬化（冷作硬化）。

2）表面层金相组织变化。

3）表面层产生残余应力。

二、机械加工表面质量对零件使用性能的影响

1. 表面质量对零件耐磨性的影响

零件的磨损可分为三个阶段，如图 5-3 所示。第 I 阶段称初期磨损阶段。由于摩擦副开始工作时，两个零件表面互相接触，一开始只是在两表面波峰接触，实际的接触面积只是名义接触面积的一小部分。当零件受力时，波峰接触部分将产生很大的压强，因此磨损非常显著。经过初期磨损后，实际接触面积增大，磨损变缓，进入磨损的第Ⅱ阶段，即正常磨损阶段。这一阶段零件的耐磨性最好，持续的时间也较长。最后，由于波峰被磨平，表面粗糙度值变得非常小，不利于润滑油的储存，且使接触表面之间的分子亲和力增大，甚至发生分子粘合，使摩擦阻力增大，从而进入磨损的第Ⅲ阶段，即急剧磨损阶段。

表面粗糙度对磨擦副的初期磨损影响很大，但也不是表面粗糙度值越小越耐磨。图 5-4 所示是表面粗糙度值对初期磨损量影响的试验曲线。从图中看到，在一定工作条件下，摩擦副表面总是存在一个最佳表面粗糙度值，最佳表面粗糙度 $Ra=0.32\sim1.25\mu m$。

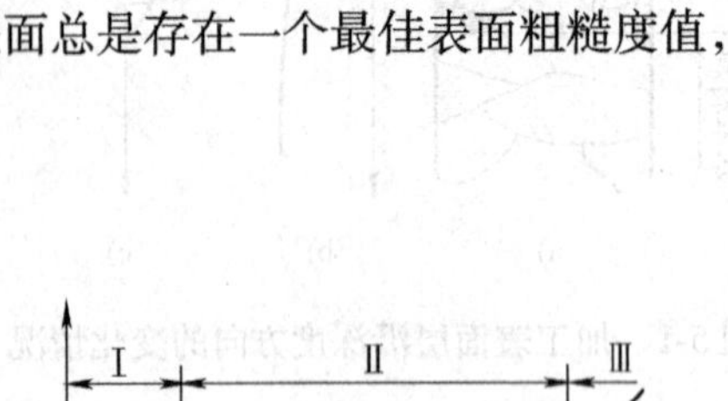

图 5-3　磨损过程的基本规律

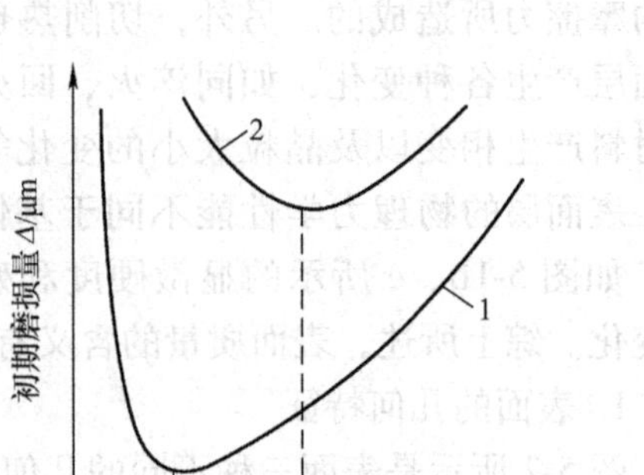

图 5-4　表面粗糙度值与初期磨损量的关系
1—轻负荷　2—重负荷

表面纹理方向对耐磨性也有影响，这是因为它能影响金属表面的实际接触面积和润滑液的存留情况。轻载时，两表面的纹理方向与相对运动方向一致时，磨损量最小；当两表面纹理方向与相对运动方向垂直时，磨损量最大。但是在重载情况下，由于压强、分子亲和力和润滑液的储存等因素的变化，其规律与上述有所不同。

零件表面层的加工硬化，一般能提高耐磨性0.5~1倍。这是因为加工硬化提高了表面层的强度，减少了表面进一步塑性变形和咬焊的可能。但过度的加工硬化会使金属组织疏松，甚至出现疲劳裂纹和产生剥落现象，从而使耐磨性下降。T7A钢件车削后表面冷硬程度与耐磨性的关系如图5-5所示，存在一个最佳硬化程度，可使零件的耐磨性为最好。

2. 表面质量对零件疲劳强度的影响

在交变载荷作用下，零件表面粗糙度、划痕、裂纹等缺陷最易形成应力集中，并发展成疲劳裂纹，导致零件疲劳破坏。因此，对于重要零件表面如连杆、曲轴等，应进行光整加工，减小表面粗糙度值，提高其疲劳强度。

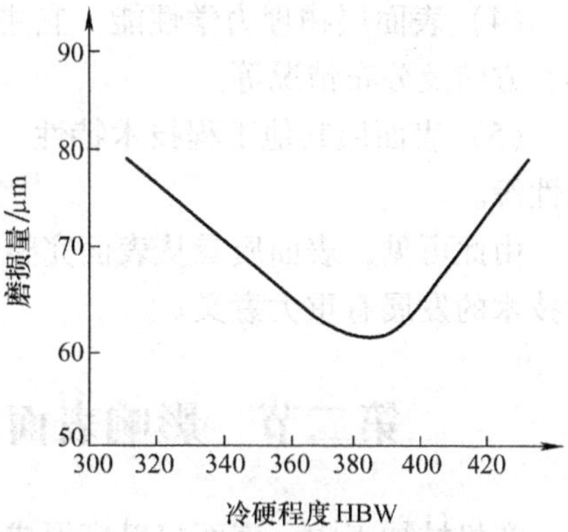

图5-5 表面冷硬程度与耐磨性的关系

表面残余应力对疲劳强度的影响极大。由于疲劳破坏是从表面开始，由拉应力产生的疲劳裂纹引起的。因此，表面如具有残余压应力，能延缓疲劳裂纹的产生、扩展，而使零件疲劳强度提高。

表面层的加工硬化对疲劳强度也有影响。适当的加工硬化能阻碍已有裂纹的继续扩大和新裂纹的产生，有助于提高疲劳强度。但加工硬化程度过大，反而易产生裂纹，故加工硬化程度应控制在一定范围内。

3. 表面质量对零件耐蚀性的影响

零件的耐蚀性在很大程度上取决于表面粗糙度值。表面粗糙度值越大，越容易积聚腐蚀性物质；波谷越深，渗透与腐蚀作用越强烈。

表面残余应力对零件耐蚀性也有较大影响。残余压应力使零件表面紧密，腐蚀性物质不易进入，可增强零件的耐蚀性，而拉应力则降低耐蚀性。

4. 表面质量对配合性质的影响

相配零件间的配合关系是用过盈量或间隙值来表示的。对间隙配合而言，表面粗糙度值太大，会使配合表面很快磨损而增大配合间隙，改变配合性质，降低配合精度。对过盈配合而言，装配时配合表面的波峰被挤平，减小了实际过盈量，降低了连接强度，影响了配合的可靠性。所以对有配合要求的表面都要求有较小的表面粗糙度值。

表面残余应力会引起零件变形，使零件形状和尺寸发生变化，因此对配合性质也有一定的影响。

三、表面完整性的概念

近年来，随着科学技术的飞速发展，对产品的使用性能要求越来越高，一些重要零件须在高温、高速、高压力等条件下工作，表面层的任何缺陷，不仅直接影响零件的工作性能，而且还会引起应力集中、应力腐蚀等现象，加速零件的失效。因此，为适应科学技术发展的客观需要，在进一步深入研究表面质量的领域里提出了表面完整性的概念。其内容主要有：

（1）表面形貌　它主要是用来描述加工后零件表面的几何特征，包括表面粗糙度、表面波度和纹理等。

（2）表面缺陷　它是指加工表面上出现的宏观裂纹、伤痕和腐蚀现象等，对零件的使用有很大影响。

（3）微观组织与表面层的冶金化学特性　它主要包括：

1）微观裂纹。

2）微观组织变化，包括晶粒大小和形状、析出物和再结晶等的变化。

3）晶间腐蚀和化学成分的优先溶解。

4）对于氢氧等元素的化学吸收作用所引起的脆性等。

（4）表面层物理力学性能　它主要包括表面层硬化深度和程度、表面层残余应力的大小、方向及分布情况等。

（5）表面层其他工程技术特性　这种特性主要有摩擦特性、光的反射率、导电性和导磁性等。

由此可见，表面质量从表面完整性的角度来分析，更强调了表面层内的特性，对现代科学技术的发展有重大意义。

第二节　影响表面粗糙度的工艺因素及其改善措施

在机械加工中，表面粗糙度形成的原因大致可归纳为几何因素、物理因素和工艺系统振动等三个方面。

一、切削加工的表面粗糙度

1. 几何因素

切削加工时，由于刀具与工件的相对运动及刀具几何形状，有一小部分金属未被切下来而残留在已加工表面上，称为残留面积。因此，切削加工的表面粗糙度值主要取决于切削残留面积的高度，它是构成表面粗糙度的基本因素。残留面积高度如图 5-6 所示，可根据进给量 f、刀具的主偏角 κ_r、副偏角 κ_r' 和刀尖圆弧半径 r_ε 等，按几何关系计算出来。

若刀尖圆弧半径 $r_\varepsilon=0$ 时，如图 5-6a 所示，由主切削刃及副切削刃的直线部分形成残留面积的高度为

$$R_{\max}=\frac{f}{\cot\kappa_r+\cot\kappa_r'} \tag{5-1}$$

若刀尖圆弧半径 $r_\varepsilon\neq0$ 时，如图 5-6b 所示，由车刀刀尖圆弧部分形成残留面积的高度为

$$R_{\max}=O_1O=O_1C-OC=r_\varepsilon-\sqrt{r_\varepsilon^2-\left(\frac{f}{2}\right)^2}$$

由于 $R_{\max}<<r_\varepsilon$，所以

$$R_{\max}\approx\frac{f^2}{8r_\varepsilon} \tag{5-2}$$

由式（5-1）和式（5-2）可知，减小进给量 f，减小刀具的主偏角 κ_r、副偏角 κ_r' 以及增大刀尖圆弧半径 r_ε 都可减小表面粗糙度值。

2. 物理因素

切削加工后表面的实际轮廓形状不同于纯几何因素所形成的理想轮廓，这是因为在切削加工中还有塑性变形等物理因素的影响。这些物理因素的影响与加工表面形成过程有关，一般比较复杂，如在加工过程中产生的切屑、积屑瘤和鳞刺等对加工表面的表面粗糙度均有很大影响。

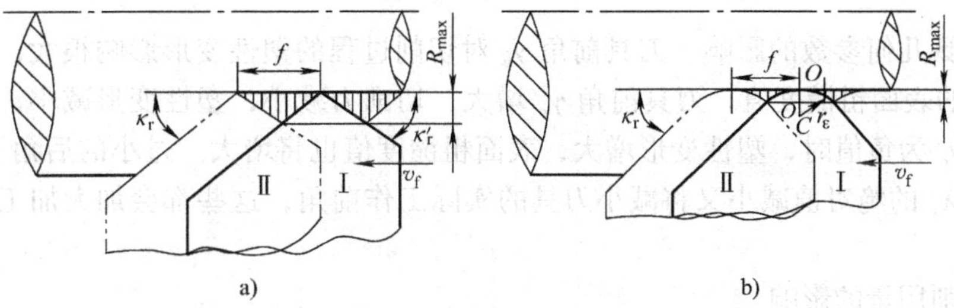

图 5-6　切削加工时影响表面粗糙度的几何因素

a) $r_\varepsilon=0$ 时　b) $r_\varepsilon\neq0$ 时

切削过程就是刀具从工件表面上切除多余材料，从切屑形成开始到已加工表面形成为止的完整过程。切削层金属形成切屑的过程就是在刀具的作用下发生变形的过程。切削层金属的变形大致可划分为第一变形区、第二变形区和第三变形区三个区域，如图 5-7 所示。由于工件材料不同，切削条件各异，切屑变形的程度也不同，生成的切屑形状也是多种多样的。切屑的形状主要分为带状、节状、粒状和崩碎四种类型。形成带状切屑时，切削过程最平稳，切削力波动小，已加工表面粗糙度值较小；形成粒状切屑时切削过程中的切削力波动最大；在崩碎切屑形成过程中，从主切削刃处开始的裂纹在接近主应力方向斜着向下延伸，造成加工表面的凸凹不平。

在切削速度不高而又能形成带状切屑的情况下，加工一般钢料或铝合金等塑性材料时，常在前刀面切削处粘着一块剖面呈三角状的硬块，它的硬度很高，通常是工件坯料硬度的 2～3 倍，这块粘附在前刀面上的金属称为积屑瘤。积屑瘤是切削底层金属时，在适当的压力和温度作用下，与前刀面发生冷焊而形成的。由于积屑瘤表面粗糙，同时在切削过程中又不稳定，形状和尺寸不断变化，还常常将积屑瘤碎片粘结在已加工表面上，因此增大了加工表面的表面粗糙度值。

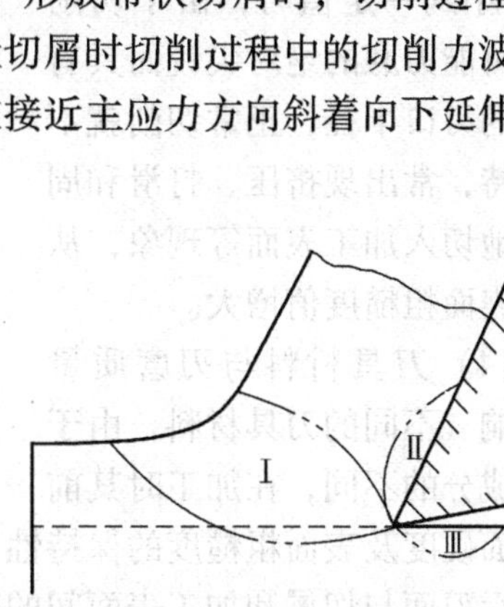

图 5-7　切削的三个变形区

鳞刺是切削时，由于切屑与前刀面间的摩擦形成了粘结，前刀面上粘结层逐渐堆积，在它的挤压下进一步加剧了金属层的塑性变形，致使切削刃前方的加工表面上产生导裂，当切削力超过粘结力时，切屑流出并被切离，而导裂层残留在已加工表面上形成鳞刺。已加工表面上出现的鱼鳞片状毛刺缺陷，也影响加工表面的表面粗糙度。

下面对影响切削加工表面粗糙度的物理因素分别加以分析研究。

（1）工件材料的影响　工件材料的韧性越好，金属塑性变形越大，加工表面越粗糙。加工塑性材料时，刀具对金属挤压产生的塑性变形和刀具迫使切屑与工件分离的撕裂作用，使表面粗糙度值加大。故对中碳钢和低碳钢材料的工件，为改善切削性能，减小表面粗糙度值，常在粗加工或精加工前安排正火或调质处理。

对于同样的材料，晶粒组织越粗大，加工后的表面粗糙度值也越大。

加工脆性材料时，其切屑呈碎粒状，由于切屑的崩碎而在加工表面留下许多麻点，使表面粗糙。

（2）刀具几何参数的影响　刀具前角 γ_o 对切削过程的塑性变形影响很大，从而间接影响加工表面的表面粗糙度值。刀具前角 γ_o 增大，切削力减小，塑性变形减小，表面粗糙度值也减小。γ_o 为负值时，塑性变形增大，表面粗糙度值也将增大。过小的后角 α_o 将增大摩擦，刃倾角 λ_s 的绝对值减小又将减小刀具的实际工作前角，这些都会加大加工表面的表面粗糙度值。

（3）切削用量的影响

1）进给量 f。进给量 f 增加，塑性变形增大，表面粗糙度值增加。但进给量 f 过小会增加刀具与工件表面的挤压次数，使塑性变形增大，也加大了表面粗糙度值。

2）切削速度 v。加工塑性材料时，切削速度 v 处于 20～50m/min 时，易产生积屑瘤和鳞刺，使加工表面粗糙度值增大。当切削速度 v 超过 100m/min 时，表面粗糙度值减小，并趋于稳定。如图 5-8 所示。

3）背吃刀量 a_p。一般来说，背吃刀量 a_p 对加工表面粗糙度的影响并不大。但当背吃刀量 a_p 小到一定值时，由于切削刃不可能刃磨的绝对尖锐而具有一定的刃口半径，正常切削就不能维持，常出现挤压、打滑和周期性地切入加工表面等现象，从而使表面粗糙度值增大。

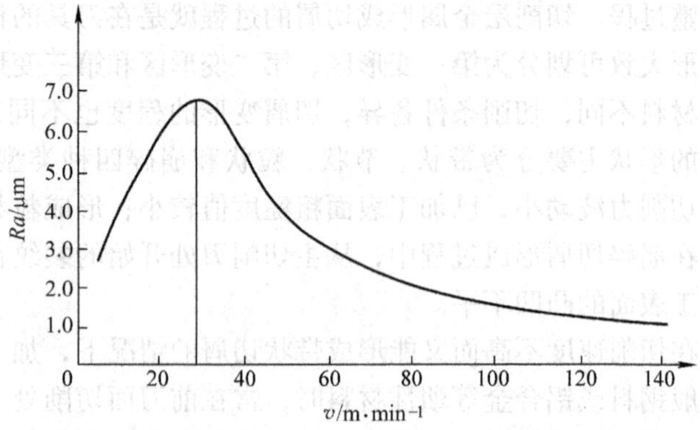

图 5-8　加工塑性材料时切削速度 v 对加工表面粗糙度值的影响

（4）刀具材料与刃磨质量的影响　不同的刀具材料，由于化学成分的不同，在加工时其前后刀面硬度及表面粗糙度的保持性，刀具材料与被加工材料金属分子的亲和程度，以及刀具前、后刀面与切屑和加工表面间的摩擦因数等均有所不同。刀具材料中热硬性高的材料耐磨性好，易于保持刃口的锋利。摩擦因数小的材料有利于排屑。与被加工材料亲和力小的材料不易产生积屑瘤和鳞刺。在相同的切削条件下，用硬质合金刀具加工比用高速钢刀具加工所获得表面粗糙度值小，用金钢石刀具加工比用硬质合金刀具加工所获得表面粗糙度值还要小很多。

在切削过程中，刀具磨钝后，其前、后刀面的表面粗糙度值增大，使切削过程中金属塑性变形程度增大，从而造成加工表面粗糙度增大。

另外，刀具的刃磨质量比较集中地反映在刃口上，刃口锋利，表面切削性能好，加工表面的表面粗糙度值小。刃口的平刃性好，即刃口平整无缺口，加工表面的表面粗糙度值也小。

（5）冷却润滑液的影响 合理选择冷却润滑液，提高冷却润滑效果，可以减少切削时的塑性变形，抑制切削瘤和鳞刺的生成，有利于减小表面粗糙度值。当冷却润滑液中含有表面活性物质，如硫、磷等的化合物时，润滑性能加强，效果更为显著。

3. 工艺系统振动

切削过程中的工艺系统的高频振动将对已加工表面的表面粗糙度产生影响。振动产生的原因将在本章第四节对其进行详细讨论。

总之，通过上述产生表面粗糙度形成的原因分析可知，要减小表面粗糙度值，必须减小残留面积，消除积屑瘤和鳞刺，减小工件材料的塑性变形，合理选择刀具几何参数和切削液，以及减小切削过程中的振动等。

二、磨削加工的表面粗糙度

磨削加工与切削加工有许多不同之处。先介绍单个磨粒的磨削过程，它是砂轮磨削过程的基础。它包括滑擦、耕犁和切屑形成三个阶段，如图 5-9 所示。先是滑擦，仅产生弹性变形，后是耕犁向两侧隆起的塑性变形而出现刻痕，最后塑性变形大到足以在磨粒前方出现材料剥离形成切屑。磨削时，加工表面是由砂轮上大量磨粒刻划出无数条刻痕形成的，若单位面积上的刻痕越多即通过单位面积上的磨粒数越多，且刻痕深度均匀，则表面粗糙度值越小。同时，由于在砂轮外圆表面上的磨粒大多具有很大的负前角，很不锋利，所以大多数磨粒在磨削时对表面产生耕犁挤压作用而使表面产生塑性变形，磨削时的高温又加剧了塑性变形，增大了表面粗糙度值。加工过程中的工艺系统振动也是影响磨削表面粗糙度的主要因素之一。因此，从表面粗糙度的成因可以看出，影响磨削表面粗糙度的因素有如下三类：

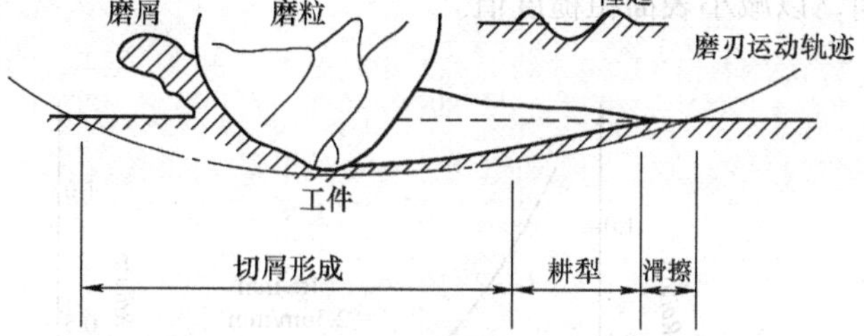

图 5-9 单颗磨粒切削过程的三阶段

（1）与磨削砂轮有关的因素 主要是砂轮的粒度、硬度以及对砂轮的修整等。

如图 5-10 所示，砂轮的粒度越细，则砂轮单位面积上的磨粒数越多，磨削表面的刻痕越细，表面粗糙度值越小。但粒度过细，砂轮易堵塞，使表面粗糙度值增大，同时还易产生波纹和引起烧伤。

砂轮的硬度是指磨粒受磨削力后从砂轮上脱落的难易程度。砂轮具有自锐性，即硬度合适磨粒磨钝后，具有自行脱落的能力。砂轮太硬，磨粒磨损后还不易脱落，使工件表面受到强烈的摩擦和挤压，增加了塑性变形，表面粗糙度值增大，同时还容易引起烧伤；砂轮太软，磨粒易脱落，磨削作用减弱，也会增大表面粗糙度值，所以要选合适的砂轮硬度。

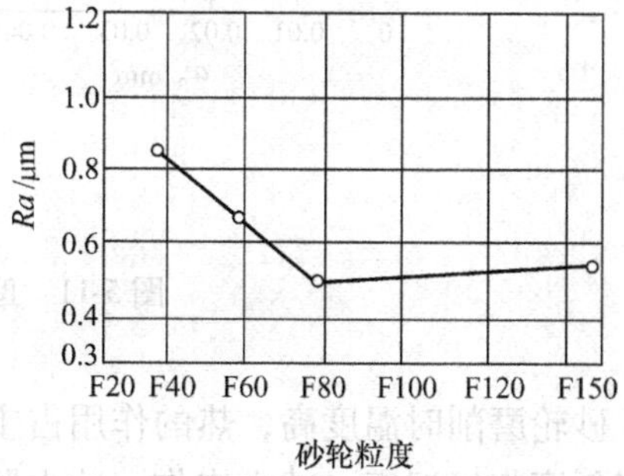

图 5-10 砂轮粒度与表面粗糙度的关系

砂轮的修整质量与所用修整工具、修整砂轮

的纵向进给量等有密切关系。砂轮的修整是用金刚石除去砂轮外层已钝化的磨粒，使磨粒切削刃锋利，降低磨削表面的表面粗糙度值。另外，修整砂轮的纵向进给量越小，修出的砂轮上的切削微刃越多，等高性越好，从而获得较小的表面粗糙度值。

（2）与工件材质有关的因素　包括材料的硬度、塑性、导热性等。

工件材料的硬度、塑性、导热性对表面粗糙度有显著影响。铝、铜合金等软材料易堵塞砂轮，比较难磨。塑性大、导热性差的耐热合金易使砂粒早期崩落，导致磨削表面粗糙度值增大。

（3）与加工条件有关的因素　包括磨削用量、冷却条件及工艺系统的精度与抗振性等。

磨削用量有砂轮速度 v_s、工件速度 v_w、背吃刀量 a_p 和纵向进给量 f 等。磨削用量对表面粗糙度的影响如图 5-11 所示。提高砂轮速度 v_s，就可能使表层金属塑性变形的传播速度跟不上磨削速度，材料来不及变形，从而使磨削表面的表面粗糙度值减小，如图 5-11a 所示。

工件速度 v_w 增加，塑性变形增加，表面粗糙度值增大，如图 5-11b 所示。磨削深度 a_p 和纵向进给量 f 越大，塑性变形越大，从而增大了表面粗糙度值，如图 5-11c、d 所示。为提高磨削效率，通常在开始磨削时采用较大的背吃刀量，而在磨削后期采用较小的背吃刀量磨削，以减小表面粗糙度值。

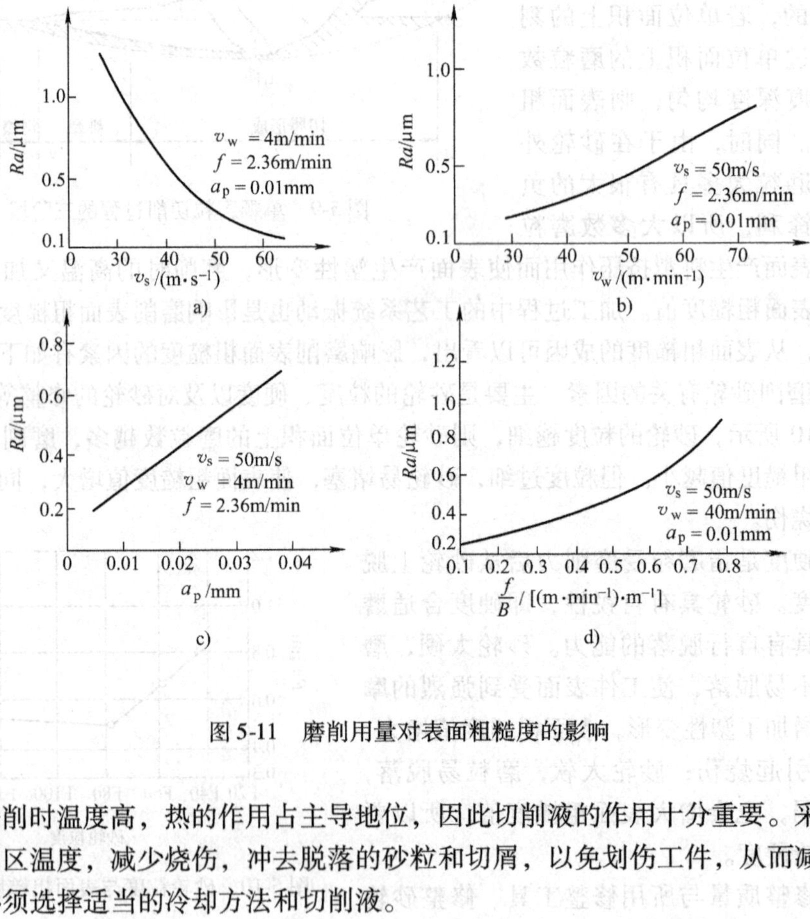

图 5-11　磨削用量对表面粗糙度的影响

砂轮磨削时温度高，热的作用占主导地位，因此切削液的作用十分重要。采用切削液可以降低磨削区温度，减少烧伤，冲去脱落的砂粒和切屑，以免划伤工件，从而减小表面粗糙度值。但必须选择适当的冷却方法和切削液。

此外，对于外圆磨床、内圆磨床和平面磨床，其机床砂轮的主轴精度、进给系统的精度和平稳性、整个机床的刚度和抗振性等，都和表面粗糙度有密切关系。

以上对影响表面粗糙度的因素作了分析。如何减小加工表面的表面粗糙度值，除了从上述几个方面考虑采取措施外，还可从加工方法上着手改善，如用研磨、珩磨、超精加工、抛光等（详见第六章典型零件加工与加工方法）。

第三节　影响零件表面层物理力学性能的因素及其改善措施

机械加工中，工件受切削力和切削热的共同作用，其表面层金属的物理力学性能会发生很大变化，造成零件表层与里层材料性能的差异，这主要表现为表面层的加工硬化，残余应力和金相组织的变化。

一、表面层的加工硬化

1. 加工硬化的产生及衡量指标

在机械加工过程中，工件表面层金属受切削力的作用，产生强烈的塑性变形，使金属的晶格扭曲，晶粒被拉长、纤维化甚至破碎而引起的表面层的强度和硬度增加，塑性降低，物理性能（如密度、导电性、导热性等）也有所变化。这种现象称为加工硬化，又称为冷作硬化或强化。另一方面，已加工表面除了受力变形外，还受到机械加工中产生的切削热的影响。切削热在一定条件下会使金属在塑性变形中产生回复现象，使金属失去加工硬化中所得到的物理力学性能，这种现象称为弱化。因此，金属在加工过程中最后的加工硬化，取决于硬化速度与弱化速度的比率。

衡量加工硬化的指标有下列三项：

1）表面层的显微硬度 HV；

2）硬化层深度 h；

3）硬化程度 N。

$$N = \frac{\mathrm{HV} - \mathrm{HV}_0}{\mathrm{HV}_0} \times 100\%$$

式中　HV_0——金属原来的显微硬度。

2. 影响加工硬化的因素

1）切削力越大，塑性变形越大，硬化程度和硬化层深度也越大。如切削时进给量 f 增大，背吃刀量 a_p 增加，刀具前角 γ_o 减小，会使切削力增大，则塑性变形程度增大，从而使加工硬化严重；而磨削时加大磨削背吃刀量 a_p 和纵向进给速度，都会使磨削力增大，从而使塑性变形加剧，表面冷硬趋向增大。另外，刀具的刃口圆角和后刀面的磨损量增大，塑性变形增大，冷硬层深度和硬化程度也随之增大。

2）切削温度越高，则弱化作用增大，使冷硬作用减小。如切削速度增大，会使切削温度升高，有利于弱化；磨削时提高磨削速度和减小纵向进给速度，有时会使磨削区产生较大热量而使冷硬减弱。

3）被加工材料的硬度低、塑性好，则切削时塑性变形越大，冷硬现象就越严重。

各种机械加工方法在加工钢件时表面加工硬化的情况见表5-1。

表 5-1　各种机械加工方法在加工钢件时表面加工硬化的情况

加工方法	硬化层深度 $h/\mu m$		硬化程度 N（%）		加工方法	硬化层深度 $h/\mu m$		硬化程度 N（%）	
	平均值	最大值	平均值	最大值		平均值	最大值	平均值	最大值
车削	30～50	200	20～50	100	滚齿、插齿	120～150	—	60～100	—
精细车削	20～60	—	40～80	120	外圆磨低碳钢	30～60	—	60～100	150
端铣	40～100	200	40～60	100	外圆磨未淬硬中碳钢	30～60	—	40～60	100
圆周铣	40～80	110	20～40	80	外圆磨淬火钢	20～40	—	25～30	—
钻孔、扩孔	180～200	250	60～70	—	平面磨	16～25	—	50	—
拉孔	20～75	—	50～100	—	研磨	3～7	—	12～17	—

二、表面层的残余应力

1. 表面层残余应力产生的原因

在机械加工中，工件表面层发生塑性变形或金相组织变化时，外部载荷去除后，工件表面层及其与基体材料的交界处仍残存着互相平衡的应力称为表面层残余应力。表面层残余应力的产生，主要有以下三种原因。

（1）冷态塑性变形引起的残余应力　对工件进行切削或磨削时，在切削力作用下，已加工表面产生强烈的塑性变形，表面层金属比容增大，体积膨胀，受到与它相连的里层金属的阻止，表面层产生残余压应力，里层产生残余拉应力。当刀具从被加工表面上切除金属时，由于后刀面的挤压和摩擦作用，加大了表面层伸长的塑性变形，表面层的伸长变形受到基体金属的限制，也在表面层产生了残余压应力。

（2）热态塑性变形引起的残余应力　工件在进行加工时，已加工表面在切削热作用下温度高于里层，因此表层产生热膨胀而受里层的限制，使表层产生热压应力。当切削过程结束时，表面温度下降。由于表面层已产生热塑性变形，表层金属体积要收缩就受到基体的限制，因而产生残余拉应力。尤其是在磨削加工中，磨削温度越高，热塑性变形越大，残余拉应力也越大，当残余拉应力超过金属材料的强度极限时，在表面上就会产生裂纹，即磨削裂纹。

（3）金相组织变化引起的残余应力　工件切削或磨削加工时产生的高温会引起表面层金相组织变化。不同的金相组织有不同的密度，如马氏体密度 $\rho_M = 7.75g/cm^3$，奥氏体密度 $\rho_A = 7.968g/cm^3$，珠光体密度 $\rho_P = 7.78g/cm^3$，铁素体密度 $\rho_F = 7.88g/cm^3$，也就会有不同的比容。表层金相组织的变化，造成了体积的变化。以淬火钢磨削为例，淬火钢原来的组织是马氏体，磨削加工后，表层可能产生回火，马氏体变为接近珠光体的托氏体或索氏体，密度增大而体积减小，从而表层产生残余拉应力。如果表面温度超过相变温度 A_{C3}，冷却又充分，则表层将又成为马氏体（一薄层二次淬火层），体积膨胀，表层产生残余压应力。

2. 影响表面层残余应力及磨削裂纹的因素

由前述可知，机械加工后表面层的残余应力，是由冷态塑性变形、热态塑性变形和金相组织变化这三方面原因引起的综合结果。在一定条件下，其中某一种或两种原因可能起主导作用。切削加工时起主导作用的往往是冷态塑性变形，表面层常产生残余压应力。而磨削加工时起主导作用的通常是“热”，表面层常产生残余拉应力。

影响切削加工的表面层残余应力的因素，主要是刀具几何参数、切削用量和工件材料。其中刀具前角对表面层残余应力的影响极大。图 5-12 所示是不同前角的刀具车削 45 钢时对表面层残余应力的影响。当切削速度为 150m/min 的低速切削时，当前角由正值变为负值或继续增大负前角，拉伸残余应力的数值减小，如图 5-12a 所示。当切削速度为 750m/min 较高时，前角的变化将引起残余应力性质的变化。当负前角为 $\gamma_o=30°$ 和 $\gamma_o=50°$ 时，表面层金属发生淬火反应，表面层产生残余压应力，如图 5-12b 所示。前角的变化不仅影响残余应力的数值和符号，而且在很大程度上影响残余应力的扩展深度。

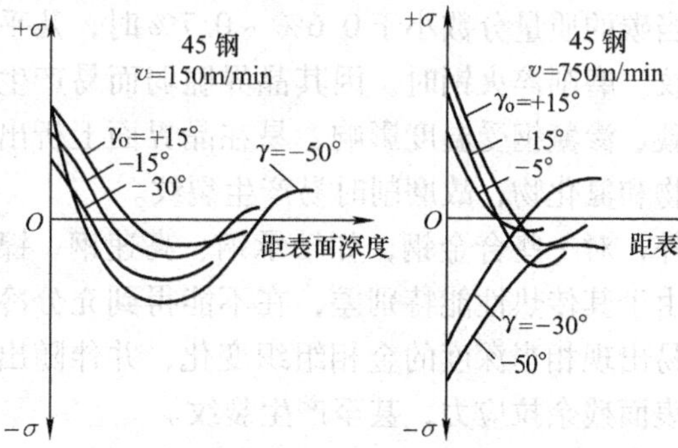

图 5-12 车削 45 钢时刀具前角对表面层残余应力的影响

图 5-13 所示是用不同的切削速度车削 18CrNiMoA 钢时对表面层残余应力的影响。从图中可以看出，随着切削速度的增大，表面层残余拉应力值随之减小，切削速度提高为 200~250m/min 时，表面层出现残余压应力，如图 5-13a 所示。在 500~850m/min 高速车削时，表面层也将产生残余压应力，如图 5-13b 所示。这说明在低速切削时，切削热起主导作用，表面层产生残余拉应力，随着切削速度的提高，表面层金属产生局部淬火，金属的比容开始增大，金相组织变化开始起作用，致使残余拉应力的数值逐渐减小。当高速切削时，表面淬火起主导作用，所以表面出现残余压应力。切削时加大进给量，会使表面层金属的塑性变形增加，切削区发生的热量也将增加，从而会使表面层残余应力的数值及扩展深度均相应增大。

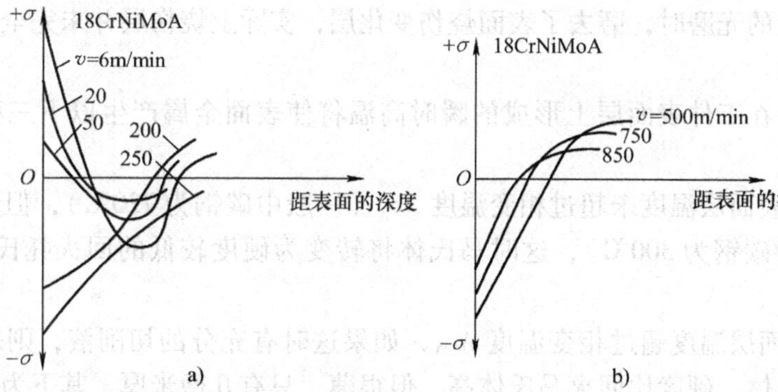

图 5-13 切削速度对表面层残余应力的影响

磨削裂纹和残余应力有着密切的关系，当残余应力超过材料的强度极限，材料表面就会产生裂纹。影响产生磨削裂纹的因素很多，主要是围绕着“热”。

磨削用量是影响磨削裂纹的首要因素。图 5-14 所示是三类磨削条件下产生的表面层残余应力的情况。精细磨削（轻磨削）时，产生浅而小的残余压应力，因为这时温度影响很小，更没有金相组织变化，主要是冷态塑性变形的影响起作用；精磨（中等磨削）时，表面产生极浅的残余拉应力，这是因为热塑性变形起了主导作用的结果；粗磨（重磨削）时，表面产生极浅的残余压应力，接着就是较深且较大的残余拉应力，这说明表面产生了一薄层二次淬火层，下层是回火组织。因此减小磨削背吃刀量，提高工件速度，可减小表面层残余拉应力。

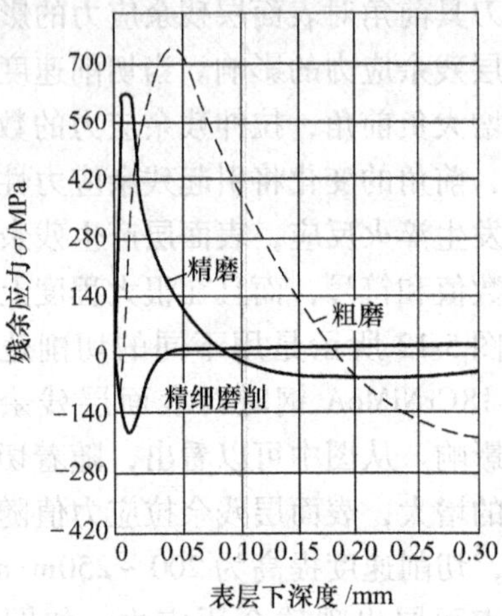

图 5-14　磨削时表面层残余应力的分布

其次，磨削裂纹的产生与工件材料及热处理规范有很大关系。磨削碳钢时，含碳量越高，越容易产生裂纹。当碳的质量分数小于0.6% ~0.7%时，几乎不产生裂纹。磨削淬火钢时，因其晶界脆弱而易产生裂纹。渗碳、渗氮钢受温度影响，易在晶界面上析出脆性碳化物和氮化物，故磨削时易产生裂纹。

此外，对一些合金钢，如轴承钢、高速钢、镍铬钢等，由于其传热性能特别差，在不能得到充分冷却时，常易出现相当深度的金相组织变化，并伴随出现极大的表面残余拉应力，甚至产生裂纹。

三、表面层金相组织变化与磨削烧伤

1. 表面层金相组织变化与磨削烧伤原因

机械加工过程中，在工件的加工区及其邻近的区域，温度会急剧升高，当温度超过工件材料金相组织变化的临界点时，就会发生金相组织变化。对于一般切削加工而言，温度还不会上升到如此程度。但对于磨削加工来说，由于单位面积上产生的切削热比一般切削方法要大几十倍，易使工件表面层的金相组织发生变化，从而使表面层的硬度和强度下降，产生残余拉应力甚至引起显微裂纹，这种现象称为磨削烧伤，它严重地影响了零件的使用性能。

磨削烧伤时，表面因磨削热产生的氧化层厚度不同，往往会出现黄、褐、紫、青等颜色变化。有时在最后的光磨时，磨去了表面烧伤变化层，实际上烧伤层并未完全去除，这会给工件使用带来隐患。

磨淬火钢时，在工件表面层上形成的瞬时高温将使表面金属产生以下三种金相组织变化：

1）如果工件表面层温度未超过相变温度 Ac_3（一般中碳钢为720℃），但超过马氏体的转变温度（一般中碳钢为300℃），这时马氏体将转变为硬度较低的回火托氏体或索氏体，这称为回火烧伤。

2）当工件表面层温度超过相变温度 Ac_3，如果这时有充分的切削液，则表面层将急冷形成二次淬火马氏体，硬度比回火马氏体高，但很薄，只有几微米厚，其下为硬度较低的回火索氏体和托氏体，导致表面层总的硬度降低，这称为淬火烧伤。

3）当工件表面层温度超过相变温度 Ac_3，则马氏体转变为奥氏体，如果这时无切削液，则表面硬度急剧下降，工件表层被退火，这种现象称为退火烧伤。干磨时很容易产生这种现象。

2. 影响磨削烧伤的因素及其改善措施

磨削热是造成磨削烧伤的根源，故改善磨削烧伤可有两个途径：一是尽可能减少磨削热的产生；二是改善冷却条件，尽量使产生的热量少传入工件。现将有关问题分述如下：

（1）合理选择磨削用量　以外圆磨为例，分析磨削用量对烧伤的影响。磨削时背吃刀量 a_p 增加时，表面及表面下不同深度的温度升高，烧伤会增加。增大砂轮速度 v_s，会加重零件表面烧伤的程度。

工件纵向进给量 f 越大，砂轮与工件表面接触时间相对减少，因而热的作用时间减少，散热条件得到改善，工件表面和表面层各深度的温度均下降，故可减轻烧伤。

增加工件速度 v_w 时，磨削区表面温度增高，但热源作用时间减少，因而可减轻烧伤。因此，为了减轻烧伤而同时又能保持高的生产率，一般选用较大的工件速度 v_w 和较小的背吃刀量 a_p。同时，为了弥补工件速度 v_w 增大造成表面粗糙度值增大的缺陷，可以提高砂轮速度 v_s。实践证明，同时提高砂轮速度 v_s 和工件速度 v_w，可以避免磨削烧伤，保证表面质量。

（2）工件材料　工件材料对磨削区温度的影响主要取决于它的硬度、强度、韧性和热导率。硬度、强度越高，韧性越大，磨削热量越多；导热性差的材料，如耐热钢、轴承钢、不锈钢等，在磨削时易产生烧伤。

（3）砂轮的选择　对于硬度太高的砂轮，钝化砂粒不易脱落，容易产生烧伤，因此用软砂轮较好。砂轮结合剂最好采用具有一定弹性的材料，如树脂、橡胶等。一般来说，选用粗粒度砂轮磨削，不容易产生烧伤。

为提高磨削性能，采用开槽砂轮，如图 5-15 所示。由于砂轮工作部位开有均匀和不均匀分布的斜沟槽，当其高速旋转时不仅易于将切削液带入磨削区改善了冷却条件，而且砂轮间断磨削，工件受热时间短，从而降低了磨削区的温度，同时还能把冷风带入磨削区，避免了磨削烧伤的产生。

（4）改善冷却条件　采用切削液带走磨削区的热量可以避免烧伤。目前通用的冷却方法效果较差，由于高速旋转的砂轮表面上产生强大气流层，实际上没有多少切削液能进入磨削区 *AB* 如图 5-16 所示，常常是将切削液大量地喷注在已经离开磨削区的零件表面上，而此时磨削热已造成了零件表面的烧伤。

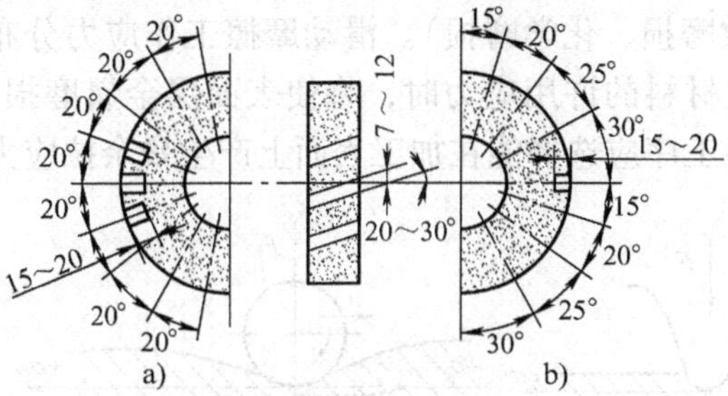

图 5-15　开槽砂轮

a）槽均匀分布　b）槽不均匀分布

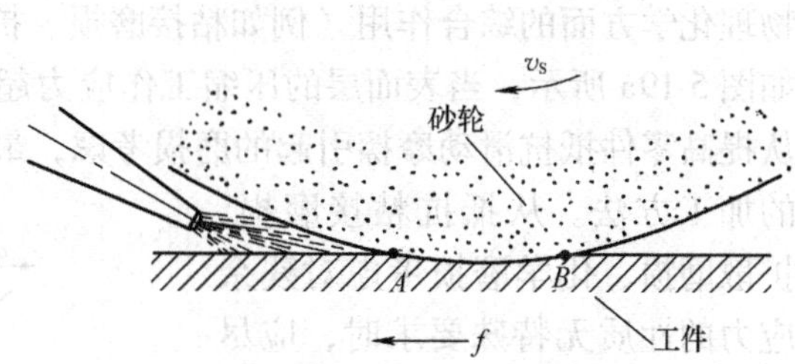

图 5-16　一般冷却方法

比较有效的冷却方法是增加切削液的流量和压力，并采用特殊喷嘴，如图 5-17 所示。这样可加强冷却作用，并能使切削液顺利地喷注到磨削区。另外，还可采用多孔性砂轮（孔隙占 34% ~70%），切削液不是直接注入磨削区，而是从砂轮内部在离心力作用下送入磨削区，发挥有效的冷却作用。如图 5-18 所示的内冷法，切削液可直接进入磨削区，从而起到有效的冷却作用。但由于冷却时有大量的水雾，机床应设防护罩，此外，对切削液的要求也非常严格。

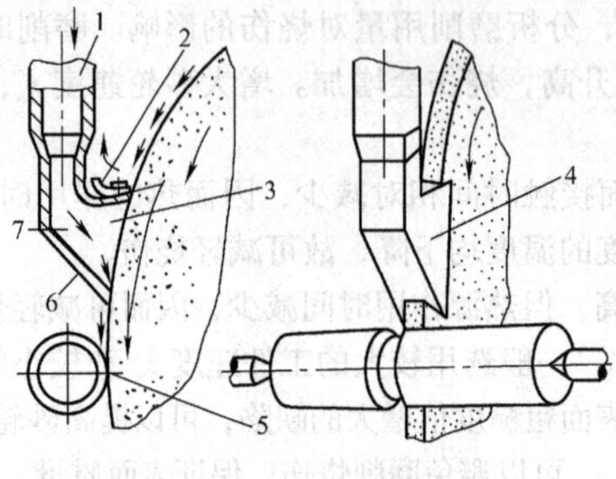

图 5-17 切削液喷嘴

1—液流导管 2—可调气流挡板 3—空腔区 4—喷嘴罩 5—磨削区 6—排液区 7—液嘴

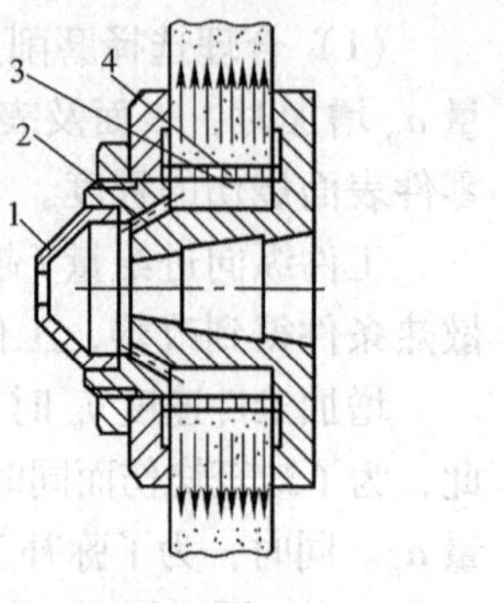

图 5-18 内冷却装置

1—锥形盖 2—通道孔 3—砂轮中心腔 4—有径向小孔的薄壁套

四、提高和改善零件表面层的物理力学性能的措施

（一）零件破坏形式和最终工序的选择

零件表面层金属的残余应力将直接影响机器零件的使用性能。一般来说，零件表面残余应力的数值及性质主要取决于零件最终工序加工方法的选择；而零件最终工序加工方法的选择，须考虑零件的具体工作条件及零件可能产生的破坏形式。

1. 疲劳破坏

在交变载荷的作用下，起初在机器零件表面上局部产生微观裂纹，继而在拉应力作用下使原生裂纹扩大，最后导致零件的破坏。从提高零件抵抗疲劳破坏的角度考虑，最终工序应选能在加工表面产生残余压应力的加工方法。

2. 滑动磨损

两个零件作相对滑动，滑动面逐渐磨损。滑动磨损机理既有滑动摩擦的机械作用，又有物理化学方面的综合作用（例如粘接磨损、扩散磨损、化学磨损）。滑动摩擦工作应力分布如图 5-19a 所示，当表面层的压缩工作应力超过材料的许用应力时，将使表面层金属磨损。从提高零件抵抗滑动摩擦引起的磨损考虑，最终工序应选择能在加工表面上产生残余拉应力的加工方法。从抵抗粘接磨损、扩散磨损、化学磨损考虑对残余应力的性质无特殊要求时，应尽量减小表面残余应力值。

3. 滚动磨损

两个零件作相对滚动，滚动面将逐渐磨损。滚动磨损主要来自滚动摩擦的机械作用和来自物理化学方面的综合作用。如图 5-19b 所示，引起滚动磨损的决定性因素是表面层下深 h 处的最大拉应力。从提高零件抵抗滚动摩擦引起的磨损考虑，最终工序应

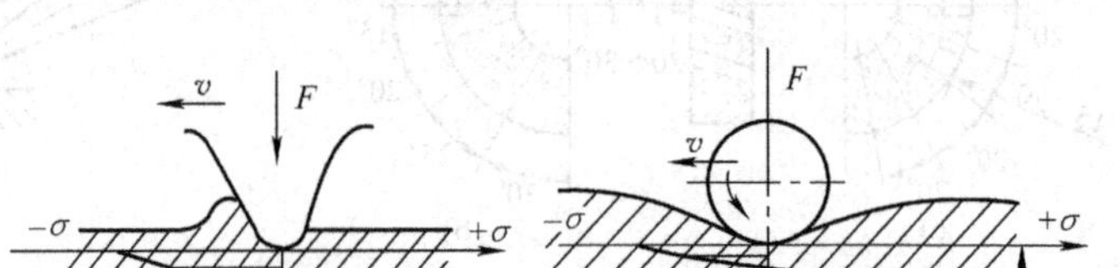

图 5-19 应力分布图

a）滑动摩擦 b）滚动摩擦

选择能在表面层下深 h 处产生压应力的加工方法。

各种加工方法在工件表面残留的内应力情况见表 5-2。此表可供选择最终工序的加工方法时参考。

（二）表面强化工艺

由前述可知，表面质量尤其是表面层的物理力学性能，对零件的使用性能及寿命影响很大，如果最终工序不能保证零件表面获得预期的表面质量要求，则可在工艺过程中增设表面强化工序。表面强化工艺是指在常温下通过冷加工方法使表面层金属发生冷态塑性变形，以减小表面粗糙度值，提高表面硬度，并在表面层产生残余压应力。这种方法工艺简单、成本低廉，在生产中应用十分广泛。应用较多的是喷丸强化和滚压加工，也有采用液体磨料强化等加工方法。

表 5-2　各种加工方法在工件表面上残留的内应力

加工方法	残余应力符号	残余应力值 σ/MPa	残余应力层深度 h/mm
车　削	一般情况下，表面受拉，里层受压；v_c = 500m/min 时，表面受压，里层受拉	200～800，刀具磨损后达 1000	一般情况下，h 为 0.05～0.10；当用大负前角（$\gamma_o = -30°$）车刀、v_c 很大时，h 可达 0.65
磨　削	一般情况下，表面受压，里层受拉	200～1000	0.05～0.30
铣　削	同车削	600～1500	—
碳钢淬硬	表面受压，里层受拉	400～750	—
钢珠滚压钢件	表面受压，里层受拉	700～800	—
喷丸强化钢件	表面受压，里层受拉	1000～1200	—
渗碳淬火	表面受压，里层受拉	1000～1100	—
镀　铬	表面受拉，里层受压	400	—
镀　铜	表面受拉，里层受压	200	—

1. 喷丸强化

这种方法是利用压缩空气或离心力将大量的珠丸（直径为 0.4～4mm）以高速打击被加工零件表面，使表面产生冷硬层和残余压应力，可以显著提高零件的疲劳强度。珠丸可以是铸铁或砂石的，钢丸更好。喷丸所用设备是压缩空气喷丸装置或机械离心式喷丸装置，这些装置使珠丸能以 35～50m/s 的速度喷出。

喷丸加工主要用于强化形状复杂的零件，如齿轮、连杆、曲轴等。零件经喷丸强化后，硬化层深度可达 0.7mm，表面粗糙度 Ra 值可由 3.2μm 减小到 0.4μm，使用寿命可提高几倍到几十倍。

2. 滚压加工

这种方法是利用淬硬的滚压工具（滚轮或滚珠）在常温下对工件表面施加压力，使其产生塑性变形，工件表面上原有的波峰填充到相邻的波谷中，以减小表面粗糙度值，并使表面产生冷硬层和残余压应力，从而提高零件的承载能力和疲劳强度。

滚压加工可使表面粗糙度 Ra 值从 1.25～5μm 减小到 0.16～0.63μm，表面层硬度一般可提高 20%～40%，表面层金属的耐疲劳强度可提高 30%～50%。

滚压可以加工外圆、孔、平面及成形表面，通常在卧式车床、转塔车床或自动车床上进行。

3. 液体磨料强化

液体磨料强化是利用液体和磨料的混合物强化工件表面的方法，如图 5-20 所示。液体和磨料在 400 ~ 800kPa（4 ~ 8at）下，经过喷嘴高速喷出，射向工件表面，借磨粒的冲击作用，磨平工件表面的表面粗糙度波峰并碾压金属表面。由于磨粒的冲击和微量切削作用，使工件表面产生几十微米的塑性变形层。加工后的工件表面层具有残余压应力，提高了工件的耐磨性、耐蚀性和疲劳强度。

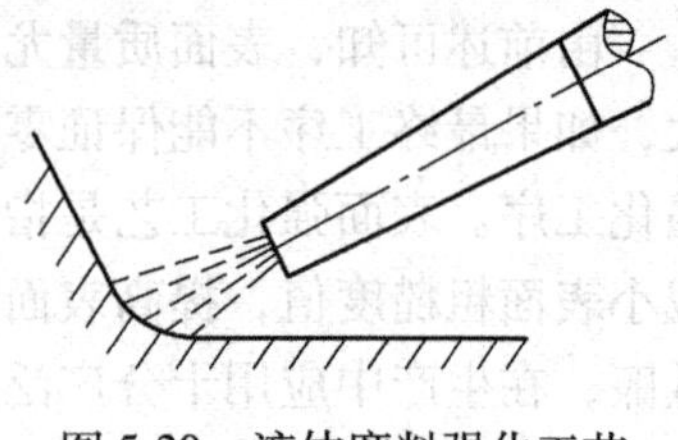

图 5-20 液体磨料强化工艺

液体磨料强化工艺最宜于加工复杂型面，如锻模、汽轮机叶片、螺旋桨、仪表零件和切削刀具等。

第四节 工艺系统的振动及其控制措施

一、机械加工中的振动现象

（一）机械振动的分类

1. 自由振动

当系统受到初始干扰力作用而破坏了其平衡状态后，系统仅靠弹性恢复力来维持的振动称为自由振动，振动的频率就是系统的固有频率。由于系统中总存在阻尼，所以自由振动将逐渐衰弱。在切削过程中，如材料硬度不均或工件表面有缺陷，都会引起自由振动，但由于阻尼作用，振动将迅速减弱，因而对机械加工影响不大。

2. 强迫振动

由外界周期性激振力引起和维持的振动称为强迫振动。强迫振动时外界干扰力的含义很广，“外界”既可指工艺系统以外，也可指工艺系统内部由刀具和工件组成的切削系统，但总的都是指振动系统（通常只由质量、弹簧和阻尼构成）以外。

3. 自激振动

在一定条件下，由振动系统本身产生的交变力激发和维持的一种稳定的周期性振动称为自激振动。

（二）振动对机械加工的影响

机械加工过程中产生的振动对加工质量和生产率有很大影响，是一种十分有害的现象，主要表现在：

（1）影响零件的表面质量　振动破坏了工艺系统的各种成形运动，使工件与刀具的相对位置发生周期性的改变，因而振动频率低时产生波度，振动频率高时将增大表面粗糙度值。

（2）影响生产率　为了避免发生振动或减小振动，有时不得不降低切削用量，从而限制和影响生产率的提高。

（3）影响机床、夹具和刀具寿命　振动使刀具受到附加动载荷，加速刀具磨损，有时甚至发生崩刃；同时振动使机床、夹具等零件的连接部分松动，从而增大间隙，降低刚度和精度，缩短其使用寿命。

（4）振动噪声污染工作环境　由于高频振动会发出刺耳的尖叫声，造成噪声污染，危害操作者的身心健康。

近来，对切削机理进行研究得到这样的观点，即在切削过程中，切屑不是根据刀尖与工件间的静力学关系形成，而是由连续地产生与一次冲击破坏机理相类似的动力学关系而形成的。因此，有人利用振动来更好地切削，如振动磨削、振动研抛、超声波加工等，都是利用振动来提高表面质量或生产率。

本节主要讨论机械加工过程中强迫振动和自激振动的规律。

二、强迫振动

1. 强迫振动产生的原因

机械加工中的强迫振动是由于机床外部和内部振源的激振力所引发的振动。

（1）系统外部的周期性激振力　如机床附近有振动源——某台机床或机器的振动，通过地基传给正在进行加工的机床，激起工艺系统振动。

（2）高速回转零件的质量不平衡引起的振动　如砂轮、齿轮、电动机转子、带轮、联轴器等旋转件不平衡产生离心力而引起强迫振动。

（3）传动机构的缺陷和往复运动部件的惯性力引起的振动　如齿轮啮合时的冲击、带传动中的带厚不均或接头不良、滚动轴承滚动体误差、液压系统中的冲击现象以及往复运动部件换向时的惯性力等，都会引起强迫振动。

（4）切削过程的间歇性　有些加工方法如铣削、拉削及滚齿等，由于切削的不连续，导致切削力的周期性变化，引起强迫振动。

2. 强迫振动的数学描述及特性

工艺系统是多自由度的振动系统，振动形态非常复杂。要精确地描述和解决多自由度的振动系统是很困难的，但就其某一特定的自由度而言，其振动特性与相应频率的单自由度系统有近似之处，可简化为单自由度系统来分析。

图 5-21a 所示为内圆磨削示意图。在加工中磨头受周期性变化的干扰力而产生振动，由于磨头系统的刚度远比工件的刚度低，故可把磨削系统简化为一个单自由度系统。为此，把磨头简化为一个等效质量 m，把质量 m 支承在刚度为 k 的等效弹簧上，系统中存在的阻尼相当于和等效弹簧并联一个等效粘性阻尼 δ，作用在 m 上的交变力假设为简谐激振力 $F\sin\omega t$，这样就可以得到单自由度系统典型的动力学模型，如图 5-21 所示。m 的受力情况如图 5-21c 所示，作用在 m 上的力有：与位移成正比的弹性恢复力 kx，与运动速度成正比的粘性阻尼力 $\delta\dot{x}$，简谐激振力 $F\sin\omega t$，则该系统的运动方程式为

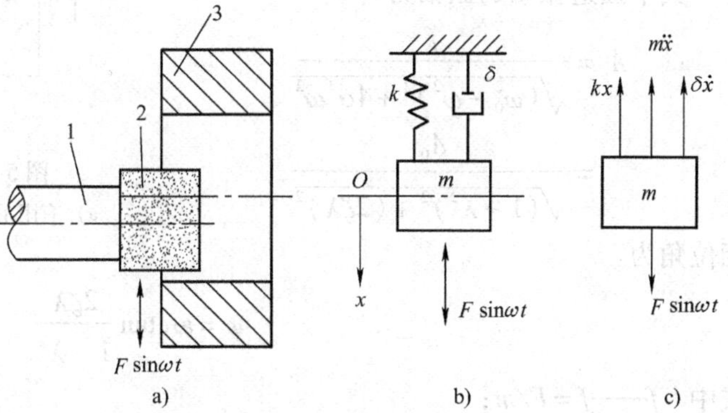

图 5-21　内圆磨削振动系统

a）磨削示意图　b）动力学模型　c）受力图

1—主轴　2—砂轮　3—工件

$$m\ddot{x}+\delta\dot{x}+kx=F\sin\omega t \tag{5-3}$$

式（5-3）是一个二阶常系数线性非齐次微分方程。根据微分方程理论，当系统为小阻尼时，它的解由令$\frac{F}{m}=0$而得到的齐次方程的通解和非齐次方程的一个特解组成

$$x=A_1e^{-\alpha t}\sin(\sqrt{\omega_0^2-\alpha^2}t+\varphi_1)+A_2\sin(\omega t-\varphi) \tag{5-4}$$

式中 α——衰减系数，$\alpha=\frac{\delta}{2m}$；

ω_0——系统无阻尼振动时的固有频率，$\omega_0^2=\frac{k}{m}$；

ω——激振力圆频率。

式（5-4）的第一项（通解）为有阻尼的自由振动过程，如图5-22a所示，经过一段时间后，这部分振动衰减为零。式（5-4）的第二项（特解）如图5-22b所示，是圆频率等于激振圆频率的强迫振动。图5-22c所示为两种解叠加后的振动过程。可以看到经历过渡过程以后，强迫振动是稳定的振动过程。进入稳态后的振动方程为

$$x=A\sin(\omega t-\varphi) \tag{5-5}$$

式中 A——强迫振动的幅值；

φ——振动体位移相对于激振力的相位角；

t——时间。

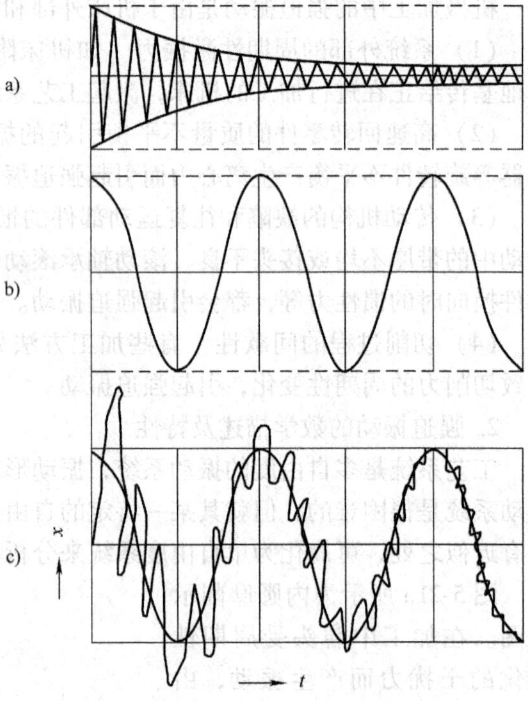

图5-22 式（5-4）的时间位移曲线

a）有阻尼的自由振动 b）强迫振动 c）有阻尼的自由振动和强迫振动的合成

其中强迫振动的振幅为

$$A=\frac{f}{\sqrt{(\omega_0^2-\omega^2)^2+4\alpha^2\omega^2}}=\frac{A_0}{\sqrt{(1-\lambda^2)^2+(2\zeta\lambda)^2}}$$

相位角为

$$\varphi=\arctan\frac{2\zeta\lambda}{1-\lambda^2}$$

式中 f——$f=F/m$；

A_0——系统在静力F作用下的静位移（m），$A_0=\frac{f}{\omega_0^2}=\frac{F/m}{k/m}=\frac{F}{k}$；

k——系统的静刚度（N/m）；

λ——频率比，$\lambda=\frac{\omega}{\omega_0}$；

ζ——阻尼比，$\zeta=\frac{\alpha}{\omega_0}=\frac{\delta/2m}{\sqrt{k/m}}=\frac{\delta}{2\sqrt{km}}=\frac{\delta}{\delta_c}$；

δ_c——临界阻尼系数，$\delta_c = 2\sqrt{km}$。

由此可见，强迫振动的特性是：

1）强迫振动是由周期性激振力引起的，不会被阻尼衰减掉，振动本身也不能使激振力变化。

2）强迫振动的振动频率与外界激振力的频率相同或成倍数关系，而与系统的固有频率无关。

3）强迫振动的幅值既与激振力的幅值有关，又与工艺系统的动态特性有关。

以频率比 $\lambda = \omega/\omega_0$ 为横坐标，以动态放大系数 $\eta = A/A_0$（强迫振动的振幅与系统静位移的比值）为纵坐标，以阻尼比 ζ 为参变量，作出强迫振动的幅频特性曲线，如图 5-23 所示。从图中可以看出：

1）当激振力的频率很小（$\omega = 0$ 或 $\lambda = \omega/\omega_0 \ll 1$）时，$\eta \approx 1$，此时的振幅相当于把激振力作为静载荷加在系统上，使系统产生静位移。这种现象发生在 $0 \leqslant \lambda \leqslant 0.7$ 的范围，故称此范围为准静态区。显然，在该区内增加系统的静刚度即可减少振动。

2）当激振频率增大时，λ 也逐渐增大，振幅迅速增大。当 λ 接近或等于 1 时（$\omega \approx \omega_0$），振幅急剧增加，这种现象称为共振，故将范围在 $0.7 \leqslant \lambda \leqslant 1.3$ 的区域称为共振区。工程上常把系统的固有频率定为共振频率，而把固有频率前后 20% ~ 30% 的区域作为禁区以避免共振。改变系统固有频率、改变激振力的频率、提高阻尼比、增加静刚度等，均有消振的作用。

3）当激振频率增大到 $\lambda \gg 1$ 时，$\eta \to 0$，振幅迅速下降，甚至振动消失。这表明振动系统的惯性跟不上快速变化的激振力，这个区域称为惯性区，其范围为 $\lambda \geqslant 1.3$。在惯性区内，阻尼的影响大大减小，系统的振幅小于静位移，并且可用增加系统的质量来提高系统的抗振性。

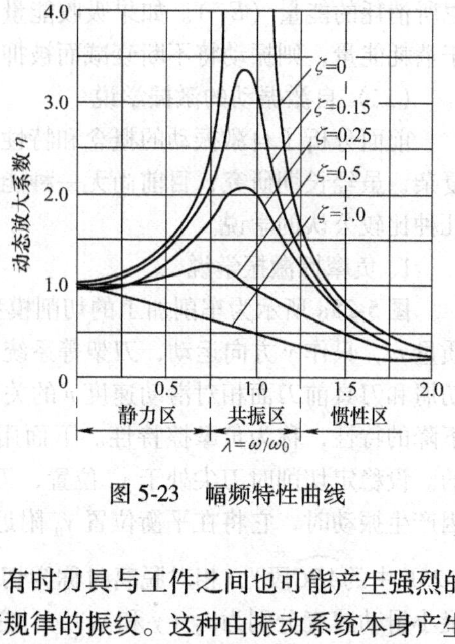

图 5-23　幅频特性曲线

4）动刚度的概念。当系统在周期性动载荷作用下，交变力的幅值与振幅（动态位移）之比即 $k_d = F/A = k\sqrt{(1-\lambda^2)^2 + (2\zeta\lambda)^2}$ 定义为系统的动刚度，动刚度的倒数定义为动柔度。当激振频率 $\omega = 0$（即 $\lambda = 0$）时，动载荷变为静载荷，且 $k_d = k$，系统产生静位移 A_0；当 $\omega = \omega_0$ 共振时，k_d 出现最小值。在相同频率比的条件下，随着阻尼比 ζ 增大，系统的动刚度增大，则系统的抗振性增强。

三、自激振动

切削加工时，在没有周期性外力作用的情况下，有时刀具与工件之间也可能产生强烈的相对振动，并在工件的加工表面上残留下明显的、有规律的振纹。这种由振动系统本身产生的交变力激发和维持的振动称为自激振动。

（一）自激振动的产生条件和特性

在实际切削过程中，工艺系统受到干扰力作用产生自由振动后，必然要引起刀具和工件相对位置的变化，这一变化若又引起切削力的波动，则使工艺系统产生振动，因此通常将自激振动看成是由振动系统（工艺系统）和调节系统（切削过程）两个环节组成的一个闭环系统。如图 5-24 所示，自激振动系统是一个闭环反馈自控系统，调节系统把持续工作用的能源能量转变为交变力对振动系统进行激振，振动系统的振动又控制切削过程产生激振力，以反馈制约进入振动系统的能量。由此可见，自激振动不同于强迫振动，它具有下列特性：

1）自激振动的频率等于或接近系统的固有频率，即由系统本身的参数所决定。

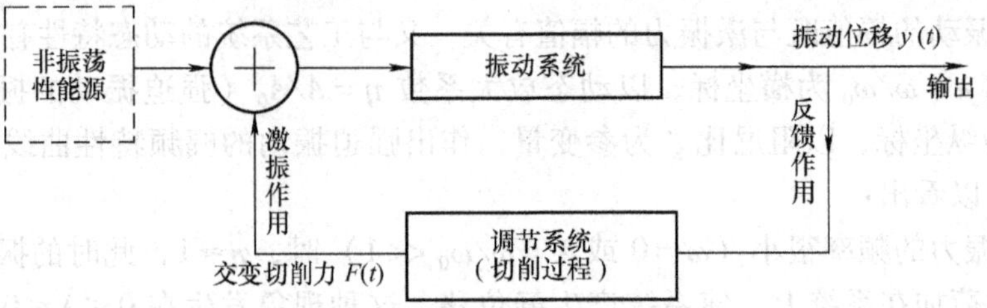

图 5-24 自激振动系统的组成

2）自激振动是由外部激振力的偶然触发而产生的一种不衰减运动，但维持振动所需的交变力是由振动过程本身产生的，在切削过程中，停止切削运动，交变力也随之消失，自激振动也就停止。

3）自激振动能否产生和维持取决于每个振动周期内输入和消耗的能量，自激振动系统维持稳定振动的条件是，在一个振动周期内，从能源输入到系统的能量（E^+）等于系统阻尼所消耗的能量（E^-）。如果吸收能量大于消耗能量，则振动会不断加强；如果吸收能量小于消耗能量，则振动将不断衰减而被抑制。

（二）自激振动的激振学说

前面分析了自激振动的概念和特性，但关于切削过程中产生自激振动的原因，由于机理复杂，虽经长期研究，目前尚无一种能阐明各种情况下产生自激振动的理论。下面扼要介绍几种比较公认的学说。

1. 负摩擦激振学说

图 5-25a 所示为车削加工的切削模型，将其简化为单自由度振动系统。刀具简化为等效质量 m，只作 y 方向运动，刀架等系统简化为刚度 k。图 5-25b 左上角为径向切削分力 F_y 与切屑和刀具前刀面相对滑动速度 v 的关系曲线，把曲线后半部分切削力随滑动速度的增加而下降的特性，称为负摩擦特性。下面用能量关系说明负摩擦特性是如何激起切削自激振动的。设稳定切削时刀尖处于 y_0 位置，刀具和切屑的相对滑动速度为 v_1。当刀具由于偶然原因产生振动时，它将在平衡位置 y_0 附近作往复运动，刀具与工件相对趋近时称为切入（图 5-25b 中的$\widehat{ABC}$段），相对脱离时称为切出（图 5-25b 中的$\widehat{CDA}$段）。切入与切出时的最大和最小滑动速度分别为 $v_1+\dot{y}$ 和 $v_1-\dot{y}$，它们各自对应的径向切削分力分别为 F_{y1} 和 F_{y2}。在切入的半个周期中，刀具运动方向与径向切削分力 F_y 的方向（切屑流出方向）相反，故切屑对刀具做负功，而在切出的半个周期中，切屑对刀具做正功。由图 5-25b 右下角可知，正功大于负功，其差值即为椭圆 $A'B'C'D'$ 的面积，此即为一个振动周期中系统所获得的能量补充，因而使振动得以维持下去。

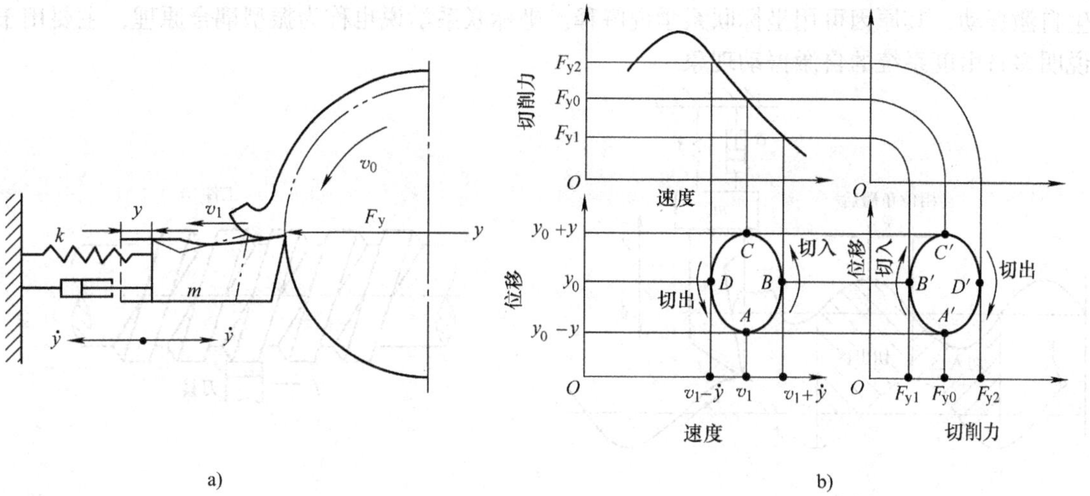

图 5-25　负摩擦激振学说原理图

a）切削模型　b）能量关系

2. 再生自激振动学说

在切削加工中，由于刀具的进给量一般不大，而刀具的副偏角又较小，当工件转一转开始切削下一转时，刀具必然与已切过的上一转表面接触，即产生重叠切削。图 5-26 所示为磨削加工示意图，设砂轮宽度为 B，工件进给量为 f，工件前后相邻两转的磨削区有重叠部分，其大小用重叠系数 ε 表示：$\varepsilon=\dfrac{B-f}{B}$（$0\leqslant\varepsilon\leqslant1$）。在稳定切削过程中，由于偶然的扰动（如材料的硬疵点、加工余量不均匀或冲击等），工艺系统会产生一次自由振动，并在被加工表面上留下相应的振纹。当工件转至下一转时，由于切削到重叠部分的振纹使切削厚度发生变化，从而引起切削力的周期改变，使刀具产生振动，在加工表面上留下新的振纹；这个振纹又影响到下一转的切削，从而引起持续的再生自激振动，如图 5-27 所示。但是产生这种自激振动是有条件的，只有当后一转切削加工的工件表面 y（图中虚线）比前一转切削加工的工件表面 y_0（图中实线）滞后一个相位角 φ 时，由于刀具在切入工件的半个周期中的平均切削厚度比切出时的平均切削厚度小，切削力也小，则在一个振动周期中，切削力作的正功大于负功，即 $E^+>E^-$，有多余的能量输入系统中，使振动得以维持。因此，为了减小或消除再生自激振动，可以改变加工中某项工艺参数（如工件转速），使 y 与 y_0 同相或超前一个相位角。

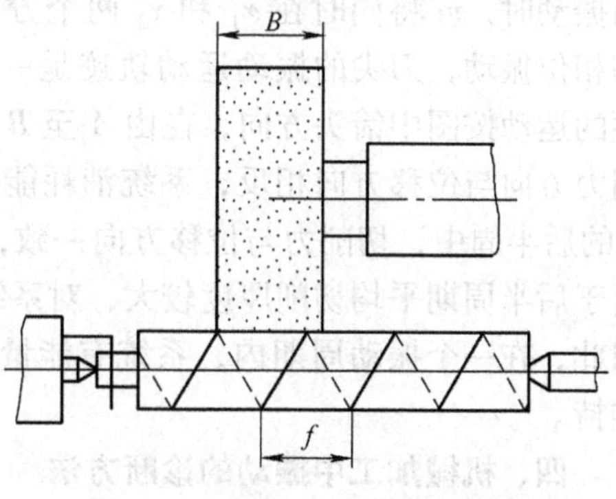

图 5-26　磨削时重叠切削示意图

3. 坐标联系学说

如图 5-28 所示，在加工矩形螺纹外圆时，工件前后两转并未产生重叠切削，若按再生自激振动学说，理应不产生自激振动，但在实际加工中，当背吃刀量达到一定值时，仍会产生自激振动，其原因可用坐标联系学说解释。坐标联系学说也称为振型耦合原理，主要用于说明多自由度系统的自激振动现象。

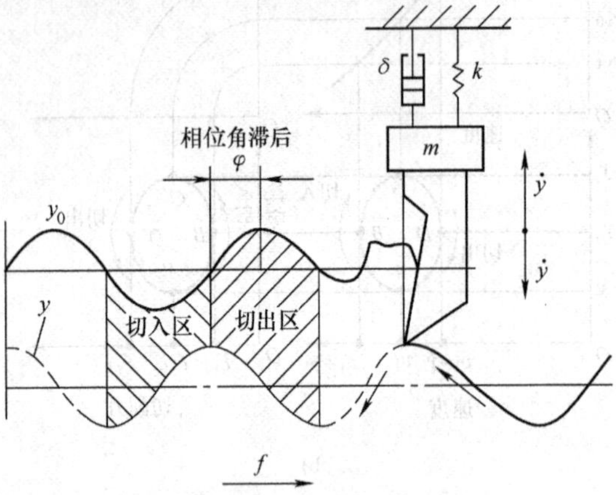

图 5-27　再生自激振动示意图

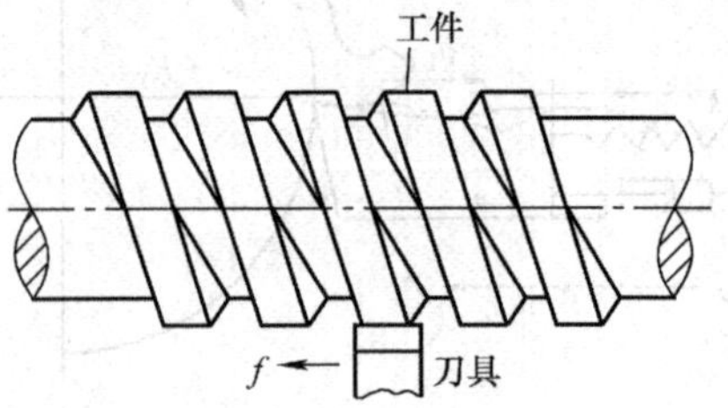

图 5-28　纵车矩形螺纹外圆表面

图 5-29 表示了切削时的振动系统。设工件不动，主振系统是刀具等系统，其等效质量为 m，由刚度为 k_1、k_2 的两个互相垂直的弹簧支持着，弹簧轴线 x_1 和 x_2 分别为小刚度主轴和大刚度主轴，并表示振动的两个自由度方向。当系统在切削过程中受某种偶然因素的干扰产生了圆频率为 ω 的振动时，m 将同时在 x_1 和 x_2 两个方向以不同的振幅和相位振动，刀尖的振动运动轨迹是一个椭圆。如果刀尖的运动按图中箭头方向，在由 A 至 B 的前半周中，切削力方向与位移方向相反，系统消耗能量；而在从 B 至 A 的后半周中，切削力与位移方向一致，系统吸收能量。由于后半周期平均切削厚度较大，对系统做的正功较多，因此，在一个振动周期内，系统有能量输入，振动得以维持。

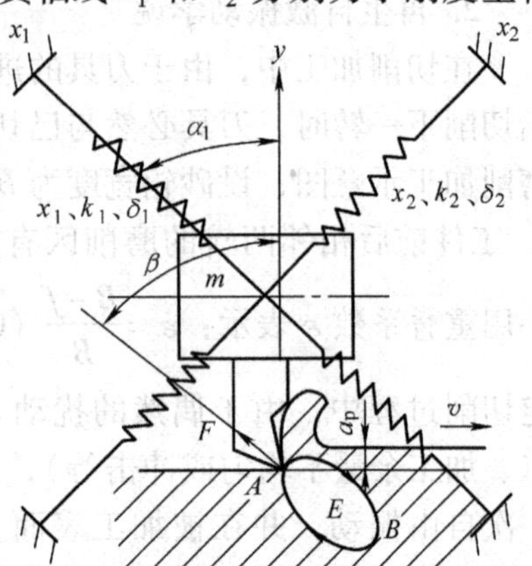

图 5-29　两自由度的耦合振动系统

四、机械加工中振动的诊断方法

在着手消除机械加工中的振动之前，首先应判别振动是属于强迫振动还是自激振动。强迫振动的频率与激振力的频率相等或是它的整数倍，根据这个规律去查找振源。查找振源的基本途径就是测出振动的频率。

测定振动频率最简单的方法是数出工件表面的波纹数，然后根据切削速度计算出振动频率。测量振动频率较完善的方法是对机床的振动信号进行功率谱分析，功率谱中的尖峰点对应的频率就是机床振动的主要频率。

一般诊断步骤如下：

1）拾取振动信号，作机床工作时的频谱图。

2）做环境试验，查找机外振源。在机床处于完全停止的状态下拾取振动信号，进行频谱分析。此时所得到的振动频率成分均为机外干扰力源的频率成分。然后将这些频率成分与现场加工的振动频率成分进行对比，如两者完全相同，则可判定机械加工中产生的振动属于强迫振动，且干扰力源在机外环境中。如现场加工的主振频率成分与机外干扰力频率不一致，则需继续进行空运转试验。

3）做空运转试验，查找机内振源。机床按现场所用运动参数进行空运转，拾取振动信号，进行频谱分析，然后将这些频率成分与现场加工的频谱图对比。如果两者的谱线成分完全相同，除机外干扰力源的频率成分外，则可判断切削加工中产生的振动是强迫振动，且干扰力源在机床内部。如果切削加工的谱线图上有与机床空运转试验的谱线成分不同的频率成分，则可判断切削加工中除有强迫振动外，还有自激振动。

五、机械加工中振动的控制

机械加工中控制振动的途径有三个方面：消除或减弱产生机械振动的条件；改善工艺系统的动态特性，增强工艺系统的稳定性；采取各种消振减振装置。

（一）消除或减弱产生强迫振动的条件

（1）减小激振力　对于机床上转速在600r/min以上的零件，如砂轮、卡盘、电动机转子及刀盘等，必须进行平衡以减小和消除激振力；提高带传动、链传动、齿轮传动及其他传动装置的稳定性，如采用完善的带接头、以斜齿轮或人字齿轮代替直齿轮等；使动力源与机床本体放在两个分离的基础上。

（2）调整振源频率　在选择转速时，尽可能使引起强迫振动的振源的频率避开共振区，使工艺系统部件在准静态区或惯性区运行，以免发生共振。

（3）采取隔振措施　隔振有两种方式：一种是阻止机床振源通过地基外传的主动隔振；另一种是阻止外干扰力通过地基传给机床的被动隔振。不论哪种方式，都是用弹性隔振装置将需防振的机床或部件与振源之间分开，使大部分振动被吸收，从而达到减小振源危害的目的，常用的隔振材料有橡皮、金属弹簧、空气弹簧、泡沫、乳胶、软木、矿渣棉、木屑等。

（二）消除或减弱产生自激振动的条件

1. 合理选择切削用量

图5-30所示是切削速度与振幅的关系曲线。从图中可看出，在低速或高速切削时，振动较小。图5-31和图5-32所示是切削进给量和背吃刀量与振幅的关系曲线。它们表明，选较大的进给量和较小的背吃刀量有利于减小振动。

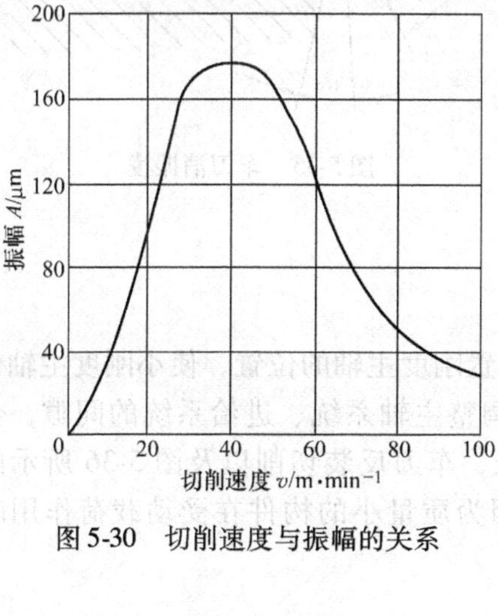

图5-30　切削速度与振幅的关系

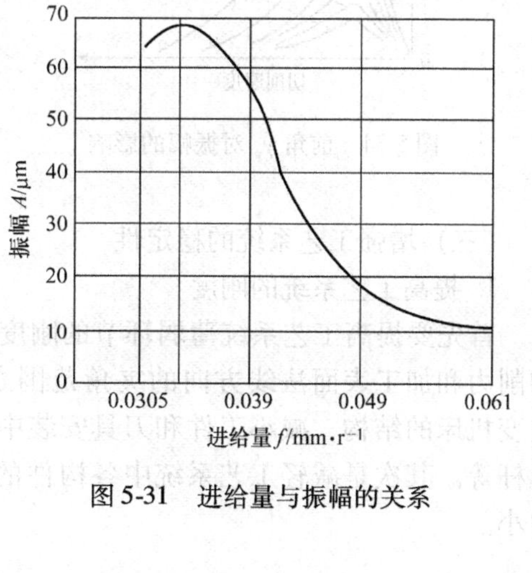

图5-31　进给量与振幅的关系

2. 合理选择刀具几何参数

刀具几何参数中对振动影响最大的是主偏角 κ_r 和前角 γ_o。主偏角 κ_r 增大，则垂直于加工表面方向的切削分力 F_y 减小，实际切削宽度减小，故不易产生自振。如图 5-33 所示，$\kappa_r=90°$时，振幅最小；$\kappa_r>90°$，振幅增大。前角 γ_o 越大，切削力越小，振幅也小，如图 5-34 所示。

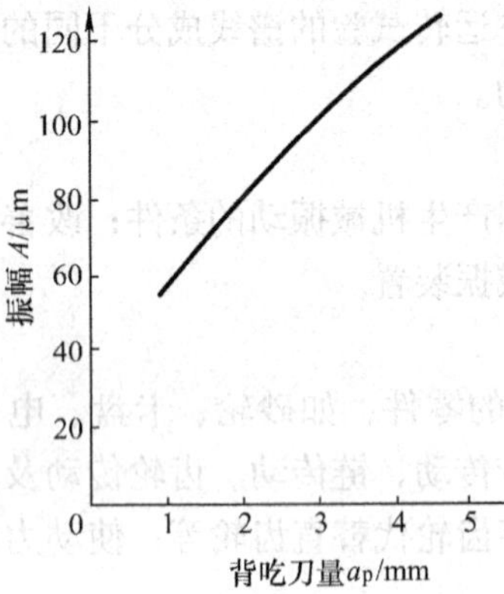

图 5-32　背吃刀量与振幅的关系

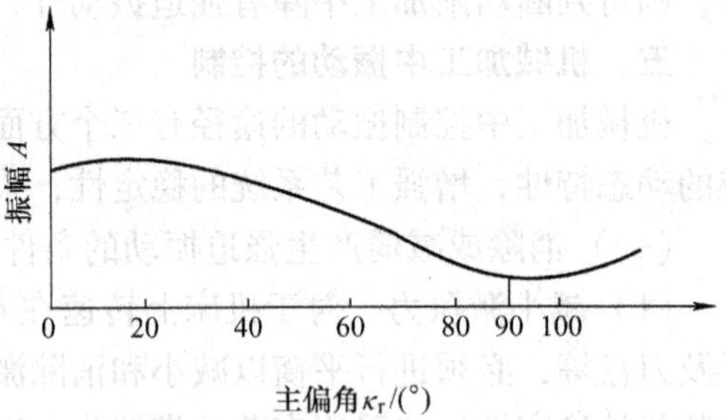

图 5-33　主偏角 κ_r 对振幅的影响

3. 增加切削阻尼

适当减小刀具后角（$\alpha_o=2°\sim3°$），可以增大工件和刀具后刀面之间的摩擦阻尼；还可在后刀面上磨出带有负后角的消振棱，如图 5-35 所示。

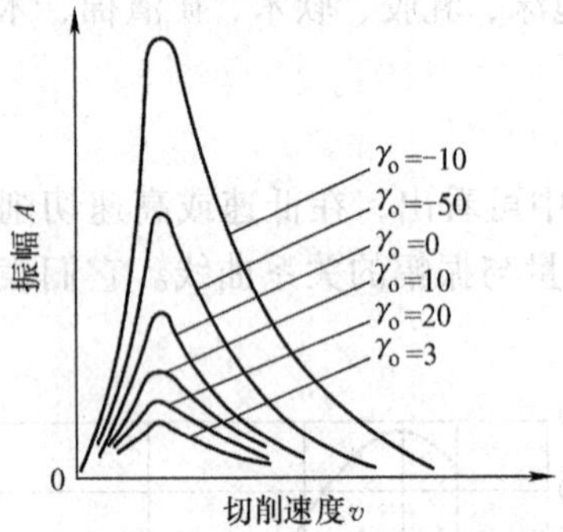

图 5-34　前角 γ_o 对振幅的影响

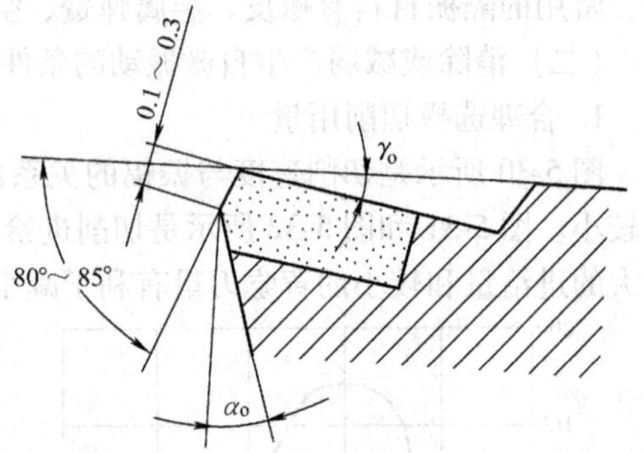

图 5-35　车刀消振棱

（三）增强工艺系统的稳定性

1. 提高工艺系统的刚度

首先要提高工艺系统薄弱环节的刚度，合理配置刚度主轴的位置，使小刚度主轴位于切削力和加工表面法线方向的夹角范围之外。如调整主轴系统、进给系统的间隙，合理改变机床的结构，减小工件和刀具安装中的悬伸长，车刀反装切削以及图 5-36 所示削扁镗杆等。其次是减轻工艺系统中各构件的质量，因为质量小的构件在受动载荷作用时惯力小。

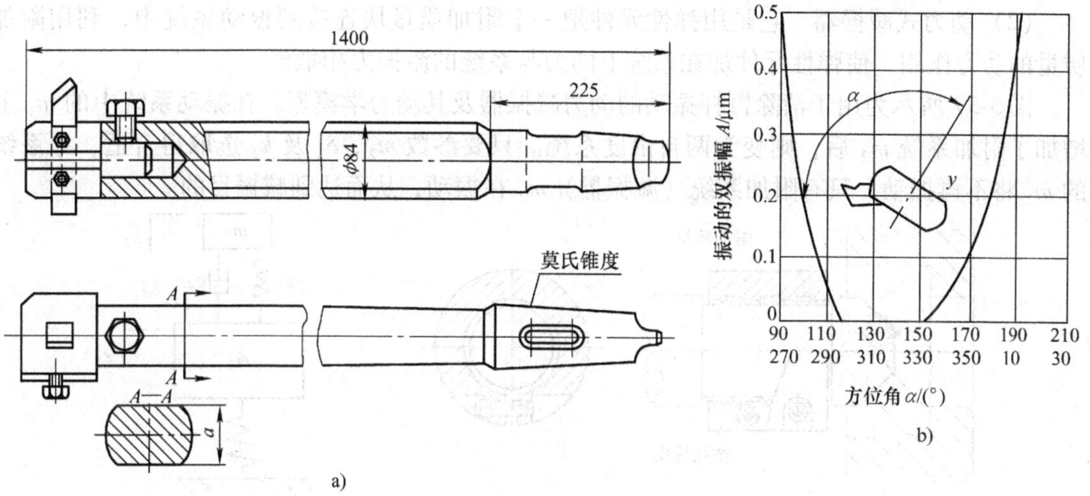

图 5-36　削扁镗杆
a）削扁镗杆　b）双振幅与方位角的关系

2. 增大系统的阻尼

工艺系统的阻尼主要来自零部件材料的内阻尼、接合面上的摩擦阻尼以及其他附加阻尼。要增大系统的阻尼，可选用阻尼比大的材料制造零件；还可把高阻尼的材料附加到零件上去，如图 5-37 所示的薄壁封砂的床身结构，可提高抗振性。其次是增加摩擦阻尼，机床阻尼大多来自零部件接合面间的摩擦阻尼，有时可占到总阻尼的 90%。对于机床的活动接合面，要注意间隙调整，必要时施加预紧力增大摩擦；对于固定接合面，选用合理的加工方法、表面粗糙度值、接合面上的比压以及固定方式等来增加摩擦阻尼。

（四）采用各种消振减振措施

如果不能从根本上消除产生机械振动的条件，又不能有效地提高工艺系统的动态特性，为保证加工质量和生产率，就要采用消振减振装置。按工作原理的不同，常用的减振装置分为以下三类。

（1）摩擦式减振器　它是利用固体或液体的摩擦阻尼来消耗振动的能量的。在机床主轴系统中附加阻尼减振器，如图 5-38 所示。它相当于一个间隙很大的滑动轴承，通过阻尼套和主轴间隙中的粘性油的阻尼作用来减振。

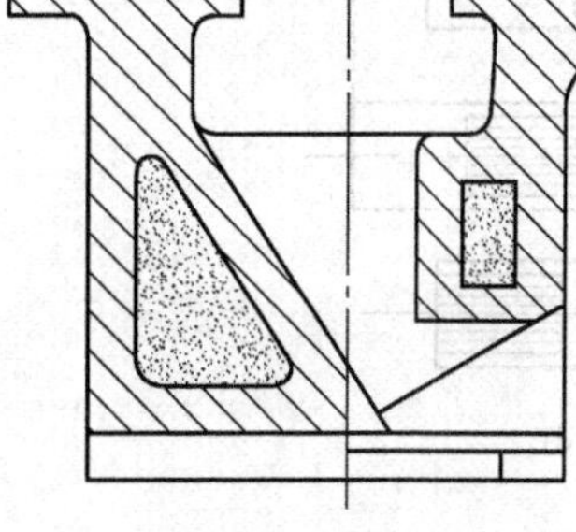

图 5-37　薄壁封砂床身

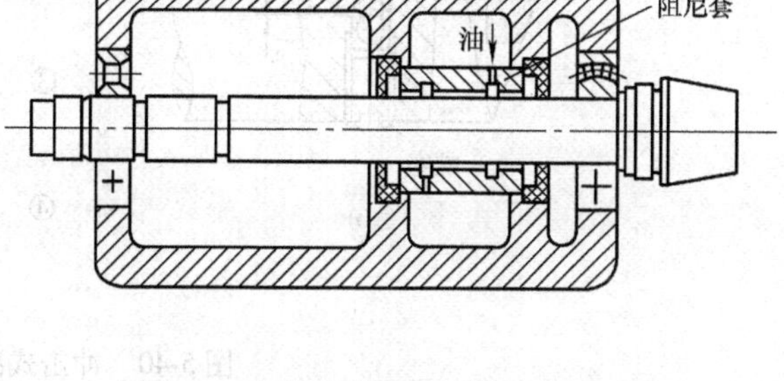

图 5-38　主轴系统液体摩擦阻尼减振器

（2）动力式减振器　它是用弹性元件把一个附加质量块连接到振动系统中，利用附加质量的动力作用，使弹性元件加在系统上的力与系统的激振力相抵消。

图5-39所示为用于消除镗杆振动的动力减振器及其动力学模型。在振动系统中的 m_1 上增加了附加系统 m_2 后，则变为两自由度系统。只要参数 m_2、δ_2 及 k_2 选取得合适，原系统的 m_1 将不再振动，只有附加系统（减振器）m_2 在振动，从而达到减振目的。

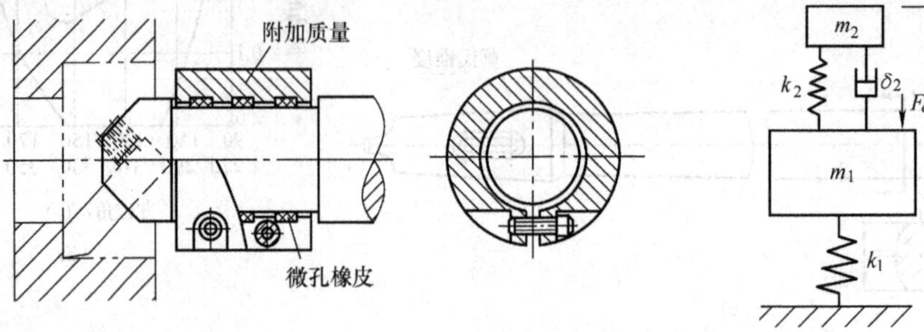

图5-39　用于镗刀杆的动力减振器及其动力学模型

（3）冲击式减振器　它是由一个与振动系统刚性连接的壳体和一个在壳体内自由冲击的质量块所组成，当系统振动时，自由质量块反复冲击壳体，以消耗振动能量，达到减振的目的。冲击式减振器的典型结构及动力学模型如图5-40所示。为了获得最佳碰撞条件，希望振动体 M 和冲击块 m 都以最大的速度运动时碰撞，这样会造成最大的能量损失。为达到减振的最佳效果，应保证质量块在壳体内的间隙 $\Delta=\pi A$（A 为振动体 M 的振幅）。另外，冲

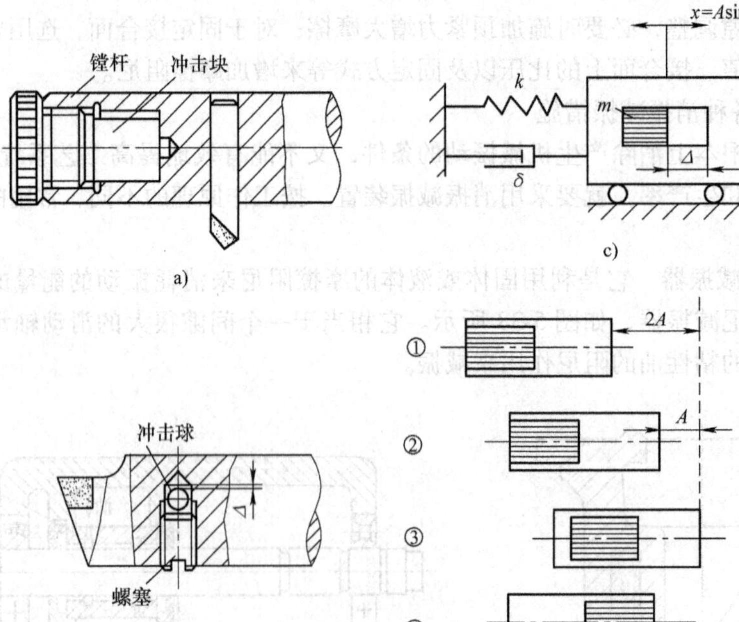

图5-40　冲击式减振器

a)、b)典型结构　c)动力学模型　d)工作原理

击的材料要选密度大、弹性恢复系数大的材料制造。

冲击式减振器虽有因碰撞产生噪声的缺点，但由于具有结构简单、质量轻、体积小以及在较大的频率范围内都适用的优点，所以应用较广。

习题与思考题

5-1　机械加工表面质量包括哪些具体内容？它们对机器使用性能有哪些影响？

5-2　高速精镗内孔时，采用锋利的尖刀，刀具的主偏角 $\kappa_r=45°$，副偏角 $\kappa_r'=20°$，要求加工表面粗糙度 $Rz=3.2\mu m$，试求：

1）当不考虑工件材料塑性变形对表面粗糙度影响时，计算应采用的背吃刀量为多少？

2）分析实际加工表面粗糙度与计算求得的表面粗糙度是否相同？为什么？

5-3　影响表面粗糙度的因素是什么？如何解释当砂轮速度 v_s 从 30m/s 提高到 60m/s 时，表面粗糙度 Ra 值从 $1\mu m$ 减小到 $0.2\mu m$ 的试验结果。

5-4　为什么机器上许多静止连接的接触表面往往要求较小的表面粗糙度值，而有相对运动的表面又不能对表面粗糙度值要求过小？

5-5　采用粒度为 F30 的砂轮磨削钢件外圆，其表面粗糙度 $Ra=1.6\mu m$；在相同条件下，采用粒度为 F60 的砂轮可使 $Ra=0.2\mu m$，这是为什么？

5-6　什么是加工硬化？影响加工硬化的因素有哪些？

5-7　什么是回火烧伤、淬火烧伤和退火烧伤？

5-8　为什么会产生磨削烧伤？减少磨削烧伤的方法有哪些？

5-9　为什么同时提高砂轮速度和工件速度可以避免产生磨削烧伤，减小表面粗糙度值并能提高生产率？

5-10　试述加工表面产生残余压应力和残余拉应力的原因。

5-11　试述产生磨削裂纹的原因。

5-12　为什么要注意选择机器零件加工的最终工序的加工方法？

5-13　表面强化工艺为什么能改善工件表面质量？生产中常用的表面强化工艺方法有哪些？

5-14　如何进行强迫振动的诊断？

5-15　何谓自激振动？它有何特性？与强迫振动有何区别？

5-16　在导轨磨床上加工中型车床导轨，机床的主轴是滚动轴承，工作台由液压传动，试分析有哪些因素会影响工件表面的波纹度？

5-17　自激振动产生的条件是什么？消除自激振动的措施有哪些？

5-18　试讨论在现有机床的条件下如何提高工艺系统的抗振性？

5-19　简述坐标联系学说，为什么削扁镗杆能增强抗振性？削边的部位与切削力方向的关系如何？

5-20　为什么在车床上采用弹簧车刀较之用刚性车刀切削抗振性好？为什么在刨床上采用弯头刨刀较之用直头刨刀切削抗振性好？

第六章　典型零件加工与加工方法

本章对轴类零件（包括主轴、曲轴、丝杠）、套筒零件、箱体零件、圆柱齿轮、活塞和连杆的结构特点、技术要求、工艺过程分析、加工方法、精度检验作了较详细的介绍。结合生产实际，列举了一些企业使用的典型生产工艺；还介绍了反映近年来国内外机械制造技术的新成就和新工艺。本章典型零件加工种类较多，可根据专业需要选取其中的 2 ~ 3 个进行讲解，从而理解一般零件加工的共同规律。学习时，要和所学理论相结合，用工艺理论指导、分析典型零件加工过程，重点掌握各类零件的精、粗基准选择原则，它是加工过程的核心内容和思维方法。至于具体的加工方法则应深入实际，具体了解，增加感性认识。

第一节　轴类零件加工

一、概述

（一）轴类零件的功用与结构特点

轴类零件是机器中的主要零件之一，它的主要功能是支承传动件（齿轮、带轮、离合器等）和传递转矩。常见轴的种类如图 6-1 所示。

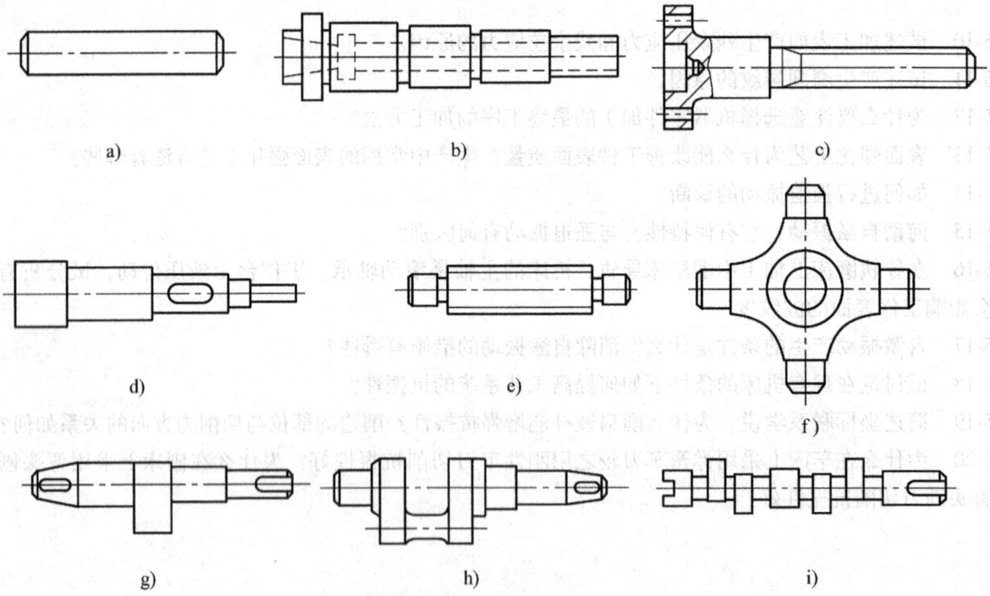

图 6-1　轴的种类

a）光轴　b）空心轴　c）半轴　d）阶梯轴　e）花键轴　f）十字轴　g）偏心轴　h）曲轴　i）凸轮轴

从轴类零件的结构特征来看，它们都是长度 L 大于直径 d 的旋转体零件，若 $L/d \leqslant 12$，通常称为刚性轴，而 $L/d > 12$ 则称为挠性轴，其加工表面主要有内外圆柱面、内外圆锥面、螺纹、花键、沟槽等。

（二）轴类零件的技术要求

1. 尺寸精度

轴类零件的支承轴颈一般与轴承配合，是轴类零件的主要表面，它影响轴的旋转精度与工作状态。通常对其尺寸精度要求较高，为 IT5 ~ IT7；装配传动件的轴颈尺寸精度可低一些，为 IT6 ~ IT9。

2. 形状精度

轴类零件的形状精度主要是指支承轴颈的圆度、圆柱度，一般应将其限制在尺寸公差范围内，对精度要求高的轴，应在图样上标注其形状公差。

3. 位置精度

保证配合轴颈（装配传动件的轴颈）相对支承轴颈（装配轴承的轴颈）的同轴度或跳动量，是轴类零件位置精度的普遍要求，它会影响传动件的传动精度。普通精度轴的配合轴颈对支承轴颈的径向圆跳动一般规定为 0. 01 ~ 0. 03mm、高精度轴为 0. 001 ~ 0. 005mm。

4. 表面粗糙度

一般与传动件相配合的轴颈表面粗糙度 $Ra = 2.5 \sim 0.63\mu m$，与轴承相配合的支承轴颈表面粗糙度 $Ra = 0.63 \sim 0.16\mu m$。

图 6-2 所示为某车床主轴零件简图。

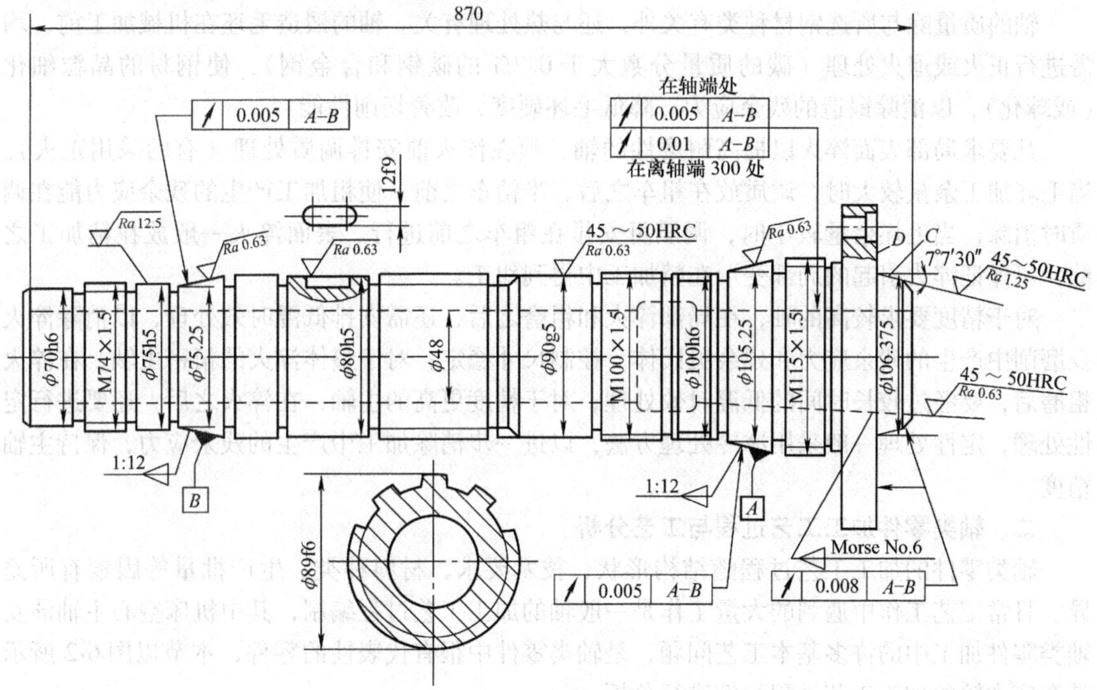

图 6-2 某车床主轴零件简图

（三）轴类零件的材料、毛坯及热处理

1. 轴类零件的材料

轴类零件应根据不同工作条件和使用要求，选用不同的材料和不同的热处理，以获得所需的强度、韧性和耐磨性。

45 钢是一般轴类零件常用的材料，经过调质可得到较好的切削性能，而且能获得较高的强度、韧性等综合力学性能；表面经局部淬火后再回火，表面硬度可达 45 ~ 52HRC。40Cr 等合金结构钢适用于中等精度而转速较高的轴，这类钢经调质和表面淬火处理后，具有较高的综合力学性能。轴承钢 GCr15 和弹簧钢 65Mn 可制造较高精度的轴，这类钢经调质和表面高频感应加热淬火后再回火，表面硬度可达 50 ~ 58HRC，并具有较高的疲劳强度和耐磨性。对于高转速、重载荷条件下工作的轴，可选用 20CrMoTi、20Mn2B 等低碳合金钢或 38CrMoAL 中碳合金渗氮钢，低碳合金钢经正火和渗碳淬火处理后可获得很高的表面硬度、较软的心部，因此耐冲击韧性好，但缺点是热处理变形较大；而对于渗氮钢，由于渗氮温度比淬火低，经调质和表面渗氮后，变形很小而硬度却很高，具有很好的耐磨性和疲劳强度。

2. 轴类零件的毛坯

轴类零件最常用的毛坯是圆棒料和锻件，只有某些大型或结构复杂的轴（如曲轴），在性能允许时才采用铸件。由于毛坯经过加热锻造后，能使金属内部纤维组织沿表面均匀分布，可获得较高的抗拉、抗弯及抗扭强度，所以除光轴、直径相差不大的阶梯轴使用热轧棒料或冷拉棒料外，一般比较重要的轴大都采用锻件，这样既可改善力学性能，又能节约材料、减少机械加工量。

3. 轴类零件的热处理

轴的质量除与所选钢材种类有关外，还与热处理有关。轴的锻造毛坯在机械加工前，均需进行正火或退火处理（碳的质量分数大于 0.7% 的碳钢和合金钢），使钢材的晶粒细化（或球化），以消除锻造的残余应力、降低毛坯硬度，改善切削性能。

凡要求局部表面淬火以提高耐磨性的轴，须在淬火前安排调质处理（有的采用正火）。当毛坯加工余量较大时，调质放在粗车之后、半精车之前，使粗加工产生的残余应力能在调质时消除；当毛坯余量较小时，调质可安排在粗车之前进行。表面淬火一般放在精加工之前，可保证淬火引起的局部变形在精加工中得到纠正。

对于精度要求较高的轴，在局部淬火和粗磨之后，还需安排低温时效处理，以消除淬火及磨削中产生的残余应力和残余奥氏体，控制尺寸稳定；对于整体淬火的精密主轴，在淬火粗磨后，要经过较长时间的低温时效处理；对于精度更高的主轴，在淬火之后，还要进行定性处理，定性处理一般采用冰冷处理方法，以进一步消除加工中产生的残余应力，保持主轴精度。

二、轴类零件加工工艺过程与工艺分析

轴类零件的加工工艺过程随结构形状、技术要求、材料种类、生产批量等因素有所差异。日常工艺工作中遇到的大量工作是一般轴的加工工艺过程编制，其中机床空心主轴涉及轴类零件加工中的许多基本工艺问题，是轴类零件中很有代表性的零件，本节以图 6-2 所示某车床主轴的加工工艺过程为例进行分析。

（一）主轴的技术条件分析

从图 6-2 可以看出，支承轴颈的轴线 A、B 是主轴部件的设计基准，它的制造精度直接影响主轴部件的回转精度，所以对 A、B 两段轴颈的轴线提出很高的加工精度要求。

主轴莫氏锥孔是用来安装顶尖或工具锥柄的，其锥孔轴线必须与支承轴颈 A、B 的基准轴线严格同轴，否则会使加工工件产生位置等误差。

主轴前端圆锥面 C 和端面 D 是安装夹具（卡盘）的重要定位面，这个圆锥面的轴线须

与支承轴颈基准轴线同轴、端面与基准轴线垂直，否则将产生夹具安装误差。

主轴上的螺纹是用来固定零件或调整轴承间隙的，当螺纹与支承轴颈轴线歪斜时，会造成主轴部件上锁紧螺母的端面与轴线不垂直，导致拧紧螺母时被压紧的轴承环倾斜，严重时还会引起主轴弯曲变形，因此这些次要表面也应有相应的加工精度要求。

上述各位置精度要求在图 6-2 中，都用圆跳动表示。

（二）卧式车床主轴加工工艺过程

表 6-1 为某车床主轴大批量生产的工艺过程。

表 6-1　主轴加工工艺过程

序号	工序名称	工　序　简　图	加工设备
1	备料		
2	精锻		立式精锻机
3	热处理	正火	
4	锯头		
5	铣端面和钻中心孔	以设计基准处的毛坯外圆和一端面为粗基准	专用机床
6	荒车	车各外圆面	卧式车床
7	热处理	调质 220～240HBW	
8	车大端各部	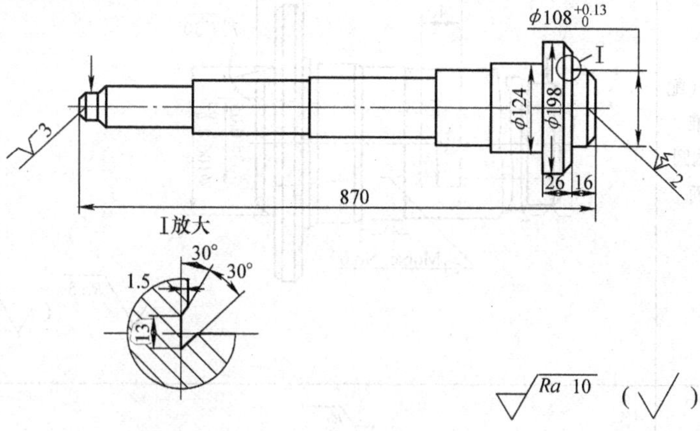	卧式车床 C6140 B
9	仿形车小端各部	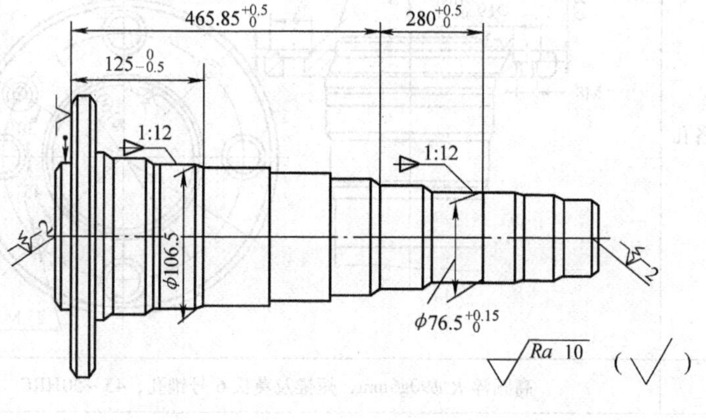	仿形车床 CE7120

（续）

序号	工序名称	工　序　简　图	加工设备
10	钻深孔	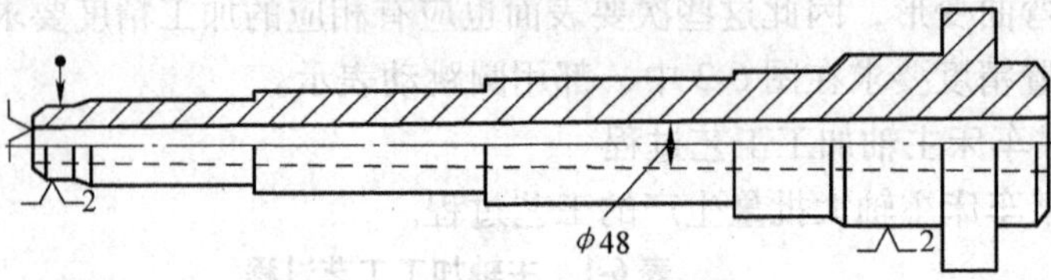	专用深孔钻床
11	车小端内锥孔（配1:20锥堵）	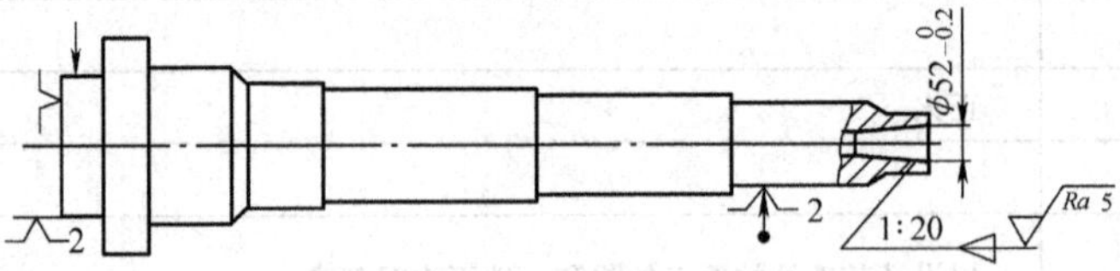	卧式车床 C6140 B
12	车大端锥孔（配莫氏6号锥堵）；车前端圆锥面及端面	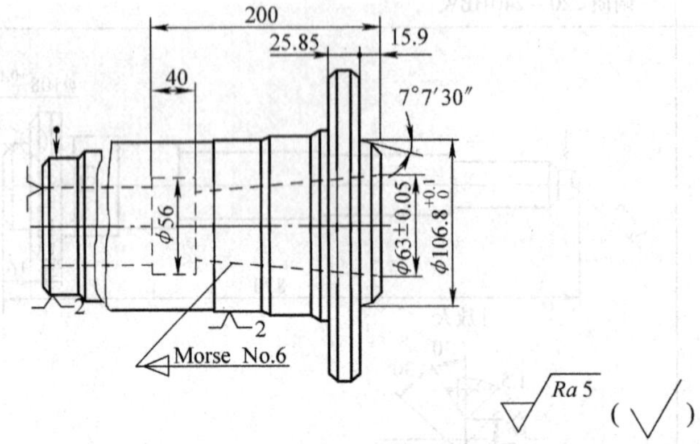	卧式车床 C6140 B
13	钻大端端面各孔	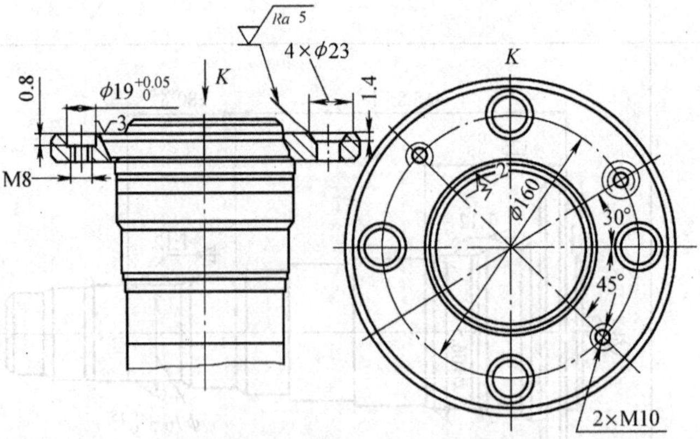	钻模，Z55 钻床
14	热处理	高频淬火 ϕ90g6mm，短锥及莫氏6号锥孔，45～50HRC	

（续）

<table>
<tr><th>序号</th><th>工序名称</th><th>工　序　简　图</th><th>加工设备</th></tr>
<tr><td>15</td><td>精车各外圆并车槽</td><td>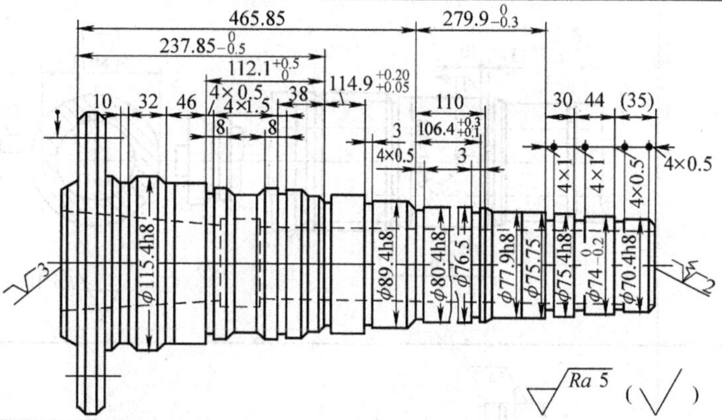
</td><td>数控车床 CSK6163</td></tr>
<tr><td>16</td><td>粗磨外圆二段</td><td>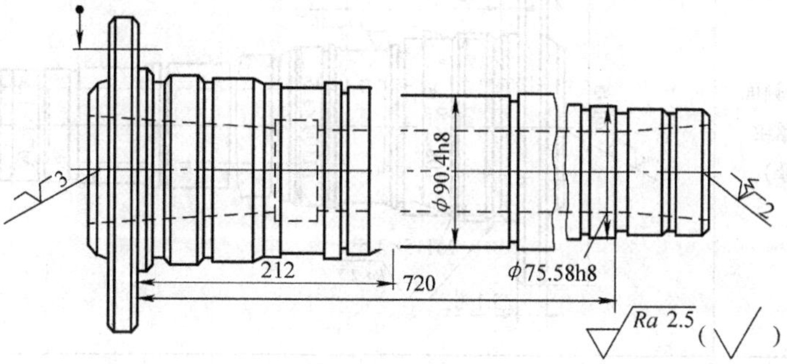
</td><td>万能外圆磨床 M1432</td></tr>
<tr><td>17</td><td>粗磨莫氏6号锥孔</td><td>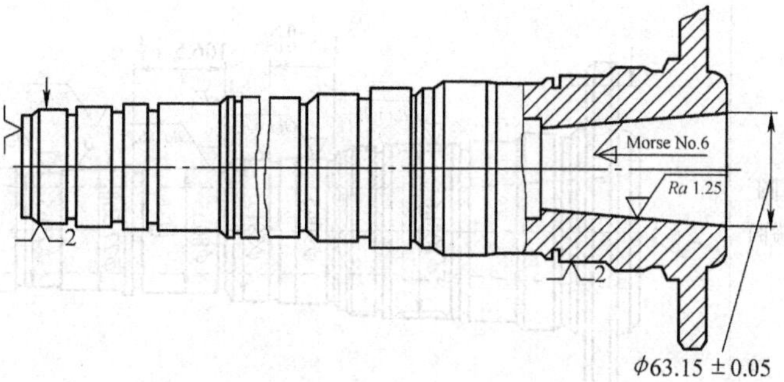
</td><td>内圆磨床 M2120</td></tr>
<tr><td>18</td><td>粗精铣花键</td><td>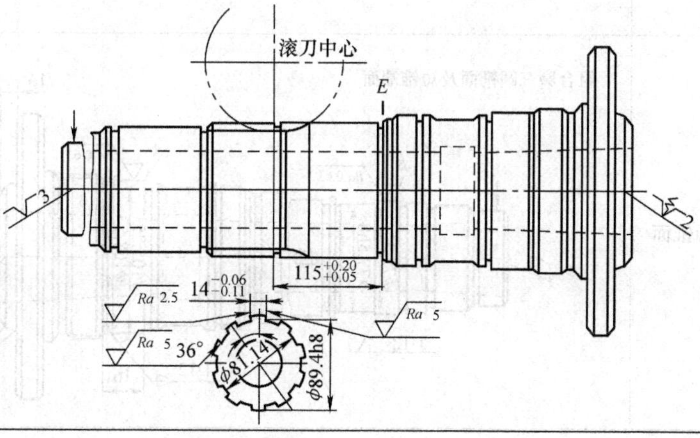
</td><td>花键铣床 YB6016</td></tr>
</table>

（续）

序号	工序名称	工 序 简 图	加工设备
19	铣键槽	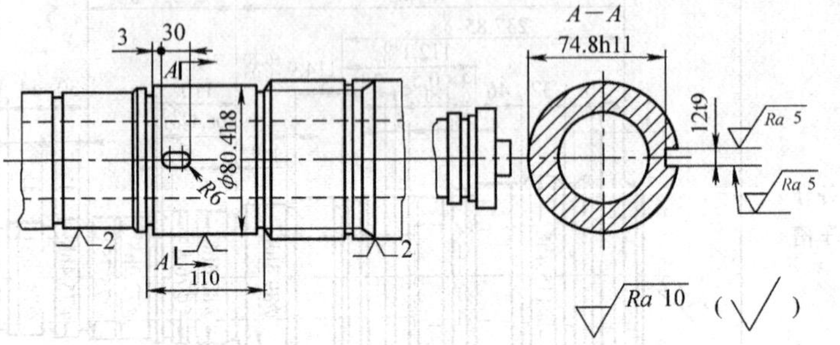	铣床 X52
20	车大端内侧面及三段螺纹（配螺母）	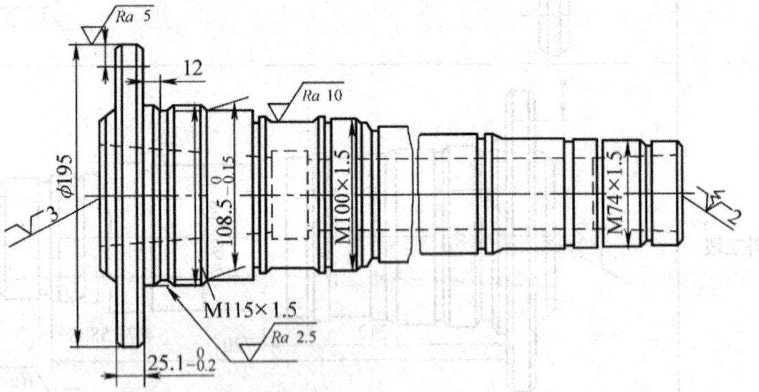	卧式车床 CA6140
21	粗精磨各外圆及 *E*、*F* 两端面	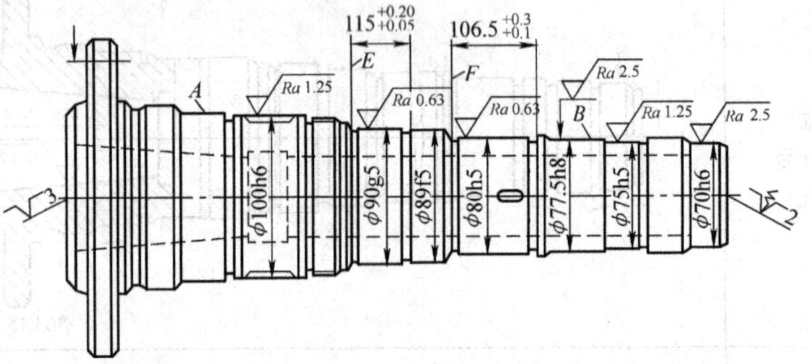	万能外圆磨床 M1432A
22	粗精磨圆锥面	组合磨三圆锥面及短锥端面 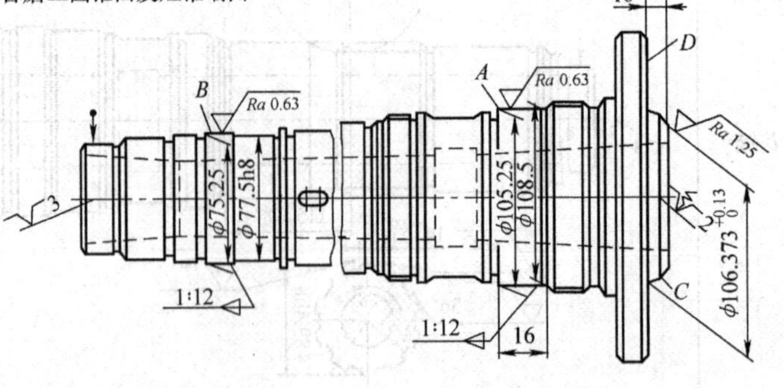	专用组合磨床

（续）

序号	工序名称	工　序　简　图	加工设备
23	精磨莫氏6号内锥孔	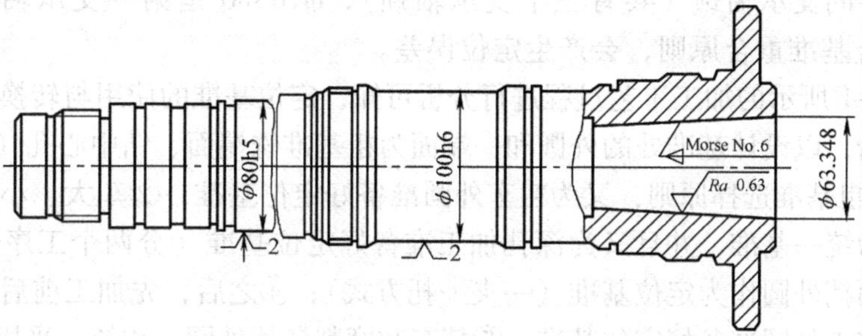	主轴锥孔磨床
24	检查	按图样技术要求项目检查	

（三）卧式车床主轴加工工艺过程分析

1. 定位基准的选择与转换

轴类零件的定位基准，最常用的是两中心孔，它是辅助基准，工作时不起作用。采用两中心孔作为统一的定位基准加工各外圆表面，不但能在一次装夹中加工出多处外圆和端面，而且可确保各外圆轴线间的同轴度及端面与轴线的垂直度要求，符合基准统一原则。因此，轴类零件加工，只要有可能应尽量采用中心孔定位。

对于空心主轴零件，在加工过程中，作为定位基准的中心孔因钻出通孔而消失，为了在通孔加工之后还能使用中心孔定位，一般都采用带有中心孔的锥堵或锥套心轴，如图 6-3 所示。

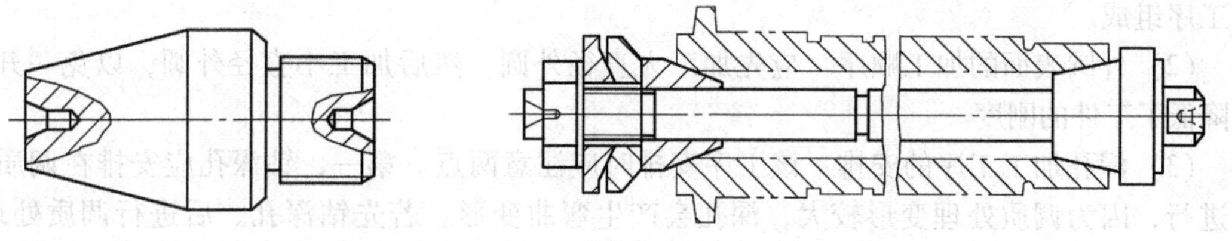

图 6-3　锥堵与锥套心轴

a）锥堵　b）锥套心轴

采用锥堵应注意以下问题：锥堵应具有较高的精度，锥堵的中心孔既是锥堵本身制造的定位基准，又是磨削主轴的精基准，所以必须保证锥堵上的锥面与中心孔轴线有较高的同轴度。在使用锥堵过程中，应尽量减少锥堵的装拆次数，因为工件锥孔与锥堵上的锥角不可能完全一致，重新拆装会引起安装误差，所以锥堵安装后一般不中途更换；但对有些精密主轴，外圆和锥孔要互为基准反复多次进行磨削加工，在这种情况下，重新镶配锥堵时需按外圆进行找正和修磨锥堵的中心孔。另外，热处理时还会发生中心通孔内气体膨胀而将锥堵推出，因此须注意在锥堵上钻一轴向透气孔，以便热膨胀气体逸出。

为了保证锥孔轴线与支承轴颈（设计基准）轴线的同轴度，磨主轴锥孔时，选择主轴的设计基准——前后支承轴颈作为定位基准，符合基准重合原则，这样易于控制锥孔的径向圆跳动。实际上，本工序 23 磨主轴锥孔的定位基准是 ϕ80h5 和 ϕ100h6，其中，ϕ80h5 是中间支承轴颈（共有三个支承轴颈），ϕ100h6 是第一支承轴颈 A 的相邻轴颈，不完全符合基准重合原则，会产生定位误差。

从表 6-1 所示的加工工艺过程进行分析可知，定位基准的使用与转换大体如下：①工艺过程一开始，以设计基准处的外圆和一端面为粗基准铣端面、钻中心孔（表 6-1 没有表示出来），符合粗基准选择原则，又为粗车外圆准备好定位基准；②车大、小端各部外圆，采用中心孔作为统一基准，并且又为深孔加工准备好定位基准（分两个工序进行）；③钻深孔，采用前后两挡外圆作为定位基准（一夹一托方式）；④之后，先加工前后锥孔，以便安装锥堵，为精加工外圆准备好定位基准；⑤精车和磨削各挡外圆，均统一采用两中心孔作为定位基准（之前应安排修磨中心孔）；⑥终磨锥孔之前，必须磨好轴颈表面，以便使用支承轴颈作为定位基准，使主轴设计基准与定位基准一致，消除基准不重合引起的定位误差，获得锥孔加工的精度（本工序的定位基准应改为 A、B 两处的设计基准是最理想的方案）。

2. 工序顺序的安排

（1）加工阶段划分　由于主轴是多阶梯带通孔的零件，切除大量的金属后会引起残余应力重新分布而变形，因此在安排工序时，应将粗、精加工分开，先完成各表面的粗加工，再完成各表面的半精加工与精加工，主要表面的精加工放在最后进行。

对主轴加工阶段的划分大体如下：①荒加工阶段为准备毛坯；②正火后，粗加工阶段为铣端面、钻中心孔、粗车外圆；③调质处理后，半精加工阶段是半精车外圆、端面、锥孔；④表面淬火后，精加工阶段是主要表面的精加工，包括粗、精磨各级外圆、精磨支承轴颈、锥孔。各阶段的划分大致以热处理为界。整个主轴加工的工艺过程，就是以主要表面（特别是支承轴颈）的粗加工、半精加工和精加工为主线，穿插其他表面的加工工序组成。

（2）外圆表面的加工顺序　应先加工大直径外圆，然后加工小直径外圆，以免一开始就降低了工件的刚度。

（3）深孔加工工序的安排　该工序安排时应注意两点。第一，钻深孔应安排在调质之后进行，因为调质处理变形较大，深孔会产生弯曲变形。若先钻深孔、后进行调质处理，则孔的弯曲得不到纠正，不仅影响使用时棒料通过主轴孔，而且还会带来因主轴高速转动不平衡引起的振动。第二，深孔应安排在外圆粗车或半精车之后，以便有一个较精确的轴颈作定位基准（搭中心架用），保证孔与外圆轴线的同轴度，使主轴壁厚均匀。当然，如果仅从定位基准考虑，希望始终用中心孔定位避免使用锥堵，则认为深孔加工宜安排到最后工序；然而实际上，由于深孔加工毕竟是粗加工，发热量大，会破坏外圆加工表面的精度，故此方案不可取。

（4）次要表面加工顺序安排　主轴上的花键、键槽、螺纹、横向小孔等次要表面加工，通常安排在外圆精车、粗磨之后或精磨外圆之前进行。这是因为如果在精车前就铣出键槽，精车时因断续切削而产生振动，既影响加工质量，又会损坏刀具；另一方面，也难控制键槽的深度尺寸。但是这些加工也不宜放在主要表面精磨之后，以免破坏主要表面已获得的精度。主轴的螺纹有较高的同轴度要求，应注意安排在最终热处理之后，以克服淬火产生的变形；同时注意车螺纹使用的定位基准与精磨外圆使用的基准应当相同，否则也达不到精度要求。

（四）主轴的检验

检验是确保主轴加工质量的一个重要环节。除了工序间检验以外，在全部工序完成之后，应对主轴的尺寸精度、形状精度、位置精度和表面粗糙度进行全面的检验，以便确定主轴是否达到各项技术要求，而且还可从检验的结果及时发现工序中存在的问题，以便纠正、监督工艺过程的正常进行。

检验的依据是主轴工作图。检验按一定的顺序进行，先检验各段外圆的尺寸精度、素线平行度和圆度，用外观比较法检验各表面的表面粗糙度及表面缺陷，然后在专用检验夹具上测量位置偏差。成批生产时，若工艺过程比较稳定，有些项目常采用抽验办法。主要配合表面的硬度可在热处理车间检验。

图6-4所示为图6-2某车床主轴零件的专用检验夹具及检验方法。主轴以支承轴颈在V形块上定位，符合基准重合原则。在主轴小头的锥孔中装入一个锥形堵塞（锥堵上有中心孔），主轴因自重的作用通过锥堵、钢珠顶在夹具的挡块上，达到轴向定位目的。在主轴大头锥孔中插入一根检验心棒，它的测量部分长300mm。按照检验要求在各有关位置上放置千分表。用手轻轻转动主轴，从千分表读数的变化即可测出各项误差，包括主轴锥孔及有关表面相对支承轴颈的径向圆跳动和端面圆跳动。

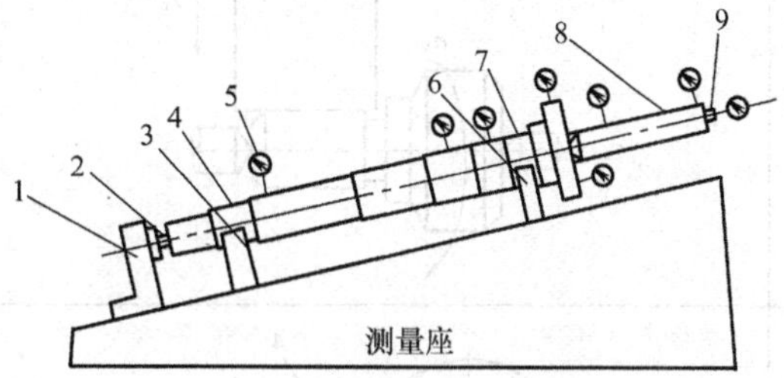

图6-4　主轴的检验方法
1—挡铁　2、9—钢珠　3、6—V形块　4—*B*面
5—千分表　7—*A*面　8—检验心棒

为了消除检验心棒测量部位与心棒锥体之间的同轴度误差，在测量主轴端及300mm处的跳动时，应将心棒转过180°插入主轴锥孔后再测量一次，取两次读数的平均值，可使心棒的同轴度误差互相抵消。

锥孔的接触精度用专用锥度量规涂色检验，要求接触面积在70%以上，分布均匀而大端接触较“硬”，即锥度只允许偏小。这项检验应在检验锥孔跳动之前进行。

三、外圆表面的精加工和光整加工

外圆表面磨削是轴类零件精加工的主要方法，工序安排在最后。当外圆表面有很高要求时，还可增加光整加工工序。

（一）外圆表面的磨削加工方法

外圆表面磨削是轴类零件精加工的主要方法。磨削加工在机械制造业中占有很重要的地位，磨削既能加工淬火的黑色金属零件，也可以加工不淬火的黑色金属以及超硬非金属零件（如玻璃、陶瓷、半导体材料、高温合金）等。磨削可以达到的经济加工精度为IT6，表面粗糙度 $Ra=1.25\sim0.32\mu m$；高精度磨削的加工精度可达IT5以上，表面粗糙度 $Ra=0.01\mu m$。

1. 常见的外圆磨削方法

常见的外圆磨削方法有两种：中心磨削法、无心磨削法，详见表6-2。

表 6-2 常见的外圆磨削法

方法		简图	运动方式	工艺特点
中心磨削法	纵磨	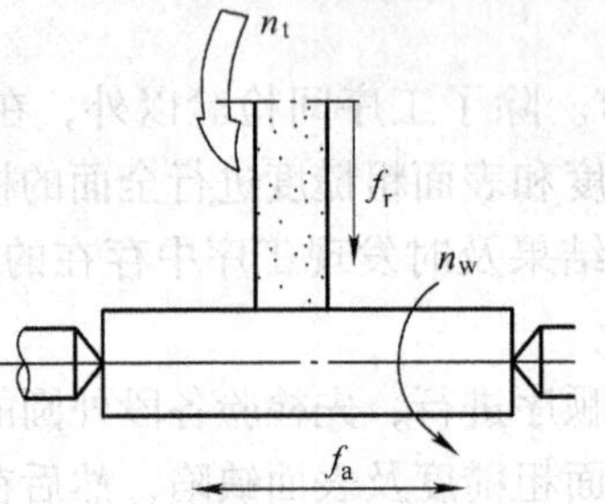	1. 砂轮旋转 2. 工件旋转 3. 砂轮横向进给 4. 工件纵向往复运动	适应于光滑长轴和阶梯轴的外圆表面磨削。若将工作台相对床身纵向导轨转动一个角度，还可以磨削锥度不大的圆锥面，工艺适应性强，可获得较高的加工精度和较小的表面粗糙度值，但生产效率不高
中心磨削法	横磨	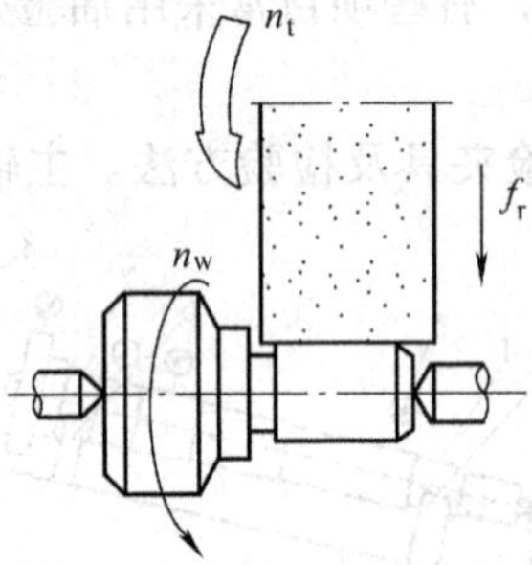	1. 砂轮旋转 2. 工件旋转 3. 砂轮横向进给	又称切入磨，砂轮宽度大于等于被磨工件表面宽度，生产效率较高，但由于砂轮与工件无相对轴向运动，磨粒在工件表面留有重复磨痕，表面质量不如纵磨高。如将砂轮工作面修整成工件的轮廓形状，可直接进行成形磨削
无心磨削法	通磨	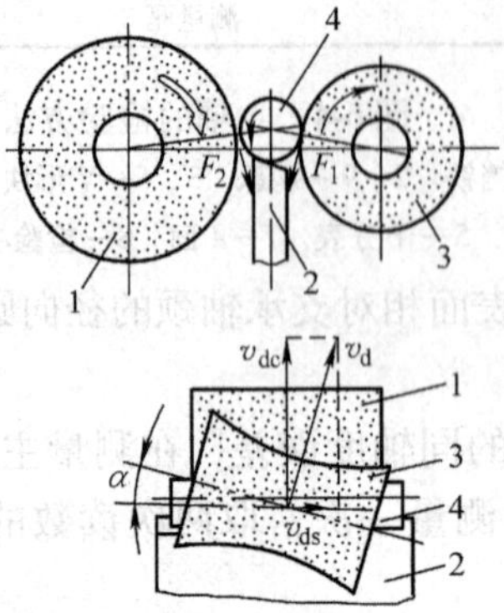 1—砂轮　2—托板　3—导轮　4—工件 v_d—导轮速度　v_{dc}—导轮的垂直速度　v_{ds}—导轮的水平速度	1. 砂轮旋转 2. 导轮带动工件旋转，并使工件纵向移动	又称贯穿磨，导轮轴线在垂直平面内相对砂轮轴线倾斜 α 角，工件从砂轮与导轮之间通过，砂轮和导轮轴线倾斜产生的轴向分力驱动工件作纵向进给磨削。此方法最适宜磨削光滑轴，很容易实现送料自动化，生产效率高
无心磨削法	横磨	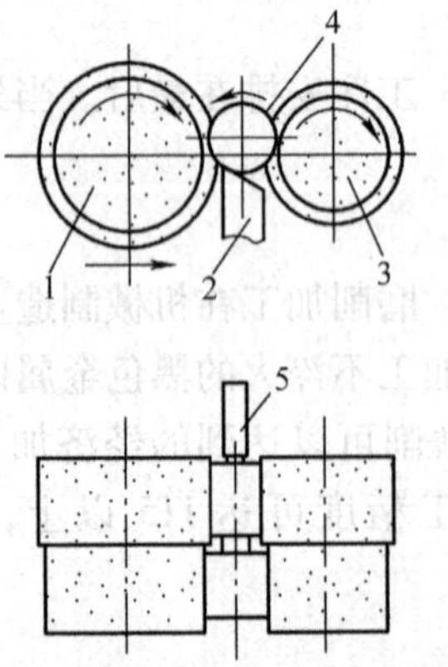 1—砂轮　2—托板　3—导轮　4—工件　5—挡块	1. 砂轮旋转 2. 导轮带动工件轮旋转 3. 砂轮作横向进给	又称切入磨，工件不作纵向进给运动，可以磨削带凸缘的轴和阶梯轴，如将砂轮修整成与工件外形相同，即可进行成形磨削

中心磨削法，是以工件轴线为回转中心的磨削方法。磨削时，将工件以中心孔或外圆定位安装在外圆磨床工作台上，用不同的进给方式进行。这些进给方式除纵磨、横磨外，还有综合磨：即先用横磨法分段粗磨各段轴颈，再用纵磨法进行精磨，此法兼有横磨生产效率高和纵磨加工精度高的优点。

无心磨削法，工件轴心处于自由状态，是以被磨削的外圆表面定位，属于自位基准定位的加工方法，所以无心磨削方法一般只能提高被磨削工件的尺寸精度和圆度，其位置精度主要取决于上道工序的加工精度。

2. 提高磨削精度和生产率的方法

随着精密锻造、精密铸造、挤压成形等制造技术的广泛应用，毛坯的加工余量普遍减少，磨削加工在机械加工中所占的比重逐渐增大，因此提高磨削精度和生产率，降低磨削成本，已成为机械加工的重要研究课题。提高磨削生产率大体有两条途径：一是缩短辅助时间，如自动装卸工件、自动测量、砂轮自动修整及补偿，采用新的磨料，提高砂轮使用寿命，减少修整次数；二是改变磨削用量以及增大磨削面积，例如，高精度磨削、高速磨削、深切缓进给磨削、砂带磨削、宽砂轮磨削和多片砂轮磨削等。

（1）高精度磨削　使工件的表面粗糙度 *Ra* 值在 0.16μm 以下的磨削方法，称为高精度磨削。

高精度磨削又分为精密磨削（*Ra* = 0.16 ~ 0.06μm）、超精密磨削（*Ra* = 0.04 ~ 0.02μm）和镜面磨削（*Ra* = 0.01μm）。高精度磨削与一般磨削方法相同，但需要特别软的砂轮和较少的磨削用量，例如采用树脂或橡胶作为砂轮结合剂，并加入一定量的石墨作填料。

高精度磨削的原理：砂轮表面每一颗磨粒就是一个切削刃（简称微刃）。这些微刃不可能在同一个圆周上，如图 6-5a 所示。在砂轮未进行修整前，磨削时有的微刃参加工作，有的微刃不参加工作，这就是微刃的不等高，不等高使参加磨削的微刃减少，加工后的表面粗糙度值增大。精细修整砂轮后，磨粒形成能同时进行磨削的许多微刃，微刃趋向等高，如图 6-5b 所示，磨削时参加切削的微刃增多，能磨削出表面粗糙度值小的表面。磨削继续进行，锐利的微刃逐渐钝化到半钝状态，如图 6-5c 所示。这种半钝化的微刃，切削作用降低，但是在压力作用下，能产生摩擦抛光作用，使工件表面的表面粗糙度值更低。

图 6-5　磨粒的微刃及磨削中微刃的变化

a）砂轮磨粒　b）微刃　c）微刃的变化

高精度磨削特点：能够修正上道工序留下的形状误差和位置误差，生产效率高，可配备自动测量仪。但对机床本身精度要求很高，机床回转精度与振幅须在 0.001mm 以下，进给机构不能有低速“爬行”现象。

（2）高速磨削　它是指砂轮线速度高于50m/s的磨削加工。其特点是：

1）生产效率高，一般可提高30%～300%，因为砂轮速度提高后，单位时间进入磨削区的磨粒数成比例地增加，如果还保持每粒磨粒切去的切屑厚度与普通磨削相同，则进给量可以成比例加大，磨削时间相应缩短。

2）能提高砂轮使用寿命，一般可提高75%～150%，原因是砂轮速度提高后，若进给量仍与普通磨削相同，则每颗磨粒切去的切屑厚度减小，每颗磨粒承受的负荷也就下降，磨粒切削能力相对提高，砂轮每次修整后可以磨去更多的余量。

3）能减小工件表面粗糙度值，因为每颗磨粒切削厚度减小，表面切痕深度浅，表面粗糙度值减小；另外，作用在工件上的法向磨削力也相应减小，所以又可提高加工精度。

应当指出，由于高速磨削砂轮的转速比普通磨削高，因此要求砂轮电动机功率相对普通磨削提高1.5～3倍，国内外已广泛采用大功率高速内装电动机（电主轴）磨头，基本转速在1000～25000r/min，电动机功率为20kW、磨削速度达200m/s。目前，世界上转速高达200000～250000r/min的实用高速电主轴正在研发中，主轴轴承采用陶瓷滚动轴承、磁浮轴承、空气静压或液体动静压轴承等，可实现超高速磨削。随着转速的提高，砂轮应具有高强度、高抗冲击性和好的耐磨性、抗破碎性；从发展趋势看，将采用金刚石砂轮和立方氮化硼（CBN）砂轮来取代普通砂轮。同时加强润滑和冷却措施，降低磨削温度。

（3）深切缓进给磨削　它是以很大的背吃刀量（可达2～12mm）和缓慢的进给速度进行磨削，也称为蠕动磨削或深磨。

深切缓进给磨削的背吃刀量很大，因而砂轮与工件的接触弧长比普通磨削大几倍至几十倍，如图6-6所示，单位时间内同时参加磨削的磨粒数量随着背吃刀量增大而增加，能充分发挥机床和砂轮的潜力，使生产率得以提高；由于砂轮与工件锐边接触次数少，进给速度缓慢，因而减小了砂轮与工件的冲击，砂轮轮廓可以保持较久，同时也减少了机床振动，能获得较高的表面质量，加工表面粗糙度 $Ra=0.4\sim0.2\mu m$；如冷却措施得当，深切缓进给磨削的磨削区温度可控制得很低，磨削后表面残余应力很小。

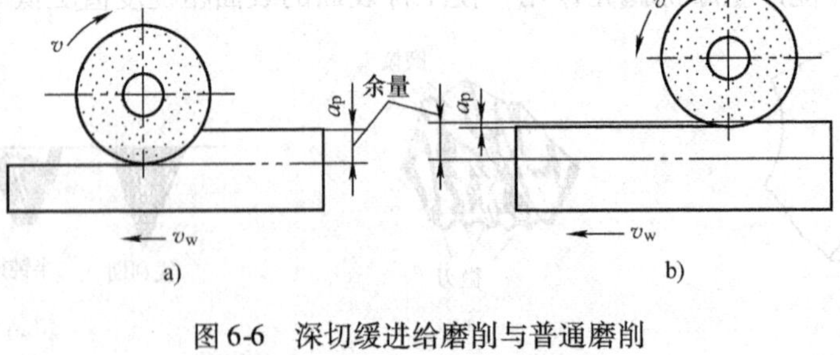

图6-6　深切缓进给磨削与普通磨削

a）深切缓进给磨削　b）普通磨削

（4）高效深磨　高效深磨可直观地看成是缓进给磨削和超高速磨削的结合。

它是以砂轮超高速（大于150m/s）和大背吃刀量（0.1～30mm）为一体的高效深磨技术，可以获得远高于切削加工的金属去除率。高效深磨工艺采用梳状CBN砂轮和切入式磨削方式，能将铸锻毛坯直接加工成成品，集粗、精加工于一身。当然对砂轮、主轴、冷却系统的要求更高。据报道，我国制造的第一台高效深磨磨床，砂轮电动机功率为55kW，采用动静压轴承，CBN单层电镀砂轮，砂轮线速度可达250m/s，高效深磨技术的发展有着巨大的潜力。

（5）砂带磨削　它是用涂满砂粒的环状布带（即砂带）作为切削工具的一种加工方法，如图6-7所示。

砂带磨削设备简单，加工成本低，只有砂轮磨削的1/3；砂带磨削表面粗糙度 $Ra=0.2\sim0.04\mu m$；砂带具有一定的柔性，故能磨削型面（需配套相应型面的接触轮）；因砂带宽度与周长均超过普通砂轮，受空气冷却作用强、散热好，不易烧伤工件；砂带上的磨粒采用静电植砂后，几乎垂直砂带基体排列（见图6-8），因此容屑空间大，磨削性能好，生产效率高，加工效率比普通磨削高5～10倍。砂带的缺点是磨损后不能修复，因而消耗较大；砂带磨削不能加工小直径深孔及不通孔；另外，由于砂带与工件是弹性接触，因而加工精度较砂轮磨削低。

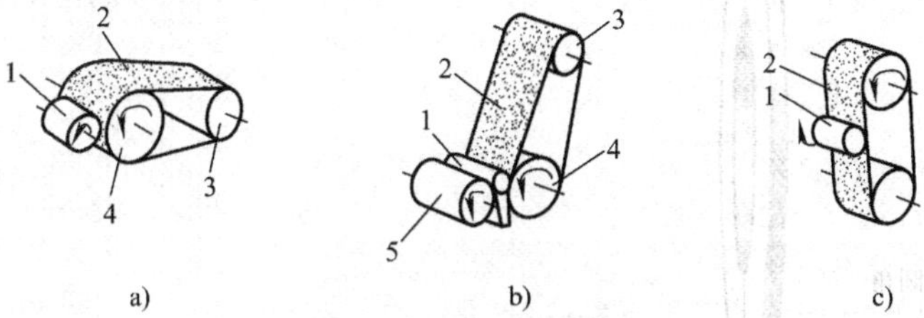

图6-7　砂带磨外圆表面

a）中心磨　b）无心磨　c）自由磨

1—工件　2—砂带　3—张紧轮　4—接触轮　5—导轮

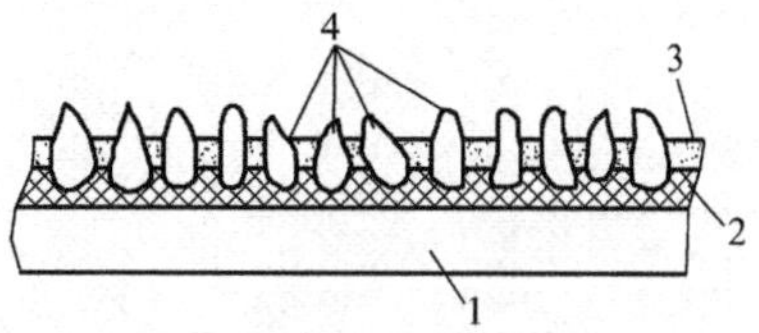

图6-8　砂带结构

1—基体　2—底胶

3—复胶　4—磨粒

（6）宽砂轮磨削和多片砂轮磨削　宽砂轮磨削和多片砂轮磨削的实质就是增加砂轮宽度。

普通砂轮宽度为50mm左右，磨削时需增加纵向运动，而宽砂轮磨削与多片砂轮磨削均为一次进给的切入式磨削，提高磨削生产率。图6-9a、b分别表示它们的加工方法。

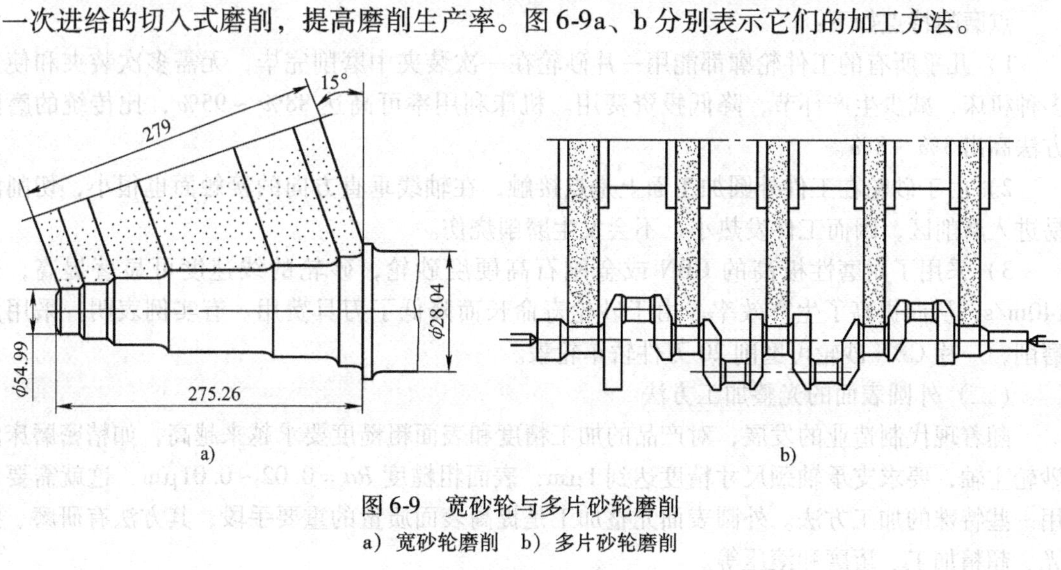

图6-9　宽砂轮与多片砂轮磨削

a）宽砂轮磨削　b）多片砂轮磨削

（7）点磨削　点磨削是在精磨工序中以点接触方式对外圆进行高速磨削。它是20世纪80年代中后期出现的一种磨削方法。点磨削采用宽度仅几毫米、耐磨性极高的立方氮化硼（CBN）或金刚石砂轮，借助砂轮轴线与水平工件轴线之间的倾斜而产生一个后角γ，这样，砂轮与工件之间的接触区由线接触减小为点接触，如图6-10所示。这就意味着砂轮不会与磨削过的工件圆周表面重复接触，使此种磨削略同于车削，可以一次进给完成诸如轴肩、锥面、倒角、切槽和其他成形表面的加工，如图6-11所示。点磨机床大多采用数控系统，特别适宜于复杂形状曲轴、凸轮轴、传动轴、齿轮轴等零件的加工。

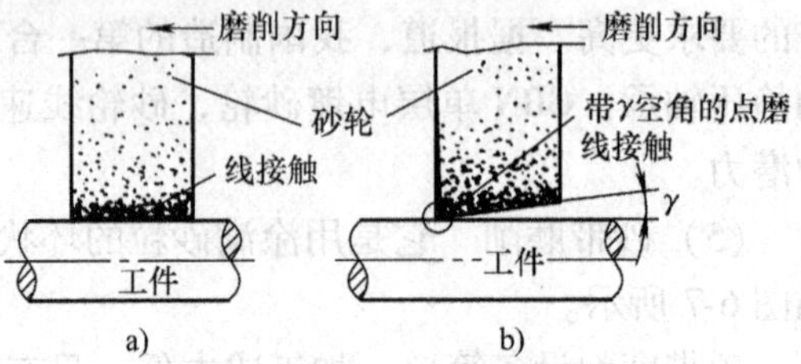

图6-10　传统外圆磨削和点磨削比较
a）传统外圆磨削　b）点磨削

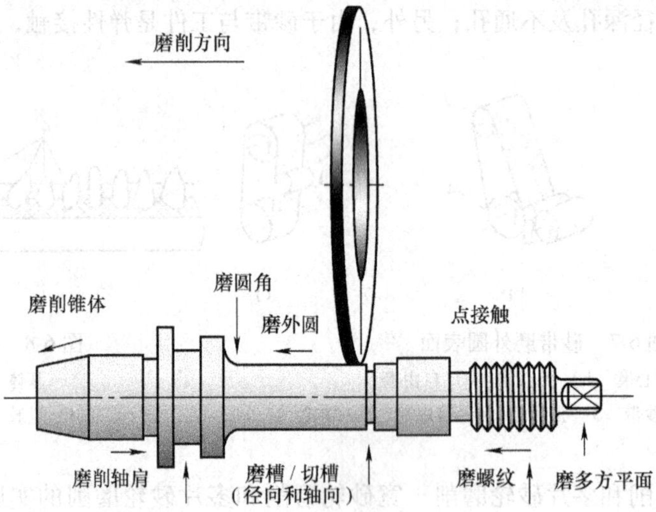

图6-11　点磨削加工图

点磨削特点如下：

1）几乎所有的工件轮廓都能用一片砂轮在一次装夹中磨削完毕，无需多次装夹和使用多种机床，减少生产环节，降低投资费用。机床利用率可高达88%～95%，比传统的磨削方法高出3%～8%。

2）由于砂轮在工件外圆加工面上是点接触，在轴线垂直方向的接触面也很小，切削液易进入磨削区，因而工件发热小，不会发生磨削烧伤。

3）采用了耐磨性极高的CBN或金刚石高硬度砂轮，砂轮的线速度可显著提高，达140m/s，从而提高了生产效率。由于砂轮寿命长而降低了刀具费用。有实例表明：采用点磨削，一片CBN砂轮可磨削20万件轿车轮毂。

（二）外圆表面的光整加工方法

随着现代制造业的发展，对产品的加工精度和表面粗糙度要求越来越高，如精密磨床的砂轮主轴，要求支承轴颈尺寸精度达到1μm，表面粗糙度$Ra=0.02\sim0.01\mu m$，这就需要采用一些特殊的加工方法。外圆表面光整加工是提高表面质量的重要手段，其方法有研磨、抛光、超精加工、珩磨和滚压等。

1. 研磨

研磨是最早出现的一种光整加工方法，因该方法简便可行，所以至今仍普遍应用。

外圆研磨示意如图 6-12a 所示，研磨套在一定压力下与工件作轴向往复相对运动，工件缓慢转动，带动磨料对工件表面起切削作用。磨粒在工件表面不重复自己的运动轨迹，形成交叉的左右螺旋线纹路，就能均匀地切除工件表面的凸峰。

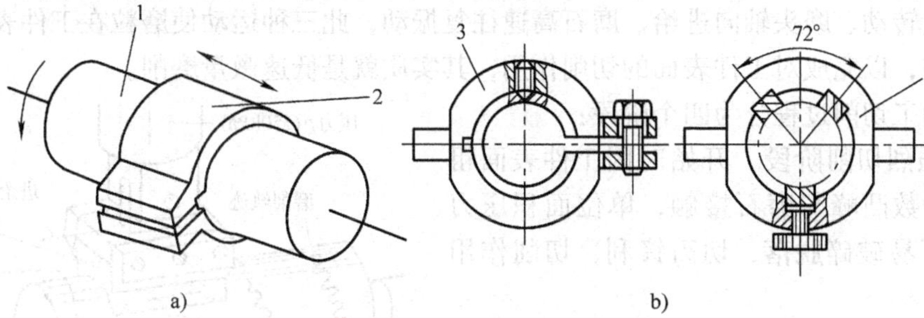

图 6-12 外圆研磨与研具

a）外圆研磨示意 b）外圆柱面研具

1—工件 2—研具 3—开口可调研磨环 4—三点式研具

研磨液中加入硬脂酸或油酸，与工件表面的氧化物薄膜产生化学作用，使被研磨表面软化，提高研磨效果。

研磨用的研具主要作用是作为工件成形的“模型”，在一定程度上把自身的几何形状复制给工件，同时它也是研磨剂的载体，用以涂敷或镶嵌磨料，故研具须有良好的嵌砂性能。图 6-12b 所示为两种外圆柱面研具。

研磨特点：研磨一般都在低速下进行，研磨过程塑性变形小，切削热少，表面变形层薄，运动复杂，可获得较小的表面粗糙度值（$Ra=0.16\sim0.01\mu m$）；研磨可提高表面形状精度与尺寸精度，但是一般不能提高表面位置精度；研磨方法简单、可靠，可手工研磨，也可机械研磨，而且研磨对加工设备要求的精度不高；研磨适用范围广，不仅可以加工金属，也可加工非金属，如光学玻璃、陶瓷、半导体、塑料等。

2. 抛光

抛光与研磨方法类似，是用手工或在抛光机、砂带磨床上进行的一种光整加工方法。与研磨不同的是，抛光工具是用软质材料（可用毛毡、橡胶、皮革、布或压制纸板）制成，加工时，将抛光膏涂在高速旋转（30～40m/s）的软弹性抛光轮或砂带上，抛光轮或砂带向工件加工表面施以一定压力，由于它们之间的剧烈摩擦产生高温，使加工面上形成了极薄的熔流层，熔流层将表面上的凹凸微观不平处填平；同时，抛光膏中的硬油酸与工件表面的氧化物薄膜产生化学作用，使抛光表面软化，加速抛光作用。抛光表面在这种弹性抛压和物理、化学作用下，能获得很小的表面粗糙度值（$Ra=0.1\sim0.01\mu m$）。

抛光膏由磨料和油脂（硬油酸、石腊、煤油）调制而成。选择磨料的种类取决于工件材料：抛光钢件可用刚玉，抛光铸铁件用碳化硅，抛光铜件、铝件用氧化铬。

抛光加工特点：主要用于减小加工表面的表面粗糙度值，增加表面光亮、美观以及提高疲劳强度和耐蚀性。抛光的设备和加工方法简单，生产效率高，成本低；抛光轮有弹性，能与曲面相吻合，抛光的零件表面形状不限，可加工外圆、孔、平面及各种成形面。但由于抛光轮与工件之间没有刚性的运动联系，不能保证从工件表面均匀地切除材料，故只能去除前道工序留下的加工痕迹、得到光亮的表面，而不能提高工件的尺寸和形状精度。手工抛光质量的好坏取决于操作工人的技术水平。

3. 超精加工

超精加工原理如图 6-13 所示，它是把细粒度的磨石以一定的压力压在工件表面，加工时工件低速转动、磨头轴向进给、磨石高速往复振动，此三种运动使磨粒在工件表面形成复杂运动轨迹，以完成对工件表面的切削作用，其实质就是低速微量磨削。

超精加工切削过程分为四个阶段：

(1) 强烈切削阶段　开始时因工件表面粗糙，只有少数凸峰与磨石接触，单位面积压力很大，磨石易破碎脱落，切刃锋利，切削作用强烈。

(2) 正常切削阶段　当少数凸峰磨平后，接触面积增大，单位面积压力降低，致使切削作用减弱而进入正常切削阶段。

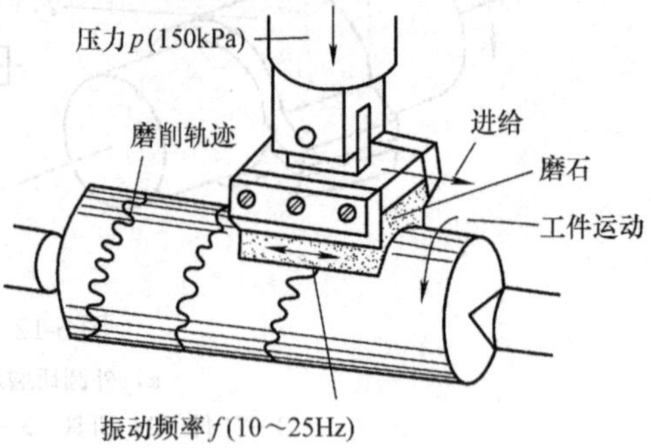

图 6-13　超精加工原理

(3) 微弱切削阶段　随着接触面积逐渐增大，单位面积压力更小，切削作用微弱，细小的切屑嵌入磨石空隙中，磨石产生光滑表面，起摩擦抛光作用。

(4) 自动停止切削阶段　工件磨平，单位面积上压力很小，工件与磨石之间形成液体摩擦的油膜，不再接触，切削作用停止。

超精加工特点：超精加工磨粒运动轨迹复杂，能由切削过程过渡到摩擦抛光过程；为了增加运动轨迹的复杂性，有些超精加工还对磨石的振动安装了变频机构，加工中不断更换振动频率。超精加工可得到的表面粗糙度 $Ra = 0.08 \sim 0.01\mu m$。超精加工只能除掉工件表面凸峰，能加工的余量很小（0.005 ~ 0.025mm），这种加工方法不能纠正工件的圆度与同轴度误差；超精加工切削速度低，磨石压力小，加工时发热量小，工件表面变质层浅，没有烧伤等现象；超精加工对设备要求简单，可在卧式车床上进行。

4. 珩磨

珩磨主要用于内孔的光整加工，现在用于外圆的光整加工也很多。

图 6-14a 所示为双轮珩磨示意图，珩磨轮相对工件轴心线倾斜 27° ~ 35°，并以一定的压力从相对的方向压向工件表面，工件（或珩磨轮）作轴向往复运动。工件转动时，由摩擦力带动珩磨轮旋转，并产生相对滑动，起到微量切削作用，它是类似于超精加工的方法。

图 6-14b 所示为无心珩磨示意图，这是在无心磨基础上发展起来的一种新型珩磨方式。对置的珩磨轮 1 和导轮 4，与工件 2 的轴线倾斜一个角度，它们起两个作用——工件的进给和珩磨。由于径向和轴向切削分力相互平衡，故可保证工件以均匀的进给速度 v_f 平稳移动，提高已加工表面的精度。这种无心珩磨的生产率相当于外圆磨，表面质量相当于研磨，它是接近于超精研磨的加工方法。

图 6-14c 所示为在两顶尖上高速珩磨的示意图，当工件表面线速度 v_w 提高到珩磨轮线速度 v_t 时，若两者逆向回转，切削速度 v_c 将是珩磨轮速度 v_t 的两倍。这种珩磨方式可降低单位能耗和发热量，提高珩磨轮使用寿命。

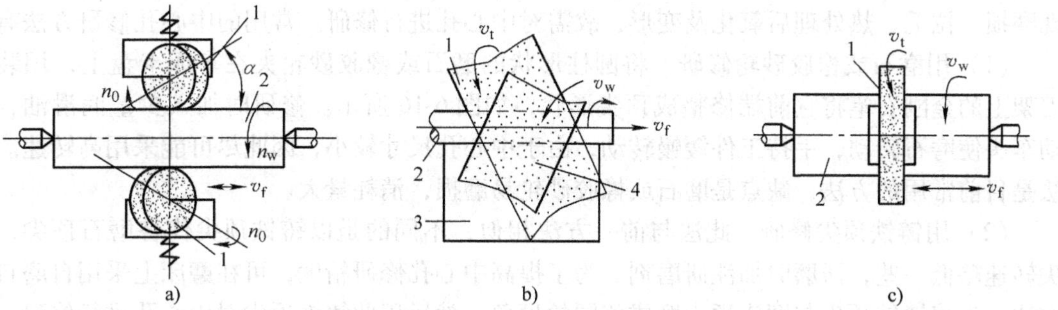

图 6-14　外圆珩磨

a）双轮珩磨　b）无心珩磨　c）在两顶尖上高速珩磨

1—珩磨轮　2—工件　3—托架　4—导轮

珩磨特点：表面粗糙度 $Ra = 0.04 \sim 0.01\mu m$，不适用于带肩轴类零件和锥形表面；不能纠正上道工序留下来的形状误差和位置误差；设备要求简单，珩磨轮可采用细粒度磨料自制，使用寿命长；生产效率较前述两种光整加工方法都高，工作可靠，质量稳定。

5. 滚压加工

滚压加工示意如图 6-15 所示。采用硬度比工件高的滚轮（见图 6-15a）或滚珠（见图 6-15b），对半精加工后的零件表面加压，使受压点产生塑性变形，工件表面上原有的波峰被填充到相邻的波谷中去（见图 6-15c），其结果不但能减小表面粗糙度值，而且使表面的金属结构和性能发生变化，晶粒变细并沿着变形最大的方向延伸，有时呈纤维状，表面留下残余压应力。另外，表面层强度极限和屈服强度增大，显微硬度提高 20% ~40%，使零件抗疲劳强度、耐磨和耐蚀性都有显著的改善。

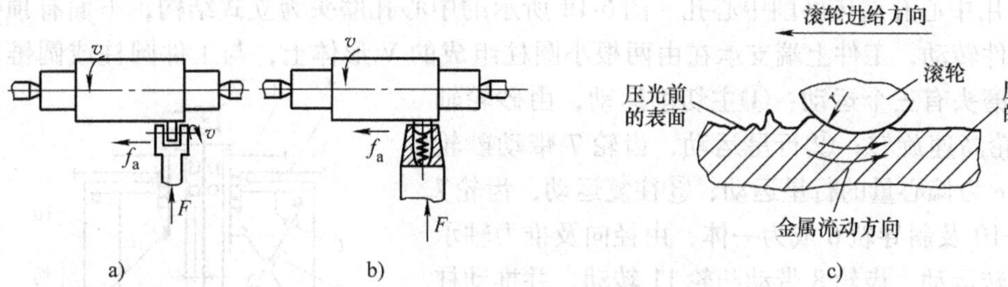

图 6-15　滚压加工示意图

a）滚轮滚压　b）滚珠滚压　c）辗光时表面的形成

滚压加工特点：滚压后的表面粗糙度 $Ra = 0.63 \sim 0.16\mu m$，滚压不能纠正上道工序留下的形状误差和位置误差；滚压对象是材料组织均匀的塑性金属零件，不适合用于淬硬材料及局部有松软组织的材料（如铸铁）；滚压生产效率高，常以滚压代替研磨与珩磨。

滚压对前道工序的要求是，表面粗糙度 $Ra \leqslant 5\mu m$，滚压前表面要清洁，直径方向上留下余量 0.02 ~0.03mm。

四、其他典型表面的加工方法

（一）中心孔的修研方法

要提高外圆加工质量，修研中心孔是主要手段之一。在轴的加工过程中，中心孔还会出现磨损、拉毛、热处理后氧化及变形，故需对中心孔进行修研。常用的中心孔修研方法有：。

（1）用磨石或橡胶砂轮修研　将圆柱形状的磨石或橡胶砂轮夹在车床卡盘上，用装在刀架上的金刚石笔将它前端修整成顶尖形状，如图6-16所示。修研时加入少量润滑油，开动车头使磨石转动，手持工件缓慢转动，由于中心孔尺寸较小，因此尽可能采用高转速。该法是目前常用的方法，缺点是磨石或橡胶砂轮易磨损，消耗量大。

（2）用铸铁顶尖修研　此法与前一方法相似，不同的是以铸铁顶尖代替磨石顶尖，顶尖转速略低一些，研磨时加注研磨剂。为了提高中心孔修研精度，可在磨床上采用自磨自的方法，先将铸铁顶尖与磨床顶尖磨成相同的顶角，然后用此铸铁顶尖对中心孔进行修研，使工件中心孔锥角与磨床顶尖锥角一致。

（3）用硬质合金顶尖修研，将硬质合金材料的顶尖圆锥面磨成六角形，并留有$f=0.2\sim0.5$mm的等宽刃带（见图6-17），此刃带具有微量切削作用，即能对中心孔几何形状进行修正，又能起到挤光作用。此法生产率高（一般只需几秒钟），但修研质量较上述方法低一些，常用于粗研工序。

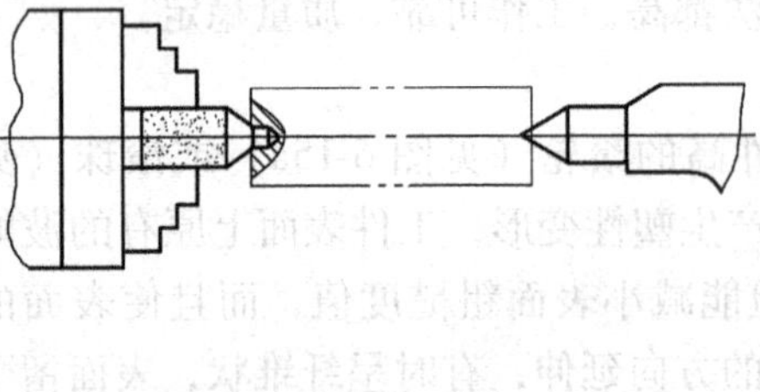

图6-16　用磨石修研中心孔

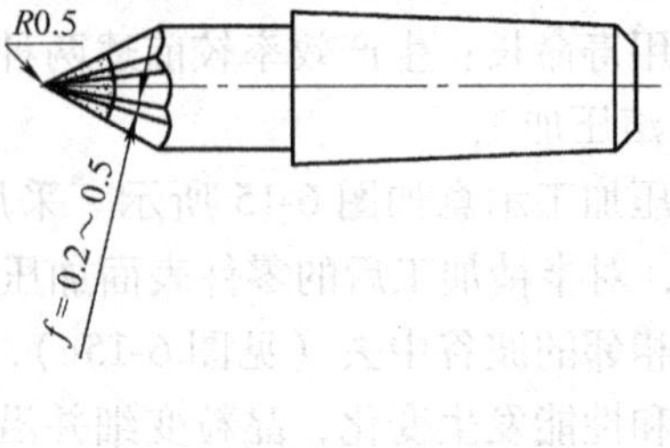

图6-17　硬质合金顶尖

（4）用中心孔磨床磨削中心孔　图6-18所示的中心孔磨头为立式结构，下面有顶尖拨盘带动工件转动，工件上端支承在由两根小圆柱组成的V形体上，与工件圆柱或圆锥面成线接触。磨头有三个运动：①主切削运动，由砂轮轴9带动砂轮高速旋转；②行星运动，齿轮7带动砂轮轴9作以e为偏心量的行星运动；③往复运动，齿轮7与内壳体10及斜导轨6成为一体，由径向及推力轴承支承作回转运动，齿轮8带动凸轮11转动，并推动杠杆4，带动斜导轨副5沿斜导轨作30°往复滑动，克服因砂轮各点线速度不同造成的误差。经中心孔磨床修磨的中心孔精度：圆度可达到0.8μm，表面粗糙度$Ra=0.32$μm，并且能够提高中心孔与外圆的位置精度。

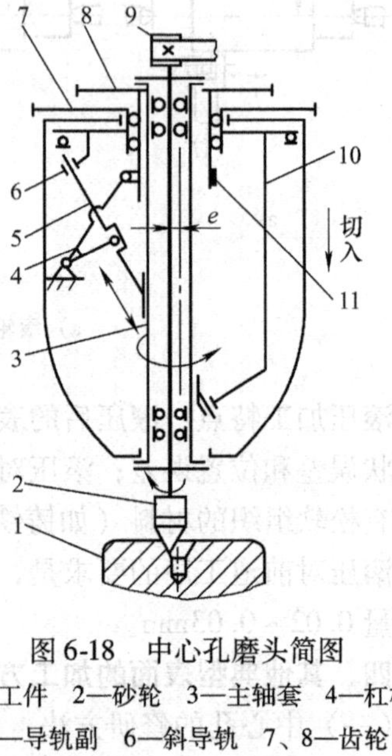

图6-18　中心孔磨头简图

1—工件　2—砂轮　3—主轴套　4—杠杆　5—导轨副　6—斜导轨　7、8—齿轮　9—砂轮轴　10—内壳体　11—凸轮

（二）锥孔磨削方法

主轴锥孔对主轴支承轴颈的径向圆跳动，是机床的主要精度指标之一，因此锥孔加工是关键工序。

主轴锥孔磨削通常采用专用夹具，如图6-19所示。该夹具定位应用基准重合原则（用已加工过的支承轴颈定位）。夹具由底座6、支承架5及浮动夹头3三部分组成，支承架固定在底座上，前后支承架各有一个V形块，内镶有硬质合金块（提高耐磨性），工件放在V形块上，工件中心与磨头中心等高，否则将产生工件锥孔表面双曲线误差。后端的浮动夹头锥柄装在磨床主轴锥孔内，工件尾部插入弹性套4内，用弹簧1将浮动夹头外壳连同主轴向左拉，通过钢球2压向带有硬质合金的锥柄端面，限制工件轴向窜动。采用这种浮动连接，可以使主轴支承轴颈的定位精度不受内圆磨床主轴回转精度的影响。

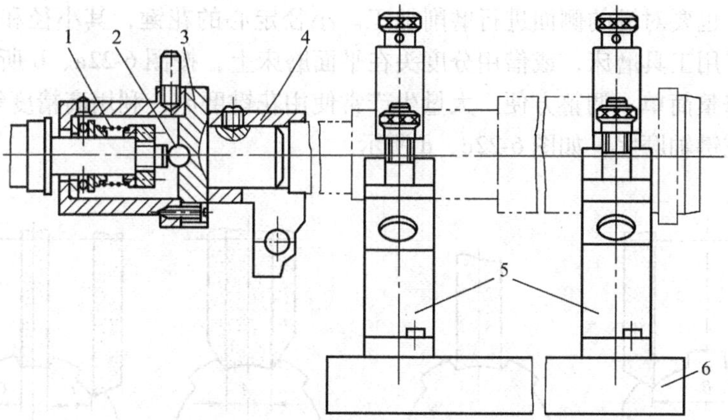

图6-19　磨主轴锥孔专用夹具
1—弹簧　2—钢球　3—浮动夹头　4—弹性套　5—支承架　6—底座

（三）花键加工方法

花键是轴类零件上的典型表面，它与单键相比，具有定心精度高、导向性能好、传递转矩大、易于互换等优点。轴上花键的加工，通常采用铣削和磨削。

1. 花键的铣削加工

单件小批生产，可采用卧式铣床、分度头与三面刃铣刀加工（见图6-20a），加工方便，但其加工质量不高，生产效率低。产量稍大，质量要求稳定时，可采用花键滚刀在专门的花键铣床上加工（见图6-20b），为了提高花键轴加工质量和生产率，还可采用双飞刀高速铣花键，如图6-21所示。这种方法不仅能保证键侧的精度和表面粗糙度，而且生产效率比一般铣削高出数倍。

图6-20　花键的铣削
a）组合铣刀铣削花键　b）滚花键

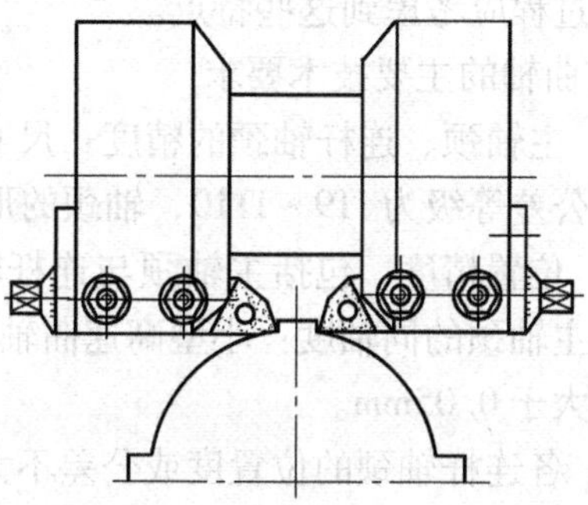

图6-21　飞刀铣削花键

2. 花键的磨削加工

花键按定心方式可分为大径定心、小径定心和键侧定心。其中，大径定心的花键，其花键轴的大径可以磨削，而花键孔的大径不能磨削，一般采用拉削，故定心精度要求不高时应用较多；而小径定心的花键，其轴和孔的小径均可在热处理后进行磨削获得较高的定心精度，所以现在国际上推广使用小径定心方式。

以大径定心的花键轴，通常只磨削大径，键侧及内径铣出后不再磨削；若花键轴经淬火而变形过大时，也要对键的侧面进行磨削加工。小径定心的花键，其小径和键侧均需磨削。小批生产时可采用工具磨床，或借用分度头在平面磨床上，按图 6-22a、b 所示分两次磨削，这种方法砂轮修整简单、调整方便。大量生产常使用花键磨床，利用高精度等分板分度，在一次安装下将花键轴磨完，如图 6-22c、d 所示。

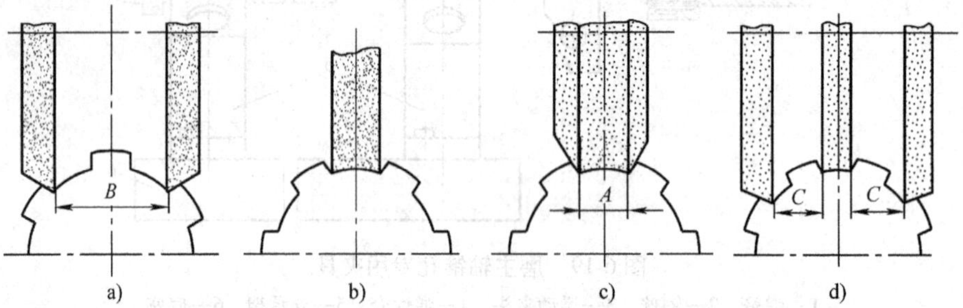

图 6-22　花键轴的磨削

a) 磨键侧　b) 磨小径　c)、d) 磨键侧及小径

五、曲轴加工的工艺特点

(一) 概述

1. 曲轴的功用和结构特点

曲轴是将直线运动转变成旋转运动，或将旋转运动变成直线运动的零件。它是往复式发动机、压缩机、剪切机与冲压机械的重要零件。曲轴的结构与一般轴不同，它由主轴颈、连杆轴颈、主轴颈与连杆轴颈之间的连接板组成，其结构细长、多曲拐，刚性差，因而安排曲轴加工过程应考虑到这些特点。

2. 曲轴的主要技术要求

1) 主轴颈、连杆轴颈的精度：尺寸公差等级 IT6，表面粗糙度 $Ra = 1.25 \sim 0.32\mu m$，轴颈长度公差等级为 IT9 ~ IT10，轴颈的形状公差，如圆度、圆柱度控制在尺寸公差之半。

2) 位置精度，包括主轴颈与连杆轴颈的平行度：一般为 100mm 之内不大于 0.02mm；曲轴各主轴颈的同轴度：小型高速曲轴为 0.025mm，中大型低速曲轴为 0.03 ~ 0.08mm；跳动：不大于 0.05mm。

3) 各连杆轴颈的位置度或公差不大于 ±30′。

4) 高速旋转的曲轴必须经过动平衡，精度为 50g · cm。

5) 主轴颈、连杆轴颈要进行表面淬火，淬硬深度为 2 ~ 4mm，硬度为 55 ~ 63HRC。

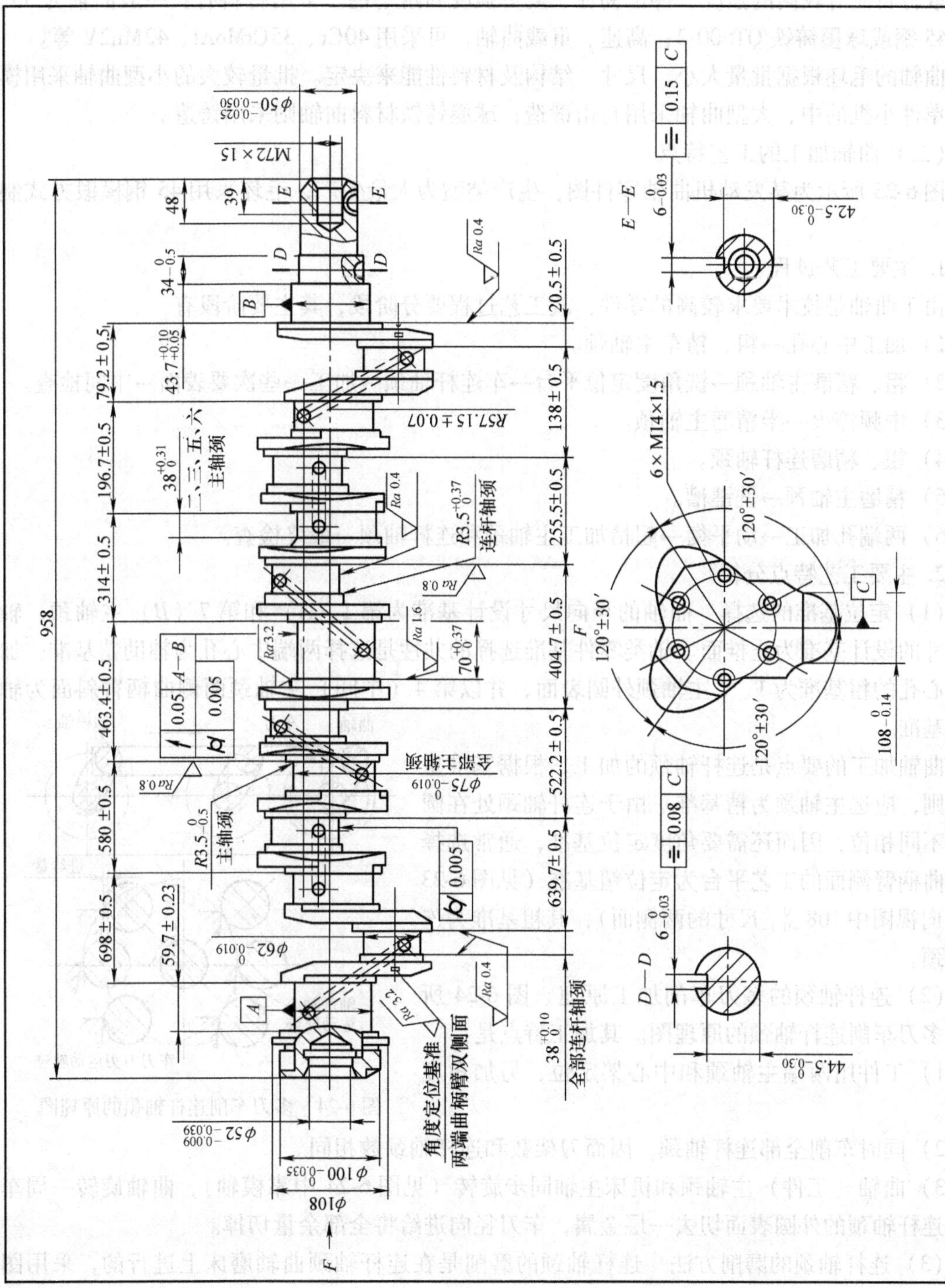

图 6-23　某发动机曲轴零件图

3. 曲轴的材料与毛坯

曲轴工作时要承受很大的转矩及交变的弯曲应力，容易产生扭振、折断及轴颈磨损，因此选取材料应有较高的强度、冲击韧性、疲劳强度和耐磨性。常用材料有：一般曲轴为35、40、45钢或球墨铸铁QT600-2；高速、重载曲轴，可采用40Cr、35CrMoAl、42Mn2V等。

曲轴的毛坯根据批量大小、尺寸、结构及材料性能来决定。批量较大的小型曲轴采用模锻；单件小批的中、大型曲轴采用自由锻造；球墨铸铁材料曲轴则采用铸造。

（二）曲轴加工的工艺特点

图6-23所示为某发动机曲轴零件图，生产类型为大量生产，毛坯采用45钢模锻方式制造。

1. 主要工艺过程

由于曲轴是技术要求较高的零件，故工艺过程要分阶段，其主要阶段有：

1）加工中心孔→粗、精车主轴颈。

2）粗、精磨主轴颈→铣角度定位平台→车连杆轴颈→加工一些次要表面→中间检查。

3）中频淬火→半精磨主轴颈。

4）粗、精磨连杆轴颈。

5）精磨主轴颈→铣键槽。

6）两端孔加工→动平衡→超精加工主轴颈和连杆轴颈→最终检查。

2. 主要工艺特点分析

（1）定位基准的选择　曲轴的径向尺寸设计基准为第1（A）和第7（B）主轴颈，轴向尺寸的设计基准为止推面。轴类零件基准选择的共性是选择两端中心孔为辅助精基准，加工中心孔的粗基准为1、7主轴颈外圆表面，并以第4（中间）主轴颈两侧曲柄臂斜面为轴向粗基准。

曲轴加工的要点是连杆轴颈的加工，根据基准重合原则，应选主轴颈为精基准。由于连杆轴颈处在圆周的不同相位，因而还需要角度定位基准，通常选择两端曲柄臂侧面的工艺平台为定位精基准（见图6-23中F向视图中$108_{-0.14}^{\ 0}$尺寸的两侧面），其粗基准为连杆轴颈。

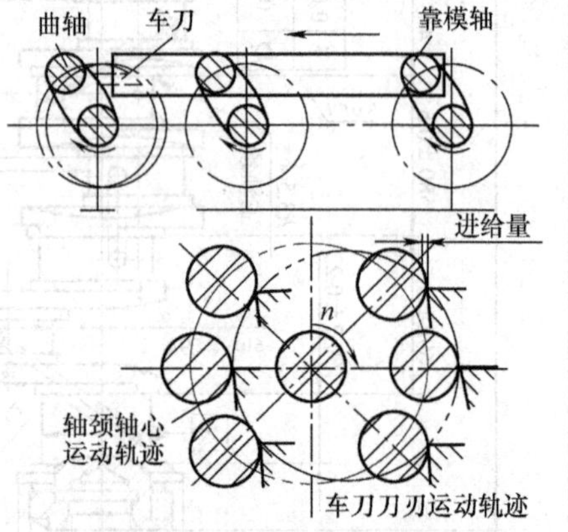

图6-24　多刀车削连杆轴颈的原理图

（2）连杆轴颈的多刀车削加工原理　图6-24所示为多刀车削连杆轴颈的原理图。其加工特点是：

1）工件用两端主轴颈和中心架定位，另加角度定位。

2）同时车削全部连杆轴颈，因而刀架数和连杆轴颈数相同。

3）曲轴（工件）主轴颈和机床主轴同步旋转（见图6-24中靠模轴），曲轴旋转一周车刀把连杆轴颈的外圆表面切去一层金属，车刀径向进给将全部余量切掉。

（3）连杆轴颈的磨削方法　连杆轴颈的磨削是在连杆轴颈曲轴磨床上进行的，采用图6-25所示偏心卡盘分度夹具。工件2在夹具中是用主轴颈定位的，而机床上偏心卡盘的回转中心和连杆轴颈的轴线是一致的，因而可以磨削连杆轴颈。加工多拐曲轴时依次加工同一轴线上的连杆轴颈及曲柄端面后，工件2通过在夹具体3上的分度板1与分度定位销5分度，就能完成所有连杆轴颈的磨削。对于大批大量生产，为了提高生产效率也可采用专用自动曲轴磨床对所有连杆轴颈同时磨削。

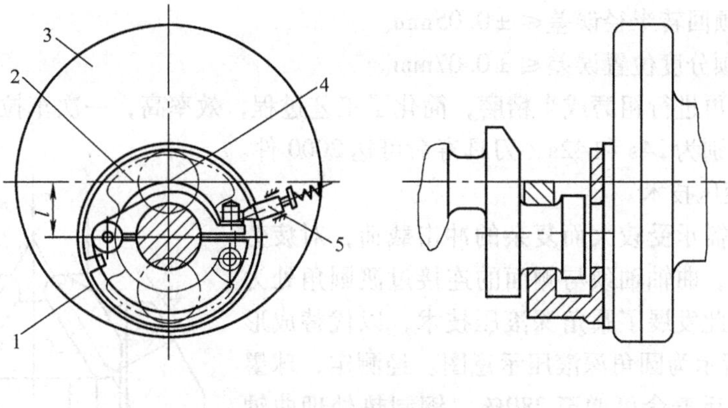

图 6-25　偏心卡盘分度夹具

1—分度板　2—工件　3—夹具体　4—转动轴线　5—分度定位销

（三）曲轴加工的先进技术

由于汽车工业的发展，国内外有关企业采用了一些曲轴加工新技术。

1. 加工质量中心孔技术

曲轴加工过程中的主要定位基准中心孔，按其加工位置可分为两种：一种是利用曲轴主轴颈的几何中心；另一种是利用专门的测试设备及类似曲轴平衡机的原理测出整轴的质量中心后，再按此位置定位夹紧曲轴后，加工出的中心孔称为质量中心孔。

由于毛坯的形状误差和质量分布不匀等原因，一般几何中心和质量中心不重合。前述曲轴加工工艺多采用几何中心孔，但是利用几何中心孔作定位基准进行车削或磨削加工，工件旋转时会产生离心力，这不仅影响加工质量，而且加工后剩余的动不平衡量较大，在以后装配前的动平衡工序中，需多次反复测量、去重加工，影响生产效率。采用质量中心孔技术后，可基本解决动不平衡量问题。我国一些曲轴加工企业已应用了质量中心孔技术。

2. 车拉技术

如图 6-26 所示，用直线车拉刀（见图 6-26a）或圆刀具外环车拉刀（见图 6-26b）车拉轴颈。车拉方式的优点在于，在任何时间内只有一个刀齿和工件接触。与成形车削或铣削相比，工件承受的切削力大大减小，工件弯曲变形小，加工质量得以提高。由于每把刀齿可根据各自的切削参数，优化设计出各自的尺寸和安装角度，所以能达到最佳的切削状态。据有关工厂测定，车

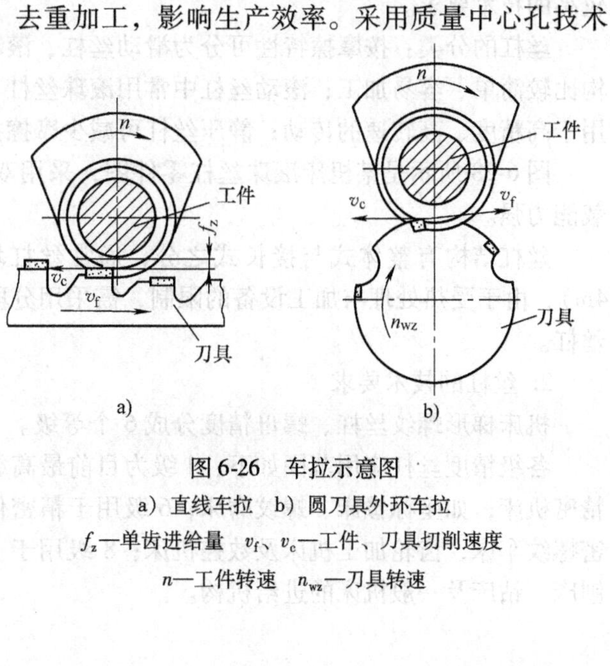

图 6-26　车拉示意图

a）直线车拉　b）圆刀具外环车拉

f_z—单齿进给量　v_f、v_c—工件、刀具切削速度

n—工件转速　n_{wz}—刀具转速

拉后的曲轴质量参数为：

1）主轴颈直径误差≤ ±0.04mm。

2）主轴颈宽度误差≤ ±0.04mm。

3）连杆轴颈回转半径误差≤ ±0.05mm。

4）连杆轴颈分度位置误差≤ ±0.07mm。

车拉后可不再进行粗磨或半精磨，简化了工艺过程，效率高，一次车拉同一相位角的连杆轴颈的时间分别为24s和42s，刀具寿命可达2000件。

3. 圆角深滚压技术

曲轴工作时需承受较大而复杂的冲击载荷，对疲劳强度有较高要求，曲轴轴颈与侧面的连接过渡圆角处为应力集中区，为此发展了圆角深滚压技术，以代替成形磨削。图6-27所示为圆角深滚压示意图。经测定，球墨铸铁曲轴经滚压后寿命可增至280%，钢制热处理曲轴滚压后寿命可提高至237%，滚压加工时间只需24～30s。

但要注意，若半成品因加工或热处理原因存在不合理残余应力时，滚压后必须安排校直工序，或滚前安排去应力工序，方可保证稳定的加工质量。

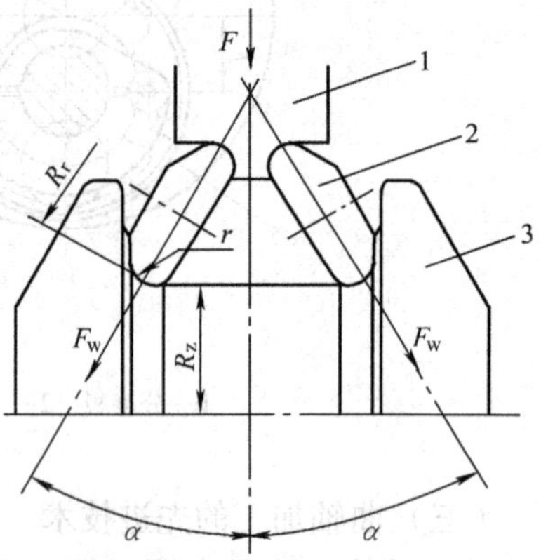

图6-27 圆角深滚压示意图

1—滚轮保持架 2—滚轮 3—工件

F—总滚压力 F_W—圆角法向滚压分力

α—滚压角 r—滚压圆角半径

R_r—滚轮回转半径 R_z—滚压区半径

六、丝杠加工工艺特点

（一）概述

1. 丝杠的功用、分类与结构特点

丝杠既有轴类零件的加工特点，又具有一定的特殊性。丝杠是通过丝杠螺母副将旋转运动变换为执行件的直线运动，它不仅传递一定的转矩，而且要准确地传递运动（可作精密直线分度元件），所以对丝杠的强度、精度和耐磨性都有较高的技术要求。

丝杠的分类：按摩擦特性可分为滑动丝杠、滚动丝杠及静压丝杠三大类。滑动丝杠的结构比较简单、容易加工；滚动丝杠中常用滚珠丝杠，滚珠丝杠摩擦因数小、制造精度高，适用于高精度、高转速的传动；静压丝杠可减少摩擦损失，用于重载大型机械传动。

图6-28所示是某机床滚珠丝杠零件图，采用双圆弧滚道，接触刚度好，摩擦力小，承载能力强。

丝杠结构有整体式与接长式之分，通常丝杠均为单根整体，对于过长的丝杠（大于4m），由于受热处理与加工设备的限制，需采用分段加工，然后逐段连接成整体，称为接长丝杠。

2. 丝杠的技术要求

机床梯形螺纹丝杠、螺母精度分成6个等级。

各级精度丝杠应用范围如下：4级为目前最高级，一般很少应用；5级用于精密仪器及精密机床，如坐标镗床、螺纹磨床；6级用于精密仪器、精密机床及数控机床；7级用于精密螺纹车床，齿轮加工机床及数控机床；8级用于一般机床，如卧式车床、铣床；9级用于刨床、钻床及一般机床的进给机构。

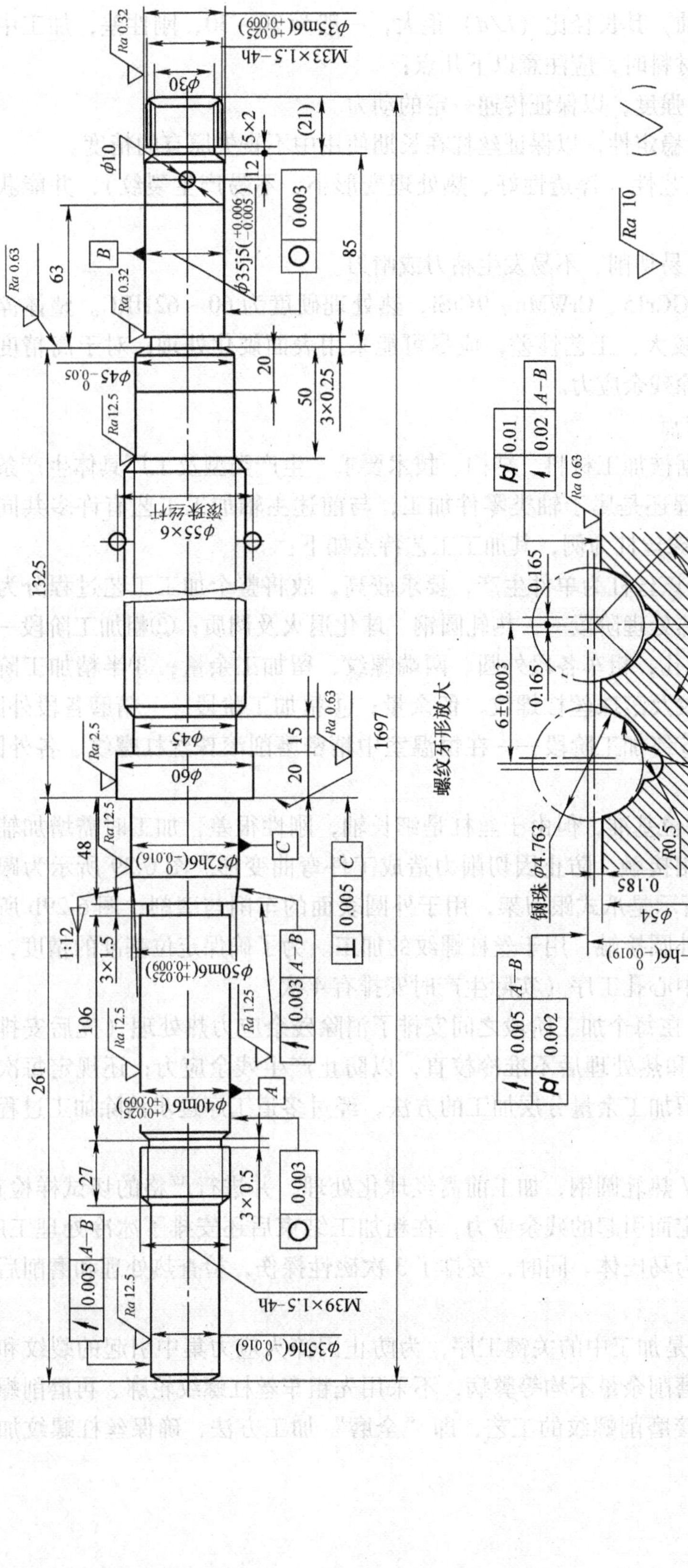

技术条件：1. 锥底 1:12 部分，用量规作涂色检查，接触长度大于 80%。

2. 调质硬度 250HBW，除 M39×1.5−4h 和 M33×1.5−4h 螺纹和 φ60mm 外圆外，其余均高频淬硬 60HRC。

3. 滚珠丝杠的螺距累积误差(mm)：0.006/25，0.009/100，0.016/300，0.018/600，0.022/900，0.03/全长。

4. 材料：9Mn2V。

图 6-28　某机床滚珠丝杠零件图

滚珠丝杠副和滚珠丝杠的精度等级也分为6个等级。具体精度选用可查阅有关标准。

3. 丝杠材料

丝杠属于细而长的挠性轴，其长径比（L/d）很大，一般为20～30，刚性差，加工中容易变形。因此，在选择丝杠材料时，应注意以下几点：

1）丝杠材料要有足够的强度，以保证传递一定的动力。

2）金相组织要有较高的稳定性，以保证丝杠在长期使用中不丧失原有的精度。

3）具有良好的热处理工艺性（淬透性好、热处理变形小、不易产生裂纹），并能获得较高的硬度、良好的耐磨性。

4）应有良好的加工性，易切削、不易发生粘刀或啃刀。

丝杠螺母材料一般采用GCr15、CrWMn、9CrSi，热处理硬度为60～62HRC。整体淬火在热处理和磨削过程中变形较大，工艺性差，应尽可能采用表面硬化处理；对于高精度丝杠，还需进行稳定处理，消除残余应力。

（二）丝杠加工的工艺特点

丝杠加工工艺过程，根据被加工材料、结构、技术要求、生产类型及工厂具体生产条件而有所不同，但总的工艺过程还是属于轴类零件加工，与前述主轴加工工艺有许多共同之处，以图6-28所示某机床滚珠丝杠为例，其加工工艺特点如下：

1）加工阶段划分。由于该丝杠为单件生产，要求较高，故将整个加工工艺过程分为五个阶段：①毛坯准备和预先热处理阶段——热轧圆钢、球化退火及调质；②粗加工阶段——钻中心孔、钻ϕ10mm起吊小孔，粗车各段外圆、两端螺纹，留加工余量；③半精加工阶段——粗磨各段外圆、两端螺纹及滚珠丝杠螺纹，留余量；④精加工阶段——精磨各段外圆、两端螺纹、滚珠丝杠螺纹；⑤终加工阶段——在恒温室中精密磨削滚珠丝杠螺纹、各外圆、锥度及肩面至图样要求。

2）丝杠加工中心孔是定位基准，但由于丝杠是细长轴，刚性很差，加工时需增加辅助支承，将外圆表面与跟刀架相接触，防止因切削力造成工件弯曲变形。图6-29所示为跟刀架的结构。其中，图6-29a所示是爪式跟刀架，用于外圆表面的车削与磨削；图6-29b所示是套式跟刀架，与磨削过的外圆接触，用于丝杠螺纹的加工。为了确保定位基准的精度，在工艺过程中安排了多次修研中心孔工序（实际生产时安排有4次）。

3）为了消除残余应力，在每个加工阶段之间安排了消除残余应力热处理（先后安排了4次），并严格规定机械加工和热处理后不准冷校直，以防止产生残余应力；还规定每次加工后工件垂直吊放，并采用留加工余量分层加工的方法，经过多道工序逐步消除加工过程中引起的变形。

4）该丝杠材料为9Mn2V热轧圆钢，加工前需经球化处理，并进行严格的切试样检查。为了消除由于金相组织不稳定而引起的残余应力，在粗加工结束后还安排了冰冷处理工序，使淬火后的残余奥氏体转变为马氏体。同时，安排了3次磁性探伤，检查热处理和磨削后零件是否有微观裂纹。

5）由于滚珠丝杠的螺纹是加工中的关键工序，为防止因淬火应力集中引起的裂纹和避免螺纹在全长上的变形而使磨削余量不均等弊病，不采用先粗车丝杠螺纹轮廓、再磨削螺纹的方法，而是经热处理后直接磨削螺纹的工艺，即“全磨”加工方法，确保丝杠螺纹加工质量。

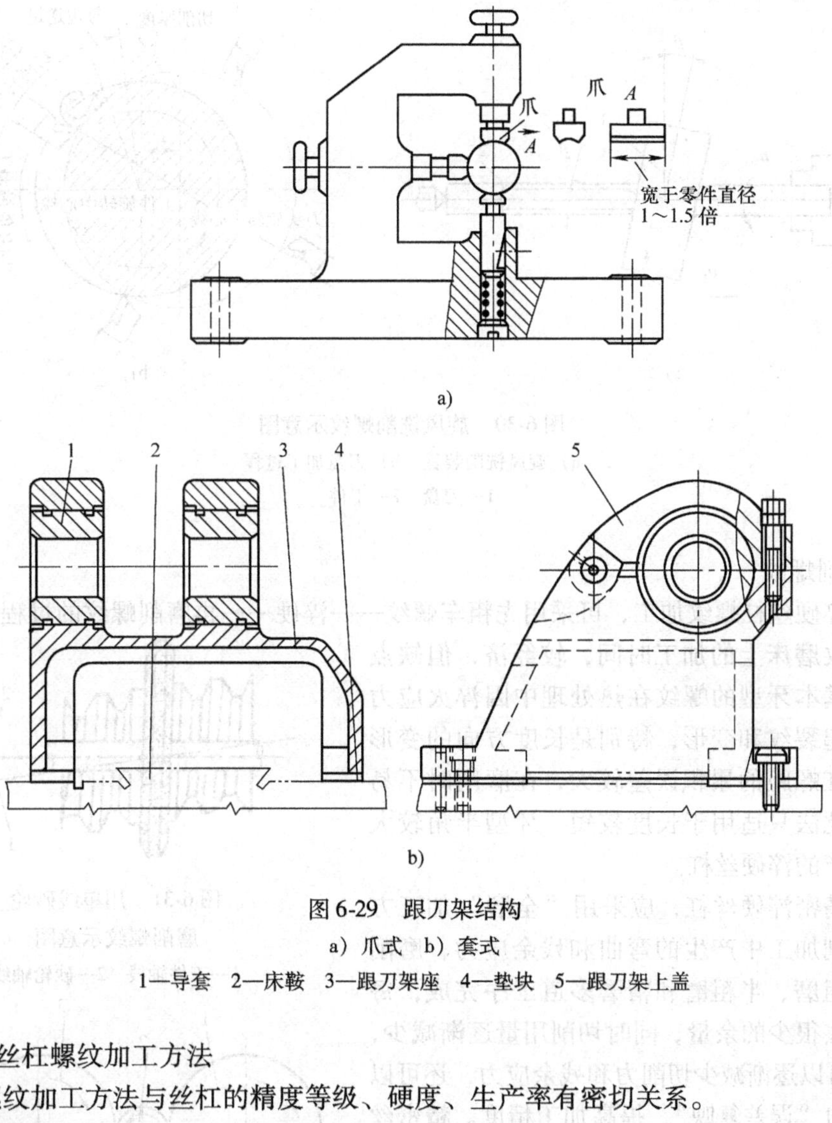

图 6-29　跟刀架结构

a）爪式　b）套式

1—导套　2—床鞍　3—跟刀架座　4—垫块　5—跟刀架上盖

（三）丝杠螺纹加工方法

丝杠螺纹加工方法与丝杠的精度等级、硬度、生产率有密切关系。

1. 车削螺纹

对于不淬硬丝杠，特别是梯形丝杠，车削是最常用的方法。车削螺纹方法简便，切削稳定，加工精度好，但生产率较低。

2. 铣削螺纹

批量较大的生产采用旋风铣削螺纹，一次进给完成全牙深切削（侧面留加工余量），从而提高螺纹粗加工的生产率。图 6-30 所示为旋风铣削螺纹示意图。如图 6-30a 所示，被加工丝杠一端用卡盘夹紧，另一端用顶尖支承（或托架支承），为防止工件在切削力作用下产生弯曲与振动，使用了跟刀架（图中未表示）。图 6-30b 所示为旋风铣削刀盘加工过程，装有 1 ~4 把硬质合金刀具的刀盘套在工件上，作高速旋转运动；刀盘轴线与工件轴线之间有一个偏心量 H；两轴线交叉角度为 β，等于被加工螺纹升角；全部装置安装在车床床鞍上，螺旋运动仍由车床完成。这种方法为断续切削，振动大，加工质量差，但是刀具冷却好，切削速度快，生产率高，适于粗加工螺纹切削。

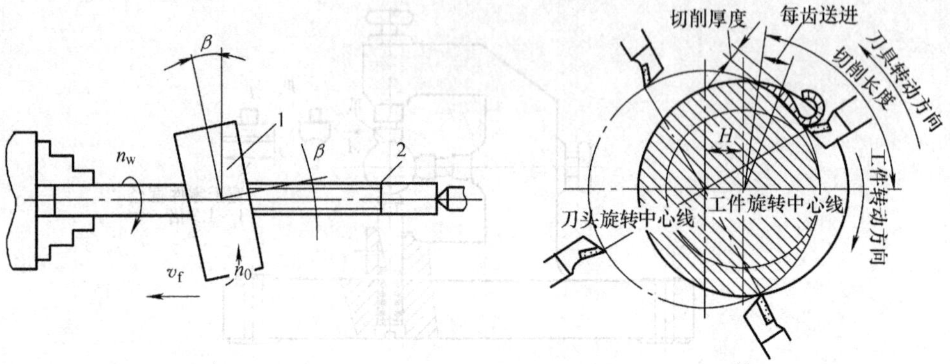

a) b)

图 6-30 旋风铣削螺纹示意图

a）旋风铣削装置 b）刀盘加工过程

1—刀盘 2—工件

3. 磨削螺纹

对于淬硬丝杠螺纹加工，可采用先粗车螺纹——淬硬——再磨削螺纹的过程，此过程可减少在螺纹磨床上的加工时间，较经济，但缺点是已开出基本牙型的螺纹在热处理中因淬火应力集中会引起裂纹和变形，特别是长度方向的变形会造成丝杠螺距的累积误差较大，在磨削时不易纠正，故此法只适用于长度较短、牙型半角较大的成批生产的淬硬丝杠。

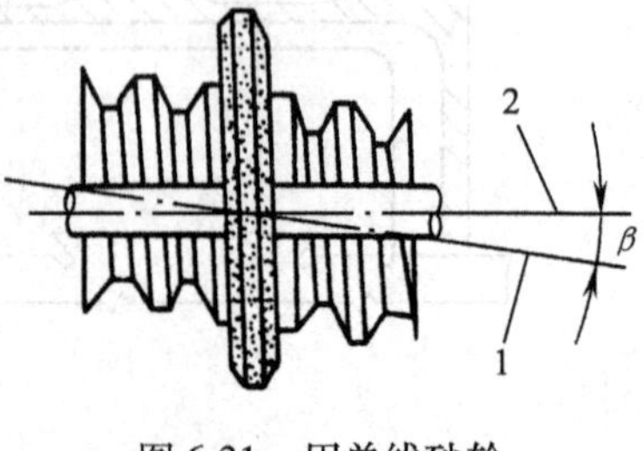

图 6-31 用单线砂轮磨削螺纹示意图

1—工件轴线 2—砂轮轴线

对于精密淬硬丝杠，应采用“全磨”加工方案。考虑到加工中产生的弯曲和残余应力，磨削螺纹分成粗磨、半粗磨和精磨多道工序完成，每道工序切去很少的余量，同时切削用量逐渐减少，这样不但可以逐渐减少切削力和残余应力，还可以减小加工的“误差复映”，提高加工精度。精密丝杠的最后终磨应在恒温室中进行，加强冷却措施（采用均匀喷淋切削液装置），加工后的测量也要在恒温室中的精密测量仪器上进行。图 6-31 所示为用单线砂轮磨削螺纹示意图，β 为螺纹升角。

4. 滚轧螺纹

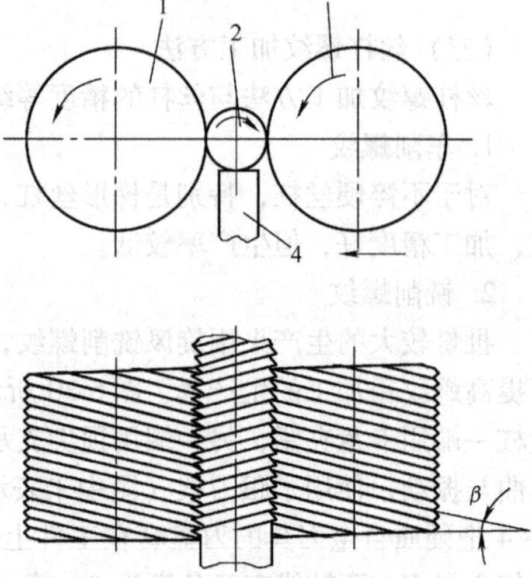

图 6-32 丝杠滚轧加工示意图

1、3—轧丝轮 2—工件 4—托板

β—螺纹升角

对用于一般传递运动而且生产批量较大的丝杠，还可采用轧制方法，即采用一对（或几个）与丝杠牙型一致的精密硬质合金滚轮，在轧丝机上直接轧制出丝杠螺纹。滚轧加工是一种优质、高效、低成本的先进的无切屑加工方法，利用金属材料在冷态下的可塑性轧制出相应的形状，滚轧后的螺纹表面耐磨性和硬度增加，并形成有利的残余压应力。对于硬度要求高的丝杠，还可在滚轧成形后高频淬火。国内外专业丝杠厂已普遍采用丝杠滚轧工艺，滚轧后的丝杠精度可达7级。丝杠滚轧加工示意如图6-32所示。

（四）丝杠的检验

丝杠检验是丝杠工艺分析中一项重要的内容。测量不同精度的零件应选用不同精度的测量工具。选用测量工具时，一般以其测量的最大极限误差不得超过被测尺寸公差的1/5～1/10为准，对高精度零件的几何参数也可适当放宽到1/3。

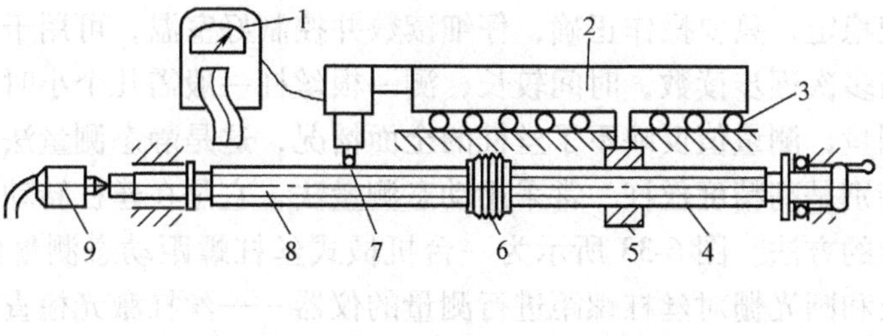

图6-33　丝杠螺距动态测量仪原理图

1—自动记录仪　2—工作台　3—滚动导轨
4—标准丝杠　5—螺母　6—风箱式联轴器
7—电感触头　8—被测丝杠　9—气动顶尖

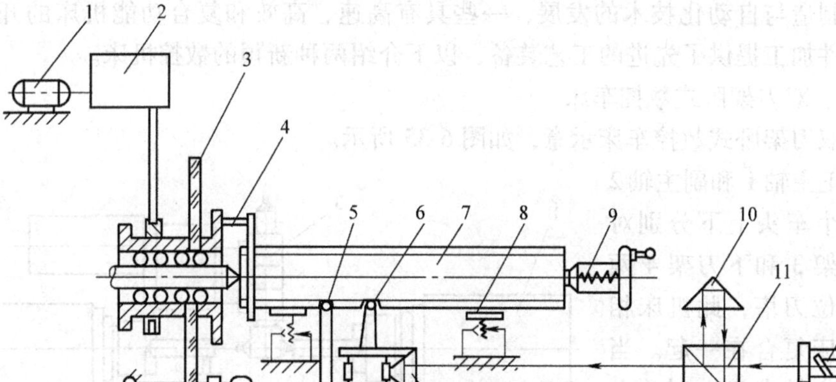

图6-34　丝杠激光检查仪（JSY—2000）原理图

1—电动机（可调速）　2—减速箱　3—圆光栅　4—拨叉　5—带动触头
6—弹性测头　7—被测丝杠　8—托架　9—尾架　10—参考镜　11—分光镜
12—激光管　13—光电管Ⅰ　14—可动镜　15—工作台
16—光电管Ⅱ　17—指示光栅　18—光源

丝杠的测量内容主要有螺纹牙型角的偏差，螺纹中径和螺距误差。除螺距误差测量之外，其他各项几何参数的测量和普通螺纹相同，这里不再赘述。生产上对9级低精度丝杠的螺距，可用专用样板检验；对7～8级精密丝杠的螺距，要采用专门的量具进行测量；而对高精度5～6级丝杠的螺距，多用静态测量的方法：有的利用万能工具显微镜，有的利用测长仪再加上一测量螺距的专用设备；对于丝杠较长、数量较多的精密丝杠，必须在专用的测量仪上测量。

静态测量比较稳定，只要操作正确，仔细读数并控制好室温，可用于6级精度丝杠的测量。但这种方法需多次逐步读数，时间较长，测一根丝杠一般需几个小时；另外，仅对丝杠进行单面的断续测量，测量值反映不了丝杠的全面情况，这是静态测量法的不足之处。国内外对精密丝杠，特别是高精度丝杠，常采用动态测量法，它是在丝杠转动的条件下，对其螺旋线进行连续测量的方法。图6-33所示为一台机械式丝杠螺距动态测量仪原理图。图6-34所示为用激光波长和圆光栅对丝杠螺距进行测量的仪器——丝杠激光检查仪原理图，它由机械传动装置、圆光栅系统、激光干涉系统、电气计测系统和环境防护与测量装置组成。可测丝杠的单个螺距误差、螺距累积误差和小周期误差。与静态测量法相比，精度高（可测5～6级丝杠）、测量迅速（只需几分钟时间）、操作方便（将被测丝杠装在检查仪的头、尾架顶尖间，并用托架支承，开动电动机即可自动测量）。

七、轴类零件高效自动化加工

随着先进制造与自动化技术的发展，一些具有高速、高效和复合功能机床的开发与应用，给轴类零件加工提供了先进的工艺装备，以下介绍两种新颖的数控机床。

1. 双主轴、双刀架卧式数控车床

双主轴、双刀架卧式数控车床示意，如图6-35所示。

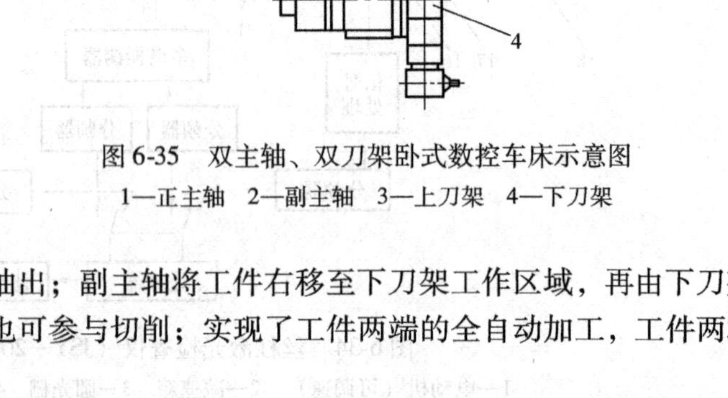

图6-35 双主轴、双刀架卧式数控车床示意图
1—正主轴 2—副主轴 3—上刀架 4—下刀架

机床具有正主轴1和副主轴2两个车头，两个车头上下分别对应配置有上刀架3和下刀架4两个多刀位可转位刀塔，此机床相当于把两台车床复合在一起。当工件夹持在正主轴卡盘上时，上刀架进行切削，完成工件右端的车外圆、车端面、车螺纹、割槽、钻中心孔、攻螺纹、铰孔等加工内容，同时下刀架也可参与切削；副主轴左移至工件右端，副卡盘自动夹紧工件右端外圆，然后正主轴卡盘松开，副主轴卡盘将工件抽出；副主轴将工件右移至下刀架工作区域，再由下刀架对工件左端进行切削，同时上刀架也可参与切削；实现了工件两端的全自动加工，工件两端全部加工完成后，副主轴自动下料。

在副主轴加工的同时，正主轴可再装夹一个工件，两个车头同时进行两个工件加工，加工工时重合；而且副主轴与正主轴对接工件时，两个车头的转速可控制同步，实现不停车对接，大大提高了生产率。此类机床的刀架大都选用自带刀具驱动电动机的动力刀架，具有铣削功能，能对轴上的键槽、不通过轴线的孔及螺纹进行加工，进一步拓展了机床加工能力。我国已有多家机床制造企业制造出了此类双主轴、双刀架卧式数控车床。

2. 车铣复合加工中心

车铣复合加工中心示意，如图 6-36 所示。

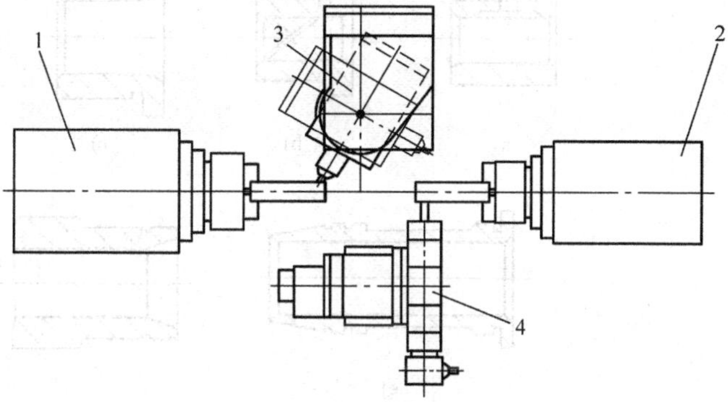

图 6-36　车铣复合加工中心示意图
1—正主轴　2—副主轴　3—两自由度加工中心铣轴头　4—下刀架

这是一台在上述双主轴卧式车床基础上，将上刀架换成加工中心铣轴头的车铣复合加工中心。铣轴头 3 除了具有原上刀架沿垂直于车头主轴轴线 Z 向的移动功能（称为 X 轴）外，还能沿 X 轴的法向上下移动（称为 Y 轴），以及绕 Y 轴的分度（称为 B 轴，也有称为摆动轴），刀具可以在 ±100°范围内联动摆动，使机床具有 4 轴功能，加工时可进行 4 轴联动。

铣头旁设计有刀库，配套了各类车刀、割刀、铣刀、钻头、丝攻，加工时可根据工序要求，实现刀架自动换刀。除了对工件进行车外圆、车端面、车螺纹、割槽、钻孔、攻螺纹、铰孔等常规车床加工内容外，由于铣头具有了 Y 轴上下移动和 B 轴联动摆动功能，换上铣刀后可进行平面铣削、斜面铣削及复杂曲面加工。此类复合加工机床已改变了传统的加工工序的概念，包括了车、铣、钻、镗等多种形式。如果机床上配置了大容量刀库、自动上下料装置，还可实现工厂自动化、无人化生产。

第二节　套筒零件加工

一、概述

（一）套筒零件的功用与结构特点

套筒零件是机器中常见的一种零件，通常起支承或导向作用。它的应用范围很广，例如支承旋转轴上的各种形式的轴承，夹具上引导刀具的导向套，内燃机上的气缸套以及液压缸等。图 6-37 所示为套筒零件示例。

由于它们功用不同，套筒零件的结构和尺寸有很大的差别，但结构上仍有共同特点：零件的主要表面为同轴度要求较高的内外旋转表面、零件壁的厚度较薄易变形、零件长度一般大于直径等。

（二）套筒零件的技术要求

套筒零件的主要表面是孔和外圆，其主要技术要求如下：

1. 孔的技术要求

孔是套筒零件起支承或导向作用最主要的表面。孔的直径尺寸精度一般为 IT7，精密轴套取 IT6；气缸套和液压缸由于与其相配的活塞上有密封圈，要求可低一些，通常取 IT9。孔的形状精度应控制在孔径公差以内，一些精密套筒控制在孔径公差的 1/2 ~ 1/3。对于长套筒，除了有圆度要求以外，还应有圆柱度要求。为了保证套筒的功用和提高其耐磨性，套

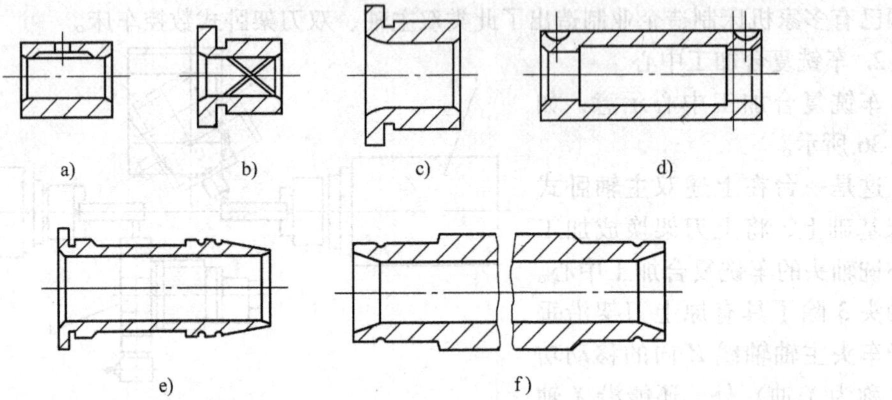

图 6-37 套筒零件示例

a)、b）滑动轴承 c）钻套 d）轴承衬套 e）气缸套 f）液压缸

筒孔的表面粗糙度 $Ra=2.5\sim0.16\mu m$，要求高的表面粗糙度 $Ra=0.04\mu m$。

2. 外圆表面的技术要求

外圆是套筒的支承面，常采用过盈配合或过渡配合同箱体或机架上的孔相连接。外径尺寸精度通常取 IT6 ~ IT7，形状精度控制在外径公差以内，表面粗糙度 $Ra=5\sim0.63\mu m$。

3. 孔与外圆的同轴度要求

当孔的最终加工方法是通过将套筒装入机座后合件进行加工的，在合件前，套筒内、外圆间的同轴度要求可以低一些；若最终加工是在装入机座前完成的，则同轴度要求较高，一般为 0.01 ~ 0.05mm。

4. 孔轴线与端面的垂直度要求

套筒的端面（包括凸缘端面）若在工作中承受轴向载荷，或虽不承受载荷，但在装配或加工中作为定位基准时，端面与孔轴线的垂直度要求较高，一般为 0.01 ~ 0.05mm。

图 6-38 所示为某液压缸零件图。

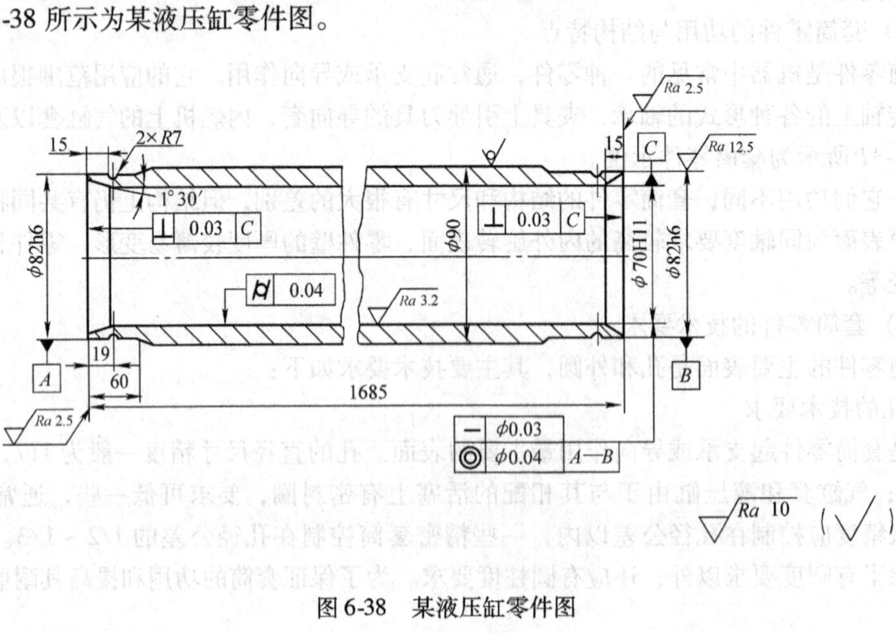

图 6-38 某液压缸零件图

（三）套筒零件的材料与毛坯

套筒零件一般用钢、铸铁、青铜或黄铜制成。有些滑动轴承采用双金属结构，用离心铸造法在钢或铸铁套筒内壁浇铸巴氏合金等轴承合金材料，既可节省贵重的有色金属，又能提高轴承寿命。对于一些强度和硬度要求较高的套筒（如镗床主轴套筒、伺服阀套），可选用优质合金钢（38CrMoAlA、18CrNiWA）。

套筒的毛坯选择与材料、结构、尺寸及生产批量有关。孔径小的套筒一般选择热轧或冷拉棒料，也可采用实心铸件；孔径较大的套筒常选择无缝钢管或带孔的铸件和锻件。大批量生产时，采用冷挤压和粉末冶金等少切削毛坯，既可节约用材，又能提高毛坯精度及生产率。

二、套筒零件加工工艺过程与工艺分析

套筒零件的主要表面为同轴度要求较高的内外旋转表面，加工时可以采用外圆为基准加工内孔，也可以孔为基准加工外圆，这就是一个精基准的选择问题。但套筒零件由于尺寸、功用、结构形状、材料、热处理不同，工艺差别很大。按结构形状分，大体上分为短套筒与长套筒两类。它们在机械加工中对工件的装夹方法有很大差别。对于短套筒（如钻套），通常可在一次装夹中完成内、外圆表面及端面加工（车或磨），工艺过程较为简单，精度容易达到，所以不在此介绍其加工工艺过程了。对于长套筒的加工，以图 6-38 所示某液压缸的加工工艺过程为例进行分析。

（一）套筒零件加工工艺过程

表 6-3 为某液压缸（见图 6-38）的加工工艺过程。

表 6-3　某液压缸加工工艺过程

序号	工序名称	工　序　内　容	定位与夹紧
1	配料	无缝钢管切断	
2	车	1. 车 ϕ82mm 外圆到 ϕ88mm 及 M88 × 1.5 螺纹（工艺用）	三爪自定心卡盘夹一端，大头顶尖顶另一端
		2. 车端面及倒角	三爪自定心卡盘夹一端，搭中心架托 ϕ88mm 处
		3. 调头车 ϕ82mm 外圆到 ϕ84mm	三爪自定心卡盘夹一端，大头顶尖顶另一端
		4. 车端面及倒角，取总长 1686mm（留加工余量 1mm）	三爪自定心卡盘夹一端，搭中心架托 ϕ88mm 处
3	深孔推镗	1. 半精推镗孔到 ϕ68mm	一端用 M88 × 1.5 螺纹固定在夹具中，另一端搭中心架
		2. 精推镗孔到 ϕ69.85mm	
		3. 精铰（浮动镗刀镗孔）到 $\phi70\pm0.02$mm，表面粗糙度 $Ra=2.5\mu m$	
4	滚压孔	用滚压头滚压孔至 $\phi70^{+0.20}_{0}$ mm，表面粗糙度 $Ra=0.32\mu m$	一端螺纹固定在夹具中，另一端搭中心架
5	车	1. 车去工艺螺纹，车 ϕ82h6mm 到尺寸，车 R7mm 槽	软爪夹一端，以孔定位顶另一端
		2. 镗内锥孔 1°30′及车端面	软爪夹一端，中心架托另一端（百分表找正孔）
		3. 调头，车 ϕ82h6mm 到尺寸	软爪夹一端，顶另一端
		4. 镗内锥孔 1°30′及车端面，取总长 1685mm	软爪夹一端，中心架托另一端（百分表找正孔）

（二）套筒零件加工工艺过程分析

1. 定位基准的选择——保证套筒表面位置精度的方法

液压缸内、外表面轴线的同轴度以及端面与孔轴线的垂直度要求较高，若能在一次安装中完成内、外表面及端面的加工，则可获得很高的位置精度。但这种方法的工序比较集中，对于尺寸较大、尤其是长径比大的液压缸，不便一次完成。于是，将液压缸内、外表面加工分在几次装夹中进行。一般可以先终加工孔，然后以孔为精基准最后加工外圆，由于这种方法所用夹具（心轴）的结构简单、定心精度高，可获得较高的位置精度，因此应用甚广。采用孔定位的方式，可参见图6-3b所示锥套心轴。另一种方法，是先终加工外圆，然后以外圆为精基准最后加工孔。采用这种方法时，工件装夹迅速、可靠，但夹具较上述以孔定位的复杂，加工精度略比上述方法低。

2. 防止加工中套筒变形的措施

套筒零件孔壁较薄，加工中常因夹紧力、切削力、残余应力和切削热等因素的影响而产生变形。为了防止此类变形，加工中应注意以下几点：

（1）减少切削力与切削热的影响　粗、精加工应分开进行，使粗加工产生的变形在精加工中得到纠正。

（2）减少夹紧力的影响　工艺上可采取下列措施：改变夹紧力的方向，即径向夹紧改为轴向夹紧。对于普通精度的套筒，如需径向夹紧时，也应尽可能使径向夹紧力均匀。例如采用开口过渡环套在工件的外圆上，再一起夹在三爪自定心卡盘内（图4-27d）。

（3）提高夹具的精度　采用软卡爪装夹，增大卡爪和工件间的接触面积。软卡爪是未经淬硬的卡爪，其形状与原来的硬卡爪相同（见图6-39a）。把硬卡爪前半部A拆下，换上软爪，用螺钉联接；如果卡爪是整体式的，可以在硬卡爪夹持面上焊一块低碳钢材料或堆焊铜，改制成软卡爪材料；然后用车孔车刀对软爪的夹持面进行车削，车削后使软卡爪的直径跟被装夹套筒零件的直径基本相同，并车出一个台阶，以便套筒端面定位。在车软爪之前，为了消除间隙，应在卡爪内端夹持一段略小于工件直径的衬柱，待车好后拆除，如图6-39b所示。用软卡爪装夹工件，既可保证位置精度，还能避免夹伤零件的表面，以及减少找正时间。

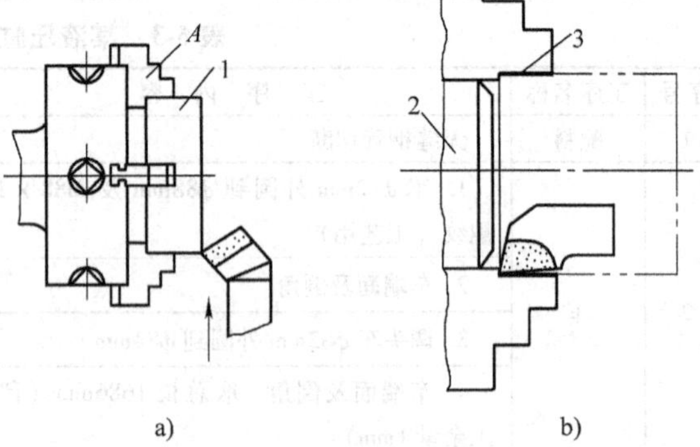

图6-39　用软卡爪装夹工件

a）软爪安装　b）带有焊层的三爪车削方法

1—工件　2—衬柱　3—焊层

三、套筒零件的孔加工方法

内孔是套筒零件加工的主要表面，套筒零件的孔加工方法很多，有钻孔、扩孔、镗孔、车孔、铰孔、磨孔、拉孔、珩磨、研磨及滚压加工。其中，钻孔、扩孔与镗孔通常作为粗加工与半精加工方法；铰孔、磨孔、拉孔为孔的精加工方法；珩磨、研磨及滚压加工则为孔的光整加工方法。孔加工方法的选择，需根据孔径大小、深度与孔的精度、表面粗糙度值以及零件结构形状、材料而定。

对于钻孔、扩孔、铰孔、车孔、拉孔等加工方法，不在此详述，本节着重说明磨孔、深孔加工、镗孔、珩磨孔、研磨孔、滚压孔等方法。

（一）磨孔

磨孔是淬火钢套筒零件主要的加工方法，孔的磨削与外圆磨削原理相同，但其磨削工作条件较差。内孔磨削有以下特点：

1）砂轮直径 D 因受到工件孔径 d 的限制，$D=(0.5\sim0.9)d$，故砂轮直径尺寸较小，损耗快，需经常修整和更换，影响了磨削生产率。

2）磨削速度低，由于砂轮直径较小，即使砂轮转速高达每分钟几万转，要达到线速度 25～30m/s 也十分困难，因此孔的磨削速度比外圆磨削低得多，磨削效率及表面粗糙度也比外圆磨削差。为了提高磨削速度，国内已用 1.2×10^4r/min 的高频电动磨头及 1×10^5r/min 的风动磨头，以便磨削直径 1～2mm 的小孔。

3）砂轮轴受到工件孔径与长度的限制，刚性差，容易弯曲变形与振动，因而影响加工精度和表面粗糙度；同时，磨削深度也因砂轮轴的刚性因素而受到限制。

4）砂轮与工件内切，接触面积大、散热条件差、易发生烧伤，应采用较软的砂轮。

5）因为切削液不易进入磨削区，排屑困难。脆性材料为了排屑方便，有时采用干磨。

虽然磨孔方法存在以上缺点，但仍是套筒类零件内孔精加工的主要方法，特别是淬硬孔、断续表面孔（带键槽或花键孔）及长度很短的精密孔。孔磨削工艺范围如图 6-40 所示（图中▽=▽Ra 0.63）。

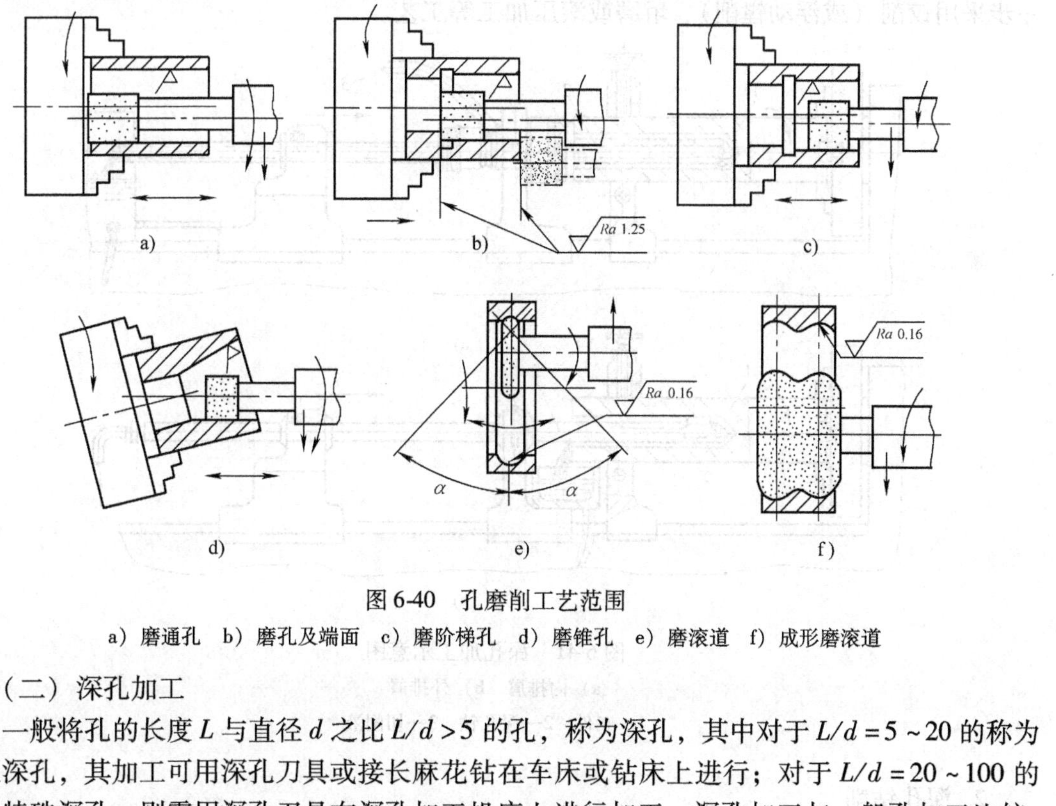

图 6-40　孔磨削工艺范围

a）磨通孔　b）磨孔及端面　c）磨阶梯孔　d）磨锥孔　e）磨滚道　f）成形磨滚道

（二）深孔加工

一般将孔的长度 L 与直径 d 之比 $L/d>5$ 的孔，称为深孔，其中对于 $L/d=5\sim20$ 的称为普通深孔，其加工可用深孔刀具或接长麻花钻在车床或钻床上进行；对于 $L/d=20\sim100$ 的称为特殊深孔，则需用深孔刀具在深孔加工机床上进行加工。深孔加工与一般孔加工比较，生产效率低，难度大，以下作简要介绍。

1. 深孔加工的工艺特点

1）深孔加工的轴线易歪斜，这是因为深孔刀具较细长，强度和刚性比较差，加工中容易发生引偏和振动，孔的精度不易保证。

2）刀具冷却散热条件差，钻头在近似封闭的状态下工作，切削温度升高，使刀具的寿命降低。而且，钻头在深孔内切削，无法直接观察切削情况。

3）切屑排出困难，既容易堵塞深孔，使钻头磨损严重，又会划伤已加工表面，严重时还会引起刀具崩刃甚至折断。

针对上述问题，加工时通常采取以下措施：

1）采取工件旋转、刀具不转且仅作进给运动的方式；预先在工件上加工出一个与刀具直径尺寸相符的短导向孔，引导刀具；改进刀具导向结构，在刀具上安装导向块，减少刀具的引偏。

2）采用压力输送切削液冷却刀具，强制排出切屑带走热量。对所用的切削液，除了应具备良好的冷却、润滑和耐蚀性外，还需具有较好的流动性能，粘度不宜过高，流速一般控制在 8～12m/s，以利于冲刷切屑。

3）改进刀具结构，增加断屑措施，有良好的分屑、断屑和卷屑功能，有利于切屑顺利排出等。

图 6-41 所示为一深孔加工示意图，由于零件较长，$L/d>20$，工件安装采用“一夹一托”方式，孔的粗加工用深孔钻削或镗削（拉镗或推镗）。对于有较高精度要求的孔，可进一步采用铰削（或浮动镗削）、珩磨或滚压加工等工艺。

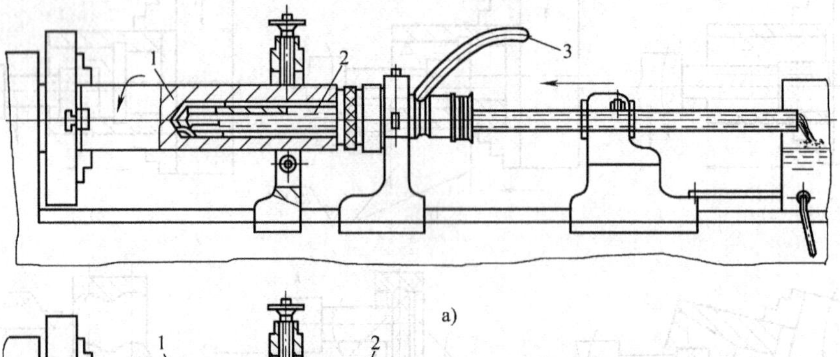

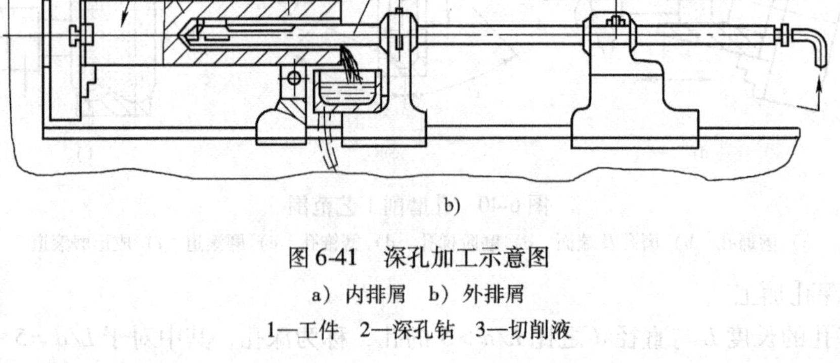

图 6-41 深孔加工示意图

a）内排屑 b）外排屑

1—工件 2—深孔钻 3—切削液

2. 深孔钻削

单件小批生产中的深孔钻削，常采用接长的麻花钻在卧式车床上进行。为了排屑和冷却刀具，钻孔每进给一段不长的距离后，需从孔内退出：加工中，钻头的频繁进退，既影响钻孔效率，又增加工人劳动强度。

成批生产中的深孔钻削，常采用深孔钻头在专用深孔机床上进行。图6-41a所示是一种内排屑方式深孔钻削示意图；图6-41b所示是一种外排屑方式深孔钻削示意图。

内排屑深孔钻的钻杆外径可比外排屑钻杆的大，因而能提高刀具刚性，有利于加工中增大进给量，提高钻孔效率；并且所排切屑从钻杆中冲出，对钻杆冷却较好，也不会划伤已加工孔表面；但内排屑钻头的供液装置比外排屑的结构复杂。图6-42所示是内排屑深孔钻削的油压头结构，工件1由主轴带动旋转，2是深孔钻，端面密封耐油橡胶垫3与工件1压紧，外壳4与工件一起旋转，旋转手柄9可使套5轴向移动，以便油压头通过橡胶垫和工件端面压紧和松开，螺钉7可防止套5旋转。切削液由切削液进口8进入深孔钻外围，经过导向块(导向块结构参见图6-44)间的空隙进入深孔钻头进行冷却，并把切屑由深孔钻内孔按箭头所示方向排出。导向套6在深孔钻开始钻削时起导向作用，可根据各工序间的工序尺寸随时更换。

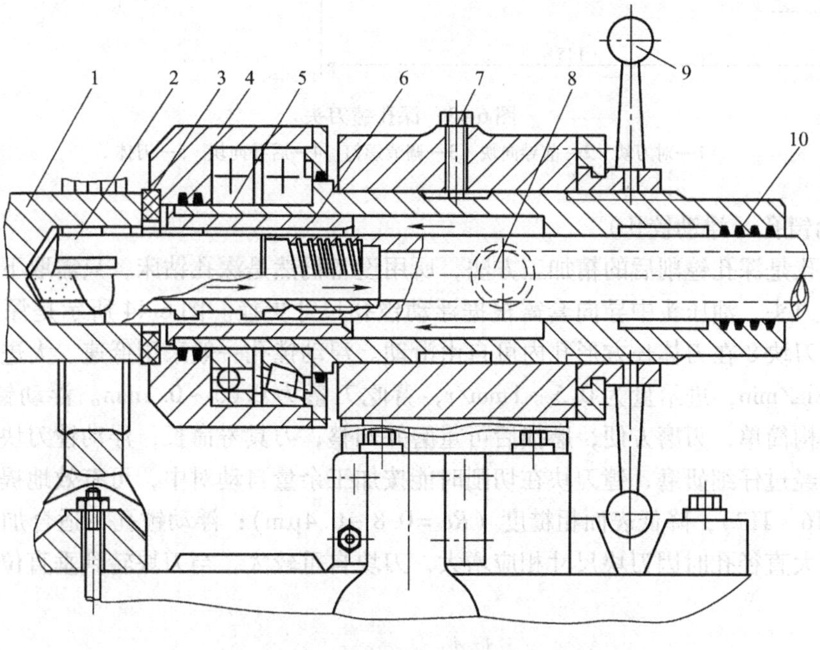

图6-42 内排屑深孔钻的油压头结构

1—工件 2—深孔钻 3—端面密封耐油橡胶垫 4—外壳 5—套
6—导向套 7—螺钉 8—切削液进口 9—手柄 10—密封圈

加工深孔的钻头视孔径 d 和孔长 L 之比（L/d）的不同而异，一般直径为2~10mm的深孔，基本上用枪钻；而 ϕ18mm以上的深孔则采用喷吸钻。

3. 深孔镗削

经过钻削的深孔，当需要进一步提高孔的直线度以及使表面粗糙度值减小，还需用镗刀进一步粗、精镗孔。深孔镗削与一般镗削不同，它仍使用深孔钻床（见图6-43），在钻杆上装上深孔镗刀头（螺纹联接），导向套（图6-42中的件6）根据镗头尺寸更换。深孔镗刀头的结构如图6-43所示，在其前后端均有导向块，前导向块由两块硬质合金组成，后导向块由四块硬质合金组成，镗刀尺寸由对刀块调整，其尺寸应当与镗刀导向尺寸及导向套尺寸一致，否则工件孔内将产生“竹节”形状误差。前导向块轴向位置在刀尖后面2mm左右。这种镗刀的进给方式是采用推镗和前排屑法，改变了过去拉镗方法，这是因为拉镗时虽然刀杆受力（拉力状态）较好，但拉镗装夹工件、调整尺寸比较困难，生产效率低。

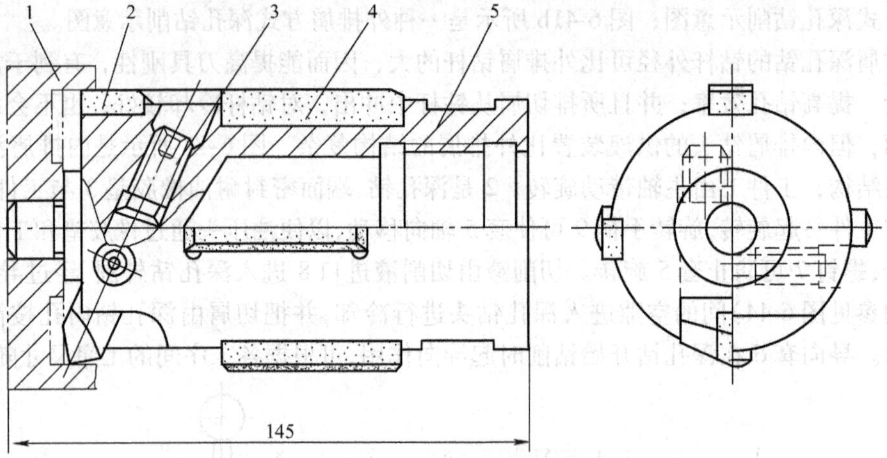

图6-43 深孔镗刀头

1—对刀块 2—前导向块 3—调节螺钉 4—后导向块 5—刀体

4. 浮动镗孔（浮动铰孔）

浮动镗孔是深孔镗削后的精加工方法，所用设备仍然是深孔钻床，只需取下深孔镗刀头换上深孔铰刀头，油压头中导向套需根据浮动镗孔尺寸更换。图6-44所示是深孔铰刀头结构，浮动镗刀块8在刀体长方形孔内可自由滑动。浮动镗孔一般采用低速、大进给量，切削速度取5~8m/min，进给量为0.5~1mm/r，背吃刀量为0.05~0.1mm。浮动镗孔的特点：浮动镗刀结构简单，刃磨方便，磨损后可重磨并调整，刀具寿命长；浮动镗刀块尺寸事先调定，切削刃经过仔细研磨，镗刀块在切削时能按加工余量自动对中，可有效地提高孔的尺寸精度（达IT6~IT7），降低表面粗糙度（$Ra=0.8\sim0.4\mu m$）；浮动镗孔不适合加工带纵向槽的孔，加工大直径孔时因刀块尺寸相应增大，刀块自重较大，当刀块转到垂直位置时容易沿

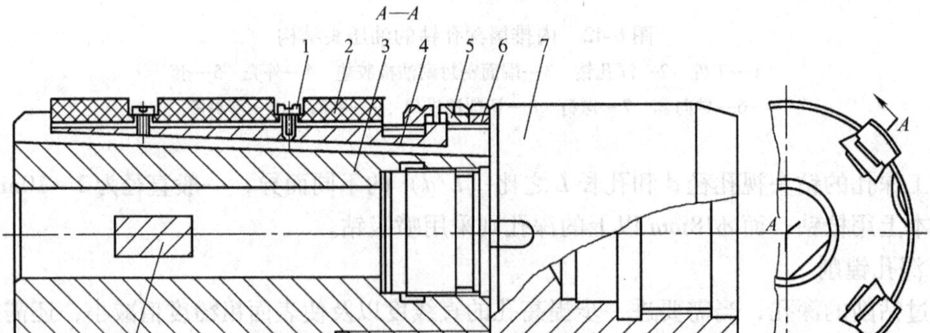

图6-44 深孔铰刀头

1—螺钉 2—导向块 3—刀体 4—楔形块 5—调节螺母 6—锁紧螺母 7—接头 8—浮动镗刀块

方孔下滑，造成孔的形状误差；浮动镗孔没有纠正位置误差的能力，因而孔的位置精度取决于上道工序的加工精度。

（三）孔的精加工和光整加工

当套筒零件内孔的加工精度和表面质量要求很高时，可进一步采用精细镗孔以及珩磨、研磨、滚压等光整加工方法。

1. 精细镗孔

精细镗孔与一般镗孔方法基本相同，由于最初是使用金刚石作镗刀，所以又称金刚镗。这种方法常用于有色金属合金及铸铁套筒零件孔的终加工或作珩磨和滚压前的预加工。

精细镗所用刀具为天然金刚石刀具，因此成本高，目前已普遍使用硬质合金 YT30、YT15 或 YG3X 代替，或者采用人工合成的金刚石和立方氮化硼，后者加工钢质套筒比金刚石有更多优点。为了达到高精度与小的表面粗糙度值要求，减少切削变形对加工质量的影响，采用高回转精度、刚度大的金刚镗床，切削速度较高（钢加工 200m/min，铸铁加工 100m/min，铝合金加工 300m/min），加工余量较少（0.2 ~ 0.3mm），进给量小（0.04 ~ 0.08mm/r）。

精细镗在良好条件下，加工尺寸精度可达 IT6 ~ IT7。孔径为 $\phi15 \sim \phi100$mm 时，尺寸偏差 0.005 ~ 0.008mm、圆度为 0.003 ~ 0.005mm、表面粗糙度 $Ra = 1.25 \sim 0.16\mu m$。

精细镗的尺寸控制，可采用微调镗刀头。图 6-45 所示是一种带有游标刻度盘的微调镗刀，微调刀杆 4 上装夹有可转位刀片，刀杆上有精密的小螺距螺纹。微调时，半松开夹紧螺钉 7，用扳手旋转套筒 2，刀杆就可作微量进退，键 9 保证刀杆只作移动，最后将夹紧螺钉锁紧，这种微调镗刀的刻度值可达到 0.0025mm。

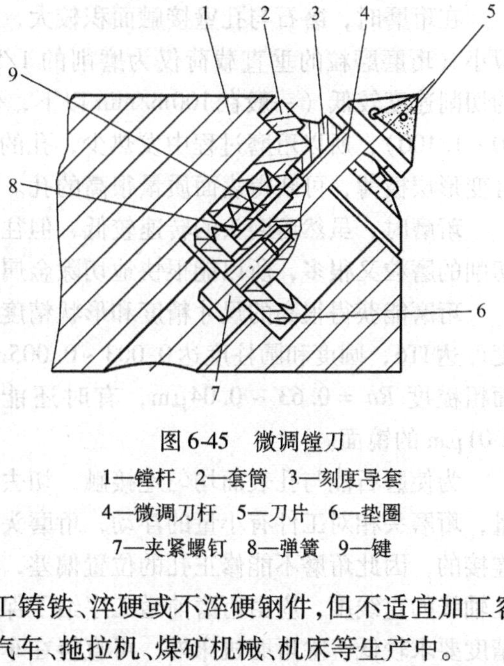

图 6-45 微调镗刀

1—镗杆 2—套筒 3—刻度导套 4—微调刀杆 5—刀片 6—垫圈 7—夹紧螺钉 8—弹簧 9—键

2. 内孔珩磨

内孔珩磨的原理与内孔磨削原理基本相同，珩磨是低速、大面积接触的磨削加工，常用来加工气缸孔、阀孔、套筒孔、外形不便旋转的大型零件的孔以及细长孔。珩磨内孔的孔径范围为 1 ~ 1200mm 或更大，孔长可达 12000mm。珩磨适用的加工材料范围很广，可加工铸铁、淬硬或不淬硬钢件，但不适宜加工容易堵塞磨石的韧性金属材料，珩磨工艺广泛用于汽车、拖拉机、煤矿机械、机床等生产中。

珩磨所用的磨具，是由几根粒度很细的磨石所组成的珩磨头，珩磨头的磨石有三种运动，如图 6-46a 所示，即旋转运动、往复直线运动、加压的径向运动。图 6-46b 所示是珩磨机结构示意简图。旋转和往复直线运动是珩磨的主运动，这两种运动的组合，使磨石上的磨粒在孔表面上的切削轨迹呈交叉而不重复的网纹，网纹交叉角 θ 称为切削交叉角，如图 6-46c 所示。交叉网纹表面有利于润滑，选择合适的网纹交叉角 θ，可大大提高内孔表面的耐磨性，这一点已应用在汽车发动机缸套的珩磨加工中，取得了提高发动机缸套使用寿命的良好效果。径向加压运动是磨石的进给运动，加压力越大，进给量就越大。

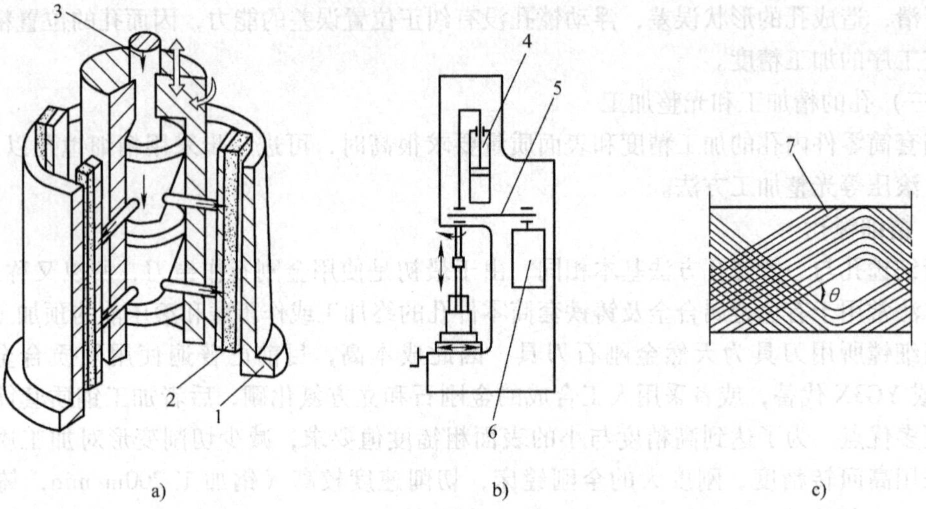

图 6-46 珩磨原理

a）珩磨原理 b）珩磨机结构示意 c）珩磨形成的切削网纹

1—工件 2—磨石 3—进刀磨削压力 4—行程进给液压缸 5—链条 6—变速机构 7—网纹轨迹

在珩磨时，磨石与孔壁接触面积较大，参加切削的磨粒很多，每一颗磨粒承受的磨削力很小（珩磨磨粒的垂直载荷仅为磨削的 1/50～1/100），珩磨的切削速度较低（一般在 100m/min 以下，仅为普通磨削的 1/30～1/100），所以珩磨过程中发热少，孔的表面不易烧伤，而且变形层极薄，可获得表面质量很高的孔。

珩磨时，虽然珩磨头的转速较低，但往复速度较高，参加切削的磨粒又很多，所以能很快地切除金属，生产率较高。

珩磨能获得很高的尺寸精度和形状精度，珩磨孔的尺寸精度可达 IT6，圆度和圆柱度达 0.003～0.005mm，珩磨后孔的表面粗糙度 $Ra = 0.63 \sim 0.04\mu m$，有时还能达到 $Ra = 0.02 \sim 0.01\mu m$ 的镜面。

为使磨石能与孔表面均匀地接触，切去少而均匀的加工余量，珩磨头相对工件有小量的浮动，珩磨头与机床主轴是浮动连接的，因此珩磨不能修正孔的位置偏差，而孔的位置精度和孔轴线的直线度，应由珩磨前道工序给予保证。珩磨对机床的精度要求较低，除珩磨机床外，可直接在车床、镗床和钻床上进行内孔珩磨。

近年来对珩磨头作了改进，发展了行星珩磨（见图 6-47），由行星机构带动珩磨轮回转，生产效率较一般珩磨提高 2～3 倍，发热量可减少 1/2～2/3。

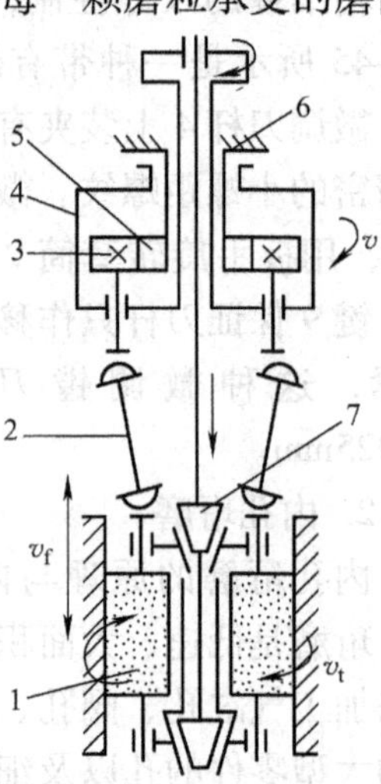

图 6-47 行星珩磨示意图

1—珩磨轮 2—万向轴 3—齿轮 4—行星机构 5—太阳轮 6—主轴箱 7—带锥体中心杆

3. 内孔研磨

内孔研磨的原理与外圆研磨相同，孔研磨工艺的特点也与外圆研磨类同，只是使用的研具有些区别。研具通常采用铸铁制的心棒，心棒表面开槽用来存放研磨剂。图6-48所示为研孔用的研具。其中，图6-48a所示为粗研具，棒的直径可用螺钉调节；图6-48b所示为精研具，用低碳钢制成；图6-48c所示为可调研磨棒。

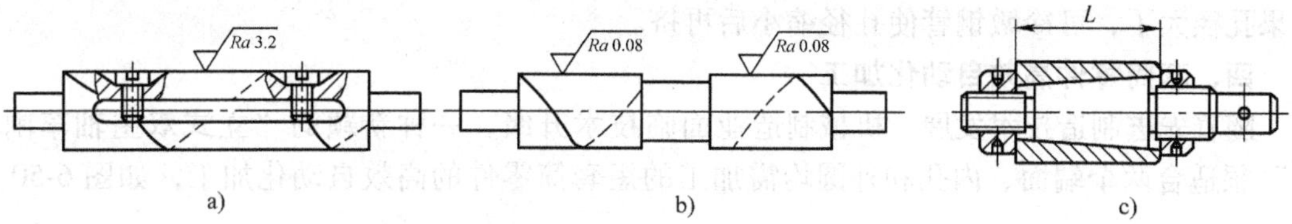

图6-48　研孔用的研具

a）粗研具　b）精研具　c）可调研磨棒

4. 内孔滚压（或挤压）

孔的滚压加工原理与外圆滚压相同。由于滚压加工效率高，近年来已采用滚压（或挤压）工艺来代替珩磨工艺。内孔经滚压（或挤压）后，精度能达0.01mm以内，表面粗糙度 $Ra=0.16\mu m$ 或更小，表面硬化耐磨，生产效率提高数倍。

滚压对铸件的质量有很大的敏感性，如铸件的硬度不均、表面疏松、有气孔和砂眼等缺陷，对滚压有很大的影响。因此，对铸件液压缸，一般不采用滚压工艺而是选用珩磨；对于淬硬套筒孔的精加工，也不宜采用滚压。

图6-49所示为三种内孔滚压强化加工示意图。图6-49a所示是钢珠挤孔；图6-49b所示是一种涨孔加工，其涨孔工具类似于拉刀，但不发生切削作用，每一节淬硬的阶梯环直径由小到大，随着涨杆在孔内的移动，使内孔逐步涨大；图6-49c所示是多滚珠弹性滚压内孔示意图。

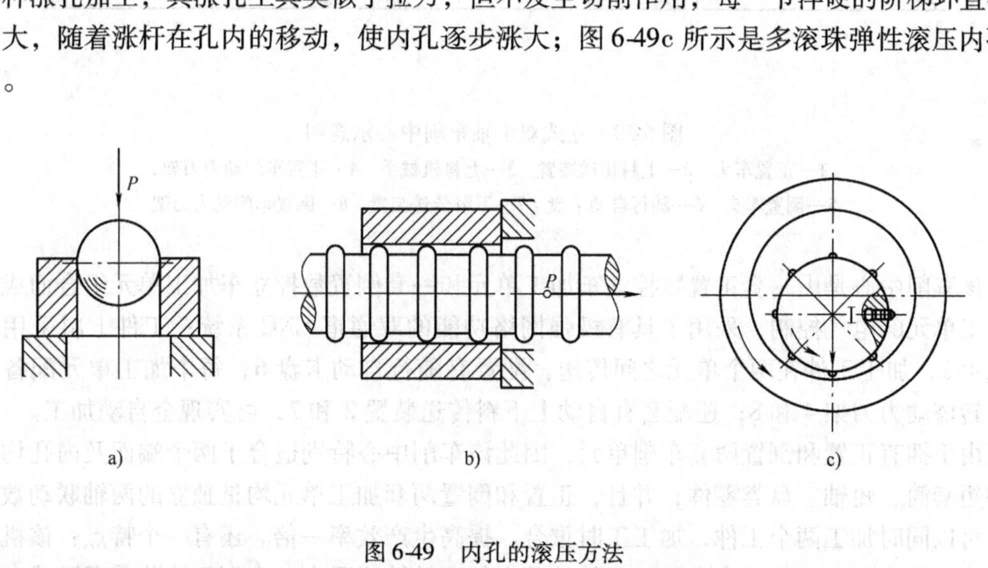

图6-49　内孔的滚压方法

a）钢珠滚压　b）涨孔加工　c）多滚珠弹性滚压

滚压用量：通常取滚压速度 $v=60\sim80m/min$；进给量 $f=0.25\sim0.35mm/r$；切削液采用50%硫化油加50%柴油或煤油。

据国内一家专业生产千斤顶液压缸的工厂介绍，他们的液压缸内孔采用冷挤压新工艺，直接使用冷拉钢管（45 钢），经下料→表面处理（去脂→酸洗→清洗→磷化→清洗→皂化）→冷挤（注：短液压缸用压挤，长液压缸用拉挤）。挤后内孔尺寸公差＜0.02mm、表面粗糙度 $Ra<0.4\mu m$；而且质量稳定、废品减少，因为如果孔径小了，可再次冷挤使孔扩大；如果孔径大了，可冷墩钢管使孔径缩小后再挤。

四、套筒零件高效自动化加工

随着先进制造技术发展，机械制造业面临技术升级，一种新颖的“立式双主轴车削中心”很适合两个端面、内孔和外圆均需加工的短套筒零件的高效自动化加工，如图 6-50 所示。

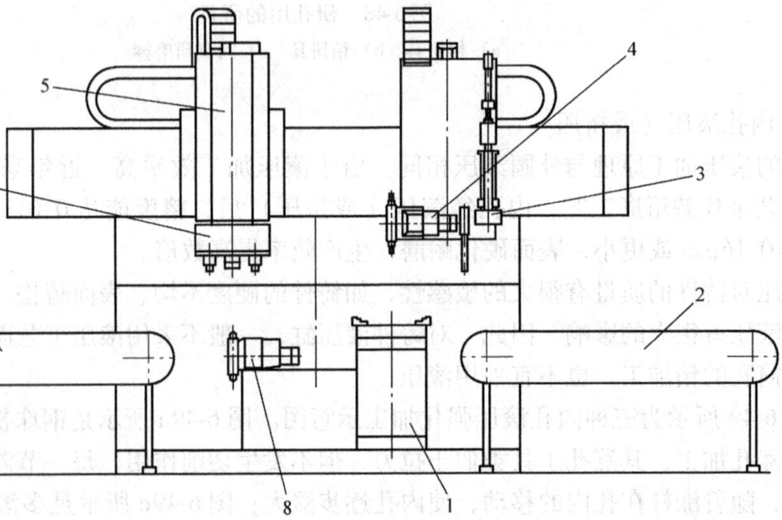

图 6-50　立式双主轴车削中心示意图

1—正置车头　2—上料传送装置　3—上料机械手　4—正置车削动力刀架
5—倒置车头　6—随行自动卡盘　7—下料传送装置　8—倒置车削动力刀架

该车削中心是由一套正置数控立车加工单元和一套倒置数控立车加工单元组合而成。两个加工单元的电气控制，采用了具有极强网络功能的双通道 CNC 系统；工件上料采用上料机械手 3，加工工件在两个单元之间传送，配置有随行自动卡盘 6；每个加工单元配备了多刀位转塔动力刀架 4 和 8；还配套有自动上下料传送装置 2 和 7，可实现全自动加工。

由于拥有正置和倒置两套车削单元，因此该车削中心特别适合于两个端面及内孔均需加工的短套筒、短轴、盘类零件；并且，正置和倒置两套加工单元均是独立的两轴联动数控系统，可以同时加工两个工件，加工工时重合，提高生产效率一倍。还有一个特点：该机床主轴采取立式布置、工件垂直安装，工件的重心与主轴轴线重合，有利于消除普通卧式车床主轴因工件自重而产生的挠度，大大提高了机床主轴的旋转精度和零件的加工精度。

图 6-51 所示是某电梯制造厂采用我国自行开发研制的立式双主轴车削中心加工电梯曳引轮蜗轮组件（短套筒类零件）加工循环示意图。工件由上料传送装置传送至上料工位 1，

机械手抓取后送至正置车头（见图6-50中1），卡盘夹紧，通过编程，正置动力刀架选择不同刀具完成对工件上端的内孔、外圆、端面、螺纹加工，如图6-51中2所示；然后倒置车头（见图6-50中5），带着安装其下的随行自动卡盘运行至正置卡盘上方对接，用已经加工过的内孔表面定心夹紧后，快速移动至倒置动力刀架上方；通过程序又选择多把刀具，再对工件下端的内孔、外圆、端面、螺纹等加工，如图6-51中3所示；全部加工工序完成后，倒置车头移动至下料工位将工件自动卸下，完成一个工件的加工循环；在倒置车头加工的同时，正置车头已经夹持了一个新的工件，开始了第二个工件的全自动加工。

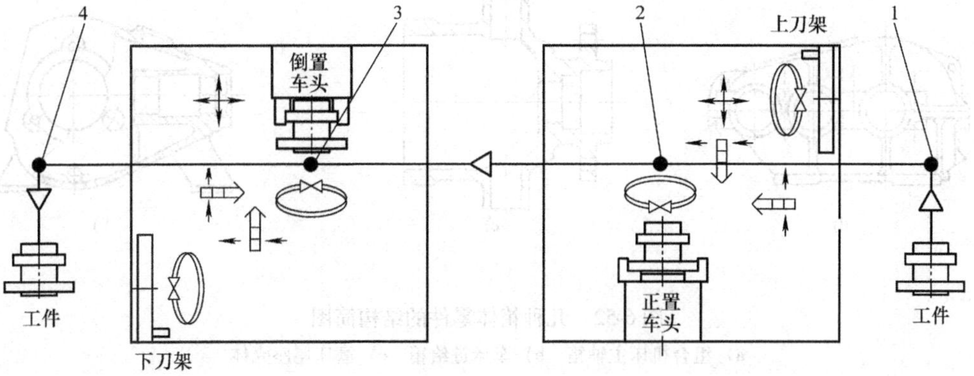

图6-51　立式双主轴车削中心加工循环示意

1—上料工位　2—工件上端面加工　3—工件下端面加工　4—下料工位

由于有了此台高效率、高精度、两工位数控立式车削中心，该电梯制造厂调整了以往需多台普通机床（车床、钻床）、多道工序（车、钻、攻、镗、铰）、多次安装（上、下两端调头装夹）、工序分散的人工密集型生产工艺流程，从而节省了大量人力、占用设备、生产场地和加工周期，降低了生产成本。

第三节　箱体加工

一、概述

（一）箱体零件的功用与结构特点

箱体是各类机器或部件的基础零件，它将机器或部件中的轴、套、齿轮等有关零件连接成一个整体，并使之保持正确的相互位置，以传递转矩或改变转速来完成规定的运动。因此，箱体的加工质量直接影响机器或部件的性能、精度和寿命。

箱体的种类很多，按箱体的功用，可分为主轴箱、变速箱、操纵箱、进给箱等。图6-52所示为几种箱体零件的结构简图。

由图6-52可知，箱体零件的结构一般比较复杂，壁薄且壁厚不均匀；加工部位多，既有一个或数个基准面及一些支承面，又有一对或数对加工难度大的轴承支承孔。据统计资料表明，一般中型机床制造厂花在箱体零件上的机械加工工时，占整个产品的15%～20%。

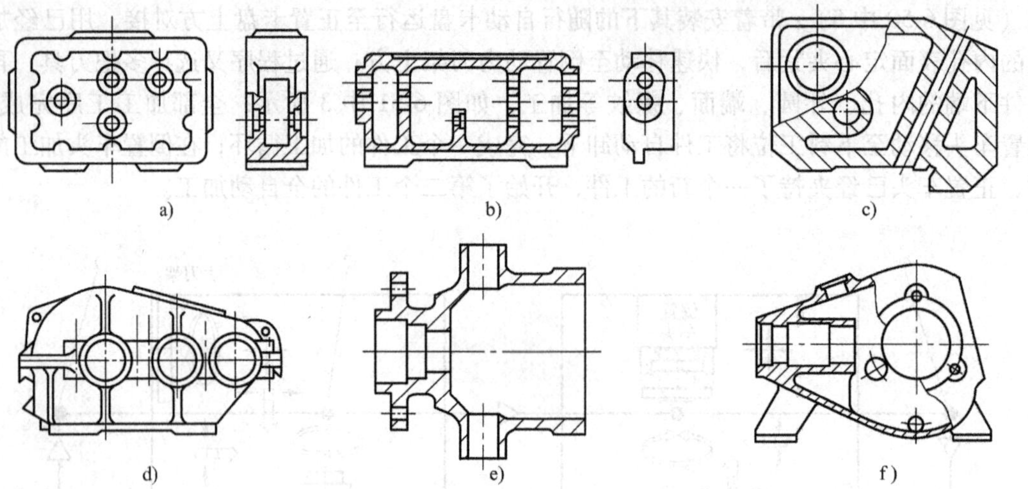

图 6-52 几种箱体零件的结构简图

a）组合机床主轴箱 b）车床进给箱 c）磨床尾座壳体

d）分离式减速箱 e）泵壳 f）曲轴箱

（二）箱体零件的主要技术要求

图 6-53 所示为某车床主轴箱简图。箱体零件中以主轴箱精度要求最高，现以它为例归纳为以下四项精度要求。

1. 孔径精度

孔径的尺寸误差和形状误差会造成轴承与孔的配合不良。因此，对孔的精度要求较高，主轴孔的尺寸精度为 IT6，其余孔为 IT6 ~ IT7。孔的形状精度未作规定，一般控制在尺寸公差范围内。

2. 孔的位置精度

同一轴线上各孔的同轴度误差和孔端面对轴线的垂直度误差，影响轴和轴承装配到箱体内出现歪斜，会造成主轴径向圆跳动和轴向圆跳动，也加剧了轴承磨损。为此，一般同轴上各孔的同轴度约为最小孔尺寸公差之半。孔系之间的平行度误差，会影响齿轮的啮合质量，也需规定相应的位置精度。

主要孔（尽量用主轴孔）轴线和主轴箱安装基准面的平行度要求，是为了满足主轴轴线对装在床身导轨上的床鞍移动时在垂直和水平两个平面内的平行度要求，从而减少装配时的刮研量（详见装配一章）。

3. 主要平面的精度

装配基准面的平面度影响主轴箱与床身连接时的接触刚度，其在加工过程中常作为定位基准面时会影响孔的加工精度，因此规定底面和导向面必须平直。顶面的平面度是为了保证箱盖的密封，防止工作时润滑油泄出；当大批大量生产时，以顶面用作定位基准面加工孔，这时对顶面的平面度要求还要提高。

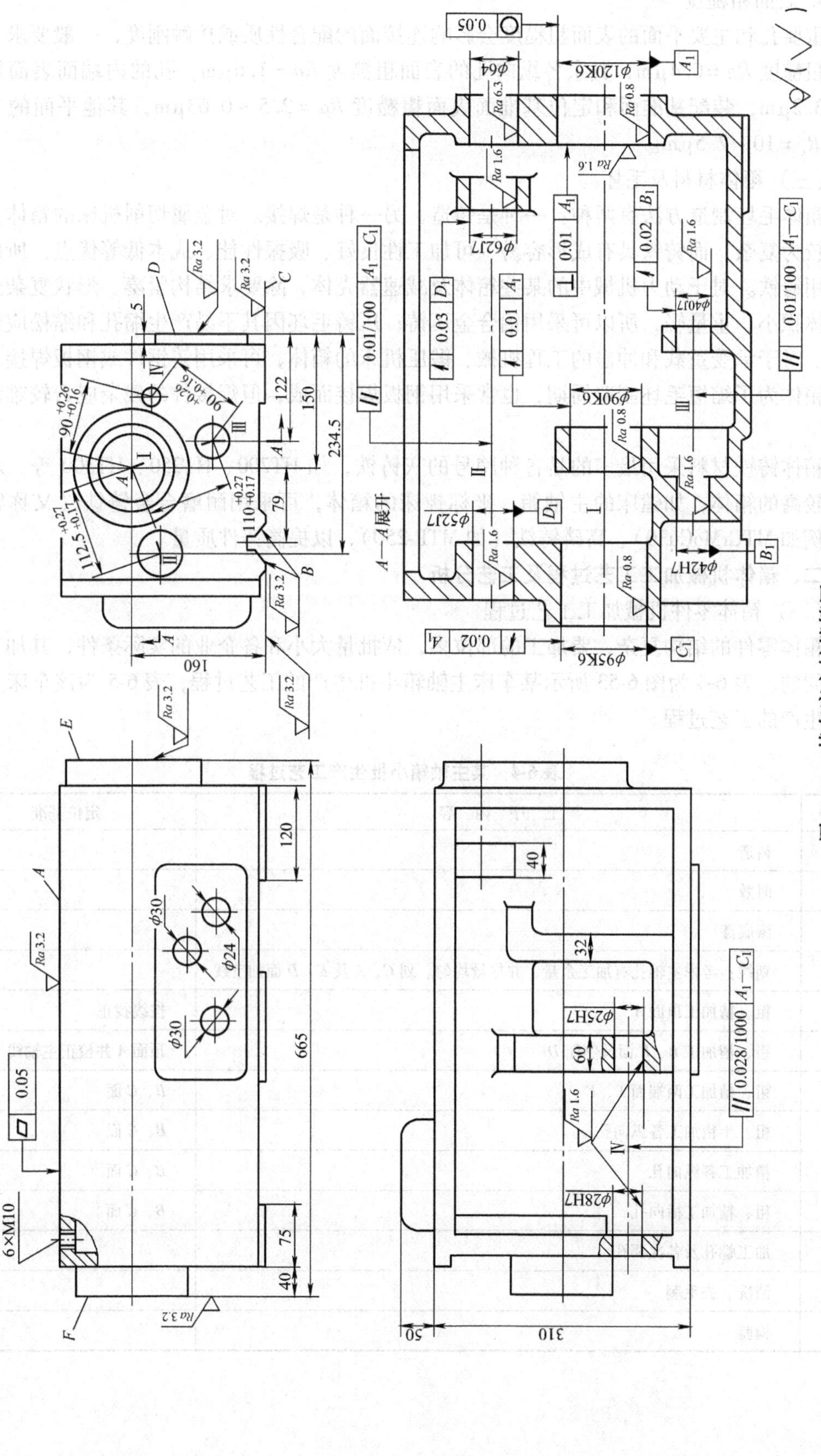

图 6-53　某车床主轴箱简图

4. 表面粗糙度

重要孔和主要平面的表面粗糙度会影响连接面的配合性质或接触刚度，一般要求主轴孔表面粗糙度 $Ra=0.4\mu m$，其余各纵向孔的表面粗糙度 $Ra=1.6\mu m$，孔的内端面表面粗糙度 $Ra=3.2\mu m$，装配基准面和定位基准面表面粗糙度 $Ra=2.5\sim0.63\mu m$，其他平面的表面粗糙度 $R_a=10\sim2.5\mu m$。

（三）箱体材料及毛坯

箱体毛坯制造方法有两种：一种是铸造，另一种是焊接。对金属切削机床的箱体，由于形状较为复杂，而铸铁具有成形容易、可加工性良好、吸振性佳、成本低等优点，所以一般都采用铸铁。对于动力机械中的某些箱体及减速器壳体，除要求结构紧凑、形状复杂外，还要求体积小、重量轻，所以可采用铝合金压铸；压铸毛坯因其不易产生缩孔和缩松应用十分广泛。对于承受重载和冲击的工程机械、锻压机床的箱体，可采用铸钢件或钢板焊接。某些简易箱体为了缩短毛坯制造周期，也常采用钢板焊接而成，但焊接件的残余应力较难消除干净。

箱体铸铁材料采用最多的是各种牌号的灰铸铁，如 HT200、HT250、HT300 等。对一些要求较高的箱体，如镗床的主轴箱、坐标镗床的箱体，可采用耐磨合金铸铁（又称密烘铸铁，例如 MTCrMoCu30）、高磷铸铁（如 MTP-250），以提高铸件质量。

二、箱体机械加工工艺过程及工艺分析

（一）箱体零件机械加工工艺过程

箱体零件的结构复杂，要加工的部位多，依批量大小和各企业的实际条件，其加工方法是不同的。表 6-4 为图 6-53 所示某车床主轴箱小批生产的工艺过程；表 6-5 为该车床主轴箱大批生产的工艺过程。

表 6-4　某主轴箱小批生产工艺过程

序号	工 序 内 容	定位基准
1	铸造	
2	时效	
3	漆底漆	
4	划线：考虑主轴孔有加工余量，并尽量均匀。划 *C*、*A* 及 *E*、*D* 面加工线	
5	粗、精加工顶面 *A*	按线找正
6	粗、精加工 *B*、*C* 面及侧面 *D*	顶面 *A* 并校正主轴线
7	粗、精加工两端面 *E*、*F*	*B*、*C* 面
8	粗、半精加工各纵向孔	*B*、*C* 面
9	精加工各纵向孔	*B*、*C* 面
10	粗、精加工横向孔	*B*、*C* 面
11	加工螺孔及各次要孔	
12	清洗、去毛刺	
13	检验	

表 6-5　某主轴箱大批生产工艺过程

序号	工　序　内　容	定位基准
1	铸造	
2	时效	
3	漆底漆	
4	铣顶面 *A*	Ⅰ孔与Ⅱ孔
5	钻、扩、铰 2×ϕ8H7 工艺孔（将 6×M10 先钻至 ϕ7.8mm，铰 2×ϕ8H7）	顶面 *A* 及外形
6	铣两端面 *E*、*F* 及前面 *D*	顶面 *A* 及两工艺孔
7	铣导轨面 *B*、*C*	顶面 *A* 及两工艺孔
8	磨顶面 *A*	导轨面 *B*、*C*
9	粗镗各纵向孔	顶面 *A* 及两工艺孔
10	精镗各纵向孔	顶面 *A* 及两工艺孔
11	精镗主轴孔Ⅰ	顶面 *A* 及两工艺孔
12	加工横向孔及各面上的次要孔	
13	磨 *B*、*C* 导轨面及前面 *D*	顶面 *A* 及两工艺孔
14	将 2×ϕ8H7 及 4×ϕ7.8mm 均扩钻至 ϕ8.5mm，攻 6×M10 螺纹	
15	清洗、去毛刺倒角	
16	检验	

（二）箱体零件机械加工工艺过程分析

1. 定位基准的选择

（1）精基准的选择　箱体加工精基准的选择与生产批量大小有关。

1）单件小批生产，用设计基准作定位基准。该车床主轴箱单件小批加工孔系时，选择箱体底面导轨 *B*、*C* 面作为定位基准。*B*、*C* 面既是主轴箱的装配基准，又是主轴孔的设计基准，并与箱体的两端面、侧面以及各主要纵向轴承孔在位置上有直接联系，故选择 *B*、*C* 面作定位基准，符合基准重合原则。另外，加工各孔时，由于箱口朝上，更换导向套、安装调整刀具、测量孔径尺寸、观察加工情况等都很方便。

但这种定位方式也有其不足之处。加工箱体中间壁上的孔时，为了提高刀具系统的刚度，应当在箱体内部相应部位设置刀杆的中间导向支承。由于箱体底部是封闭的，中间导向支承只能用图 6-54 所示的吊架式镗模夹具从箱体顶面的开口处伸入箱体中，每加工一次需装卸一次，吊架与镗模之间虽有定位销定位，但吊架刚性差，经常装卸也容易产生误差，且加工的辅助时间增加。

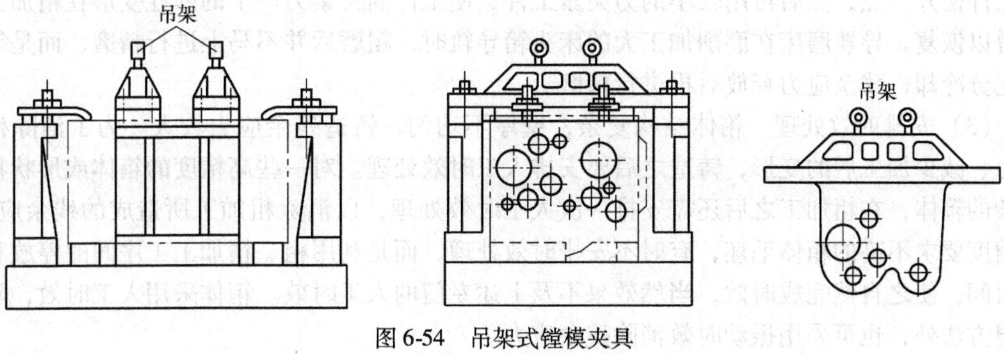

图 6-54　吊架式镗模夹具

2）大批量生产，采用顶面及两个销孔（一面两孔）作定位基准面，如图6-55所示。这种定位方式，加工时箱体口朝下，中间导向支承架可以紧固在夹具体上，提高了夹具刚度，有利于保证各支承孔加工的位置精度，而且工件装卸方便，减少了辅助工时，提高了生产率。

但这种定位方式由于主轴箱顶面不是设计基准，故定位基准与设计基准面不重合，出现基准不重合误差，为了保证加工要求，应进行工艺尺寸换算。另外，由于箱体口朝下，加工时不便于观察箱体内各表面加工的情况，不能及时发现毛坯孔是否有砂眼、气孔等缺陷，而且加工中不便于测量和调刀。因此，用箱体顶面及两定位销孔作精基准面加工时，需采用定径刀具。

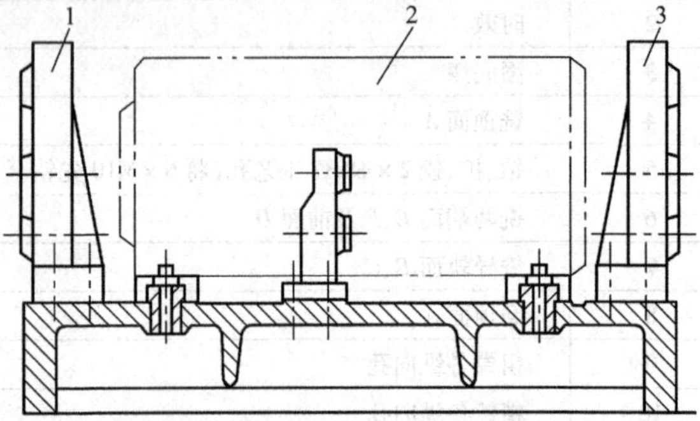

图6-55　用箱体顶面及两销定位的镗模
1、3—钻模板　2—中间导向支承架

（2）粗基准的选择　为保证重要加工面的余量均匀，箱体零件一般都选择重要孔（如主轴孔）为粗基准，但随着生产类型不同，实现以主轴孔为粗基准的工件装夹方式是不同的。

1）中小批量生产时，由于毛坯精度较低，一般采用划线找正。

2）大批大量生产时，毛坯制造精度较高，可直接以主轴孔在夹具上定位，采用专用夹具装夹，此类专用夹具可参阅机床夹具图册。

2. 加工顺序的安排和设备的选择

（1）加工顺序为基准先行、先面后孔　箱体零件的加工顺序总是先加工基准，再以基准面定位去加工其余表面；所选择的基准大都是先加工平面，以加工好的平面定位，再来加工孔。因为箱体孔的精度要求高，加工难度大，以孔为粗基准加工平面，再以平面为精基准加工孔，这样既能为孔的加工提供稳定可靠的精基准，同时可以使孔的加工余量较为均匀。还有，由于箱体上的孔分布在箱体各平面上，先加工好平面，再钻孔时钻头不易引偏，扩孔或铰孔时刀具也不易崩刃。

（2）加工阶段粗、精分开　箱体的结构复杂、壁厚不均匀、刚性不佳，而加工精度要求又高，因此，箱体重要的加工表面都要划分粗、精两个加工阶段。

对于单件小批生产的箱体或大型箱体的加工，如果从工序上也安排粗、精分开，则机床、夹具数量要增加，工件转运也费时费力，所以实际生产中并不这样做，而是将粗、精加工在一道工序内完成。但是从工步安排上，粗、精还是可以分开的，采取的方法是粗加工后将工件松开一点，然后再用较小的力夹紧工件，使工件因夹紧力产生的弹性变形在精加工之前得以恢复。导轨磨床在磨削加工大的床头箱导轨时，粗磨后并不马上进行精磨，而是等工件充分冷却，残余应力释放后再进行精磨。

（3）安排时效处理　箱体结构复杂，壁厚不均匀，铸造残余应力较大。为了消除残余应力、减少加工后的变形，铸造之后要安排人工时效处理。对一些高精度的箱体或形状特别复杂的箱体，在粗加工之后还需安排一次人工时效处理，以消除粗加工所造成的残余应力。对精度要求不高的箱体毛坯，有时不安排时效处理，而是利用粗、精加工工序间的停放和运输时间，使之自然完成时效，当然效果不及上述专门的人工时效。箱体采用人工时效，除用加温方法外，也可采用振动时效消除残余应力。

（4）所用设备依批量不同而异　单件小批生产一般都在通用机床上进行；除个别必须用专用夹具才能保证质量的工序（如孔系加工）外，一般不用专用夹具；而大批量生产则广泛采用专用机床、专用夹具，如多轴龙门铣床、组合磨床等，各主要孔的加工采用多工位组合机床（参见本节图6-63）、专用镗床等，用以提高生产率。

三、箱体平面的加工方法

箱体平面的加工常用方法有刨、铣、磨三种。刨削和铣削一般用作平面的粗加工和半精加工，磨削用于平面的精加工。

刨削加工的特点是：刀具结构简单，机床调整方便。在龙门刨床上可以利用几个刀架，在一次装夹中同时或依次完成若干个表面的加工，从而能经济地保证这些表面间的相互位置精度。精刨还可以代替刮削，以减少手工工作量，精刨后的表面粗糙度 $Ra=2.5\sim0.63\mu m$，平面度可达0.02mm/m。

铣削生产率高于刨削，在中批以上生产中多用铣削加工平面。例如，汽车制造业中的发动机机体和气缸盖的加工，常采用多轴龙门铣床，用几把铣刀同时加工几个平面，如图3-24所示。这样既能保证平面间的位置精度，又能提高生产率。近年来面铣刀在结构、刀具材料等方面都有很大改进，如不重磨刃面铣刀，切削速度可达300m/min，背吃刀量可达数毫米，其生产率较普通端铣刀高3～5倍，加工表面的粗糙度 $Ra=1.25\mu m$。国内、外制造业普遍提倡以铣代刨。

平面磨削的加工质量比刨削和铣削都高。磨削表面的表面粗糙度 $Ra=1.25\sim0.32\mu m$。生产批量较大时，箱体的主要表面常用磨削作精加工。为了提高生产率和保证平面间的位置精度，工厂还常用组合磨削（多轴和一轴上安装多个砂轮）精加工平面。

但要指出的是，平面磨削时磨削处的温度比其他加工方法（刨削、铣削）高，正如第四章机械加工精度中工艺系统的热变形所阐述的：由于箱体磨削时上表面因热膨胀产生的弯曲变形而呈中凸，加工时将这层中凸层磨平，加工后加工面冷却、工件上下温差消失，上表面因冷缩而下凹，产生直线度及平面度误差，这项误差对于某些尺寸较大的箱体影响很大。减少此项误差的方法，除了加强磨削时的冷却措施外，还可采用误差补偿方法。图6-56a所示为某厂采取的补偿措施，在长箱体安装面两端垫入薄垫片，中间压紧而使上平面呈中凹，以抵消加工中产生的中凸热变形；图6-56b所示为数控导轨磨床插补补偿方法，可直接在磨削加工程序中预先编制一条中凸的插补运动曲线，使上平面两端多磨去一些加工余量，有效地减少或消除平面加工误差，此种数控插补补偿法已应用于机床床身导轨面的加工中。

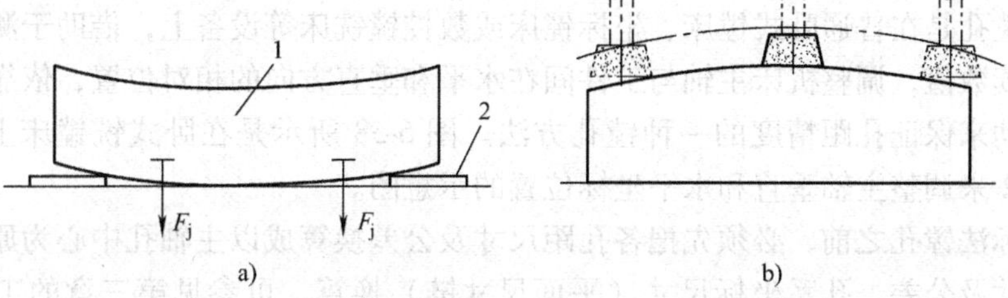

图6-56　减少箱体热变形误差的措施

a）工件装夹反变形补偿法　b）数控导轨磨床插补补偿法

1—工件　2—垫片　F_j—压紧力

四、箱体孔系的加工方法

箱体上一系列有位置精度要求的孔的组合，称为孔系。孔系可分为平行孔系、同轴孔系和交叉孔系。

孔系加工是箱体加工的关键。根据箱体批量的不同和孔系精度要求的不同，所用的加工方法也是不一样的，现分述如下：

(一) 平行孔系的加工

所谓平行孔系是指这样一些孔，它们的轴线既要求互相平行，又要求保证孔距精度。下面讨论保证平行孔系孔距精度的一些方法。

1. 找正法

找正法是工人在通用机床（镗床、铣床）上利用辅助工具来找正要加工孔的正确位置的加工方法。找正法加工生产率低，一般适于单件小批生产，常见的有以下几种。

(1) 划线找正法　加工前将箱体用千斤顶支承在划线平板上，按照零件图在箱体毛坯上划出各孔的加工位置线，划线后可按线进行加工。划线找正法花费时间长，孔距精度较低，一般在0.5~1mm，为提高划线找正的精度，加工中往往需结合试切法同时进行。

(2) 心轴和量块找正法　镗孔时将心轴插入主轴孔内（或直接利用镗床主轴插入主轴孔内），然后根据孔和定位基准的距离，组合一定尺寸的量块来找正主轴位置，找正时用塞尺测定组合量块与心轴之间的间隙，以保证孔距的精度。这种找正法的孔距精度可达±0.03mm。

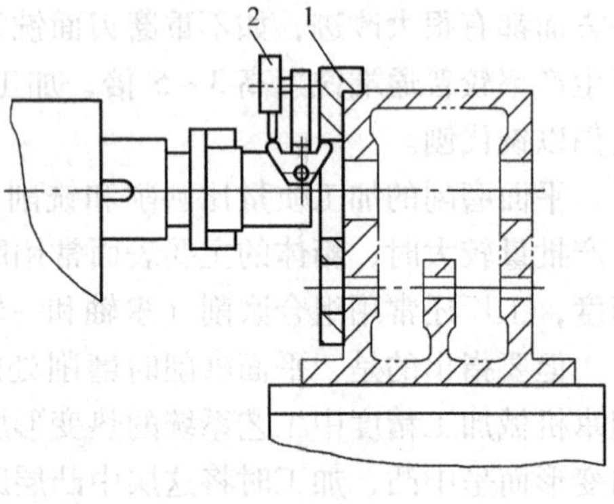

图6-57　样板找正法
1—样板　2—千分表

(3) 样板找正法　如图6-57所示，用10~20mm厚的钢板制成样板1，装在垂直于各孔的端面上（或固定于机床工作台上），样板上的孔距精度较箱体孔系的孔距精度高（一般为±0.01~±0.03mm），样板上的孔径较工件的孔径大，以便于镗杆上的镗刀通过。样板上孔的直径精度要求不高，但要有较高的形状精度和较小的表面粗糙度值。当样板准确地装到工件上后，在机床主轴上装一个千分表（或千分表定心器）2，按样板孔找正机床主轴，找正后镗杆上装上镗刀即可加工。此法加工孔系不易出差错，孔距精度可达±0.05mm，单件小批的大型箱体加工常用此法。

2. 坐标法

坐标法镗孔是在普通卧式镗床、坐标镗床或数控镗铣床等设备上，借助于测量装置或数控伺服坐标读数值，调整机床主轴与工件间在水平和垂直方向的相对位置，依靠这些加工设备的坐标移动来保证孔距精度的一种镗孔方法。图6-58所示是在卧式铣镗床上用百分表1和组合量块2来调整主轴垂直和水平坐标位置的示意图。

采用坐标法镗孔之前，必须先把各孔距尺寸及公差换算成以主轴孔中心为原点的相互垂直的坐标尺寸及公差，孔系坐标尺寸（平面尺寸链）换算，可参见第三章的工艺尺寸链中图3-42车床主轴箱体孔系坐标尺寸的换算内容。

坐标法镗孔的孔距精度取决于坐标的位移精度，也就是取决于机床坐标定位测量装置的精度。这类坐标定位测量装置的形式很多，有普通刻线尺与游标尺加放大镜定位测量装置

（精度为0.1～0.3mm），精密刻线尺与光学读数头定位测量装置（读数精度0.01mm），还有感应同步器、磁栅、光栅定位测量装置等（精度达0.0025～0.01mm）。

3. 镗模法

用镗模加工孔系，如图6-59a所示。工件装夹在镗模上，镗杆被支承在镗模的导套里，可增加系统的刚性，镗刀通过模板上的孔将工件上相应的孔加工出来。当两个或两个以上的支承来引导镗杆时，镗杆与机床主轴必须浮动连接。图6-59b所示为常用的一种镗杆活动连接头形式。采用浮动连接时，加工的孔距精度主要取决于镗模制造精度和镗杆导套与镗杆的配合精度，机床主轴回转误差对孔系加工精度影响很小，因而可以在精度较低的机床上加工出精度较高的平行孔系。当从一端加工、镗杆两端均有导向支承时，孔与孔之间的同轴度和平行度可达0.02～0.03mm；当分别由两端加工时，可达0.04～0.05mm。

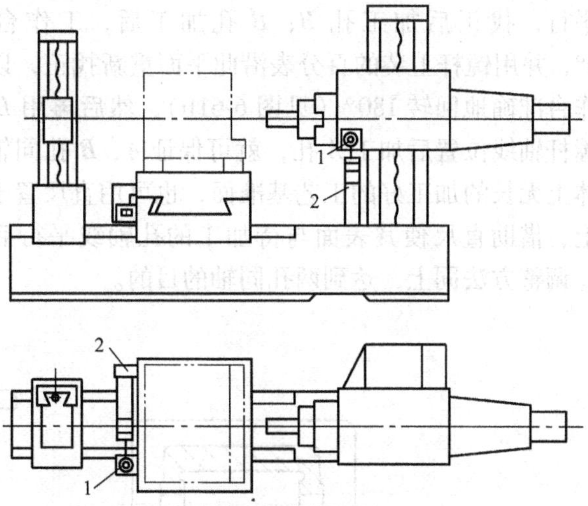

图6-58　在卧式镗铣床上用坐标法加工孔系

1—百分表　2—组合量块

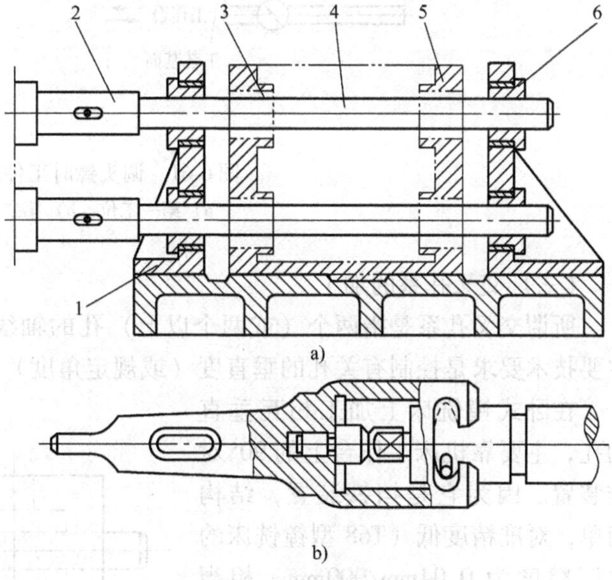

图6-59　用镗模加工孔系

a）镗模　b）镗杆活动连接头

1—镗模　2—活动连接头　3—镗刀

4—镗杆　5—工件　6—镗杆导套

（二）同轴孔系的加工

所谓同轴孔系是指同一轴线上有同轴度要求的一组孔。成批生产中，箱体同轴孔系的同轴度几乎都由镗模保证；而在单件小批生产中，其同轴度可用下面几种方法来保证。

（1）利用已加工孔作支承导向　如图6-60所示，当箱体前壁上的孔加工好后，在孔内装一导向套，支承和引导镗杆加工后壁上的孔，以保证两孔的同轴度要求，这种方法只适于加工箱壁较近的孔。

（2）利用镗铣床后立柱上的导向套支承导向　这种方法的镗杆由两端支承，刚性好。但此法调整麻烦，镗杆要长，很笨重，故只适于大型箱体的加工。

（3）采用调头镗　当箱体箱壁相距较远时，可采用调头镗。工件一次装夹，镗完箱体箱壁一端孔后，将镗床工作台回转180°，调整工作台位置，使已加工孔与镗床主轴同轴，然后镗箱体箱壁另一端孔。

当箱体上有一较长并与所镗孔轴线有平行度要求的平面时，镗孔前应先用装在镗杆上的百分表对此平面进行找正（见图6-61a），使其和镗杆轴线平行，找正后加工孔 *B*；*B* 孔加工后，工作台回转180°，并用镗杆上装的百分表沿此平面重新找正，以保证工作台准确地回转180°（见图6-61b），然后再用 *B* 孔调好镗杆轴线位置后加工 *A* 孔，就可保证 *A*、*B* 孔同轴。若箱体上无长的加工好的工艺基准面，也可用直尺置于工作台上，借助直尺使其表面与待加工的孔轴线平行后再固定，调整方法同上，达到两孔同轴的目的。

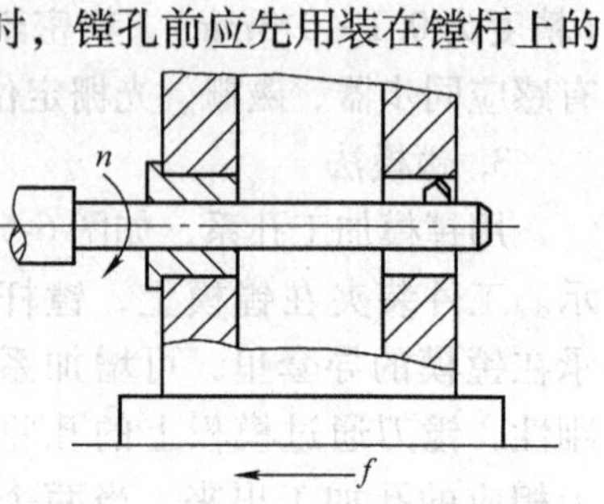

图6-60 利用已加工孔导向

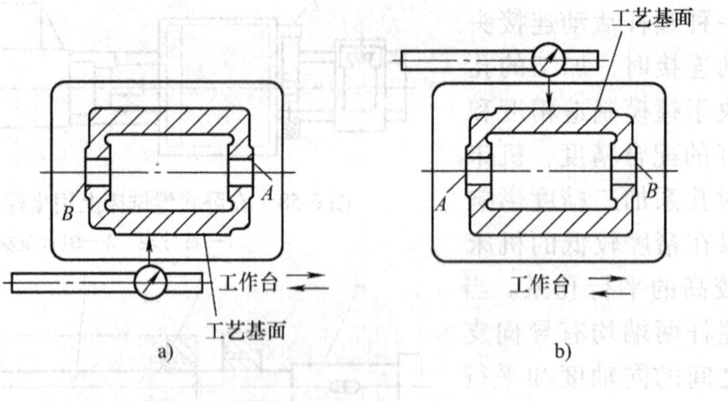

图6-61 调头镗时工件的找正

a）第一工位 b）第二工位

（三）交叉孔系的加工

所谓交叉孔系是指两个（或两个以上）孔的轴线相互垂直或呈一定角度。交叉孔系的主要技术要求是控制有关孔的垂直度（或规定角度）精度。

在卧式镗铣床上加工相互垂直的孔，主要靠机床工作台上的90°对准装置。因为它是挡铁装置，结构简单，对准精度低（T68型镗铣床的出厂精度为0.04mm/900mm，相当于8″）。目前有些镗床，如TM617，采用了端面齿定位装置，90°定位精度达5″，还有的用了光学瞄准器。

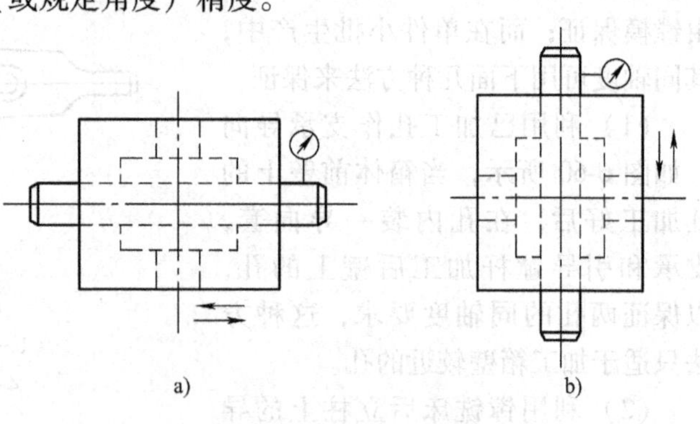

图6-62 找正法加工交叉孔系

a）第一工位 b）第二工位

当有些镗铣床工作台90°自身分度定位精度较低时，可用心棒与百分表找正来帮助提高其定位精度，即在加工好的孔中插入心棒，百分表找正后，工作台转位90°，再用百分表找正，如图6-62所示。

五、箱体零件的高效自动化加工

在箱体大量生产中，现在还采用由组合机床与输送装置组成的自动线，如图 6-63 所示。不仅可以进行各类平面、孔系的加工，而且能按照生产节拍和加工工位安排，自动完成工件加工面和定位面的翻转以及工件的输送。组合机床自动线是箱体大批大量生产中实现加工自动化的一种好形式，不仅提高了劳动生产率、降低成本、减轻工人的劳动强度，而且能稳定地保证工件的加工质量，对操作工人的技术水平要求也较低。我国在汽车、内燃机、拖拉机等制造行业中，采用了这种自动线来加工各种机体、气缸盖。但一般的自动线只能加工一种零件，更新产品后自动线也相应需要换新，因此采用自动线时必须考虑产品生产周期和设备投资回收期限。

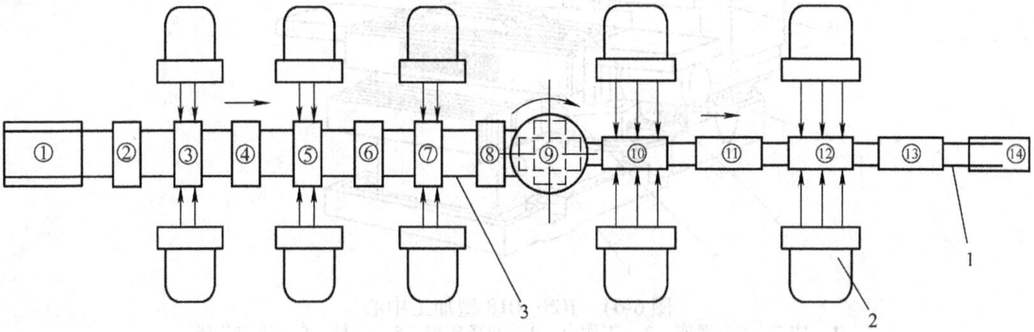

图 6-63　组合机床自动线加工箱体示意图

1、3—输送带　2—动力头　①、⑭—自动线输送带的传动装置　②—装料工位
③、⑤、⑦、⑩、⑫—加工工位　④、⑥、⑧、⑪—中间工位　⑨—翻转　⑬—卸料工位

单件小批生产箱体，大多数采用普通机床加工。产品的加工质量主要取决于机床精度和机床操作者的技术熟练程度。由于箱体加工部位多、难度大，用普通机床加工，工序分散、占用设备多、生产周期长、生产率低。为解决这个矛盾，目前许多工厂已采用功率大、功能多的精密卧式或立式“加工中心”来取代单用途的机床，随着现代制造技术的发展，我国已能制造出多种型式的“加工中心”。

加工中心是备有刀库、并能自动更换刀具，对工件进行多工步集中加工的数控机床。通常指镗铣加工中心。把这种思想扩展到其他数控机床，就出现了车削（床）加工中心，如图 6-35、图 6-36 和图 6-50 所示。镗铣加工中心按主轴在空间所处位置分为立式和卧式加工中心，主轴可作垂直和水平转换的称为立卧式复合加工中心或五面加工中心（即除了箱体零件的基准面不能加工外其余五个面都能加工）。按加工中心主轴运动坐标数和同时控制的坐标数可分为 n 轴 n 联动，如五轴联动加工中心就是指有五个运动坐标数，且相互还能联动的加工中心。

图 6-64 所示为 JCS—018 型加工中心。其外形类似立式铣床。床身 1 上有滑座 2，作横向运动（y 轴方向）。工作台 3 在滑座上作纵向运动（x 轴方向）。床身后部有框式立柱 5。主轴箱 9 在立柱导轨上作垂直升降运动（z 轴方向）。在立柱的左右部是数控装置 6，左前部装有刀库 7 和自动换刀机械手 8，左下方安置有润滑装置 4。刀库中容有 16 把刀具，可以完成各种孔加工和铣削加工。数控操作面板 10 悬挂在操作者右前方，以便于操作。机床各工作状态显示在面板上。

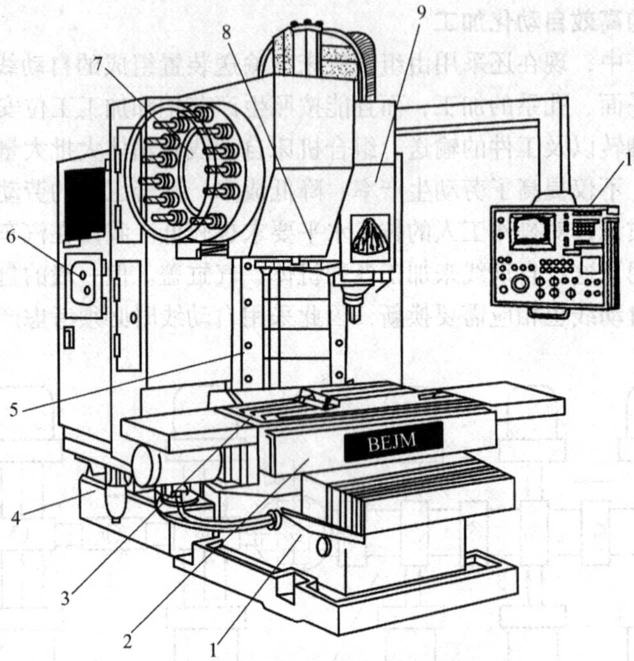

图 6-64 JCS—018 型加工中心

1—床身 2—滑座 3—工作台 4—润滑装置 5—立柱 6—数控装置 7—刀库 8—自动换刀机械手 9—主轴箱 10—数控操作面板

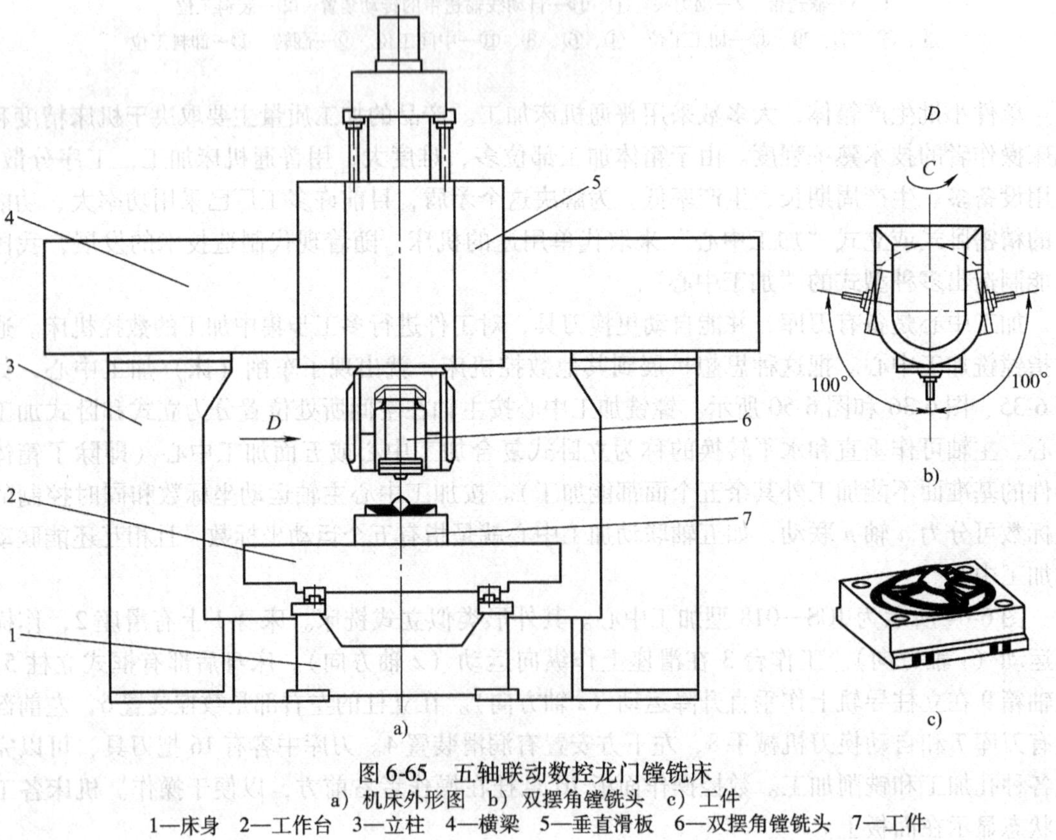

图 6-65 五轴联动数控龙门镗铣床

a）机床外形图 b）双摆角镗铣头 c）工件

1—床身 2—工作台 3—立柱 4—横梁 5—垂直滑板 6—双摆角镗铣头 7—工件

目前，国内、外加工箱体零件，特别是具有复杂型腔的箱体，采用技术水准最高的是五轴联动数控机床。图6-65所示是一台大型五轴联动数控龙门镗铣床。图6-65a所示是机床外形，其床身1、工作台2、立柱3、横梁4、垂直滑板5等与普通的数控龙门镗铣床相同，不同的是它的镗铣头是特殊的双摆角镗铣头6，具有A轴和C轴两个自由度的旋转功能，如图6-65b所示。既能对工件一次装夹后实现五面加工，又能以五轴联动方式加工各种复杂立体曲面和空间曲线，加工复杂曲面的螺旋桨叶轮金属模工件如图6-65c所示。这种双摆角镗铣头普遍采用了高速电主轴，最高转速10000r/min（有的产品已达45000r/min）；可广泛用于航空、航天、军工、汽车、造船等重要行业，代表了当今制造业发展的最新水平，我国机床行业已制造出此类五轴联动数控龙门镗铣床及其他形式的五轴联动数控机床及加工中心。

第四节　圆柱齿轮加工

一、概述

圆柱齿轮是现代机器中不可缺少的重要零件，其功用是按规定的传动比传递运动和动力，应用极为广泛。

1. 圆柱齿轮的结构特点

在机器中，常见的圆柱齿轮有以下几类（见图6-66）：盘类齿轮、套类齿轮、内齿轮、轴类齿轮、扇形齿轮、齿条（即齿圈半径无限大的圆柱齿轮）。其中，盘类齿轮应用最为广泛。

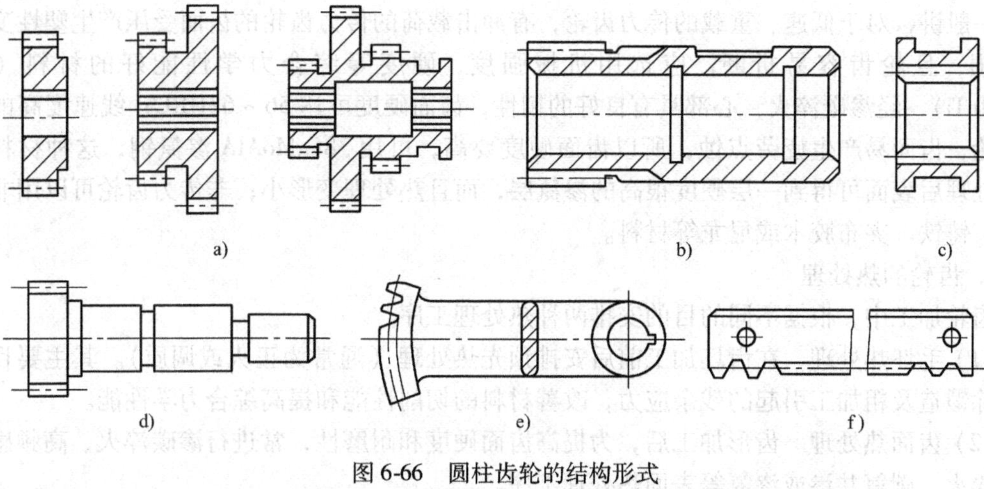

图6-66　圆柱齿轮的结构形式

a）盘类齿轮　b）套类齿轮　c）内齿轮　d）轴类齿轮　e）扇形齿轮　f）齿条

一个圆柱齿轮可以有一个或多个齿圈。普通单齿圈齿轮的工艺性最好。如果齿轮精度要求高，需要剃齿或磨齿时，通常将多齿圈齿轮做成单齿圈齿轮的组合结构。

2. 圆柱齿轮传动的精度要求

齿轮传动精度的高低，直接影响到整个机器的工作性能、承载能力和使用寿命。根据齿轮的使用条件，对齿轮传动主要提出以下三个方面的精度要求，并规定相应的公差。另有齿侧间隙大小的多种形式供选用。

(1) 运动的准确性　齿轮传递运动准确可靠，传动比变化小，即要求齿轮一转中的转角误差不超过规定范围。

(2) 工作平稳性　传递运动平稳，冲击、振动和噪声小，要求限制齿轮传动瞬时传动比的变化量在一定限度内，即齿轮一齿转角的最大误差在规定范围内。

(3) 载荷均匀性　啮合齿的齿面接触良好，要求齿轮在传递动力时不致因载荷分布不均匀而使接触应力过大，引起齿面过早磨损，即需有一定的接触面积和符合要求的接触位置。

不同的工作条件，对齿轮上述三个方面的要求有所不同。例如，对精密分度机构中的齿轮，运动的准确性是主要的；在高速运动的动力装置中，工作齿轮主要要求的是工作平稳性；而在重载传动装置（如轧钢机械、矿山机械）中，需要的是载荷均匀性接触精度。

3. 精度等级与适用范围

GB/T 10095.1—2008 规定，齿轮精度由高至低划分为 0 ~ 12 共 13 个精度等级。其中 0 ~ 2 级目前一般单位尚不能制造，称为有待发展的展望级；3 ~ 5 级为高精度等级；6 ~ 8 级为中等精度等级；9 级为较低精度等级；10 ~ 12 级为低精度等级。

二、齿轮的材料、热处理与毛坯

(一) 齿轮的材料与热处理

1. 材料的选择

齿轮材料的选择对齿轮的加工性能和使用寿命都有直接的影响。

一般讲，对于低速、重载的传力齿轮，有冲击载荷的传力齿轮的齿面受压产生塑性变形或磨损，且轮齿容易折断，应选用机械强度、硬度等综合力学性能好的材料（如 20CrMnTi），经渗碳淬火，心部具有良好的韧性，齿面硬度可达 56 ~ 62HRC；线速度高的传力齿轮，齿面易产生疲劳点蚀，所以齿面硬度要高，可用 38CrMoAlA 渗氮钢，这种材料经渗氮处理后表面可得到一层硬度很高的渗氮层，而且热处理变形小；非传力齿轮可以用非淬火钢、铸铁、夹布胶木或尼龙等材料。

2. 齿轮的热处理

齿轮加工中，根据不同的目的安排两种热处理工序。

(1) 毛坯热处理　在齿坯加工前后安排预先热处理（通常为正火或调质）。其主要目的是消除锻造及粗加工引起的残余应力，改善材料的切削性能和提高综合力学性能。

(2) 齿面热处理　齿形加工后，为提高齿面硬度和耐磨性，常进行渗碳淬火、高频感应加热淬火、碳氮共渗或渗氮等表面热处理工序。

(二) 齿轮毛坯

齿轮的毛坯形式主要有棒料、锻件和铸件。棒料用于小尺寸、结构简单且对强度要求低的齿轮。当齿轮要求强度高、耐磨和耐冲击时，多用锻件。对于直径大于 400 ~ 600mm 的齿轮，常用铸件。为了减少机械加工量，对大尺寸、低精度齿轮，可以直接铸出轮齿；压力铸造、精密铸造、粉末冶金、热轧和冷挤等新工艺，可制造出具有轮齿的齿坯，以提高劳动生产率，节约原材料。

三、圆柱齿轮的机械加工工艺过程及工艺分析

（一）圆柱齿轮的加工工艺过程举例

齿轮加工的工艺路线根据齿轮材质和热处理要求、齿轮结构及尺寸大小、精度要求、生产批量和车间设备条件而定。一般可归纳成如下的工艺路线：毛坯制造→齿坯热处理→齿坯加工→齿形加工→齿圈热处理→齿轮定位表面精加工→齿圈的精整加工。

以下是常见的普通精度、成批生产齿轮的典型工艺方案。它采用滚齿（或插齿）、剃齿、珩齿工艺。

图 6-67 所示是某齿轮零件图，表 6-6 是该齿轮的机械加工工艺过程。

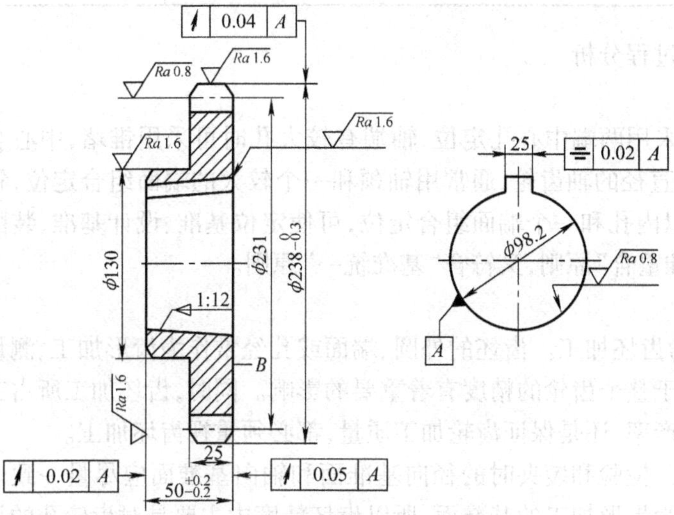

模数	m	3.5mm
齿数	z	66
压力角	α	20°
变位系数	x	0
精度等级	766KM GB/T10095.1–2001	
公法线长度变动公差	F_W	0.036mm
径向综合总偏差	F_i''	0.08mm
一齿径向综合偏差	f_i''	0.016mm
齿向公差	F_β	0.009mm
公法线平均长度	$W=80.72_{-0.19}^{-0.14}$ mm	

技术要求

1. 用 1:12 锥度塞规检查，接触面不少于 75%。
2. 材料：45 钢。
3. 热处理：齿部 G54。

图 6-67　某齿轮零件图

表 6-6　某齿轮机械加工工艺过程

序号	工序内容及要求	定位基准	设备
1	锻造		
2	正火		
3	粗车各部，均留余量 1.5mm	外圆、端面	转塔车床
4	精车各部，内孔至锥孔塞规刻线外露 6 ~ 8mm，其余达图样要求	外圆、内孔、端面	C616
5	滚齿　$F_W=0.036$mm　$F_i''=0.10$mm $f_i''=0.022$mm　$F_\beta=0.011$mm $W=80.84_{-0.19}^{-0.14}$mm　齿面 $Ra=2.5\mu m$	内孔、B 端面	Y38
6	倒角	内孔、B 端面	倒角机
7	插键槽达图样要求	外圆、B 端面	插床

（续）

序号	工序内容及要求	定位基准	设备
8	去毛刺		
9	剃齿	内孔、*B* 端面	Y5714
10	热处理：齿面淬火后硬度达 50～55HRC		
11	磨内锥孔，磨至锥孔塞规小端平	齿面、*B* 端面	M220
12	珩齿达图样要求	内孔、*B* 端面	Y5714
13	终结检验		

（二）圆柱齿轮的加工工艺过程分析

1. 定位精基准选择

对于小直径带轴齿轮，主要采用两端中心孔定位，轴端有较大孔时可采用锥堵，中心孔定位符合“基准统一”原则；对于大直径的轴齿轮，通常用轴颈和一个较大的端面组合定位，符合“基准重合”原则；带孔齿轮，则以内孔和一个端面组合定位，可使定位基准、设计基准、装配基准和测量基准重合，既满足“基准重合”原则，又符合“基准统一”原则。

2. 齿坯加工

齿形加工前的齿轮加工称为齿坯加工。齿坯的外圆、端面或孔经常作为齿形加工、测量和装配的基准，所以齿坯的精度对于整个齿轮的精度有着重要的影响。同时，齿坯加工所占工时比例也较大，因而不论是提高生产率，还是保证齿轮加工质量，都必须重视齿坯加工。

（1）齿坯精度　齿轮在加工、检验和装夹时的径向基准面和轴向基准面应尽量一致。在多数情况下，常以齿轮孔和端面为齿形加工的基准面，所以齿坯精度中主要是对齿轮孔的尺寸精度和形状精度、孔和端面的位置精度有较高的要求；当外圆作为测量基准或定位、找正基准时，对齿坯外圆也有较高的要求。具体要求见表 6-7 和表 6-8。

表 6-7　齿坯尺寸和形状公差

齿轮精度等级	5	6	7	8
孔的尺寸和形状公差	IT5	IT6	IT7	
轴的尺寸和形状公差	IT5		IT6	
外圆直径尺寸和形状公差	IT7	IT8		

注：1. 当齿轮的精度等级不同时，按最高精度等级确定公差值。

2. 当外圆不作测齿厚的基准面时，尺寸公差按 IT11 给定，但不大于 0.1mm。

3. 当以外圆作基准面时，本表就指外圆的径向圆跳动。

表 6-8　齿坯基准面径向和端面圆跳动公差

分度圆直径/mm ＼ 公差/μm ＼ 齿轮精度等级	5 和 6	7 和 8
～125	11	18
125～400	14	22
400～800	20	32

(2) 齿坯加工方案的选择　齿坯加工的主要内容包括:齿坯孔的加工、端面和中心孔(轴类齿轮)的加工以及齿圈外圆和端面的加工;对于轴类齿轮和套筒齿轮的齿坯,其加工过程和一般轴、套类零件基本相同,下面主要讨论盘类齿轮齿坯的加工工艺方案。

齿坯的加工工艺方案主要取决于齿坯的结构和生产类型。

1) 大批大量生产的齿坯加工。加工中等尺寸齿轮齿坯时,多采用"钻→拉→多刀车"的工艺方案。图 6-68 所示为齿轮齿坯拉孔图。

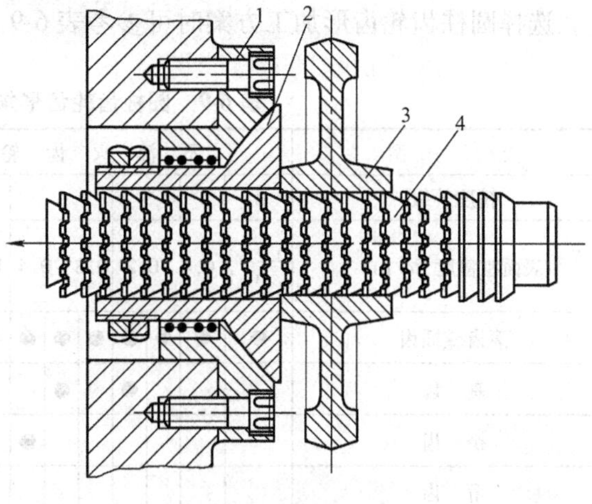

图 6-68　齿轮齿坯拉孔

1—固定支承板　2—球面垫板　3—工件　4—拉刀

①以毛坯外圆定心夹紧进行钻孔或扩孔。

②靠在球面垫板上拉孔(或花键孔)。

③以孔和端面定位在多刀半自动车床上粗、精车外圆、端面、车槽及倒角等。

由于这种工艺方案采用高效机床组成流水线或自动线,所以生产率高,质量稳定。

2) 成批生产的齿坯加工。常采用"车→拉→车"的工艺方案。

①以齿坯外圆或轮毂定位,粗车外圆、端面和内孔。

②以端面支承拉孔(或花键孔)。

③以孔定位精车外圆及端面等。

这种方案可由卧式车床或转塔车床及拉床实现。它的特点是加工质量稳定,生产效率较高。当齿坯孔有台阶或端面有槽时,可以充分利用转塔车床上的转塔刀架来进行多工位加工。

3) 单件小批生产的齿坯加工。一般齿坯的孔、端面及外圆的粗、精加工都在通用车床上经两次装夹完成,但必须注意应将孔和基准端面的精加工在一次装夹内完成,以保证位置精度。

3. 齿形加工

齿形加工是整个齿轮加工的核心。尽管齿轮加工有许多工序,但都是为齿形加工服务的,其目的在于最终获得符合精度要求的齿轮。

按照加工原理,齿形加工可分为成形法和展成法。如指形铣刀铣齿,盘形铣刀铣齿,齿轮拉刀拉内、外齿等,是成形法加工齿形;而滚齿、插齿、剃齿、珩齿、挤齿、磨齿等,是展成法加工齿形。

齿形加工方案的选择主要取决于齿轮的精度等级、结构形状、生产类型、热处理方法及生产工厂的现有条件,对于不同精度的齿轮,常用的齿形加工方案如下:

(1) 8 级以下精度的齿轮　调质齿轮用滚齿或插齿就能满足要求。对于淬硬齿轮可采用:滚(插)齿→齿端加工→淬火→校正孔的加工方案。但淬火会产生变形,应使前道齿形加工精度提高一级。

(2) 6 ~ 7 级精度齿轮　对于淬硬齿面的齿轮可采用:滚(插)齿→齿端加工→剃齿→表面

淬火→校正基准→磨齿(蜗杆砂轮磨齿),该方案加工精度稳定;也可采用滚(插)→齿端加工→剃齿(或冷挤)→表面淬火→校正基准→珩齿。这种方案生产率高,成本较低。

(3) 5 级以上精度的齿轮　一般采用:粗滚齿→精滚齿→齿端加工→淬火→校正基准→粗磨齿→精磨齿。磨齿是目前齿形加工中精度最高的加工方法,但成本较高,生产率低一些。

选择圆柱齿轮齿形加工方案时可参考表 6-9。

表 6-9　圆柱齿轮齿形加工方法和加工精度

类　　型	不淬火齿轮										淬火齿轮												
精度等级	3	4	5		6			7			3~4	5		6				7					
表面粗糙度 $Ra/\mu m$	0.2~0.1	0.4~0.2			0.8~0.4			1.6~0.8			0.4~0.1	0.4~0.2		0.8~0.4				1.6~0.8					
滚齿或插齿	●	●	●	●	●	●	●	●	●	●	●	●	●	●	●	●	●	●	●	●	●	●	
剃　齿				●		●				●			●		●			●					
挤　齿							●		●							●			●				
珩　齿															●	●		●	●	●			
粗磨齿	●	●	●		●	●	●	●			●	●		●			●				●		
精磨齿	●	●	●	●							●	●	●	●									

4. 齿端加工

齿轮的齿端加工有倒圆、倒尖、倒棱和去毛刺等方式，如图 6-69 所示。经倒圆、倒尖、倒棱后的齿轮，在换挡时沿轴向移动容易进入啮合状态，减少撞击。齿端倒圆应用最多，图 6-70 所示是用指形铣刀倒圆的原理图。

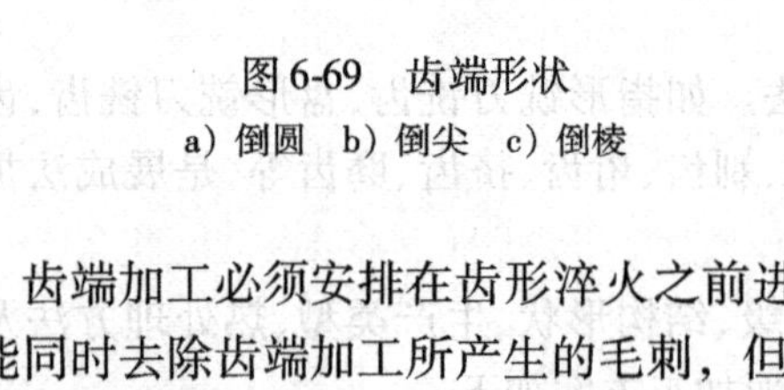

a)　b)　c)

图 6-69　齿端形状

a) 倒圆　b) 倒尖　c) 倒棱

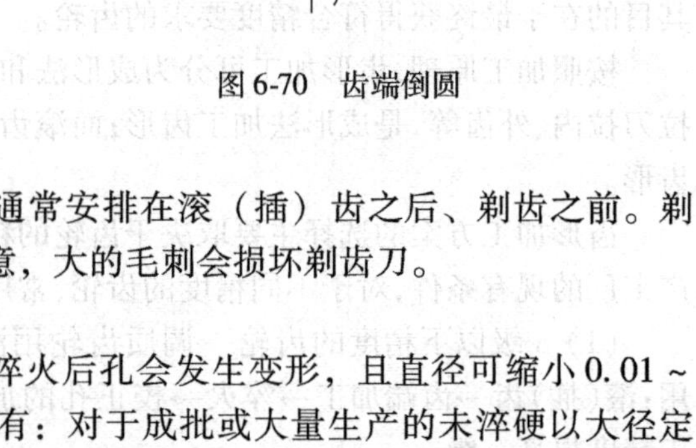

图 6-70　齿端倒圆

齿端加工必须安排在齿形淬火之前进行，通常安排在滚（插）齿之后、剃齿之前。剃齿能同时去除齿端加工所产生的毛刺，但要注意，大的毛刺会损坏剃齿刀。

5. 精基准的修整

盘形齿轮的孔是齿形加工的定位基准，因淬火后孔会发生变形，且直径可缩小 0.01~0.05mm，故需对基准孔予以修整。修整的方法有：对于成批或大量生产的未淬硬以大径定心的花键孔或圆柱孔齿轮，常采用推孔刀推孔，推孔生产率高，利用加长推刀前导引部分可保证推孔的精度；对于以小径定心的花键孔或已淬硬的齿轮，需磨孔，因磨孔能稳定地保证精度，磨孔时应以齿面定位。图 6-71 所示是以齿轮分度圆定心的原理图，符合互为基准原则。

四、圆柱齿轮的齿形加工方法

（一）滚齿

1. 滚齿原理

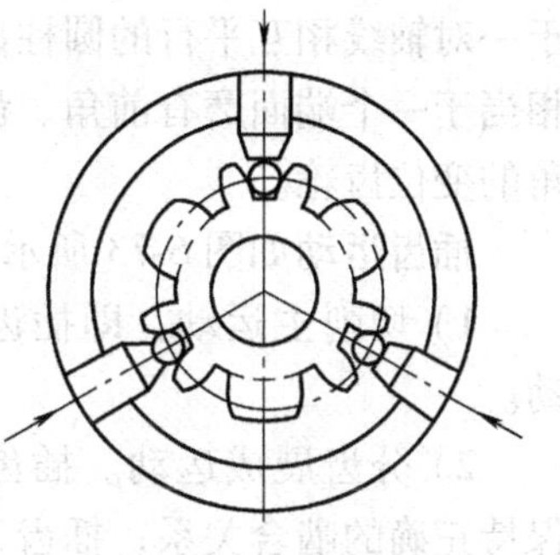

图 6-71　齿轮分度圆定心示意图

滚齿是应用一对螺旋圆柱齿轮的啮合原理进行加工的，滚刀相当于一个齿数很少（单头滚刀齿数 $K=1$）、螺旋角很大的螺旋圆柱齿轮，它的轮齿很长，可以绕轴线很多圈，所以成蜗杆状——滚刀基本蜗杆。为了进行切削，在此蜗杆上制造了多条容屑槽，并加工出前角、后角，就形成了滚刀。实际生产中，由于渐开线蜗杆滚刀制造困难，因此都采用轴向截形为直线的阿基米德蜗杆滚刀或法向截形为直线的法向直廓蜗杆滚刀来代替。当滚刀按给定的切削速度作旋转时，就是切削主运动。同时，滚刀又和工件严格保持一对螺旋圆柱齿轮啮合的展成运动关系，即

$$\frac{n_{刀}}{n_{工}}=\frac{z_{工}}{K}$$

式中　$n_{刀}$——滚刀每分钟转数；

$n_{工}$——被加工齿轮每分钟转数；

$z_{工}$——被加工齿轮齿数；

K——滚刀头数。

于是在齿圈上切出齿槽，同时滚刀还需要有沿工件轴向的进给运动 $f_{轴}$，这三个运动形成了滚齿的基本运动，如图 6-72 所示。

2. 滚齿的工艺特点及应用

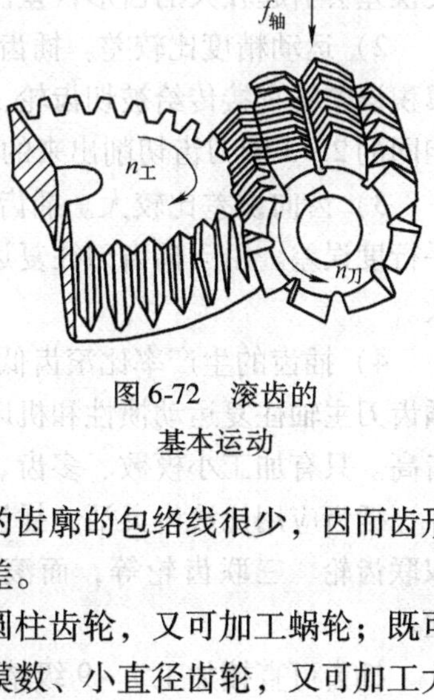

图 6-72　滚齿的基本运动

（1）适应性好　由于滚齿加工是展成法加工，因而用一把滚刀就可以加工与其模数和压力角相同的不同齿数的齿轮。

（2）生产率较高　滚齿为连续切削，无空程损失，多头滚刀还可提高粗滚效率。

（3）分齿精度高　滚齿时，一般都只是滚刀的 2 ~3 圈的刀齿参加切削，工件上所有的齿槽都是由这些刀齿切出的，因此齿距偏差小。滚齿可以获得较高的运动精度。

（4）滚齿齿形精度较低　由于滚齿的齿面是由滚刀的刀齿包络而成的，参加切削的刀齿数有限，滚齿加工所形成的齿廓的包络线很少，因而齿形精度较低，齿面的表面粗糙度也较差，齿形还有加工原理误差。

滚齿是齿形加工中应用最广的一种加工方法，既可加工圆柱齿轮，又可加工蜗轮；既可加工渐开线齿形，又可加工圆弧、摆线等齿形；既可加工小模数、小直径齿轮，又可加工大模数、大直径齿轮。但滚齿不能加工内齿轮和相距很近的多联齿轮。

滚齿可直接加工 7 ~9 级精度的齿轮，也可进行 7 级精度以上齿轮的粗加工和半精加工。

(二) 插齿

1. 插齿原理

插齿也是生产中普遍应用的一种切齿方法。插齿过程从原理上分析，插齿刀和工件相当于一对轴线相互平行的圆柱齿轮啮合，插齿刀相当于一个端面磨有前角、齿顶及齿侧磨有后角的变位齿轮。

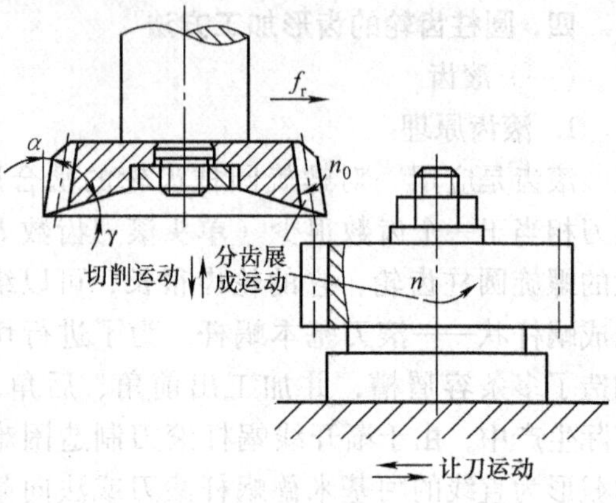

图 6-73 插齿的主要运动

插齿运动如图 6-73 所示。其主要运动有：

1) 切削主运动，即插齿刀的上下往复运动。

2) 分齿展成运动。插齿刀与工件间必须保持正确的啮合关系，插齿刀转过一个齿，工件也应准确地转过 1 个齿，插齿刀每往复一次，仅切出工件齿槽很小一部分，工件齿槽的齿面曲线由插齿刀多次切削的包络线所形成。

3) 径向进给运动。插齿时，为逐步切至全齿深，插齿刀应有径向进给运动 f_r。

4) 让刀运动。插齿刀作上下往复运动时，向下是工作行程。为了避免刀具擦伤已加工的齿面并减少刀齿的磨损，在插齿刀向上运动时，工作台带动工件退出切削区一段距离 (径向)，插齿刀向下工作行程时，工件恢复原位。

2. 插齿的工艺特点及其应用

与滚齿相比较，插齿加工的齿轮有以下特点：

1) 齿形精度比较好、表面粗糙度值小。这是因为：插齿时形成工件齿形的包络线数比滚齿多；插齿刀容易制造得准确，可通过高精度磨齿机获得精确的渐开线齿形；与滚刀不同，插齿刀本身没有加工原理齿形误差；另外，插齿刀的装夹对齿形加工影响小，而滚刀装夹误差会引起较大的齿形误差。

2) 运动精度比较差。插齿刀上的各个刀齿顺次切削工件各个齿槽，因而插齿刀的齿距累积误差将直接传给被切齿轮，使之产生运动误差。而滚齿时，工件的所有齿槽都是由滚刀相同的 2 ~3 圈刀齿切削出来的，滚刀刀齿齿距累积误差不影响工件的齿距累积误差。

3) 齿向误差比较大。插齿的齿向误差取决于插齿机主轴回转轴线与工作台回转轴线的平行度误差。由于插齿刀往复运动频繁，主轴与套筒容易磨损，故插齿的齿向误差常比滚齿大。

4) 插齿的生产率比滚齿低。这是因为插齿主运动是插齿刀上下往复运动，插齿速度受插齿刀主轴往复运动惯性和机床刚性的限制；插齿过程又有空程时间损失，故生产率没有滚齿高。只有加工小模数、多齿、齿宽窄的齿轮时，插齿生产率才优于滚齿。

插齿应用比滚齿灵活，插齿可以加工内齿轮、齿条、扇形齿，可以加工齿圈相距很近的双联齿轮、三联齿轮等，而滚齿则不胜任。插齿加工斜齿轮需用螺旋导轨，不如滚齿方便。

插齿可直接加工 7 ~9 级精度的齿轮，也可进行 7 级精度以上齿轮的粗加工和半精加工。综上所述，插齿适于加工模数较小、齿宽窄、工作平稳性要求较高而运动精度要求不十分高的齿轮。

对于6级精度以上的齿轮，往往需要在滚齿、插齿之后，经热处理再进行齿面精加工。常用的齿面精加工方法有剃齿、珩齿、挤齿、磨齿。

(三) 剃齿

1. 剃齿原理

剃齿是根据一对轴线交叉的螺旋齿轮无侧隙双面啮合自由对滚时，沿齿向有相对滑动而建立的一种加工方法。剃齿刀实质上是一个在齿面上沿渐开线方向开了很多小槽，以形成切削刃的高精度螺旋齿轮，如图6-74a所示。剃齿刀与工件间有一夹角（轴交角）Σ，$\Sigma=\beta_g\pm\beta_d$，β_g、β_d分别为工件和刀具的分度圆螺旋角。工件与刀具螺旋方向相同时为+，相反时为-。图6-74b所示为一把左旋剃齿刀剃削一右旋齿轮的情况，$\Sigma=\beta_g-\beta_d$，剃齿时剃齿刀作高速回转并带动工件一起回转。在啮合点P，剃齿刀圆周速度为v_d，工件的圆周速度为v_g，它们都可以分解为垂直螺旋线齿面的法向分量（v_{df}和v_{gf}）和沿螺旋面的切向分量（v_{dq}和v_{gq}）。因啮合点的法向分量必须相等，即$v_{df}=v_{gf}$，而两个切向分量却不相等，因而产生相对滑动。因为剃齿刀齿面上开有小槽，就产生了切削作用，相对滑动速度就成了切削速度。因为

$$v_{qx}=v_{gq}-v_{dq}=v_g\sin\beta_g-v_d\sin\beta_d$$

而

$$v_{gf}=v_g\cos\beta_g=v_{df}=v_d\cos\beta_d$$

故

$$v_{qx}=v_g\left(\frac{\cos\beta_d}{\cos\beta_g}\sin\beta_g-\sin\beta_d\right)=\frac{v_q}{\cos\beta_g}\sin(\beta_g-\beta_d)=\frac{v_d}{\cos\beta_g}\sin\Sigma$$

从上式可以看出，剃齿的切削速度与轴交角Σ有关，Σ角越大，切削速度越高。当$\Sigma=0$时，切削速度为零，即没有切削速度。因此，剃齿最基本的条件是剃齿刀与工件轴线间必须构成轴交角。

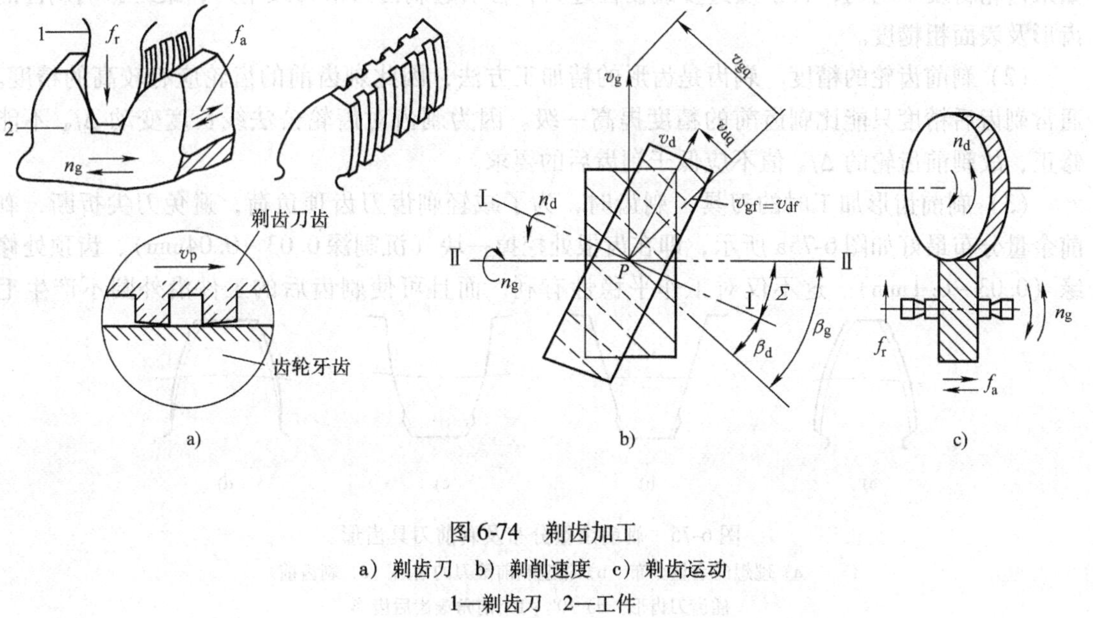

图6-74 剃齿加工

a）剃齿刀 b）剃削速度 c）剃齿运动

1—剃齿刀 2—工件

剃齿应具备以下运动：

1）剃齿时剃齿刀和齿轮是无侧隙双面啮合，剃齿刀刀齿的两侧面都能进行切削。当工件旋向不同或剃齿刀正反转时，刀齿两侧切削刃的切削角度是不同的。为了使齿轮的两侧都能获得较好的剃削质量，剃齿刀在剃齿过程中应交替地进行正反转动。

2）为使工件整个齿面都能得到加工，工件须沿其轴线的纵向作往复直线运动 f_a，如图 6-74c 所示。

3）工件每往复运动一次后，剃齿刀还应进行一次径向进给运动 f_r。

2. 剃齿的工艺特点及其应用

1）剃齿的生产率高，剃一个中等尺寸的齿轮只需 2 ~ 4min，与磨齿相比，效率高 10 倍以上，而成本平均比磨齿低 90%。

2）剃齿加工对齿轮的齿形误差和基节误差有较强的修正能力，有利于提高齿轮的齿形精度。但剃齿加工对齿轮的切向误差的修正能力差，故要求其前道工序为滚齿，原因是滚齿的运动精度比插齿好，滚齿后的齿形误差虽然比插齿大，但可在剃齿工序中得到纠正。

3）剃齿加工精度主要取决于刀具，只要剃齿刀本身精度高、刃磨质量好，就能剃出表面粗糙度 $Ra = 0.32 \sim 1.25\mu m$、精度为 6 ~ 7 级的齿轮。

剃齿常用于未淬火圆柱齿轮的精加工。由于剃齿效率高，所以广泛用于汽车、拖拉机、机床等行业的加工中。在大批大量生产中等模数、6 ~ 7 级精度、非淬硬齿面的齿轮时，剃齿是最常用的方法。

近年来硬齿面剃齿技术也得到发展，它采用 CBN 镀层剃齿刀，可 精加工 60HRC 渗碳淬硬齿轮，刀具转速 3000 ~ 4000r/min，与普通剃齿比较，加工时间可缩短 20%，但刀具成本较高，刀具不易刃磨。

3. 剃齿工艺中的几个问题

（1）剃前齿轮的材料　剃前齿轮硬度在 22 ~ 32HRC 范围时，剃齿刀校正误差能力最好。如果齿轮材质不均匀，含杂质过多或韧性过大，会引起剃齿刀滑刀或啃刀，最终影响剃齿的齿形及表面粗糙度。

（2）剃前齿轮的精度　剃齿是齿形的精加工方法，因此剃齿前的齿轮应有较高的精度。通常剃齿后精度只能比剃齿前的精度提高一级。因为剃齿对齿轮公法线长度变动 Δf_W 不能修正，故剃前齿轮的 Δf_W 值不应低于剃齿后的要求。

（3）剃前齿形加工时的刀具　剃齿时，为了减轻剃齿刀齿顶负荷，避免刀尖折断，剃前余量分布最好如图 6-75a 所示，即在齿根处挖掉一块（沉割深 0.03 ~ 0.04mm）、齿顶处修缘（0.03 ~ 0.1mm）。这不仅对工作平稳性有利，而且可使剃齿后的工件沿外圆不产生毛

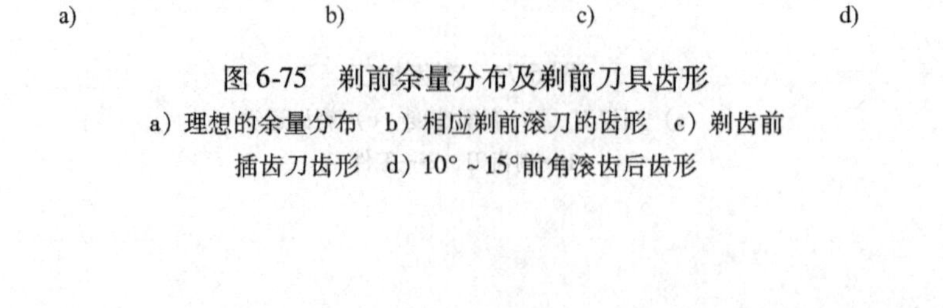

图 6-75　剃前余量分布及剃前刀具齿形

a）理想的余量分布　b）相应剃前滚刀的齿形　c）剃齿前插齿刀齿形　d）10° ~ 15°前角滚齿后齿形

刺。图6-75b所示是相应剃前滚刀的齿形。图6-75c所示是剃前插齿刀的齿形，能对齿根处挖根。如果没有上述剃前刀具，也可将滚刀磨出10°~15°的前角，滚后齿形如图6-75d所示，虽然剃削余量沿齿高不均匀分布，不十分理想，但可避免刀尖折断。

（四）珩齿

1. 珩齿原理

珩齿是对热处理后的齿轮进行精整加工的方法。珩齿的运动关系和所用的机床与剃齿类同，不同的是用珩磨轮代替了剃齿刀。珩磨轮是一个用磨料和环氧树脂等材料作结合剂浇铸或热压而成的具有很高齿形精度的塑料齿轮（见图6-76a）。切削是在珩磨轮与齿轮的"自由啮合"过程中，依靠珩磨轮表面密布的磨粒，以一定的压力和相对滑动速度对工件表面进行切削（见图6-76b）。

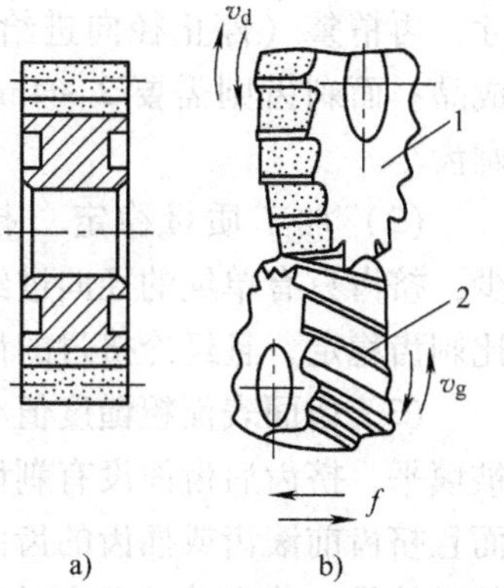

图6-76　珩齿加工

a）珩磨轮结构　b）珩齿运动关系

1—珩磨轮　2—工件

2. 珩齿的工艺特点及其应用

（1）珩齿后齿面的表面质量好　珩齿速度一般为1~3m/s，比普通磨削速度低，由于磨粒粒度小，结合剂弹性较大，珩齿过程实际上是低速磨削、研磨和抛光的综合过程，齿面不会产生烧伤和裂纹，所以珩齿后齿的表面质量较好。

（2）珩齿后齿面的表面粗糙度值减小　珩磨轮齿面上均匀密布着磨粒，珩齿后齿面切削痕迹很细，磨粒不仅在齿面产生相对滑动而切削，而且沿渐开线切线方向也具有切削作用，从而在齿面上产生交叉网纹，使表面粗糙度明显减小。

（3）珩齿修正误差的能力低　由于珩磨轮弹性大，加工余量小，所以珩齿修正误差的能力不强。为了保证齿轮精度，必须提高珩前齿形加工精度和减少热处理变形。珩前可采取剃齿，以提高珩前精度。

（4）生产率高　珩轮的齿形简单，制造和修形方便，使用寿命也较长，能多次修正。珩磨轮每修正一次、可加工60~80个齿轮。

由于珩齿修正误差能力差，目前珩齿主要用于去除热处理后齿面上的氧化皮及毛刺。

珩齿的轴交角Σ常取15°。珩齿余量很小，一般珩前为剃齿时取0.01~0.02mm；珩前为磨齿时，取0.003~0.005mm。珩齿的切削速度一般为1.2~1.6m/s，纵向进给量为0.3mm/r（工件）。

由于珩齿加工具有表面粗糙度值小、效率高、成本低、设备简单、操作方便等优点，故是一种很好的齿轮光整加工方法，一般用于大批大量生产6~8级精度淬火齿轮的精加工。

（五）挤齿（冷挤）

1. 挤齿原理

冷挤齿轮是一种齿轮无切屑加工新工艺，有些工厂已用它来替代剃齿。齿轮冷挤过程是挤轮与工件之间在一定压力下按无侧隙啮合的自由对滚过程，是按展成原理的无切屑精加工，如图6-77所示。挤轮实质上是一个高精度的圆柱齿轮，具有修形的渐开线齿形，有的挤轮还有一定的变位量。挤轮与齿轮轴线平行旋转，挤轮宽度大于被挤齿轮宽度，所以在挤齿过程中只需要径向进给，无需轴向移动。

制造挤轮的材料必须有一定的强度和耐磨性，可用铬锰钢或高速钢制造。为了防止工件与挤轮齿面的粘结，在冷挤过程中需加硫化油来润滑，这样既可使冷挤后齿面的表面粗糙度值减小，还可提高挤轮的寿命。

2. 挤齿的工艺特点及其应用

(1) 生产率高　压力足够时，对中等尺寸的齿轮一般只需 5s 就可将齿轮挤到规定尺寸，再精整（停止径向进给）20s 左右即成成品；而剃齿则需要 2 ~ 4min。挤齿余量比剃齿小。

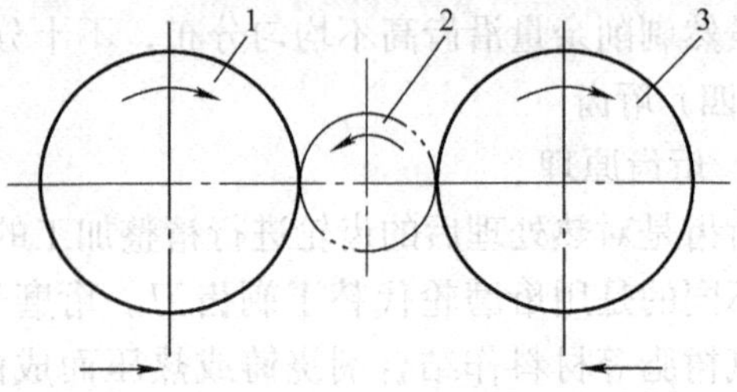

图 6-77　冷挤齿轮示意图

1、3—挤轮　2—工件

(2) 加工质量稳定　挤齿机床传动链少，挤齿只有单纯的径向进给，机床结构简单、调整方便、刚性好；从接触精度来看，挤齿比剃齿稳定，且经冷挤过的齿面，表面产生了冷硬层，使用寿命比剃齿长。

(3) 齿面表面粗糙度值小　挤齿时工件的余量被碾压平整，一些表面缺陷和刮伤等容易被填平，挤齿后齿面没有剃齿出现的刀痕及划伤拉毛现象，表面粗糙度 $Ra = 0.4 \sim 0.1\mu m$。而且挤齿前滚齿或插齿的齿面的表面粗糙度要求可比剃齿低一些，因而可以增大滚齿或插齿的进给量，节省前道工序时间。

(4) 挤齿机床和挤轮的制造成本低　一般挤轮不开槽，结构简单，成本低，而其寿命却比剃齿刀长很多，通常剃齿刀磨一次只能剃几百个齿轮，而挤轮可挤上万个齿轮。

(5) 挤多联齿轮时不受限制　因为挤齿是平行轴传动，所以挤多联齿轮的小齿轮时不受齿圈轴向距离大小的限制。但对模数相同螺旋角不等的斜齿轮，需配备各种相应螺旋角的挤轮，不像剃齿时只要一把剃齿刀便能满足加工要求。

挤齿与剃齿一样，均为齿轮淬火前的齿形精加工。挤齿可以改善齿轮的齿形精度和表面粗糙度，但对运动精度提高不明显，因此，齿轮的运动精度应依靠前道工序（滚齿或插齿加工）来保证。

挤齿可作为 7 级精度、非淬硬齿轮的终加工，也可作为精度 6 级以上，珩齿和磨齿的前道工序。

(六) 磨齿

磨齿是现有齿轮加工方法中加工精度最高的一种方法。对于淬硬的齿面，要纠正热处理变形，获得高精度齿廓，磨齿是目前最常用的方法。磨齿的加工原理与剃齿、珩齿不同，它不是一种自由啮合运动，而是采用强制性的传动链，因此它的加工精度不直接决定于磨前的齿轮精度。磨齿精度最高可达 3 级，表面粗糙度 $Ra = 0.8 \sim 0.2\mu m$，但磨齿的加工成本较高，生产率较低。

磨齿方法很多，根据磨齿原理的不同可分成形法和展成法两类。

成形法是一种用成形砂轮磨齿的方法，将砂轮修整成与被磨齿轮齿槽一致的形状，磨齿过程与用齿轮铣刀铣齿类似。成形法磨齿生产率高，但受砂轮修整精度与分齿精度的影响，加工精度较低。目前生产中应用较少，但它可以磨削内齿轮和特殊齿轮。

展成法是用齿轮与齿条啮合原理磨齿的方法，将砂轮的工作面构成假想齿条中的一个齿的单侧或双侧齿面，因而磨完一个齿后要有分度运动；在砂轮与工件的啮合运动中，砂轮位置不移动，由工件作反向移动替代（工件实质是作往复纯滚动），同样能使砂轮的磨削平面包络出齿轮的渐开线齿面。下面介绍展成法磨齿的几种方法。

（1）锥形砂轮磨齿　如图6-78所示，将砂轮的磨削部分修整成锥面，以便构成假想齿条的一个齿廓，磨削时强制砂轮与被磨齿轮保持齿条与齿轮的啮合运动关系，使砂轮锥面包络出渐开线齿形。为了便于在磨齿机上实现这种啮合，采用假想齿条固定不动而由齿轮作往复纯滚动的方式：砂轮一方面以 n_o 高速旋转，一方面沿齿宽方向以 v_o 作进给运动（往复移动）；被磨齿轮放在与假想齿条相啮合的位置，一方面以 ω 旋转，一方面以 v 移动，实现展成运动；分别磨完齿侧两面后，工件还需作分度运动，磨削另一个齿槽，直至磨完全部齿槽为止。

采用锥形砂轮磨齿时，形成展成运动的机床传动链较长，传动误差较大，磨齿精度较低，一般只能达到5~6级。新推出的数控锥形砂轮磨齿机，采用数控技术，大大简化了机床的传动结构，并安装有闭环反馈控制功能，使磨齿精度达到了4~5级。

（2）双片碟形砂轮磨齿　如图6-79所示，两片碟形砂轮倾斜成一定角度，以构成假想齿条的两齿侧面，同时对齿轮一个齿槽的两齿面进行磨削。其原理与锥形砂轮磨齿相同。工件的展成运动——往复移动 v 和正反转动 ω，是通过滑座7和由框架2、滚圆盘3及钢带4组成的滚圆盘钢带机构实现。为了磨出全齿宽，工件通过工作台1实现轴向的慢速进给运动 f，当一个齿槽的两侧齿面磨完后，工件快速退离砂轮，经分度机构分齿后，再进入下一个齿槽进给磨齿。

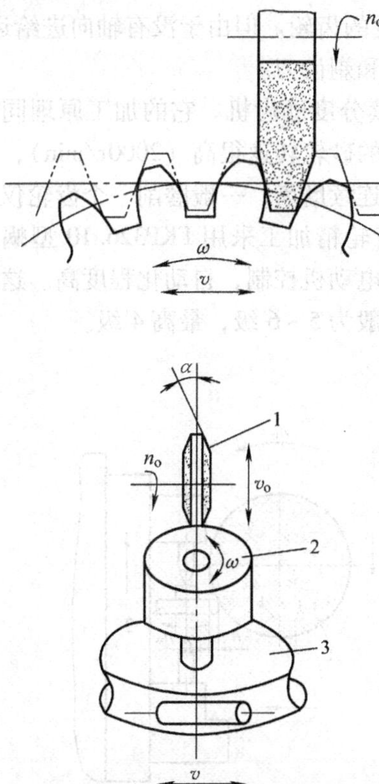

图6-78　锥形砂轮磨齿

1—砂轮　2—工件（齿轮）　3—机床中传动蜗轮

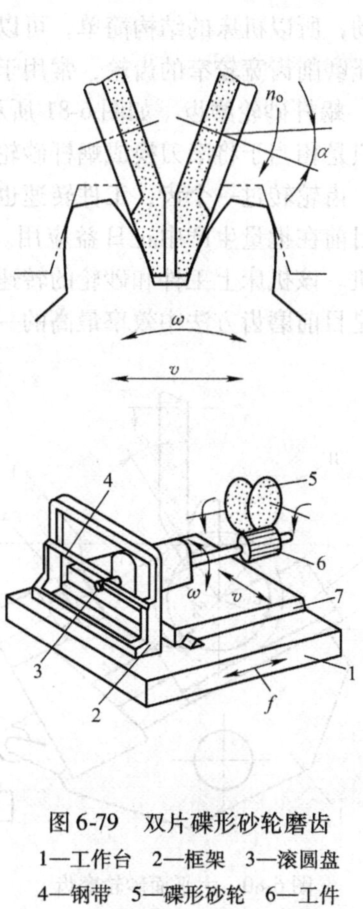

图6-79　双片碟形砂轮磨齿

1—工作台　2—框架　3—滚圆盘　4—钢带　5—碟形砂轮　6—工件（齿轮）　7—滑座

由于这种磨齿方法中，展成运动的传动环节少，机床传动运动精度高，磨齿精度可达 4 ~5 级。但碟形砂轮刚性较差，每次进给磨去的余量少，生产率很低。

（3）大平面砂轮磨齿　如图 6-80 所示，这种磨齿的砂轮直径较大（400 ~ 800mm），磨齿时不需要沿齿槽方向的进给运动。磨齿的展成运动是用精密渐开线凸轮方式实现的（也有用滚圆盘钢带机构）：磨齿时，砂轮位置不动，当齿轮旋转时，同轴的渐开线凸轮 3 也跟着一起旋转，借助挡块 4 的作用，迫使凸轮和被磨齿轮以及滑座 2 一起沿着 α_a 角的方向滑动，由渐开线形成原理可知，渐开线凸轮的转动及其轴线的相应移动，相当于凸轮的基圆在垂直于挡块工作平面且与基圆相切的切线上作纯滚动，故凸轮的基圆即被磨齿轮的节圆，上述切线也就是假想齿条的节线。

被磨齿轮基圆直径 d_b 和凸轮基圆直径 d_{bt} 以及工作台 1 的倾角 α_a 之间有如下关系

$$d_b = d_{bt}\cos\alpha_a$$

Y7125 型磨齿机应用了这种磨齿方法，加工时根据被磨齿轮的基圆直径 d_b 选择凸轮基圆直径 d_{bt}，再按照 $\cos\alpha_a = d_b/d_{bt}$ 求出倾角 α_a，并按 α_a 调整工作台。由于该机床是用砂轮的一个大平面对齿槽的一侧进行加工，磨完一个齿后，工件主轴转过分度板上一个齿或几个齿分度定位；在磨完所有齿槽的一个侧面以后，要把工件调头安装、磨齿的另一侧面。

大平面砂轮磨齿，由于它的展成、分度运动的传动链短，再加上它没有砂轮与工件间的轴向运动，所以机床的结构简单，可以磨出 3 ~ 4 级精度的齿轮。但由于没有轴向进给运动，因此只能磨削齿宽较窄的齿轮，常用于磨削各种插齿刀和剃齿刀。

（4）蜗杆砂轮磨齿　如图 6-81 所示，这是一种连续分度磨齿机。它的加工原理同滚齿相似，只是相当于将滚刀换成蜗杆砂轮。这种磨齿方法的砂轮转速很高（2000r/min），砂轮转一周，齿轮转过一个齿，工件转速也很高，而且可以连续磨齿，一般磨削一个齿轮仅需几分钟，目前在批量生产中正日益应用。例如，变速器齿轮精加工采用 FKP326. 10 型蜗杆砂轮磨齿机。该机床上工件和砂轮的转速分别由两台同步电动机控制，自动化程度高。这种磨齿方法是目前磨齿方法中效率最高的一种，磨齿精度一般为 5 ~ 6 级，最高 4 级。

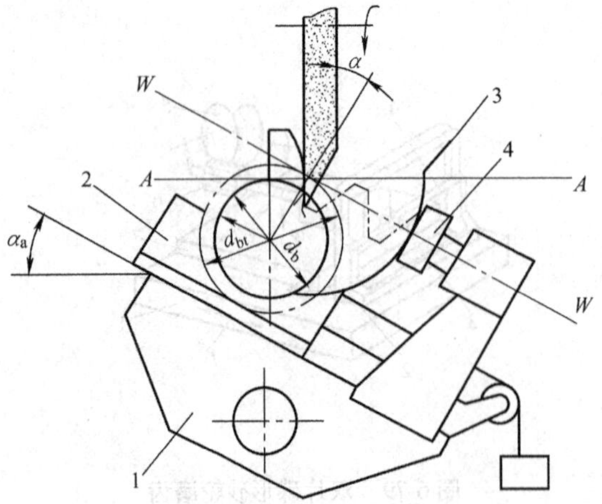

图 6-80　大平面砂轮磨齿

1—工作台　2—滑座　3—凸轮　4—挡块

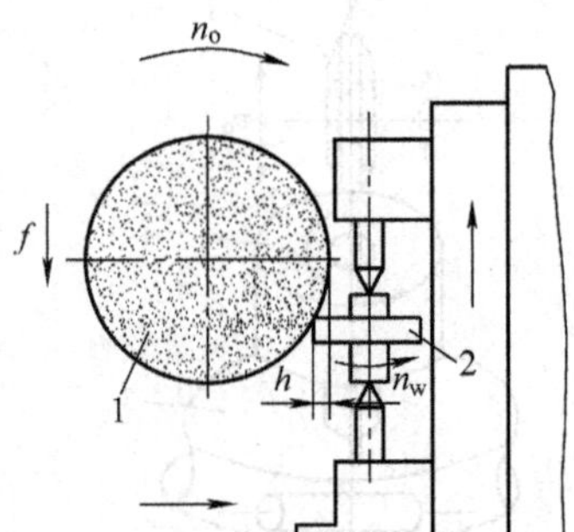

图 6-81　蜗杆砂轮磨齿

1—蜗杆砂轮　2—工件（齿轮）

这种磨齿方法的砂轮修形较麻烦，砂轮的修形可由砂轮修整器按砂轮修形动作循环图进行，如图6-82a所示。砂轮修整器与砂轮由一台电动机按各自的速比关系驱动，砂轮每转一周，修整器在轴向移动一个齿距；当超过砂轮宽度后，修整器退回，转动进给手轮，使金刚笔前移0.3～0.5mm，修整器重新作轴向移动，反复数次，直到完成全齿高H的修形。

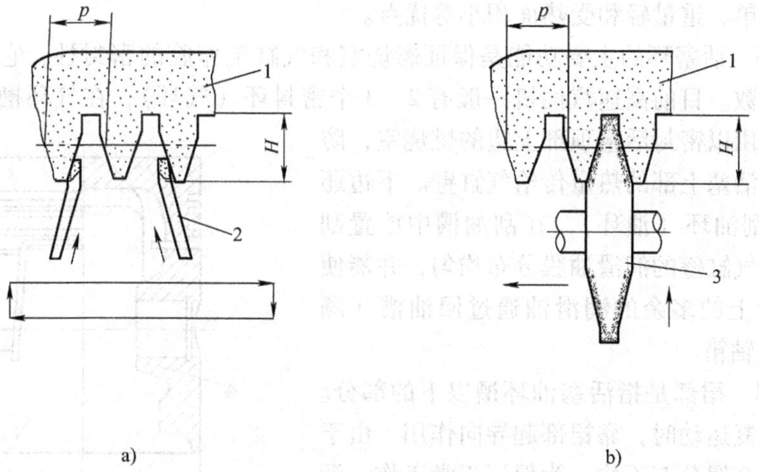

图6-82　蜗杆砂轮修形简图
a）金刚笔修形循环　b）金刚滚轮修正砂轮
1—蜗杆砂轮　2—金刚笔　3—金刚滚轮

新出产的国产YK72系列数控蜗杆砂轮磨齿机，用金属材料制造与被加工齿轮模数、压力角相同的滚轮，滚轮表面镀金刚砂，然后精修成一个标准齿形的金刚滚轮。当需对蜗杆砂轮修形时，如图6-82b所示，将此金刚滚轮与蜗杆砂轮对滚，齿向修形可通过CNC控制工件径向进给轴和工件轴向运动轴联动，修成所需的形状。其原理：金刚滚轮相当于一把标准齿形的车刀，对蜗杆砂轮进行进给，效率比图6-82a所示方法大大提高。采用此法修正砂轮的精度取决于金刚滚轮制造精度，对不同模数和压力角的蜗杆砂轮，需配套对应的金刚滚轮。

第五节　活 塞 加 工

一、概述

1. 活塞的功用与结构特点

活塞是往复式发动机的主要零件之一。活塞的第一个作用是使发动机做功。密封活塞上部燃烧室，防止漏气是活塞的第二个作用。活塞的第三个作用是传热，发动机在点燃爆发时温度高达2000～2500℃，主要靠活塞和活塞环将高温传给气缸壁，再由气缸壁外侧水套内的循环水将热量带走。

活塞在工作中应该不敲缸、不拉缸、不漏气，保持正常的活塞和缸体的配合间隙，使发动机能稳定有效地工作，即要求活塞应有良好的导向作用。

由于活塞在高温高压高腐蚀条件下连续变负荷运动，所以必须有相应的结构来满足这一特定的工作条件。活塞有头部（环槽、环岸和绝热槽）、裙部、顶部和销座四部分组成，如图6-83所示。

（1）顶部　汽车发动机大多采用平顶式活塞，因为与其他形式的活塞相比，平顶式活塞具有制造简单、重量轻和受热面积小等优点。

（2）头部　活塞环的主要功能是保证燃烧室和气缸工作腔的密封性，它的高度主要决定于活塞的环数。目前高速汽油机一般有2~3个密封环（气环），在气环槽中放置具有弹性的密封环，用以密封活塞顶部上边的燃烧室，防止漏气，并将活塞上部的热量传给气缸壁。下边还设有1~2个刮油环（油环），在刮油槽中放置刮油环，用于使气缸壁的润滑油膜分布均匀，并能使飞溅到气缸壁上的多余的润滑油通过回油槽（隔热槽）流回曲轴箱。

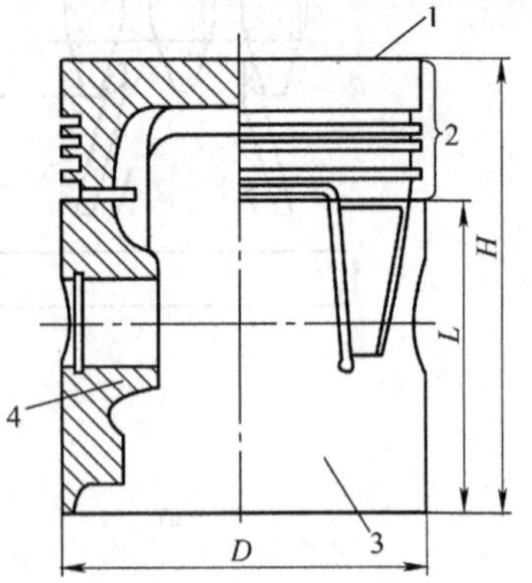

图6-83　活塞的基本结构

1—顶部　2—头部　3—裙部　4—销座

（3）裙部　裙部是指活塞油环槽以下的部分。活塞作直线往复运动时，靠裙部起导向作用。由于活塞圆周方向金属分布不均，为保证正常工作，活塞裙部的横截面应做成椭圆形，并使椭圆的长轴方向垂直于活塞销孔轴线的方向。同时，由于活塞工作时顶部到裙部的温度不同，裙部椭圆度也应自上而下递减。这样的活塞称为变椭圆活塞。

（4）销座　销座位于活塞裙部内，具有厚肋与活塞顶部相连。在活塞销座上有一个油孔，用作润滑活塞销与活塞销孔。活塞销孔外端设有锁环槽，用于安装锁环，限制活塞销的轴向窜动。

总之，活塞为薄壁零件，它是在高温、高压的条件下，在气缸内作高速往复直线运动。为减少活塞在高速往复运动时的惯性力，一般活塞材料采用铝合金。

2. 活塞的主要技术要求

铝制活塞已制定了国家标准，对各部尺寸、形状、位置精度及表面粗糙度均有详细的规定。图6-84所示为某发动机活塞零件图。为了改善活塞的机械加工性能，在活塞的制造过程中，对其销孔尺寸、外圆尺寸和重量分别进行分组，然后按装配工艺要求进行分组装配。

3. 活塞材料、毛坯及热处理

活塞材料除少数采用铸铁外，大部分采用热导率高、热膨胀系数较低的硅铝合金。

由于铝合金和铸铁材料的不同，造成线膨胀系数不一样，也可能出现选用铸铁合金的趋势。

一般铝合金大部分采用金属模浇注。这样不仅可以获得较高精度的毛坯，同时还可以保证活塞间较小的重量差。

本活塞毛坯采用200t的液态锻压形式锻压成形，成形的毛坯经时效处理后进行机械加工。

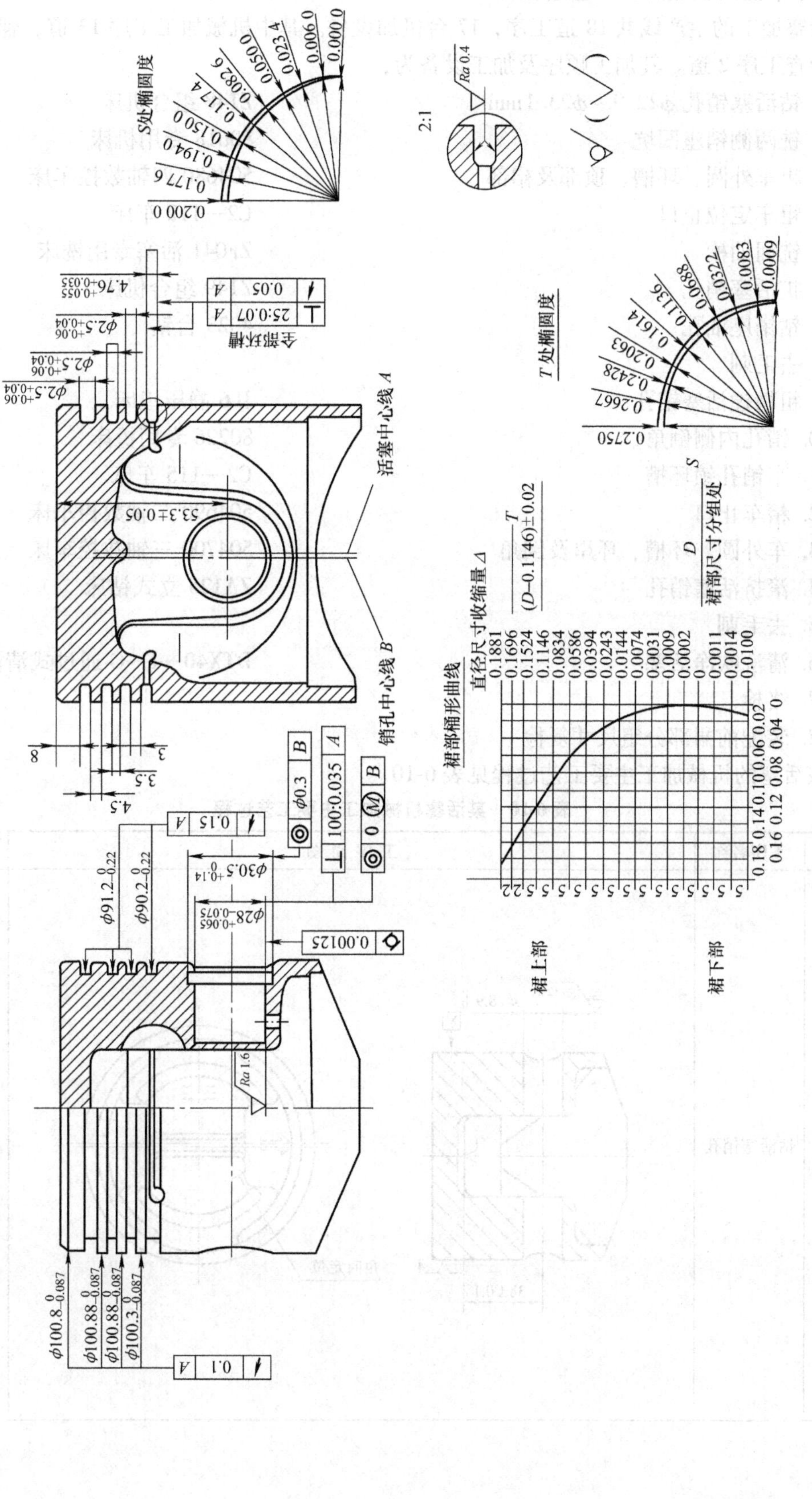

图 6-84 某发动机活塞零件图

二、活塞的机械加工工艺过程

活塞加工的生产线共 18 道工序，17 台机加设备。其中机械加工工序 13 道，辅助工序 3 道，检查工序 2 道。其加工顺序及加工设备为：

1. 钻活塞销孔 $\phi22.9 \sim \phi23.1$mm　　Z148 组合机床
2. 铣两侧销座凹坑　　80618 专用机床
3. 粗车外圆、环槽、顶部及裙部　　504680 四轴数控车床
4. 粗车定位止口　　C2—112 车床
5. 铣回油槽　　ZF041 活塞专用铣床
6. 扩活塞销孔　　Z149 组合机床
7. 钻销座油孔　　4023 台钻
8. 去毛刺
9. 粗精镗活塞销孔　　JL6 静压镗床
10. 销孔内侧倒角　　80226 专用机床
11. 车销孔锁环槽　　C2—115 车床
12. 精车止口　　504690 二轴数控车床
13. 车外圆、环槽、环岸及倒角　　504700 三轴数控车床
14. 滚挤活塞销孔　　ZA125 立式钻床
15. 去毛刺
16. 清洗吹净活塞　　DTX40—I—G 通过式清洗床
17. 终检
18. 装配前裙部分组尺寸复检

该活塞的机械加工主要工艺过程见表 6-10。

表 6-10　某活塞机械加工主要工艺过程

工序号	工序名称	工 序 简 图	设　备
1	钻活塞销孔	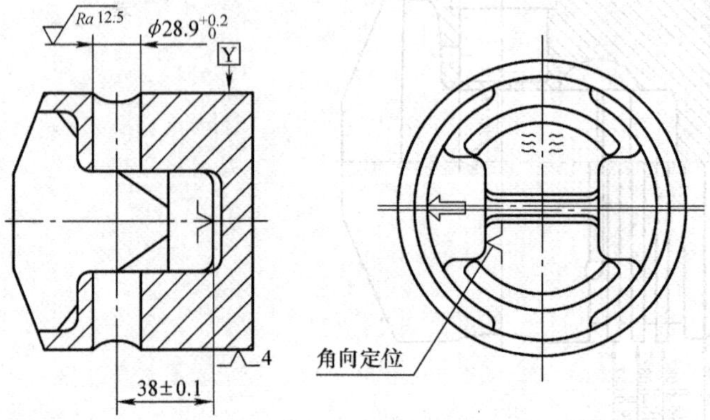	Z148 组合机床

（续）

工序号	工序名称	工序简图	设 备
2	铣两侧 销座凹坑	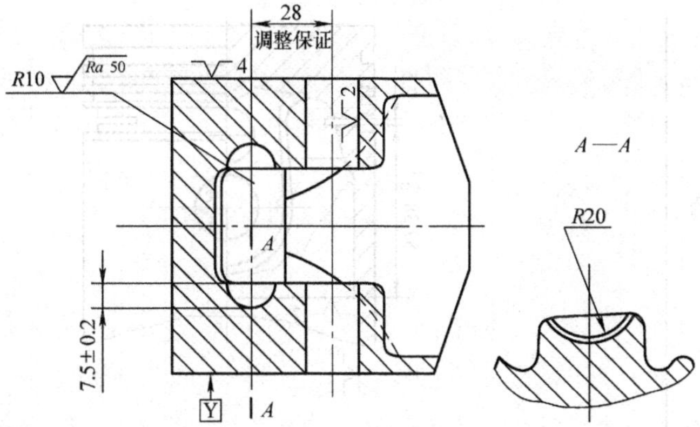	80618 专 用机床
3	粗车外圆、 环槽、裙 部及端面	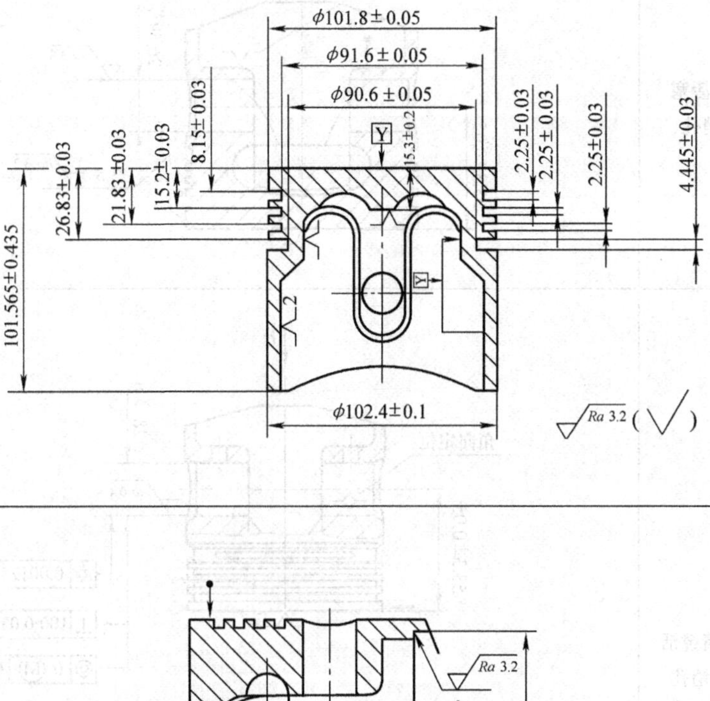	504680 四轴数 控车床
4	粗车止口	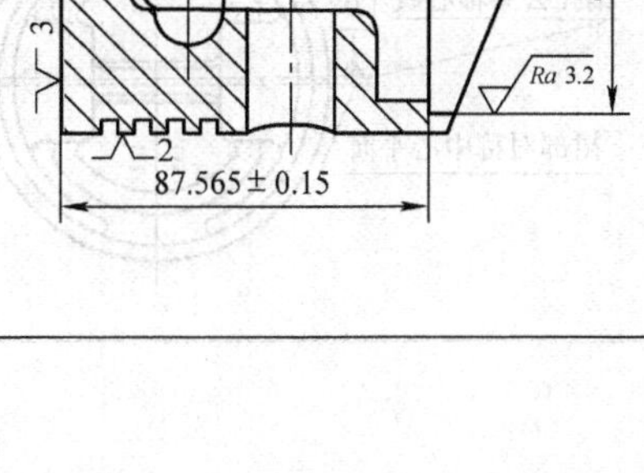	C2—112 活塞车床

（续）

工序号	工序名称	工序简图	设　备
5	铣回油槽	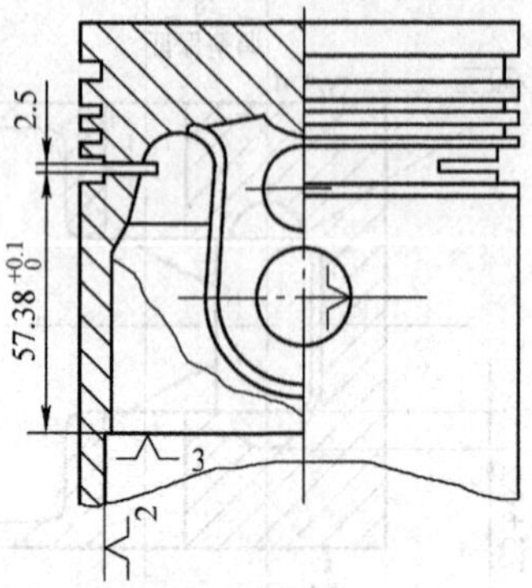	ZF041 活塞专 用铣床
6	扩活塞 销孔	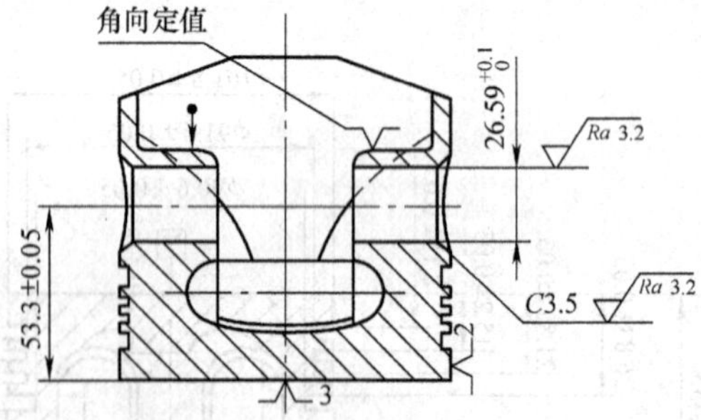	Z149 组 合机床
9	粗精镗活 塞销孔	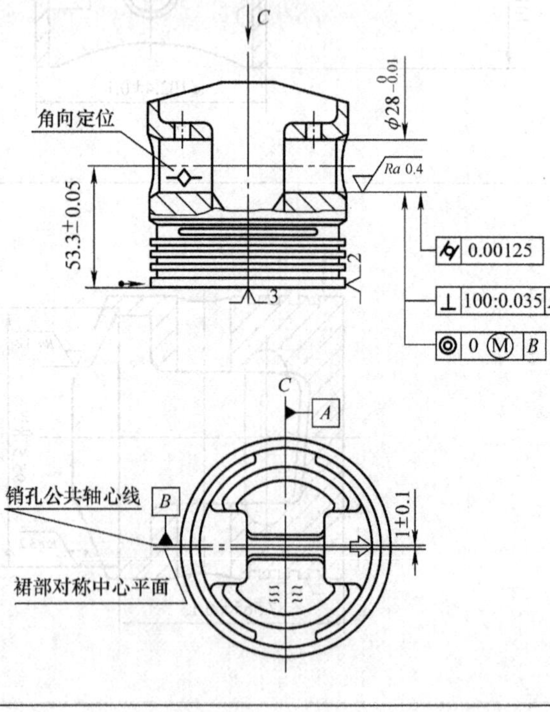	JL6 静 压镗床

（续）

工序号	工序名称	工 序 简 图	设 备
12	精车止口	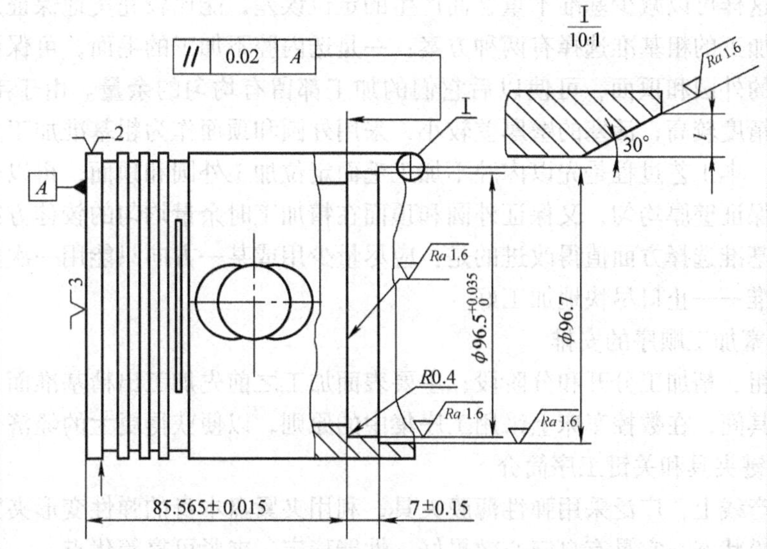	504690 二轴数控车床
13	车外圆、环槽、环岸及倒角	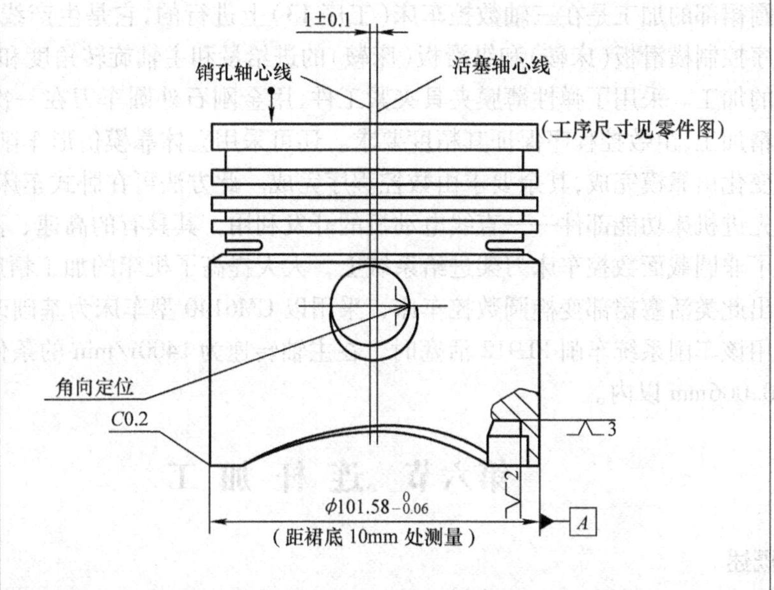	504700 三轴数控车床

三、活塞加工主要工艺过程分析

1. 定位基准选择

活塞是薄壁筒形零件，径向刚度差，其主要工作表面是头部各种环槽、裙部变椭圆外形、顶面和销孔等，都有较高的尺寸、形状和位置精度要求。根据基准重合原则，应选择活塞销孔、顶面和外圆作为精基准。但是，活塞加工的难点是径向刚度差，而其主要表面又集中在外圆上，所以必须采用能轴向夹紧、减少工件变形的辅助精基准——止口（内孔和端面），它符合基准统一和工序集中原则。同时还便于配件生产，因为各气缸孔磨损程度不同，要求各活塞外圆的尺寸也不同，由于止口尺寸相同，可采用一套夹具。

影响发动机工作压缩比的活塞销孔沿活塞轴线方向位置尺寸的设计基准是顶面。在精镗销孔时是以顶面为轴向基准，符合基准重合原则。另外，止口的精加工也是以顶面和外圆为基准的，这样可以减少基准不重合而产生的定位误差，能比较完美地保证加工要求。

活塞加工的粗基准选择有两种方案：一是选内腔不加工的毛面，可保证壁厚均匀；二是选要加工的外圆和顶面，可使以后它们的加工都留有均匀的余量。由于毛坯采用液态模锻后，毛坯精度较高，活塞的壁厚差较小，采用外圆和顶面作为粗基准加工止口是可以保证产品质量的。本工艺过程是先以内腔不加工毛面定位加工外圆和顶面，再以外圆和顶面加工止口，是既保证壁厚均匀，又保证外圆和顶面在精加工时余量均匀的较佳方案。

在粗基准选择方面值得改进的是：应尽量少用或某一方向只能用一次的问题，以及应把辅助精基准——止口尽快地加工好。

2. 活塞加工顺序的安排

采用粗、精加工分开和分阶段；主要表面加工之前先加工出精基准面，一些次要表面尽量穿插在其间；在数控车床上采用工序集中的原则，以便获得更大的经济效果。

3. 关键夹具和关键工序简介

本生产线上，广泛采用弹性薄膜夹具，利用夹紧盘本身的弹性变形夹紧工件，平时夹紧盘处在放松状态，它具有自定心效果好、性能稳定、夹紧可靠等优点。

变椭圆裙部的加工是在三轴数控车床(工序 13)上进行的,它是生产线中最关键的设备。由数控程序控制横滑板(床鞍)和纵滑板(床鞍)的进给量和主轴旋转角度和速度,实现裙部变椭圆活塞的加工。采用了弹性薄膜夹具夹紧工件,用金刚石外圆车刀在一次装夹便可完成几个参数的精加工,由数控程序保证其精度要求。还可采用立体靠模仿形车削法,其中刀具沿工件轴向的变化由靠模完成,其余要求由数控程序完成。此方法可在卧式车床上改装完成。

随着先进机床功能部件——直线电动机的开发利用，其具有的高速、高灵敏的响应特性被应用到了非圆截面数控车床刀架进给系统上，大大提高了机床的加工精度和速度。我国已成功研制出此类活塞裙部变椭圆数控车床，采用以 CM6140 型车床为基础改制的非圆截面数控车床，用该车削系统车削 FL912 活塞时，在主轴转速为 1400r/min 的条件下，加工误差可控制在 ±0.006mm 以内。

第六节　连 杆 加 工

一、概述

1. 连杆的功用与结构分析

连杆是活塞式发动机和压缩机的重要零件之一，其大头孔与曲轴连接，小头孔通过活塞销与活塞连接（常称为活塞销孔），其作用是将活塞的气体压力传给曲轴，又受曲轴驱动而带动活塞压缩气缸中的气体。连杆承受的是冲击动载荷，因此要求连杆质量小、强度高。

连杆由连杆大头、杆身和连杆小头三部分组成。连杆大头是分开的，一半为连杆盖，另一半与杆身为一体，通过连杆螺栓联接起来。连杆大、小头孔内分别装有轴瓦。连杆的外形轮廓是不规则的毛面，柴油机连杆大头结构粗大，为了使连杆在装卸时能从气缸孔内通过，采用斜剖式结构，即接合面与大、小头孔轴线所在平面形成一定的角度。图 6-85 所示是某柴油机连杆合件图。

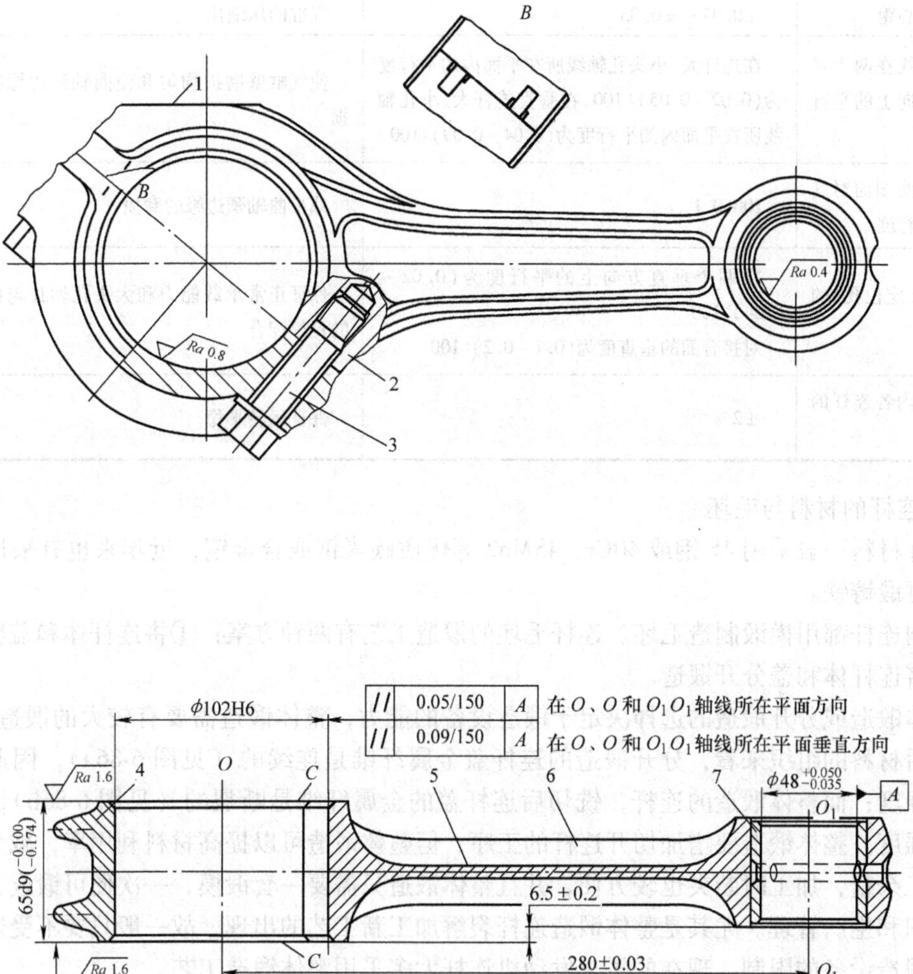

图 6-85　某柴油机连杆合件图

1—打重量标记　2—打配对标记　3—螺钉　4—连杆盖　5—对称面　6—连杆体　7—活塞销轴承

2. 连杆的主要技术要求

连杆的装配精度和主要技术要求见表6-11。

表6-11 连杆的装配精度和主要技术要求 （单位：mm）

技术要求项目	具体要求或数值	满足的主要性能
大、小孔精度	尺寸公差等级IT6，圆度、圆柱度0.004～0.006	保证与轴瓦的良好配合
两孔中心距	±0.03～±0.05	气缸的压缩比
两孔轴线在两个互相垂直方向上的平行度	在连杆大、小头孔轴线所在平面内的平行度为(0.02～0.05)∶100，在垂直连杆大、小孔轴线所在平面内的平行度为(0.04～0.09)∶100	使气缸壁磨损均匀和使曲轴颈边缘减少磨损
大头孔两端面对其轴线的垂直度	100∶0.1	减少曲轴颈边缘的磨损
两螺孔（定位孔）的位置精度	在两个垂直方向上的平行度为(0.02～0.04)∶100 对接合面的垂直度为(0.1～0.2)∶100	保证正常承载能力和大头孔轴瓦与曲轴颈的良好配合
连杆组内各连杆的质量差	±2%	保证运转平稳

3. 连杆的材料与毛坯

连杆材料一般采用45钢或40Cr、45Mn2等优质碳素钢或合金钢，近年来也有采用球墨铸铁和可锻铸铁。

钢制连杆都用模锻制造毛坯。连杆毛坯的锻造工艺有两种方案：①将连杆体和盖整体锻造；②将连杆体和盖分开锻造。

整体锻造或分开锻造的选择决定于锻造设备的能力，整体锻造需要有较大的锻造设备。从锻造后材料的组织来看，分开锻造的连杆盖金属纤维是连续的（见图6-86a），因此具有较高的强度；而整体锻造的连杆，铣切后连杆盖的金属纤维是断裂的（见图6-86b），因而削弱了强度。整体锻造要增加切开连杆的工序，但整体锻造可以提高材料利用率，减少接合面的加工余量，加工时装夹也较方便，并且整体锻造只需要一套锻模，一次便可锻成，也有利于组织和生产管理。尤其是整体锻造连杆裂解加工新工艺的出现，故一般只要不受连杆盖形状和锻造设备的限制，现在的轿车发动机连杆大多采用整体锻造工艺。

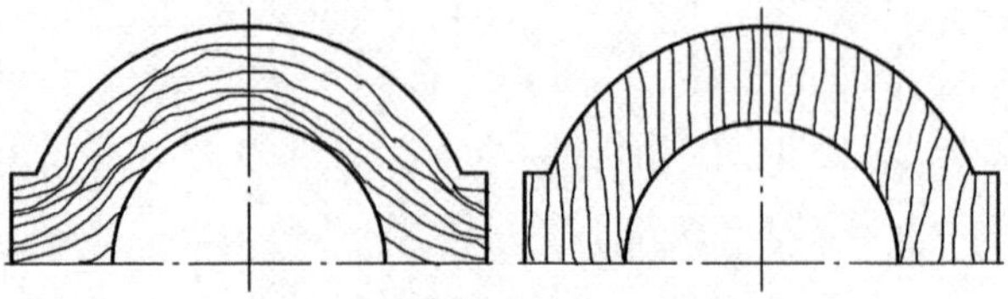

图6-86 连杆盖的金属纤维组织

a）纤维连续 b）纤维断裂

二、连杆的加工工艺过程

图 6-87 所示是某柴油机连杆体零件图；图 6-88 所示是其连杆盖的零件图，这两个零件用螺钉或螺栓联接，用定位套定位。连杆的生产属于大批量生产，采用流水线加工，机床按连杆的机械加工工艺过程顺序排列，设备多为专用机床。

该连杆采用分开锻造工艺，先分别加工连杆和连杆盖，然后合件加工。其机械加工工艺过程见表 6-12 和表 6-13。

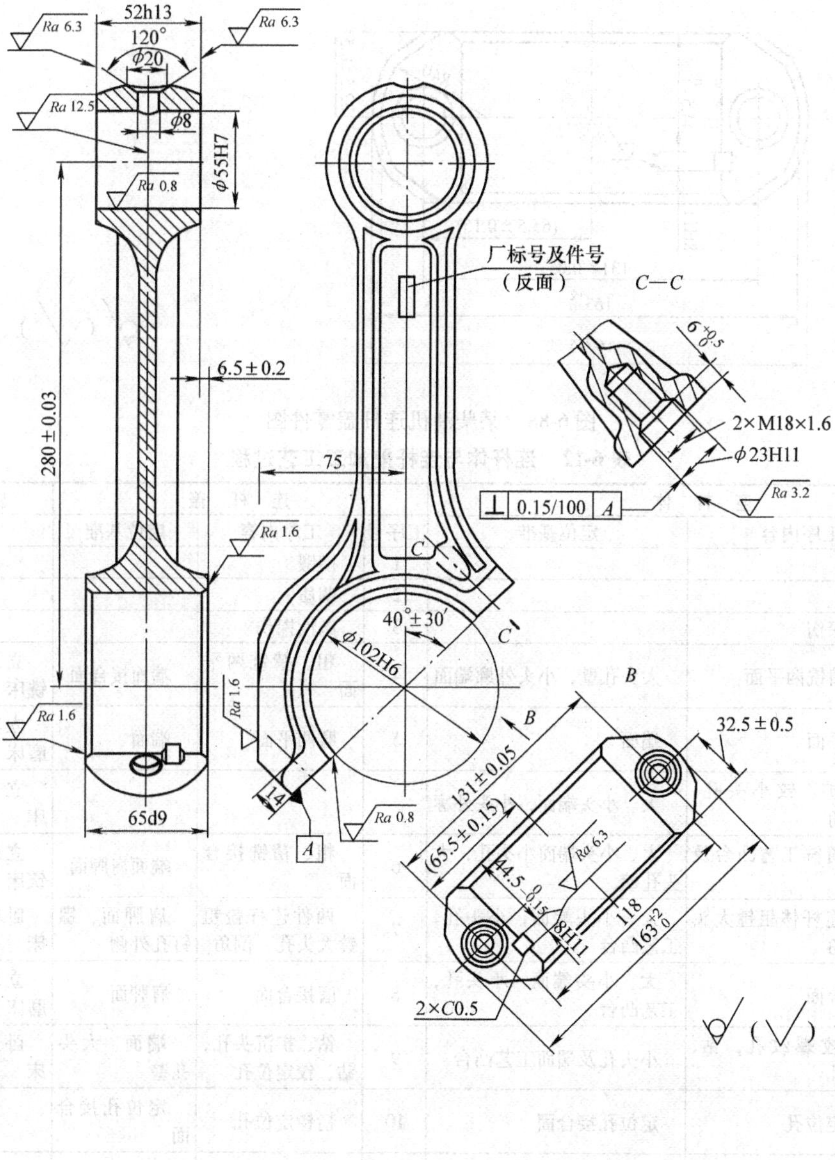

图 6-87 某柴油机连杆体零件图

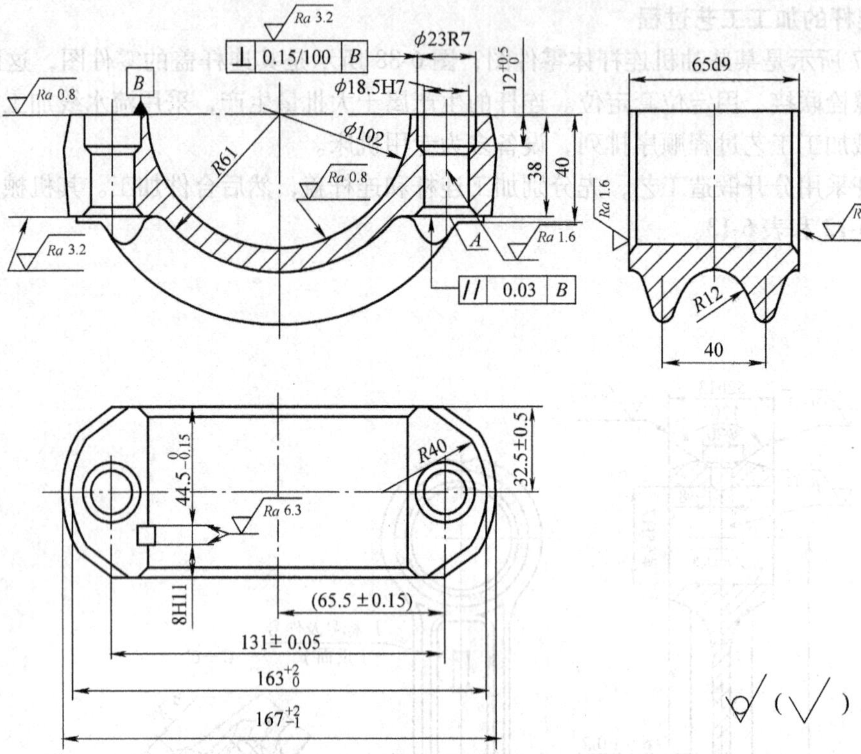

图 6-88　某柴油机连杆盖零件图

表 6-12　连杆体与连杆盖加工工艺过程

连杆体			连杆盖			机床设备
工序号	工序内容	定位基准	工序号	工序内容	定位基准	
1	模锻		1	模锻		
2	调质		2	调质		
3	磁性探伤		3	磁性探伤		
4	粗、精铣两平面	大头孔壁，小头外廓端面	4	粗、精铣两平面	端面接合面	立式双头回转铣床
5	磨两平面	端面	5	磨两平面	端面	立轴圆台平面磨床
6	钻、扩、铰小头孔、孔口倒角	大、小头端面，小头外廓				立式五工位机床
7	粗、精铣工艺凸台及接合面	大、小头端面小头孔，大头孔壁	6	粗、精铣接合面	端面肩胛面	立式双头回转铣床
8	两件连杆体粗镗大头孔，倒角	大、小头端面，小头孔，工艺凸台	7	两件连杆盖粗镗大头孔，倒角	肩胛面、螺钉孔外侧	卧式三工位铣床
9	磨接合面	大、小头端面，小头孔，工艺凸台	8	磨接合面	肩胛面	立轴矩台平面磨床
10	钻、攻螺纹孔，钻、铰定位孔	小头孔及端面工艺凸台	9	钻、扩沉头孔，钻、铰定位孔	端面、大头孔壁	卧式五工位机床
11	精镗定位孔	定位孔接合面	10	精镗定位孔	定位孔接合面	
12	清洗		11	清洗		
13	打印件号		12	打印件号		
14	检验		13	检验		

表 6-13　连杆合件加工工艺过程

工序号	工 序 内 容	定 位 基 准	机 床 设 备
1	体与盖对号，清洗，装配		
2	磨两平面	大、小头端面	立轴圆台平面磨床
3	半精镗大头孔及孔口倒角	大、小头端面，小头孔工艺凸台	立轴镗铣床
4	精镗大、小头孔	大头端面，小头孔工艺凸台	金刚镗床
5	钻小头油孔及孔口倒角		立轴镗铣床
6	珩磨大头孔		珩磨机
7	小头孔内压入活塞销轴承		专用机床
8	铣小头两端面	大、小头端面	立式双头回转铣床
9	精镗小头轴承孔	大、小头孔	金刚镗床
10	拆开连杆盖		
11	铣体与盖大头轴瓦定位槽		铣定位槽专用机床
12	对号，装配		
13	退磁		
14	检验		

三、连杆加工工艺过程分析

（一）定位基准的选择

连杆是一个典型的杆类零件，其主要工作表面是大、小头孔及大孔端面，都有较高的尺寸、形状和位置等精度要求。根据基准重合原则，应选择大、小头孔的轴线及大孔端面作为精基准。

由于连杆的外形不规则，为了定位需要，在连杆外形的有些部位应作出工艺凸台作为辅助精基准。图 6-89 所示为连杆的三种定位方案和工艺凸台示意图，均采用大、小头端面作为主要定位面（限制了工件三个自由度）。轴线的定位基准：图 6-89a 中采用大头孔及小头侧面工艺凸台；图 6-89b 中采用小头孔及大头侧面工艺凸台；图 6-89c 中采用大、小头侧面及小头顶面三处工艺凸台。图 6-89a、b 所示的两方案均符合基准重合原则（应注意仍有一个自由度限制是用辅助精基准即工艺凸台定位的），考虑到简化夹具结构，本工艺采用图 6-89b 所示方案较为合理，图 6-89c 所示方案不符合基准重合原则。三种定位方案均限制了工件三个自由度，加上端面限制的三个自由度限，属完全定位。为使工件定位和夹紧可靠，应安排对作为辅助精基准的工艺凸台进行加工，使凸台平

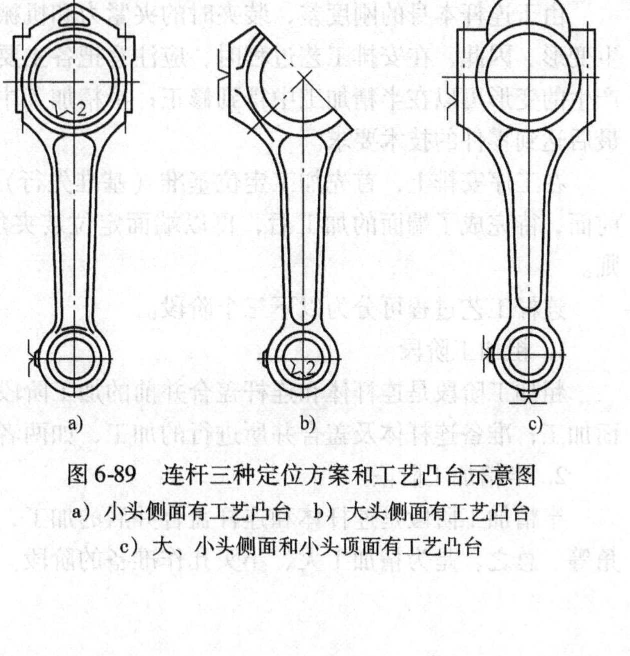

图 6-89　连杆三种定位方案和工艺凸台示意图
a）小头侧面有工艺凸台　b）大头侧面有工艺凸台
c）大、小头侧面和小头顶面有工艺凸台

整，易于装夹，这里有一个粗基准的选择问题。

连杆大、小头端面对称分布在杆身的两侧，有时大、小头端面厚度不等，大头端面与同侧小头端面不在一个平面上，用这样的不等高面作定位基准面，必然会产生定位误差。因此，制订工艺时，可先把大、小头端面加工成一样的厚度，这样不但避免了上述缺点，而且由于两个端面同时安装在一个平面上，定位面积加大，使得定位更加可靠，直到加工的最后阶段才铣出厚度不等的阶梯面。有时，大、小头端面厚度一样，在最后的精镗大、小头孔时，却只用大头端面作为定位基准面而不用小头端面。这是因为定位面虽然大了，但如果大、小端面不处在同一平面上，反而会增加装夹误差。这是辨证地分析定位面大小的典型实例。

在加工误差综合分析实例中曾用过图 4-54 所示某工厂镗连杆小头孔夹具示意图，定位的大头孔较长，端面较小，夹紧力在大头孔内，端面无夹紧力。工件除了以连杆大头孔（限制四个自由度）和大头端面（限制一个自由度）作为定位基准外，还以被加工的小头孔中心为定位基准，用菱形短插销定位（限制一个自由度），总共限制了工件六个自由度。大头内孔定位夹紧以后，在靠小头连杆两侧用浮动平衡夹紧装置夹紧连杆体，然后拔出菱形插销，伸入镗杆对小头孔进行镗削。这种定位夹紧后可从小头孔中抽出菱形插销（即活动的定位销），是一种自为基准的定位方法，既限制了工件的某些自由度，又解决了自身表面的加工，更使连杆加工时符合完整的基准重合原则。

对称连杆端面作为精基准时，要认定其中一个端面始终在加工过程中作为基准，保证精基准的一致性，见图 6-87 中“厂标号及件号”，就是为了认定一个端面作为精基准。若两端面先后加工，则应该采用两端面中后加工的一个端面。

粗基准选择在端面方向的有两种方案：一是选中间不加工的毛面，可保证对称（见图 6-91）；二是选择要加工的端面，可使加工余量均匀。孔加工和工艺凸台的粗基准，也有两种方案可供选择，理由类同。本加工方案是以小头孔外廓为粗基准加工小头孔，保证小头孔壁厚均匀，大头侧面工艺凸台的加工粗基准是大孔壁，保证以后的加工面余量均匀。

（二）加工阶段的划分和加工顺序的安排

由于连杆本身的刚度差，装夹时的夹紧力和机械加工中产生的残余应力，容易使连杆发生变形。因此，在安排工艺过程时，应注意把各主要表面的粗、精加工工序分开，使粗加工产生的变形可以在半精加工中得到修正；半精加工中产生的变形可以在精加工中得到修正，最后达到零件的技术要求。

在工序安排上，首先加工定位基准（基准先行），将端面的铣、磨工序放在加工过程的前面，待完成了端面的加工后，再以端面定位装夹加工孔，也符合先面后孔的工序安排原则。

连杆工艺过程可分为以下三个阶段。

1. 粗加工阶段

粗加工阶段是连杆体和连杆盖合并前的加工阶段：主要是基准面的加工，包括辅助基准面加工；准备连杆体及盖合并所进行的加工，如两者接合面的铣、磨等。

2. 半精加工阶段

半精加工阶段是连杆体和连杆盖合并后的加工，如精磨两平面，半精镗大头孔及孔口倒角等。总之，是为精加工大、小头孔作准备的阶段。

3. 精加工阶段

精加工阶段主要是最终保证连杆主要表面——大、小头孔全部达到图样要求的阶段，如珩磨大头孔、精镗小头孔等。

（三）确定合理的夹紧方法

连杆是一个刚性较差的工件，应十分注意夹紧力的大小、方向及夹紧点位置的选择，以免因受夹紧力的作用而产生变形，影响加工精度。图 6-90 所示为不正确的夹紧方法。正确的夹紧方法可参见图 6-91 所示的粗铣连杆两端面的夹具，从连杆两侧用浮动平衡夹紧装置夹紧。夹紧力主方向与端面平行。连杆上部有两点浮动压头，可使连杆的大、小头端侧均衡受力；在夹紧力作用的方向上，因大、小头端部的刚性较大，即使有一点变形，也产生在平行于端面的方向上，对端面平行度影响较小；夹紧力通过工件直接作用在定位元件（连杆大、小端下面的支承块）上，可避免工件产生弯曲或扭转变形。夹具对连杆端面方向的定位，选择的是连杆杆身中间不加工的毛面，采用了螺旋式定心夹紧机构：螺杆的两端分别有旋向相反的螺旋，当转动螺杆时，通过左、右旋螺纹带动左、右两个挡块同时向中心移动，定心夹紧工件，达到连杆端面方向毛坯中心对称的效果。在连杆大端左侧的 V 形块和连杆小端 V 形压头都可作少量自位浮动，用以补偿连杆外形的不精确所造成的误差。在连杆小端右侧螺栓则把连杆向左顶紧，以避免铣削连杆端面时产生窜动或振动。

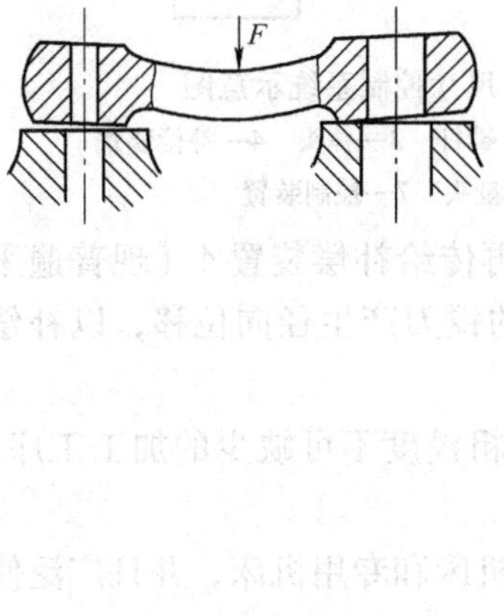

图 6-90　连杆的夹紧变形

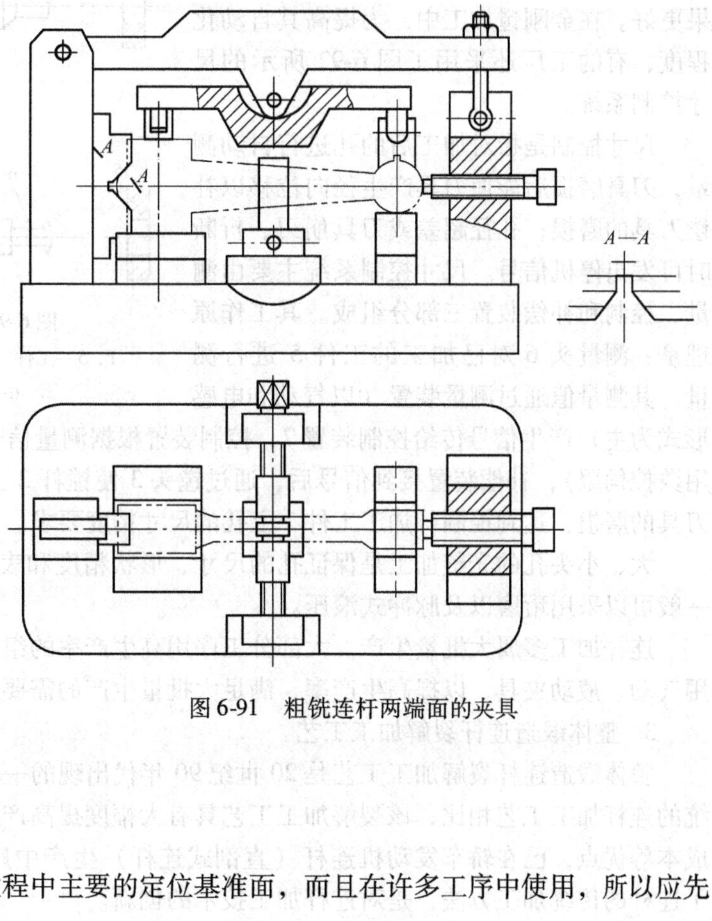

图 6-91　粗铣连杆两端面的夹具

（四）主要表面的加工方法

1. 两端面的加工

连杆的两端面是连杆加工过程中主要的定位基准面，而且在许多工序中使用，所以应先加工它，且随着工艺过程的进行，要逐渐精化，以提高其定位精度。连杆两端面成批生产多采用铣削加工；在大批大量生产中，还可采用磨削和拉削加工。

2. 大、小头孔的加工

连杆大、小头孔的加工是连杆加工中的关键工序，直接影响连杆成品的质量。

一般先加工小头孔（因为小头孔是精基准），后加工大头孔；合装后再同时精加工大、小头孔，最后光整加工大、小头孔。

小头孔直径小，锻坯上不锻出预孔，所以小头孔首道工序为钻削加工。加工方案多为钻—扩（拉）——镗（铰）。

无论采用整体锻造还是分开锻造，大头孔都会锻出预孔，因此大头孔首道工序是粗镗（或扩）。大头孔的加工方案多为：粗镗（扩）→半精镗→精镗。

在大、小头孔的加工中，镗孔是保证精度的主要方法。因为镗孔能够修正毛坯和上道工序造成的孔的歪斜，易于保证孔与孔或孔与平面的位置精度。虽然镗杆尺寸受孔径大小的限制，但一般连杆的孔径不会太小，而且孔深与孔径之比在1左右，在这个长径比范围，加工时镗杆伸出的悬伸短、镗杆受力变形小，孔的加工精度容易保证。

大、小头孔的精镗一般都在专用的双轴镗床上同时进行，有条件的工厂采用双面、双轴金刚镗床，对提高加工精度和生产率效果更好。在金刚镗加工中，为提高其自动化程度，有的工厂还采用了图6-92所示的尺寸控制系统。

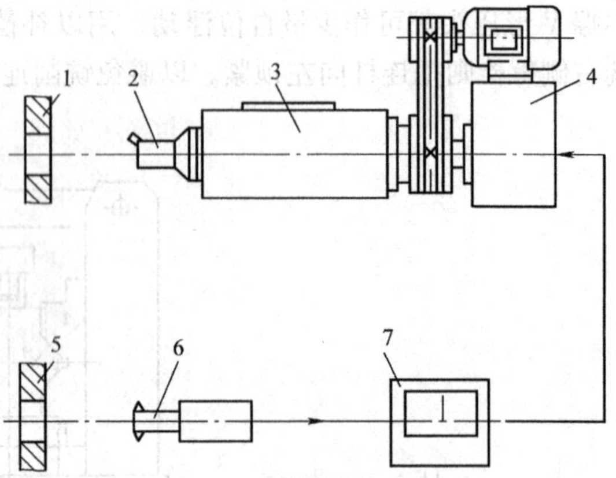

图6-92 尺寸控制系统示意图

1、5—工件 2—镗杆 3—镗头 4—补偿装置 6—测量头 7—控制装置

尺寸控制是指对加工后的孔进行自动测量，刀具磨损后能使刀具产生径向位移以补偿刀具的磨损；孔径超差或刀具崩刃、折断时可发出停机信号。尺寸控制系统主要由测量、控制和补偿装置三部分组成。其工作原理是：测量头6对已加工的工件5进行测量，其测量值通过测量装置（以气动和电感形式为主）产生信号传给控制装置7，控制装置根据测量信号再传给补偿装置4（现普遍采用数控伺服），补偿装置接到信号后，通过镗头3使镗杆2上的镗刀产生径向位移，以补偿刀具的磨损，达到控制待加工工件1上孔的尺寸精度要求。

大、小头孔的光整加工是保证孔的尺寸、形状精度和表面粗糙度不可缺少的加工工序，一般可以采用珩磨以及脉冲式滚压。

连杆加工多属大批量生产。大部分工序用高生产率的组合机床和专用机床，并且广泛使用气动、液动夹具，以提高生产率，满足大批量生产的需要。

3. 整体锻造连杆裂解加工工艺

整体锻造连杆裂解加工工艺是20世纪90年代出现的一种先进的连杆加工新技术，和传统的连杆加工工艺相比，该裂解加工工艺具有大幅度提高产品质量、提高生产率、降低生产成本等优点，已在轿车发动机连杆（直剖式连杆）生产中广泛采用。该技术从根本上改变了连杆的传统加工方法，是对连杆加工技术的创新。

整体锻造连杆裂解加工示意图如图 6-93 所示。整体锻造连杆经半精加工后，第一步，先由拉刀 1 在连杆大头孔内侧对称拉出两条 V 形槽（见图 6-93a），形成初始裂纹源；第二步，置于大头孔上方的楔铁下降，推动左、右裂解套产生径向撑断力（见图 6-93b），使连杆在裂纹源处产生应力集中效应，裂纹先从此处生成并向外扩展，直到连杆脆性撑断，裂解分离成连杆体与连杆盖；第三步，将连杆体和连杆盖复位，并采用定转矩上螺栓法，使连杆体和连杆盖再紧密合件连接（见图 6-93c），以进行后续工序的加工。

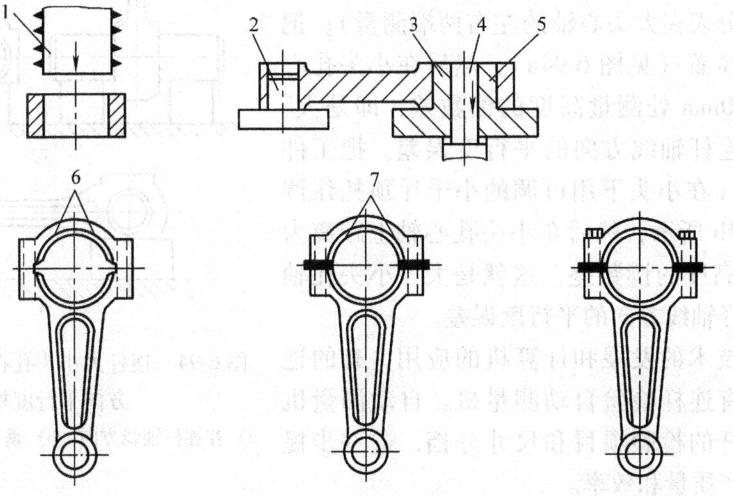

图 6-93 连杆裂解加工示意图

a）拉裂解槽 b）裂解 c）上螺栓

1—拉刀 2—定位销 3—左半裂解套 4—楔铁 5—右半裂解套 6—裂解槽 7—断裂面

这种连杆裂解加工工艺，由于断裂面的三维断面特性能够使得连杆体和连杆盖完全啮合，可以确保断裂处的接合面精确复位，因此，结合面无需再进行机械加工，简化了传统螺栓孔的结构设计和加工工艺，提高了生产率。同时，连杆裂解加工工艺使连杆体和连杆盖的有效接合面积增大，有利于增强连杆的承载能力和抗剪切能力；由于是同一连杆自身裂解，连杆盖与连杆体再组装时的位置是唯一的，与其他的连杆不可能互换，便于生产管理。

综上所述，连杆裂解加工工艺通过断裂面的精确啮合，取代了传统加工方法中连杆体和连杆盖接合面复杂的机械加工，简化了螺栓孔的结构，降低了生产成本，减少了加工工序和设备。据有关工厂统计，采用整体锻造连杆裂解加工工艺可减少连杆机加工工序 60%、机床设备投资 25%、刀具费用 35%，节省能源 40%。此加工新工艺已在轿车发动机连杆生产中大量应用。

四、连杆的检验

连杆在机械加工中要进行多次中间检验，加工完毕后还要进行最终检验。检验项目按图样上的技术要求进行，一般分为下述三类：

1）观察外表缺陷及目测表面粗糙度。

2）检验主要表面的尺寸精度。例如某柴油机厂，大、小头孔的直径尺寸用内径千分表测量，这样同时也可测出孔的圆度。

3）检验主要表面的位置精度。其中大、小头孔轴线在两个互相垂直方向的平行度检验，用图6-94所示的工具及方法进行。在大、小头孔中插入心轴；大头孔的心轴放在等高垫铁上，使大头孔轴线与平板平行（用千分表在大头心轴的左右两端测量）；把连杆置于直立位置（见图6-94a），然后在小头孔心轴上距离为100mm处测量高度的读数差，即是大、小头孔轴线在连杆轴线方向的平行度误差。把工件置于水平位置（在小头下用可调的小千斤顶托住调整），如图6-94b所示，然后在小头孔心轴上距离为100mm处测量高度的读数差，这就是大、小头孔轴线在垂直于连杆轴线方向的平行度误差。

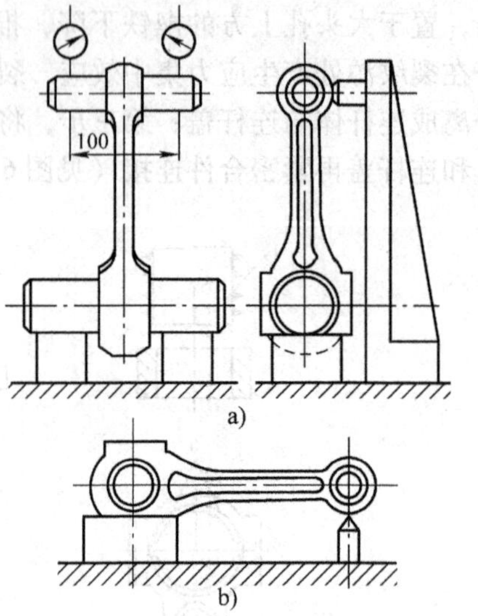

图6-94 连杆大小头孔在两个互相垂直方向平行度检验

a）在连杆轴线方向 b）垂直于连杆轴线方向

随着测量技术的发展和计算机的应用，有的连杆生产厂已具有连杆检验自动测量机。自动测量机能自动完成连杆的检验项目和尺寸分档，进一步提高了连杆的生产质量和效率。

习题与思考题

6-1 主轴的结构特点和技术要求有哪些？为什么要对其进行分析？它对制订工艺过程起什么作用？

6-2 主轴毛坯常用的材料有哪几种？对于不同的毛坯材料，在加工各个阶段中所安排的热处理工序有什么不同？它们在改善材料加工性能方面起什么作用？

6-3 在主轴加工中，常以中心孔作为定位基准，试分析其特点。若工件是空心的，如何实现加工过程中的定位？

6-4 拟订CA6140型车床主轴主要表面的加工顺序时，可以列出以下四种方案：

1）钻通孔→外表面粗加工→锥孔粗加工→外表面精加工→锥孔精加工。

2）外表面粗加工→钻深孔→外表面精加工→锥孔粗加工→锥孔精加工。

3）外表面粗加工→钻深孔→锥孔粗加工→锥孔精加工→外表面精加工。

4）外表面粗加工→钻深孔→锥孔粗加工→外表面精加工→锥孔精加工。

试分析比较上述各方案的特点，指出最佳方案并说明理由。

6-5 试分析主轴加工工艺过程中如何体现“基准统一”、“基准重合”、“互为基准”、“自为基准”原则？可结合书中例子说明。

6-6 主轴的检验中规定：锥孔的接触精度用专用锥度量规涂色检验，要求接触面积在70%以上，分布均匀而大端接触较“硬”，即锥度只允许偏小。试从主轴锥孔的用途（安装顶尖或工具锥柄）产生的同轴度误差大小，来分析制订此项规定的原因。

6-7 编写图6-95所示组合机床动力头钻轴的机械加工工艺过程。生产类型属小批生产，材料40Cr，并说明所制订的工艺过程中，采用什么方法来保证钻轴的技术要求？

6-8 提高外圆磨削生产率的方法有哪些？并叙述各种高效磨削方法的特点。

6-9 曲轴的结构特点是什么？有哪些主要的技术要求？工艺上如何保证这些技术要求？为何要角度定

位基准？其含义是什么？曲轴零件有几种角度定位基准的方案可选择？试举一种方案，并进行深入分析精、粗角度定位基准选择的理由。

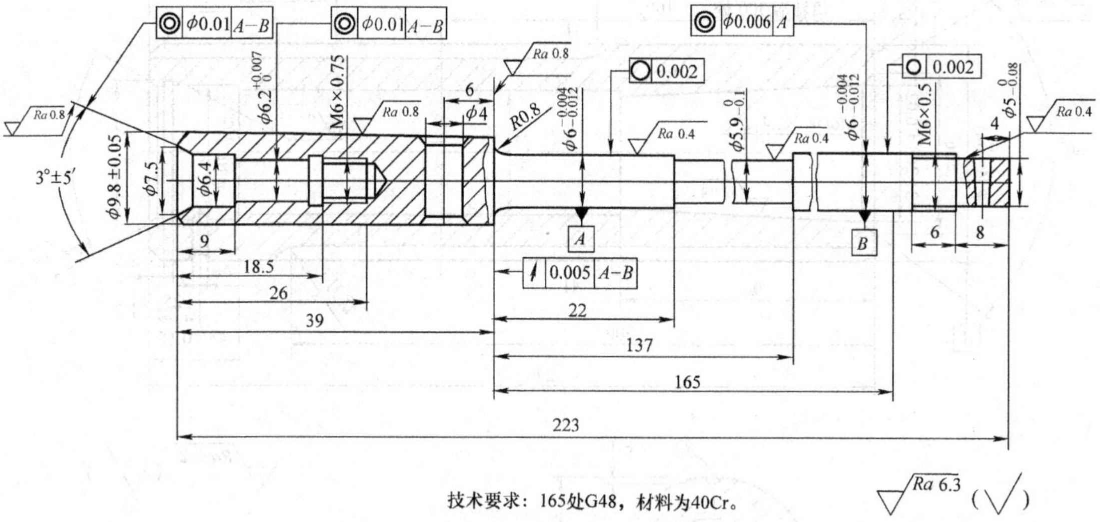

图 6-95　题 6-7 图

6-10　丝杠的功用、结构特点及技术要求有哪些？如何选用丝杠的材料及相应的热处理措施？

6-11　丝杠加工工艺过程中有规定“每次加工后工件应垂直吊放”，一些长拉刀的安放也有此规定，试阐述原因？对于一些大型轴类零件或长工件，因自重和体积原故，无法进行垂直吊放，则应如何解决堆放问题？并用力学理论加以分析说明。

6-12　试以本书中“图 6-28 某机床滚珠丝杠零件图”及“丝杠加工的工艺特点”内容为基础，编制此机床滚珠丝杠的加工工艺过程。

6-13　SM8625 精密丝杠的直径 ϕ85mm，螺距为 12mm，长度为 3045mm，加工精度要求 7 级，若加工时机床母丝杠温升 2°C，问可能造成工件丝杠的螺距累积误差有多大？是否超差？如仅考虑温度影响，则允许温升为多少？用哪些方法来控制温升？

6-14　套筒零件孔的加工方法有哪几种？孔加工方案的选择通常应考虑哪些特点和原则？

6-15　深孔加工有哪些特点？针对这些特点可采取何种对策来提高深孔加工的质量？

6-16　孔的精密加工方法有哪些？比较应用场合及特点。

6-17　编写图 6-96 所示 C620 型车床尾座套筒的机械加工工艺过程。生产类型为小批，毛坯材料为 45 钢，毛坯尺寸 $\phi60 \times 288$mm 的棒料。

6-18　加工车床主轴箱时，一般都要规定主轴孔轴线对安装基面的平行度公差，是为了满足装配时主轴轴线对床鞍移动时在垂直和水平两个方向上，只允许主轴前端向上和向前偏。问为何不允许向下和向后偏？

6-19　箱体加工顺序安排中应遵循“加工阶段粗、精分开原则”试阐述原因。

6-20　箱体加工顺序安排中应遵循“先面后孔的原则”，为什么？并举例说明。

6-21　箱体孔系加工有哪些方法？它们各有何特点？

6-22　在镗床上镗削直径较大的箱体孔时，影响孔在纵、横截面内形状精度的主要因素是什么？镗削长度较大的柴油机机体时，为什么粗镗常采用双向加工曲轴孔和凸轮轴孔，而精镗则采用单向加工？

6-23　在卧式镗床上加工箱体内孔，可采用如图 6-97 所示的几种方案。若只考虑镗杆受切削力变形的影响，试分析各种方案加工后箱体孔的纵向形状误差。

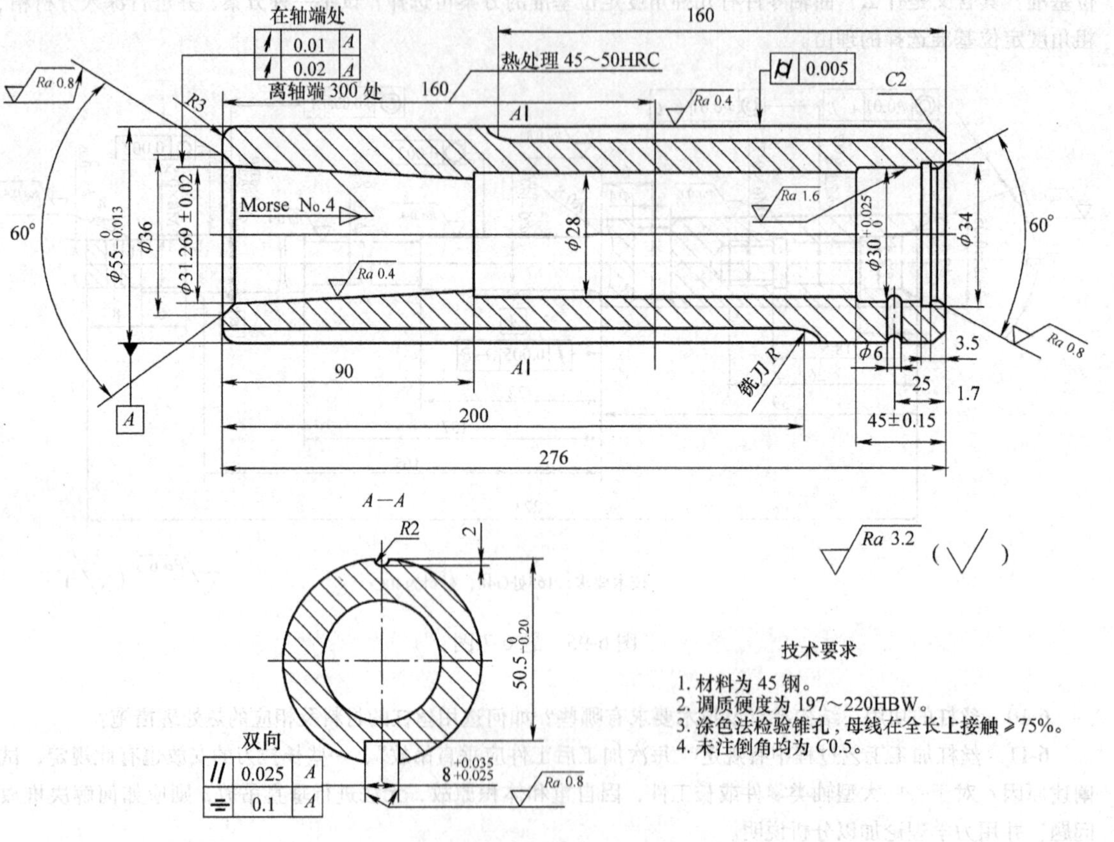

图 6-96　题 6-17 图

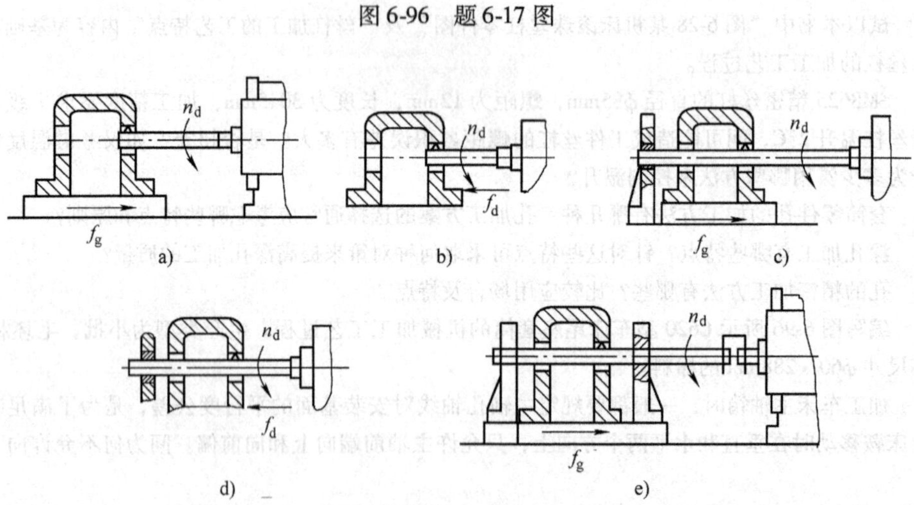

图 6-97　题 6-23 图

a）工件进给　b）镗杆进给　c）工件进给、镗杆加后支承

d）镗杆进给、加后支承　e）镗模夹具、工件进给

6-24　试编制图 6-98 所示中型外圆磨床尾座机械加工工艺过程。其生产类型中批生产，材料为 HT200。

6-25　齿形加工的精基准有哪些方案？它们各有什么特点？对齿坯加工的要求有何不同？齿轮淬火前精基准的加工与淬火后精基准的修正通常采用什么方法？

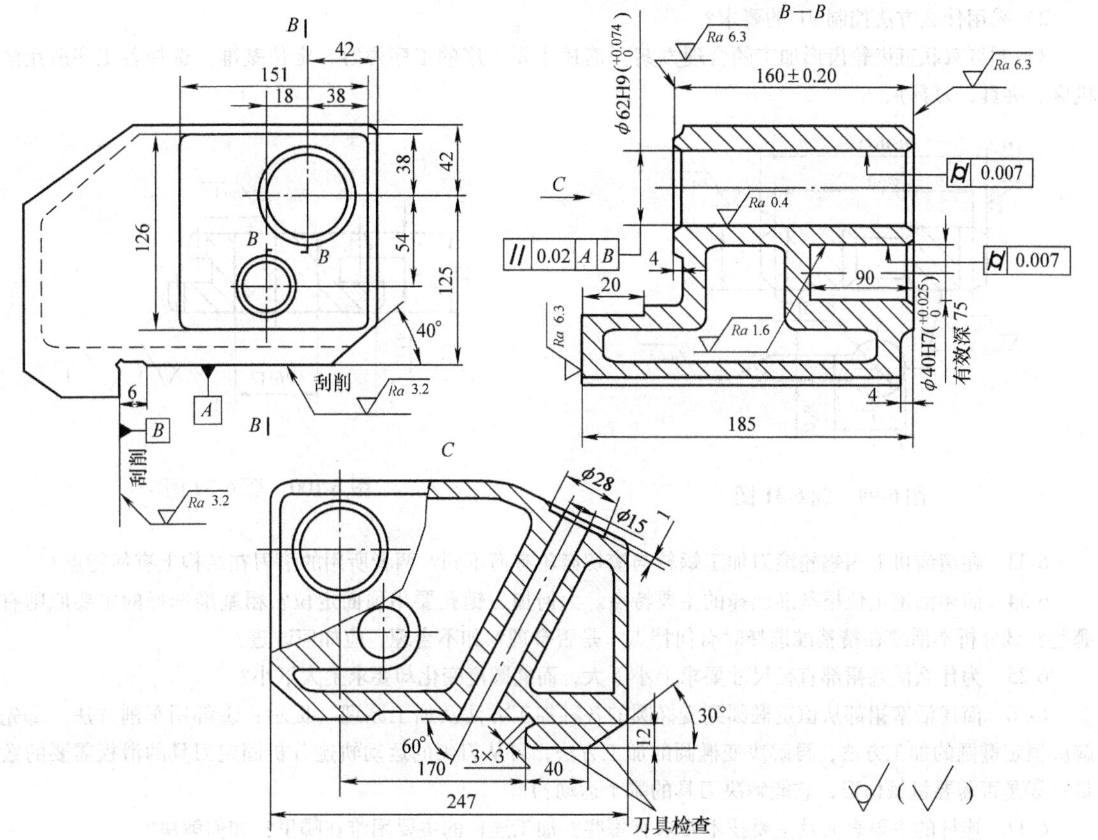

技术要求：材料为HT200；内壁涂黄漆，非加工面涂底漆。

图6-98　题6-24图

6-26　试比较滚齿与插齿、剃齿与冷挤、磨齿与珩齿的加工原理、工艺特点及适用场合（可列表进行比较）。

6-27　齿轮的典型加工工艺过程由哪几个加工阶段所组成？其中毛坯热处理与齿面热处理各起什么作用？应安排在工艺过程的哪一阶段？

6-28　剃齿前的切齿工序采用滚齿、插齿，哪种较合适？为什么？若齿轮的公法线长度变动量（Δf_W）需严格控制，插齿后的精加工应选择哪种加工方法？

6-29　剃齿加工能提高被加工齿轮的传动平稳性，其原因何在？为什么珩齿的齿形表面质量高于剃齿，而其修正误差的能力又低于剃齿？

6-30　度量用的标准齿轮的齿形精加工，是否应采用剃齿、珩齿或磨齿？为什么？磨齿的共同原理是什么？

6-31　如图6-99所示，直齿圆柱齿轮的$m=2\text{mm}$、$z=30$，精度为7FL GB/T 10095.1，齿面的表面粗糙度$Ra=0.8\mu\text{m}$，齿轮材料为45钢，齿面硬度45～48HRC，试制订合理的工艺过程（简述主要工序的工序内容、定位基准，选择各工序所用的机床、夹具、刀具）。

6-32　有一个双联直齿齿轮如图6-100所示，材料为黄铜，小齿轮精度为8GM GB/T 10095.1，齿面的表面粗糙度$Ra=1.6\mu\text{m}$，大齿轮精度为667FL GB/T 10095.1，齿面的表面粗糙度$Ra=0.4\mu\text{m}$。毛坯按规定要求已加工好了，其他结构尺寸如图所示，$m=1\text{mm}$，$z_1=16$，$z_2=24$。试说明：

1）667FL分别表示什么？

2）采用什么方法控制 FL 的要求？

3）制订双联直齿轮齿形加工的合理方案（简述主要工序的工序内容、定位基准，选择各工序所用的机床、夹具、刀具）。

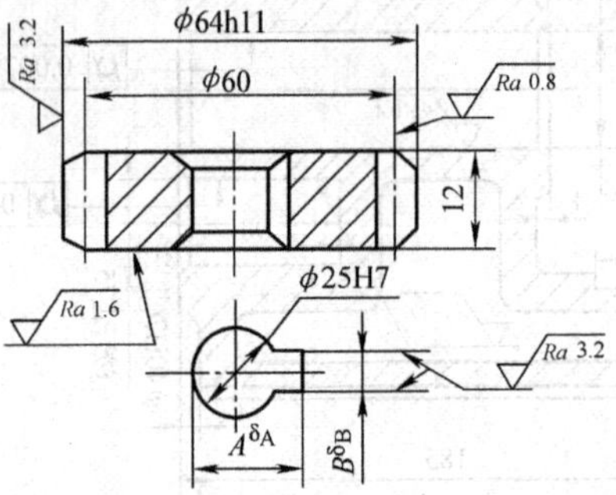

图 6-99　题 6-31 图

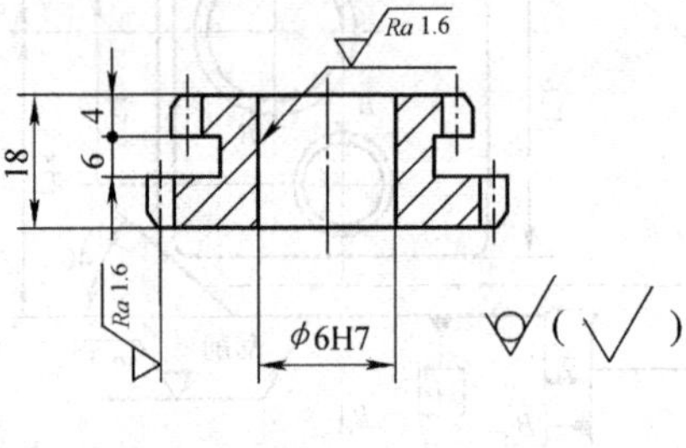

图 6-100　题 6-32 图

6-33　在滚齿机上用蜗轮滚刀加工蜗轮与滚切齿轮有何不同？两者所用的滚刀在结构上有何特点？

6-34　简述活塞定位精基准选择的主要特点。为何加工销孔要用顶面定位？粗基准选择的主要原则有哪些？试分析本活塞在精基准选择时有何特点？是否合理？如不合理，应如何改进？

6-35　为什么活塞裙部直径尺寸要求上小下大，而椭圆度变化却要求上大下小？

6-36　简述活塞裙部从恒定椭圆到变椭圆的各种加工方法及加工原理（提示：①都用车削方法，②先解决恒定椭圆的加工方法，再解决变椭圆的加工方法，可从刀尖的运动轨迹分析固定刀具的滑板需要的数量；③是否需要机械仿形，它能解决刀具的哪个运动?）。

6-37　连杆的主要表面及主要技术要求有哪些？加工连杆的主要困难在哪里？如何解决？

6-38　用定位精、粗基准的选择原则，全面分析连杆基准选择的实例。

6-39　连杆加工过程中，对第一道加工工序——粗、精铣两平面（本书中表 6-12“连杆体与连杆盖加工工艺过程”中）的定位和夹紧方法选择时，应注意哪些问题？

6-40　某工厂在金刚镗床上同时精镗连杆大、小头孔工序中，发现连杆加工完毕未卸下夹具之前检验两孔轴线在连杆轴线方向及垂直于连杆轴线方向的平行度误差是合格的，一旦卸下后再检验却不合格了，试分析可能产生此误差的原因及解决办法。

6-41　试根据图 6-90“粗铣连杆两端面的夹具”，分析夹具定位元件所限制的工件自由度。

6-42　归纳、总结：轴类、套筒类、箱体类、齿轮类、活塞（薄壁类）和连杆（杆叉类）等各类零件基准选择的主要特点。

6-43　试通过查阅同类齿轮工艺的参考资料，分析、评价图 6-67 所示齿轮的结构工艺性、技术要求和工序基准选择的优缺点。

第七章　装配工艺基础和装配尺寸链

装配是机械制造中保证产品质量的重要阶段。装配除了将零件、组件和部件进行连接外，还应包括检验、调整和试验等工作，保证产品的装配精度要求，它是产品质量的重要指标，又和产品设计关系最为密切。学习本章的目的是能从保证装配精度的要求出发，分析和选择装配工艺及其和机械加工工艺的关系，具有主管产品工艺的初步能力。本章的理论基础是装配尺寸链的建立和求解。

第一节　概　　述

一、装配的概念

任何机器都是由若干零件、组件和部件组成的。按规定的技术要求，将零件、组件和部件进行配合和连接，使之成为半成品或成品的工艺过程称为装配。把零件、组件装配成部件的过程称为部件装配，零件、组件和部件装配成为最终产品的过程称为总装配。

装配是机械制造过程中的最后一个阶段。为了使产品达到规定的技术要求。装配不仅是零件、组件和部件的配合和连接等过程，还应包括调整、检验、试验、涂饰和包装等工作。

机器的质量是以机器的工作性能、使用效果、可靠性和寿命等综合指标来评定的。这些指标除和产品结构设计和材质选择的正确性有关外，还取决于零件的制造质量（包括加工精度、表面质量和热处理性能等）和机器的装配质量。机器的质量最终是通过装配质量保证的，若装配不当，即使零件的制造质量都合格，也不一定能够装配出合格的产品。反之，零件的制造质量不十分良好，只要在装配中采取合适的工艺措施，也能使产品达到规定的技术要求。因此，装配工艺对保证机器的质量起到十分重要的作用。

另外，通过机器的装配，可以发现机器设计上的错误（如不合理的结构和尺寸等）和零件加工工艺中存在的质量问题，并加以改进。因此，装配工艺过程又是机器生产的最终检验环节。

目前，在多数工厂中，装配工作大多靠手工劳动完成，自动化程度和劳动生产率远不如机械加工。所以研究装配工艺，选择合适的装配方法，制订合理的装配工艺规程，不仅是保证机器装配质量的手段，也是提高产品生产率，降低制造成本的有力措施。

二、装配精度

装配精度是装配工艺的质量指标，可根据机器的工作性能来确定。正确地规定机器和部件的装配精度是产品设计的重要环节之一，不仅关系到产品质量，也影响产品制造的经济性。装配精度是制订装配工艺规程的主要依据，也是选择合理的装配方法和确定零件加工精度的依据。所以，应正确规定机器的装配精度。

对于一些标准化、通用化和系列化的产品，如通用机床和减速器等，它们的装配精度可根据国家标准和行业标准来制订。

表 7-1 为 GB/T 4020—1997《卧式车床　精度检验》的摘录。本标准是根据国际标准

ISO 1708：1989 进行修订的，是等效采用该国际标准，包括几何精度（装配精度）和少数工作精度。

对于没有标准可循的产品，其装配精度可根据用户的使用要求，参照经过实践检验过的类似部件或产品的已有数据，采用类比法确定。

对于一些重要产品，其装配精度要经过分析计算和试验研究后才能确定。

表 7-1 《卧式车床　精度检验》摘录（GB/T 4020—1997）　　（单位：mm）

<table>
<tr><th rowspan="2">序号</th><th rowspan="2">简　　图</th><th rowspan="2">检验项目</th><th colspan="2">公　　差[①]</th></tr>
<tr><th>普通级
D_a[②] ≤800</th><th>精密级
D_a ≤500 和
DC≤1500</th></tr>
<tr><td rowspan="8">G2[④]</td><td rowspan="8">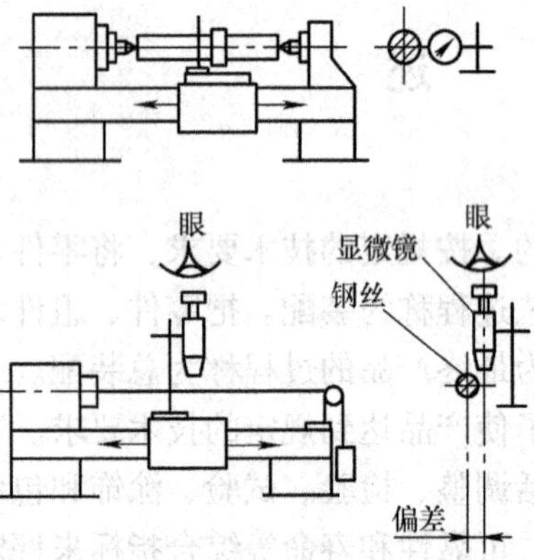
</td><td rowspan="8">B——床鞍
床鞍移动在水平面内的直线度
在两顶尖间轴线和刀尖所确定的平面内检验</td><td colspan="2">DC[③] ≤500</td></tr>
<tr><td>0.015</td><td>0.01</td></tr>
<tr><td colspan="2">500 < DC≤1000</td></tr>
<tr><td>0.02</td><td>0.015</td></tr>
<tr><td colspan="2">DC > 1000</td></tr>
<tr><td colspan="2">最大工件长度每增加 1000，公差增加 0.005</td></tr>
<tr><td>0.03</td><td>0.02</td></tr>
<tr><td colspan="2"></td></tr>
<tr><td rowspan="8">G3</td><td rowspan="8">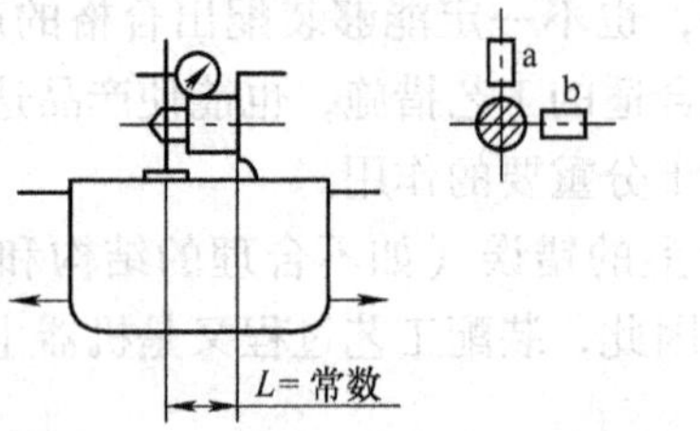
</td><td rowspan="8">尾座移动对床鞍移动的平行度：
a 在垂直平面内
b 在水平面内</td><td colspan="2">DC≤1500</td></tr>
<tr><td>a 和 b 0.03</td><td>a 0.02</td></tr>
<tr><td colspan="2">局部公差
在任意 500 测量长度上为</td></tr>
<tr><td>0.02</td><td>0.01</td></tr>
<tr><td colspan="2">DC > 1500</td></tr>
<tr><td>a 和 b 0.04</td><td>b 0.03</td></tr>
<tr><td colspan="2">局部公差
在任意 500 测量长度上为</td></tr>
<tr><td>0.03</td><td>0.02</td></tr>
<tr><td rowspan="3">G4</td><td rowspan="3">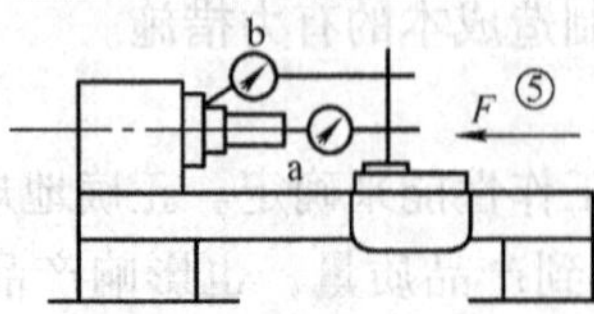
</td><td rowspan="3">C——主轴
a 主轴的端面跳动
b 主轴轴肩支承面的跳动</td><td>a 0.01</td><td>b 0.005</td></tr>
<tr><td>a 0.02</td><td>b 0.01</td></tr>
<tr><td colspan="2">包括端面跳动</td></tr>
<tr><td>G5</td><td>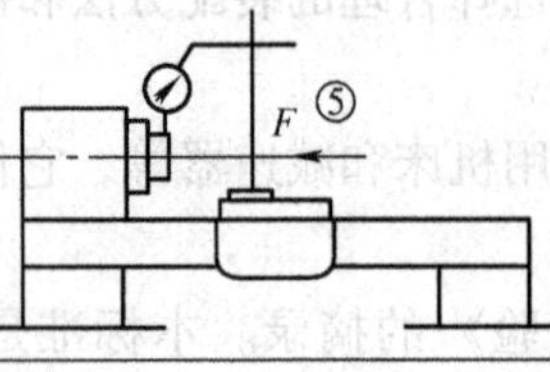
</td><td>主轴定心轴颈的径向圆跳动</td><td>0.01</td><td>0.007</td></tr>
</table>

（续）

序号	简图	检验项目	公差①	
			普通级	精密级
			D_a②≤800	D_a≤500 和 DC≤1500
G6	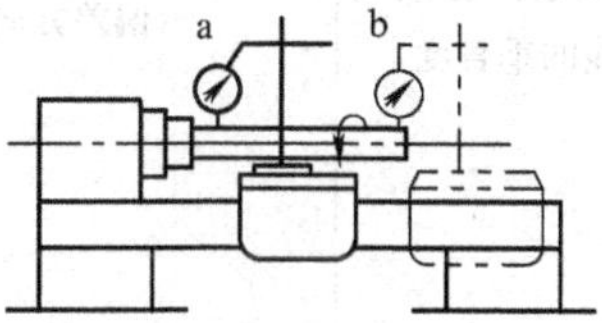	主轴轴线的径向圆跳动： a 靠近主轴端面 b 距主轴端面 L 处（L 等于 $D_a/2$ 或不超过 300。对于 $D_a>800$ 的车床测量长度应增加至 500）	a 0.01 b 在 300 测量长度上为 0.02	a 0.005 b 在 300 测量长度上为 0.15 在 200 测量长度上为 0.01 在 100 测量长度上为 0.005
G7	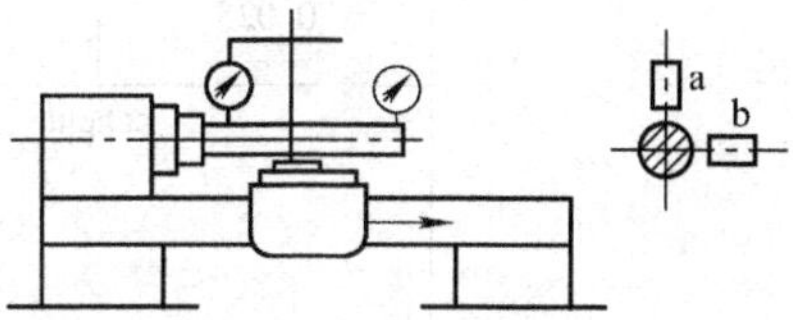	主轴轴线对床鞍移动的平行度： a 在垂直平面内 b 在水平面内（测量长度为 $D_a/2$ 或不超过 300；对于 $D_a>800$ 的车床，测量长度应增加至 500）	a 在 300 测量长度上为 0.02 只许向上偏 b 在 300 测量长度上为 0.015 只许向前偏	a 在 300 测量长度上为 0.02 只许向上偏 b 在 300 测量长度上为 0.01 只许向前偏
G9	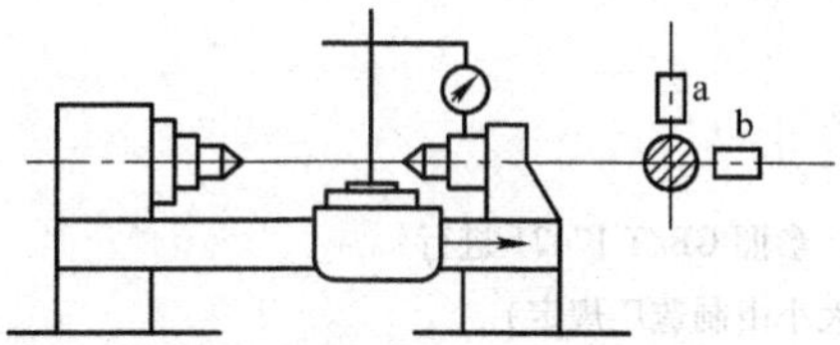	D——尾座 尾座套筒轴线对床鞍移动的平行度： a 在垂直平面内 b 在水平面内	a 在 100 测量长度上为 0.02 只许向上偏 b 在 100 测量长度上为 0.015 只许向前偏	a 在 100 测量长度上为 0.015 只许向上偏 b 在 100 测量长度上为 0.01 只许向前偏
G10	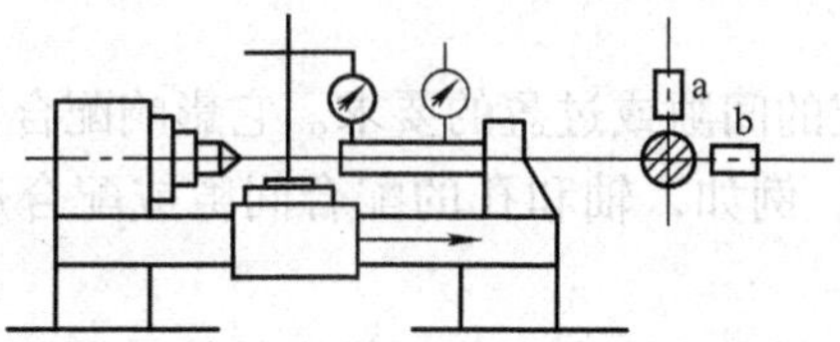	尾座套筒锥孔轴线对床鞍移动的平行度： a 在垂直平面内 b 在水平面内 （测量长度为 $D_a/2$ 或不超过 300；对于 $D_a>800$ 的车床，其测量长度应增加至 500）	a 在 300 测量长度上为 0.03 只许向上偏 b 在 300 测量长度上为 0.03 只许向前偏	a 在 300 测量长度上为 0.02 只许向上偏 b 在 300 测量长度上为 0.02 只许向前偏
G11	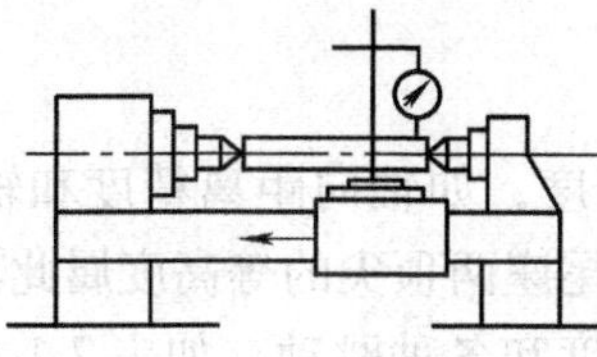	E——两顶尖 床头和尾座两顶尖的等高度	0.04 只许尾座高	0.02 只许尾座高

（续）

序号	简图	检验项目	公差①	
			普通级	精密级
			D_a②$\leqslant 800$	$D_a \leqslant 500$ 和 $DC \leqslant 1500$
G13	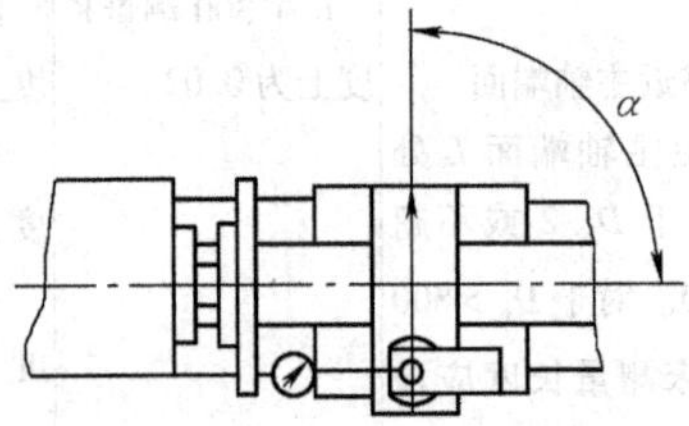	G——横刀架 横刀架横向移动对主轴轴线的垂直度	0.02/300 偏差方向 $\alpha \geqslant 90°$	0.01/300
P₂⑥	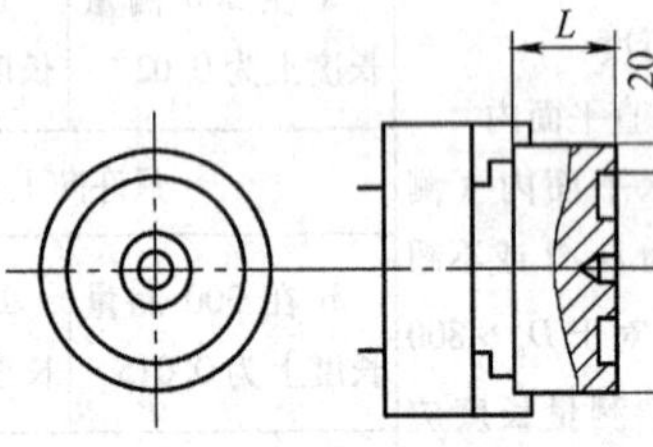 $L_{max} = D_a/8$　$D \geqslant D_a/2$ 试件用易切钢或铸铁件	精车端面的平面度	300 直径上为 0.025 只许凹	300 直径上为 0.015

① 标准上误为允差。

② D_a 表示最大工件回转直径。

③ DC 表示最大工件长度。

④ G 表示几何精度（在主轴及其他部件的空运转升温后，参照 GB/T 17421 进行）。

⑤ F 表示为消除主轴轴承的轴向游隙而加的恒定力（其大小由制造厂规定）。

⑥ P 表示工作精度。

归纳起来，装配精度包括零部件间的配合精度和接触精度、位置尺寸精度和位置精度、相对运动精度等。

1. 零部件间的配合精度和接触精度

零部件间的配合精度是指配合面间达到规定的间隙或过盈的要求。它影响配合性质和配合质量，已由国家标准《极限与配合》来解决。例如，轴和孔的配合间隙或配合过盈的变化范围。

零部件间的接触精度是指配合表面、接触表面和连接表面达到规定的接触面积大小与接触点分布的情况。它影响接触刚度和配合质量。例如，导轨接触面间、锥体配合和齿轮啮合等处，均有接触精度要求。

2. 零部件间的位置尺寸精度和位置精度

零部件间的位置尺寸精度是指零部件间的距离精度，如轴向距离精度和轴线距离（中心距）精度等。例如，表 7-1 中 G11 项规定的床头和尾座两顶尖的等高度属此项精度。

零部件间的位置精度包括平行度、垂直度、同轴度和各种跳动。如表 7-1 中 G4、G5 和

G6 三项中规定的主轴的各种跳动。

3. 零部件间的相对运动精度

相对运动精度是指有相对运动的零部件间在运动方向和运动速度引起的位置上的精度。运动方向上的精度包括零部件间相对运动时的直线度、平行度和垂直度等。如表 7-1 中 G2 项规定的溜板移动在水平面内的直线度，G3 项规定的尾座移动对床鞍移动的平行度，以及 G7 项、G9 项、G10 项和 G13 项所规定的平行度和垂直度等。运动速度引起的位置上的精度即传动精度，是指内联系传动链中，始末两端传动元件间相对运动（转角）精度。如滚齿机滚刀主轴与工作台的相对运动精度和车床车螺纹时的主轴与刀架移动的相对运动精度等。

不难看出，上述各种装配精度之间存在一定的关系。配合精度和接触精度是距离精度和位置精度的基础，而位置精度又是相对运动精度的基础。

机器的装配精度最终影响机器实际工作时的精度——工作精度。

三、装配精度与零件精度的关系

机器和部件是由零件装配而成的。显然，零件的精度特别是关键零件的加工精度对装配精度有很大影响。例如，在卧式车床装配中，要满足尾座移动对床鞍移动的平行度要求（表 7-1 中 G3 项）。该平行度主要取决于床身上床鞍移动的导轨 A 与尾座移动的导轨 B 之间的平行度以及导轨面间的接触精度，如图 7-1 所示。可见，该装配精度主要是由基准件床身上导轨面之间的位置精度保证的。

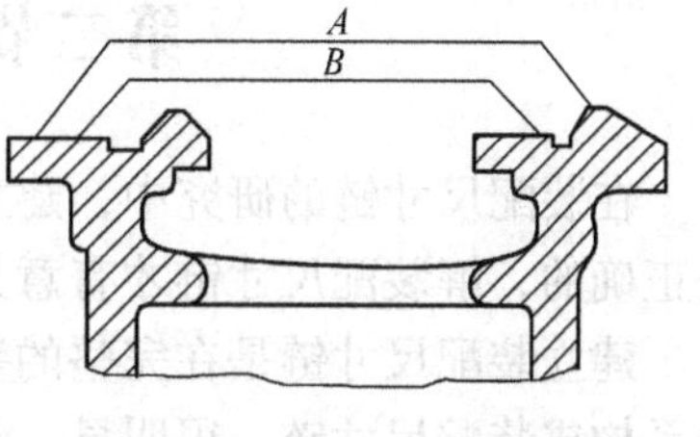

图 7-1　床身导轨简图

A—床鞍移动导轨面　B—尾座移动导轨面

一般而言，多数的装配精度是和它相关的若干个零部件的加工精度有关的。如主轴定心轴颈的径向圆跳动（表 7-1 中 G5 项），主要取决于滚动轴承内径相对于外径的径向圆跳动，主轴定心轴颈相对于主轴支承轴颈（装配基准）的径向圆跳动，以及其他结合件（如锁紧螺母）精度的影响。这时，就应合理地规定和控制这些相关零件的加工精度。在加工条件允许时，它们的加工误差累积起来仍能满足装配精度的要求。这样做能简化装配工作，使之成为简单的结合过程，对于大批大量生产时是很必要的。

当遇到有些要求较高的装配精度，如果完全靠相关零件的制造精度来直接保证，则零件的加工精度将会很高，给加工带来较大困难。如图 7-2 所示，卧式车床床头和尾座两顶尖的等高度要求（表 7-1 中 G11 项），主要取决于主轴箱 1、尾座 2、底板 3 和床身 4 等零部件的加工精度。该装配精度很难由相关零部件的加工精度直接保证。在生产中，常按较经济的精度来加工相关零部件，而在装配时则采用一定的工艺措施（如选择、修配和调整等），从而形成不同的装配方法

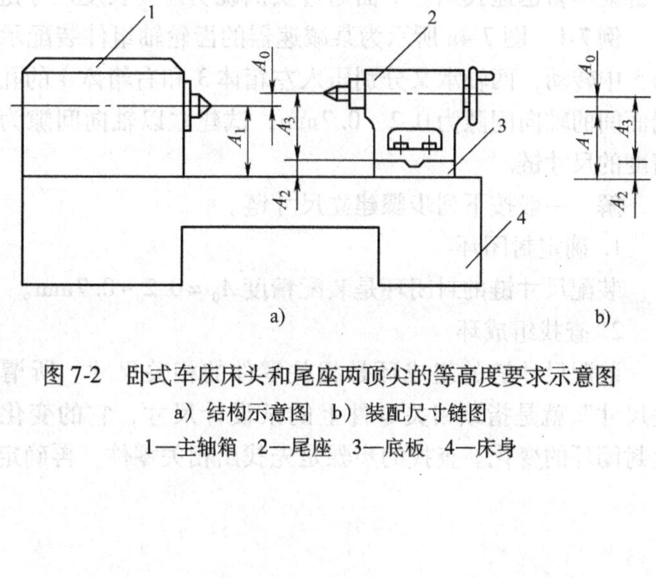

图 7-2　卧式车床床头和尾座两顶尖的等高度要求示意图

a）结构示意图　b）装配尺寸链图

1—主轴箱　2—尾座　3—底板　4—床身

来保证装配精度。本例中，采用修配底板 3 的工艺措施保证装配精度。这样做虽然增加了装配的劳动量，但从整个产品制造的全局分析，仍是经济可行的。

由此可见，装配时由于采用不同的工艺措施，从而形成各种不同的装配方法，在这些装配方法中，装配精度与零件的加工精度具有不同的关系。

四、装配尺寸链的概念

机器的装配精度是由相关零件的加工精度和合理的装配方法共同保证的。因此，如何查找哪些零件对某装配精度有影响，进而选择合理的装配方法和确定这些零件的加工精度，就成了机械制造和机械设计工作中的一个重要课题。为了正确地和定量地解决上述问题，就需将尺寸链基本理论应用到装配中，即建立装配尺寸链与解装配尺寸链。装配尺寸链是全部组成环为不同零件设计尺寸所形成的尺寸链。查找哪些相关零件的设计尺寸对某装配精度有影响，就是建立装配尺寸链。选择合理的装配方法和确定这些相关零件设计尺寸的加工精度，就是解装配尺寸链。下面分别阐述建立装配尺寸链和解装配尺寸链。

第二节　建立装配尺寸链的方法

在装配尺寸链的研究中，建立装配尺寸链是十分关键的内容。只有当建立的装配尺寸链是正确的，解装配尺寸链才有意义。

建立装配尺寸链是在完整的装配图或示意图上进行的。装配精度和相关零件精度之间的关系构成装配尺寸链。很明显，最后形成的封闭环是装配精度，相关零件的设计尺寸是组成环。建立装配尺寸链就是根据封闭环——装配精度，查找组成环——相关零件的设计尺寸，并画出尺寸链图，判别组成环的性质（判别增减环）。下面通过实例，由易到难先介绍长度尺寸链的建立方法，再分析角度尺寸链的建立方法。

一、长度尺寸链的建立方法

（一）建立长度尺寸链的实例和步骤

图 7-3 所示为轴和孔的配合关系，就是最常见和最简单的长度尺寸链。装配精度是轴和孔的配合精度——间隙 A_0，它是封闭环。组成环是孔和轴的直径 A_1 和 A_2，A_1、A_2 和 A_0 构成装配尺寸链。像这样的尺寸链一般能方便地从装配图上直接找到，但是一些复杂的多环尺寸链就不易迅速找到。下面通过实例说明建立长度尺寸链的方法。

例 7-1　图 7-4a 所示为某减速器的齿轮轴组件装配示意图。齿轮轴 1 在两个滑动轴承 2 和 5 中转动，两轴承又分别压入左箱体 3 和右箱体 4 的孔内，装配要求是齿轮轴台肩和轴承端面间的轴向间隙为 0.2 ~ 0.7mm，试建立以轴向间隙为装配精度的尺寸链。

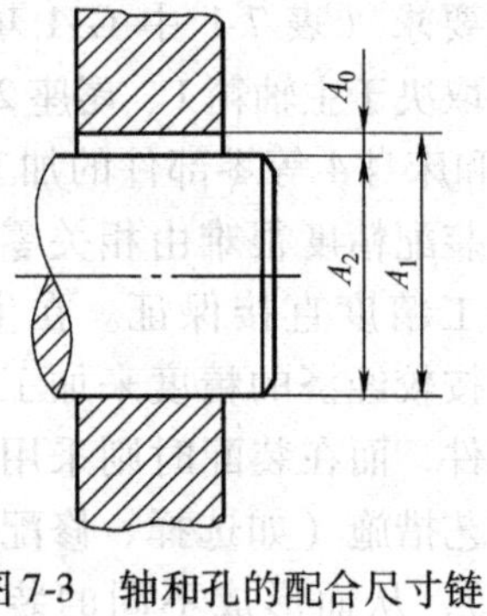

图 7-3　轴和孔的配合尺寸链

解　一般按下列步骤建立尺寸链。

1. 确定封闭环

装配尺寸链的封闭环是装配精度 $A_0 = 0.2 \sim 0.7\text{mm}$。

2. 查找组成环

装配尺寸链的组成环是相关零件的相关尺寸。所谓“相关尺寸”就是指该相关零件上的某设计尺寸，它的变化会引起封闭环的变化。查找的步骤是先找出相关零件，再确定相关零件上的相关尺寸。

（1）查找相关零件　从封闭环两端所依的零件出发，以零件的装配基准为联系，逐个找到基准件，最后由基准件把两端封闭，其间经过的所有零件都是相关零件。本例中封闭环A_0两端所依的零件分别是齿轮轴1和左滑动轴承2，该两零件就是相关零件。左端和左滑动轴承2的装配基准相联系的是左箱体3（基准件），故左箱体也是相关零件。右端和齿轮轴1的装配基准相联系的是右滑动轴承5；和右滑动轴承5的装配基准相联系的右箱体4（也是基准件），故右滑动轴承5和右箱体4都是相关零件。左、右箱体通过接合止口封闭。因此，轴向间隙为封闭环的装配尺寸链的相关零件是齿轮轴1、左滑动轴承2、左箱体3、右箱体4和右滑动轴承5。

（2）确定相关零件上的相关尺寸　确定相关尺寸应遵守“尺寸链环数最少”原则（或称“尺寸链最短”原则）。遵守这条原则，能使尺寸链环数最少，从而有利于保证装配精度。遵守这条原则的最理想方案是每个相关零件上仅有一个尺寸作为相关尺寸，即相关零件上装配基准间的尺寸作为相关尺寸。本例中的尺寸A_1、A_2、A_3、A_4和A_5都是相关尺寸，它们就是以A_0为封闭环的装配尺寸链中的组成环。

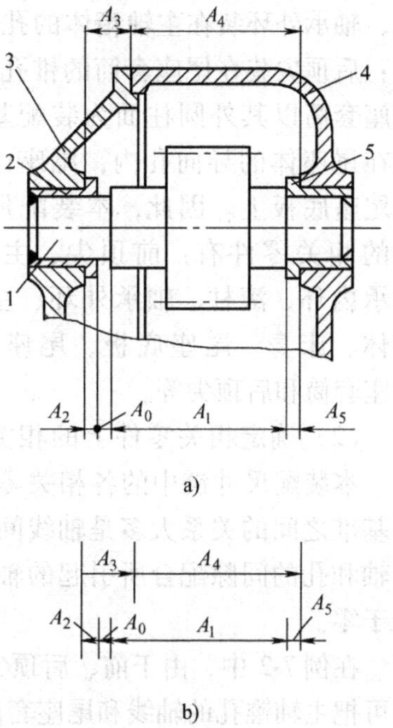

图7-4　齿轮轴组件的装配尺寸链

a）装配示意图　b）尺寸链图

1—齿轮轴　2—左滑动轴承　3—左箱体　4—右箱体　5—右滑动轴承

3. 画尺寸链图并确定组成环的性质

将封闭环和所找到的组成环画出尺寸链图，如图7-4b所示。组成环中与封闭环箭头方向相同的环是减环，图中A_1、A_2和A_5是减环；组成环中与封闭环箭头方向相反的环是增环，图中A_3和A_4是增环。

上述长度尺寸链的组成环都是长度尺寸。当装配精度要求较高时，长度尺寸链中还应考虑端面的平面度、端面和轴线的垂直度、端面间的平行度等几何公差环和配合间隙环。

例7-2　图7-2所示为卧式车床床头和尾座两顶尖的等高度要求的装配尺寸链。按规定：当最大工件回转直径为800mm < D_a ≤1250mm时，等高度等于0～0.06mm（只许尾座高）。试确定其装配尺寸链。

解　具体步骤如下。

1. 确定封闭环

装配尺寸链的封闭环是装配精度A_0 = 0～0.06mm（只许尾座高）。

2. 查找组成环

（1）查找相关零件　从图7-2a所示结构示意图中，按照装配基准为联系的方法查找相关件时会发现，影响A_0的相关件中底板3和床身4是相关零件，而主轴箱1和尾座2不是相关零件，而是相关部件。用相关部件或组件代替多个相关零件，有利于减少尺寸链的环数。若要进一步查找相关部件中的相关零件，就需要有完整的部件装配示意图。图7-5所示为车床两顶尖等高度要求详细的结构示意图。该图具有主轴箱部件和尾座部件中的各组成零件。

从图 7-5 中可以看出，主轴箱部件的装配关系是：前顶尖装在主轴锥孔中，主轴以其轴颈作为装配基准装在轴承内环的孔中，轴承内环的外滚道通过滚柱装在轴承外环的内滚道上，轴承外环装在主轴箱体的孔内，主轴箱体装在床身的导轨面上。尾座部件的装配关系是：后顶尖装在尾座套筒的锥孔中，尾座套筒以其外圆柱面为装配基准装在尾座体的导向孔内，尾座体装在尾座底板上。因此，本装配尺寸链的相关零件有：前顶尖、主轴、轴承内环、滚柱、轴承外环、主轴箱体、床身、尾座底板、尾座体、尾座套筒和后顶尖等。

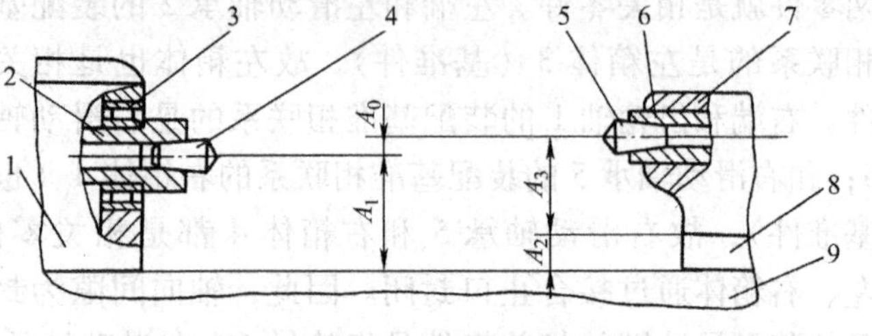

图 7-5　车床两顶尖等高度要求详细的结构示意图

1—主轴箱体　2—主轴　3—轴承　4—前顶尖　5—后顶尖　6—尾座套筒　7—尾座体　8—尾座底板　9—床身

（2）确定相关零件上的相关尺寸　本装配尺寸链中的各相关零件的装配基准大多是圆柱面（孔和轴）和平面，因而装配基准之间的关系大多是轴线间位置尺寸和几何公差，如同轴度、平行度和平面度等以及轴和孔的间隙配合所引起的轴线偏移量。若轴和孔是过盈配合，则可认为轴线偏移量等于零。

在例 7-2 中，由于前、后顶尖和两锥孔都是过盈配合，故它们的轴线偏移量等于零，因此可把主轴锥孔的轴线和尾座套筒的轴线作为前、后顶尖的轴线。同样，主轴轴承的外环和主轴箱体的孔也是过盈配合，故主轴轴承外环的外圆轴线和主轴箱体孔的轴线重合。

同时，考虑到前顶尖中心位置的确定是取其跳动量的平均值，即主轴回转轴线的平均位置，它就是轴承外环内滚道的轴线位置。因此，前顶尖前后锥的同轴度、主轴锥孔对主轴颈的同轴度、轴承内环孔和内环外滚道的同轴度以及滚柱的不均匀性等，都可不计入装配尺寸链中。

3. 画尺寸链图

根据上述分析，最后可得如图 7-6 所示装配尺寸链图，图中的组成环有：

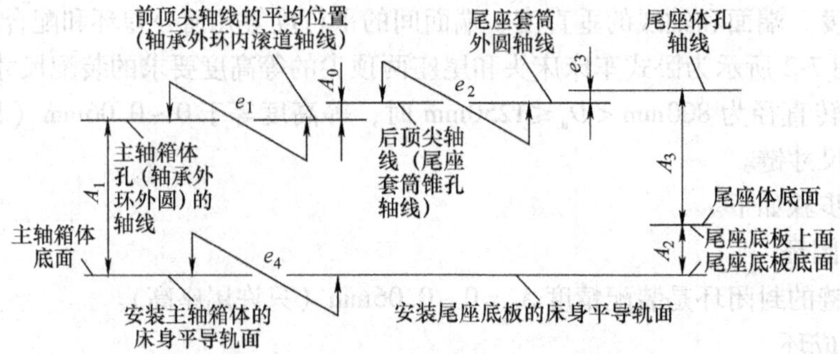

图 7-6　车床两顶尖等高度的装配尺寸链

（兼有长度尺寸、几何公差和配合间隙等环）

A_1——主轴箱体的轴承孔轴线至底面的尺寸；

A_2——尾座底板厚度；

A_3——尾座体孔轴线至底面的尺寸；

e_1——主轴轴承外环内滚道（或主轴前锥孔）轴线与外环外圆（即主轴箱体的轴承孔）轴线的同轴度；

e_2——尾座套筒锥孔轴线与其外圆轴线的同轴度；

e_3——尾座套筒与尾座体孔间隙配合所引起的轴线偏移量；

e_4——床身上安装主轴箱体和安装尾座底板的平导轨面之间的平面度。

尺寸链中虽仍有 A_1 和 A_3 尺寸，但它们的含义已不是部件尺寸，而是零件的相关尺寸。

（二）几何公差环和配合间隙环的特点

上述尺寸链的组成环中，除出现长度尺寸环外，还有几何公差环和配合间隙环。如何判别几何公差环和配合间隙环的性质，就成为解决这类装配尺寸链的关键。现分别阐述它们的特点。

1. 几何公差环的特点

几何公差环可看做公称尺寸为零的尺寸环。若几何公差的上、下极限偏差对称分布，如同轴度和对称度等，那么无论把该环定为增环还是减环，它们对封闭环的影响将是相同的。因此，上、下极限偏差对称分布的几何公差环，可以不必判定其是增环还是减环，任意假定都可以。若几何公差的上、下极限偏差虽是对称分布，而实际上是只允许单向极限偏差的环，那么就必须判定其是增环还是减环，并限制其出现另一方向的极限偏差。判定方法见角度尺寸链。

2. 配合间隙环的特点

配合间隙环是指间隙配合时，因轴比孔小，引起轴的轴线和孔的轴线的偏移量。因为轴和孔的公称尺寸相同，所以配合间隙环的公称尺寸也为零。

判别配合间隙环性质的方法取决于作用力（如重力）方向，按实际偏移方向画出该环，再按一般长度尺寸环的判别方法确定其性质。在图 7-6 所示尺寸链中，e_3 是尾座套筒与尾座体孔间隙配合时的偏移量，因重力的作用使尾座套筒外圆的轴线在下方，尾座体孔的轴线在上方；再按判别一般长度尺寸环的方法，就能判别 e_3 环是减环。

若实际偏移方向是对称分布，例如轴线垂直安置时，轴线可在孔内向任意方向偏移，则该配合间隙环的上极限偏差为 $+e_{max}$，下极限偏差为 $-e_{max}$。此时，同几何公差上、下极限偏差对称分布的环一样，可以不必判别配合间隙环的性质，任意假定都可以。

实际上，配合间隙环本身就是轴和孔的直径组成的封闭环。该封闭环通过使轴线产生偏移又成为另一装配尺寸链的组成环，这种尺寸链之间通过封闭环的联系形式，在机器的装配尺寸链中常会遇到。在 GB/T 5847—2004《尺寸链　计算方法》中，把这类轴和孔配合的尺寸链称为派生尺寸链；另一尺寸链（本例中是两顶尖等高度为封闭环的装配尺寸链）称为公称尺寸链。解这类尺寸链的方法可参照配合间隙环的分析方法。

（三）查找组成环的原则

建立装配尺寸链的关键是查找组成环。通过上述分析，归纳起来，查找组成环的原则有：

（1）封闭原则　组成环由封闭环两端为起点查找，一直查到基准件后形成封闭的尺寸组为止。

（2）环数最少原则　以零件的装配基准为联系查相关零件，再以相关零件上装配基准间的尺寸（或联系）为相关尺寸，该相关零件上的相关尺寸作为组成环就能满足环数最少原则。此时每个相关零件上只有一个组成环。在加工和装配中采取一定措施后，也可用组件或部件的相关尺寸替代若干个相关零件的相关尺寸，从而减少组成环的环数。

（3）精确原则　当装配精度要求较高时，组成环中除了长度尺寸环外，还会有几何公差环和配合间隙环。

（4）多方向原则　在同一装配结构中，不同的位置方向都有装配精度要求时，应按不同方向分别建立装配尺寸链。例如，图7-7所示为蜗杆副传动结构，为保证正确啮合，要同时保证蜗杆轴线与蜗轮中间平面的重合精度 A_0、蜗杆副两轴线间的距离精度 B_0 和蜗杆副两轴线间的垂直度精度 C_0，这是三个不同位置方向的装配精度，因而需要在三个不同方向分别建立尺寸链。

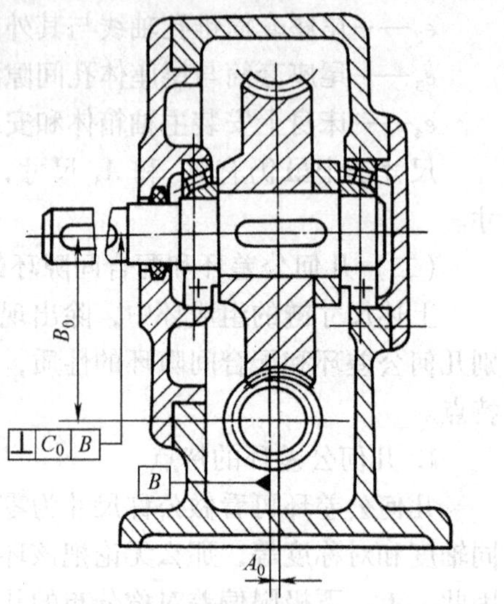

图7-7　蜗杆副传动结构图三个装配精度

A_0—蜗杆轴线与蜗轮中间平面的重合精度

B_0—蜗杆副两轴线间的距离精度

C_0—蜗杆副两轴线间的垂直度精度

二、角度尺寸链的建立方法

（一）建立角度尺寸链的实例和步骤

建立角度尺寸链的步骤和建立长度尺寸链的步骤一样，也是先确定封闭环，再查找组成环，最后画出尺寸链图。下面通过实例加以说明。

例7-3　卧式车床精度标准G13项——横刀架横向移动对主轴轴线的垂直度，公差为0.02mm/300mm（偏差方向 $\alpha \geqslant 90°$），如表7-1所示。试建立该项要求的装配尺寸链。

为了讨论方便，现把G13项要求中的 α 改成如图7-8所示的 α_0（因对顶角相等，所以 $\alpha_0 = \alpha$）。

解　装配精度要求 α_0 即为尺寸链的封闭环。该环的两端是主轴回转轴线 $\overline{OO}$ 和横刀架移动轨迹 $\overline{\text{II II}}$（该移动轨迹由床鞍的上燕尾形导轨的直线位置确定）。遵循"环数最少"原则，用部件或组件的相关尺寸作为组成环，则中间仅通过一个装配基准即床身导轨面。因此，本尺寸链只有两个组成环 α_1 和 α_2。组成环 α_1 为主轴箱部件装配后，主轴回转轴线对床身前V形导轨在水平面内的平行度；组成环 α_2 为床鞍的上燕尾形导轨对下V形导轨（床鞍以下V形导轨装在床身前V形导轨上）的垂直度。尺寸链图如图7-8所示。

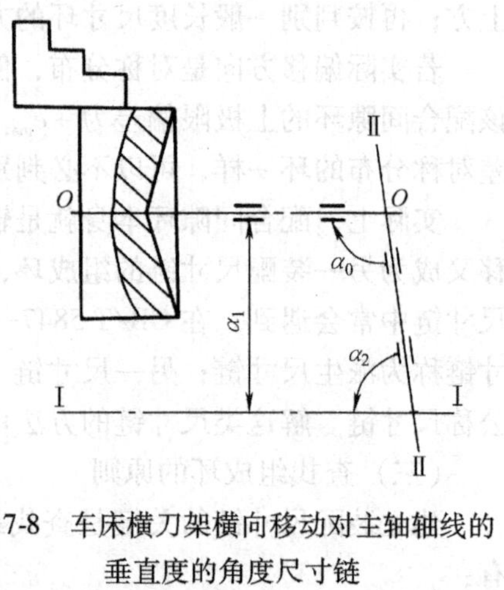

图7-8　车床横刀架横向移动对主轴轴线的垂直度的角度尺寸链

$\overline{OO}$—主轴回转轴线　$\overline{\text{I I}}$—床身前V形导轨中线　$\overline{\text{II II}}$—横刀架移动轨迹

用同样的方法可以画出立式铣床G9项精度要求主轴旋转轴线对工作台面的垂直度——在机床的横向垂直平面内为0.025mm/300mm，$\beta_0 \leqslant 90°$ 的装配尺寸链图，如图 7-9 所示。图中所示字母的含义为：

β_0——封闭环，主轴旋转轴线对工作台面的垂直度（在机床横向垂直平面内）；

β_1——组成环，工作台台面对其导轨面前后方向的平行度；

β_2——组成环，床鞍上、下导轨面在前后方向上的平行度；

β_3——组成环，升降台水平导轨与立导轨的垂直度；

β_4——组成环，床身大圆面对立导轨的平行度；

β_5——组成环，立铣头主轴旋转轴线对立铣头回转面的平行度（组件相关尺寸）。

从上述角度尺寸链中可知，常见到的组成环和封闭环是垂直度、平行度等几何公差，因而判断几何公差环的性质，就成了建立角度尺寸链的关键。

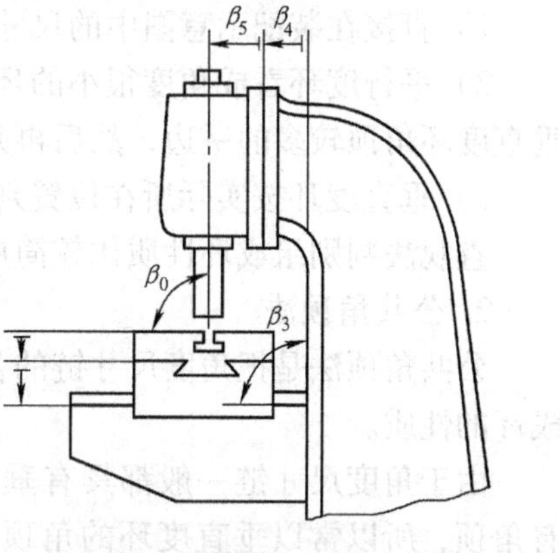

图 7-9 立式铣床主轴旋转轴线对工作台面的垂直度的装配尺寸链

（二）判别角度尺寸链组成环性质的方法

常见的几何公差环有垂直度、平行度、直线度和平面度等，它们都是角度尺寸环。其中，垂直度相当于角度为 90°的环，平行度相当于角度为 0°的环，直线度或平面度相当于角度为 0°或 180°的环。下面介绍几种常用的判别角度环性质的方法。

1. 直观法

直接在角度尺寸链的平面图中，根据角度环的增加或减少来判别其对封闭环的影响，从而确定其性质的方法称为直观法。

现以图 7-8 所示的角度尺寸链为例，用直观法具体分析判别组成环的性质。

垂直度环的增加或减少能从尺寸链图中明显看出，所以判别垂直度环的性质比较方便。本例中的垂直度环为 α_2，当 α_2 增大，即 $\overline{\text{II II}}$ 轴线向右旋转时，封闭环 α_0（也是垂直度环）减小，因而 α_2 是减环。

由于平行度环的公称角度尺寸为 0°，因而该环在任意方向上的变化，都可看成角度在增加。为了判别平行度环的性质，必定先要有个统一的准则来规定何谓平行度环增加，或者何谓平行度环减少。统一的准则是把平行度看成角度很小的环，并约定角度顶点的位置。一般角顶取在尺寸链中垂直度环角顶较多的一边。本例中的平行度环 α_1 的角度顶点取在右边，即 $\overline{OO}$ 轴线和 $\overline{\text{I I}}$ 轴线在右边（很远处）相交，如图 7-10 所示。根据这一约定就能较方便地判别平行度环是增加还是减少。若 α_1 增加 $\Delta\alpha_1$，即 $\overline{OO}$ 轴线绕角度顶点顺时针转过 $\Delta\alpha_1$ 到 $\overline{O'O'}$，则封闭环 α_0 也随之增加到 α_0'，所以平行度环 α_1 为增环。

若约定角度顶点的位置不同，则会使该环性质发生改变，但是该环的增加和减少也变了，两者综合结果仍是一致的。

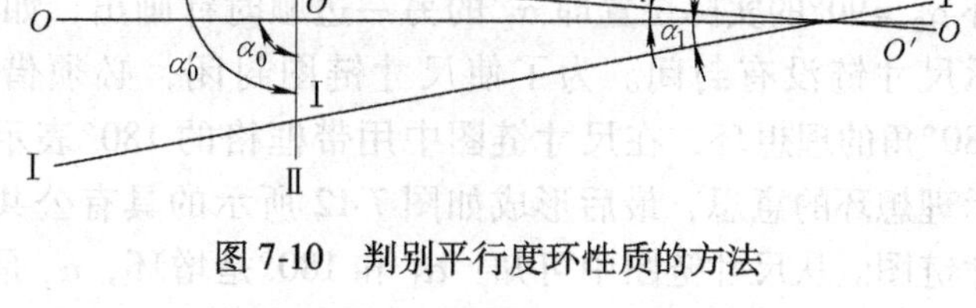

图 7-10 判别平行度环性质的方法

根据上述分析，图 7-8 所示的角度尺寸链方程式应为

$$\alpha_0 = \alpha_1 - \alpha_2$$

用同样的方法分析图 7-9 所示的角度尺寸链。因该尺寸链的垂直度环均在右下方，故约定平行度环 β_1 和 β_2 的角顶在右边，平行度环 β_4 和 β_5 的角顶在下方。用直观法分析可知，平行度环 β_1 和 β_2 增加时，封闭环 β_0 随之减小，因而 β_1 和 β_2 是减环；平行度环 β_4 和 β_5 增加时，封闭环 β_0 也随之减小，所以 β_4 和 β_5 也是减环；垂直度环 β_3 增加时，封闭环随之增加，因而 β_5 是增环。最后可得图 7-9 所示的角度尺寸链方程式为

$$\beta_0 = \beta_3 - (\beta_1 + \beta_2 + \beta_4 + \beta_5)$$

综上所述，直观法判别组成环性质的特点有：

1）直接在装配示意图中的尺寸链图上判别组成环性质。

2）平行度环看成角度很小的环，并约定其角顶的位置，一般角顶的位置取在尺寸链中垂直度环角顶较多的一边，然后再判别其性质。

3）垂直度环按实际所在位置判别其性质。

直观法判别组成环性质比较简单和方便，所以初学者较易掌握。

2. 公共角顶法

公共角顶法是把角度尺寸链的各环画成具有公共角顶形式的尺寸链图，进而再判别其组成环的性质。

由于角度尺寸链一般都具有垂直度环，而垂直度环都有角顶，所以常以垂直度环的角顶作为公共角顶。尺寸链中的平行度环也看成角度很小的环，并约定公共角顶作为平行度环的角顶。

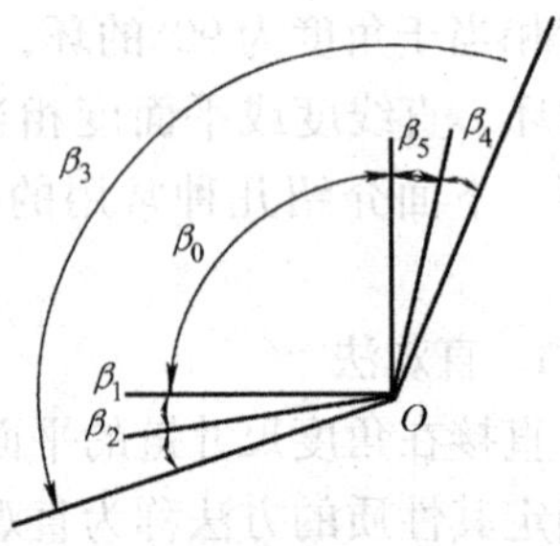

图 7-11　具有公共角顶的尺寸链图

现以图 7-9 所示角度尺寸链为例介绍具有公共角顶形式的尺寸链图的绘制方法。首先取垂直度环 β_0 的角顶为公共角顶，并画出 $\beta_0 \approx 90°$，接着按相对位置依次以小角度画出平行度环 β_1 和 β_2（往下方向）以及平行度环 β_5 和 β_4（往右方向），最后用垂直度环 β_3 封闭整个尺寸链图，从而形成如图 7-11 所示具有公共角顶形式的尺寸链图。

画出公共角顶形式的尺寸链图后，就可用类似长度尺寸链的方法写出尺寸链方程式

$$\beta_0 = \beta_3 - (\beta_1 + \beta_2 + \beta_4 + \beta_5)$$

并判定 β_3 是增环，β_1、β_2、β_4 和 β_5 是减环。

图 7-9 所示角度尺寸链中的垂直度环都在同一象限（第二象限），因而具有公共角顶的尺寸链图就能封闭。有时，会遇到两个垂直度环在相邻象限的情况，此时的尺寸链图就不能封闭。例如，图 7-8 所示角度尺寸链，该尺寸链中的两个垂直度环分别在第二和第三象限。先取垂直度环 α_0 的角顶为公共角顶，并画出 $\alpha_0 \approx 90°$，接着按相对位置以小角度画出平行度环 α_1，因约定角顶是公共角顶，故 α_1 的另一角边应逆时针形成，最后按垂直度环 $\alpha_2 = 90°$的实际位置即 α_2 的另一边顺时针画出，如图 7-12 所示尺寸链没有封闭。为了使尺寸链图封闭，必须借助于一个 180°角的理想环，在尺寸链图中用带框格的 180°表示，框格表示理想环的意思，最后形成如图 7-12 所示的具有公共角顶的尺寸链图。从尺寸链图中可知：α_1 和 180°是增环，α_2 是减环，尺

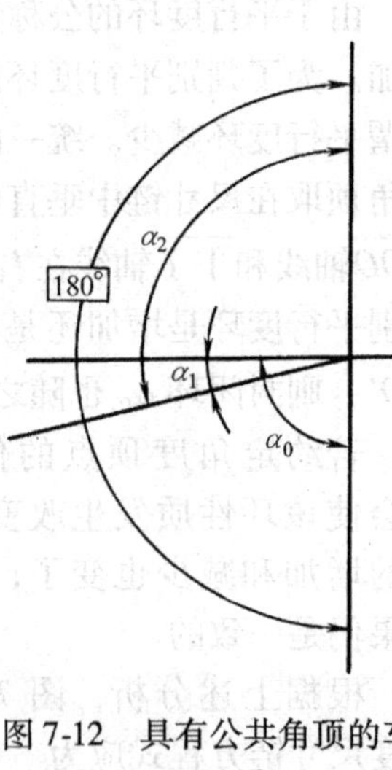

图 7-12　具有公共角顶的车床 G13 项精度的尺寸链图

寸链方程式为

$$\alpha_0 = 180° + \alpha_1 - \alpha_2$$

因理想环可不计公差变化，故可把理想环180°略去，尺寸链方程式为

$$\alpha_0 = \alpha_1 - \alpha_2$$

两垂直度环在相邻象限时会增加一个180°的理想环，实质上是将其中一个垂直度环用补角的形式转到另一个垂直度环的象限中，然后用同一象限的形式确定具有公共角顶的尺寸链图。

当角度尺寸链中的两个垂直度环在两个对角象限时，采用公共角顶法就要用两个180°的理想环，使尺寸链图封闭，即把两个垂直度环都转到某一公共象限。

综上所述，公共角顶法判别组成环性质的特点有：

1）先在装配示意图上画出各角度环。

2）选定任一垂直度环的角顶作为公共角顶，依次画出全部角度环。平行度环可看成角度很小的环。

3）满足“环数最少”原则。为此，应使尺寸链中的两个垂直度环在同一象限内。由于工艺的原因（如测量不便），不能使两个垂直度在同一象限时，就应用补角的形式即（180° $-\alpha$°）转化到同一象限，否则，尺寸链图不封闭。

4）画出具有公共角顶的尺寸链图后，可用类似长度尺寸链的方法判别组成环的性质。

3. 角度转化法

直观法和公共角顶法都是把角度尺寸链中的平行度环转化成小角度环，再判别组成环性质。但是，在实际的工艺测量时，常和上述情况相反，是用直角尺把垂直度转化成平行度来测量的。例如，图7-13所示铣床升降台两导轨面间垂直度的检验方法，在一个标准导轨1上用直角尺4和千分表3测量升降台水平导轨面的平行度，该测得的平行度即升降台水平导轨面对垂直导轨面的垂直度。把尺寸链中的垂直度都转化成平行度，就能画出平行度关系的尺寸链图。

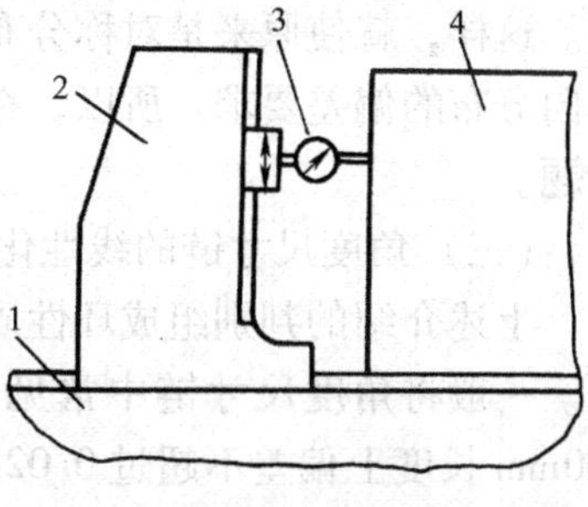

图7-13　铣床升降台两导轨面间垂直度的检验方法

1—标准导轨　2—升降台　3—千分表　4—直角尺

例如，图7-14a所示为立式铣床主轴旋转轴线对工作台面的垂直度要求的装配尺寸链和装配示意图，在工作台、床鞍和升降台上各放置一直角尺后，就能把原有尺寸链中的垂直度环β_0和β_3转化成平行度环。同时，为了使尺寸链中所有环都按同方向的平行度环来处理，故也把原尺寸链中的平行度环β_1和β_2转过90°，最后形成如图7-14b所示的全部为平行度环的尺寸链图。从图中可看出，该尺寸链图和长度尺寸链图的形式完全相同，因而可用类似长度尺寸链的方法判别组成环性质。结论和前两种方法完全一致。

综上所述，角度转化法判别组成环性质的特点有：

1）用直角尺将尺寸链中所有垂直度都转化为平行度。转化时，原角度在Ⅱ、Ⅲ象限内，则直角尺应放在相应零件的左边；原角度在Ⅰ、Ⅳ象限内，则直角尺应放在相应零件的右边。各直角尺的位置应按相应零件的顺序排列。

2）满足“环数最少”原则。为此，应使尺寸链中的两垂直度环在同一象限内。

3）用角度转化法画出全部环为平行度的尺寸链图后，可用类似长度尺寸链的方法判别组成环的性质。

判别角度尺寸链组成环性质的方法，主要是针对几何公差环如垂直度环和平行度环而言的。显然，这些方法也适用于判别精度要求较高的长度尺寸链中的几何公差环。

由几何公差组成的角度尺寸链，若几何公差环的上、下极限偏差是对称分布的（常见的几何公差都是如此），照理可以不必判别组成环的性质，因为无论把该环定为增环或是减环，它的变化对封闭环的影响都是相同的。但是，实际上在机床等机械产品中，经常对这些几何公差环提出附加要求，如卧式车床精度标准的G11项中床头和尾座两顶尖等高度只许尾座顶尖高、G13项横刀架横向移动对主轴轴线的垂直度偏差$\alpha \geqslant 90°$、P2项精车端面的平面度只许凹、立式铣床精度标准G9项主轴旋转轴线对工作台面的垂直度，如图7-9所示只允许$\beta \leqslant 90°$，即工作台向前倾等。这样，就使原来是对称分布的偏差要求变为单向分布的偏差要求。所以，在分析几何公差环时，判别组成环的性质仍是经常遇到的关键问题。

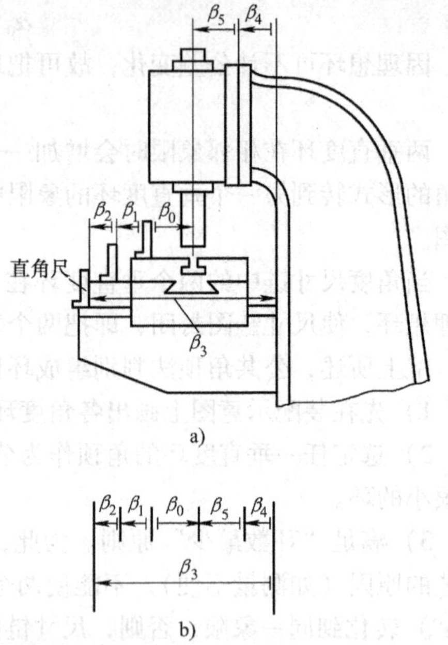

图7-14 立式铣床主轴旋转轴线对工作台面垂直度要求用角度转化法建立尺寸链
a）角度转化示意方法 b）角度转化法的尺寸链图

（三）角度尺寸链的线性化

上述介绍的判别组成环性质的方法都是希望用类似长度尺寸链的方法解决角度尺寸链问题。一般将角度尺寸链中常见的垂直度和平行度用规定长度上的偏差值来表示，如规定300mm长度上偏差不超过0.02mm，或公差带宽度为0.02mm，即用“0.02mm/300mm”表示，而且全部环都用同一规定长度，那么角度尺寸链的各环都可直接用偏差值或公差值进行计算，最后在计算结果上再注明统一的规定值就行。这样处理的结果，把角度尺寸链的计算也变为同长度尺寸链一样方便。在实际生产中，角度尺寸链线性化的方法应用非常广泛。

三、平面尺寸链简介

这里要分析的是由长度尺寸组成的平面尺寸链。例如，图7-15所示车床溜板箱中大齿轮与床鞍中小齿轮的啮合关系示意图。这个啮合关系形成了平面装配尺寸链。其中，x_1、y_1为床鞍上齿轮O_1的坐标尺寸；x_2、y_2为溜板箱上齿轮O_2的坐标尺寸；r_1'、r_2'分别为两齿轮的节圆半径；e为销孔和过孔的轴线偏移量；P_0为两齿轮的啮合间隙，是封闭环。

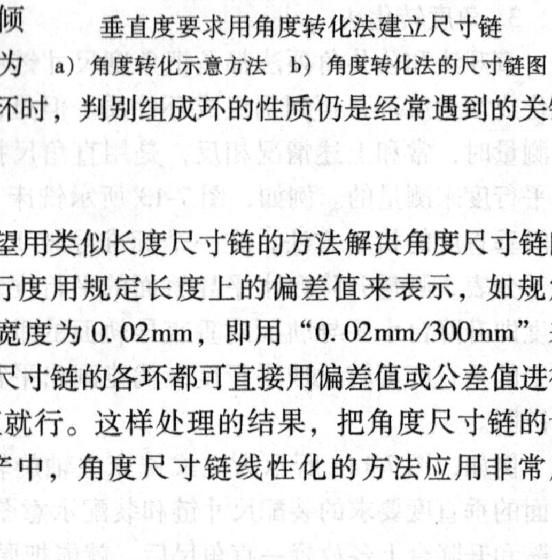

图7-15 平面装配尺寸链

将平面尺寸链的各环投影到水平和垂直

两坐标上后，平面尺寸链就分解成两个直线尺寸链，然后再分别按直线尺寸链进行分析。在此不再赘述。

第三节　保证装配精度的方法——解装配尺寸链

装配尺寸链建立之后，就可解装配尺寸链，计算各组成环的尺寸、公差和极限偏差。由于解装配尺寸链和装配方法密切相关，不同的装配方法有不同的解法，所以解装配尺寸链要根据封闭环公差的要求（装配精度）、结构特点、生产类型及具体生产条件，先选择合理的装配方法，再确定组成环的加工精度，使产品制造的全过程（包括零件加工和产品装配）达到最佳效果，即优质高产低成本地保证装配精度。

在机械制造中，达到装配尺寸链封闭环要求的常用方法有：互换装配法（包括完全互换装配法和大数互换装配法）、分组装配法、修配装配法和调整装配法等，现分述如下。

一、互换装配法

按互换程度的不同，互换装配法有完全互换装配法和大数互换装配法两种。

（一）完全互换装配法

1. 概念及尺寸链的计算方法

在全部产品中，装配时各组成环不需挑选或改变其大小或位置，装入后即能达到封闭环的公差要求，这种装配方法称为完全互换装配法。

选择完全互换装配法时，采用极值公差公式计算。为保证装配精度要求，尺寸链中封闭环的极值公差应小于或等于封闭环的公差要求值，即

$$T_{0L} \leqslant T_0$$

因为
$$T_{0L} = \sum_{i=1}^{m} |\xi_i| T_i$$

所以
$$\sum_{i=1}^{m} |\xi_i| T_i \leqslant T_0 \tag{7-1}$$

式中　T_{0L}——封闭环极值公差；

T_0——封闭环公差要求值；

T_i——第 i 个组成环公差；

ξ_i——第 i 个组成环传递系数；

m——组成环环数。

当遇到反计算形式时，可按“等公差”原则先求出各组成环的平均极值公差 $T_{av,L}$

$$T_{av,L} = \frac{T_0}{\sum_{i=1}^{m} |\xi_i|} \tag{7-2}$$

再根据生产经验，考虑到各组成环尺寸的大小和加工难易程度进行适当调整。如尺寸大、加工困难的组成环应给以较大公差；反之，尺寸小、加工容易的组成环就给较小公差。对于组成环是标准件上的尺寸（如轴承尺寸等），则仍按标准规定；对于组成环是几个尺寸链中的公共环时，其公差值由要求最严的尺寸链确定。调整后，仍需满足式（7-1）。

除采用上述“等公差”方法外，也有采用“等精度”法的。该法使各组成环都按同一

公差等级制造，由此求出平均公差等级系数，再按尺寸查出各组成环的公差值，最后仍需适当调整各组成环的公差。由于“等精度”法计算比较复杂，计算后仍要进行调整，故“等精度”法用得不多。

确定各组成环的公差后，按“入体原则”确定极限偏差，即组成环为包容面时，取下极限偏差为零；组成环为被包容面时，取上极限偏差为零。若组成环是中心距，则极限偏差按对称分布。按上述原则确定极限偏差后，有利于组成环的加工。

但是，当各组成环都按上述原则确定极限偏差时，按公式计算的封闭环极限偏差常不符合封闭环的要求值。因此，就需选取一个组成环，它的极限偏差不是事先定好，而是经过计算确定，以便与其他组成环相协调，最后满足封闭环极限偏差的要求，这个组成环称为协调环。一般，协调环不能选取标准件或几个尺寸链的公共组成环。

解完全互换装配法的其余计算公式，见工艺尺寸链（第三章第九节）。

2. 完全互换装配法的特点及应用场合

完全互换装配法的特点有：装配质量稳定可靠，对装配工人的技术等级要求较低，装配工作简单、经济、生产率高，便于组织流水装配和自动化装配，又可保证零、部件的互换性，便于组织专业化生产和协作生产，容易解决备件供应。因此，完全互换装配法是比较先进和理想的装配方法。

但是，当封闭环要求较严和组成环数目较多时，会提高零件的精度要求，加工比较困难。因此，只要各组成环的加工在技术上有可能，且经济上合理时，应该尽量优先采用完全互换装配法，尤其在成批、大量生产时更应如此。例如，大批、大量生产汽车、拖拉机、缝纫机和自行车等产品时，大多采用完全互换装配法。

（二）大数互换装配法

1. 概念及尺寸链的计算方法

大数互换装配法是指在绝大多数产品中，装配时的各组成环不需挑选或改变其大小或位置，装入后即能达到封闭环的公差要求。大数互换装配法是采用统计公差公式计算。为保证绝大多数产品的装配精度要求，尺寸链中封闭环的统计公差应小于或等于封闭环的公差要求值

$$T_{0S} \leqslant T_0$$

因为
$$T_{0S} = \frac{1}{k_0}\sqrt{\sum_{i=1}^{m}\xi_i^2 k_i^2 T_i^2}$$

所以
$$\frac{1}{k_0}\sqrt{\sum_{i=1}^{m}\xi_i^2 k_i^2 T_i^2} \leqslant T_0 \qquad (7\text{-}3)$$

式中 T_{0S}——封闭环统计公差；

k_0——封闭环的相对分布系数；

k_i——第 i 个组成环的相对分布系数。

当遇到反计算形式时，可按“等公差”原则先求出各组成环的平均统计公差 $T_{av,S}$

$$T_{av,S} = \frac{k_0 T_0}{\sqrt{\sum_{i=1}^{m}\xi_i^2 k_i^2}} \qquad (7\text{-}4)$$

再根据生产经验，考虑各组成环尺寸的大小和加工难易程度进行适当调整。具体调整方法同完全互换装配法。调整后仍需满足式（7-3）。

比较式（7-2）和式（7-4）可知：当封闭环公差 T_0 相同时，组成环的平均统计公差 $T_{av,S}$ 大于平均极值公差 $T_{av,L}$。可见，大数互换装配法的实质是使各组成环的公差比完全互换装配法所规定的公差大，从而使组成环的加工比较容易，降低了加工成本。但是，这样做的结果会使一些产品装配后超出规定的装配精度。用统计公式，可计算超差的数量。

计算的方法是以一定置信水平 P（%）为依据。置信水平 P（%）是代表装配后合格产品所占的百分数，$1-P$ 代表超差产品的百分数。通常，封闭环趋近正态分布，取置信水平 $P=99.73\%$，这时相对分布系数 $k_0=1$，产品中有 $1-P=0.27\%$ 的超差产品（实际生产中可近似认为无超差品）。在某些生产条件下，要求适当放大组成环公差时，可取较低的 P 值，产品中有大于 0.27% 的超差产品。P 与 k_0 的关系见表 7-2。

表 7-2　置信水平 P 与相对分布系数 k_0 的关系

置信水平 P	99.73%	99.5%	99%	98%	95%	90%
相对分布系数 k_0	1	1.06	1.16	1.29	1.52	1.82

采用大数互换装配法时，应有适当的工艺措施，防止个别（或少数）产品超出公差范围或极限偏差。

组成环的相对分布系数 k_i 的数值，取决于组成环的分布形式。常见的几种分布曲线及其相对分布系数 k 与相对不对称系数 e 的数值，如表 7-3 所示，并按下列规定选取：

表 7-3　常见的几种分布曲线及其相对分布系数 k 与相对不对称系数 e 的数值

分布特征	正态分布	三角分布	均匀分布	瑞利分布	偏态分布	
					外尺寸	内尺寸
分布曲线	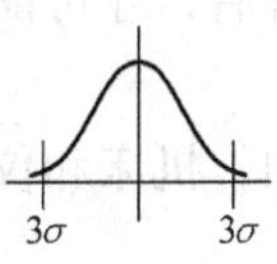	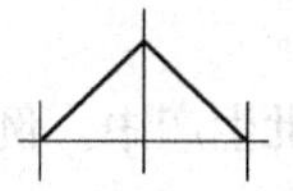	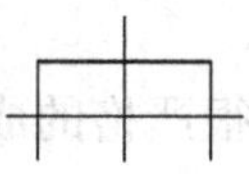	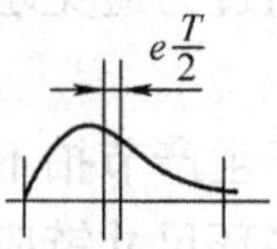	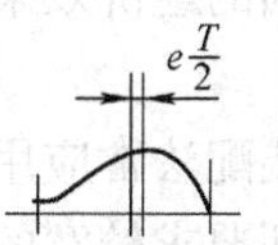	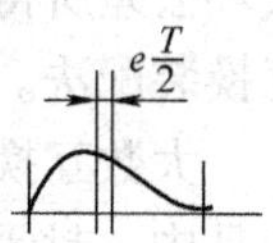
k	1	1.22	1.73	1.14	1.17	1.17
e	0	0	0	-0.28	0.26	-0.26

1）大批大量生产条件下，在稳定工艺过程中，工件尺寸趋近正态分布，可取 $k=1$，$e=0$。

2）在不稳定工艺过程中，当尺寸随时间近似线性变动时，形成均匀分布。计算时没有任何参考的统计数据，尺寸与位置误差一般可当作均匀分布，取 $k=1.73$，$e=0$。

3）两个分布范围相等的均匀分布相结合，形成三角分布。计算时没有参考的统计数据，尺寸与位置误差也可当作三角分布，取 $k=1.22$，$e=0$。

4）偏心或径向圆跳动趋近瑞利分布，取 $k=1.14$，$e=-0.28$。对于偏心在某一方向的分布，取 $k=1.73$，$e=0$。

5）平行、垂直误差趋近某些偏态分布，单件小批生产条件下，工件尺寸也可能形成偏态分布，偏向最大实体尺寸这一边，取 $k=1.17$，$e=\pm0.26$。

当尺寸链中各组成环在其公差带内按正态分布时，封闭环也必按正态分布。此时，$k_0=k_i=1$，$e_0=0$，各组成环的平均统计公差 $T_{av,S}$ 成为平均平方公差 $T_{av,Q}$

$$T_{av,Q}=\frac{T_0}{\sqrt{\sum_{i=1}^{m}\xi_i^2}} \tag{7-5}$$

当尺寸链中各组成环具有各种不同分布时，只要组成环数不太小（$m\geqslant5$），各组成环分布范围相差又不太大时，封闭环亦趋近正态分布。若取 $k_i=k$，$k_0=1$，$e_0=0$，代入式（7-4）后，各组成环的平均统计公差 $T_{av,S}$ 成为平均当量公差 $T_{av,E}$

$$T_{av,E}\frac{T_0}{k\sqrt{\sum_{i=1}^{m}\xi_i^2}} \tag{7-6}$$

式中，$T_{av,E}$ 是平均统计公差 $T_{av,S}$ 的近似值。

比较式（7-4）和式（7-5）可知：组成环的平均平方公差 $T_{av,Q}$ 最大。所以，用大数互换法最理想的情况是组成环呈正态分布。此时，平均平方公差 $T_{av,Q}$ 最大。

当组成环环数较小（$m<5$），各组成环又不按正态分布，这时封闭环也不同于正态分布。计算时没有参考的统计数据，可取 $k_0=1.1\sim1.3$，$e_0=0$。

2. 大数互换装配法的特点及应用场合

大数互换装配法的特点和完全互换装配法的特点相似，只是互换程度不同。由于大数互换装配法采用统计公差公式计算，因而扩大了组成环的公差，尤其是在环数较多，组成环又呈正态分布时，扩大的组成环公差最显著，因而对组成环的加工更为方便。但是，会有少数产品超差。为了避免超差，采用大数互换装配法时，应具有相应的工艺措施。只有当放大组成环公差所得到的经济效果超过为避免超差所采取的工艺措施化的代价后，才可能采用大数互换装配法。

大数互换装配法常应用于生产节拍不是很严格的成批生产中。例如，机床和仪器仪表等产品中，封闭环要求较宽的多环尺寸链应用较多。

二、分组装配法

（一）概念

上述两种互换装配法达到封闭环公差要求，是靠限制组成环的加工误差来保证的。当封闭环公差要求很严时，采用互换装配法会使组成环的加工很困难或很不经济。为此，当尺寸链环数不多时，可采用分组装配法。分组装配法是先将组成环的公差相对于互换装配法所求之值增大若干倍，使其能较经济地加工；然后，将各组成环按其实际尺寸大小分为若干组，各对应组进行装配，从而达到封闭环公差要求。由于分组装配法中，同组零件具有互换性，所以它又称为分组互换法。分组装配法采用极值公差公式计算。

（二）尺寸链的计算方法

现以图 7-16a 所示发动机中活塞销 1 与活塞销孔的配合精度为例，说明分组装配法的计算方法。

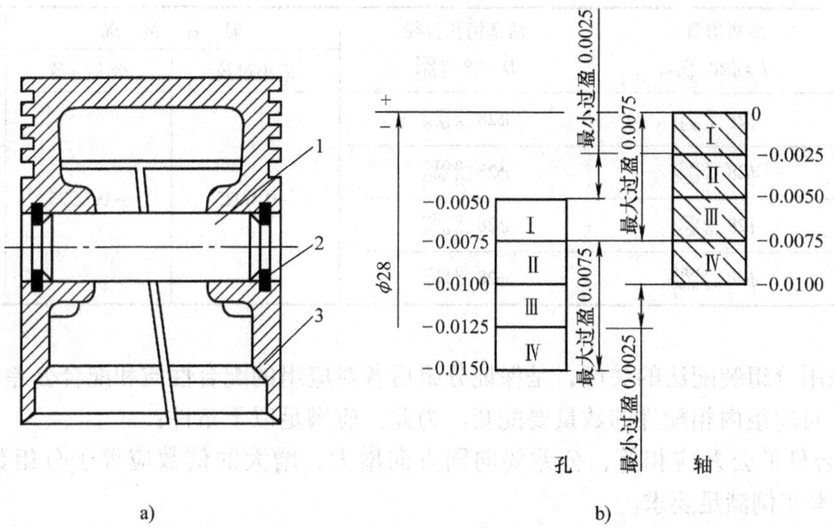

图 7-16　活塞销与活塞销孔的配合

a) 装配关系　b) 分组尺寸公差带图

1—活塞销　2—卡簧　3—活塞

装配技术要求中规定，活塞销与活塞销孔在冷态装配时，应有 0.0025～0.0075mm 的过盈量，即最大过盈量 Y_{max} 和最小过盈量 Y_{min} 分别为

$$Y_{max}=D_{min}-d_{max}=-0.0075\text{mm}$$
$$Y_{min}=D_{max}-d_{min}=-0.0025\text{mm}$$

式中　D_{max}——活塞销孔的最大直径；

D_{min}——活塞销孔的最小直径；

d_{max}——活塞销的最大直径；

d_{min}——活塞销的最小直径。

因此，封闭环的公差 T_0——过盈公差为

$$T_0=|Y_{max}-Y_{min}|=|-0.0075-(-0.0025)|\text{mm}=0.0050\text{mm}$$

若采用完全互换法装配，则销与销孔的平均极值公差 $T_{av,L}=0.0025\text{mm}$（当销与销孔的基本尺寸为 28mm 时，其公差等级为 IT2），显然制造这样精度的销与销孔既困难又不经济。

在实际生产中，采用分组装配法。先将销与销孔的公差在同方向都放大到四倍，由 0.0025mm 放大到 0.010mm，即

$$d=28_{-0.010}^{\ 0}\text{mm}$$
$$D=28_{-0.015}^{-0.005}\text{mm}$$

这样，活塞销可用无心磨床加工，活塞销孔可用金刚镗床加工。然后，用精密量具测量尺寸，并按尺寸大小分成四组，涂上不同的颜色加以区别，或装入不同容器内，再按各对应组进行装配，即大的活塞销配大的活塞销孔，小的活塞销配小的活塞销孔，装配后仍能保证过盈量的要求。具体分组情况如图 7-16b 和表 7-4 所示。

表 7-4 活塞销和活塞销孔的分组尺寸 （单位：mm）

组别	活塞销直径 $d=\phi28_{-0.010}^{\ 0}$	活塞销孔直径 $D=28_{-0.015}^{-0.005}$	配合情况		标志颜色
			最小过盈	最大过盈	
Ⅰ	$\phi28_{-0.0025}^{\ 0}$	$\phi28_{-0.0075}^{-0.0050}$	-0.0025	-0.0075	浅蓝
Ⅱ	$\phi28_{-0.0050}^{-0.0025}$	$\phi28_{-0.0100}^{-0.0075}$			红
Ⅲ	$\phi28_{-0.0075}^{-0.0050}$	$\phi28_{-0.0125}^{-0.0100}$			白
Ⅳ	$\phi28_{-0.0100}^{-0.0075}$	$\phi28_{-0.0150}^{-0.0125}$			黑

正确采用分组装配法的关键，是保证分组后各对应组的配合性质和配合公差满足设计要求。同时，对应组内相配件的数量要配套。为此，应满足以下条件：

1）配合件的公差应相等，公差要向同方向增大，增大的倍数应等于分组数。从图 7-16b 中可知本实例满足要求。

2）由于装配精度取决于分组公差，故配合件的表面粗糙度和形状公差均需与分组公差相适应，不能随尺寸公差的增大而放大。表面粗糙度和形状公差一般应小于分组公差的 50%。因此，分组法的组数不能任意增加，它受零件表面粗糙度和形状公差的限制。

3）为保证对应组内相配件的数量要配套，相配件的尺寸分布应相同，如同为正态分布或同方向的偏态分布；否则，将如图 7-17 所示产生剩余零件。为此，在实际生产中常常专门生产一些与剩余件配套的零件，以解决积压剩余件问题。

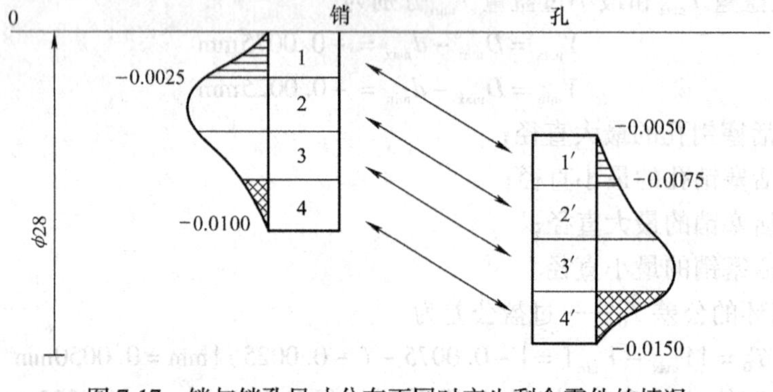

图 7-17 销与销孔尺寸分布不同时产生剩余零件的情况

（三）分组装配法的特点及应用场合

分组装配法可降低对组成环的加工要求，而不降低装配精度。但是，分组装配法增加了测量、分组和配套工作。当组成环数较多时，这种工作就会变得非常复杂。所以，分组装配法适用于成批、大量生产中封闭环公差要求很严、尺寸链组成环很少的装配尺寸链中。例如，精密偶件的装配、精密机床中精密件的装配和滚动轴承的装配等。

（四）分组装配法的其他类似形式

1. 直接选择装配法

该法也是先将组成环的公差相对于互换装配法所求之值增大，但不需预先测量分组，而是在装配时直接从待装配的零件中选择合适的零件进行装配，满足装配精度要求。例如，发动机中活塞与活塞环的装配，为了避免活塞环可能在活塞的环槽内卡住，装配工人可凭经验直接挑选合适的活塞环进行装配。这种方法的缺点是装配精度在很大程度上取决于工人的技术水平，而且装配工时也不稳定。因此，这种方法常用于封闭环公差要求不太严、产品的产量不大或生产节拍要求不很严格的成批生产中。

2. 复合选择装配法

该法是分组装配和直接选择装配的复合形式。它是先将组成环的公差相对于互换法所求之值增大，零件加工后预先测量、分组，装配时工人将在各对应组内进行选择装配。因此，这种方法吸取了前两种方法的特点，既能提高装配精度，又不必过多增加分组数。但是，装配精度仍然要依赖工人的技术水平，工时也不稳定。这种方法常用于相配件公差不等时，作为分组装配法的一种补充形式。例如，发动机中的气缸与活塞的配合多采用本法。

三、修配装配法（简称修配法）

（一）基本概念

在成批生产中，若封闭环公差要求较严，组成环又较多时，用互换装配法势必要求组成环的公差很小，增加了加工的困难，并影响加工经济性。用分组装配法，又因环数多会使测量、分组和配套工作变得非常困难和复杂，甚至造成生产上的混乱。在单件小批生产时，当封闭环公差要求较严，即使组成环数很少，也会因零件生产数量少而不能采用分组装配法。此时，常采用修配装配法达到封闭环公差要求。

修配装配法是将尺寸链中各组成环的公差相对于互换装配法所求之值增大，使其能按该生产条件下较经济的公差制造，装配时去除补偿环（预先选定的某一组成环）部分材料以改变其实际尺寸，使封闭环达到其公差与极限偏差要求。补偿环（或称修配环）是用来补偿其他各组成环由于公差放大后所产生的累积误差。因修配装配法是逐个修配，所以零件不能互换。修配装配法通常采用极值公差公式计算。

（二）选择补偿环和确定其尺寸及极限偏差

采用修配装配法的关键是正确选择补偿环和确定其尺寸及极限偏差。

1. 选择补偿环

选择补偿环应满足以下要求：

1）要便于装拆，易于修配。一般应选形状比较简单、修配面较小的零件。

2）尽量不选公共组成环。因为公共组成环难以同时满足几个装配要求，所以应选只与一项装配精度有关的环。

2. 确定补偿环的尺寸及极限偏差

确定补偿环尺寸及极限偏差的出发点，是要保证修配时的修配量足够和最小。为此，首先要了解补偿环被修配时，对封闭环的影响是渐渐增大还是渐渐变小，不同的影响有不同的计算方法。

第1种情况是：越修配补偿环，封闭环尺寸越大，简称“越修越大”。

此时，为了保证修配量足够和最小，放大组成环公差后实际封闭环的公差带和设计要求封闭环的公差带之间的相对关系应如图7-18a所示。图中，T_0、$L_{0\max}$和$L_{0\min}$分别表示设计要求封闭环的公差、上极限尺寸和下极限尺寸；T'_0、$L'_{0\max}$和$L'_{0\min}$分别表示放大组成环公差后实际封闭环的公差、上极限尺寸和下极限尺寸；$F_{\max}$表示最大修配量。由图7-18a可知

$$L'_{0\max}=L_{0\max} \tag{7-7}$$

若 $L'_{0\max} > L_{0\max}$，那么修配补偿环后 $L'_{0\max}$ 会更大，不能满足设计要求。

第二种情况是：越修配补偿环，封闭环尺寸越小，简称“越修越小”。由图 7-18b 可知，为保证修配量足够和最小，应满足下式

$$L'_{0\min} = L_{0\min} \tag{7-8}$$

上述两种情况下，分别满足式（7-7）和式（7-8）时，最大修配量 $F_{\max}$ 为

$$F_{\max} = T'_0 - T_0 = \sum_{i=1}^{m} |\xi_i| T_i - T_0 \tag{7-9}$$

当已知各组成环放大后的公差，并按“入体原则”确定组成环的极限偏差后，就可按式（7-7）或式（7-8）求出补偿环的某一极限尺寸（或极限偏差），再由已知的补偿环公差求出补偿环的另一极限尺寸（或极限偏差）。

（三）尺寸链的计算步骤和方法

下面通过两个实例，说明采用修配装配法时尺寸链的计算步骤和方法。

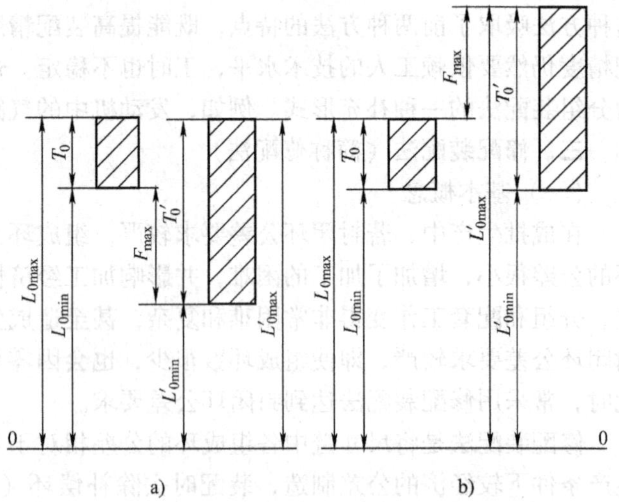

图 7-18　封闭环公差带要求值和实际公差带的相对关系
a）“越修越大”时　b）“越修越小”时

例 7-4　图 7-2a 所示为卧式车床床头和尾座两顶尖的等高度要求为 0 ~ 0.06mm（只许尾座高）的结构示意图。已知：$A_1 = 202\text{mm}$，$A_2 = 46\text{mm}$，$A_3 = 156\text{mm}$。

根据本章第二节所述，建立如图 7-2b 所示的装配尺寸链。其中，封闭环 $A_0 = 0^{+0.06}_{0}\text{mm}$；$A_1$ 为减环，$\xi_1 = -1$；A_2、A_3 为增环，$\xi_2 = \xi_3 = +1$。若按完全互换法用极值公差公式计算，各组成环的平均公差为

$$T_{\text{av,L}} = \frac{T_0}{m} = \frac{0.06}{3}\text{mm} = 0.02\text{mm}$$

显然，由于组成环的平均公差太小，加工困难，不宜用完全互换法，现采用修配装配法。

解　具体计算步骤和方法如下：

（1）选择补偿环　因组成环 A_2 尾座底板的形状简单，表面面积较小，便于刮研修配，故选择 A_2 为补偿环。

（2）确定各组成环公差　根据各组成环所采用的加工方法的经济精度确定其公差。A_1 和 A_3 采用镗模加工，取 $T_1 = T_3 = 0.1\text{mm}$；底板采用半精刨加工，取 $T_2 = 0.15\text{mm}$。

（3）计算补偿环 A_2 的最大修配量　利用式（7-9）可得

$$F_{\max} = \sum_{i=1}^{m} |\xi_i| T_i - T_0 = (0.1 + 0.15 + 0.1 - 0.06)\text{mm} = 0.29\text{mm}$$

（4）确定除补偿环以外各组成环的极限偏差　因 A_1 与 A_2 是孔轴线和底面的位置尺寸，

故偏差按对称分布，即 $A_1=(202\pm0.05)$mm，$A_3=(156\pm0.05)$mm。

（5）计算补偿环 A_2 的尺寸及极限偏差

1）判别补偿环 A_2 修配时对封闭环 A_0 的影响。从结构示意图中可知，越修配补偿环 A_2，封闭环 A_0 越小，是“越修越小”情况。

2）计算补偿环尺寸及极限偏差。用式（7-8）$L'_{0\min}=L_{0\min}$ 即 $A'_{0\min}=A_{0\min}$ 进行计算，代入具体数值并整理后可得

$$A_{2\min}=A_{0\min}-A_{3\min}+A_{1\max}=[0-(156-0.05)+(202+0.05)]\text{mm}=46.1\text{mm}$$

因为
$$T_2=0.15\text{mm}$$
所以
$$A_{2\max}=A_{2\min}+T_2=46.25\text{mm}$$
即
$$A_2=46^{+0.25}_{+0.10}\text{mm}$$

在实际生产中，为提高接触精度还应考虑底板底面在总装时必须留有一定的刮研量。按式（7-8）$A'_{0\min}=A_{0\min}$ 求出的 A_2，其最大刮研量为 0.29mm 时，符合要求，但最小刮研量为 0 时就不符合总装要求，故必须将 A_2 加大。对底板而言，最小刮研量可留 0.1mm，故 A_2 应加大 0.1mm，即

$$A_2=46^{+0.35}_{+0.20}\text{mm}$$

例 7-5　图 7-19a 所示为铣床矩形导轨的结构装配示意图。已知：$A_1=30$mm，$A_2=30$mm，配合间隙 $A_0=0.01\sim0.07$mm。

根据本章第二节所述，建立如图 7-19b 所示四环尺寸链。若压板 3 上的 A、B 两面一次加工而成，则可忽略 A_3（平面度环），将尺寸链简化成图 7-19c 所示三环尺寸链。其中，封闭环 $T_0=0.06$mm；组成环 A_1 为增环，$\xi_1=+1$；A_2 为减环，$\xi_2=-1$。若按完全互换法用极值公差公式计算，各组成环的平均公差为

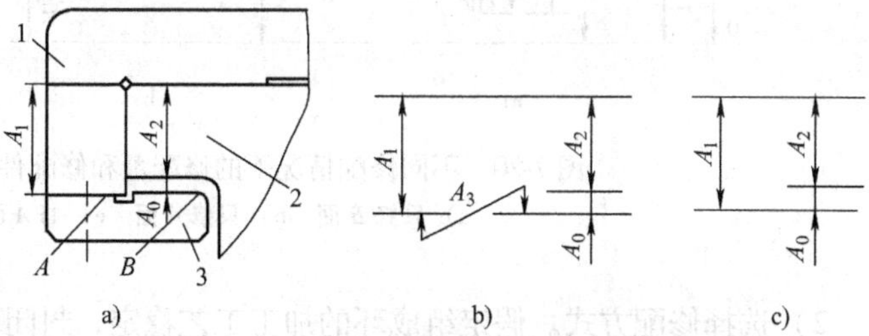

图 7-19　矩形导轨装配示意图和导轨配合精度的装配尺寸链图

a）装配示意图　b）配合精度的尺寸链图　c）简化的尺寸链图

1—床鞍　2—升降台　3—压板

$$T_{\text{av,L}}=\frac{T_0}{m}=\frac{0.06}{2}\text{mm}=0.03\text{mm}$$

显然，各组成环的平均公差太小，加工困难，不宜用完全互换法，应采用修配装配法。

解　具体计算步骤和方法如下：

（1）选择补偿环　从图 7-19a 中可知，压板 3 形状简单，便于修配。虽然从图 7-19c 所示尺寸链的组成环中没有压板 3，但是修配压板上的 A 面或 B 面相当于改变尺寸 A_1，故可选压板 3 为补偿环。

（2）确定各组成环的公差　根据各组成环所采用的加工方法的经济精度确定其公差。取 $T_1=T_2=0.13$mm（相当于 IT11）。

（3）计算补偿环最大修配量　利用式（7-9）可得

$$F_{max} = \sum_{i=1}^{m} |\xi_i| T_i - T_0 = (0.13 + 0.13 - 0.06)\text{mm} = 0.20\text{mm}$$

（4）确定除补偿环以外各环的极限偏差

1）组成环 A_2 按“入体原则”确定极限偏差，其尺寸和极限偏差为：$A_2 = 30_{-0.13}^{\ 0}$mm。

2）各环的中间偏差为

$$\Delta_0 = +0.04\text{mm}, \ \Delta_2 = -0.065\text{mm}$$

（5）计算补偿环 A_1 的极限偏差

1）判别补偿环修配时对封闭环 A_0 的影响。由图 7-19a 所示装配示意图中可知，若修配 B 面，则封闭环 A_0 增大，是“越修越大”的情况；若修配 A 面，则封闭环 A_0 减小，是“越修越小”的情况。上述两种情况下，封闭环公差带要求值和实际公差带的相对关系如图 7-20a、b 所示。只修 B 面时，$A'_{0max} = A_{0max}$；只修 A 面时，$A'_{0min} = A_{0min}$。两种情况下的最大修配量均为 0.20mm。

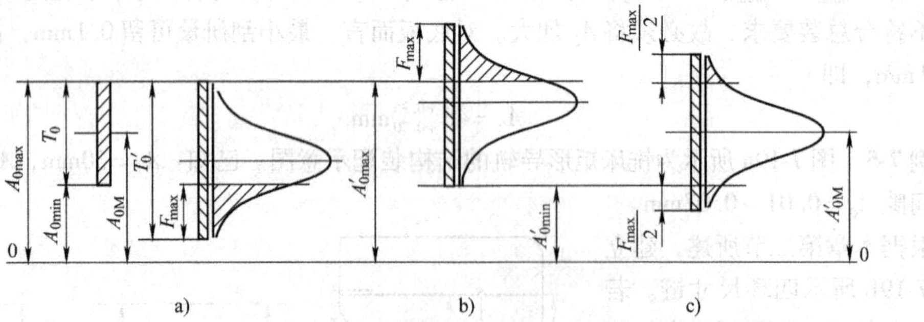

图 7-20 不同修配情况下的修配量和修配件的百分数示意图

a）只修 B 面 b）只修 A 面 c）修 A 面或 B 面

2）选择修配方式。假定组成环的加工工艺稳定，封闭环在尺寸分布范围内符合正态分布，则只修 B 面或只修 A 面时，修配件占总数的百分数也可由图 7-20a、b 表示。图中分布曲线的剖面线部分即表示修配件的百分数。若根据实际情况，有时修 B 面，有时修 A 面，则可使实际封闭环的平均尺寸 A'_{0M}（或中间偏差 Δ'_0）等于设计要求封闭环的平均尺寸 A_{0M}（或中间偏差 Δ_0），此时的最大修配量将减少为 $F_{max}/2 = 0.1$mm，修配件占总数的百分数也可减少，如图 7-20c 所示。因此，根据实际情况，有时修 B 面而有时修 A 面的修配方式是最佳方案。

3）采用修 A 面或 B 面的方式时，A_1 极限偏差的计算。从以上分析可知

$$\Delta'_0 = \Delta_0$$

代入具体数值并整理后可得

$$\Delta_1 = \Delta_0 + \Delta_2 = [+0.04 + (-0.065)]\text{mm} = -0.025\text{mm}$$

A_1 的极限偏差为

$$ES_1 = \Delta_1 + \frac{1}{2}T_1 = \left(-0.025 + \frac{0.13}{2}\right)\text{mm} = +0.04\text{mm}$$

$$EI_1 = \Delta_1 - \frac{1}{2}T_1 = \left(-0.025 - \frac{0.13}{2}\right)\text{mm} = -0.09\text{mm}$$

所以 $$A_1 = 30_{-0.09}^{+0.04}\text{mm}$$

在实际生产中，A_1 和 A_2 尺寸不一定符合正态分布。由于尺寸链环数少，所以封闭环也不一定是正态分布，分布中心和公差带中心也不一定重合。在这种情况下，应对实际的封闭环作一些调整，以达到修配百分比最小的目的。另外，若遇到 A、B 两面因尺寸相差较大而使修配劳动量相差较大时，取两面修配百分比相同就不是最经济方案。此时，也应将实际的封闭环位置作适当调整，以取得最佳经济效果。

（四）修配法的特点及应用场合

修配装配法可降低对组成环的加工要求，利用修配补偿环的方法可获得较高的装配精度，尤其是尺寸链中环数较多时，其优点更为明显。但是，修配工作需要技术熟练的工人，又大多是手工操作，逐个修配，所以生产率低，没有一定的生产节拍，不易组织流水装配，产品没有互换性。因此，在大批大量生产中很少采用修配法，在单件小批生产中则广泛采用修配法。在中批生产中，一些封闭环要求较严的多环装配尺寸链大多采用修配法。例如，机床制造时较多地采用修配法，既保证了封闭环的公差要求，又提高了接触表面的接触精度。

（五）修配法的种类

在实际生产中，修配的方式较多，常见的有以下三种。

1. 单件修配法

在装配时，选定某一固定的零件作为补偿环，用去除补偿环的部分材料，从而达到封闭环要求的方法称为单件修配法。上述介绍的两个实例都是单件修配法。

2. 合并加工修配法

将两个或两个以上零件合并在一起当作一个补偿环进行修配的方法，称为合并加工修配法。它能减少尺寸链的环数，有利于减少修配量。

图 7-2 所示两顶尖等高度要求的装配尺寸链常用合并加工修配法。它是把尾座和底板的配合面分别加工好，并配刮横向小导轨，然后把两零件装配为一体，以底板的底面为定位基准镗削加工套筒孔，此时 A_2 和 A_3 合并为 A_{23}，减少了尺寸链的环数，减少了修配量。

合并加工修配法虽有上述优点，但是由于要合并零件，对号入座，给加工、装配和生产组织工作带来不便。因此，这种方法多用于单件小批生产中。

3. 自身加工修配法

在机床制造中，利用机床本身的切削加工能力，用自己加工自己的方法，也可以说是把所有组成环都合并起来进行修配，直接保证达到封闭环公差要求的方法，称为自身加工修配法。例如，图 7-21 所示为立式转塔车床，在装配后利用车床主轴上安装的镗刀作切削运动，转塔作纵向进给运动依次镗削转塔上的六个孔，就能方便地保证主轴轴线与转塔各孔轴线的等高度。

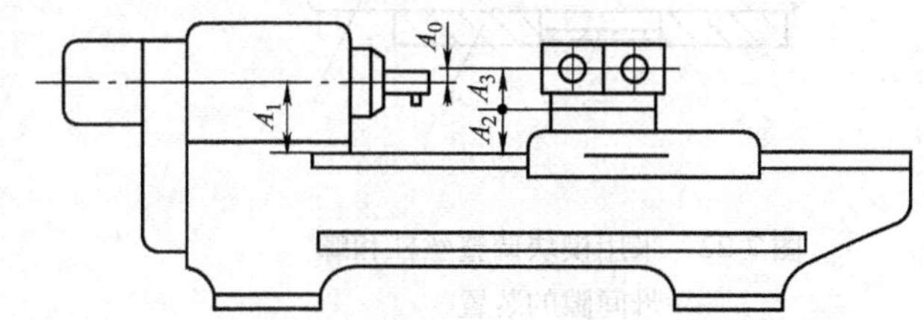

图 7-21 立式转塔车床的自身加工修配法

此外，牛头刨床、龙门刨床及龙门铣床总装后，刨或铣自己的工作台面，可以较容易地保证工作台面和滑枕或导轨面的平行度；车床上加工自身三爪自定心卡盘的卡爪，保证主轴回转轴线和三爪自定心卡盘定位面的同轴度；万能卧式铣床上用专用夹具镗削刀杆支架的锥孔等，都是自身加工修配法的实例。自身加工修配法在机床制造中应用较广。

四、调整装配法（简称调整法）

（一）基本概念

封闭环公差要求较严而组成环又较多的装配尺寸链，也可用调整装配法（简称调整法）达到要求。调整法是将尺寸链中各组成环的公差相对于互换装配法所求之值增大，使其能按该生产条件下较经济的公差制造，装配时用调整的方法改变补偿环（预先选定的某一组成环）的实际尺寸或位置，使封闭环达到其公差与极限偏差要求。一般以螺栓、斜面、挡环、垫片或孔轴连接中的间隙等作为补偿环（或称调整环），它是用来补偿其他各组成环由于公差放大后所产生的累积误差。调整法通常采用极值公式计算。

调整法和修配法的补偿原则是相似的，而方法上有所不同。

根据调整方法的不同，调整法分为可动调整法、固定调整法和误差抵消调整法三种，现分述如下。

（二）可动调整法

采用调整的方法改变补偿环的位置，使封闭环达到其公差与极限偏差要求的方法，称为可动调整法。常用的补偿环有螺栓、斜面、挡环或孔轴联结中的间隙等。例如，图 7-22 所示为卧式车床横刀架采用楔块 5 调整丝杠 3 和螺母 1、4 间隙的装置就是可动调整法中的补偿环。该装置中，将螺母做成前螺母 1 和后螺母 4 两个，前螺母的右端做成斜面，在前、后螺母之间装入一个左端也做成斜面的楔块 5。调整间隙时，先将前螺母固定螺钉放松，然后拧紧楔块的调节螺钉 2，将楔块向上拉。由于前螺母右端斜面和楔块左端斜面的作用，使前螺母向左移动，从而消除丝杠和螺母之间的间隙。又如图 7-23 所示为主轴箱中，用调节螺钉 1 调整轴承间隙或过盈后，再用螺母 2 锁紧的装置。该装置用以保证轴承既有足够的刚度，又不至于过分发热。

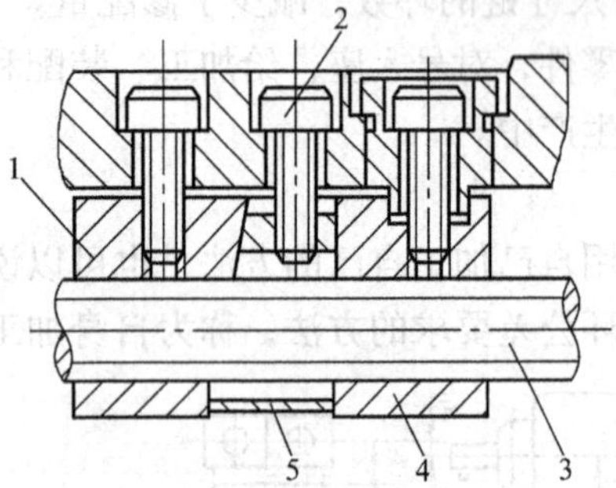

图 7-22 采用楔块调整丝杠和螺母间隙的装置

1—前螺母 2—调节螺钉 3—丝杠 4—后螺母 5—楔块

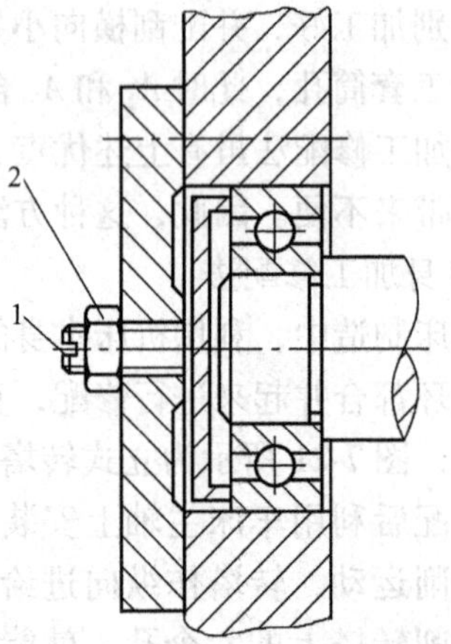

图 7-23 调整轴承间隙的装置

1—调节螺钉 2—螺母

可动调整法不但调整方便，能获得比较高的精度，而且还可以补偿由于磨损和变形等所引起的误差，使设备恢复原有精度。所以，在一些传动机构或易磨损机构中，常用可动调整法。但是，可动调整法中因可动调整件的出现，削弱了机构的刚性，因而在刚性要求较高或机构比较紧凑而无法安排可动调整件时，就可采用其他调整法。

（三）固定调整法

1. 基本概念

采用调整的方法改变补偿环的实际尺寸，使封闭环达到其公差与极限偏差要求的方法，称为固定调整法。补偿环要形状简单，便于装拆，常用的补偿环有垫片、档环、套筒等。改变补偿环实际尺寸的方法是根据封闭环公差与极限偏差的要求，分别装入不同尺寸的补偿环。例如，补偿环是减环，因放大组成环公差后使封闭环实际尺寸较大时，就取较大的补偿环装入；反之，当封闭环实际尺寸较小时，就取较小的补偿环装入。为此，需要预先按一定的尺寸要求制成若干组不同尺寸的补偿环，供装配时选用。

2. 确定补偿环的组数和各组的尺寸

采用固定调整法时，计算装配尺寸链的关键是确定补偿环的组数和各组的尺寸。

（1）确定补偿环的组数　首先要确定补偿量 F。采用固定调整法时，由于放大组成环公差，装配后的实际封闭环的公差必然超出设计要求的公差，其超差量需用补偿环补偿，该补偿量 F 等于超差量，可用下式计算

$$F = T_{0L} - T_0 \tag{7-10}$$

式中　T_{0L}——实际封闭环的极值公差（含补偿环）；

T_0——封闭环公差的要求值。

其次，要确定每一组补偿环的补偿能力 S。若忽略补偿环的制造公差 T_K，则补偿环的补偿能力 S 就等于封闭环公差要求值 T_0；若考虑补偿环的公差 T_K，则补偿环的补偿能力为

$$S = T_0 - T_K \tag{7-11}$$

当第一组补偿环无法满足补偿要求时，就需用相邻一组的补偿环来补偿。所以，相邻组别补偿环公称尺寸之差也应等于补偿能力 S，以保证补偿作用的连续进行。因此，分组数 Z 可用下式表示

$$Z = \frac{F}{S} + 1 \tag{7-12}$$

计算所得分组数 Z 后，要圆整至邻近的较大整数。

（2）计算各组补偿环的尺寸　由于各组补偿环的基本尺寸之差等于补偿能力 S，所以只要先求出某一组补偿环的尺寸，就可推算出其他各组的尺寸。比较方便的办法是先求出补偿环的中间尺寸，再求各组尺寸。

补偿环中间尺寸可先由各环中间偏差之关系式，求出补偿环的中间偏差后再求得。

当补偿环的组数 Z 为奇数时，求出的中间尺寸就是补偿环中间一组尺寸的中间值。其余各组尺寸的中间值相应增加或减小各组之间的尺寸差 S 即可。

当补偿环的组数 Z 为偶数时，求出的中间尺寸是补偿环的对称中心，再根据各组之间的尺寸差 S 安排各组尺寸。

补偿环的极限偏差也按“入体原则”标注。

3. 尺寸链的计算步骤和方法

下面通过实例，说明采用固定调整法时尺寸链的计算步骤和方法。

例 7-6　图 7-24a 所示为车床主轴齿轮组件的装配示意图。按照装配技术要求，当隔套（尺寸 A_2）、齿轮（尺寸 A_3）、垫圈（尺寸 A_K）和弹性挡圈（尺寸 A_4）装在主轴（尺寸 A_1）上后，齿轮的轴向间隙 A_0 应在 0.05 ~ 0.20mm 范围内。已知：A_1 = 115mm，A_2 = 8.5mm，

$A_3=95\text{mm}$，$A_4=2.5\text{mm}$，$A_K=9\text{mm}$。

根据本章第二节所述，建立以轴向间隙 $A_0=0.05\sim0.20\text{mm}$ 为封闭环的装配尺寸链图（见图 7-24b）。其中组成环有：A_1 为增环，$\xi_1=+1$；A_2、A_3、A_4 和 A_K 均为减环，$\xi_2=\xi_3=\xi_4=\xi_K=-1$。若采用完全互换装配法，则各组成环的平均极值公差为

$$T_{av,L}=\frac{T_0}{m}=\frac{0.15}{5}\text{mm}=0.03\text{mm}$$

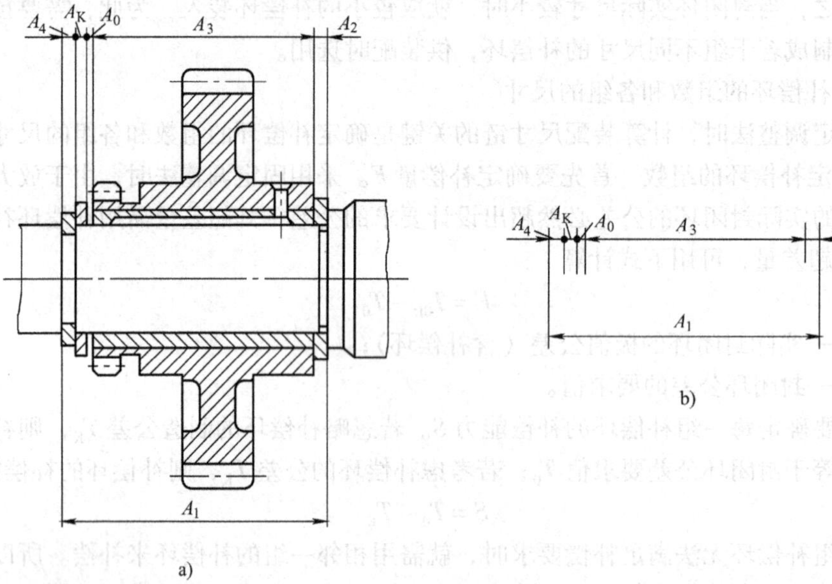

图 7-24　车床主轴齿轮组件的装配示意图及装配尺寸链图

a）装配示意图　b）装配尺寸链图

显然，由于组成环的平均公差太小，加工困难，不宜采用完全互换装配法，现采用固定调整法。

解　计算尺寸链的步骤和方法如下：

（1）选择补偿环　组成环 A_K 为垫圈，形状简单，制造容易，装拆也方便，故选择 A_K 为补偿环。

（2）确定各组成环的公差和偏差　根据各组成环所采用加工方法的经济精度确定其公差：$T_1=0.15\text{mm}$，$T_2=0.1\text{mm}$，$T_3=0.1\text{mm}$，$T_4=0.12\text{mm}$，$T_K=0.03\text{mm}$。

按"入体原则"确定各组成环（除补偿环外）的极限偏差：$A_1=115^{+0.15}_{\ 0}\text{mm}$，$A_2=8.5^{\ 0}_{-0.1}\text{mm}$，$A_3=95^{\ 0}_{-0.1}\text{mm}$，$A_4=2.5^{\ 0}_{-0.12}\text{mm}$。

计算各环的中间偏差：$\Delta_0=\dfrac{0.05+0.2}{2}\text{mm}=+0.125\text{mm}$，$\Delta_1=\dfrac{0.15}{2}\text{mm}=+0.075\text{mm}$，

$\Delta_2=\dfrac{-0.1}{2}\text{mm}=-0.05\text{mm}$，$\Delta_3=\dfrac{-0.1}{2}\text{mm}=-0.05\text{mm}$，$\Delta_4=\dfrac{-0.12}{2}\text{mm}=-0.06\text{mm}$。

（3）计算补偿量 F 和补偿环的补偿能力 S　按式（7-10）可得

$$F=T_{0L}-T_0=(0.15+0.1+0.1+0.12+0.03-0.15)\text{mm}=0.35\text{mm}$$

按式（7-11）可得

$$S = T_0 - T_K = (0.15 - 0.03)\text{mm} = 0.12\text{mm}$$

（4）确定补偿环的组数 Z　按式（7-12）可得

$$Z = \frac{F}{S} + 1 = \frac{0.35}{0.12} + 1 = 3.92 \approx 4$$

（5）确定各组补偿环的尺寸

1）计算补偿环的中间偏差和中间尺寸

$$\begin{aligned}\Delta_K &= \Delta_1 - \Delta_0 - (\Delta_2 + \Delta_3 + \Delta_4) = [0.075 - 0.125 - (-0.05 - 0.05 - 0.06)]\text{mm} \\ &= +0.11\text{mm}\end{aligned}$$

$$A_{KM} = (9 + 0.11)\text{mm} = 9.11\text{mm}$$

2）确定各组补偿环的尺寸。因补偿环的组数为偶数，故求得的 A_{KM} 就是补偿环的对称中心。各组尺寸的中间值分别为：$A_{K1M} = \left(9.11 + 0.12 + \frac{0.12}{2}\right)\text{mm} = 9.29\text{mm}$，$A_{K2M} = \left(9.11 + \frac{0.12}{2}\right)\text{mm} = 9.17\text{mm}$，$A_{K3M} = \left(9.11 - \frac{0.12}{2}\right)\text{mm} = 9.05\text{mm}$，$A_{K4M} = \left(9.11 - \frac{0.12}{2} - 0.12\right)\text{mm} = 8.93\text{mm}$，因而各组尺寸为：$A_{K1} = (9.29 \pm 0.015)\text{mm}$，$A_{K2} = (9.17 \pm 0.015)\text{mm}$，$A_{K3} = (9.05 \pm 0.015)\text{mm}$，$A_{K4} = (8.93 \pm 0.015)\text{mm}$。按“入体原则”标注补偿环的极限偏差可得：$A_{K1} = 9.305_{-0.03}^{\ 0}\text{mm} \approx 9.31_{-0.03}^{\ 0}\text{mm}$，$A_{K2} = 9.185_{-0.03}^{\ 0}\text{mm} \approx 9.19_{-0.03}^{\ 0}\text{mm}$，$A_{K3} = 9.065_{-0.03}^{\ 0}\text{mm} \approx 9.07_{-0.03}^{\ 0}\text{mm}$，$A_{K4} = 8.945_{-0.03}^{\ 0}\text{mm} \approx 8.95_{-0.03}^{\ 0}\text{mm}$。

4. 固定调整法的特点及应用场合

固定调整法可降低对组成环的加工要求，利用调整的方法改变补偿环的实际尺寸，从而获得较高的装配精度，尤其是尺寸链中环数较多时，其优点更为明显。固定调整法在装配时不必修配补偿环，没有修配法的一些缺点，所以在大批大量生产中采用较多。固定调整法又没有可动调整法中改变位置的补偿件，因而刚性较好，结构比较紧凑。但是，固定调整法在调整时要拆换补偿环，装拆和调整比较费事，所以设计时要选择装折方便的结构。另外，由于要预先做好若干组不同尺寸的补偿环，这也给生产带来不便。为了简化补偿件的规格，生产中常用“多件组合法”。“多件组合法”是把补偿环（如垫片）做成几种规格，如厚度分别为 0.1mm、0.2mm、0.5mm、1mm 等，根据需要把不同规格的垫片组合起来满足封闭环公差要求（如同量规组合使用一样）。为了提高“多件组合法”的调整精度，生产中采用“套筒和垫片”的组合法，其中垫片的最小间隔为 0.1mm，套筒的间隔值为 0.02mm（如做成 15.02mm、15.04mm、15.06mm、15.08mm、15.10mm 五种）。调整时，用垫片作粗调整，用套筒作精调整。

固定调整法常用于大批大量生产和中批生产，以及封闭环要求较严的多环装配尺寸链中，尤其是在比较精密的机械传动中用调整法还能补偿使用过程中的磨损和误差，恢复原有精度。如精密机械、机床和传动机械中的锥齿轮啮合精度的调整、轴承间隙或预紧度的调整等，都广泛采用固定调整法。

（四）误差抵消调整法

误差抵消调整法是通过调整几个补偿环的相互位置，使其加工误差相互抵消一部分，从而使封闭环达到其公差与极限偏差要求的方法。误差抵消调整法和可动调整法相似，所不同的是补偿环是矢量，且多于一个。常见的补偿环是轴承件的跳动量、偏心量和同轴度等。

下面以车床主轴锥孔轴线的径向圆跳动为例，说明误差抵消调整法的原理。图 7-25 所示是卧式车床 G6 项精度标准的检验方法。标准中规定，将检验棒插入主轴锥孔内，检验径向圆跳动：*A* 处（靠近端面）——公差为 0.01mm；*B* 处（距 *A* 处 300mm）——公差为 0.02mm（最大工件回转直径 $D_a \leqslant 800$mm 时）。

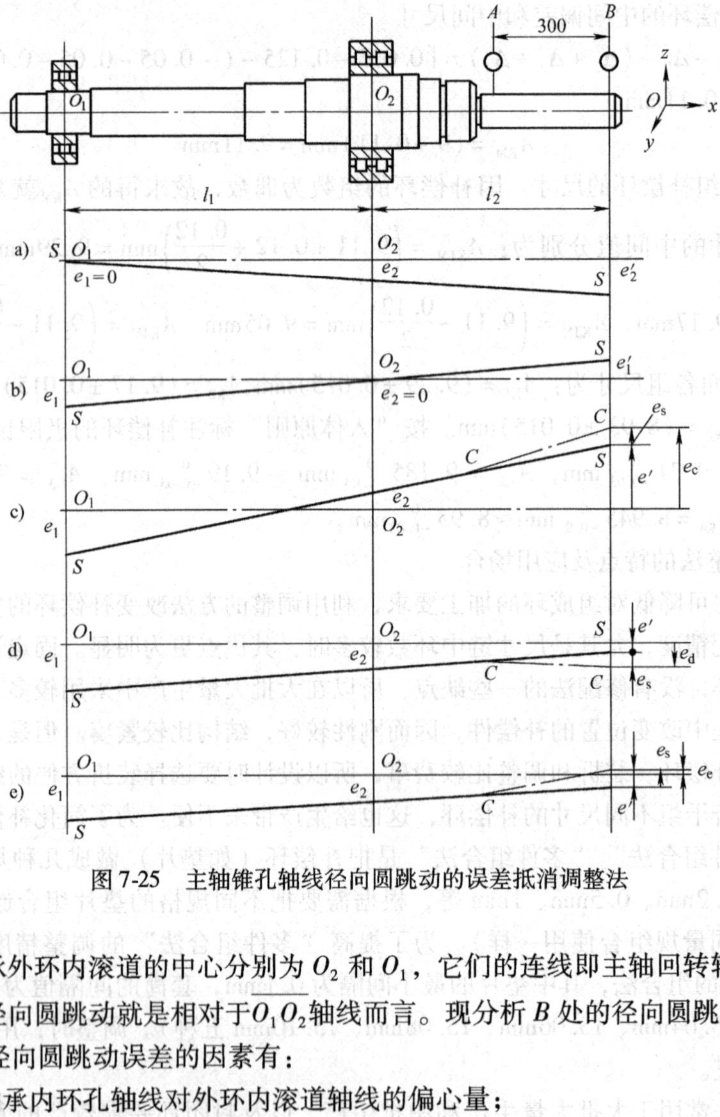

图 7-25 主轴锥孔轴线径向圆跳动的误差抵消调整法

设前后轴承外环内滚道的中心分别为 O_2 和 O_1，它们的连线即主轴回转轴线，被测的主轴锥孔轴线的径向圆跳动就是相对于 $\overline{O_1O_2}$ 轴线而言。现分析 *B* 处的径向圆跳动误差。

引起 *B* 处径向圆跳动误差的因素有：

e_1——后轴承内环孔轴线对外环内滚道轴线的偏心量；

e_2——前轴承内环孔轴线对外环内滚道轴线的偏心量；

e_s——主轴锥孔轴线 $\overline{CC}$ 对其轴颈轴线 $\overline{SS}$ 的偏心量。

e_1、e_2 和 e_s 都是矢量。为了简便起见，设图 7-25 中三个 *e* 值均在同一平面内。在图 7-25 中的五种情况下，可以得出 e_1、e_2 和 e_s 对 *B* 处径向圆跳动影响的几条规律：

1）对比图 7-25a、b 可知：前轴承的偏心误差比后轴承的偏心误差对 *B* 处径向圆跳动的影响大。所以，机床设计时应选用前轴承的精度等级高于后轴承的精度等级。

2）对比图 7-25c、d 可知：前后轴承的偏心量同向时比前后轴承的偏心量异向时对 *B* 处径向圆跳动的影响小。所以，调整时应使 e_1 和 e_2 同向。

3）对比图 7-25d、e 可知：主轴锥孔轴线对其轴颈轴线的偏心量 e_s 和前后轴承偏心量 e_1 和 e_2 引起的主轴偏心量 e' 异向时比同向时对 B 处的径向圆跳动的影响小。所以，调整时应使 e_s 和 e' 异向。

在实际生产中，可事先测出 e_1、e_2 和 e_s 的方向和大小，装配时根据上述 2）和 3）两条规律仔细调整三个几何公差环即补偿环，就能抵消加工误差，提高装配精度。

误差抵消调整法可在不提高轴承和主轴的加工精度条件下，提高装配精度。它与其他调整法一样，常用于机床制造，且封闭环要求较严的多环装配尺寸链中。但由于误差抵消调整法需事先测出补偿环的误差方向和大小，装配时需技术等级高的工人，因而增加了装配时和装配前的工作量，并给装配组织工作带来一定的麻烦。误差抵消调整法多用于批量不大的中小批生产和单件生产。

五、装配方法的选择

上述各种装配方法各有特点。其中有些方法对组成环的加工要求不严，但装配时就要较严格；相反，有些方法对组成环的加工要求较严，而在装配时就比较方便简单。选择装配方法的出发点是使产品制造的全过程达到最佳效果。具体考虑的因素有：封闭环公差要求（装配精度）、结构特点（组成环环数等）、生产类型及具体生产条件。

一般说来，只要组成环的加工比较经济可行时，就要优先采用完全互换装配法。成批生产而组成环又较多时，可考虑采用大数互换装配法。

当封闭环公差要求较严而且采用互换装配法将使组成环加工比较困难或不经济时，就采用其他方法。大量生产时，环数少的尺寸链采用分组装配法；环数多的尺寸链采用调整法。单件小批生产时，常采用修配法。成批生产时可灵活应用调整法、修配法和分组装配法（后者在环数少时采用）。

一种产品究竟采用何种装配方法来保证装配精度，通常在设计阶段即应确定。因为只有在装配方法确定后，才能通过尺寸链的解算，合理地确定各个零、部件在加工和装配中的技术要求。但是，同一种产品的同一装配精度要求，在不同的生产类型和生产条件下，可能采用不同的装配方法。例如，在大量生产时采用完全互换法或调整法保证的装配精度，在小批生产时可用修配法。因此，工艺人员特别是主管产品的工艺人员必须掌握各种装配方法的特点及其装配尺寸链的解算方法，以便在制订产品的装配工艺规程和确定装配工序的具体内容时，或在现场解决装配质量问题时，根据具体工艺条件审查或确定装配方法。

第四节　装配工艺规程的制订

装配工艺规程是指导装配生产的主要技术文件，制订装配工艺规程是生产技术准备工作中的一项重要工作。装配工艺规程对保证装配质量、提高装配生产率、缩短装配周期、减轻工人的劳动强度、缩小装配占地面积和降低成本等都有重要的影响。所以，要合理地制订装配工艺规程。前两节所述建立与解装配尺寸链的方法是保证装配精度的理论，本节是应用前述理论解决实际工程问题。很明显，制订者除了要有装配尺寸链方面的理论知识外，还需一定的实践知识，实践知识的获取还要通过其他教学环节（如生产实习等）。

本节主要讨论装配工艺规程制订时不同于机械加工工艺规程制订时的一些特点。

一、制订装配工艺规程的基本要求及主要依据

(一) 基本要求

制订装配工艺规程的基本要求是，在保证产品装配质量的前提下，尽量提高劳动生产率和降低成本。具体要求包括：

1）保证产品装配质量。从机械加工和装配的全过程达到最佳效果的前提下，选择合理和可靠的装配方法。

2）提高生产率。合理安排装配顺序和装配工序，尽量减少装配工作量，特别是手工劳动量，提高装配机械化和自动化程度，缩短装配周期，满足装配规定的进度计划要求。

3）减少装配成本。要减少装配生产面积，减少工人的数量和降低对工人技术等级要求，减少装配投资等。缩短装配周期，提高装配效率，也能降低成本。

(二) 主要依据（即原始资料）

1. 产品的装配图样及验收技术条件

产品的装配图样应包括总装配图样和部件装配图样，并能清楚地表示出零、部件的相互连接情况及其联系尺寸，装配精度和其他技术要求，零件的明细栏等。为了在装配时对某些零件进行补充机械加工和核算装配尺寸链，有时还需要某些零件图样。

验收技术条件应包括验收的内容和方法。

2. 产品的生产纲领

生产纲领决定了产品的生产类型。生产类型的种类及其划分方法见第一章。不同的生产类型致使装配的组织形式、装配方法、工艺过程的划分、设备及工艺装备专业化或通用化水平、手工操作量的比例、对工人技术水平的要求和工艺文件的格式等均有不同。各种生产类型的装配工艺特征见表 7-5。

表 7-5 各种生产类型的装配工艺特征

装配工艺特征	生产类型		
	单件小批生产	中批生产	大批大量生产
产品生产重复（专业化）程度	产品经常变换，很少重复生产	产品周期重复	产品固定不变，经常重复
组织形式	采用固定式装配或固定流水装配	重型产品采用固定流水装配，批量较大时采用流水装配，多品种平行投产时采用变节拍流水装配	多采用流水装配线和自动装配线，有间歇移动、连续移动和变节拍移动等方式
装配方法	常用修配法，互换法比例较少	优先采用互换法，装配精度要求高时，灵活应用调整法和修配法（环数多时）以及分组法（环数少时）	优先采用完全互换法，装配精度要求高时，环数少时用分组法；环数多时用调整法
工艺过程	工艺灵活掌握，也可适当调整工序	应适合批量的大小，尽量使生产均衡	工艺过程划分很细，力求达到高度均衡性
设备及工艺装备	一般为通用设备及工艺装备	较多采用通用设备及工艺装备，部分是高效的工艺装备	宜采用专用、高效设备及工艺装备，易于实现机械化和自动化

（续）

装配工艺特征	生　　产　　类　　型		
	单件小批生产	中　批　生　产	大批大量生产
手工操作量和对工人技术水平的要求	手工操作比重大，需要技术熟练的工人	手工操作比重较大，需要有一定熟练程度的技术工人	手工操作比重小，对操作工技术要求较低
工艺文件	仅有装配工艺过程卡	有装配工艺过程卡，复杂产品要有装配工序卡	有装配工艺过程卡和工序卡
应用实例	重型机械、重型机床、汽轮机和大型内燃机等	机床、机车车辆等	汽车、拖拉机、内燃机、滚动轴承、手表和缝纫机等

3. 现有生产条件和标准资料

它们包括现有装配设备、工艺装备、装配车间面积、工人技术水平、机械加工条件及各种工艺资料和标准等。设计者熟悉和掌握了它们，才能切合实际地从机械加工和装配的全局出发，制订合理的装配工艺规程。

二、制订装配工艺规程的步骤、方法和内容

1. 熟悉和分析产品的装配图样及验收技术条件

1）了解产品及部件的具体结构、装配技术要求和检查验收的内容及方法。

2）审查产品的结构工艺性。

3）研究设计人员所确定的装配方法，进行必要的装配尺寸链分析与计算。

2. 确定装配方法与装配组织形式

选择合理的装配方法，是保证装配精度的关键。要结合具体生产条件，从机械加工和装配的全过程出发应用尺寸链理论，同设计人员一起最终确定装配方法。

装配组织形式的选择，主要取决于产品的结构特点（包括质量大小、尺寸和复杂程度）、生产纲领和现有生产条件。

装配的组织形式按产品在装配过程中移动与否分为固定式和移动式两种。对于固定式装配，全部装配工作在一个固定的地点进行，产品在装配过程中不移动，多用于单件小批生产或重型产品的成批生产；固定式装配也可组织工人专业分工，按装配顺序轮流到各产品点进行装配，这种形式称为固定流水装配，多用于成批生产结构比较复杂、工序数多的产品，如机床、汽轮机的装配。

移动式装配是将零、部件用输送带或小车按装配顺序从一个装配地点移动到下一个装配地点，各装配点分别完成一部分装配工作，全部装配点完成产品的全部装配工作。移动式装配按移动的形式可分为连续移动和间歇移动两种。连续移动式装配即装配线连续按节拍移动，工人在装配时边装边随装配线走动，装配完毕立即回到原位继续重复装配；间歇移动式装配即装配时产品不动，工人在规定时间（节拍）内完成装配规定工作后，产品再被输送带或小车送到下一工作地。移动式装配按移动时节拍变化与否又可分为强制节拍和变节拍两种。变节拍式移动比较灵活，有柔性，适合多品种装配。移动式装配常用于大批大量生产时组成流水作业线或自动线，如汽车、拖拉机、仪器仪表等产品的装配。

3. 划分装配单元和确定装配顺序

将产品划分为可进行独立装配的单元是制订装配工艺规程中最重要的一个步骤，这对于

大批大量生产结构复杂的产品时尤为重要。只有划分好装配单元，才能合理安排装配顺序和划分装配工序，组织平行流水作业。

产品或机器是由零件、合件、组件和部件等装配单元组成的。零件是组成机器的基本单元，它是由整块金属或其他材料组成。零件一般都预先装成合件、组件和部件后，再安装到机器上。合件是由若干零件永久连接（铆或焊）而成，或连接后再经加工而成，如装配式齿轮、发动机连杆小头孔压入衬套后再精镗孔等。组件是指一个或几个合件与零件的组合，没有显著完整的作用，如主轴箱中轴与其上的齿轮、套、垫片、键和轴承的组合体。部件是若干组件、合件及零件的组合体，并在机器中能完成一定的完整的功用，如车床中的主轴箱、进给箱和溜板箱部件等。机器是由上述各装配单元结合而成的整体，具有独立、完整的功能。

上述各装配单元都要选定某一零件或比它低一级的单元作为装配基准件。通常应选体积或质量较大、有足够支承面能保证装配时稳定性的零件、组件或部件作为装配基准件，如床身零件是床身组件的装配基准件；床身组件是床身部件的装配基准组件；床身部件是机床产品的装配基准部件。

划分好装配单元，并确定装配基准件后，就可安排装配顺序。确定装配顺序的要求是保证装配精度，以及使装配连接、调整、校正和检验工作能顺利地进行，前面工序不妨碍后面工序的进行，后面工序不应损坏前面工序的质量等。

一般装配顺序的安排是：

1）工件要先预处理，如工件的倒角、去飞边、清洗、防锈和防腐处理、涂饰和干燥等。

2）先基准件、重大件的装配，以便保证装配过程的稳定性。

3）先复杂件、精密件和难装配件的装配，以保证装配顺利进行。

4）先进行易破坏以后装配质量的工作，如冲击性质的装配、压力装配和加热装配。

5）集中安排使用相同设备及工艺装备的装配和有共同特殊装配环境的装配。

6）处于基准件同一方位的装配应尽可能集中进行。

7）电线、油气管路的安装应与相应工序同时进行。

8）易燃、易爆、易碎、有毒物质或零、部件的安装，尽可能放在最后，以减少安全防护工作量，保证装配工作顺利完成。

为了清晰表示装配顺序，常用装配单元系统图来表示。它是表明产品零、部件间相互装配关系及装配流程的示意图。例如，图 7-26a 所示是产品的装配单元系统图，图 7-26b 所示是部件的装配单元系统图。比较简单的产品也可把所有部件的装配单元系统图合在产品的装配单元系统图中，如图 7-27 所示。

装配单元系统图的画法是：首先画一条横线，横线右端箭头指向装配单元的长方格，横线左端为基准件的长方格。再按装配的先后顺序，从左向右依次将装入基准件的零件、合件、组件和部件引入。表示零件的长方格画在横线上方，表示合件、组件和部件的长方格画在横线下方。每一长方格内，上方注明装配单元名称，左下方填写装配单元的编号，右下方填写装配单元的件数。

在装配单元系统图上加注所需的工艺说明，如焊接、配钻、配刮、冷压、热压和检验等，就形成装配工艺系统图。图 7-28 所示为卧式车床床身装配简图，图 7-29 所示为床身部件装配工艺系统图。

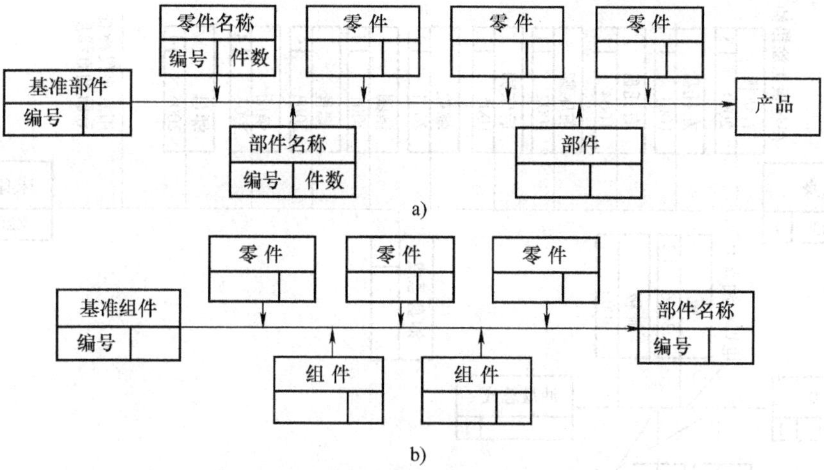

图 7-26　装配单元系统图

a）产品装配单元系统图　b）部件装配单元系统图

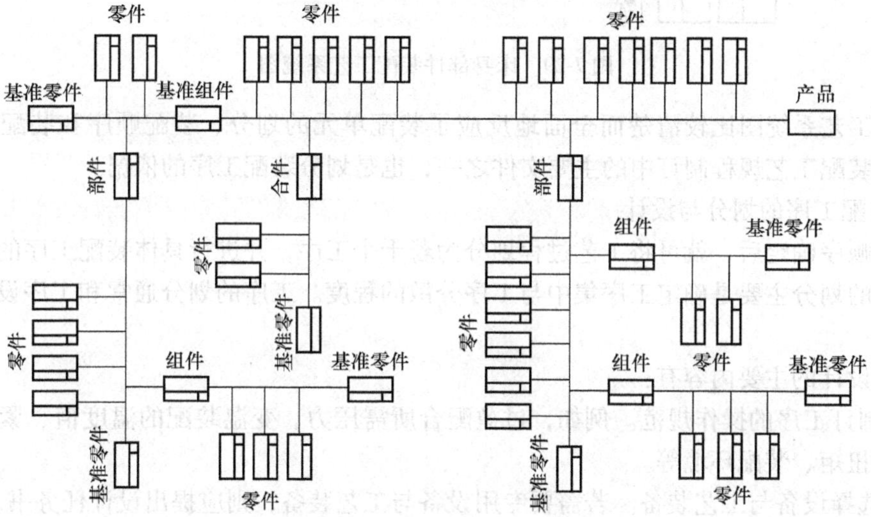

图 7-27　装配单元系统合成图

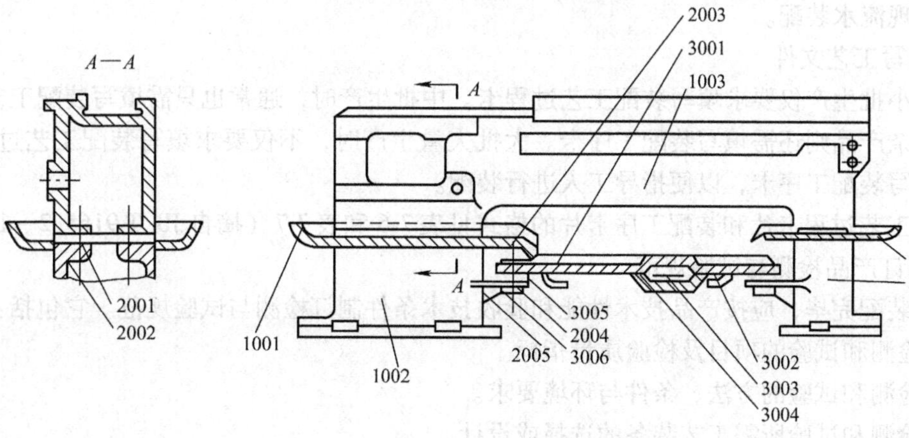

图 7-28　卧式车床床身装配简图

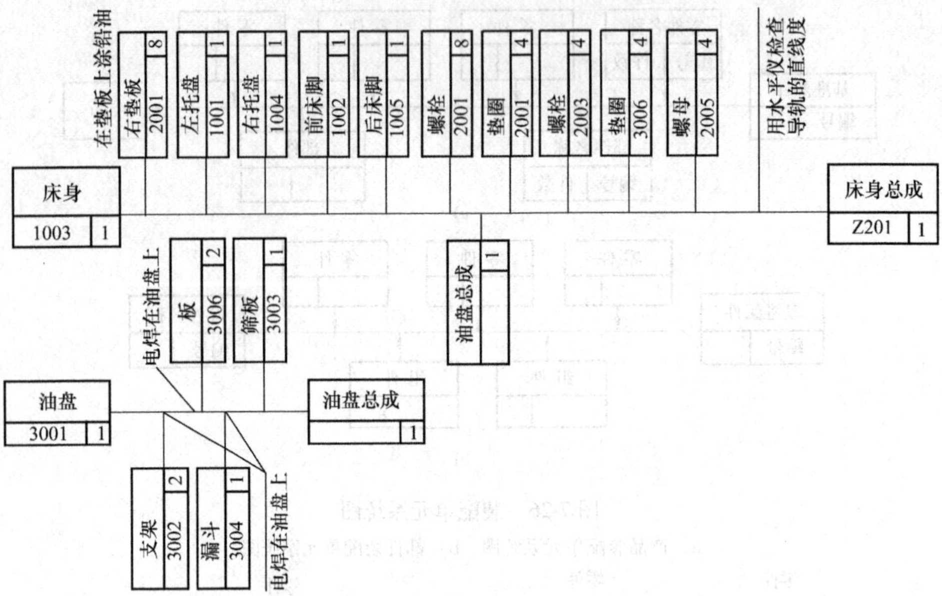

图 7-29　床身部件装配工艺系统图

装配工艺系统图比较清楚而全面地反应了装配单元的划分、装配顺序和装配工艺方法等。它是装配工艺规程制订中的主要文件之一，也是划分装配工序的依据。

4. 装配工序的划分与设计

装配顺序确定后，就可将工艺过程划分为若干个工序，并进行具体装配工序的设计。

工序的划分主要是确定工序集中与工序分散的程度。工序的划分通常和工序设计一起进行。

工序设计的主要内容有：

1）制订工序的操作规范。例如，过盈配合所需压力、变温装配的温度值、紧固螺栓联接的预紧扭矩、装配环境等。

2）选择设备与工艺装备。若需要专用设备与工艺装备，则应提出设计任务书。

3）确定工时定额，并协调各工序内容。在大批大量生产时，要平衡工序的节拍，均衡生产，实现流水装配。

5. 填写工艺文件

单件小批生产仅要求填写装配工艺过程卡。中批生产时，通常也只需填写装配工艺过程卡，对复杂产品则还需填写装配工序卡。大批大量生产时，不仅要求填写装配工艺过程卡，而且要填写装配工序卡，以便指导工人进行装配。

装配工艺过程卡片和装配工序卡片的格式见表 7-6 和表 7-7（摘自 JB/T 9165. 2—1998）。

6. 制订产品检测与试验规范

产品装配完毕，应按产品技术性能和验收技术条件制订检测与试验规范。它包括：

1）检测和试验的项目及检验质量指标。

2）检测和试验的方法、条件与环境要求。

3）检测和试验所需工艺装备的选择或设计。

4）质量问题的分析方法和处理措施。

表 7-6 装配工艺过程卡片（摘自 JB/T 9165. 2—1998）

装配工艺过程卡片		产品型号		零件图号		
		产品名称		零件名称	共 页	第 页
工序号	工序名称	工 序 内 容	装配部门	设备及工艺装备	辅助材料	工时定额 /min
(1)	(2)	(3)	(4)	(5)	(6)	(7)
8	12	8; 19×8(=152)	12	60	40	10

描图	描校	底图号	装订号

标记	处数	更改文件号	签字	日期	标记	处数	更改文件号	签字	日期	设计（日期）	审核（日期）	标准化（日期）	会签（日期）

注：表中项目下括号内的数字是注释号

表 7-7　装配工序卡片（摘自 JB/T 9165.2—1998）

装配工序卡片		产品型号		零件图号			
		产品名称		零件名称		共　页	第　页

工序号	(1)	工序名称	(2)	车间	(3)	工段	(4)	设备	(5)	工序工时	(6)
尺寸	10	10	20	60	10	20	10	20	10	40	25

（“工序号”行高 8）

简图

(7)

工步号	工 步 内 容	工艺装备	辅助材料	工时定额/min
(8)	(9)	(10)	(11)	(12)
尺寸：8		50	50	10

（表头行高 16；各行行高 8，8×8(=64)）

描图	
描校	
底图号	
装订号	

										设计（日期）	审核（日期）	标准化（日期）	会签（日期）	
标记	处数	更改文件号	签字	日期	标记	处数	更改文件号	签字	日期					

注：表中项目下括号中的数字是注释号

第五节　产品的结构工艺性

一、产品结构工艺性的概念

产品结构工艺性是指所设计的产品在能满足使用要求的前提下，制造、维修的可行性和经济性。它包括产品生产工艺性和产品使用工艺性，前者是指其制造过程中的难易程度与经济性，后者则指其在使用过程中维护保养和修理的难易程度与经济性。产品生产工艺性除零件结构工艺性外，还包括产品结构的装配工艺性。

产品结构工艺性审查工作，不仅贯穿在产品设计的各个阶段中，而且在装配工艺规程设计时，还要重点分析产品结构的装配工艺性。

二、产品结构的装配工艺性

装配对产品结构的要求，主要是要容易保证装配质量、装配的生产周期要短、装配劳动量要少。归纳起来，有以下七条具体要求。

（1）结构的继承性好和“三化”程度高　能继承已有结构和“三化”（标准化、通用化和系列化）程度高的结构，装配工艺的准备工作可少，装配时工人对产品比较熟悉，既容易保证质量，又能减少劳动消耗。

为了衡量继承性和“三化”程度，可用产品结构继承性系数 K_s、结构标准化系数 K_{st} 和结构要素统一化系数 K_e 等指标来评价工艺性。K_s、K_{st} 和 K_e 的定义见第三章第二节。

（2）能分解成独立的装配单元　产品结构应能分解成独立的装配单元，即产品可由若干个独立的部件总装而成，部件可由若干个独立组件组装而成。这样的产品，装配时可组织平行作业，扩大装配的工作面积，大批大量生产时可按流水的原则组织装配生产，因而能缩短生产周期，提高生产率。由于平行作业，各部件能预先装好、调试好，以较完善的状态送去总装，保证装配质量。另外，还有利于企业间的协作，组织专业化生产。

例如，图 7-30 所示为传动轴组件的结构，图 7-30a 中箱体的孔径 D_1 小于齿轮直径 d_2，装配时必须先把齿轮放入箱体内，在箱体内装配齿轮，再将其他零件逐个装在轴上。图 7-30b 中的 $D_1 > d_2$，装配时，可将轴及其上零件组成独立组件后再装入箱体内，并可通过带轮上的孔将法兰拧紧在箱体上。因此，图 7-30b 所示结构的装配工艺性好。

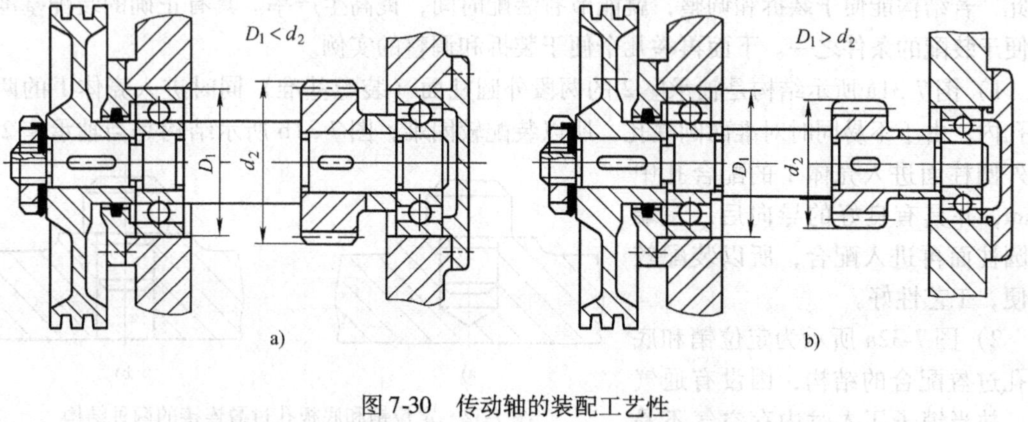

图 7-30　传动轴的装配工艺性
a）不能分成独立的装配单元　b）能分成独立的装配单元

衡量产品能否分解成独立装配单元，可用产品结构装配性系数 K_a 表示，其计算式为

$$K_a=\frac{\text{产品各独立部件中零件数之和}}{\text{产品零件总数}}$$

（3）各装配单元要有正确的装配基准　装配的过程是先将待装配的零件、组件和部件放到正确的位置，然后再紧固和连接。这个过程相似于加工时的定位和夹紧。所以，在装配时，零件、组件和部件必须要有正确的装配基准，以保证它们之间的正确位置，并减少装配时找正的时间。装配基准的选择也要用夹具中的“六点定位”原理。

例如，图 7-31 所示是锥齿轮轴承座组件图，轴承座组件装进壳体 1 时，装配基准是轴承座两外圆柱面和法兰端面，符合装配要求。因此，图 7-31a、b 所示的结构都有正确的装配基准。

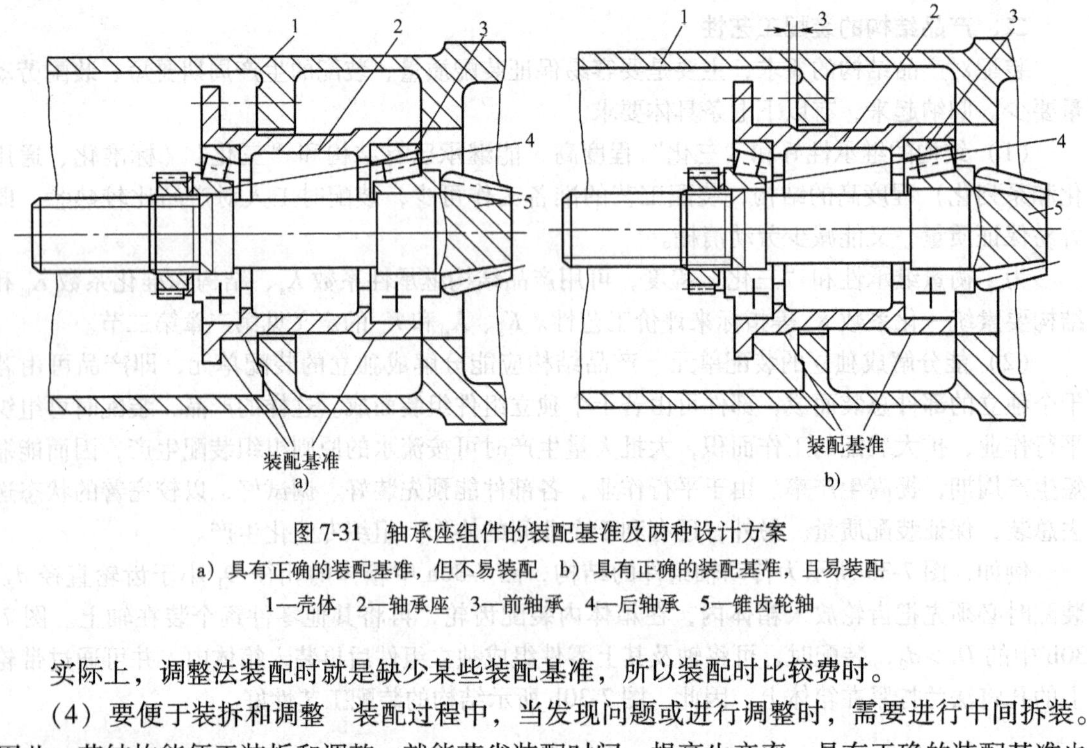

图 7-31　轴承座组件的装配基准及两种设计方案

a）具有正确的装配基准，但不易装配　b）具有正确的装配基准，且易装配

1—壳体　2—轴承座　3—前轴承　4—后轴承　5—锥齿轮轴

实际上，调整法装配时就是缺少某些装配基准，所以装配时比较费时。

（4）要便于装拆和调整　装配过程中，当发现问题或进行调整时，需要进行中间拆装。因此，若结构能便于装拆和调整，就能节省装配时间，提高生产率。具有正确的装配基准也是便于装配的条件之一。下面再举几个便于装拆和调整的实例。

1）图 7-31a 所示结构是轴承座 2 的两段外圆柱面（装配基准）同时进入壳体 1 的两配合孔内，由于不易同时对准两圆柱孔，所以装配较困难；图 7-31b 所示结构是当轴承座 2 右端外圆柱面进入壳体 1 的配合孔中 3mm，并具有良好的导向后，左端外圆柱面再进入配合，所以装配较方便，工艺性好。

2）图 7-32a 所示为定位销和底板孔过盈配合的结构，因没有通气孔，故当销子压入时内存空气不易排出而影响装配工作。合理的结构

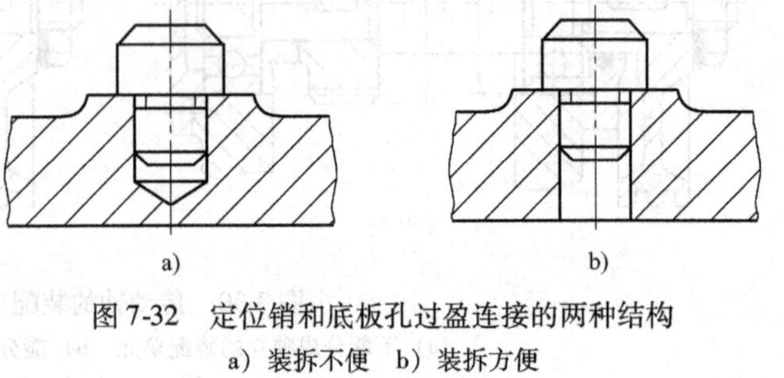

图 7-32　定位销和底板孔过盈连接的两种结构

a）装拆不便　b）装拆方便

是在销子上开孔或在底板上开槽，也可采用图 7-32b 所示结构，将底板孔钻通，孔钻通后还有利于销子的拆卸。当底板不能开通孔时，则可用带螺孔的定位销，以便需要时用取销器取出定位销。

3）图 7-33 所示为箱体上圆锥滚子轴承靠肩的三种形式。图 7-33a 所示的靠肩内径小于轴承外环的最小直径，当轴承压入后，外环就无法卸下。图 7-33b 所示的靠肩内径大于轴承外环的最小直径和图 7-33c 所示将靠肩做出 2 ~4 个缺口的结构，都能方便地拆卸外环，所以工艺性好。

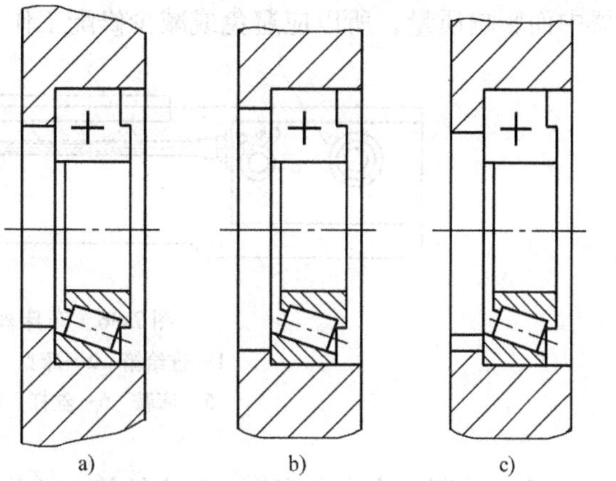

图 7-33 箱体上轴承靠肩的三种形式
a）不便拆卸 b）、c）便于拆卸

4）图 7-34 所示为端面有调整垫（补偿环）的锥齿轮结构。为了便于拆卸，在锥齿轮上加工两个螺孔，旋入螺栓即可卸下锥齿轮。

5）图 7-35 所示为卧式车床床鞍后部的两种固定板结构。图 7-35a 所示的结构靠修磨或刮研来保证床鞍与床身的间隙，装配时调整费时。图 7-35b 所示的结构采用了调整垫块，在装配和使用中都可方便地进行调整，工艺性好。

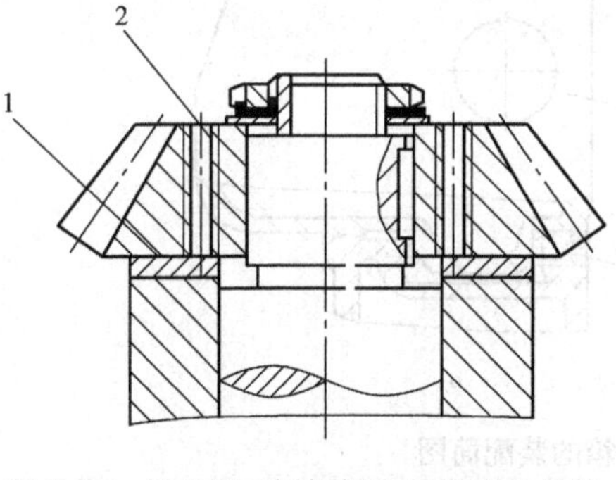

图 7-34 带有便于拆卸螺孔的锥齿轮结构
1—调整垫片 2—锥齿轮上的拆卸用螺孔

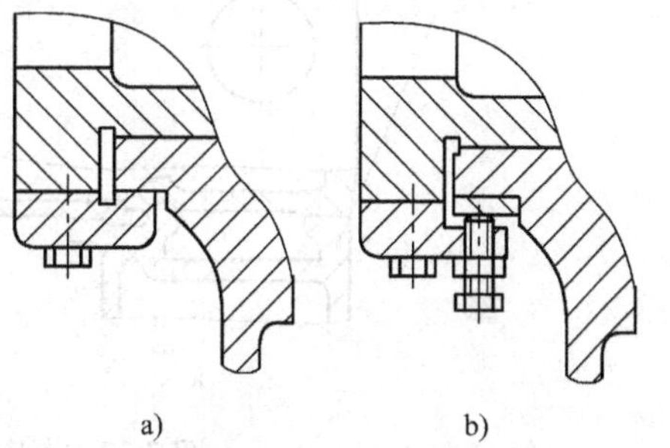

图 7-35 车床床鞍后部固定板的两种形式
a）不易调整间隙 b）用调整垫块调整间隙

6）图 7-36 所示是车床丝杠的装配简图。丝杠 6 装在进给箱 1、溜板箱 8 和托架 7 的相应孔中，要求三孔同轴，且轴线要与床身导轨面平行。装配时，垂直位置是以溜板箱为基准，先调整进给箱的位置使丝杠成水平，然后再调整托架的位置保证三者等高；水平位置一般以进给箱为基准，先调整溜板箱的位置使丝杠与床身导轨平行，最后再调整托架的位置保证三者一致。调整的补偿环是螺栓过孔与固定螺栓中的间隙，全部调整好后，打上定位销。光杠和操纵杆的装配方法和丝杠相同。

当车床中修时，床身导轨因磨损而重新磨削后，床鞍和溜板箱的垂直位置也将下移，丝杠就装不上了。为此，将在床鞍和溜板箱之间增设的垫片 4 减薄，就能保证丝杠孔的中心位置。此外，溜板箱中一齿轮与床身上齿条相啮合，以便移动床鞍作进给运动，其啮合间隙则用偏心轴 3 调整，这些都是便于调整的实例。

(5) 减少装配时的修配工作和机械加工　装配时进行修配工作会影响装配生产率，又不易组织流水装配，还使产品没有互换性。若在装配时进行机械加工，有时会因切屑掉入机器中而影响质量，所以应避免或减少修配工作和机械加工。

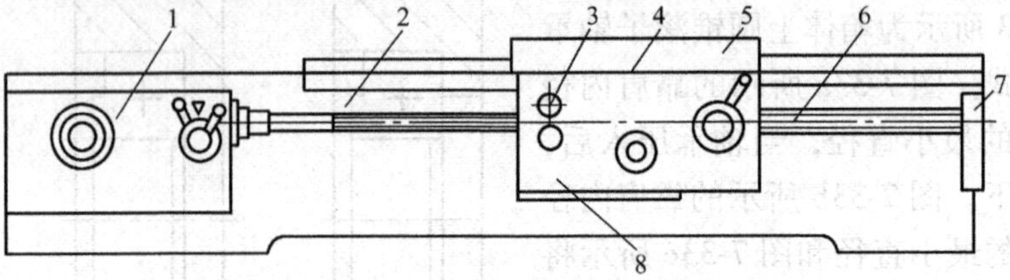

图 7-36　车床丝杠的装配简图

1—进给箱　2—床身　3—偏心轴　4—垫片

5—床鞍　6—丝杠　7—托架　8—溜板箱

图 7-37 所示为车床床身 1 与主轴箱 2 的装配简图。图 7-37a 所示是采用平面和 V 形导轨定位，装配时用手工铲刮，修配量较大。图 7-37b 所示是改进方案，用一个水平面和一个垂直面导轨定位，装配时虽仍要铲刮，但修配量较小。垂直面方向用螺钉 4 定位。现生产的车床均采用图 7-37b 所示结构。

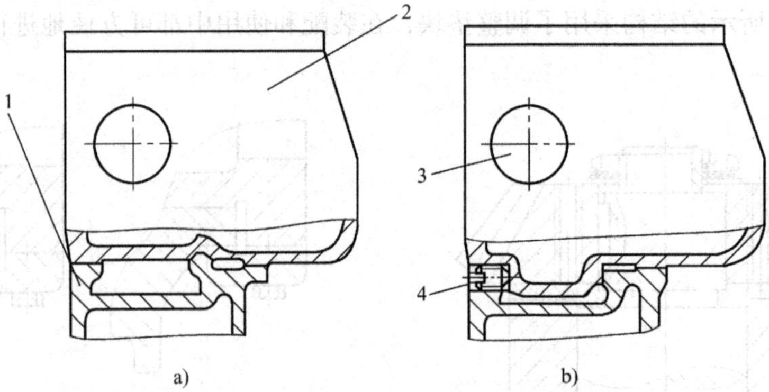

图 7-37　车床床身与主轴箱的装配简图

a) 用 V 形导轨　b) 用平面导轨

1—床身　2—主轴箱　3—主轴　4—螺钉

(6) 满足装配尺寸链"环数最少原则"　结构设计中要求结构紧凑、简单，从装配尺寸链分析即减少组成环环数，这对装配精度要求高的尺寸链更应如此。为此，必须减少相关零件和相关尺寸，合理标注零件上的设计尺寸等，详见本章第二节。

(7) 各种连接的结构形式应便于装配工作的机械化和自动化　能用最少的工具快速装拆，质量大于 20kg 的装配单元应具有吊装的结构要素，还要避免采用复杂的工艺装备。满足这些要求后，既能减轻工人劳动强度、提高劳动生产率，又能节省成本。

习题与思考题

7-1　装配包括哪些内容?

7-2　装配精度有哪几类? 它们之间的关系如何? 怎样确定装配精度要求?

7-3 装配尺寸链和工艺尺寸链有何区别？

7-4 试说明建立装配尺寸链的方法、步骤和原则。

7-5 图7-38所示为CA6140型车床主轴前支承结构。根据技术要求，主轴前端法兰盘与主轴箱体端面间隙应为0.38～0.95mm，试建立该装配精度的装配尺寸链，并分别用极值法和统计法求出各有关尺寸及其极限偏差。

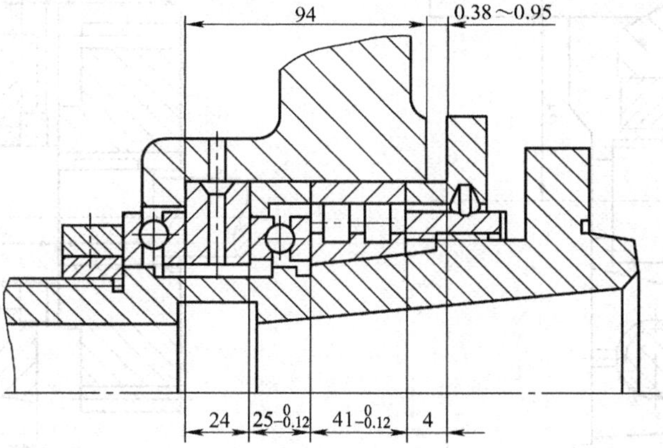

图7-38 题7-5图

7-6 图7-39所示为双联转子（摆线齿轮）泵，要求冷态下的装配间隙 $A_0=0.05\sim0.15$mm。各组成环的公称尺寸为：$A_1=41$mm，$A_2=A_4=17$mm，$A_3=7$mm。

1）试确定采用完全互换法装配时，各组成环尺寸及其极限偏差（选 A_1 为协调环）。

2）试确定采用大数互换法装配时（置信水平 $P=90\%$）各组成环尺寸及其极限偏差（选 A_1 为协调环）。

3）采用修配法装配时，A_2、A_4 按IT9制造，A_1 按IT10制造，选 A_3 为修配环，试确定修配环的尺寸及其极限偏差，并计算可能出现的最大修配量。

4）采用固定调整法装配时，A_1、A_2、A_4 仍按上述精度制造，选 A_3 为调整环，并取 $T_{A_3}=0.02$mm，试计算垫片组数及尺寸系列。

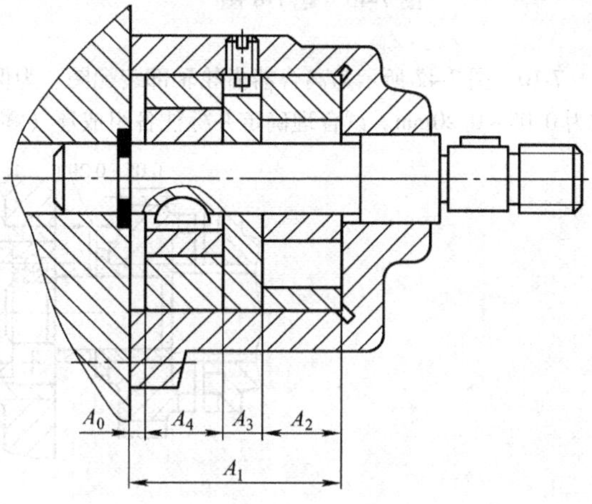

图7-39 题7-6图

7-7 某轴与孔的尺寸和公差配合为 $\phi50\dfrac{H3}{h3}$。为降低加工成本，现将两零件按IT7制造，试计算采用分组装配法时：

1）分组数和每一组的极限偏差。

2）若加工1万套，且孔和轴的实际分布都符合正态分布规律，问每一组孔与轴的零件数各为多少？

7-8 图7-40所示为车床溜板箱小齿轮与齿条啮合精度的装配尺寸链，装配要求小齿轮齿顶与齿条齿根的径向间隙为0.10～0.17mm，现采用修配法装配，选取 A_2 为修配环，即修磨齿条的安装面。设 $A_1=53_{-0.1}^{0}$mm，$A_2=28$mm（$T_{A_2}=0.1$mm），$A_3=20_{-0.1}^{0}$mm，$A_4=(48\pm0.05)$mm，$A_5=53_{-0.1}^{0}$mm。试求修配环 A_2 的上、下极限偏差，并验算最大修配量。可否选 A_4 为修配环（即修配溜板箱的接合面）？为什么？

7-9 图7-41所示为某曲轴颈与齿轮的装配图，结构设计采用固定调整法保证间隙 $A_0=0.01\sim0.06$mm。

若选 A_K 为调整件，试求调整件的组数及各组尺寸。已知 $A_1=38.5_{-0.07}^{\ 0}$ mm，$A_2=2.5_{-0.04}^{\ 0}$ mm，$A_3=43.5_{+0.05}^{+0.10}$ mm，$A_4=18_{\ 0}^{+0.2}$ mm，$A_5=20_{\ 0}^{+0.1}$ mm，$A_6=41_{-0.5}^{\ 0}$ mm，$A_7=1.5_{\ 0}^{+0.2}$ mm，$A_8=35_{-0.2}^{\ 0}$ mm，调整件的制造公差 $T_K=0.01$mm。

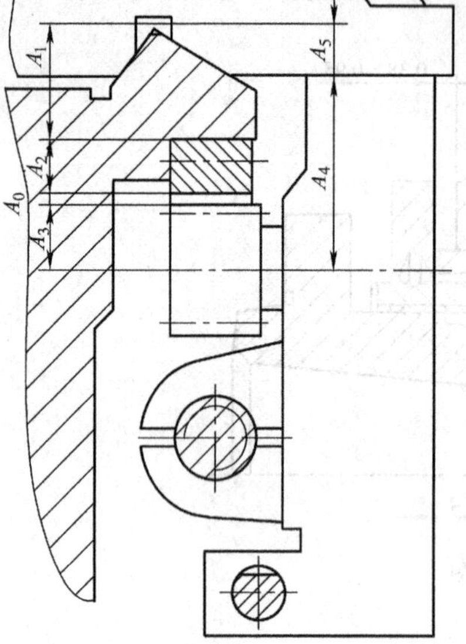

图 7-40 题 7-8 图

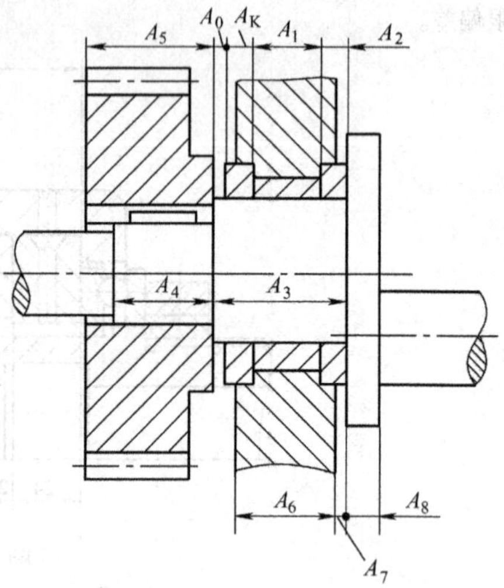

图 7-41 题 7-9 图

7-10 图 7-42 所示为离合器齿轮轴部装配图。为保证齿轮灵活转动，要求装配后轴套与隔套的轴向间隙为 0.05～0.20mm。试合理确定并标注各组成环（零件）的有关尺寸及其极限偏差。

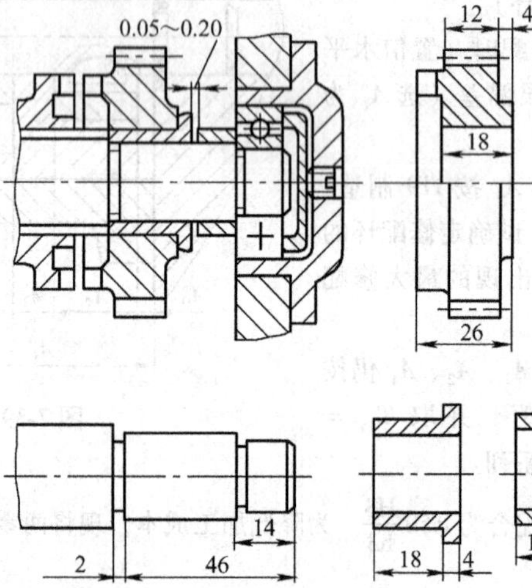

图 7-42 题 7-10 图

7-11 图 7-43 所示为镗孔夹具简图，要求定位面到孔轴线的距离为 $A_0=(155\pm0.015)$ mm，单件小批生产用修配法保证该装配精度，并选取定位板 $A_1=20$mm 为修配件。根据生产条件，在定位板上最大修配量以不超过 0.3mm 为宜，试确定各组成环尺寸及其极限偏差。

7-12 图 7-44 所示为铣削轴类平面的加工简图，要保证平面到轴线的距离 A_0，试列出由工艺系统各环节（机床、夹具、刀具和工件）为组成环的装配尺寸链。

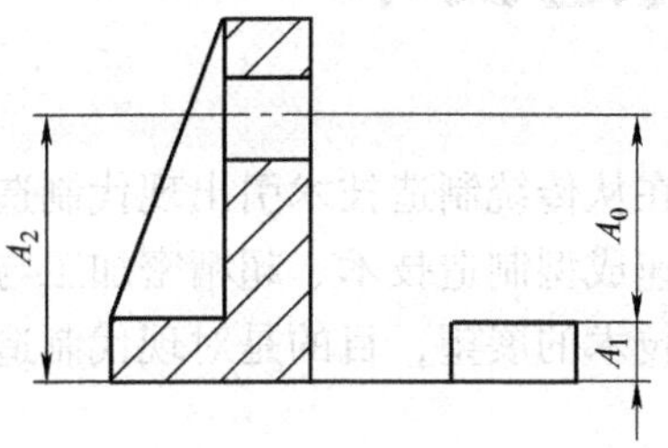

图 7-43　题 7-11 图

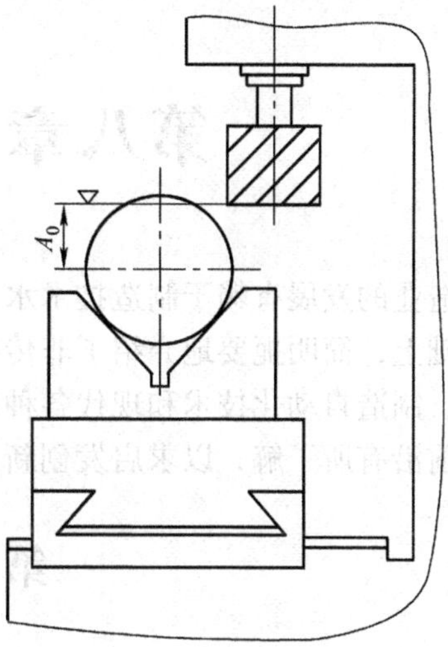

图 7-44　题 7-12 图

7-13　试归纳总结五种装配方法的特点及应用场合。

7-14　何为装配单元？为什么要把机器划分为独立的装配单元？

7-15　装配的组织形式有几种？各有何特点？各应用于什么场合？

7-16　产品结构的装配工艺性包括哪些内容？举例说明。

7-17　试分析日常使用的灯泡和灯头之间的配合关系，有哪些装配要求？各采用何种装配方法？

第八章 现代制造技术

制造业的发展有赖于制造技术水平的提高。本章在从传统制造技术引出现代制造技术概念的基础上，简明扼要地介绍了非传统加工技术与快速成型制造技术、超精密加工与微细加工技术、制造自动化技术和现代各种制造模式及制造技术的展望，目的是对现代制造技术及其发展前沿有所了解，以求启发创新思维。

第一节 概 述

一、制造技术的发展过程

制造技术是使原材料转变为产品所使用的一系列技术的总称，是国民经济得以发展，也是制造业本身赖以生存的主体技术。

制造技术的发展是随着人类社会的发展而发展的，在科技发展和制造技术本身的不断完善下，在市场需求不断变化的驱动下，制造业和制造技术沿着下列多种层次而不断发展：

制造业的生产规模沿着“单件小批量→少品种大批量→多品种变批量（定制）”的方向发展。

生产方式和装备沿着“手工→机械→半自动→自动→流水线→刚性自动线→柔性自动线→智能自动化”的方向发展。

加工制造方法沿着“传统机械加工→非传统多能源加工”、“传统制造方法→新的机电结合（如数控）制造方法”的方式发展。

加工所能达到的精度和表面质量等级也从“20世纪初的0.1mm级→0.1μm级的超精密加工→目前的纳米（$1nm=10^{-9}m$）级→极限加工级”的方向发展。

提高生产率由“单纯提高产品数量→响应市场要求快→更新产品的速度快→产品上市快”的过程，由此也产生了快速成型技术。

制造业的资源配置沿着“劳动力密集→加工设备密集→信息和知识密集→智能密集”的方向发展。

从制造业在社会发展中的作用和担任的角色来看，沿着“生存需要→竞争需要→盲目追求→污染环境→消耗资源→远离生态平衡（被动角色）→可持续绿色生产（主动角色）”的方向发展。

从市场经济层面上看，从“卖方市场→买方市场”、“规模经济→品种经济”的方向发展。

从学科方面看，从“单学科→多学科”、“纯技术上的发展→技术+经济管理→制造系统”的方向发展。

进入21世纪，经济全球化使制造业成为各国经济竞争的战略基地。在经济竞争的高潮中，制造业正在经历新的价值观的转变——更加追求速度和效率。制造理念从规模生产和延长产品寿命转变为小批量、快速反应、短产品寿命周期，这是一种历史性的突破。

纵观制造业的变革历程，制造技术在社会发展进程中所起的作用随着人类社会发展的需求重点而不断变化，在上述发展过程中，制造技术的内涵不断地延伸和拓展，已经形成了现代制造技术的全新概念。

二、现代制造技术的概念及其特点

现代制造技术是传统制造技术不断吸收机械、电子、信息、材料、能源及现代管理技术的最新成果，将其综合应用于“产品设计、加工装配、检验测试、经营管理、售后服务乃至回收”的制造全过程，实现优质、高效、低耗、清洁、灵活的生产，提高对动态多变市场的适应能力和竞争能力，以取得理想技术经济效果的制造技术的总称。

与传统制造技术相比，现代制造技术具有如下特征：

1）传统制造技术的学科、专业单一，界限分明，而现代制造技术的各学科、专业间不断交叉融合，其界限逐渐淡化甚至消失。计算机技术、信息技术、传感技术、自动化技术、新材料技术、先进管理技术等的引入及与传统制造技术的结合，使现代制造技术成为一个能驾驭生产过程的物质流、能量流和信息流的多学科交叉的生产制造系统。

2）传统制造技术一般仅指加工生产过程的工艺方法，而现代制造技术则贯穿了从产品设计、加工制造到产品销售及使用维修的全过程，强调了“市场需求→产品开发和设计→产品的生产过程→市场对产品的评价”的一体化，进而满足不断增长的多样化需求。

3）生产规模的扩大及最佳技术经济效果的追求，使现代制造技术更加重视技术与管理的结合，重视制造过程组织和管理体系的简化及合理化，产生了一系列技术与管理相结合的新的生产方式。

4）发展现代制造技术的目的在于能够实现优质、高效、低耗、清洁无污染和灵活的柔性生产，并取得理想的技术经济效果。因此，现代制造技术应能不断地被优化和推陈出新，这就使得现代制造技术具有鲜明的时代特征，具有相对和动态的特点。

总之，现代制造技术的发展速度是惊人的，为赢得日益激烈的市场竞争，满足不断增长的多样化和个性化的需求，建立跨世纪的现代先进企业的新形象，现代制造企业已开始将生产过程直接延伸到用户处，出现了以“TQCFE”的综合指标为宗旨的全新的制造方式。所谓T（Time to market）是指响应市场的时间，尽量缩短产品的开发制造周期，适时推出新产品，使其以最短的时间上市；Q（Quality）是指产品的质量，即必须以最好的产品送至用户手中，企业必须以传统的质量控制和管理模式转换为完整的和可靠的质量保证体系；C（Cost）是指产品费用，但此时的费用应包括生产成本、运输费用和维护费用等，即用户不仅在购买产品时是便宜的，而且在使用、维护直至废弃的全过程中也是最经济的，使产品具有最佳的性能价格比；F（Flexibility）是指产品的适应性，包括适应现代生产环境及市场的动态变化、灵活的柔性生产满足不断增长的多样化需求；E（Environment）是指环境，包括保护环境、节省资源及可持续性发展的问题，未来设计制造的产品必须具有全寿命周期无污染、低资源消耗和可回收利用。“TQCFE”已成为现代企业赢得市场竞争的主要手段和现代制造技术发展的基本出发点。

三、本章内容简介

如前所述，现代制造技术的内涵及研究范畴相当广泛，其产生和发展给传统的机械制造技术带来了勃勃生机。作为从事机械制造技术的专业工作者，有必要而且必须对其研究的热点内容和发展趋势进行了解和掌握。本章将简要介绍如下内容：

（1）非传统加工技术与快速成型制造技术　主要介绍非传统加工技术（特种加工技术）

的内涵、产生及其发展过程，以及目前较为常见的几种非传统加工技术的基本原理、工艺特点及其应用。在此基础上简要介绍快速原型制造技术。

（2）超精密加工与微细加工技术　主要介绍超精密加工的概念、发展意义及特点，以及目前比较常见的几种超精密加工方法。简要介绍微细加工与纳米加工技术的概念与发展动态。

（3）制造自动化技术和现代制造模式　主要介绍成组技术、数控技术、计算机辅助工艺设计、柔性制造系统和计算机辅助制造的基本概念、工作原理和典型应用，并对目前正在研究和探索的新的现代制造模式及制造技术进行简介和展望。

随着电子、信息等高新技术的不断发展以及市场需求的个性化与多样化，未来现代制造技术发展的总趋势是向精密化、柔性化、集成化、智能化、清洁化的方向发展。在以知识为基础、以创新为动力的新经济体系中，我国制造业正面临着严峻的挑战与机遇。

第二节　非传统加工技术与快速成型制造技术

一、概述

第二次世界大战后，随着宇航、电子等尖端技术的飞速发展，新型工程材料尤其是特别难加工材料（如高强度、高韧性、高硬度、高脆性、耐高温材料、磁性材料和工程陶瓷等各种难切削材料）不断地涌现和被采用，零件的形状也日趋复杂，传统的依靠机械能的、接触式的切削加工已经很难、甚至无法胜任这样的加工要求，于是各种非传统加工技术应运而生。

非传统加工技术又称特种加工，是利用电能、热能、光能、声能、化学能、电化学能及其复合的加工技术，对金属或非金属材料进行加工的方法。

与传统加工方法相比，非传统加工方法有其自身的特点：

1）加工过程中的工具与工件之间不直接接触。

2）不是主要依靠机械能，而是利用其他能进行加工的。

3）使用的工具硬度一般小于被加工材料的硬度，甚至无需工具，如激光束、电子束等加工。

非传统加工方法的上述特点使它特别适合于难加工材料（硬、脆、软、韧）、复杂的成形零件（异形型腔、小孔、深孔、窄缝等）的加工，以及一些特殊的精密微细加工。

因篇幅所限，以下仅介绍几种常用的非传统加工方法。

二、电火花加工

在一定的介质中，通过工具电极和工件电极之间的脉冲放电的电蚀作用，对工件进行加工的方法，称为“电火花加工”（Electrical Discharge Machining，EDM），又称“电蚀加工”。

1. 电火花加工的基本原理

电火花加工的基本原理如图 8-1 所示。在充满液体介质的工具电极和工件电极之间的很小间隙上，施加脉冲电压，间隙中就产生很强的电场，两极间的液体介质在最小间隙处被电离击穿，产生脉冲放电并同时产生瞬时高温，使工件上的一小部分金属被迅速的熔化和气化，并在爆炸力的作用下，将熔化了的金属微粒迅速抛出，工件表面形成一个小圆坑（见图 8-1a）。放电过程多次重复进行，大量小圆坑重叠在工件上，材料被蚀除。随着工具电极不断进给，工具电极的轮廓尺寸就被精确的复映在工件上（见图 8-1b），达到尺寸和形状加工的目的。

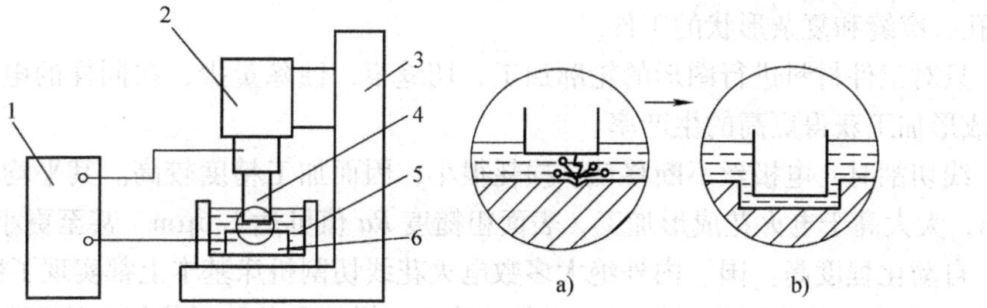

图 8-1 电火花加工原理图

1—脉冲电源 2—伺服进给机构 3—床身 4—工具电极 5—工作液 6—工件

2. 电火花加工的工艺特点

电火花加工具有如下特点：

1）电火花加工不受加工材料硬度限制，可以使用较软的纯铜、石墨等工具电极，对任何硬、脆、韧、软的导电材料进行加工。

2）电火花加工是一种非接触式加工，加工时不产生切削力，不受工具和工件刚度限制，有利于实现微细加工，如薄壁、深小孔、不通孔、窄缝及弹性零件等的加工。

3）电火花加工时，电脉冲参数调节及工具电极的自动进给均易实现自动化。

4）电火花加工时，工具电极会产生损耗，这会影响加工精度。

3. 电火花加工的应用

目前，实际应用的电火花加工主要有两种类型，即电火花成形加工和电火花线切割加工。

（1）电火花成形加工　电火花成形加工是通过工具电极相对于工件作进给运动，将工具电极的形状和尺寸复映在工件上，从而加工出所需要的零件。电火花成形加工主要用于加工各类锻模、压铸模、挤压模、塑料模等型腔，还可用于加工型孔（圆孔、方孔、多边形孔、异形孔）、曲线孔（弯孔、螺旋孔）和微细小孔。

（2）电火花线切割加工（Wire Cut EDM，WEDM）　用一根连续移动的金属钼丝（或铜丝）代替工具阴极，工件为阳极，机床工作台带动工件在水平面内作 x、y 两个垂直方向的移动，切割成所需要的工件形状，如图 8-2 所示。

电火花线切割加工按走丝速度可分为快走丝和慢走丝两种类型。快走丝速度一般为 10m/s 左右，电极丝可往复移动，并可循环反复使用。慢走丝速度通常为 2～8m/min，为单向运动，电极丝为一次性使用。慢走丝线切割走丝平稳，无振动，电极丝损耗小，加工精度高，是发展方向。

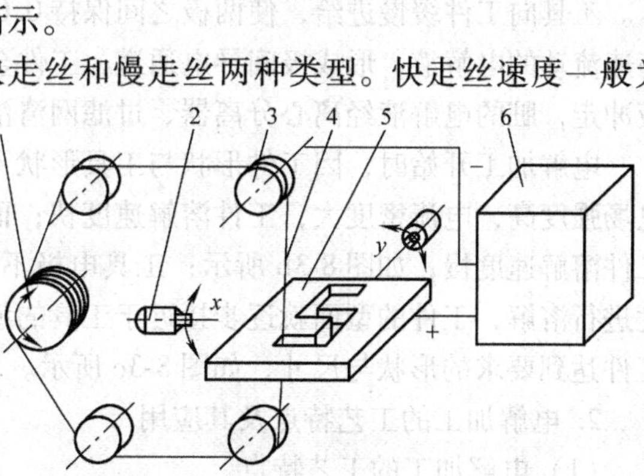

图 8-2 电火花线切割机加工原理图

1—储丝筒 2—工作台驱动电动机 3—导轮 4—电极丝 5—工件 6—脉冲电源

电火花线切割加工与电火花成形加工相比较，具有如下特点：

1）省掉了成形工具电极，降低成本，缩短生产准备时间，这对多品种、小批量生产十分有利。

2）电极丝比较细，适合于加工微细

的异型孔、窄缝和复杂形状的工件。

3）只对工件材料进行图形的轮廓加工，切缝窄，蚀除量少，在同样的电参数下，可比电火花成形加工获得更高的生产率。

4）线切割时，电极丝不断移动，损耗很小，因而加工精度较高。其平均加工精度可达0.01mm，大大高于电火花成形加工，表面粗糙度 Ra 值可达1.6μm，甚至更小。

5）自动化程度高。国、内外绝大多数电火花线切割机床基本上都实现了数控化。

目前，电火花线切割广泛用于加工各种冲模、样板及各种形状复杂的型孔、型面和窄缝等。电火花线切割加工的缺点是不能加工不通孔类零件，对阶梯面（立体成形面）等的加工较为困难。

三、电解加工

电解加工（Electro-chemical Machining，ECM）是利用金属工件在电解液中产生“阳极溶解”的电化学反应原理，将工件加工成形的一种加工技术。它又被称为“电化学加工”。

1. 电解加工的基本原理

电解加工原理如图8-3所示。

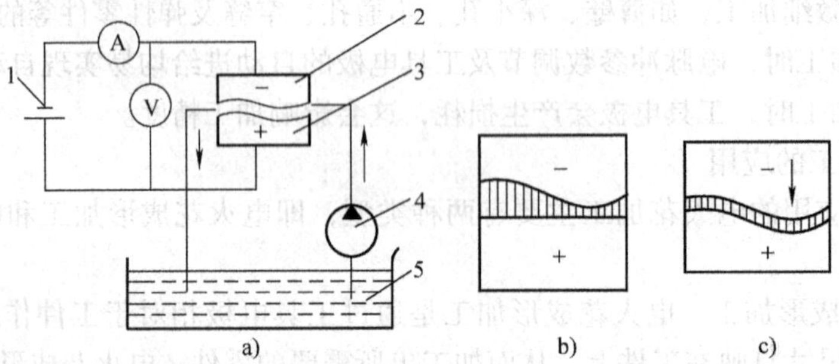

图8-3 电解加工原理示意图

1—直流电源 2—工具阴极 3—工具阳极 4—电解液泵 5—电解液

加工时，工件接直流电源的正极，工具接直流电源负极，两极之间加5～25V的直流电压。工具向工件缓慢进给，使两极之间保持0.05～1mm的较小间隙。间隙处通以5～50m/s高速流动的电解液，形成极间导电通道，工件金属材料产生阳极溶解，溶解产物及时被电解液冲走，脏的电解液经离心分离器、过滤网清洁处理后再使用。

电解加工开始时，因工件形状与工具形状不同，电极之间间隙不相等，间隙小的地方，电场强度高，电流密度大，工件溶解速度快；而间隙大的地方，电场强度小，电流密度小，工件溶解速度慢，如图8-3b所示；工具电极不断向下进给，工件表面上就以不同的溶解速度进行溶解，工件的型面就逐步接近于工具的型面，直到工具的形状复映到工件上，从而使工件达到要求的形状与尺寸，如图8-3c所示。

2. 电解加工的工艺特点及其应用

（1）电解加工的工艺特点

1）加工范围广，能加工任何高硬度、高强度、高韧性的导电材料，并能以简单的进给运动一次性加工出形状复杂的型面和型腔。

2）生产效率高，为电火花加工的5～10倍。

3）加工过程中无机械切削力和电火花加工时的热效应，加工表面不产生残余应力、飞边毛刺和热影响层，可以加工薄壁、深孔零件，加工表现粗糙度值较小，表面质量好。

4）阴极工具损耗小，一个工具电极可加工成千上万个零件。

5）加工设备投资大，耗电量大。电解液有腐蚀性，对设备及夹具需采取保护措施，对电解产物也需妥善处理，避免污染环境。

（2）电解加工的应用 电解加工目前已广泛应用于模具的型腔加工，枪炮的膛线加工，发动机的叶片加工，花键孔、内齿轮、深孔加工，以及电解抛光、倒棱、去毛刺、刻印、制作标牌等。

（3）电解磨削 电解磨削（Electrolytic Grinding，ELG）是利用电解作用与机械磨削相结合的一种复合加工方法。高速旋转的导电砂轮接直流电源负极，工件接直流电源正极。电解磨削时，导电砂轮和工件间保持一定的接触应力，砂轮表面外凸的磨粒使砂轮导电体与工件间有一定间隙。当电解液从间隙中流过，工件出现阳极溶解，工件表面形成一薄层较软的薄膜，很容易被导电砂轮中的磨粒磨除，工件上又露出新的金属表面并进一步电解。在加工过程中，电解作用与磨削作用交替进行（电解作用是主要的），最后达到加工要求。

电解磨削效率比机械磨削高，且砂轮损耗远比机械磨削小，特别是磨削硬质合金刀具时，加工效率比普通的金刚石砂轮磨削要高3~5倍，表面粗糙度 Ra 值可达0.2~0.012μm。

与电解磨削相近的还有电解珩磨和电解研磨，它是将电解加工和机械研磨结合形成的复合加工，可获得更小的表面粗糙度值。

四、超声波加工

超声波加工（Ultrasonic Machining，USM）是利用声能和机械能来去除工件材料的加工技术，它不仅能加工高熔点的硬质合金、淬火钢等金属硬脆材料，而且更适合加工玻璃、陶瓷、半导体锗和硅等不导电的非金属硬脆材料，从而打破了电火花加工和电解加工只能加工金属导电材料而无法加工不导电的非金属材料的局限性。

1. 超声波加工的基本原理

超声波加工原理如图8-4所示。加工时，在工具和工件之间加入工作液（水或煤油等）和磨料混合的悬浮液，并使工具以很小的力 F 轻轻压在工件上。超声波换能器产生16~25kHz的纵向振动，并借助于变幅杆把振幅放大到0.05~0.1mm，驱动工具端面作超声振动，迫使悬浮液中的磨料以很大的速度和加速度不断地撞击、抛磨工件加工表面，使其表面材料破坏而成为粉末。随着工具不断地进给，上述加工过程持续进行，工具的形状便被复映到工件上，直至达到所要求的尺寸和形状为止。

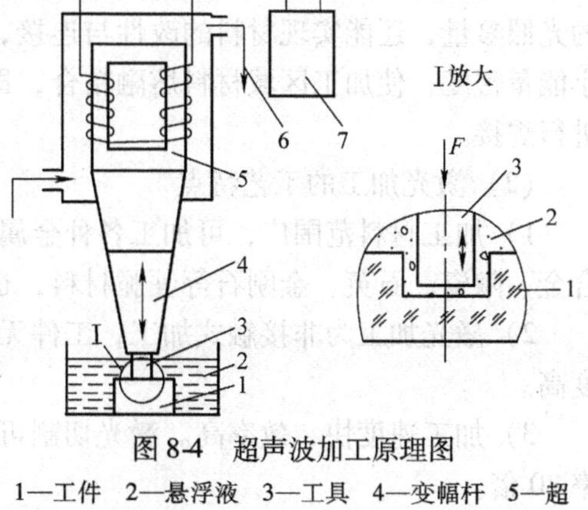

图8-4 超声波加工原理图

1—工件 2—悬浮液 3—工具 4—变幅杆 5—超声波换能器 6—冷却水 7—超声波发生器

2. 超声波加工的工艺特点及应用

（1）超声波加工的工艺特点

1）可加工任何硬脆材料。

2）可加工各种复杂形状的型孔、型腔和型面。

3）工件表面无残余应力，无破坏层，加工精度高，表面质量好。

4）单纯的超声波加工效率不高，对导电材料的加工效率远不如电火花与电解加工，但采用超声复合加工可显著提高加工效率。

（2）超声波加工的应用　目前，超声波加工主要用于硬脆材料的孔加工、套料、切割、雕刻以及研磨金刚石拉丝模等。此外，在加工硬质金属及贵重脆性金属材料时，利用工具作超声振动，辅以其他加工方法（如切削加工或电加工）进行复合加工，可改善切削条件，降低切削力，延长刀具使用寿命，减小表面粗糙度值，提高生产率。图8-5所示为超声振动车削加工示意图。

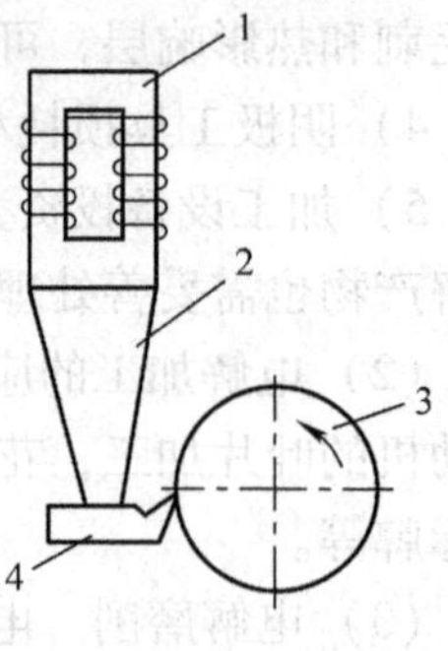

图8-5　超声振动切削加工

1—换能器　2—变幅杆　3—工件　4—车刀

另外，超声波还可用于超声清洗、超声焊接、超声测距和探伤等。

五、高能束与射流加工

高能束与射流加工（简称高能束流加工）是非传统加工技术的重要分支。其最大特点是不使用固体工具或刀具，而使用光、电子、离子或水等高密度的能量流直接对工件材料进行去除或表面处理。通常将激光加工、电子束加工和离子束加工称之为高能束加工，也称三束加工；水射流加工及磨料流加工因同样不使用有形工具而使用高能量密度的水射流或磨料流加工而把它归结到高能束流加工范畴。

1. 激光束加工

激光束加工（简称激光加工）（Laser Beam Machining，LBM）是利用能量密度很高的激光束，依靠光热效应使工件材料熔化、汽化和蒸发而予以去除或改变性能的加工技术。

（1）激光加工的基本原理　图8-6所示为激光加工的原理示意图。由于激光的光强度高，方向性、相干性和单色性好，通过光学系统可将激光束聚焦成直径为几十微米到几微米的极小光斑，从而获得极高的能量密度。当激光照射到工件表面，光能被吸收，转化为热能，光斑区域温度迅速升高，被加工物质熔化甚至汽化蒸发，形成小凹坑。随着激光能量的继续吸收，凹坑内的金属蒸气迅速膨胀，产生微型爆炸，熔融物被高速喷出，并产生一个方向性很强的反冲击波，于是在工件表层留下一个小孔，从而实现打孔、蚀刻和切割。当改变不同的光照参量，还能实现材料的改性与连接，如采用较小能量密度，使加工区域材料熔融粘合，即可对工件进行焊接。

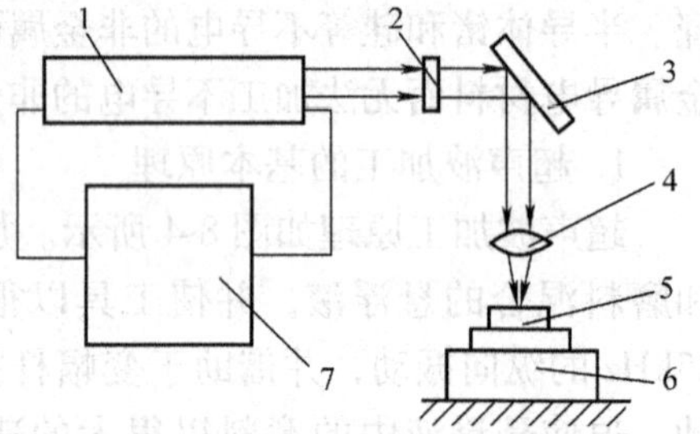

图8-6　激光加工原理示意图

1—激光器　2—部分反射镜　3—反射镜　4—聚光镜　5—工件　6—工作台　7—激光器电源

（2）激光加工的工艺特点

1）加工材料范围广，可加工各种金属与非金属材料，特别适用于加工高硬合金、耐热合金、陶瓷、石英、金刚石等硬脆材料，也可加工易变形的薄板和橡胶等弹性零件。

2）激光加工为非接触式加工，工件无受力变形，受热区域小，工件热变形小，加工精度高。

3）加工速度快、效率高。激光切割可比常规方法提高效率8～20倍，激光焊接提高效率30倍。

4）加工性能好，可透过光学透明介质（如玻璃、空气、惰性气体甚至某些液体）对工件进行加工。如对真空管内部进行焊接加工，透过玻璃切割真空管内的灯丝等。

5）加工设备复杂，一次性投资较大。

（3）激光加工的应用 激光加工应用最广的是激光打孔，不仅速度快、效率高，而且可作微细孔加工与超硬材料打孔。此外，激光加工还应用于激光切割、激光雕刻、激光焊接和激光表面热处理等。

2. 电子束加工

电子束加工（Electron Beam Machining，EBM）是利用高能电子束流轰击工件材料，使动能转化为热能，利用热效应以实现加工的技术。

（1）电子束加工的基本原理 电子束加工原理如图8-7所示。在真空条件下，利用电能加热阴极，发射电子形成电子云，在阳极吸引下，使电子朝着阳极方向加速运动，经聚焦后，得到能量密度极高的、直径仅为几微米的电子束。它以极高的速度冲击到被加工表面上，动能转变为热能，形成瞬时高温，局部材料瞬时熔化、汽化甚至蒸发掉，实现去除或表面改性加工。通过控制电子束能量密度的大小和能量注入时间，可以达到不同的加工目的。只使材料局部加热，可进行电子束热处理；使材料局部熔化，可进行电子束焊接；使材料局部熔化直至汽化蒸发，可进行打孔、切割加工。

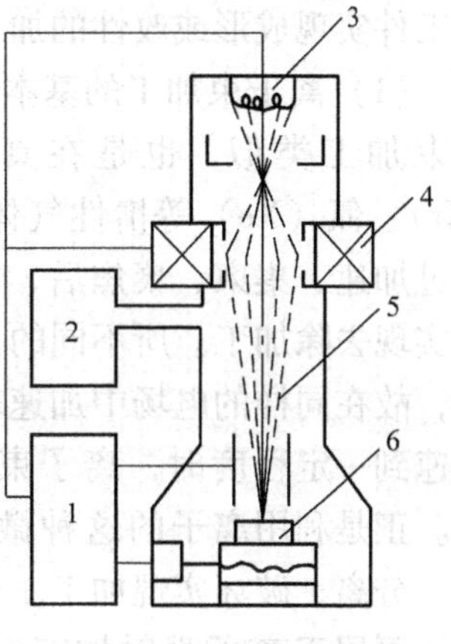

图8-7 电子束加工原理示意图
1—电源及控制系统 2—抽真空系统
3—电子枪系统 4—聚焦系统
5—电子束 6—工件

（2）电子束加工的工艺特点

1）加工材料广，可以加工特硬、难熔金属和非金属材料。

2）电子束可以极其微细地聚集成几微米甚至几分之一微米的小斑点，因此能加工微细深孔、窄缝、半导体集成电路等。

3）电子束加工是非接触式加工，工件不受机械力作用，不产生宏观的应力和变形，加工精度高，表面质量好。

4）可控性能好，易于实现自动化。而且，利用电子束在磁场中的偏转原理，可使电子束在工件内部偏转，从而加工弯孔和自由曲面，如图8-8所示。

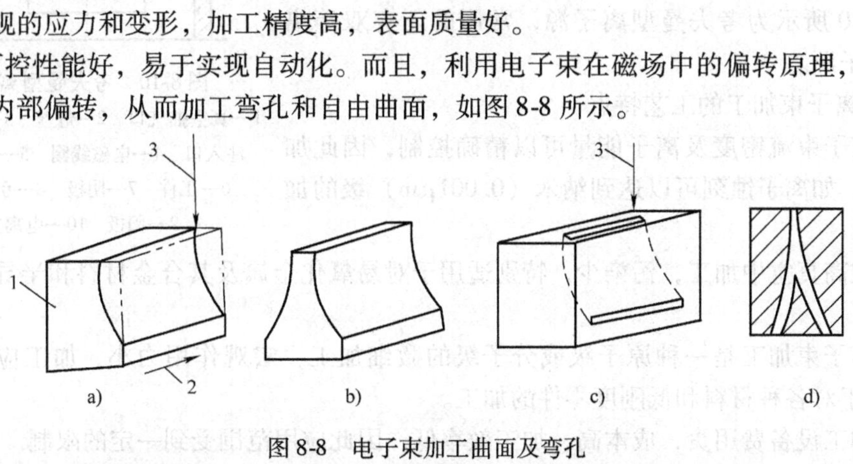

图8-8 电子束加工曲面及弯孔
1—工件 2—工件运动方向 3—电子束

5）生产效率高，每秒可在0.1mm厚的不锈钢板上加工3000个直径0.2mm的孔。

6）在真空中加工，污染少，无氧化，特别适合于加工高纯度的半导体材料和易氧化材料。

7）需要一套专用设备和真空系统，价格较贵。

（3）电子束加工的应用　电子束打孔已在航空航天、电子、化纤以及制革等工业生产中得到实际应用，尤以加工不锈钢、耐热钢、宝石、拉丝模的锥孔以及微型孔、弯孔、弯缝最为适宜。图8-9所示是电子束加工喷丝头异形孔。此外，电子束加工还被广泛应用于刻蚀制版、难熔金属和活泼金属的焊接、切割以及表面改性等许多领域。

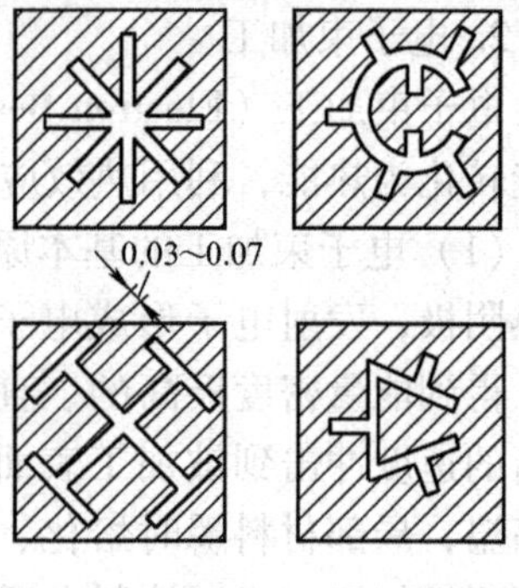

图8-9　电子束加工喷丝头异形孔

3. 离子束加工

离子束加工（Ion Beam Machining，IBM）是利用高能离子束流轰击工件材料表面，利用离子的微观机械撞击能对工件实现成形或改性的加工方法。

（1）离子束加工的基本原理　离子束加工的原理与电子束加工类似，也是在真空条件下，把氩（Ar）、氪（Kr）、氙（Xe）等惰性气体，通过离子源产生离子束并经过加速、集束、聚焦后，投射到工件表面的加工部位，以实现去除加工。所不同的是离子质量比电子质量大千万倍，故在同样的电场中加速较慢，速度较低，但是，一旦加速到一定程度时，离子束比电子束具有更大的冲击能量。正是利用离子的这种微观机械撞击能使加工材料变形、分离、破坏实现加工。当加速到几十至几千电子伏特时，可用于离子溅射加工；当加速到一万至几万电子伏特，可以实现离子铣削、离子蚀刻或离子抛光等；当加速到几十万电子伏特或更高时，离子可穿入被加工材料内部，称为离子注入。

图8-10所示为考夫曼型离子源，常用的还有双等离子管型离子源。

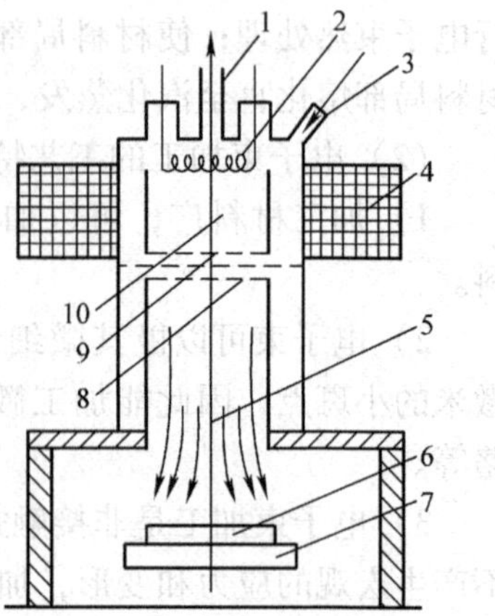

图8-10　考夫曼型离子源

1—真空抽气口　2—灯丝　3—惰性气体注入口　4—电磁线圈　5—离子束流　6—工件　7—阴极　8—引出阴极　9—阳极　10—电离室

（2）离子束加工的工艺特点

1）离子束流密度及离子能量可以精确控制，因此加工精度高，如离子蚀刻可以达到纳米（0.001μm）级的加工精度。

2）在高真空中加工，污染少，特别适用于对易氧化金属及其合金材料和半导体材料的加工。

3）离子束加工是一种原子级或分子级的微细加工，宏观作用力小，加工应力变形极小，适合于对各种材料和低刚度零件的加工。

4）加工设备费用贵，成本高，加工效率低，因此应用范围受到一定的限制。

（3）离子束加工的应用　离子束加工的应用包括用于从工件上作去除加工的离子刻蚀加工、用于给工件表面添加材料的离子镀膜加工以及用于表面改性的离子注入加工等。

高能束加工其加工原理、能量载体等各不相同，但它们也有一些共性的地方，现总结如下，见表8-1。

表 8-1 高能束加工技术的总结

项 目	激光束加工	电子束加工	离子束加工
原理	激光加工是利用激光固有的高亮度、高方向性和高单色性等特性使光能转变为热能来去除金属	电子束加工是利用高速电子冲击被加工工件时动能转变为热能来加工工件	离子束加工是依靠加速的离子束射到工件表面时极大的撞击能量对材料进行加工
能量载体	光量子	电子	等离子
最大功率/kW	100	500	1000
热源功率密度/($W \cdot cm^{-2}$)	连续 $10^5 \sim 10^9$ 脉冲 $10^7 \sim 10^{13}$	连续 $10^6 \sim 10^9$ 脉冲 $10^7 \sim 10^{10}$	射流 $10^4 \sim 10^5$ 束流 $10^5 \sim 10^6$
共同特点	①束流经聚焦后具有极高的能量密度，对激光加工、电子束加工来说，这样高的能量密度可使任何坚硬、难熔的材料在瞬间熔解、汽化。而离子束加工是以极大的能量撞击工件的表面，引起材料变形、分离、破坏等机械作用，可实现金属材料的深穿透、焊接、切割 ②束流直径可达微米级，能够高精度聚焦，进行微细加工 ③束流加工是一种非接触加工，无工具变形或损耗等问题 ④束流控制方便，能与其他先进技术（如机器人、计算机数控、自动监测等）相结合，实现加工过程的自动化 ⑤对金属材料可实现超高速加热（10^4°C/s），加工速度快，热量输入少，表面变形小 ⑥适用于金属、非金属材料加工，实现高质量、高精度、高效率和经济性加工		

4. 超高压水射流切割加工

超高压水射流切割加工（Water Jet Cutting，WJC）是利用高压、高速的细径液流作为工作介质，对工件表面进行喷射，依靠液流产生的冲击作用来去除材料的。利用这种技术可实现去毛刺、清砂、表面抛光、穿孔、切割和研磨等加工，其中以切割加工应用最为广泛。

（1）超高压水射流切割加工的基本原理　水射流切割加工原理及设备组成如图 8-11 所示。工作时首先通过增压器 11 将水压升到 300～1000MPa，使动能转变为压力能，然后使高压水通过极细的人造蓝宝石喷嘴 6 的小孔射出，以接近 3 倍的声速（500～900m/s）喷射出去，使压力能转变为动能。当水射流冲击压力超过被加工材料的断裂强度时即可切断材料。

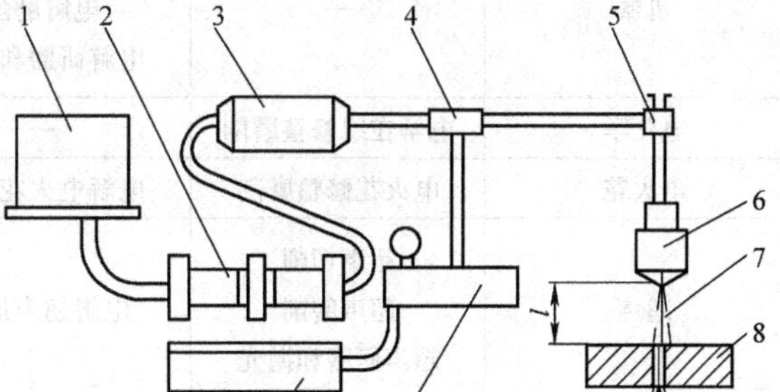

图 8-11 超高压水射流切割加工原理设备组成
1—带有过滤器的水箱 2—水泵 3—蓄能器 4—控制器 5—阀 6—人造蓝宝石喷嘴 7—射流 8—工件 9—排水器 10—液压机构 11—增压器

根据射流工作介质的不同，超高压水射流切割可分为两类：一类是以纯水作为能量载体，称纯水高压水射流切割（Water-Jet Cutting，WJ），它结构简单，喷嘴磨损慢，但切割能力较低，适合于切割软质材料，如纸张、玻璃纤维制品、塑料、食品；另一类是以水和磨料的混合液作为能量载体，称磨料高压水射流切割（Abrasive Water-Jet Cutting，AWJ），由于混入磨料，切割功效大大提高，但结构复杂，喷嘴磨损快，适合切割硬质材料，如各种金属材料、石材、玻璃、陶瓷等。

（2）超高压水射流切割的工艺特点

1）加工材料广。由于采用水流等液力作为刀具，因此切割材料不受导电和非导电、金属和非金属的限制，目前已用于水切割的材料多达500余种。

2）加工质量高。水切割是一种冷切割，因此对工件不会产生任何热效应，也不会引起材料的物理、力学性能及晶间组织结构的变化。另外，它是一种非接触性切割，切缝小，切割面变形小，无机械应力和翘曲，切边平整、无毛边和飞刺，加工质量好，无需二次加工。

3）清洁环保无污染。液力加工过程中，不产生烟尘和有毒气体，不会有爆炸或火灾的危险，操作人员安全性高；液体经过过滤后能反复使用，符合环保要求，属于绿色加工范畴，是目前世界上先进的切割加工方法之一。

4）由于采用数控加工，适合于复杂及精密零件的切割。

（3）超高压水射流切割的应用　水射流切割的应用很广泛，在航天航空工业，用于切割钛合金、铝合金、不锈钢、碳纤维、航空玻璃以及复合材料等；在汽车工业用于切割仪表板、车窗玻璃、制动片等；在建材业，用于切割玻璃纤维绝缘材料、大理石、花岗岩等；在电子及计算机产业，用于印制电路板及薄膜形状的成形切割。

六、复合加工

当把两种或两种以上的能量形式（包括机械能）合理地组合在一起，就发展成复合加工（Combined Machining，CM）。其主要优点是能成倍地提高加工效率和进一步改善加工质量。

常见的复合加工方法见表8-2。

表8-2　常见的复合加工方法

主要加工作用 / 辅助作用	机械加工（切削、磨料加工）	电化学加工	电火花加工	超声	化学
机械	—	电解铣削 电解磨削 电解研磨和抛光	电火花仿铣 电火花磨削和抛光	超声铣削	化学机械抛光
电化学	电解在线修整磨削	—	—	—	—
电火花	电火花修整磨削	电解电火花加工	—	—	—
超声	超声切削 超声磨削 超声研磨和抛光	电解超声加工	电火花超声加工	—	—
磁力	磁力研磨	磁场辅助电解加工	—	—	—
化学	机械化学抛光	—	—	—	—
多种能量	超声电火花磨削 电解电火花磨削	电解超声磨削	电火花超声抛光	—	—

七、快速原型制造技术

快速原型制造技术（Rapid Prototyping and Manufacturing，RPM）是直接依靠CAD模型快速制造任意复杂形状三维实体的技术总称，是20世纪80年代末顺应快速开发产品的客观需要而产生的新技术。

RPM 技术的最大优点就在于它无需模具或任何加工，仅凭 CAD 的三维实体造型的层析数据，便能通过快速成型设备迅速制取实体样件。这对于新产品的开发与设计显得特别重要。通过这项技术可以将设计人员的设计思想以最快的速度和实体的形式呈现出来，不仅可供设计者和用户进行直观检测、评判、优化，而且还能对产品工艺性能、装配性能及其他特性进行检验、测试和分析，最终得出令人信服的最佳方案。

各种 RPM 技术的原理、手段和适用对象各不相同，但就总体思路而言，它们都依据相同的成形原理——分层增材制造。即将任意复杂的三维实体用平行的截面去截取——分层，从而获得若干二维层面；将这些层面叠加起来就形成了原三维实体。其制造过程本质上是一个材料“累积增长”的过程，这样就将传统的“去除式”加工模式转变为“渐增”式的生长模式，从而在根本上改变了关于零件制造的传统观念，因此，把它归类到非传统加工技术中来介绍。

图 8-12 给出了零件的 RPM 基本过程：首先由 CAD 软件设计出所需要零件的计算机三维曲面或实体模型；然后根据工艺要求，将其按一定厚度进行分层，把原来的三维模型转变为一系列二维层片，即离散的过程；再根据每个层片的轮廓信息，进行工艺规划，选择合适的加工参数，自动生成数控代码；最后在微机控制下，数控系统以平面加工方式有序地连续加工出每个薄层并使它们自动粘接而形成所需的三维物理实体。这样就将复杂的三维实体加工离散成一系列的层片加工，大大降低了加工难度，而且根本无需采用刀具或磨具，也无需设计制造模具或夹具，大大缩短了制造周期。相对于传统的三维实体制造过程而言，RPM 技术具有快速响应能力强、柔性高、集成性好、CAD/CAM 一体化等显著特征，大大加速了复杂三维实体零件的设计与制造过程。

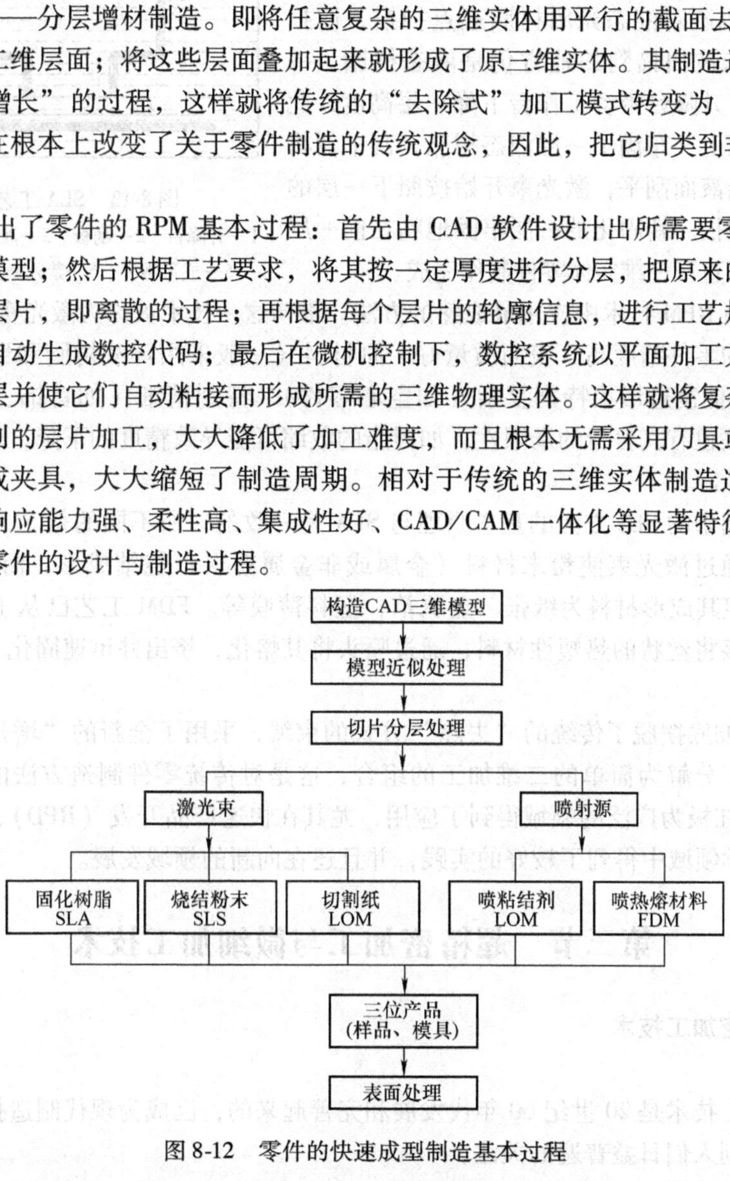

图 8-12 零件的快速成型制造基本过程

目前较为成熟的 RPM 技术主要有立体光刻（Stereo Lithography Apparatus，SLA）、选择性激光烧结（Selected Laser Sintering，SLS）、分层实体制造（Lamisted Object Manufacturing，LOM）和熔丝沉积制造（Fused Deposition Modeling，FDM）等。为了对 RPM 技术工作原理

有所了解，此处仅以立体光刻（SLA）为例来说明。

SLA 工艺是基于液态光敏树脂的光聚合原理工作的。这种液态光敏树脂在一定的波长和强度的紫外光照射下能迅速的发生光聚合反应，分子量急剧增大，材料从液态转变为固态。图 8-13 是 SLA 工艺原理图。液槽内盛满液态光敏树脂，成形开始时，工作平台在液面下的一个确定的深度，聚焦在液面上的激光束在计算机控制下按预定零件分层截面的轮廓轨迹对液态光敏树脂逐点扫描，使扫描区域固化，未被扫描到的地方仍是液态树脂。一层固化完毕后，升降台带动工作台下降一层高度，此时已成形的层面上又布满了一层液态树脂，刮平器将粘度较大的树脂液面刮平，激光束开始按照下一层的扫描数据进行扫描。新固化的一层牢固地粘在前一层上。如此重复，直至三维实体零件制作完成。

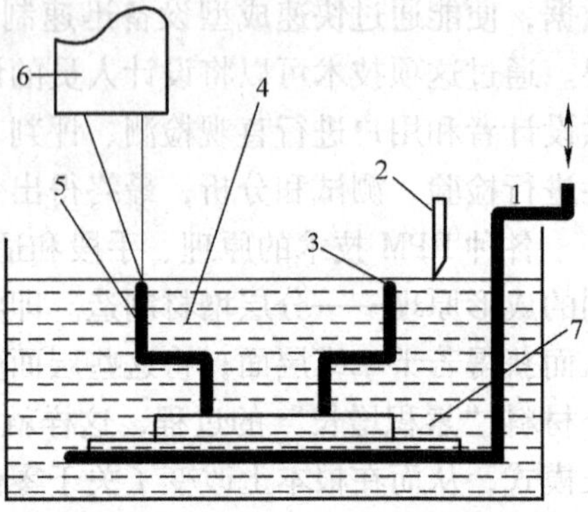

图 8-13　SLA 工艺原理图

1—升降台　2—刮板　3—液面　4—光敏树脂　5—成形零件　6—紫外激光　7—工作台

SLA 是目前 RPM 技术中应用最成熟的方法。最初这一技术被称为激光实体平版印刷术。其特点是制造的零件精度高、表面质量好、原材料（一般采用环氧树脂和聚丙稀等）利用率接近 100%，能制造形状特别复杂（如空心零件）、特别精细（如首饰、工艺品）的零件。但这种方法也有其自身的局限性，如树脂的收缩可能导致精度的下降，光敏树脂有一定的毒性等。

随后发展起来的 SLS 方法的基本原理与 SLA 是一致的，所不同的是 SLS 采用 CO_2 激光器为能量源，通过激光束使粉末材料（金属或非金属粉末）烧结成形。而 LOM 同样使用 CO_2 激光源，但其成形材料为纸张、金属箔、塑料薄膜等。FDM 工艺已从上述的激光层析扫描发展为直接将丝状的热塑性材料，通过喷头将其熔化、挤出并迅速固化，经层析融积而成实体材料。

RPM 技术彻底摆脱了传统的“去除”方式的束缚，采用了全新的“增长”方法，并将复杂的三维加工分解为简单的二维加工的组合，这是对传统零件制造方法的一次革命。目前，RPM 技术在极为广泛的领域得到了应用，尤其在快速产品开发（RPD）、快速制造模具（RT）以及医学领域中得到了较好的实践，并且还在向新的领域发展。

第三节　超精密加工与微细加工技术

一、超精密加工技术

1. 概述

超精密加工技术是 20 世纪 60 年代发展和完善起来的，已成为现代制造技术的一个重要组成部分，受到人们日益普遍的关注。

把能按照超稳定、超微量切除等原则实现加工尺寸误差和形状误差在 0.1μm 以下的加工技术，称为超精密加工技术。

超精密加工技术的范围相当广泛，根据其加工方法的机理和特点，一般可以分为以下四类：

1）超精密切削加工，如金刚石刀具超精密车削、微孔钻削等。

2）超精密磨料加工，如超精密磨料磨削、超精密研磨和抛光等。

3）超精密特种加工，如电子束、离子束加工及光刻加工等。

4）超精密复合加工，如超声研磨、机械化学抛光等。

上述方法中，最具代表性的是超精密切削加工和超精密磨料加工。以下主要介绍金刚石刀具超精密切削加工和超精密磨料加工。

2. 金刚石刀具超精密切削加工

超精密切削加工主要是指用金刚石刀具进行超精密车削加工，是20世纪60年代发展起来的新技术，主要用于有色金属及其合金以及非金属材料表面的镜面加工。使用单晶天然金刚石刀具加工上述材料时，一般可直接切出表面粗糙度 $Ra = 0.01 \sim 0.05\mu m$、尺寸精度在 $0.1\mu m$ 以上的镜面。目前金刚石刀具超精密切削加工已在陀螺仪、激光反射镜、天文望远镜的反射镜、计算机磁盘等精度和表面质量要求极高的零件生产中发挥着巨大的作用。

（1）金刚石刀具

1）超精密切削对刀具的要求。为实现超精密切削，刀具应具有如下性能：

①极高的硬度、耐磨性和弹性模量，以保证刀具具有极长的使用寿命。

②刃口应能刃磨得极其锋锐，以满足超薄切削的要求（超精密切削加工的切削层极薄，一般在 $0.1\mu m$ 以下）。

③切削刃应没有缺陷，以得到超光滑镜面。

④与工件材料的抗粘结性好、化学亲和性小、摩擦因数低，以得到极好的加工表面质量。

目前在超精密切削加工中一般都使用单晶金刚石刀具，特别是天然单晶金刚石刀具。这主要是由于它能完全满足以上条件。虽然天然单晶金刚石价格昂贵，但被公认为是最理想的、不能替代的超精密切削刀具材料。

2）金刚石刀具的刃磨。金刚石刀具的刃磨是超精密切削中的一个极其关键的技术，主要包括刃磨方法、晶体定向和刀具几何参数的控制等方面内容：

①刃磨方法。在金刚石刀具超精密切削中，超微量切除性能的好坏主要取决于刀具刃口的锋利程度。由于金刚石是目前发现的最硬的材料，因此它的精密刃磨是比较困难的。目前仍主要采用研磨机来刃磨金刚石刀具。

②晶体定向。由于单晶金刚石具有各向异性，其不同方向的性能（如硬度和耐磨性、微观强度和解理破碎性质、研磨加工的难易程度等）相差很大。因此，一颗单晶金刚石毛坯要制成精密金刚石刀具，首先要经过精确的晶体定向，以确定所制成刀具的前、后刀面的空间位置（即所在晶面位向）及需要磨去的部分。晶面选择的正确与否将直接影响刀具的使用寿命。目前，常用的金刚石晶体定向方法主要由人工目测定向、X射线晶体定向和激光定向等。

③金刚石刀具几何要素的控制。为获得好的加工表面质量，目前金刚石刀具主切削刃与副切削刃之间通常采用过渡刃对加工表面进行修光，常见的修光刃形式有直线修光刃和圆弧修光刃等。由于金刚石较脆，在保证获得较小的表面粗糙度值的前提下，为增加切削刃的强度，应采用较大的刀具楔角，故刀具的前角和后角一般都取得很小。

（2）超精密切削加工的微量进给装置

1）超精密切削对微量进给装置的要求。为实现超精密切削加工，加工机床除应具有高精度的主轴组件和导轨部件外，还必须具有高精度的微量进给装置。这是实现超微量切削和达到高精度尺寸加工的重要保证。在超精密切削加工中，刀具的超微量进给是由精确、稳定、可靠的微量进给装置来实现的，因此，一个好的微量进给装置应具有如下性能：

①微量进给与粗进给分开，以提高微量进给的精度和稳定性，同时保证加工效率。

②运动副必须是低摩擦和高稳定性的，以保证进给速度均匀、进给平稳、无爬行现象，从而使进给装置达到较高的重复定位精度。

③装置内部各连接处必须可靠接触，接触间隙极小，接触刚度极高。

④末级传动件（即刀具夹持处）必须具有很高的刚度，以保证刀具进给的可靠性。

⑤在要求快速微量位移（如用于随机误差补偿）时，微量进给装置应具有很好的动态特性，即极高的频率响应特性。

⑥工艺性好，容易制造。

2）压电陶瓷微量进给装置简介。为满足微量进给的上述要求，除应提高进给装置零部件的制造和安装精度外，目前已出现了多种利用不同材料在磁场、电场、温度场和复合作用下所产生的物理现象来实现微量位移的微量进给装置。目前在超精密加工机床上应用较为成熟的是压电陶瓷微量进给装置。

压电陶瓷具有电致伸缩效应。用压电陶瓷制造微量进给装置具有很多优点，如能实现高刚度、无间隙位移；能实现极精细的微量位移（分辨率可达 1.0 ~ 2.5nm）；变形系数大，频响特性好，其响应时间可达 100μs；无空耗电流发热问题等。

图 8-14 所示是一种压电陶瓷微量进给装置示意图。压电陶瓷器件 3 在预压应力状态下与弹性变形载体刀夹 1 和后垫块 4 粘结安装。在电场作用下，陶瓷伸长，推动刀夹作微量位移。位移量可由电感测头 5 测出，作为位移量的校准或监控之用。此装置的最大位移量可达 15 ~ 16μm，分辨率为 0.01μm，静刚度为 60N/μm。

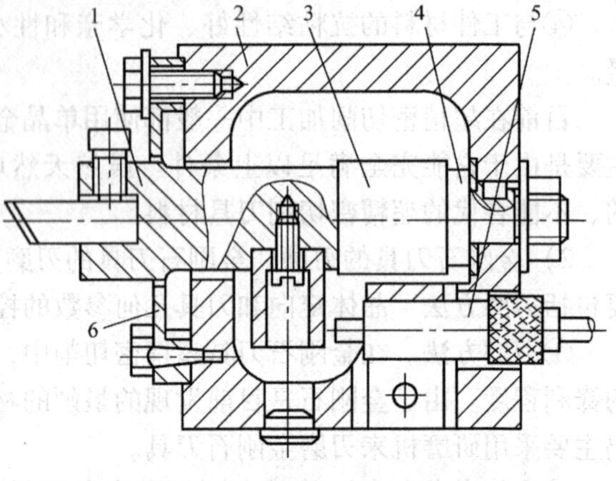

图 8-14　压电陶瓷微量进给装置

1—刀夹　2—机座　3—压电陶瓷器件　4—后垫块
5—电感测头　6—弹性支撑

由于压电陶瓷微量进给装置的进给精度极高，且具有很好的频率响应特性，因此目前在大型超精密机床上应用较多。如美国的 LLL 实验室研制的 DTM—Ⅱ型超精密金刚石车床，就是采用了压电陶瓷微量进给装置。该机可加工 ϕ2100mm、质量为 4500kg 的非球面工件，其加工精度可达 0.025μm，表面粗糙度 $Rz = 0.0045\mu m$。

3. 超精密磨料加工

金刚石刀具超精密切削加工对铜、铝等有色金属及其合金是行之有效的，但对钢铁类铁碳合金进行切削加工时，由于加工时的局部高温，将使金刚石刀具中的碳原子很容易扩散到铁素体中，从而造成刀具的扩散磨损；在对非金属脆性材料进行切削加工时，由于金刚石刀具微量切削时切应力很大，剪切能量密度也很高，这样，切削刃口处的局部高应力、高温将使刀具很快产生机械磨损。因此，对钢铁类、非金属硬脆材料等的超精密加工，一般多采用超精密磨料加工。

超精密磨料加工是利用细粒度的磨粒或微粉，主要对黑色金属及其合金、非金属硬脆材料等进行加工的方法。根据加工中磨料的状态，一般可分为固结磨料超精密加工和游离磨料超精密加工两大类。

（1）固结磨料超精密加工　它是将磨料或微粉与结合剂粘结在一起，形成具有一定形状和强度的加工工具（如砂轮、砂带、磨石等），利用这类工具与工件之间的相对运动来实现超精密加工。其中，最具代表性的是金刚石砂轮超精密磨削，主要应用于玻璃、陶瓷等非金属硬脆材料的加工，可实现精密镜面磨削。对钢铁材料则可采用 CBN（立方氮化硼）砂轮精密磨削。

金刚石砂轮超精密磨削由于金刚石磨料的硬度极高，故砂轮耐磨性好，寿命长，磨削能力强，磨削效率高，且磨削力较小，磨削温度低，可获得极好的加工表面质量。

影响金刚石砂轮超精密磨削的因素很多，其中砂轮的影响作用尤其明显。由于金刚石的硬度及其稀有性，对金刚石砂轮的合理修整已成为当前人们普遍关注和致力研究的课题。目前已出现了多种行之有效的金刚石砂轮修整技术，其中 20 世纪 80 年代末由日本人大森整发明的 ELID（Electrolytic In-Process Dressing）磨削法效果突出。

ELID 磨削法是一种利用金属基金刚石砂轮，在进行磨削加工的同时，利用电解作用对砂轮进行修整，从而实现对超硬合金、非金属硬脆材料的镜面磨削的新方法。影响 ELID 磨削质量的因素很多，如对砂轮的电解作用（修整）不能太强，否则会使砂轮的损耗过快，且影响加工精度；所使用的电解液不应对被加工材料产生腐蚀作用，否则会影响加工表面质量等。

（2）游离磨料超精密加工　游离磨料超精密加工时，磨料不是固结在一起，而是处于游离状态的。在加工过程中，工具与被加工表面之间存在一定大小的间隙，间隙中充满了一定粒度和浓度的磨料，依靠磨料与工件表面之间的相对运动来实现加工的目的。游离磨料超精密加工的典型代表是超精密研磨与抛光。

传统的研磨抛光技术是在工具和工件之间添入磨料，工具与工件在接触状态下，通过两者的相对运动带动磨料而对工件表面进行去除加工的。这种接触式研磨抛光有很多缺点，如由于工具的磨损而引起的工件加工误差，由于磨粒的微切削作用而引起的加工表面变质层等。为克服接触式研磨抛光的缺陷，满足现代宇航、电子技术发展的需要，目前已经出现了诸如弹性发射加工法、流体动压浮动研磨、磁流体抛光、电涌动抛光等一系列新的超精密浮动研磨抛光法。

二、微细加工技术

1. 微细加工技术的概念

以形状尺寸微小或操作尺寸极小为特征的微机械已成为人们在微观领域认识和改造客观世界的一种高新技术。

微机械的发展离不开微细加工技术的进步。所谓微细加工技术就是指能够制造微小尺寸零件（通常指 1mm 以下尺寸的零件）的加工技术的总称。广义地讲，微细加工技术包含了各种传统精密加工方法和与其原理截然不同的新方法，如微细切削加工、磨料加工、微细电火花加工、电解加工、化学加工、超声波加工、微波加工、等离子体加工、激光加工、电子束加工、离子束加工、光刻加工、电铸加工、快速成型制造技术等。狭义地讲，微细加工技术目前一般主要是指半导体集成电路的微细制造技术，因为微细加工技术是在半导体集成电路制造技术的基础上发展起来的，如化学气相沉积、热氧化、光刻、离子束溅射、真空蒸镀、LIGA（光刻电铸）技术等。

2. 微细加工技术的分类及应用

微细加工技术是随着大规模和超大规模集成电路的发展而得以广泛应用的。资料表明，集成电路图形的最小线宽若减小为原来的$1/n$，则它的电流、电压和电路的工作延迟时间也将缩减为原来的$1/n$，功耗下降为原来的$1/n^2$，单元芯片上的集成元件数可望增加到n^2倍。例如，一个双稳态振荡器，用电子管制造时其尺寸约为5cm，造价数美元；而用微细加工制造的集成芯片，其尺寸只有15μm，造价仅为千分之几美元。现在的一台计算机，其体积和造价已经是早期计算机的数十万分之一，而其运算和制造速度则可提高数百倍。可以说正是由于微细加工技术的产生和实用化才使人类社会迎来了信息革命。

目前常使用的微细加工方法主要分以下几种：

（1）微细机械加工　采用微型化的定形整体刀具或非定形磨料上具实现微细机械加工，如车削、钻削、铣削和磨削，可加工平面、内腔、孔和外圆表面等。微细切削加工多采用单晶金刚石刀具，由于刀具具有清晰明显的轮廓形状，因此可以方便地定义刀具路径，加工出各种三维形状的轮廓。

（2）微细电加工　对于一些特别微小和刚度小的零件，用机械加工的方法很难实现，必须采用电加工、光刻化学加工或生物加工的方法。例如微细电火花加工（MEDM）、线放电磨削加工（WEDG）、线电化磨削（WECG）、电化加工（ECG，又称电解液射流或微细喷射制模）等。

（3）微细高能束加工　采用光、电子、离子等形式的高密度的能量流直接对工件材料进行去除或表面处理，以实现微细加工。如微细激光束加工（MLBM）、微细电子束加工（MEBM）、微细离子束加工（MIBM）。

（4）光刻加工　光刻加工是微细加工中广泛使用的一种加工方法，主要用于制作半导体集成电路。

微细加工技术已经在特种新型器件、电子零件和电子装置、机械零件和装置、生物工程、表面分析、材料改性等诸多领域发挥着越来越重要的作用。

三、纳米加工技术

1. 纳米技术的内涵

纳米技术通常指纳米级（0.1～100nm之间）的材料、设计、制造、测量和控制技术。它是一门多学科交叉的、基础研究和应用开发紧密联系的高新科学技术，涉及机械、电子、材料、物理、化学、生物、医学等多个领域。

纳米技术它不仅仅是将加工和测量精度从微米级提高到纳米级，而是人类对自然的认识和改造从宏观领域进入到物理的微观领域，进入了一个全新的层次。在达到纳米层次后，决非几何上的“相似缩小”，而将出现一系列新的现象和新的规律。量子效应、物质的波动特性和微观涨落等已是不可忽略的，甚至成为主导的因素。

目前，纳米技术研究的主要内容包括：

1）纳米级精度和表面形貌测量及表面层物理、化学性能检测。

2）纳米级加工技术。

3）纳米材料。

4）纳米级传感与控制技术。

5）微型与超微型机械。

20 世纪 80 年代诞生的纳米科学技术的出现标志着人类改造自然的能力已延伸到原子、分子水平，标志着人类科学技术已进入一个新的时代——纳米科学技术时代，也标志着人类即将从“毫米文明”、“微米文明”迈向“纳米文明”时代。

2. 纳米加工技术简介

众所周知，欲得到 1nm 的加工精度，加工的最小单位必然在亚微米级。由于原子间的距离为 0.1 ~0.2nm，实际上纳米级加工已达到了加工精度的极限。纳米级加工中试件表面的一个个原子或分子成为直接的加工对象，因此纳米级加工的物理实质就是要切断原子间的结合，实现原子或分子的去除。各种物质是以共价键、金属键、离子键或分子结构的形式结合而成，要切断原子或分子的结合，所需的能量密度是很大的，为 $10^5 \sim 10^6 J/cm^3$。

传统的切削、磨削加工消耗的能量密度较小，实际上是利用原子、分子或晶体间连接处的缺陷进行加工。用传统切削、磨削加工方法进行纳米级加工，要切断原子间的结合是相当困难的。因此直接利用光子、电子、离子等能量束的加工，必然是纳米级加工的主要方向和主要方法。但纳米级加工要求达到极高的精度，使用能量束进行加工，如何进行有效的控制以达到原子级的去除，是实现原子级加工的关键。近年来纳米级加工有了很大突破，例如用电子束光刻加工超大规模集成电路时，已实现 0.1μm 线宽的加工；离子刻蚀已实现微米级和纳米级表层材料的去除；扫描隧道显微技术已实现单个原子的去除、搬迁、增添和原子的重组。纳米加工技术已成为现实的、有广阔发展前景的全新加工领域。

下面仅以扫描隧道显微加工为例，介绍纳米加工原理和方法，并以此展示近年来人们在研究发展纳米级加工方面所达到的水平。

扫描隧道显微镜（Scanning Tunneling Microscope，STM）是 1981 年由两位在 IBM 瑞士苏黎士实验室工作的科学家 C. Binning 和 H. Rohrer 发明的。STM 开始用于测量物体 0.1nm 级的三维微观表面形貌，后来用作纳米加工。该项发明被列为 20 世纪 80 年代世界十大科技成果之一，1986 年获诺贝尔物理学奖。

STM 工作原理是基于量子力学的隧道效应。在正常情况下互不接触的两个电极之间是绝缘的。但当把这两个电极之间的距离缩短到仅为 1nm 时，由于量子力学中粒子的波动性，电流会在外加电场作用下，穿过绝缘势垒，从一个电极流向另一个电极，即产生隧道电流。若其中一个电极是非常尖锐的探针时，由于尖端放电而使隧道电流加大。由于探针与试件表面距离对隧道电流密度非常敏感，用探针在试件表面扫描时，就可以将它“感觉”到的原子高低和状态信息记录下来，经信号处理，即可得到试件纳米级三维的表面形貌。

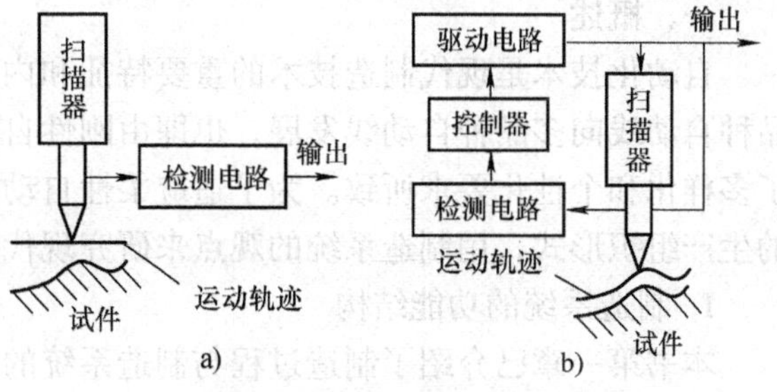

图 8-15 STM 工作原理图

a）等高测量模式 b）恒电流测量模式

STM 有两种测量模式：

（1）等高测量模式（见图 8-15a）

探针以不变高度在试件表面扫描，隧道电流随试件表面起伏变化，从而得到试件表面形貌信息。

（2）恒电流测量模式（见图 8-15b） 探针在试件表面扫描时，使用反馈电路驱动探针，使探针与试件表面之间距离（隧道间隙）不变。此时，探针的移动直接描绘了试件的表面形貌。此种测量模式使隧道电流对隧道间隙的敏感性转移到反馈电路驱动电压与位移之间的关系上，避免了等高模式的非线性，提高了测量精度和测量范围。

STM 发明后被广泛应用在多种科学研究中。后来发现，在探针与试件间加一定的偏压，可以将试件表面的原子吸附在探针针尖上移动，使 STM 不仅用于原子级表面的测量，也可以用于试件表面原子级的加工，使 STM 的应用扩大到一个全新的宽广领域。

扫描隧道显微加工原理如图 8-16 所示。

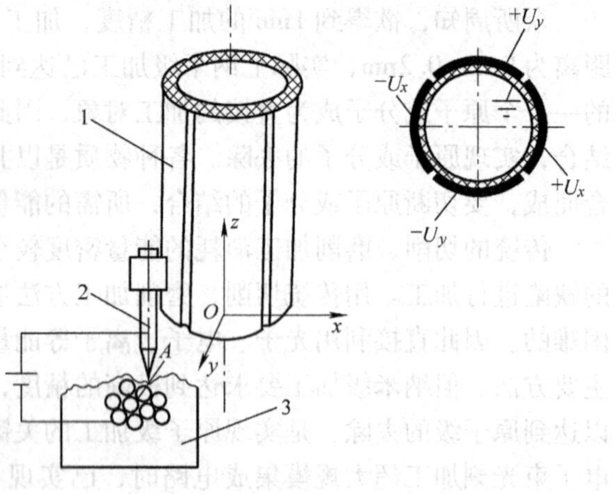

图 8-16 扫描隧道显微加工原理图
1—压电陶瓷管 2—探针 3—工件

在外界电场作用下，当一个具有原子尺度的探针针尖足够接近被加工表面某一原子 A 时，两极之间就会产生隧道效应。当探针针尖原子和 A 原子的距离小到某一极限距离时，其吸引力可以克服工件上其它原子对 A 原子的结合力，探针针尖就能拖动 A 原子在加工表面上移动，实现原子的搬迁。

目前，利用 STM 已可实现原子的去除、搬迁、增添和原子的重组。这无疑可以创造很多按人类需要而制成的新材料。在 STM 上除了用搬迁原子的方法进行纳米级加工外，还可以应用化学沉积、电流曝光等方法进行纳米级加工。

纳米科技横跨多个学科，涉及物理、化学和生物学等在内的所有与材料有关的学科领域。随着纳米科技的不断发展，对许多传统科技领域乃至整个社会都将产生巨大的影响，使得纳米技术在高科技领域中的地位越发重要，同时也为人们展示了其巨大的市场潜力。

第四节 制造自动化技术和现代制造模式

一、概述

自动化技术是现代制造技术的重要特征和内容。其形式已由 20 世纪初形成的单一或少品种自动线向多品种自动线发展，也即由刚性自动化向柔性自动化发展，是人们对产品提出了多样化和个性化要求所致。为了适应柔性自动化发展的需要，现代制造业也必须突破原有的生产组织形式，用制造系统的观点来研究现代制造技术。

1. 制造系统的功能结构

本书第一章已介绍了制造过程与制造系统的概念，现进一步介绍机械制造系统的功能结构。图 8-17 所示为机械制造系统的功能结构图。该图将制造系统按功能归纳为若干个子系统。

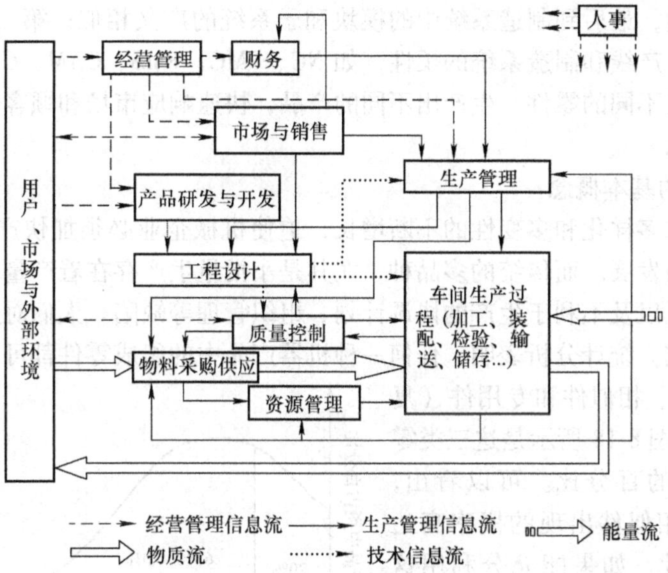

图 8-17　制造系统功能结构图

（1）经营管理子系统　确定企业经营方针和发展方向，进行战略规划与决策。

（2）市场与销售子系统　进行市场调研、分析和预测，制定销售计划，开展销售与售后服务。

（3）产品（工程）研究与开发子系统　制订开发计划，进行产品开发。

（4）工程设计子系统　进行产品设计、工艺设计、工程分析、样机试制、实验与评价、制订质量保证计划。

（5）生产管理子系统　制订生产计划、作业计划，进行库存管理、成本管理、设备管理、工具管理、能源管理、环境管理、生产过程控制。

（6）物料采购供应子系统　原材料及外购件等物料的采购、验收和存储。

（7）车间生产子系统　零件生产、部件与产品装配、检验、输送、存储等。

（8）质量控制子系统　收集用户需求与反馈信息，进行质量监控和统计过程控制。

除此以外，整个制造系统还包括有财务、人事、资源管理等子系统。各个功能子系统既相互联系又相互制约，形成一个有机的整体，从而实现从用户订货到产品发送的制造全过程。从上述制造系统的功能图中可见，制造技术的研究范围更广了，这也是当前科学技术发展的需要和方向。

从图 8-17 中不仅应看到物质的流动过程，更应注重控制物流的信息流，如经营管理信息流、生产管理信息流、技术信息流。制造过程中的能量消耗及其流程，构成了系统的能量流。

2. 制造系统的自动化技术

把机械制造业的全过程看成一个有机的整体，以系统的观点进行分析和研究，能对整个制造过程实施最有效的管理和控制，进而取得最佳的整体利益。同时，系统具有充分的灵活性和适应性，也能对多变的市场状况作出迅捷而准确的反应，这就是所说的系统的柔性。它们代表了当代机械制造业发展的主流。为了提高系统的柔性和自动化效率，一般可以从以下两个途径入手并相互结合：第一，采用成组（相似）技术，扩大和应用相似性原理，如从利用零件形状和生产相似（使小批量扩大到大批量），逐步扩大到工艺设计、产品设计、生产管理、信息控制，最后到制造系统中的模块和子系统的广义相似；第二，采用数控技术，提高加工设备、生产线和制造系统的柔性，如 NC、FMC、FMS、CAM、CIMS 等，使其能高效、自动化地加工不同的零件，生产出不同的产品，快速响应市场和顾客的需求。

二、成组技术

1. 成组技术的基本概念

随着市场需求多样化和多变性的不断增长，迫使机械企业必须加快产品的更新和开发，向多品种生产方向发展。而传统的多品种，尤其是小批量生产存在着产量小、生产准备工作量大、生产效率低以及不利于生产的协调计划、组织管理等缺陷。人们对这种生产类型生产的产品进行了研究。统计分析表明，任何一种机器产品中的组成零件都可以分为三大类，即标准件（简单件）、相似件和专用件（复杂件、关键件）。图 8-18 所示是这三类零件在产品中所占的百分比。可以看出，在一般产品中，相似件出现的概率高达 65% ~ 70%。因此，如果能充分利用这一特点，就可将不同产品的零件按相似性原理划分为具有共性特征的一组，在加工中以群体为基础集中对待，从而有可能将多品种小批量生产转化为类似于大批量的生产类型。利用零件的相似性原理，将零件分类成组，这就是成组技术产生的基本出发点。

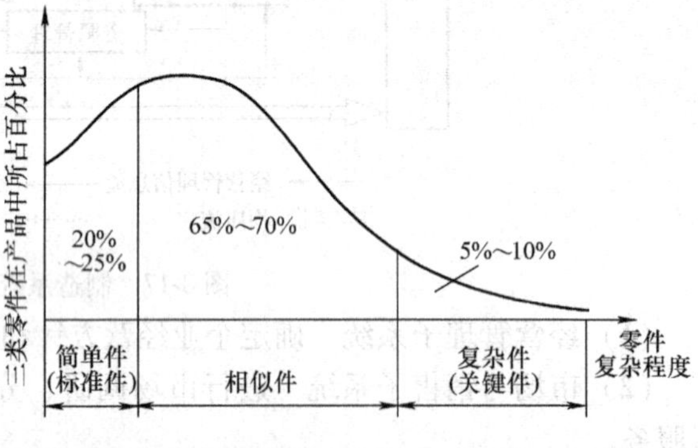

图 8-18　三类零件在产品中所占的百分比

所谓成组技术（Group Technology，GT），就是研究和利用了有关事物的相似性，将企业生产的多种产品、部件和零件，按一定的相似性准则分类编组，并以这些组为基础，组织生产的各个环节，从而实现多品种中小批量生产的产品设计、制造和管理的合理化。

相似性原理是一种哲理，成组技术是试图在更深更广的范围内利用相似性。

2. 零件的分类编码系统

（1）零件分类编码的基本原理　把与生产活动有关的事物（如零件、材料、工艺、产品等）按一定的规则进行分类成组，是实施成组技术的关键，分类的理论基础是相似性原理。而零件是生产活动中最基本的事物，所以，首先研究零件的相似性。图 8-19 所示是零件的特征相似图。由图中可见，功能相似是设计的第一信息，根据其作用、类型和名称相似进行分类。然后才有设计信息中的结构相似和材料相似。最后才派生出工艺信息中的加工工艺、加工设备和工艺装备相似。

因此，要实施成组技术必须首先建立相应的零件分类编码系统，然后用其相应的字符（数字、字母、符号）来标识和描述零件的结构特征，使这些信息代码化，并据此对零件进行分类成组，以便进一步按成组的方式组织生产。

代表零件特征的每一个字符称为特征码，所有特征码有规律的组合，就是零件的编码。由于每一个字符代表的是零件的一个特征，而不是一个具体的参数，因此每种零件的编码并非是唯一的，即相似的零件可以拥有相同或相近的代码。利用零件的编码，就可以较方便地划分出特征相似的零件组来。零件还有件号或图号，这是零件的识别码，它是唯一的，是为了生产组织和管理的需要。

为了对编码的含义有统一的认识，就必须对其所代表的意义作出规定和说明，这就是编码系统。目前世界上已有数十种编码系统，而其中早期较为典型的系统是德国的 Opitz 编码系统。这套系统对世界各国的分类编码系统产生了一定的影响，我国的 JLBM（机械零件分类编码）系统也是在此基础上研制开发的。

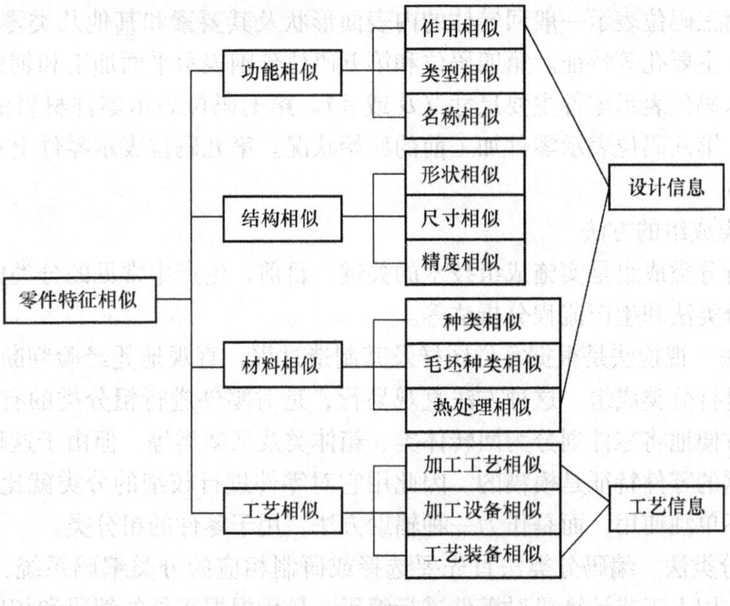

图 8-19　零件的特征相似图

（2）Opitz 编码系统简介　Opitz 编码系统由九位十进制数字代码组成，前五位为主码，用于描述零件的结构形状，又称为形状码；后四位为辅助码，用于描述零件的尺寸、材料、毛坯性状及加工精度。每一个码位有 10 个特征码（0～9）分别表示 10 种特征。图 8-20 所示为 Opitz 编码系统的基本结构图。

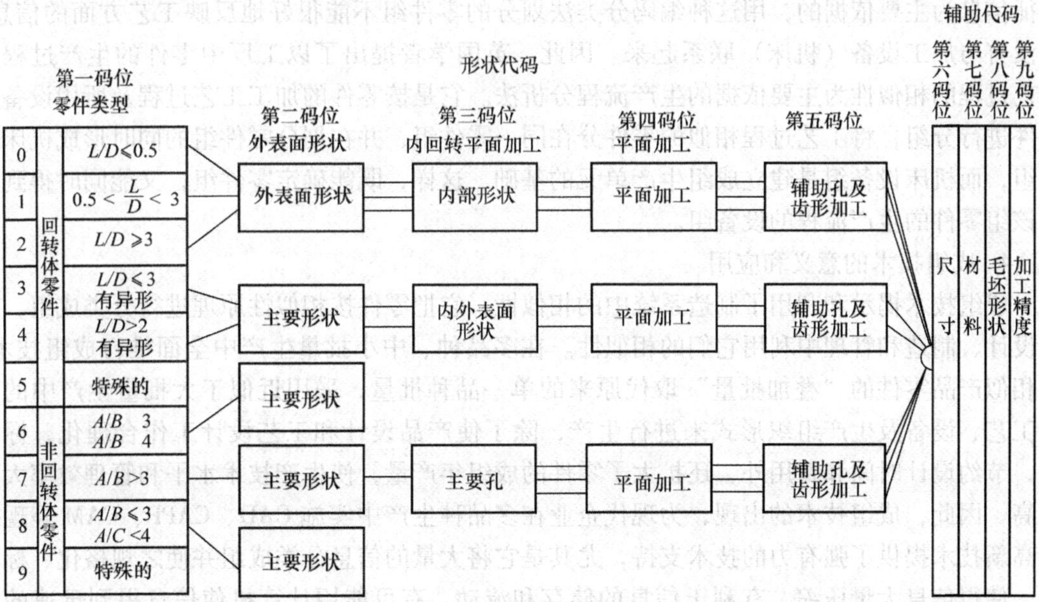

图 8-20　Opitz 编码系统的基本结构图

第一码位表示零件的类型。10个特征码（0～9）分别表示10种基本零件类型，特征码0～5代表5种回转体零件，如盘、套、轴等；特征码6～9代表4种非回转体零件，如板、杆（条）、块（箱体）等。其中，D为回转体的最大直径，L为其轴向长度；A、B、C（$A>B>C$）分别表示非回转体零件的长度、宽度和厚度。第二码位表示零件外表面或主要形状及其要素。第三码位表示一般回转体的内表面形状及其要素和其他几类零件的回转加工、内外形状要素、主要孔等特征。第四码位和第五码位分别表示平面加工和辅助孔、齿形及成形面加工。第六码位表示零件主要尺寸（D或A）。第七码位表示零件材料的种类、强度及热处理等状况。第八码位表示零件加工前的原始状况。第九码位表示零件上有高精度要求的表面所在的码位。

3. 零件分类成组的方法

对零件进行分类成组是实施成组技术的关键。目前，生产中常见的分类成组方法主要有视检法、编码分类法和生产流程分析法等。

（1）视检法　视检法是根据零件图样及其制造过程，直观地凭经验判断零件的相似性，并据此将零件进行分类成组。这种方法直观易行，是对零件进行粗分类的有效方法。例如，应用视检法可方便地将零件划分为回转体类、箱体类及叉架类等。但由于这种方法是凭经验进行的，所依据的零件特征是模糊的，因此用它对零件进行较细的分类就比较困难。目前，这种方法一般不单独使用，而是作为一种辅助方法，用于零件的粗分类。

（2）编码分类法　编码分类法首先要选择或研制相应的分类编码系统，然后再根据系统的编码法则，用人工或计算机对零件进行编码，最后根据零件的编码和相应的相似性准则进行零件的分组。

编码分类法是一种比较科学和有效的分类成组方法。这种将零件特征等信息代码化的方法，为计算机在成组技术中的应用带来了极大方便。

（3）生产流程分析法　由于大多数零件的分类编码系统都是以零件的结构形状和几何特征信息为主要依据的，用这种编码分类法划分的零件组不能很好地反映工艺方面的信息，又没有与加工设备（机床）联系起来。因此，英国学者提出了以工厂中零件的生产过程或工艺过程的相似性为主要依据的生产流程分析法。它是按零件的加工工艺过程及所用设备对零件进行分组，将工艺过程相似的零件分在同一零件组，并在划分零件组的同时形成机床设备组，而机床设备组是建立成组生产单元的基础。这样，既能确定零件组，又能同时得到加工该组零件的生产流程的设备组。

4. 成组技术的意义和应用

成组技术揭示和利用了制造系统中的相似性，它把零件按相似性原理进行分类成组，并在设计、制造和管理中利用它们的相似性。在多品种、中小批量生产中全面推行成组技术，以相似产品零件的“叠加批量”取代原来的单一品种批量，采用近似于大批量生产中的高效工艺、设备及生产组织形式来进行生产，除了使产品设计和工艺设计工作合理化、标准化，节约设计时间和费用外，还扩大了零件的成组年产量，使生产技术水平和管理效率大为提高。因此，成组技术的出现，为现代企业在多品种生产中实施CAD、CAPP、CAM等现代化高新技术提供了强有力的技术支持，尤其是它将大量的信息分类成组并使之规格化、标准化，使得信息大量压缩，有利于信息的储存和流动，有可能用计算机使信息得到迅速的检索、分析和处理，这对生产计划（如最佳的机床负荷和调度等）的制订等生产管理工作是极为有利的。近期，相似性的研究在进一步扩大，提出了广义相似性。它的主要特点是利用各种制造系统中的模块和子系统的相似性（结合），这和信息的研究等都是成组技术的最大意义和作用。详见本章“可重构制造系统”。

三、数控技术

本书已介绍了数控加工工艺和加工中心的概念和应用，本节较全面地介绍数控技术的核心——数控机床。

为合理解决多品种、批量生产自动化的迫切需要，出现并发展了数字程序控制机床，简称数控机床。数控机床是一种以数字量作为指令信息形式，通过电子计算机或专用电子计算装置对这种信息进行处理，按照规定的程序实现工作过程自动化的机床。数控机床是电子技术、计算技术、自动控制、精密测量、伺服驱动和精密机械结构等新技术综合应用的成果，是一种柔性好、效率高的自动化机床，数控机床使机床自动化进入了一个新阶段，开辟了工业制造技术的新纪元。

1. 数控机床的组成与工作原理

数控机床主要由控制介质（信息载体）、输入装置、数控装置、伺服系统、检测装置、辅助控制装置和机床本体组成，其工作过程如图 8-21 所示，详见第三章第十节。

2. 数控机床的分类

数控机床的种类很多，分类的原则也很多，常用的分类方法有以下四种：

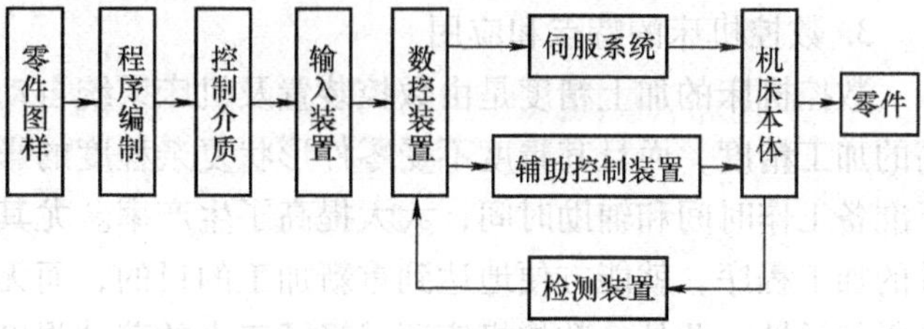

图 8-21　数控机床的工作过程

（1）按工艺用途分类　可分为普通数控机床和加工中心。普通数控机床有数控车床、数控铣床、数控钻床、数控磨床和数控齿轮加工机床等。此外，还有数控电火花线切割机、数控激光切割机、数控压力加工机床等。

（2）按加工路线分类

1）点位控制数控机床。即只控制刀具或机床工作台由一个位置（点）准确地移动到另一个位置（点），在移动和定位过程中不进行切削加工。两点间的运动轨迹和速度无严格要求，可根据简单、高效、可靠的原则自行确定。采用点位控制的数控机床有数控钻床、数控镗床和数控冲床等。

2）点位直线控制数控机床。其特点是既要控制位移起点与终点的准确位置，又要控制两相关点之间的移动速度和运动轨迹，其运动轨迹是一直线且与某坐标轴方向平行，或与坐标轴成45°方向的斜线。在移动过程中刀具进行切削加工。采用点位直线控制的机床有数控车床、数控镗铣床、数控磨床等。

3）轮廓控制（也称连续控制）数控机床。其特点是能够对两个或两个以上坐标方向同时运动的瞬时位置和速度进行准确、不间断的控制。在运动过程中，刀具对工件连续进行切削。采用轮廓控制的机床有加工成形表面的各种机床，如数控铣床、数控磨床、数控车床、数控齿轮加工机床和数控线切割机床等。

（3）按有无检测装置分类

1）开环控制数控机床。开环控制的数控机床无位移检测装置，这类机床的加工精度由伺服系统、执行部件和传动机构的工作精度来保证，定位精度可达 ±0.02mm，一般采用步进电动机驱动。故适于精度要求不太高的中、小型数控机床。

2）闭环控制数控机床。数控装置发出指令加工信息 A，驱动刀具或工作台移动，并通过线位移检测装置测出实际的位移量，向比较器发回反馈信息 B，与原指令信息 A 进行比较，再用 A 与 B 的差值对执行部件发出补偿运动指令，直到差值为零时机床才停止运动。闭环控制的数控机床定位精度高（可达 ±0.0015mm）、速度快，但其控制系统复杂，调试和维修困难，成本高，多用于高精度数控机床。

3）半闭环控制数控机床。这种控制系统是在机床丝杠末端或电动机轴端安装角位移检测装置（圆光栅、旋转式感应同步器），用于检测丝杠或电动机轴转角，间接地检测出工作台等移动部件的位移量，以此进行反馈、比较和校正。因角位移检测装置结构简单、价格低、安装方便，而且惯性大的机床移动部件不包括在反馈系统中，所以系统调试方便，稳定性好。这种系统的加工精度和调试的难易程度等均介于开环与闭环之间。

（4）按可联动的坐标轴数分类　有两轴、三轴、四轴、五轴联动的数控机床。机床的加工能力与可联动的坐标轴数有关，例如两轴联动的镗铣床只能加工平面曲线表面，而三轴联动键铣床能加工三维空间曲面，五轴联动的键铣床可加工螺旋桨表面，参见第六章第三节。

3. 数控机床的特点和应用

数控机床的加上精度是由数控装置及机床系统自动保证的，与操作者无关，因此具有较高的加工精度，而且其精度不受零件形状复杂程度的影响。同时使用数控机床的加工，节省了准备工作时间和辅助时间，大大提高了生产率。尤其在加工零件经常改变时，只要改变零件的加工程序，就能方便地达到重新加工的目的，而无需过多的准备与调整，充分显示其加工中的柔性。此外，数控机床还减轻了工人的劳动强度，使劳动条件大为改善，生产管理更加方便。因此，数控机床在机械加工中应用日益广泛，尤其在精度高、形状复杂的中小批量零件加工中，将显示其越来越大的优越性。

4. 数控机床的发展

1952 年美国试制了世界上第一台三坐标数控立式铣床至今，随着微电子技术的不断发展，数控系统也在不断更新换代，先后经历了电子管控制（1952 年）、晶体管控制（1959 年）、小规模集成电路控制（1965 年）、大规模集成电路及小型计算机控制（1970 年）、微处理机或微型计算机控制（1974 年）五代数控系统。目前数控技术已发展到以现代个人计算机（PC）为平台的数控系统，即进入了第六代数控系统。第六代数控系统采用标准的计算机显示器，分辨率高、价格低、可靠性好，具有网络通信功能。

前三代是采用专用计算机的数控系统，一般称为 NC 数控系统，控制功能不易改变，这类数控系统工艺性差、适应性差、功能不强，现已停止生产。第四代数控系统称为计算机数控系统（CNC），目前使用较多的是第五代数控系统（MNC）。

目前数控技术的发展趋势是高速高效化、高精度化、多功能化、复合化、智能化、模块化和柔性化。

数控机床的高速、高精度化，要求机床主轴和进给驱动具有更高的速度和更好的动静态位置控制精度。目前，高速主轴单元转速已达 15000～100000r/min，进给部件工作进给速度已达 60m/min 以上，其快速移动速度已达 120m/min 以上。直线电动机取代传统以滚珠丝杠为核心的进给驱动系统，具有结构简化、高速化、传动效率高、响应速度快、便于保养、便于长行程化等优点。直线电动机的运动轨迹为直线，可直接提高机床部件的运动精度。

通过减少数控系统误差和采用补偿技术可提高数控机床的加工精度。除采用齿隙补偿、丝杠螺距误差补偿和刀具补偿等技术外，近年来数控机床的热变形误差补偿和空间误差综合补偿技术的应用，可将加工误差减少60%~80%。

现代MNC系统（俗称CNC系统）具有多种监控、检测及补偿功能，还有很强的通信功能、丰富的图形功能和自动程序设计功能，便于实现人机对话及高级故障诊断技术。

复合化包含了工序复合化和功能复合化。在一台数控机床上能完成多工序切削加工（如车、铣、镗、钻等）的加工中心，打破了传统的工序界限和粗、精分开加上的规程。

现代数控系统智能化的发展主要体现在：工件自动检测、自动定心，刀具折损检测及自动更换备用刀具，刀具寿命及刀具收存情况管理等。

柔性是指数控设备适应加工对象变化的能力。目前在提高单机柔性化的同时，正朝着单元柔性化和系统柔性化方向发展，在数控机床上增加不同容量的刀库和自动换刀机械手，增加第二主轴和交换工作台装置，或配以工业机器人和自动运输小车，以组成新的加工中心、柔性制造单元（FMC）或柔性制造系统（FMS）。

数控技术的典型应用是FMC/FMS/CIMS（计算机集成制造系统）。

四、计算机辅助工艺规程设计

1. CAPP的基本概念

产品的工艺规程设计是一项需要大量时间和经验的工作，随着产品设计和产品制造中采用了计算机辅助手段（CAD、CAM），作为连接产品设计和制造的中间环节，工艺规程的设计也必须实现自动化才能与之相适应。计算机技术的发展，为工艺领域中实现工艺设计自动化提供了可能；而成组技术的实施，则为工艺设计的自动化奠定了技术基础。通过向计算机输入被加工零件的原始数据、加工条件和加工要求，由计算机自动地进行编码、编程直至最后形成优化的工艺规程卡片的过程，称为计算机辅助工艺规程设计（Computer Aided Process Planning，CAPP）。

CAPP最初的低级形式仅是用于工艺规程的检索和管理，即利用计算机储存已有的各种工艺，需要时向计算机查询和检索。在成组技术的基础上，CAPP逐步发展成能通过修改编辑功能而在已有的标准工艺过程的基础上生成零件的工艺过程的实用技术。目前，世界各国正在致力于开发CAPP新的系统，以使CAPP的功能更加完善和实用，CAPP技术正向着更高级、更完善的智能型方向发展。

2. CAPP的基本方法

目前的CAPP系统，按照其基本原理和方法可分为两种基本类型：派生法和创成法。

（1）派生法　派生法工艺规程设计是建立在成组技术基础上的，它利用零件的相似性来检索已存入计算机的标准工艺规程，再加以适当的修改编辑，生成新的工艺规程，派生法工艺规程设计一般需要如下两个步骤：

1）准备阶段。

①对大量零件进行编码，建立零件特征矩阵库。

②建立零件族特征矩阵。将编码的若干零件按照成组规则进行归并成组（族），然后把同组零件的特征矩阵综合统计在一张特征表上，就可以得到一份零件族的实际特征矩阵表。

③制订零件的标准工艺规程。

④将上述零件族的特征矩阵和相应的标准工艺规程一一对应地存入计算机。

2）使用阶段。

①首先将需要进行工艺规程设计的新零件按照同样的编码系统进行编码，然后将这个代码输入计算机，通过计算机中零件族检索程序，找到这个零件所属的零件族。

②调出该零件的标准工艺规程。

③根据该零件的特殊要求，修改和编辑这个标准的工艺规程，最后生成该零件的工艺规程。

上述过程都是通过计算机直接进行的，图 8-22 直观地表示了这一过程。

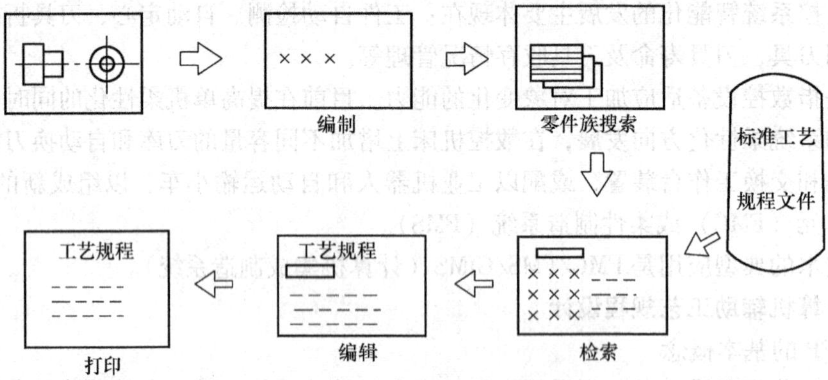

图 8-22　CAPP 派生法的流程图

（2）创成法　创成法是另一种类型的 CAPP，它并不以原有的工艺规程为基础，即计算机中并没有预先存入“标准工艺规程”，而是在计算机软件系统中收集了大量的工艺数据和加工知识，并在此基础上建立了一系列的决策逻辑，形成了工艺数据库和工艺决策知识库。因此，它可以直接根据输入的图形和加工信息，模仿工艺人员，应用各种工艺决策逻辑规则，在无人干预的条件下自动地生成零件的工艺规程。

从理论上讲，创成法工艺设计系统是一个完备的、高级的系统，它拥有工艺设计所需要的全部信息，在其软件系统中包含着全部决策逻辑，因此使用极为方便。但是，由于工艺设计中所涉及的因素既多义复杂，因此，开发完全自动生成工艺规程的创成法系统，还存在着许多技术上的困难。目前，国内、外许多单位正在应用人工智能专家系统的原理，研制完全创成的 CAPP 系统。

（3）半创成式 CAPP 系统　所谓半创成式 CAPP 系统，是一种以派生法为主、创成法为辅的，两种方法相结合的 CAPP 系统。例如，工艺过程设计采用派生法，而工序设计则采用创成法等。

目前，用派生法原理生成工艺规程的方法已经比较成熟，应用十分广泛，现有的大部分 CAPP 系统都属于这种类型。

3. CAPP 的意义和应用

随着多品种生产在现代制造业中主导地位的确立，人们越来越认识到工艺规程设计对企业成功与否所起到的关键作用。但是目前为了完成上述产品的工艺设计过程，企业一般大都停留在手工编制工艺规程和工艺文件阶段，使产品的工艺设计存在着一些不可避免的缺陷。这主要表现在效率低和设计质量因人而异的不一致性。

为了解决上述问题和适应工厂不断开发新产品、尽量缩短工艺准备周期的要求，在生产中采用 CAPP 是必然的，采用 CAPP 技术不仅可以提高设计速度，达到优化设计的目的，而且可以克服加工工艺的不一致性、质量不稳定性等缺点，另一方面，还可以缩短生产准备周期，提高企业的活力。

五、柔性制造系统

1. 柔性制造系统的基本概念及其特点

柔性制造系统（Flexible Manufacturing System，FMS）是 20 世纪 60 年代出现的新技术。传统的多品种、小批量生产方式，如采用普通机床、数控机床等进行加工，虽然具有较好的柔性（适应性），但生产率低，成本高；而传统的少品种、大批量生产方式，如采用专用设备的刚性流水线进行加工，虽然能提高生产率和降低成本，但却缺乏柔性。FMS 正是综合了上述两种生产方式的优点，兼顾了生产率和柔性，是一种全新的、适用于多品种、中小批量生产的自动化制造系统。柔性制造系统的适应范围如图 8-23 所示。

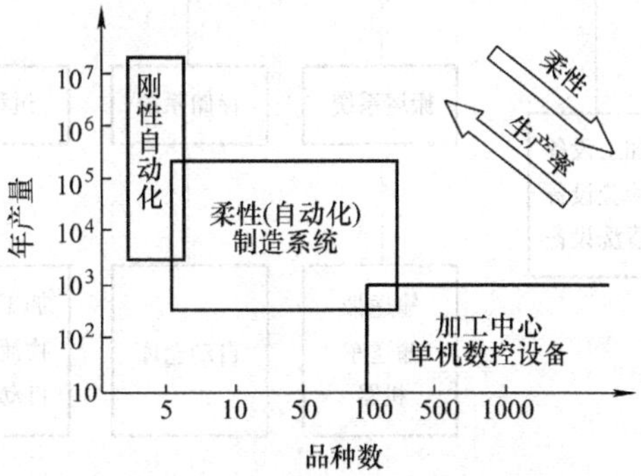

图 8-23　柔性制造系统的适应范围

广义地说，FMS 是利用计算机控制系统和物流输送系统，把若干台设备联系起来，没有固定的加工顺序和节拍，在加工完一定批量的某种工件后，能在不停机调整的情况下，自动地向另一种工件转换的自动化制造系统。

FMS 具有如下特点：柔性制造系统以成组技术为基础；柔性高，适应多品种、中小批量生产；系统内的机床在工艺能力上是相互补充或相互替代的；可混流加工不同的零件；系统局部调整或维修不中断整个系统的运作；递阶结构的计算机控制，可以与上层计算机联网通信；可进行第三班的无人值守生产。

2. 柔性制造系统的组成

众所周知，生产中生产的效率和适应性是相互制约的，为同时兼顾两者，一个完善的柔性制造系统一般由以下四个具体功能系统组成，即自动加工系统、自动物流系统、自动监控系统和综合软件系统。图 8-24 所示为 FMS 的基本组成框图。

（1）自动加工系统　FMS 的自动加工系统，一般由加工设备、检验设备和清洗设备等组成，是完成加工的硬件系统。它的功能是以任意顺序自动加工各种零件，并能自动更换工件和刀具。FMS 中所使用的加工设备，一般为数控机床和加工中心，以加工中心最为常用。加工中心是一种具有自动换刀装置（Automatic Tool Changer，ATC）的复合型数控机床。工件在一次装夹中，可以完成对不同加工表面的多种功能（如铣削、镗削、钻削、攻螺纹等）的连续加工。目前较常见的加工中心主要有镗铣类加工中心、车削中心等。

（2）自动物流系统　为实现柔性加工，FMS 应能按照不同的加工顺序，以不同的运输路线，按不同的生产节拍对不同的产品零件进行同时加工。FMS 中的自动物流系统一般由存储、搬运等子系统组成，包括运送工件、刀具及切削液等加工中所需“物料”的自动搬运装置，装卸工作站及自动化仓库等。为提高物料运输的准确性和及时性，系统中还应具有自动化储料仓库、中间仓库、零件仓库、夹具库、刀具库等。

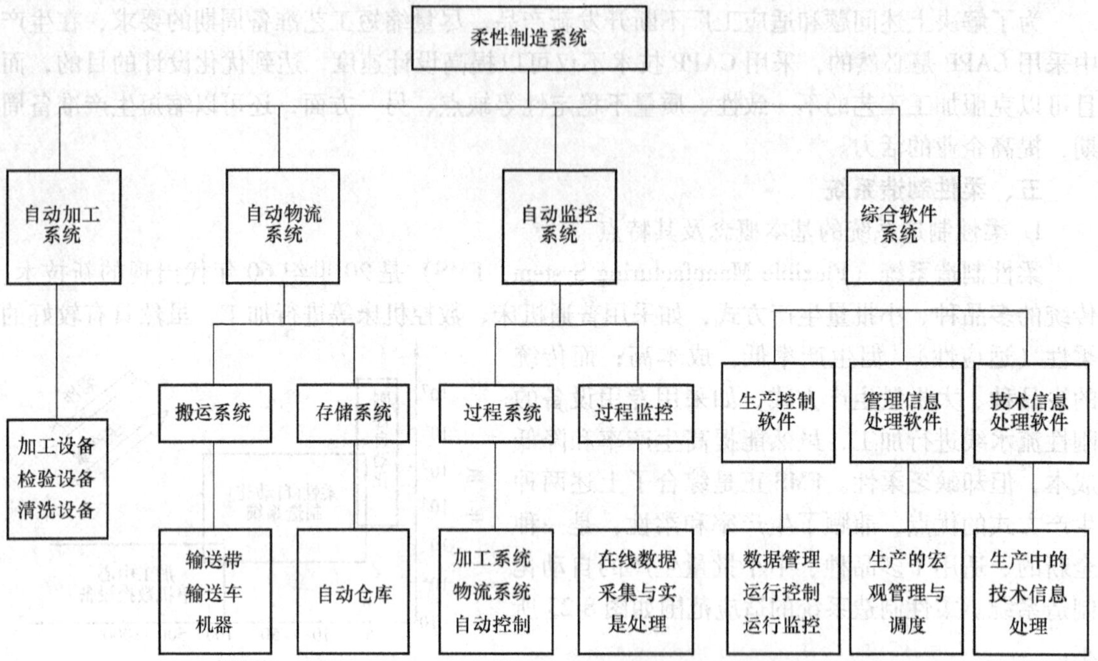

图 8-24　FMS 的基本组成框图

（3）自动监控系统　FMS 的自动监控系统包括过程控制和过程监视两个子系统，其功能分别是进行加工系统及物流系统的自动控制，以及在线状态数据的自动采集和处理。

（4）综合软件系统　从系统信息处理的观点来看，FMS 的综合软件系统一般包括生产控制软件、管理信息处理软件、技术信息处理软件三个部分。

FMS 的综合软件系统是极为复杂的，FMS 功能的实现是依靠这套系统进行调度和控制的。正因为如此，有人甚至把 FMS 的组成简单地归纳为两大类，即硬件系统和软件系统。

3. 柔性制造系统的类型及适用范围

按照制造系统的规模、柔性和其他特征，柔性自动化具有如下几种不同级别的形式：

（1）柔性制造单元　柔性制造单元（Flexible Manufacturing Cell，FMC）一般由单台加工中心（或 1 ~2 台数控机床）及托板输送装置或工业机器人等构成，是一种廉价小型的 FMS。它具有完全独立自动加工、部分物料自动传送和监控管理功能及一定的生产调度能力，可以实现不停机转换品种进行连续生产。图 8-25 所示为柔性制造单元示意图。托板输送装置将托板及其上的待加工工件经由自动托板交换装置送到加工位置，同时，加工中心上的已加工工件由交换装置送回台车，再交给托板输送装置送出加工区，进而

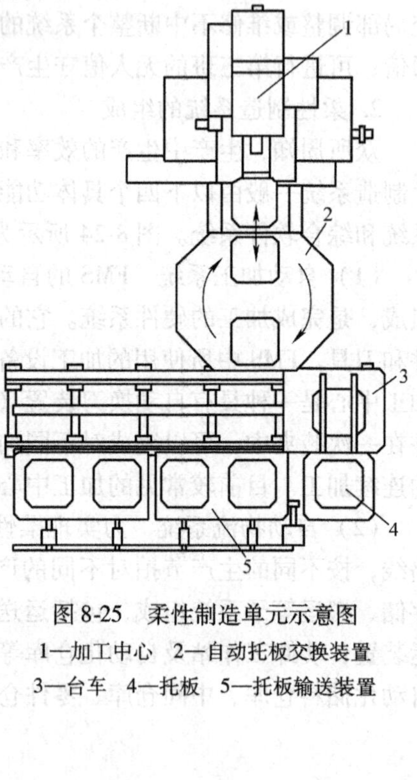

图 8-25　柔性制造单元示意图

1—加工中心　2—自动托板交换装置　3—台车　4—托板　5—托板输送装置

完成了零件的依次连续加工。

（2）柔性制造系统　通常所说的柔性制造系统，由两台或两台以上的数控机床或加工中心及自动物料流系统和自动监控系统等组成。它也可以是多个 FMC 组成的制造系统。其控制与管理功能比 FMC 强，规模比 FMC 大，对数据管理与通信网络要求高。

图 8-26 所示是一个由我国自行研制的小型 FMS 的结构示意图。它由两台加工中心、交换装置、有轨输送小车、托板、托板站及控制系统等组成。可以看出，这套加工系统实际上是由两个 FMC 组成的，两台加工单元可以进行互相交替或互相补充加工，因此，FMS 中设备的有效利用率可大幅度地提高。

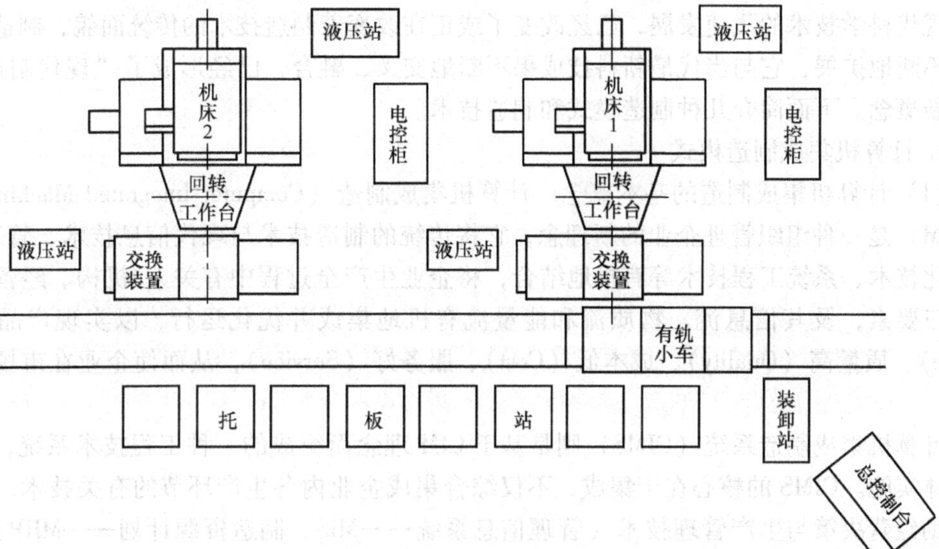

图 8-26　柔性制造系统示意图

六、计算机辅助制造

利用计算机分级结构将产品的设计信息自动地转换成制造信息，以控制产品的加工、装配、检索、试验、包装等全过程，以及与这些过程有关的全部物流系统和初步的生产调度，这就是计算机辅助制造（Computer Aided Machining，CAM）。

目前，CAM 时应用可以概括为两大类：一类是 CAM 的直接应用，计算机直接与制造过程连接，以对制造过程及其设备实施监视和控制，如 CNC 和 FMS 等，均为 CAM 的直接应用；另一类是 CAM 的间接应用，计算机并不直接与制造过程连接，而是用计算机提供生产计划、进行技术准备和发出各种指令和有关信息，以便使生产资源和管理更为有效，从而对制造过程进行支持，如计算机辅助数控编程、计算机辅助工艺设计、计算机辅助车间管理等，均属于 CAM 的间接应用。此时，由人给计算机输入数据和程序，再按照计算机的输出去指导生产。

随着计算机在上述各部门的广泛应用，人们越来越认识到，单纯孤立地在某个部门用计算机辅助进行各项工作，还远没有发挥计算机控制生产的潜在能力，只有用更高层的计算机将各个环节集中和控制起来，组成更高水平的制造系统，才能取得更大、更全面的经济效益。因此，目前较大规模的CAM系统均采用二级或三级计算机分级结构。如用一台微机控制某一个单过程，一台小型计算机负责控制一群微机，再用一台中型或大型计算机负责监控几台小型计算机，这样就形成了一个计算机网络。用这个网络对复杂的生产过程进行监督和控制，同时用来进行诸如零件程序设计和安排作业计划等各种生产准备和管理工作。

计算机辅助制造过程是一个庞大的系统工程。由于计算机的应用几乎已经深入到了现代制造业的每一个角落，因此，广义地讲，目前所涉及的制造系统自动化技术都属于计算机辅助制造的范畴。

七、现代制造模式及制造技术的展望

现代科学技术的飞速发展，已经改变了或正在改变着制造技术的传统面貌，制造技术的内涵不断地扩展，它与当代最新科技成果不断地交叉、融合，已经形成了“现代制造模式”的全新概念。下面简介几种制造模式和制造技术。

1. 计算机集成制造模式

（1）计算机集成制造的基本概念　计算机集成制造（Computer Integrated Machining，简称CIM）是一种组织管理企业的新理念，它将传统的制造技术与现代信息技术、管理技术、自动化技术、系统工程技术等有机地结合，将企业生产全过程中有关人/机构、经营管理和技术三要素，及其信息流、物质流和能量流有机地集成并优化运行，以实现产品上市快（Time）、质量高（Quality）、成本低（Cost）、服务好（Service），从而使企业在市场竞争中取胜

计算机集成制造系统（CIMS）则是基于CIM理念而组成的一种工程技术系统，是CIM的具体实施。CIMS的核心在于集成，不仅综合集成企业内各生产环节的有关技术，如计算机辅助经营决策与生产管理技术（管理信息系统——MIS、制造资源计划——MRPⅡ）、计算机辅助设计和分析技术（CAD、CAE、CAPP、CAM）、计算机辅助制造技术（CNC、DNC、FMC、FMS）、计算机辅助质量管理与控制技术等，更重要的是将企业内的人/机构、经营管理和技术这三要素的有效集成，以保证企业内的工作流、物质流和信息流畅通无阻。因此说，CIMS是一个信息与知识高度集成的系统。其真谛在于，以计算机来辅助制造系统的集成，即以充分的信息交流或信息共享，促进制造系统或制造企业组织结构的优化及运行优化，以实现产品的订货、设计、制造、管理和销售过程的高度自动化和总体最优化，从而提高企业的竞争力和生存能力。建立系统的关键在于，必须首先建立一个各功能部门能共享的庞大的数据库系统，并用信息网络将各部门联系起来。

（2）CIMS的基本组成　CIMS作为一个复杂庞大的工程系统一般采用分级控制系统结构，也称递阶控制结构。美国国家标准与技术局（NIST）将CIMS分为五层递阶控制结构，如图8-27所示。

第一层为工厂层，它是决策工厂的整体资源、生产活动和经营管理的最高层。

第二层为车间层，是根据工厂层的生产计划协调车间作业和有关的资源配置，主要包括两个模块，即任务管理和资源调配。

第三层为单元层，这一层负责将上级任务分解，完成本单元的作业调度和资源需求分析，决定零件加工路线并给工作站分配任务，监控任务进展情况。

第四层为工作站层，它将负责指挥和协调站内一个设备小组的活动。

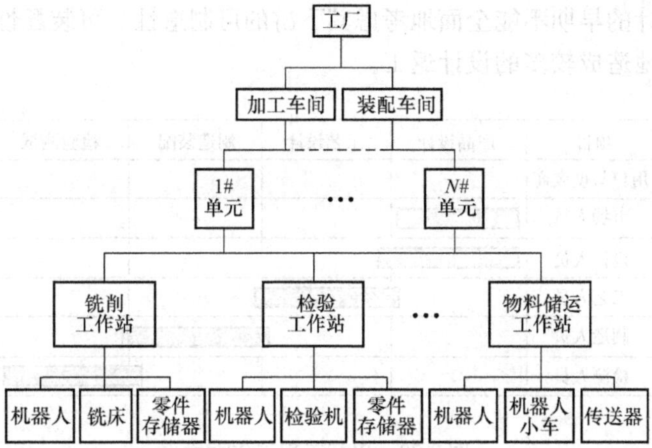

图 8-27 CIMS 递阶控制结构图

第五层为设备层，这一层是前沿执行层，包括各种设备（如机床、机器人、坐标测量机、自动导引小车等）控制器。设备控制器的功能是执行上层的控制命令，完成具体的加工、测量、装配、运输等任务。

按照上述层级原理组成的 CIMS，一般可看成是由管理信息系统、计算机辅助工程系统、生产过程控制和管理系统以及物料的储存、运输和保障系统四个子系统和一个数据库组成的大系统。图 8-28 所示是 CIMS 的组成框图。

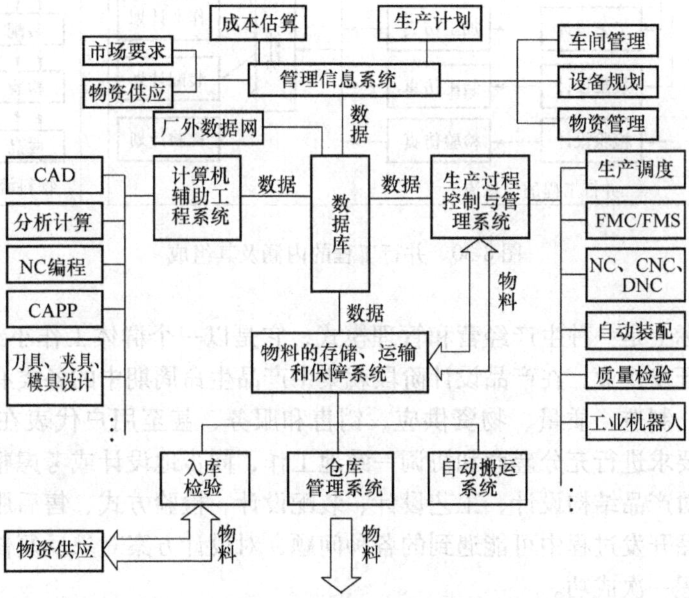

图 8-28 CIMS 的组成框图

2. 并行工程模式

传统产品开发的组织形式是一种串行的开发模式：概念设计→详细设计→过程设计→加工制造→实验验证→设计修改→工艺设计→……→正式投产→营销，如图 8-29 所示。这种产品开发模式在设计的早期不能全面地考虑其下游的可制造性、可装配性和质量可靠性等多种因素，不可避免地造成较多的设计返工。

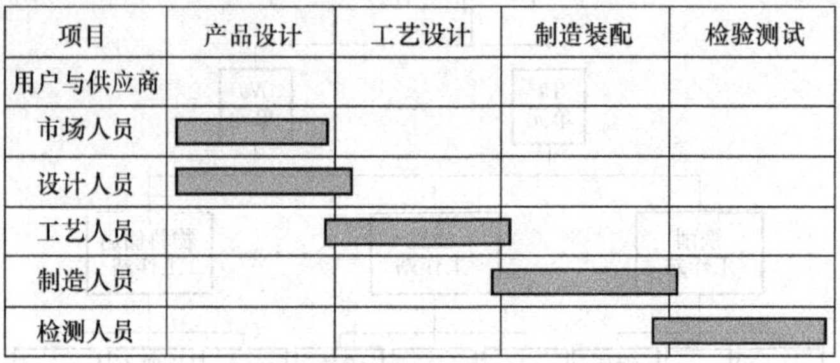

图 8-29　串行工程工作方式

所谓并行工程（Concurrent Engineering，CE）就是将原先时间上先后处理和作业实施的串行工作模式转变为同时考虑和尽可能同时处理的并行工作模式，要求产品开发人员在设计开始阶段就考虑产品生命周期（从概念形成到产品报废）的所有因素，包括质量、成本、工作进度和用户需求等，如图 8-30 所示。

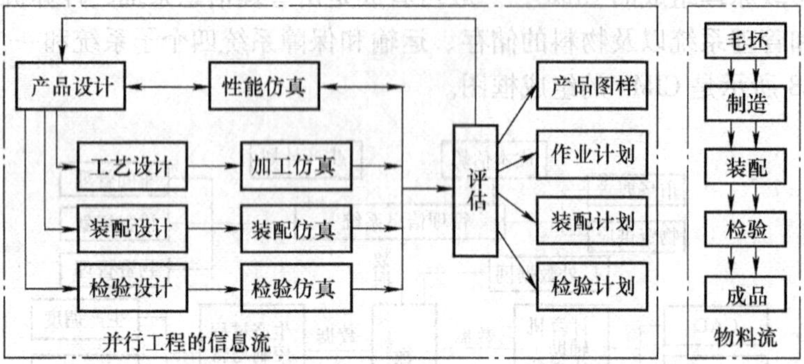

图 8-30　并行工程的内涵及其组成

并行工程实际上是一种生产经营和管理模式，它是以一个群体工作小组（Team Works）形式进行产品的开发作业，在产品设计阶段就集中产品生命周期中的各类有关人员，包括企业中设计、工艺、制造、质量、物资供应、销售和服务、甚至用户代表在内的各类专业人员，按用户订货要求进行充分磋商和协调一致地工作，同步地设计或考虑整个产品生命周期中的所有因素，对产品结构设计、工艺设计、装配设计、检验方式、售后服务等进行统筹考虑，协商解决产品开发过程中可能遇到的各种问题，对设计方案对象反复修改和完善，以力争后续的制造过程一次成功。

3. 精益生产模式

精益生产（Lean Production，LP）的概念是由美国麻省理工学院国际汽车项目研究小组在对日本的汽车工业生产方式做了大量的调查研究后于 20 世纪 90 年代正式提出的。“精益”的“精”意指精干，“益”含义是“效益”。“精益”就是以最小的投入，取得最大的产出，并以最快的速度设计制造出来，最大限度地为企业谋求经济效益。

精益生产的主导思想是以“人”为中心，以“简化”为手段，以“尽善尽美”为最终目标。因此，精益生产的特点是：

1）强调人的作用，以人为中心，工人是企业的主人，生产工人在生产中享有充分的自主权。所有工作人员都是企业的终身雇员，企业把雇员看做是比机器更重要的固定资产，强调职工创造性的发挥。

2）以“简化”为手段，去除生产中一切不增值的工作。简化组织结构，简化与协作厂的关系，简化产品的开发过程、生产过程及检验过程，减少非生产费用，强调一体化的质量保证。

3）精益求精，以“尽善尽美”为最终目标。持续不断地改进生产，降低成本，力求无废品、零库存和产品品种多样化。使企业能以具有最优质量和最低成本的产品，对市场需求作出最迅速的响应。

精益生产不仅实施信息与自动化设备的集成，还把整个企业作为一个大系统来统筹考虑。其核心是对技术和生产的全面的科学管理，它取得成功的秘诀是充分发挥人的积极因素和潜能，消除一切无用和不起增值作用的环节，以尽善尽美的产品供应用户。

4. 敏捷制造模式

敏捷制造（Agile Manufacturing，AM）直接面向客户不断变更的个性化需求，完全按定单生产的可重新设计、重新组合、连续更新的信息密集型制造系统。该系统能够敏捷地响应不断变更的市场需求，能在全球化市场竞争中以最短的交货期、最经济的方式，生产出最具竞争力的产品。

敏捷制造的核心思想是要灵活快捷地响应市场需求，摈弃传统的全能企业思想，强调企业之间的动态联盟和各种形式的合作，甚至可以在全球范围内合作，即通过“虚拟公司”来实现产品的敏捷制造。虚拟公司是一种为了抓住和利用迅速变化的市场机遇，通过信息技术建立信息交流高速公路而构建起来的临时性网络。网络中的各成员企业充分信任与合作，发挥各自的核心优势，共享技术、分担费用，用最优的零部件集成在一个产品上，以最快的速度把最好的产品推向市场。一旦市场机遇逝去，该虚拟公司立即解体，也就是说，每个成员企业就像一个接插件，可以在一个兼容机座上互插而形成一个新企业。

敏捷制造是企业在无法预测的持续、快速多变的竞争环境中生存、发展、扩大竞争优势的一种新的经营管理和生产组织模式。它强调通过联合来赢得竞争；强调通过产品制造、信息处理和现代通信技术的集成，来实现人、知识、资金和设备（包括企业内部和分布在全球各地合作企业的）集中管理和优化利用。

5. 虚拟制造技术

虚拟制造（Virtual Manufacturing，VM）是20世纪90年代后随着虚拟现实技术的逐步成熟而发展起来的一种全新的现代制造技术，是实际制造过程在计算机上的一种动态虚拟，是一种在计算机上进行而不消耗现实资源和能量的模拟制造技术。

虚拟制造是对制造过程中的各个环节，包括产品的设计、加工、装配，乃至企业的生产组织管理与调度进行统一建模，形成一个可运作的虚拟制造环境，以软件技术为支撑，借助于高性能的硬件，在计算机网络上，生成数字化产品，实现产品的设计、性能分析、工艺决策、制造装配和质量检验，在获得真实产品的样机之前，就能预测未来产品的功能以及制造系统状态，从而可以作出前瞻性的决策和优化的实施方案。虚拟制造是在计算机上生成数字产品的过程，而不是生产真实产品。它是数字化形式上的广义制造系统，是对实际制造过程的动态模拟。

从制造过程的系统角度出发，可以把虚拟制造划分为三类：以设计为中心的虚拟制造、以生产为中心的虚拟制造和以控制为中心的虚拟制造。

以上三种虚拟制造分别侧重于制造过程的不同方面。但它们都以计算机建模、仿真技术为重要的实现手段，通过对制造过程进行统一建模，用仿真支持设计过程、模拟制造过程，进行成本估算和生产调度。

6. 智能制造技术

智能制造（Intelligent Manufacturing，IM）是指在制造系统的各个环节，以一种高度柔性和高度集成的方式，通过计算机模拟人类专家的智能活动，进行分析、判断、推理、构思和决策，旨在取代或延伸制造环境中人的部分脑力劳动，并对人类专家的制造智能进行收集、存储、完善、共享、继承和发展。

智能制造系统与传统制造系统相比，具有如下突出特点：

（1）具有自组织能力　智能制造系统中的各种智能设备和各组成单元，能够按照工作任务的要求，自行集结成一种最合适的结构，并按照最优的方式运行。完成任务后，该结构随即自行解散，以备在下一个任务中集结成新的结构。自组织能力是智能制造系统的一个重要标志。

（2）具有自律能力　智能制造系统能根据周围环境对自身作业状况的信息进行监测和处理，根据处理结果自行调整控制策略，并采用最佳运行方案。这种自律能力使整个制造系统具备抗干扰、自适应和容错等能力。

（3）具有自学习和自我优化能力　智能制造系统能以原有的专家知识为基础，在实践中不断学习，不断完善系统知识库，并删除库中有误的知识，使知识库趋向最优。

（4）具有自我修复和自我维护能力　作为一个复杂系统，智能制造系统具有人类专家的“智慧”，能自行判断所处状态并作出必要的应对，具有自我诊断、自我排除、自我修复和自我维护的功能，在动荡的需求环境中，智能制造系统具有适应变革、忍受冲击的坚韧性与适应性。

（5）整个制造环境的智能集成　智能制造系统覆盖了产品的市场、开发、制造、服务与管理整个过程，把它们集成为一个整体，系统地加以研究，实现整体的智能化。

对智能制造技术的研究一般可分为三个层次，即单元加工过程的智能化、工作站控制的智能化和在 CIMS 基础上的智能化。制造技术的智能化研究，已经成为当代制造技术发展的一个重要方向。

7. 绿色制造技术

制造业是创造人类财富的支柱产业，同时也是造成环境污染和能源消耗的主要源头。面对日益严重的环境恶化和资源危机问题，综合考虑生态环境与经济发展关系的可持续发展战略已经成为世界各国的共识。

可持续发展战略要求将现有的传统制造业逐步改造成为可持续发展的制造业，即能以最少的资源消耗和洁净的生产技术，生产出能循环利用和再生产的产品。建立一种经济、社会、资源和环境相协调的新的生产模式，不能再走高投入、高污染、先污染后治理的粗放型发展经济的老路。

绿色制造（Green Manufacturing，GM）正是一种综合考虑环境影响和资源消耗的现代制造理念，其目标是使得产品从设计、制造、包装、运输、使用到报废处理的整个产品生命周期中，对环境的负面影响最小，资源利用率最高，并使企业经济效益和社会效益协调优化。其实质是人类社会可持续性发展战略在现代制造业中的体现。

目前对绿色制造技术的研究主要集中在能源、材料等资源的合理利用；废旧产品的循环利用和拆分回收以及安全健康等方面。绿色制造的涉及面极广，如绿色制造的理论体系建立、系统的专题技术和相关支撑技术体系等。绿色制造系统的专题技术是实施与开展绿色制造技术的关键。这主要包括：绿色设计技术、绿色材料选择技术、绿色工艺规划技术、绿色包装技术、绿色处理技术等。

8. 生物制造技术

生物制造（Biological Manufacturing，BM）是指运用现代制造科学的原理和方法，在生物分子学、细胞学、组织工程学的科学层次上，研究具有生物相容性的人工假体的设计、加工、成形、装配和植入；以及细胞诱导和培养、组织和人体器官的组织工程培养及活体制造以及完成上述任务的材料和材料加工成形技术、设备和软件的研究与开发的科学与技术总称。

目前对生物制造技术的研究主要包括：生物系统的建模、模拟与数据处理；生物制造使能技术和新工艺技术；针对成形制造要求的生物材料研究；生物材料成形设备的研究与开发；生物制造成形件的检测和表征等。

随着生命科学和制造科学的交叉融合与发展，生物制造技术已经在解剖学体外器官模型制造、生物相容性假体制造和组织工程细胞载体框架结构的制造等方面取得了应用。

9. 可重构制造系统技术

长期的制造实践证明，现在与未来制造企业的三个核心要素是产品、制造系统和商务实践，而其中的制造系统经常成为新产品快速开发上市和满足顾客需求驱动、快速响应市场的商务活动的瓶颈（约束）。可重构制造系统（Reconfigurable Manufacturing Systems，RMS）要能快速实现产品的产出能力，实现制造过程与功能的可重构、可缩放与可重复利用，就必须创新现有制造系统的规划、设计、建造与运行理论与方法，革新系统的组态（Configuration）方式，使系统组态的模块（组元、零部件或子系统）变成可变、可更新的可多次集成重构的。这一技术是对传统制造系统、产品或工程系统硬软件的规划、设计、建造与运行的重大革新，它已经开始并将深远地影响今天与明天的制造系统、产品、工程与科学试验装置或系统的发展。可重构制造系统技术的另一个重要特征是可自适应、可重构制造过程、可编程、有可近形成型工具支持。

可重构性的科学基础是拓扑相似性。可以看成是成组技术相似性研究的最新发展。

所谓拓扑相似性，是指由多学科综合要求规定的不变拓扑特征为基的广义相似性。它从广义的角度，根据数学、物理、化学、生物学、信息论、系统论、控制论、工程科学、人因学与人因工程、经济学、管理科学和其他人文社会科学等多学科，定义和要求的不变量的拓扑。同时，它还考虑系统的模块或组元之间特定的交互作用与接口特性。因此，它可以通过改变系统或产品的功能、制造流程、输入与输出及能力，达到对新的顾客需求与期望快速响应的目的。

习题与思考题

8-1 试从市场需求变化和科技进步的角度分析现代制造技术的形成原因。

8-2 现代制造技术有哪些主要特征？怎样理解现代制造技术的“相对和动态”特征？

8-3 传统切削加工工艺与非传统加工技术之间的主要区别是什么？如何正确处理传统切削加工与非传统加工技术之间的关系？

8-4 简述电火花加工的基本原理和工艺特点。

8-5 试比较电火花成形加工与电火花线切割加工的应用范围。

8-6 简述电解加工的基本原理、特点和应用。

8-7 简述超声波加工的基本原理、特点和应用。

8-8 高能束流加工包括哪几种加工技术？它们有什么共同特点？

8-9 简述激光加工的基本原理、特点和应用。

8-10 试述电子束加工和离子束加工的基本原理。比较电子束加工、离子束加工与激光加工的特点与应用场合。

8-11 超高压水射流加工的主要特点是什么？

8-12 简述复合加工的意义及其特点。

8-13 试述快速原型制造技术的原理、主要方法及其特点，并列举其中一种方法来说明快速原型制造技术在新产品开发中的意义。

8-14 如何理解超精密加工的含义？

8-15 超精密切削加工对刀具有何要求？在当前的超精密切削中为什么普遍采用金刚石刀具？

8-16 与普通磨削相比，在金刚石砂轮超精密磨削中，应注意哪些问题？

8-17 试分析影响超精密加工的主要因素。

8-18 简述开展微机械与微细加工技术研究的主要意义，微细加工与精密加工以及传统的机械加工有何不同？

8-19 以扫描隧道显微加工为例，介绍纳米加工原理和方法，并说明开展纳米加工技术研究的意义。

8-20 为什么说成组技术是企业实施 CAD、CAM、FMS 等高新技术和老企业进行现代化技术改造的基础？

8-21 当前，CAD、CAM 等技术发展较快，而作为其中间环节的 CAPP 技术却进展较为缓慢。试分析造成这种现象的原因。

8-22 怎样理解制造过程中的“柔性”？为解决制造过程中生产率与柔性之间的矛盾，FMS 应具备哪些功能？

8-23 怎样理解 CIM？按照层级原理组成的 CIMS 是由哪几部分组成的？

8-24 简述任意三种现代制造模式或制造技术的含义、特点和它们在制造业中的作用。

8-25 查阅有关文献资料，撰写一篇 4000 字左右的有关现代制造技术最新进展的论文。要求参考文献数不少于 10 篇。

参 考 文 献

[1] 全国形状和位置公差标准化技术委员会. GB/T 17851—1999 等同. ISO 5459：1981 几何公差 基准与基准体系[S]. 北京：中国技术标准出版社，1999.

[2] А П Соколовский. 机械制造工艺的科学基础[M]. 浙江大学机械制造教研室，译. 北京：机械工业出版社，1958.

[3] П Н Белянин. 机械制造工艺的科学基础[M]. 朱英发，穆世荣，李珍贵，译. 北京：航空工业出版社，1991.

[4] 哈尔滨工业大学，上海工业大学. 机械制造工艺学：第一分册机械制造工艺理论基础[M]，上海：上海科学技术出版社，1980.

[5] 哈尔滨工业大学，上海工业大学. 机械制造工艺学：第二分册机械加工工艺规程制订及装配尺寸链[M]. 上海：上海科学技术出版社，1980.

[6] 王启平. 机械制造工艺学[M]. 哈尔滨：哈尔滨工业大学出版社，1999.

[7] 蔡建国，吴祖育. 现代制造技术导论[M]. 上海：上海交通大学出版社，2000.

[8] 郑焕文. 机械制造工艺学[M]. 北京：高等教育出版社，1994.

[9] 张世昌，李旦，高航. 机械制造技术基础[M]. 2 版. 北京：高等教育出版社，2007.

[10] 于骏一，邹青. 机械制造技术基础[M]. 2 版. 北京：机械工业出版社，2009.

[11] 王先逵，张平宽. 机械制造工程学基础[M]. 北京：国防工业出版社，2008.

[12] 许香穗，蔡建国. 成组技术[M]. 2 版. 北京：机械工业出版社，1997.

[13] 罗振壁，张耀祥，张书桥. 现代制造系统[M]. 北京：机械工业出版社，2004.

[14] 蔡兰，冠子明，刘会霞. 机械工程概论[M]. 武汉：武汉理工大学出版社，2004.

[15] 上海市大专院校机械制造工艺学协作组. 机械制造工艺学[M]. 福州：福建科学技术出版社，1985.

[16] 顾崇衔. 机械制造工艺学[M]. 西安：陕西科学技术出版社，1987.

[17] 王宝玺. 汽车拖拉机制造工艺学[M]. 2 版. 北京：机械工业出版社，1998.

[18] 袁哲俊，王先逵. 精密和超精密加工技术[M]. 2 版. 北京：机械工业出版社，2007.

[19] 姜继海，李志杰，尹九思. 汽车厂实习教程[M]. 哈尔滨：哈尔滨工业大学出版社，1998.

[20] 中国机械工程学科教程研究组. 中国机械工程学科教程[M]. 北京：清华大学出版社，2008.

[21] 姚福生，郭重庆，吴锡英，等. 先进制造技术[M]. 北京：清华大学出版社，广州：暨南大学出版社，2002.

[22] 王隆太，吉卫喜. 制造系统工程[M]. 北京：机械工业出版社，2008.

[23] 顾新建，祁国宁，谭建荣. 现代制造系统工程导论[M]. 杭州：浙江大学出版社，2007.

[24] 张伯鹏. 机械制造及其自动化[M]. 北京：人民交通出版社，2003.

[25] 赵志修. 机械制造工艺学[M]. 北京：机械工业出版社，1985.

[26] 何雪明，吴晓光，常兴. 数控技术[M]. 武汉：华中科技大学出版社，2006.

[27] 林朝平. 现代制造技术[M]. 南京：东南大学出版社，2001.

[28] 肖继德，陈宁平. 机床夹具设计[M]. 2 版. 北京：机械工业出版社，1998.

[29] 刘晋春，赵家齐，赵万生. 特种加工[M]. 北京：机械工业出版社，2004.

[30] 甘永立. 几何量公差与检测[M]. 8 版. 上海：上海科学技术出版社，2008.

[31] 陆剑中，孙家宁. 金属切削原理与刀具[M]. 4 版. 北京：机械工业出版社，2005.